KLAUSNITZER

Die Käfer Mitteleuropas

Larven Band 2

BERNHARD KLAUSNITZER

DIE LARVEN DER KÄFER MITTELEUROPAS

2. Band

MYXOPHAGA

POLYPHAGA

Teil 1

Springer Spektrum

Bernhard Klausnitzer

ISBN 978-3-8274-0699-6
Die Deutsche Nationalbibliothek verzeichnet diese Publikation in der Deutschen Nationalbibliografie; detaillierte bibliografische Daten sind im Internet über http://dnb.d-nb.de abrufbar.

Springer Spektrum

Satz: Verlagsdruckerei Schmidt GmbH, Neustadt a. d. Aisch
Einbandentwurf: SpieszDesign, Neu-Ulm

Gedruckt auf säurefreiem und chlorfrei gebleichtem Papier

Springer Spektrum ist eine Marke von Springer DE. Springer DE ist Teil der Fachverlagsgruppe Springer Science+Business Media.
www.springer-spektrum.de

Inhalt

Vorwort zum 2. Band

Für den vorliegenden 2. Band wurde das im 1. Band angekündigte Baukastenprinzip wirksam. Die abgehandelten Familien wurden in der Reihenfolge, wie sie auf den Seiten 24–27 des 1. Bandes angekündigt wurden, abgehandelt.

Die folgende Tabelle gibt eine Übersicht der in diesem Band behandelten Familien, die den gegenwärtigen Kenntnisstand über die Larven auf einen Blick sichtbar macht. Die Zahlen für die Imagines beziehen sich auf die entsprechenden Bände des Freude – Harde – Lohse einschließlich der Supplementbände von Lohse & Lucht.

	Imagines		Larven			
Familie	Gattungen	Arten	Gattungen	%	Arten	%
Microsporidae	1	1	1	100,0	(1)	
Hydraenidae	3	65	3	100,0	5	7,7
Spercheidae	1	1	1	100,0	1	100,0
Hydrochidae	1	8	1	100,0	1	12,5
Hydrophilidae	20	119	19	95,0	50	42,0
Georissidae	1	5	1	100,0	1	20,0
Dascillidae	1	1	1	100,0	1	100,0
Clambidae	3	13	2	66,7	2	15,4
Eucinetidae	1	3	1	100,0	(1)	
Scirtidae	7	27	7	100,0	10	37,0
Buprestidae	28	132	27	96,4	73	55,3
Elateridae	49	180	48	98,0	123	68,3
Throscidae	1	7	1	100,0	1	14,3
Lissomidae	1	1	1	100,0	1	100,0
Cerophytidae	1	1	1	100,0	1	100,0
Eucnemidae	14	25	13	92,9	20	80,0
Omalisidae	1	1	1	100,0	1	100,0
Lycidae	7	9	5	71,4	(5)	55,6
Drilidae	1	2	1	100,0	2	100,0
Lampyridae	3	3	3	100,0	3	100,0
Chrysomelidae	77	569	71	92,2	288	50,6
Summe	222	1173	209	94,1	591	50,4

Bei der Zusammenstellung des Manuskriptes für den vorliegenden Band konnte ich die Hilfe einiger Kollegen in Anspruch nehmen, wofür ich sehr dankbar bin. Es sind dies insbesondere Herr Wilhelm Lucht, Langen und Herr Rainer Schimmel, Vinningen. Durch das großzügige Entgegenkommen des Gustav Fischer Verlages, Stuttgart, vertreten durch Herrn Dr. Ulrich G. Moltmann, war es mir möglich, einen Teil der Bestimmungstabellen für die Gattung *Helophorus* (Hydrophilidae) aus dem in diesem Verlag 1992 erschienenen Werk von Herrn Angus „Coleoptera: Hydrophilidae: Helophorinae" in der „Süßwasserfauna von Mitteleuropa" zu übersetzen, für den geographischen Rahmen dieses

Werkes zu kombinieren und in den vorliegenden Band aufzunehmen. Herrn Dr. Moltmann, dem Herausgeber, Herrn Prof. Dr. Peter Zwick, Schlitz und dem Autor, Herrn Dr. Robert Angus, Egham, danke ich für ihre Hilfe sehr herzlich.

Besonderer Dank gilt den Damen und Herren, die weitere Manuskripte zu diesem Band beigesteuert haben und auf diese Weise dessen Herausgabe maßgeblich unterstützten: Frau Dr. Ursula Hannappel, Wien und die Herren Dr. Svatopluk Bily, Prag, Prof. Dr. Hannes F. Paulus, Wien und Dr. Walter Steinhausen, München sowie Herrn L. Jessop, London für einige Abbildungsvorlagen. Weiterhin danke ich meinem Verleger Herrn Dr. h. c. Alfons Evers, Krefeld für seine stets verständnisvolle und großzügige Förderung des Projektes.

Ohne meine liebe Frau Hertha Klausnitzer wäre es gar nicht möglich gewesen, inmitten einer Fülle von Verpflichtungen das Manuskript für diesen Band auszuarbeiten, und ich danke ihr sehr herzlich für alle Mühen.

Ich widme diesen Band dem Andenken an meine lieben Eltern.

Dresden, den 2. März 1994

Bernhard Klausnitzer

2. Unterordnung: Myxophaga

Diese Unterordnung ist in Mitteleuropa nur durch eine einzige Art aus der Familie Microsporidae (= Sphaeriidae) vertreten, die mit 18 Arten in der nördlichen Hemisphaere, in Madagaskar und Australien verbreitet ist. Weltweit gehören zu den Myxophaga noch weitere drei Familien: Cyathoceridae (= Lepiceridae) (Mittelamerika), Torridincolidae (Japan, Afrika, Madagaskar, Südamerika) und Hydroscaphidae (Holarktis, Südostasien, Madagaskar, Mittel- und Südamerika).

Soweit die Larven bekannt sind, scheinen sie sich durch die von den Stigmen gebildeten Tracheenkiemen von den Larven der Polyphaga zu unterscheiden, so daß die Bestimmungstabelle aus dem 1. Band, Seite 38 wie folgt erweitert werden kann:

2 1.–8. Abdominalsegment mit Stigmen, die nach hinten gerichtete ± ovale blasenförmige Tracheenkiemen an jeder Seite nahe der Hinterecke ausbilden (Abb. Microsporidae 1, 2). Körperlänge der adulten Larve maximal 1,2 mm. Myxophaga

2* 1.–8. Abdominalsegment ohne Tracheenkiemen, wenn solche vorhanden sind, sind sie verzweigt oder als ± lange Schläuche ausgebildet. Körper der adulten Larve fast immer deutlich länger als 1,2 mm. Polyphaga

8. Familie: Microsporidae

Abb. 1–3

Charakteristik der Familie nach larvalen Merkmalen:

Körper breitoval, nach hinten verschmälert (Abb. 1), leicht abgeplattet, wenig sklerotisiert, gelbweiß. Dorsalseite der Segmente glatt, mit einfachen Borsten besetzt. An den Hinterkanten der Segmente befinden sich Bänder aus dichtstehenden, kräftigen, verbreiterten Borsten (Abb. 1, 2). Körperlänge der adulten Larve 1,2 mm.

Kopf vorstehend, hypognath (Abb. 2), breit, nach vorn verschmälert. Epicranial- und Frontalnaht undeutlich. Es ist keine Endocarina vorhanden. Auf jeder Seite der Kopfkapsel befinden sich 4 Stemmata mit deutlich entwickelten Linsen. Antennen kurz, dreigliedrig. Das 2. und 3. Antennenglied sind nur undeutlich voneinander getrennt, weshalb die Antenne zweigliedrig erscheint. Etwa in der Mitte des letzten Gliedes entspringt ein langer Sinnesanhang (Abb. 3). Die Antennen inserieren dorsal auf der Kopfkapsel, zwischen ihrer Basis und der der Mandibeln besteht ein deutlicher Abstand. Frontoclypealnaht vorhanden, Clypeus breit. Labrum groß, mit der Kopfkapsel verschmolzen, es bedeckt die Mandibeln. Mandibeln symmetrisch, kurz und breit, zweispitzig, mit breiter und rauher Mola, ohne Prostheca (Abb. 3). Ventrale Mundteile zurückgezogen. Maxille mit querem Cardo und verlängertem Stipes sowie einer sichelförmigen Mala mit 2 oder 3 kräftigen Borsten am Innenrand und gut entwickelter Gelenkfläche. Maxillarpalpus dreigliedrig. Labium nicht deutlich unterteilt, Ligula breit, zweilappig. Labialpalpen zweigliedrig, weit voneinander getrennt. Gula transvers.

Thorax- und Abdominalsegmente viel breiter als lang (Abb. 1). 1.–8. Abdominalsegment mit Stigmen, die nach hinten gerichtete ± ovale blasenförmige Tracheenkiemen an jeder Seite nahe der Hinterecke ausbilden (Abb. 1). Beine etwas verbreitert, kräftig (Abb. 2), direkt nebeneinander entspringend. Klauen kurz, mit einer Borste. Tergit des 9. Abdominalsegments einfach, an der Spitze abgestutzt (Abb. 1). Das 10. Abdominalsegment liegt ventral und trägt 3 Paar Haken (Abb. 2).

Es kommt nur die Gattung *Microsporus* KOLENATI (= *Sphaerius* WALTL) vor. *Microsporus obsidianus* KOLENATI ist der einzige Vertreter der von CROWSON (1955) begründeten Unterordnung Myxophaga in Mitteleuropa.

1. Gattung: *Microsporus* KOLENATI

Die Larve von *Microsporus obsidianus* KOLENATI (= *Sphaerius acaroides* WALTL) wurde noch nicht beschrieben. Die hier verwendeten Angaben beziehen sich auf *Microsporus ovensensis* (OKE) aus Australien.

Die Art lebt in nassem Sand oder in feuchten Böden, vor allem am Ufer von Fließgewässern, wo sie gemeinsam mit Georyssiden, Hydraeniden, verschiedenen Hydrophiliden und Elmiden angetroffen werden kann. Die Larve ernährt sich wahrscheinlich von Algen.

Literatur

BERTRAND, H. (1972): Larves et nymphes des Coléoptères aquatiques du globe. – Bull. Soc. ent. France 78: 89–97.

BRITTON, E. B. (1966): On the larva of *Sphaerius* and the systematic position of the Sphaeriidae (Col.). – Austral. J. Zool. 14: 1193–1198.

CROWSON, R. A. (1955): The natural classification of the families of Coleoptera. – Nathaniel Lloyd & Co., London.

HINTON, H. E. (1967): On the spiracles of the larvae of the suborder Myxophaga (Coleoptera). – Australian J. Zool. 15: 955–959.

KLAUSNITZER, B. (1971): Zur Biologie einheimischer Käferfamilien, 5. Sphaeriidae. – Ent. Ber. 15: 70–71.

STEHR, F. W. (1991): Immature Insects. Volume 2. – Kendall, Iowa.

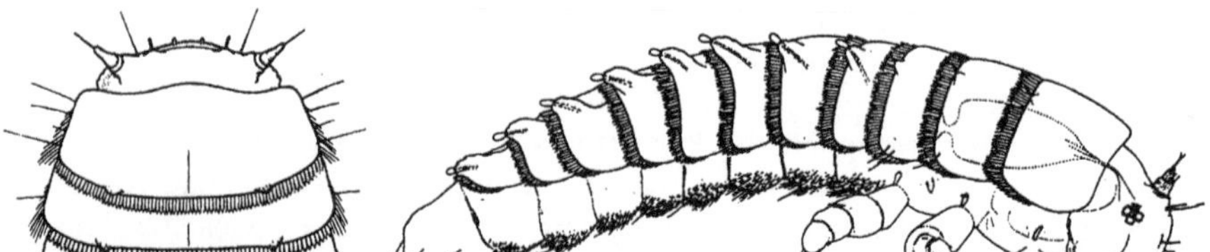

Abb. 1: *Microsporus ovensensis*, Habitus, dorsal (aus BRITTON 1966)
Abb. 2: *Microsporus ovensensis*, Habitus, lateral (aus BRITTON 1966)
Abb. 3: *Microsporus ovensensis*, Kopfkapsel, von vorn (aus BRITTON 1966)

3. Unterordnung: Polyphaga

1. Überfamilie: Hydrophiloidea

Stehr (1991) faßt unter den Hydrophiloidea 5 Familien zusammen: Hydrophilidae (einschließlich Hydrochidae und Spercheidae), Georissidae, Sphaeritidae, Synteliidae und Histeridae. Die Hydraenidae stehen bei den Staphylinoidea, wo sie bereits von Böving & Craighead (1931) eingeordnet wurden. Diesem Konzept wird im vorliegenden Band aus praktischen und z. T. auch theoretischen Gründen nicht gefolgt.

Charakteristik der Überfamilie nach larvalen Merkmalen:

Eine Umgrenzung der Hydrophiloidea nach larvalen Merkmalen ist schwierig, wozu der sehr wahrscheinlich paraphyletische Charakter der jetzigen Gruppierung beiträgt. Alle einenden Kennzeichen gelten nur mit ± zahlreichen Ausnahmen.

Körper gestreckt, im Querschnitt ± rund bis abgeplattet. Kopf fast immer prognath, nur bei *Chaetarthria* ist er etwas erhoben (Abb. 216, S. 59). Kopfnähte deutlich entwickelt. Lateral befinden sich an der Kopfkapsel 5 oder 6 Stemmata, die gattungs- oder arttypisch vereinzelt bis konzentriert angeordnet sein können. Antennen dreigliedrig, vielfach mit einem großen Sensillum neben dem 3. Glied. Labrum frei (Hydraenidae) oder mit dem Clypeus verschmolzen, so daß ein Clypeolabrum gebildet wird. Dessen Vorderrand trägt oft eine diagnostisch wichtige Zahnreihe, seine Seitenecken können ± lappig nach vorn gezogen sein. Mitunter ist die Mitte spitz nach vorn gezogen, diese Bildung wird als Nasale bezeichnet.

Mandibeln mit geteiltem (Hydraenidae, Spercheidae) oder einfachem Incisivus (Spercheidae, Hydrochidae, Hydrophilidae), mit Prostheca (Hydraenidae), einer Borstenreihe auf der Innenseite (Spercheidae) oder einem oft mehrspitzigen Retinaculum (Hydrochidae, Hydrophilidae, Georissidae), mit Mola (Hydraenidae), Pseudomola (Hydrochidae) oder ohne Mola (Hydrophilidae, Spercheidae, Georissidae). Asymmetrische Mandibeln sind bei den Hydrophilidae weit verbreitet.

Cardo meist klein, Stipes oft lang und vergrößert, Palpifer frei abgegliedert oder mit dem Stipes verschmolzen (Hydraenidae). Eine Lacinia kann vorhanden sein (Hydraenidae, Spercheidae, Hydrochidae), oft fehlt sie jedoch völlig (Hydrophilidae, Georissidae) und die Galea ist zu einem schmalen kleinen Anhang reduziert. Maxillarpalpen dreigliedrig. Labium bei vielen Gattungen mit Ligula, Labialpalpen zweigliedrig. Mentum und Submentum meist voneinander getrennt. Vielfach ist eine Gula vorhanden (Hydraenidae, Spercheidae, Hydrochidae).

Prothorax meist mit deutlichem Dorsalsklerit, die übrigen Segmente (auch des Abdomens) sehr unterschiedlich sklerotisiert, vielfach nur mit kleinen Skleriten. Die Zahl der Beinglieder kann reduziert sein (Sphaeridiinae, Georissidae), die Beine können sogar völlig fehlen.

Abdomen mit 10 von der Dorsalseite sichtbaren Segmenten (Hydraenidae, Georissidae), deren Zahl jedoch reduziert sein kann. Bei den Hydrophilidae (Ausnahme: *Helophorus*) und Hydrochidae sind nur 8 Segmente von oben sichtbar, das 9. und 10. bilden eine Atemkammer. Das 10. Abdominalsegment der Spercheidae ist stark reduziert, so daß lediglich 9 Abdominalsegmente von der Dorsalseite sichtbar sind (auch bei *Helophorus*). Die Urogomphi können aus 3, 2 oder einem Glied bestehen und sogar völlig fehlen.

Tabelle für die Familien (nach Böving & Craighead 1931, Böving & Henriksen 1938–1939, van Emden 1942, Bertrand 1972, Klausnitzer 1977, 1978)

1 Beine mehr oder weniger reduziert, mitunter nur aus 3 Gliedern bestehend oder völlig fehlend (Abb. Hydrophilidae 3, 5, 7, 9, 10, 11, 38, 39, 216, 217; Georissidae 4, 5). 2

1* Beine aus Coxa, Trochanter, Femur, Tibiotarsus und Klaue bestehend, letztere kann fehlen oder sehr klein sein (Abb. Hydraenidae 1–5, 25; Spercheidae 1, 5; Hydrochidae 1; Hydrophilidae 50, 52, 55, 157, 174, 181, 182, 183, 187, 193, 207, 209, 222, 225, 226, 234, 235). 3

2 Abdomen mit 8 von der Dorsalseite deutlich sichtbaren Segmenten (Abb. Hydrophilidae 1, 2, 4, 6, 8,). Urogomphi rückgebildet oder fehlend (Abb. 1, 4, 8, 46–48). Hydrophilidae (partim) (S. 25)

2* Abdomen mit 10 von der Dorsalseite sichtbaren Segmenten (Abb. Georissidae 1). Urogomphi kurz, eingliedrig (Abb. Georissidae 1, 6). Beine kurz, dreigliedrig, die vorderen etwas kräftiger (Abb. Georissidae 4, 5). Georissidae (S. 65)

3 Urogomphi gegliedert, mit dem 9. Tergit gelenkig verbunden (Abb. Hydraenidae 1–5; Hydrochidae 1, 2; Hydrophilidae 50, 52). . . . 4

3* Urogomphi ungegliedert (Abb. Hydrophilidae 143, 147, 157, 165, 167, 173, 182, 208, 209, 221, 224), nicht mit dem 9. Tergit gelenkig verbunden oder völlig fehlend (Abb. Spercheidae 1). 6

4 In Dorsalansicht sind 8 Abdominalsegmente deutlich sichtbar (Abb. Hydrochidae 1). 9. und 10. Abdominalsegment klein, in eine große Atemkammer am Hinterende des 8. Abdominalsegments eingebettet (Abb. Hydrochidae 2), die von den Tergiten des 8. und 9. Abdominalsegmentes gebildet wird und die großen Stigmen des 8. Abdominalsegmentes einschließt. Galea sehr klein, Lacinia rudimentär (Abb. Hydrochidae 6). Hydrochidae (S. 23)

4* In Dorsalansicht sind 9 Abdominalsegmente deutlich sichtbar, das 9. mit zwei- bis dreigliedrigen Urogomphi (Abb. Hydraenidae 1–3; Hydrophilidae 50). Keine terminale Atemkammer vorhanden. 5

5 Urogomphi lang und dreigliedrig (Abb. Hydrophilidae 50, 52). Maxille mit einer streifenförmigen, auf dem Palpifer inserierenden Galea, ohne Lacinia (Abb. Hydrophilidae 54). 10. Abdominalsegment als Pygopodium entwickelt, ohne abwärts gebogene Haken (Abb. Hydrophilidae 52). Mandibelspitze einfach (Abb. Hydrophilidae 53), Mandibel mit zweispitzigem Retinaculum (Abb. Hydrophilidae 65 - 67). Keine Epicranialnaht vorhanden (Abb. Hydrophilidae 53). Clypeus und Labrum miteinander verschmolzen. Hydrophilidae (Helophorinae) (S. 35)

5* Urogomphi zweigliedrig (Abb. Hydraenidae 1–5). Maxille mit einer lappen- bis sichelförmigen Lacinia (Abb. Hydraenidae 21, 22). 10. Abdominalsegment als Pygopodium entwickelt, ein Paar abwärts gebogene Haken tragend (Abb. Hydraenidae 4, 5). Mandibeln mit mehreren großen Zähnen an der Spitze (Abb. Hydraenidae 14–19), mit einer Prostheca (Abb. Hydraenidae 14–16). Kopfkapsel mit langer Epicranialnaht (Abb. Hydraenidae 6–8). Labrum vom Clypeus getrennt (Abb. Hydraenidae 6–8, 12, 13). Hydraenidae (S. 14)

6 In Dorsalansicht sind 9 Abdominalsegmente deutlich sichtbar (Abb. Spercheidae 1). Maxille mit großer Lacinia (Abb. Spercheidae 4). Die Galea ist schmal und klein und inseriert am Palpifer (Abb. Spercheidae 4). Mandibelspitze geteilt (Abb. Spercheidae 3). Urogomphi fehlen völlig (Abb. Spercheidae 1). Keine terminale Atemkammer vorhanden.
Spercheidae (S. 21)

6* In Dorsalansicht sind 8 Abdominalsegmente deutlich sichtbar (Abb. Hydrophilidae 143, 157, 165, 167, 173, 182, 183, 193, 209, 222, 225, 226, 235). Maxille ohne deutlich sichtbare Lacinia (Abb. Hydrophilidae 154, 163, 171, 179, 191, 200, 214, 219, 231, 240). Es ist nur eine meist sehr kleine Galea vorhanden, die am Palpifer inseriert und palpenartig oder streifenartig ist. Mandibelspitze ungeteilt (Abb. Hydrophilidae 151, 152, 162, 170, 177, 178, 189, 190, 198, 199, 212, 213, 223, 233, 238, 239). Urogomphi meist vorhanden (Abb. Hydrophilidae 143, 147, 157, 165, 167, 173, 182, 208, 209, 221, 224). Das 8. Abdominalsegment formt meist eine ± deutlich sichtbare terminale Atemkammer, die das Stigmenpaar des 8. Abdominalsegmentes enthält (Abb. Hydrophilidae 224).
Hydrophilidae (partim) (S. 25)

Literatur

BERTRAND, H. (1966): Clé de détermination des genres de larves d'Hydrophilides holarctiques. – Can. Nat. 22: 85–88.

BERTRAND, H. (1972): Larves et nymphes des Coléoptères aquatiques du globe. – Bull. Soc. ent. France 78: 89–97.

BÖVING, A.G. & K. CRAIGHEAD (1931): An illustrated synopsis of the principal larval forms of the order Coleoptera. – Ent. Amer. 11 (N.S.): 1–351.

BÖVING, A.G. & K. HENRIKSEN (1938–1939): The developmental stages of the danish Hydrophilidae. – Vidensk. Meddel. Dansk naturh. Foren. 102: 27–162.

CROWSON, R. A. (1967): The natural classification of the families of Coleoptera. – Hampton, Middlesex.

EMDEN, F.I. VAN (1942): Larvae of British beetles.–3. Keys to the families. – Entomol. monthly Mag. 78: 206–226, 253–272.

KLAUSNITZER, B. (1977): Bestimmungstabellen für die Gattungen der aquatischen Coleopteren-Larven Mitteleuropas. – Beitr. Ent. 27: 145–192.

KLAUSNITZER, B. (1978): Bestimmungsbücher zur Bodenfauna Europas, Lieferung 10, Ordnung Coleoptera (Larven). – W. Junk, The Hague.

STEHR, F. W. (1991): Immature Insects. Volume 2. – Kendall, Iowa.

9. Familie: Hydraenidae

Abb. 1–36

Charakteristik der Familie nach larvalen Merkmalen:

Körper langgestreckt (Abb. 1–3), schwach gebogen (Abb. 4, 5), 3–4 mm lang, im Querschnitt subzylindrisch bis ± abgeflacht. Thoraxsegmente etwas länger und breiter als die Abdominalsegmente (Abb. 1–3). Dorsalseite des Thorax und Abdomens mit großen Skleriten (Abb. 1–5). Kutikula mit zahlreichen Borsten, die vielfach in Querreihen angeordnet sind (Pronotum 2 oder 3 Reihen, Mesonotum/Metanotum 2, Abdominalsegmente 1 oder 2) (möglicherweise zur Artbestimmung geeignet, Abb. 31–36). Die Stigmen sind annuliform, es sind 9 Paar vorhanden, von denen das thorakale das größte ist.

Kopf prognath bis semihypognath, ± gerundet. Dorsale Kopfnähte deutlich, Epicranialnaht deutlich entwickelt (Abb. 6–8). Clypeus vom Labrum durch eine Naht getrennt, breiter als das Labrum, letzteres annähernd halbkreisförmig und mit auffälligen Borsten vor allem am Vorderrand bedeckt (Abb. 12, 13). Gula gut

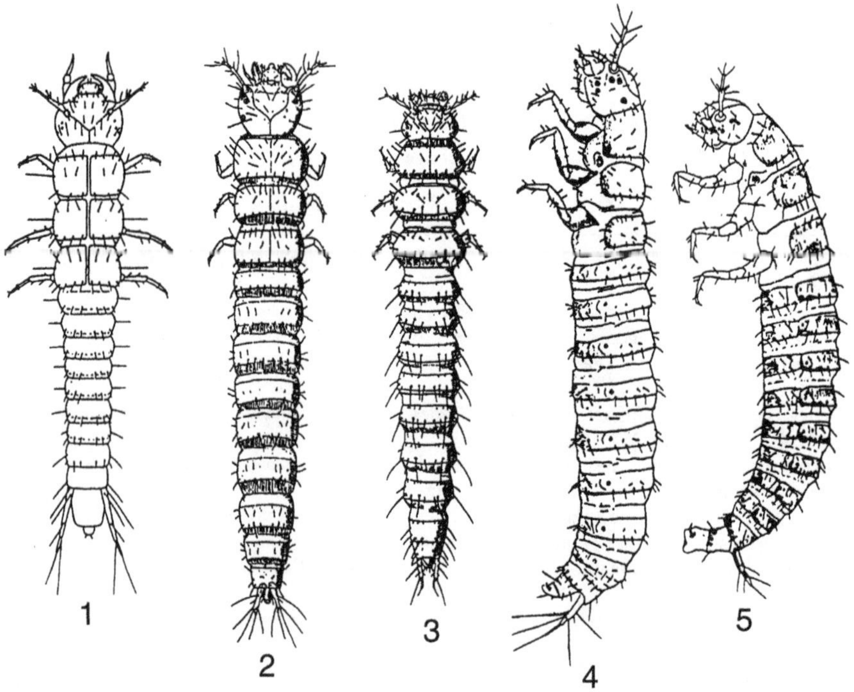

Abb. 1: *Hydraena pennsylvanica*, Habitus, dorsal (aus Stehr 1991, nach Richmond 1920)
Abb. 2: *Ochthebius minimus*, Habitus, dorsal (aus Henriksen 1973)
Abb. 3: *Limnebius papposus*, Habitus, dorsal (aus Henriksen 1973)
Abb. 4: *Ochthebius minimus*, Habitus, lateral (aus Böving & Henriksen 1938–1939)
Abb. 5: *Limnebius papposus*, Habitus, lateral (aus Böving & Henriksen 1938–1939)

entwickelt (Abb. 9). Es sind 5 Paar Stemmata vorhanden, von denen 3 dorsal und 2 ventral gelegen sind (Abb. 4, 5). Antennen dreigliedrig (Abb. 10, 11), lang, sie inserieren weiter am Außenrand der Kopfkapsel als die Mandibeln. 2. Glied am längsten und größten, es trägt distal ein oder zwei Sinnesanhänge und wie auch das 3. Glied einige lange Borsten.

Mandibeln (Abb. 14–19) symmetrisch, Incisivus mehrspitzig (Abb. 18, 19), mit breiter rauher Mola (Abb. 17) und einer großen Prostheca (Abb. 14–16). Cardo kurz und breit (Abb. 9), Stipes breiter und doppelt so lang wie der Palpifer (Abb. 21, 22), der mit dem Stipes verschmolzen ist. Lacinia wohl entwickelt, mit einer marginalen, inneren Haarreihe (Abb. 21, 22), vielfach ist hinter der Spitze die Galea deutlich abgetrennt (Abb. 21). Maxillarpalpen dreigliedrig, 3. Glied verlängert und spitz endend (Abb. 21, 22). Ligula breit und gerundet, mit Papillen, die fast so lang wie die Labialpalpen sind (Abb. 23, 24). Labialpalpen kurz und gedrungen.

Das Tergit des Prothorax ist etwas größer als die der übrigen Thoraxsegmente, sie sind ± deutlich durch eine mediane Mittellinie getrennt. Beine etwa so lang wie der Prothorax breit ist.

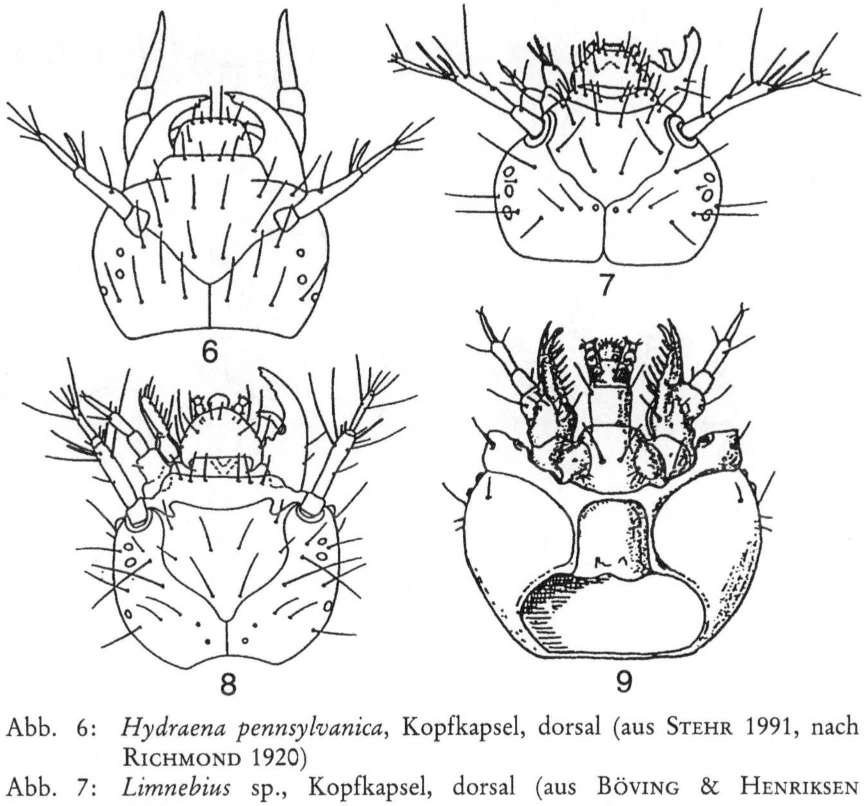

Abb. 6: *Hydraena pennsylvanica*, Kopfkapsel, dorsal (aus STEHR 1991, nach RICHMOND 1920)
Abb. 7: *Limnebius* sp., Kopfkapsel, dorsal (aus BÖVING & HENRIKSEN 1938–1939)
Abb. 8: *Ochthebius minimus*, Kopfkapsel, dorsal (aus HENRIKSEN 1973)
Abb. 9: *Ochthebius minimus*, Kopfkapsel, ventral (aus HENRIKSEN 1973)

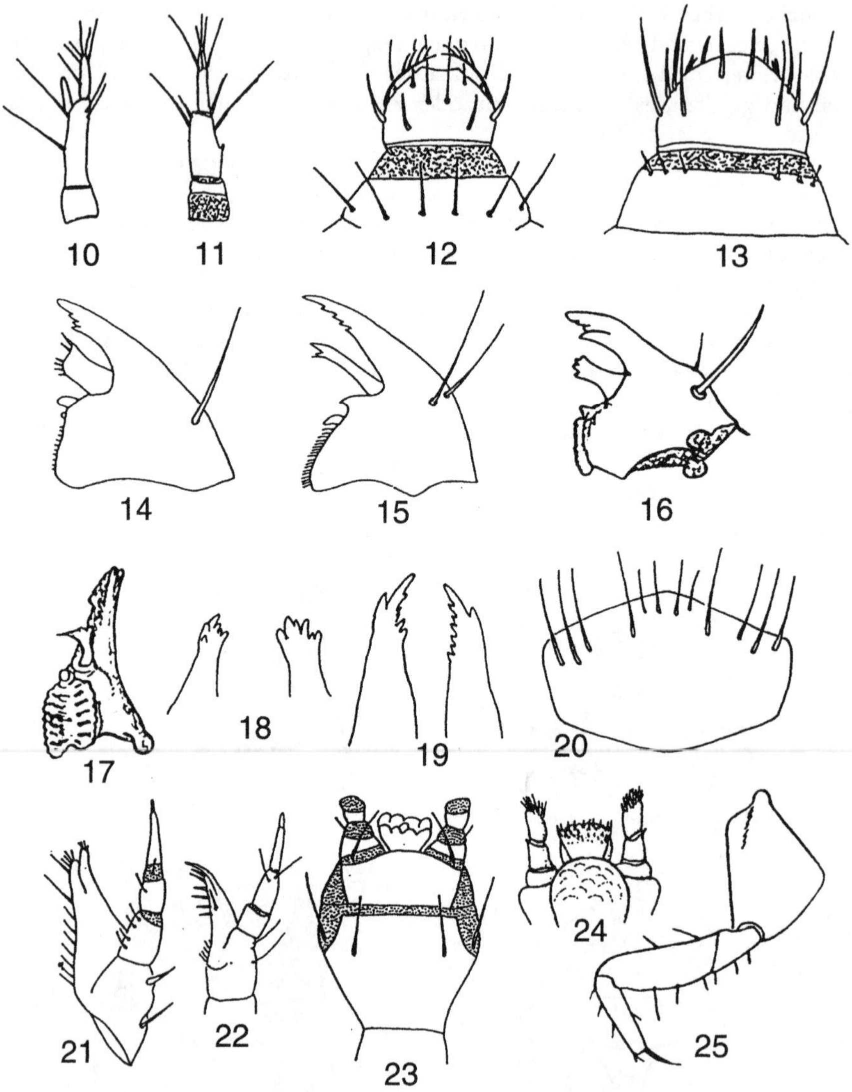

Abb. 10: *Hydraena pennsylvanica*, Antenne (aus STEHR 1991, nach RICHMOND 1920)

Abb. 11: *Ochthebius tuberculatus*, Antenne, dorsal (aus BERTRAND 1972, nach RICHMOND 1920)

Abb. 12: *Hydraena pennsylvanica*, Labrum (aus BERTRAND 1972, nach RICHMOND 1920)

Abb. 13: *Ochthebius tuberculatus*, Labrum, dorsal (aus BERTRAND 1972, nach RICHMOND 1920)

Abb. 14: *Hydraena* sp., Mandibel (aus BERTRAND 1972, nach RICHMOND 1920)

Abb. 15: *Ochthebius tuberculatus*, Mandibel, dorsal (aus BERTRAND 1972, nach RICHMOND 1920)

Abdomen mit 10 von der Dorsalseite gut sichtbaren Segmenten (Abb. 1–3). 1.–9. Abdominalsegment dorsal und ventral mit breiten Skleriten. 9. Abdominalsegment mit einem Paar langer, beweglicher, zweigliedriger Urogomphi (Abb. 1–5). 10. Abdominalsegment als Pygopodium entwickelt, mit einem Paar kurzer, klauenförmig gebogener Haken (Abb. 4, 5).

Tabelle für die Gattungen (nach Böving & Henriksen 1938–1939, Bertrand 1972, Klausnitzer 1972)

1 Urogomphi so weit einander genähert, daß sie sich an der Basis gegenseitig fast berühren (Abb. 2). Galea und distaler Teil der Lacinia klauenförmig zugespitzt, ohne Härchen und Papillen (Abb. 22). Mandibeln mit schmaler Prostheca (Abb. 15). Auf jeder Seite des Vorderrandes des Labrums 4–5 gut entwickelte Borsten, die 2. ist zweigeteilt (Abb. 13), auf der Oberseite 2 Paar Borsten, das vordere Paar entspringt nahe der Mitte des Vorderrandes. 1. Antennenglied ohne Borsten, 2. ohne lange Borste in der Mitte (Abb. 11). Die Tergite und Sternite des 1.–6. Abdominalsegmentes sind lateral voneinander getrennt. *Ochthebius* Leach

1* Urogomphi deutlich weiter voneinander entfernt (Abb. 1, 3). Galea und Spitze der Lacinia abgerundet und an der Spitze mit dünnen Haaren oder einem Bündel Papillen (Abb. 21). Mandibeln mit breiter Prostheca (Abb. 14, 16). Zum Bau der Antenne, den Borsten auf der Oberseite des Labrums und den Sterniten und Tergiten des 1.–6. Abdominalsegmentes siehe 2 und 2*. 2

2 Galea und Distalteil der Lacinia merkbar getrennt voneinander und jedes mit einem Büschel Papillen an der Spitze. Alle 10–12 Borsten am Vorderrand der Oberlippe ohne Verzweigungen, einfach und zugespitzt (Abb. 20). Auf der Oberseite befinden sich 2 Paar Borsten, deren vorderes Paar näher an der Sagittallinie entspringt als das hintere Paar. Prostheca außen mit papillenartigen Fortsätzen, Rand zwischen Prostheca und Mola mit 1 oder 2 kleinen Zähnen (Abb. 16). Labium schmal. 2. Antennenglied mit langer Borste in der Mitte, terminal mit 1 oder 2 fingerförmigen, langen Anhängen (Abb. 7). Die Tergite und Sternite des

Abb. 16: *Limnebius papposus*, Mandibel (aus Böving & Henriksen 1938–1939)
Abb. 17: *Ochthebius minimus*, Mandibel, lateral (aus Henriksen 1973)
Abb. 18: *Hydraena* sp., Mandibelspitzen (aus Bertrand 1972, nach Richmond 1920)
Abb. 19: *Ochthebius tuberculatus*, Mandibelspitzen (aus Bertrand 1972, nach Richmond 1920)
Abb. 20: *Limnebius* sp., Labrum (aus Ghilarov 1964)
Abb. 21: *Hydraena* sp., Maxille (aus Bertrand 1972, nach Richmond 1920)
Abb. 22: *Ochthebius tuberculatus*, Maxille (aus Bertrand 1972, nach Richmond 1920)
Abb. 23: *Hydraena* sp., Labium (aus Bertrand 1972, nach Richmond 1920)
Abb. 24: *Ochthebius punctatus*, Labium, ventral (aus Bertrand 1972)
Abb. 25: *Ochthebius minimus*, Bein (aus Böving & Craighead 1931)

1.–6. Abdominalsegmentes berühren sich seitlich und bilden einen ± geschlossenen Ring. 10. Abdominalsegment klein (Abb. 3).

Limnebius Leach

2* Galea und Distalteil der Lacinia einander genähert, an der Basis verschmolzen, beide tragen an der Spitze dünne Härchen (Abb. 21). An jeder Seite des Vorderrandes des Labrums befinden sich 5 Borsten, von denen die 2. kammartig verzweigt ist (Abb. 12). Von den 4 Borsten auf der Oberseite befindet sich das vordere Paar annähernd in der Mitte. Prostheca außen mit kleinen Zähnchen, Rand zwischen Prostheca und Mola mit 2 kleinen Zähnen (Abb. 14). Labium breit und gerundet (Abb. 23). 1. Antennenglied annähernd so lang wie breit und ohne Borsten. 2. Antennenglied mit zwei kleinen Anschwellungen an der Innenseite, von deren jeder eine Borste entspringt, die distal einen langen fingerförmigen Anhang trägt (Abb. 10). Die Tergite und Sternite des 1.–6. Abdominalsegmentes sind durch eine schmale Membran deutlich voneinander getrennt. 10. Abdominalsegment groß (Abb. 1).

Hydraena Kugelann

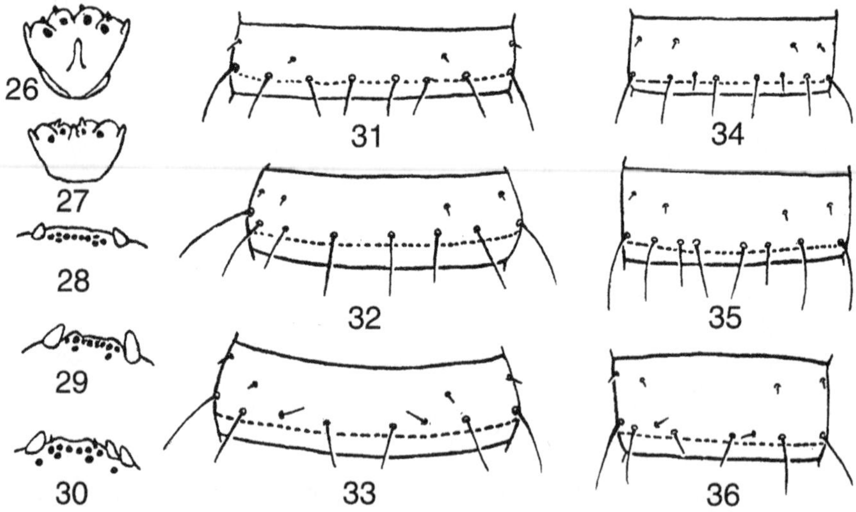

Abb. 26: *Hydraena britteni*, Ligula (aus Hrbacek 1944)
Abb. 27: *Hydraena palustris*, Ligula (aus Hrbacek 1944)
Abb. 28: *Hydraena palustris*, Labrum, Vorderrand (aus Hrbacek 1944)
Abb. 29: *Hydraena riparia*, Labrum, Vorderrand (aus Hrbacek 1944)
Abb. 30: *Hydraena britteni*, Labrum, Vorderrand (aus Hrbacek 1944)
Abb. 31: *Hydraena palustris*, 3. Abdominalsegment, dorsal (aus Hrbacek 1944)
Abb. 32: *Hydraena riparia*, 3. Abdominalsegment, dorsal (aus Hrbacek 1944)
Abb. 33: *Hydraena britteni*, 3. Abdominalsegment, dorsal (aus Hrbacek 1944)
Abb. 34: *Hydraena palustris*, 8. Abdominalsegment, dorsal (aus Hrbacek 1944)
Abb. 35: *Hydraena riparia*, 8. Abdominalsegment, dorsal (aus Hrbacek 1944)
Abb. 36: *Hydraena britteni*, 8. Abdominalsegment, dorsal (aus Hrbacek 1944)

1. Gattung: *Hydraena* KUGELANN

In Mitteleuropa kommen ca. 30 Arten aus dieser Gattung vor, deren Larven in fließenden, seltener in stehenden Gewässern leben. Eine Bestimmungstabelle für die Larven kann vorläufig nicht vorgelegt werden. Als ein Ansatz zur Bestimmung kann die Arbeit von HRBACEK (1944) angesehen werden, der 3 Arten gezüchtet hat, die wie folgt von ihm unterschieden werden (auf den Abdominalsegmenten ist nur die hintere aus 8 Borsten bestehende Reihe entwickelt):

H. palustris ERICHSON	*H. riparia* KUGELANN	*H. britteni* JOY
Borsten des 3. Abdominalsegments von der Mitte nach den Seiten immer länger werdend. Nur die 1. und 2. Borste sind etwa gleich lang (Abb. 31).	2. Borste (von der Mitte gezählt) des 3. Abdominalsegments kürzer als die 1., wie diese nach hinten gerichtet (Abb. 32).	2. Borste (von der Mitte gezählt) des 3. Abdominalsegments kürzer als die 1. und gegen die Mitte gerichtet (Abb. 33).
Die 2. Borste des 8. Abdominalsegmentes ist an der Basis etwas mehr nach oben gestellt. Sie ist kürzer und dünner als die 1. Borste (Abb. 34).	Die 2. Borste des 8. Abdominalsegments ist kürzer, aber gleich stark wie die 1. Die Entfernung zwischen den beiden ersten Borsten entspricht etwa der Entfernung zwischen der 1. und der 3. Borste (Abb. 35).	Die 2. Borste des 8. Abdominalsegments ist kürzer, aber gleich stark wie die 1. Die Entfernung zwischen den beiden ersten Borsten ist länger als die Entfernung zwischen der 1. und der 3. Borste (Abb. 36).
Ligula breit, ohne Dörnchen in der unteren Hälfte (Abb. 27).	Ligula etwas schmäler und länger als bei *H. palustris*, mit einem Dörnchen in der unteren Hälfte. Die Fortsätze am Vorderrand sind zweimal so lang wie breit.	Ligula etwas schmäler und länger als bei *H. palustris*, mit einem Dörnchen in der unteren Hälfte. Die Fortsätze am Vorderrand sind nur wenig länger wie breit (Abb. 26).
Der Vorderrand des Labrums ist undeutlich dreilappig. Der kleine Seitenzahn ist robust gebaut (Abb. 28).	Der Vorderrand des Labrums ist deutlich dreilappig. Der kleine Seitenzahn ist etwas größer und schlanker als bei *H. palustris* (Abb. 29).	Der Vorderrand des Labrums ist scheinbar zweilappig, jeder dieser beiden Lappen besteht aber wiederum aus drei Lappen. An der Seite sind jeweils 2 kleine und schmale Zähnchen vorhanden (Abb. 30).

2. Gattung: *Ochthebius* LEACH

In Mitteleuropa kommen ca. 25 Arten aus dieser Gattung vor. Sie leben in fließenden und stehenden Gewässern. Eine Bestimmungstabelle für die Arten kann vorläufig nicht vorgelegt werden. Unser Wissen über die *Ochthebius*–Larven beruht im wesentlichen auf der Kenntnis von *O. exsculptus* (GERMAR) (BEIER & POMEISL 1959) sowie *O. minimus* (F.) (= *impressus* MARSHAM) (BÖVING & HENRIKSEN 1938–1939) und die nordamerikanische Art *O. tuberculatus* LECONTE (RICHMOND 1920, BERTRAND 1972) (Abb. 2, 4, 8, 9, 13, 15, 17, 22, 25).

3. Gattung: *Limnebius* LEACH

In Mitteleuropa kommen in fließenden und stehenden Kleingewässern ca. 10 Arten aus dieser Gattung vor. Eine Bestimmungstabelle für die Larven kann vorläufig nicht vorgelegt werden. Nur die Larven von *L. papposus* MULSANT und *L. truncatellus* THUNBERG wurden ausreichend beschrieben (BÖVING & HENRIKSEN 1938–1939) (Abb. 3, 5, 7, 16, 20).

Literatur

BEIER, M. & E. POMEISL (1959): Einiges über Körperbau und Lebensweise von *Ochthebius exsculptus* GERM. und seiner Larve (Col., Hydroph., Hydraen.). – Z. Morphol. kol. 48: 72–88.

BERTRAND, H. (1966): Clé de détermination des genres de larves d'Hydrophilides holarctiques. – Can. Nat. 22: 85–88.

BERTRAND, H. (1972): Larves et nymphes des Coléoptères aquatiques du globe. – Bull. Soc. ent. France 78: 89–97.

BÖVING, A. G. & K. CRAIGHEAD (1931): An illustrated synopsis of the principal larval forms of the order Coleoptera. – Ent. Amer. 11 (N.S.): 1–351.

BÖVING, A. G. & K. HENRIKSEN (1938–1939): The developmental stages of the danish Hydrophilidae. – Vidensk. Meddel. Dansk naturh. Foren. 102: 27–162.

HENRIKSEN, K. L. (1973): Vandkaerer (Palpicornia: Hydrophilidae), Larverne. In: V. Hansen, Biller IX, Danmarks Fauna. – Kobenhavn.

HRBACEK, J. (1944): O larvach rody *Hydraena*. – Sbornik ent. odd. Zem. Musea Praze, 21–22, 84–89.

HRBACEK, J. (1950): On the morphology and function of the antennae of the central European Hydrophilidae. – Trans. Royal. Ent. Soc. London 101: 239–256.

KLAUSNITZER, B. (1977): Bestimmungstabellen für die Gattungen der aquatischen Coleopteren-Larven Mitteleuropas. – Beitr. Ent. 27: 145–192.

RICHMOND, E. A. (1920): Studies on the biology of the aquatic Hydrophilidae. – Bull. American Mus. Nat. Hist. 42: 1–94.

10. Familie: Spercheidae

Abb. 1–5

Charakteristik der Familie nach larvalen Merkmalen:

Körperlänge (letztes Stadium) etwa 8 mm. Körper kurz, oval, nach hinten verjüngt (Abb. 1), Oberseite gewölbt, Unterseite flach, dicht behaart. Dorsal befinden sich quere Warzenreihen (10 Warzen mit einer oder mehreren kurzen Borsten) und lateral große, konische, mit Borsten besetzte Fortsätze (Abb. 1). Nur das Pronotum mit einem deutlichen Sklerit.

An jeder Seite der Kopfkapsel befinden sich 5 Stemmata. Epicranialnaht fehlt (Abb. 1). Antennen lang und schlank. Sie inserieren mehr dem Seitenrand der Kopfkapsel genähert als die Mandibeln. 1. Antennenglied etwa so lang wie das 2. und 3. zusammen, diese beiden Glieder etwa gleichlang (Abb. 1). An den Antennengliedern sind keine Anhänge vorhanden, nur einige kurze und vereinzelte Borsten. Labrum und Clypeus miteinander verschmolzen, Spuren der Clypeolabralnaht sind jedoch vorhanden, die Grenze zum Frontale ist undeutlich (Abb. 1). Es ist eine breite Gula vorhanden, die so lang wie das Mentum ist (Abb. 2).

Mandibeln lang, Incisivus zweispitzig, Innenseite der Mandibeln tief und breit gefurcht, ventraler Rand mit einer langen Reihe kräftiger beweglicher Borsten, ohne Prostheca und Mola (Abb. 3). Lacinia breit, ausgehöhlt und mit einer doppelten Reihe kräftiger beweglicher Borsten besetzt (Abb. 4). Palpifer als separates Glied ausgebildet. Auf ihm entspringt die kurze, spitze, fingerförmige Galea. Maxillarpalpen dreigliedrig. Mentum birnenförmig, Seitenrand mit zahlreichen langen Borsten (Abb. 2). Labialpalpen klein, undeutlich zweigliedrig. Ligula schmal, konisch (Abb. 2).

Beine lang (Abb. 5). Abdominalsegmente ohne deutliche Sklerite. Abdomen mit 9 von der Dorsalseite deutlich sichtbaren Segmenten (Abb. 1), das 10. Abdominalsegment ist stark reduziert, ohne Urogomphi. Stigmen des 8. Abdominalsegment weitgehend reduziert, die der anderen Segmente fehlen.

In Mitteleuropa kommt nur die Gattung *Spercheus* Kugelann vor.

1. Gattung: *Spercheus* Kugelann

In Mitteleuropa lebt nur *Spercheus emarginatus* (Schaller) (Abb. 1–5), dessen Larven in eutrophen stehenden Gewässern zu finden sind, wo sie ihre Nahrung an der Unterseite der Wasseroberfläche aufnehmen.

Literatur

Böving, A. G. & K. Craighead (1931): An illustrated synopsis of the principal larval forms of the order Coleoptera. – Ent. Amer. 11 (N. S.): 1–351.

Böving, A. G. & K. Henriksen (1938–1939): The developmental stages of the danish Hydrophilidae. – Vidensk. Meddel. Dansk naturh. Foren. 102: 27–162.

Klausnitzer, B. (1977): Bestimmungstabellen für die Gattungen der aquatischen Coleopteren-Larven Mitteleuropas. – Beitr. Ent. 27: 145–192.

Rothmeier, G. & M. A. Jäch (1986): Spercheidae, the only filter – feeders among Coleoptera. – Proc. IV. Europ. Congr. Ent. Amsterdam: 133–137.

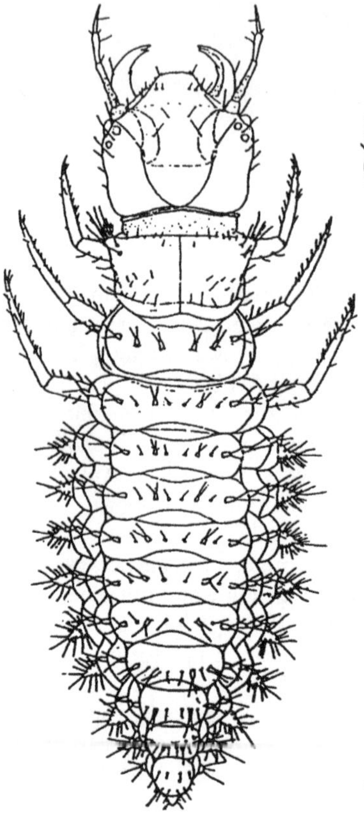

1

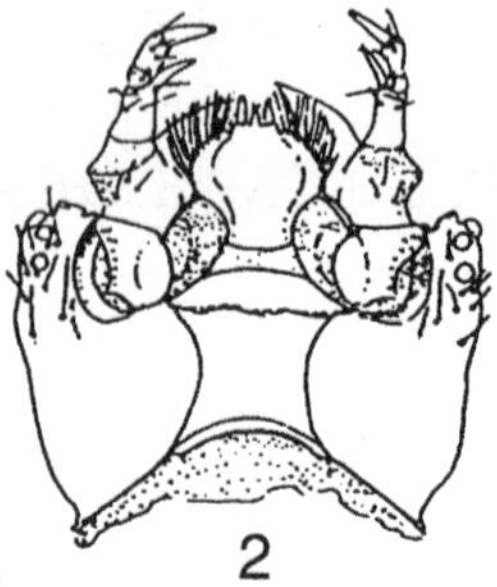

2

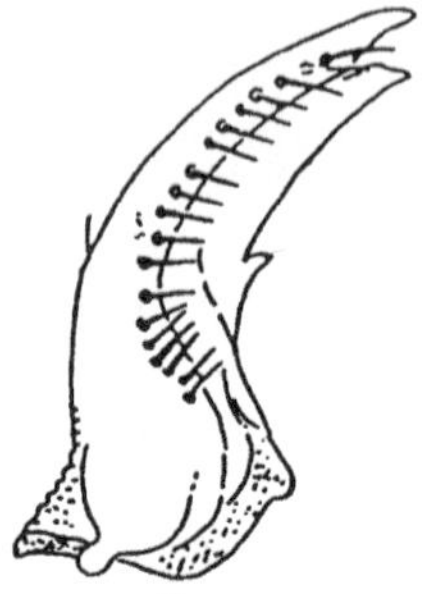

3

4

5

Abb. 1: *Spercheus emarginatus*, Habitus, dorsal (aus HENRIKSEN 1972)
Abb. 2: *Spercheus emarginatus*, Kopfkapsel, ventral (aus BÖVING & HENRIKSEN 1938–1939)
Abb. 3: *Spercheus emarginatus*, Mandibel (aus BÖVING & HENRIKSEN 1938–1939)
Abb. 4: *Spercheus emarginatus*, Maxille (aus BÖVING & HENRIKSEN 1938–1939)
Abb. 5: *Spercheus emarginatus*, Bein (aus BÖVING & HENRIKSEN 1938–1939)

11. Familie: Hydrochidae

Abb. 1–7

Charakteristik der Familie nach larvalen Merkmalen:

Körper langgestreckt, zylindrisch (Abb. 1). Die Thoraxsegmente sind etwa gleichgroß, auch das 1.–7. Abdominalsegment. Die Sklerite der ersteren sind durch eine Längsnaht voneinander getrennt.

An jeder Seite der Kopfkapsel befinden sich 6 Stemmata. Frontalnähte einander nicht berührend, sie erreichen getrennt das Hinterhauptsloch, Frontale dadurch hinten abgestutzt (Abb. 1). Gula annähernd quadratisch (Abb. 7). Clypeolabrum kurz und breit (Abb. 4). 1. Antennenglied breit und kräftig, 2. halb so dick wie das 1. und etwa so lang wie breit. 3. Antennenglied schlank, mit feinen Sensillen an der Spitze. Neben ihm entspringt ein nahezu gleichgroßer Sinneskegel (Abb. 3).

Mandibeln symmetrisch, Mandibelspitze gebogen, lang und schmal, aber nicht spitz endend, sondern in einer weichhäutigen Fläche, die eine gebogene Borste trägt (Abb. 5). Schneide mit einem zweispitzigen Retinaculum, Basis molaähnlich, mit Borsten dicht bedeckt. Stipes groß, mit einer rudimentären, warzenförmigen Lacinia, die sich als behaarter Hügel zeigt. Galea fehlend. Palpifer groß und frei, in der Mitte mit zahlreichen Tuberkeln bedeckt (Abb. 6). Maxillarpalpen dreigliedrig, an der Spitze mit Sensillen (Abb. 6). Labium basal mit einem längeren Teil, der aus dem Submentum und Mentum besteht, die nicht voneinander getrennt sind. Das Prämentum ist annähernd zylindrisch und so lang wie breit. Es trägt die kurzen, zweigliedrigen Labialpalpen (Abb. 7). Ligula fehlt.

Thoraxsegmente und Abdominalsegmente mit weichen, dorsalen und ventralen Skleriten, die sich seitlich nicht berühren. Abdomen mit 8 deutlichen Segmenten, 9. und vor allem 10. Abdominalsegment sehr klein und in eine große Atemkammer mit großen offenen Stigmen am Ende des 8. Abdominalsegmentes eingebettet (Abb. 1). Das Tergit des 8. Abdominalsegment bedeckt die Atemkammer, es ist in 4 lappenartige Fortsätze ausgezogen (Abb. 2), deren jedem eine lange Borste entspringt. An den Pleuren entspringt jederseits ein Anhang („Procercus") mit einer langen Borste. Ähnliches trifft auch für das 9. Abdominalsegment zu („Acrocercus"). 1.–7. Abdominalsegment mit kleinen biforousen Stigmen in den Pleuren. Urogomphi zweigliedrig, auf dem dreilappigen Hinterrand des 9. Tergits entspringend. Das 1. Glied ist kuppelförmig, das 2. langgestreckt, an der Spitze mit einer langen Borste (Abb. 1).

In Mitteleuropa kommt nur die Gattung *Hydrochus* Leach vor.

1. Gattung: *Hydrochus* Leach

In Mitteleuropa kommen 8 Arten aus dieser Gattung vor, die in stehenden Gewässern leben. Die Aufnahme in die Bestimmungstabelle der Familien beruht auf der Kenntnis der Larven von *H. squamifer* Leconte aus Nordamerika, wie sie durch Böving & Henriksen (1938–1939) bzw. Richmond (1920) übermittelt wurde und *H. angustatus* Germar (Abb. 1–7).

Literatur

Böving, A. G. & K. Craighead (1931): An illustrated synopsis of the principal larval forms of the order Coleoptera. – Ent. Amer. 11 (N.S.): 1–351.

Böving, A. G. & K. Henriksen (1938–1939): The developmental stages of the danish Hydrophilidae. – Vidensk. Meddel. Dansk naturh. Foren. 102: 27–162.

KLAUSNITZER, B. (1977): Bestimmungstabellen für die Gattungen der aquatischen Coleopteren-Larven Mitteleuropas. – Beitr. Ent. 27: 145–192.
RICHMOND, E. A. (1920): Studies on the biology of the aquatic Hydrophilidae. – Bull. American Mus. Nat. Hist. 42: 1–94.

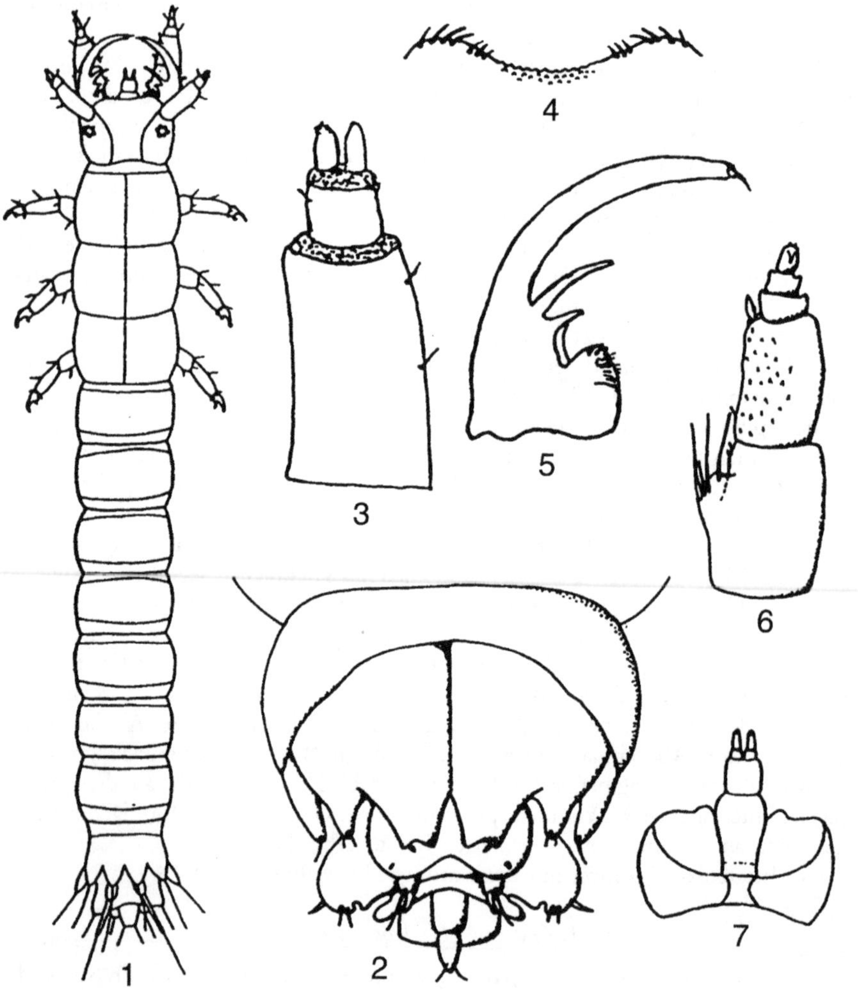

Abb. 1: *Hydrochus squamifer*, Habitus, dorsal (aus HENRIKSEN 1973, nach RICHMOND 1920)
Abb. 2: *Hydrochus angustatus*, 8./9. Abdominalsegment, dorsal (aus BERTRAND 1972)
Abb. 3: *Hydrochus squamifer*, Antenne (aus BERTRAND 1972, nach RICHMOND 1920)
Abb. 4: *Hydrochus squamifer*, Vorderrand des Clypeolabrums (aus BERTRAND 1972)
Abb. 5: *Hydrochus squamifer*, Mandibel (aus BERTRAND 1972, nach RICHMOND 1920)
Abb. 6: *Hydrochus squamifer*, Maxille (aus BERTRAND 1972)
Abb. 7: *Hydrochus squamifer*, Ventralseite der Kopfkapsel mit Labium (aus BERTRAND 1972, nach RICHMOND 1920)

12. Familie: Hydrophilidae

Abb. 1–241

VOGT & LOHSE (1971) unterteilen in Band 3 des FREUDE – HARDE – LOHSE die Hydrophilidae in die Unterfamilien Sphaeridiinae und Hydrophilinae. Dieses Konzept wird auch im 1. Supplementband von HEBAUER (1989) beibehalten. SPANGLER in STEHR (1991) unterscheidet bei den Hydrophilidae 9 Unterfamilien, von denen 8 in Mitteleuropa vorkommen: Berosinae, Chaetarthriinae, Hydrochinae, Helophorinae, Hydrobiinae, Hydrophilinae, Spercheinae und Sphaeridiinae. Die Hydrochinae und Spercheinae sind hier als selbständige Familien aufgefaßt worden, ansonsten wird der Gliederung von SPANGLER gefolgt.

Charakteristik der Familie nach larvalen Merkmalen:

Körper langgestreckt (Abb. 1–9, 50, 143, 157, 165, 173, 182, 183, 193, 209, 216, 217, 223, 225, 226, 235), im Querschnitt ± abgeplattet. Kutikula wenig sklerotisiert, mit Ausnahme der Tergite des Thorax und bei einigen Arten kleiner Sklerite auf dem Abdomen.

Kopf prognath, meist ± abgeplattet. Nähte der Kopfkapsel meist ± deutlich entwickelt (Abb. 13, 15, 17, 19, 53, 144, 158, 175, 184, 194, 218). Labrum und Clypeus miteinander verschmolzen. Das Clypeolabrum ist am Vorderrand oft gezähnt (Abb. 22–24, 68–91, 148, 149, 160, 168, 175, 185, 186, 196, 210, 229, 236). Es sind gewöhnlich 6 Paar Stemmata vorhanden (Abb. 53, 149, 158, 175, 227), manchmal weniger. Antennen dreigliedrig (Abb. 15, 25–27, 92–112, 144, 153, 161, 169, 176, 188, 197, 211, 230, 237). Neben dem 3. Antennenglied entspringt fast immer ein Sinneskegel, der annähernd die gleiche Größe wie das 3. Antennenglied hat. Die Antennen entspringen weiter vom Seitenrand der Kopfkapsel entfernt als die Mandibeln (Abb. 12, 13, 15, 17, 19, 53, 144, 158, 175, 227).

Mandibeln kräftig, meist ± stark gebogen, Incisivus ungeteilt, Innenrand mit 1–3 Zähnen (Retinaculum) (Abb. 28–32, 65–67, 148, 149, 151, 152, 162, 170, 189, 190, 198, 199, 212, 213, 218, 223, 233, 238, 239), manchmal sind die Innenkanten mit feinen Zähnen besetzt. Oft sind die Mandibeln asymmetrisch (Abb. 28–32, 177, 178, 198, 199, 233, 238, 239). Cardo klein, Stipes gewöhnlich lang und vergrößert, auf der Innenseite vielfach mit kräftigen Borsten (Abb. 33, 35–37, 163, 171, 179, 191, 200, 214, 240). Lacinia rudimentär, Galea klein, auf dem Palpifer entspringend (Abb. 54, 154, 163, 171, 179, 191, 200, 214, 231, 240). Ligula vorhanden (Abb. 34, 37, 155, 164, 192, 201, 215, 232) oder fehlend (Abb. 54, 180, 241). Labialpalpen zweigliedrig (Abb. 155, 164, 192, 201, 215, 232, 241).

Tergite des Prothorax meist ± kräftig sklerotisiert (Abb. 1, 2, 4, 6, 8, 50, 146, 157, 165, 167, 173, 182, 183, 193, 209, 222, 225, 226), die des Meso- und Metathorax deutlich kleiner und schwächer ausgebildet. Bei den substratbewohnenden Arten sind die Beine ± reduziert (Abb. 3, 5, 7, 9–11, 36, 39, 139–142, 166, 216, 217, 220), sonst (wasserlebende Arten) mit der vollen Gliederzahl (Abb. 156, 187, 234).

Abdomen aus 10 Segmenten bestehend, von denen meist nur 8 von der Dorsalseite aus zu sehen sind (Ausnahme: *Helophorus* 9 Segmente, Abb. 50). Ein wichtiges Kennzeichen ist die Atemkammer am Abdomenende (Abb. 49, 224), die die vergrößerten Stigmen des 8. Abdominalsegmentes enthält (fehlt bei *Berosus* und

Helophorus, auch bei den Hydrochidae vorhanden). Einige Gattungen mit seitlich herausragenden Tracheenkiemen am Abdomen (Abb. 223, 235). Kutikula mit zahlreichen Falten und lappigen Vorsprüngen (Abb. 6, 7), schwach behaart oder lederartig. Bei *Enochrus* sind auf dem 3.–7. Abdominalsegment Extremitäten vorhanden (Abb. 202–207). Urogomphi meist kurz (Abb. 46–48, 208, 221), aus 1 oder 2 Gliedern bestehend (Ausnahme *Helophorus* 3 Glieder, Abb. 50, 52, 58–64). Stigmen biforous (Abb. 129–138), am Mesothorax und am 1.–8. Abdominalsegment vorhanden (die des 8. Abdominalsegmentes sind meist vergrößert):

Die Larven der meisten Gattungen dieser Familie leben im Wasser, wobei stehende Gewässer gegenüber fließenden deutlich bevorzugt werden. vor allem die Larven der Sphaeridiinae leben in Dung und unter faulender Pflanzensubstanz.

Tabelle für die Unterfamilien (nach Böving & Henriksen 1938–1939, Crowson 1967, Bertrand 1972, Klausnitzer 1977)

1 Beine kurz, in der Regel ohne Klaue oder ganz fehlend; wenn vollständig vorhanden, dann sehr kurz (Abb. 3, 5, 7, 9–11, 38–40, 217, 220). Mittelteil des Vorderrandes des Clypeolabrums höchstens ein- bis dreizähnig (Abb. 21–24, 218). Abdomen am Ende mehr oder weniger abgestutzt (Abb. 1, 2, 4, 6, 8). Stemmata meist von verschiedener Größe, aber so klein und eng zusammenstehend, daß scheinbar nur ein Stemmatum auf jeder Seite vorhanden ist. (Abb. 10, 11, 15, 17, 19, 21, 218). 2

1* Beine wohl entwickelt, stets mit Klaue (Abb. 55, 156, 187, 207, 209, 222, 234). Wenn die Beine von der Dorsalseite nicht sichtbar sind, trägt der Mittelteil des Clypeusvorderrandes mehr als drei Zähne. Wenn das Abdomen ausgesprochen abgestutzt ist, ist die Ligula wesentlich kürzer als die Labialpalpen. Stemmata gleich groß, weiter auseinanderstehend, jedes einzelne deutlich sichtbar. (Abb. 145, 148, 158, 175, 184, 194, 227). . 3

2 Mandibeln symmetrisch, jede mit 2 gut ausgebildeten Retinaculumzähnen (Abb. 218). Stemmata besonders eng beeinander stehend, scheinbar ein geschlossenes punktförmiges Auge formend. Kopf etwas nach der Dorsalseite erhoben (Abb. 216). Chaetarthriinae (S. 60)

Abb. 1: *Coelostoma orbiculare*, Habitus, dorsal (aus Böving & Henriksen 1938–1939)
Abb. 2: *Sphaeridium scarabaeoides*, Habitus, dorsal (aus Stehr 1991)
Abb. 3: *Sphaeridium scarabaeoides*, Habitus, ventral (aus Moulins 1959)
Abb. 4: *Cercyon analis*, Habitus, dorsal (aus Böving & Henriksen 1938–1939)
Abb. 5: *Cercyon* sp., Habitus, ventral (aus Moulins 1959)
Abb. 6: *Cryptopleurum* sp., Habitus, dorsal (aus Böving & Henriksen 1938–1939)
Abb. 7: *Cryptopleurum* sp., Habitus, ventral (aus Böving & Henriksen 1938–1939)
Abb. 8: *Megasternum obscurum*, Habitus, dorsal (aus Moulins 1959)
Abb. 9: *Megasternum obscurum*, Habitus, ventral (aus Moulins 1959)

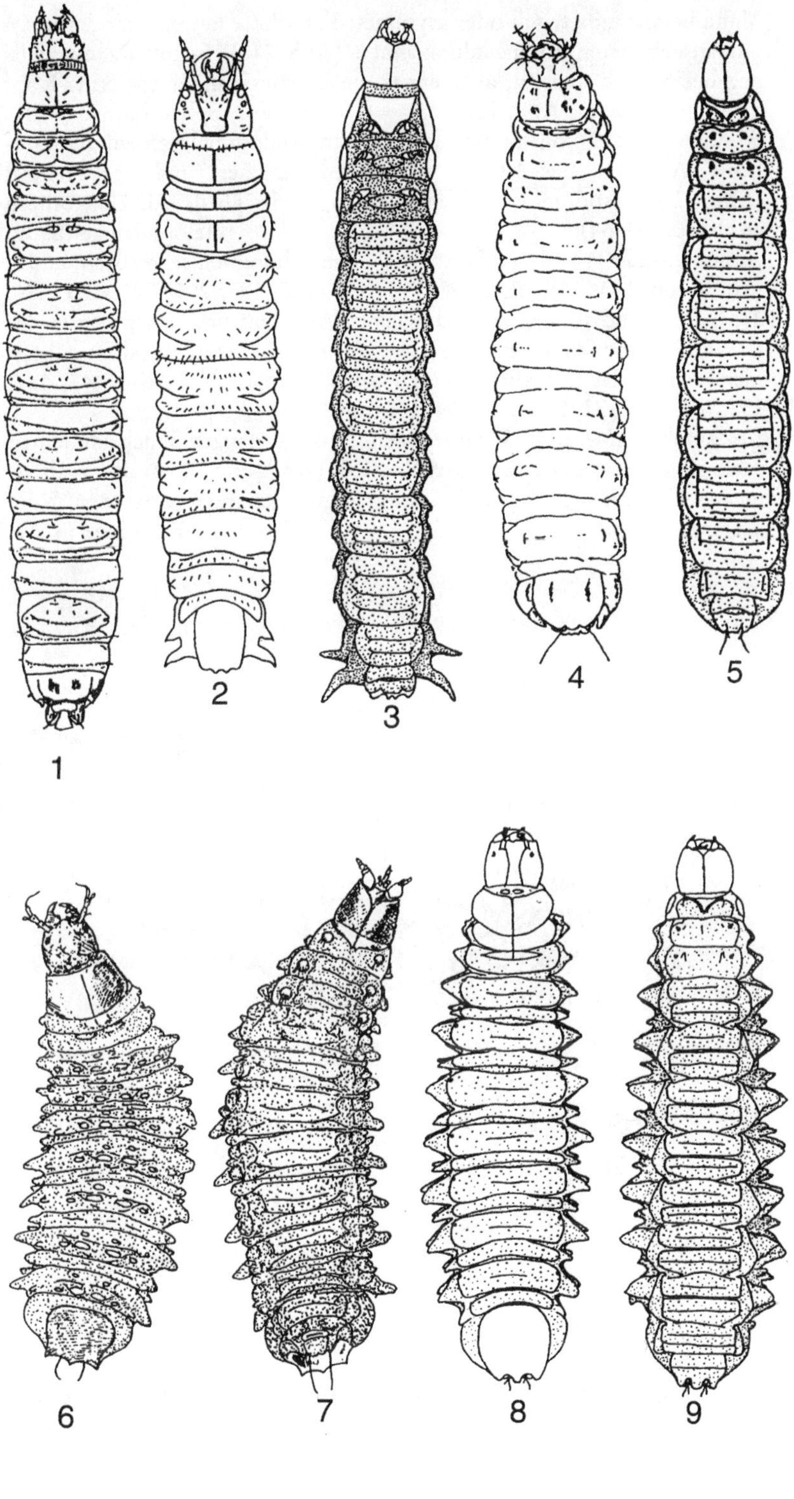
1
2
3
4
5
6
7
8
9

2* Mandibeln symmetrisch oder asymmetrisch, ohne, mit einem oder mit 3 gut ausgebildeten Retinaculumzähnen (Abb. 218). Stemmata ebenfalls eng beeinander stehend, aber etwas weiter voneinander entfernt. Kopf deutlich prognath (Abb. 10, 11). Sphaeridiinae (S. 31)

3 Abdomen aus 9 vollständig entwickelten Abdominalsegmenten bestehend (Abb. 50), das 10. ist weitgehend reduziert und liegt ventral (Abb. 52). 9. Abdominalsegment mit langen dreigliedrigen Urogomphi (Abb. 50, 58–64). Helophorinae (S. 35)

3* Abdomen aus 8 vollständig entwickelten Abdominalsegmenten bestehend (Abb. 143, 157, 165, 167, 173, 182, 183, 193, 209, 223, 225, 226, 235), das 9. und 10. liegen auf der Ventralseite und sind ± reduziert oder zu einer Stigmenkammer umgebildet (Abb. 224). Letztes Abdominalsegment ohne oder mit kurzen eingliedrigen Urogomphi (Abb. 143, 147, 157, 165, 167, 173, 182, 208, 209, 221, 224). 4

4 Abdominalsegmente 1–7 mit je einem Paar sehr langen Tracheenkiemen (halb so lang wie der Körper) (Abb. 235). Das 9. und 10. Abdominalsegment sehr stark zurückgebildet, keine Stigmenkammer vorhanden. Körperlänge 5–7 mm. Berosinae (S. 61)

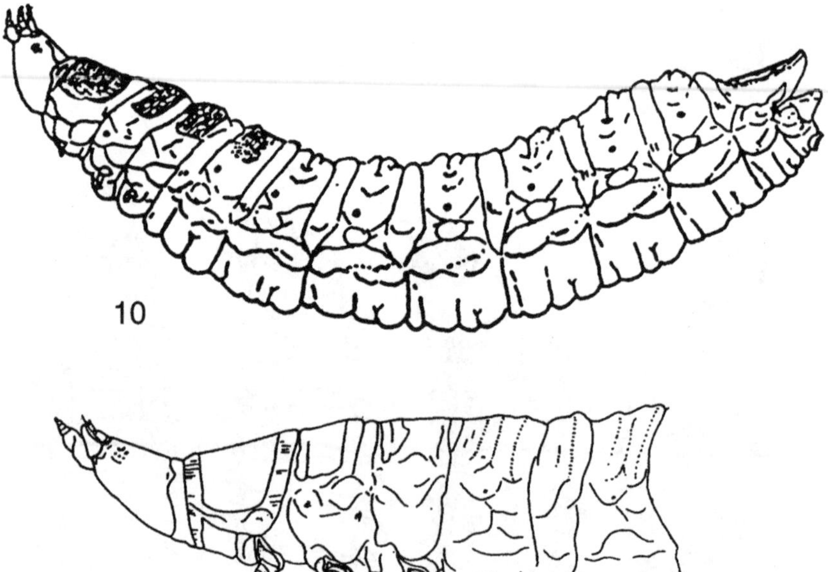

10

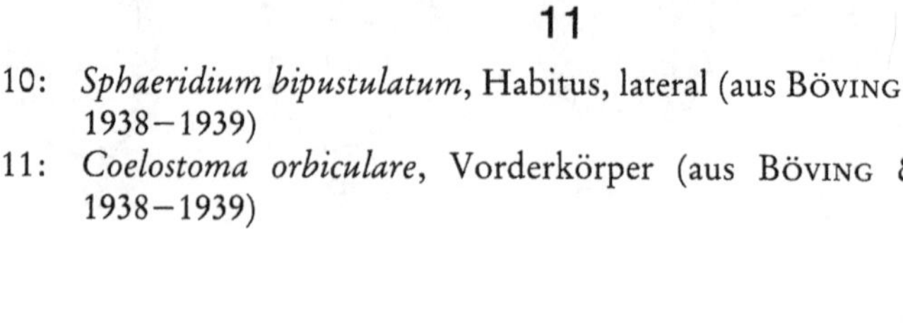

11

Abb. 10: *Sphaeridium bipustulatum*, Habitus, lateral (aus Böving & Henriksen 1938–1939)

Abb. 11: *Coelostoma orbiculare*, Vorderkörper (aus Böving & Henriksen 1938–1939)

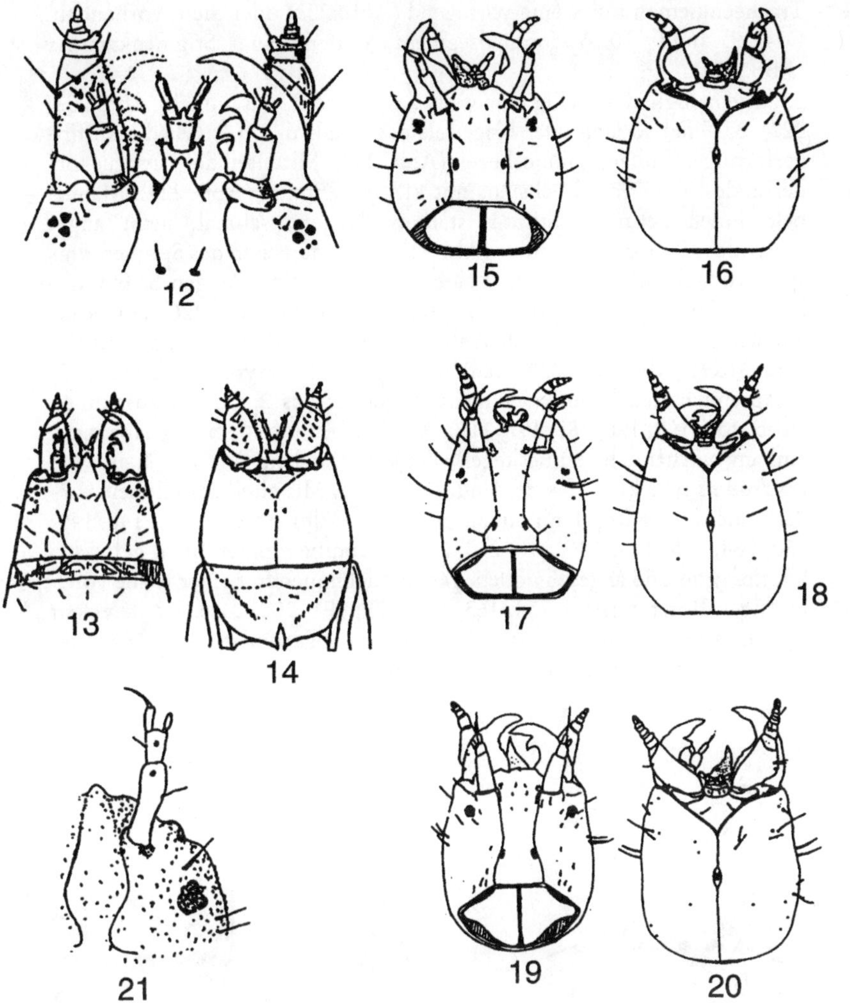

Abb. 12: *Coelostoma orbiculare*, Kopfkapsel, Vorderteil, dorsal (aus Böving & Henriksen 1938–1939)
Abb. 13: *Coelostoma orbiculare*, Kopfkapsel, dorsal (aus Böving & Henriksen 1938–1939)
Abb. 14: *Coelostoma orbiculare*, Kopfkapsel, ventral (aus Böving & Henriksen 1938–1939)
Abb. 15: *Sphaeridium* sp., Kopfkapsel, dorsal (aus Moulins 1959)
Abb. 16: *Sphaeridium* sp., Kopfkapsel, ventral (aus Moulins 1959)
Abb. 17: *Cercyon* sp., Kopfkapsel, dorsal (aus Moulins 1959)
Abb. 18: *Cercyon* sp., Kopfkapsel, ventral (aus Moulins 1959)
Abb. 19: *Megasternum obscurum*, Kopfkapsel, dorsal (aus Moulins 1959)
Abb. 20: *Megasternum obscurum*, Kopfkapsel, ventral (aus Moulins 1959)
Abb. 21: *Cryptopleurum* sp., Kopfkapsel, rechte Seite, dorsal (aus Böving & Henriksen 1938–1939)

4* Tracheenkiemen nur wenig vorragend (Abb. 222) oder nicht vorhanden. Das 9. und 10. Abdominalsegment bilden eine Stigmenkammer (Abb. 112). 5

5 1. Antennenglied auffällig länger als das 2. und 3. zusammen (Abb. 222, 227). 3. Glied so lang oder länger als das 2. Glied, am 2. Glied kein fingerförmiger Anhang (Sinneskegel) (Abb. 230). Mittelteil des Clypeusvorderrandes ohne oder höchstens mit kleinen Zähnen (Abb. 229). Mandibeln innen gefurcht. Stipites stark verlängert, schmal, nicht angeschwollen, Beborstung anders (Abb. 231). Vorderecken des Submentums spitz vorstehend (Abb. 232). Beine lang, Femur mit langen Schwimmhaaren (Abb. 226, 234). Mit (Abb. 222) oder ohne (Abb. 226) Tracheenkiemen. Mit Prostyli (ventrale Anhänge des 10. Abdominalsegmentes vor dem After) (Abb. 222, 224–226). Hydrophilinae (S. 60)

5* 1. Antennenglied kaum oder nicht länger als das 2. und 3. zusammen (Abb. 153, 169, 176, 188, 197, 211). Am 2. Glied meist ein fingerförmiger Anhang vorhanden (Sinneskegel), der etwa so lang wie das 3. ist (bei *Hydrobius* sehr klein, fast fehlend, Abb. 161). Mittelteil des Clypeusvorderrandes in der Regel mit gut ausgeprägten Zähnen (Abb. 144, 148, 149, 160, 168, 175, 185, 186, 196, 210, 218). Mandibeln innen nicht gefurcht. Stipites groß und angeschwollen, gewöhnlich innen mit einer Reihe von 5 kräftigen Borsten (Abb. 154, 163, 171, 179, 191, 200, 214). Vorderecken des Submentums nicht vorstehend, sondern abgerundet (Abb. 155, 164, 172, 180, 192, 201, 215). Beine viel kürzer, Femur ohne fransenartige

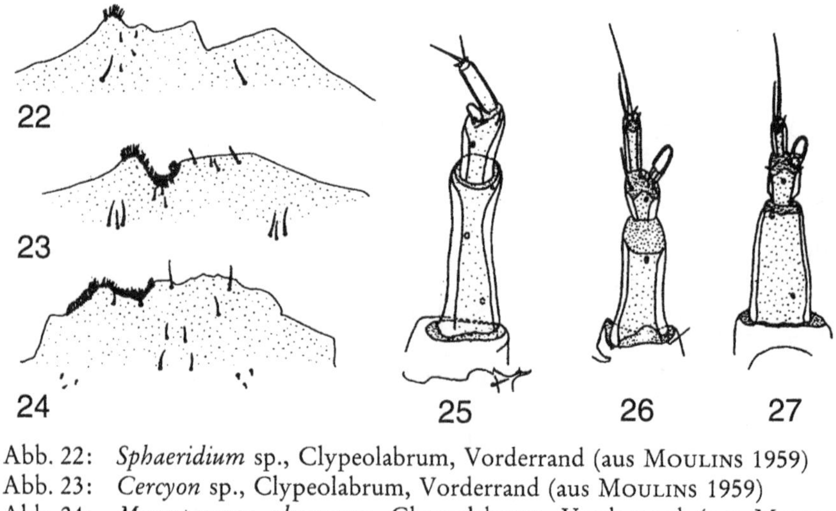

Abb. 22: *Sphaeridium* sp., Clypeolabrum, Vorderrand (aus MOULINS 1959)
Abb. 23: *Cercyon* sp., Clypeolabrum, Vorderrand (aus MOULINS 1959)
Abb. 24: *Megasternum obscurum*, Clypeolabrum, Vorderrand (aus MOULINS 1959)
Abb. 25: *Sphaeridium* sp., Antenne (aus MOULINS 1959)
Abb. 26: *Cercyon* sp., Antenne (aus MOULINS 1959)
Abb. 27: *Megasternum obscurum*, Antenne (aus MOULINS 1959)

Schwimmhaare (Abb. 156, 187). Tracheenkiemen und Prostyli (ventrale Anhänge des 10. Abdominalsegmentes vor dem After) fehlen.

Hydrobiinae (S. 48)

1. Unterfamilie: Sphaeridiinae

Die Larve von *Dactylosternum abdominale* F. ist bisher nicht bekannt, so daß die Gattung *Dactylosternum* WOLLASTON nicht in die Bestimmungstabelle aufgenommen werden konnte. Die Gattung *Chaetarthria* STEPHENS (Chaetarthriinae) wird in der folgenden Tabelle berücksichtigt, da sie unter Umständen wegen der kurzen Beine zunächst für eine Sphaeridiinenlarve gehalten werden könnte.

Tabelle für die Gattungen (nach BÖVING & HENRIKSEN 1938–1939, BERTRAND 1972, KLAUSNITZER 1977)

1 Beine fehlend oder stark reduziert (Abb. 5, 39). Mandibeln asymmetrisch (Abb. 29). 3. Abdominalsegment 2 bis 2,5mal so breit wie Kopfkapsel (Abb. 4). Abdominalsegmente mit glatten Rändern, ohne deutliche Sklerite (Abb. 4). Körperlänge 5–6 mm. *Cercyon* LEACH (S. 34)

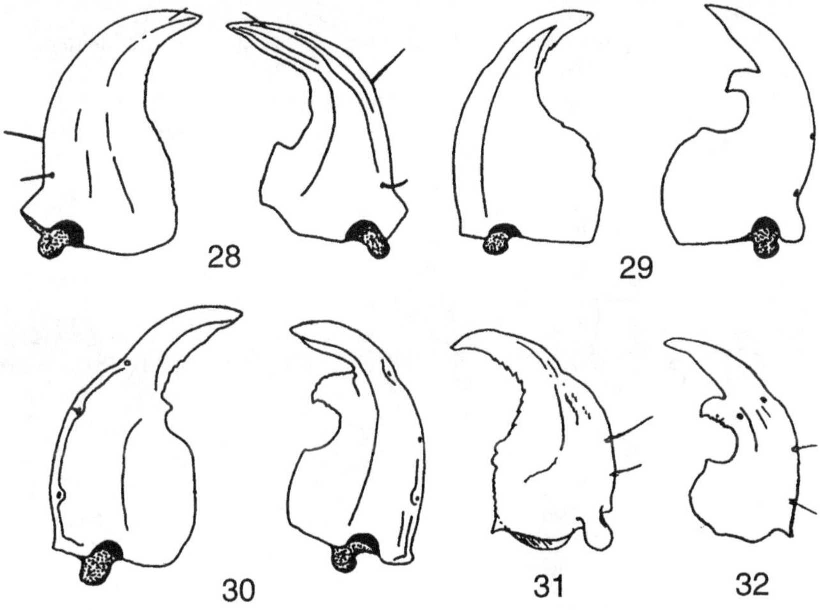

Abb. 28: *Sphaeridium* sp., Mandibeln (aus MOULINS 1959)
Abb. 29: *Cercyon* sp., Mandibeln (aus MOULINS 1959)
Abb. 30: *Megasternum obscurum*, Mandibeln (aus MOULINS 1959)
Abb. 31: *Cryptopleurum* sp., linke Mandibel (aus BÖVING & HENRIKSEN 1938–1939)
Abb. 32: *Cryptopleurum* sp., rechte Mandibel (aus BÖVING & HENRIKSEN 1938–1939)

1* Beine vorhanden (Abb. 10, 11, 38, 40, 217, 220), bei einigen Gattungen sehr klein (Abb. 7, 9). Mandibeln annähernd symmetrisch (Abb. 12) oder asymmetrisch (Abb. 28, 30–32). 2

2 Mandibeln asymmetrisch, die rechte mit einem großen Retinaculum (Abb. 30, 32). 3. Abdominalsegment 3 bis 3,5mal so breit wie die Kopfkapsel. Abdominalsegmente 1-7 seitlich in spitze Fortsätze ausgezogen (Abb. 6–9). 3

2* Mandibeln symmetrisch oder nahezu symmetrisch (Abb. 12, 28, 218). . 4

3 1.–7. Abdominalsegment trägt je 2 in einer vorderen und 4 in einer hinteren Reihe angeordnete kleine Sklerite (Abb. 6). Körperlänge mm. *Cryptopleurum* MULSANT (S. 34)

3* 1.–7. Abdominalsegment ohne kleine Sklerite (Abb. 8). *Megasternum* MULSANT (S. 34)

4 Körper spindelförmig (Abb. 217), höchstens 4 mm lang. Mandibeln mit 2 Mittelzähnen (Abb. 218). Vorderrand des Clypeus in der Mitte mit 3 Zähnen (Abb. 218). Körperlänge etwa 4 mm. *Chaetarthria* STEPHENS (S. 60)

4* Körper konisch (Abb. 1, 2), bis 10 mm lang. Mandibeln ohne (Abb. 28), mit einem kleinen oder mit 3 Mittelzähnen (Abb. 12). Vorderrand des Clypeus in der Mitte mit einem größeren oder kleineren Zahn (Abb. 12, 13, 15). 5

5 8. Abdominalsegment wesentlich schmaler als das 7., nur mit kleinem Rückenschild, das höchstens 2/3 der Länge des 8. Abdominalsegmentes erreicht (Abb. 1). Tibiotarsus mit deutlicher Klaue (Abb. 10, 38). Körperlänge 9–10 mm. *Coelostoma* BRULLÉ (S. 34)

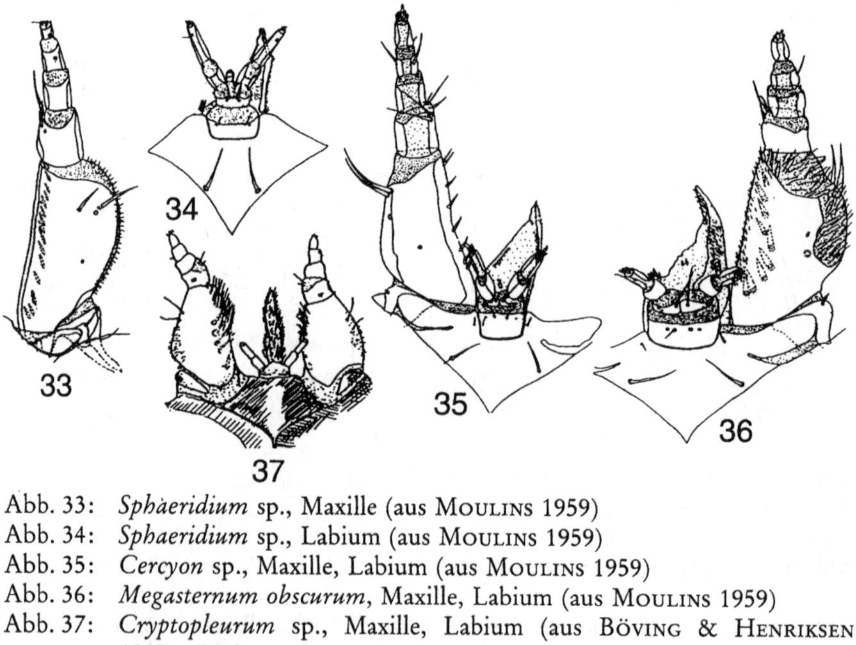

Abb. 33: *Sphaeridium* sp., Maxille (aus MOULINS 1959)
Abb. 34: *Sphaeridium* sp., Labium (aus MOULINS 1959)
Abb. 35: *Cercyon* sp., Maxille, Labium (aus MOULINS 1959)
Abb. 36: *Megasternum obscurum*, Maxille, Labium (aus MOULINS 1959)
Abb. 37: *Cryptopleurum* sp., Maxille, Labium (aus BÖVING & HENRIKSEN 1938–1939)

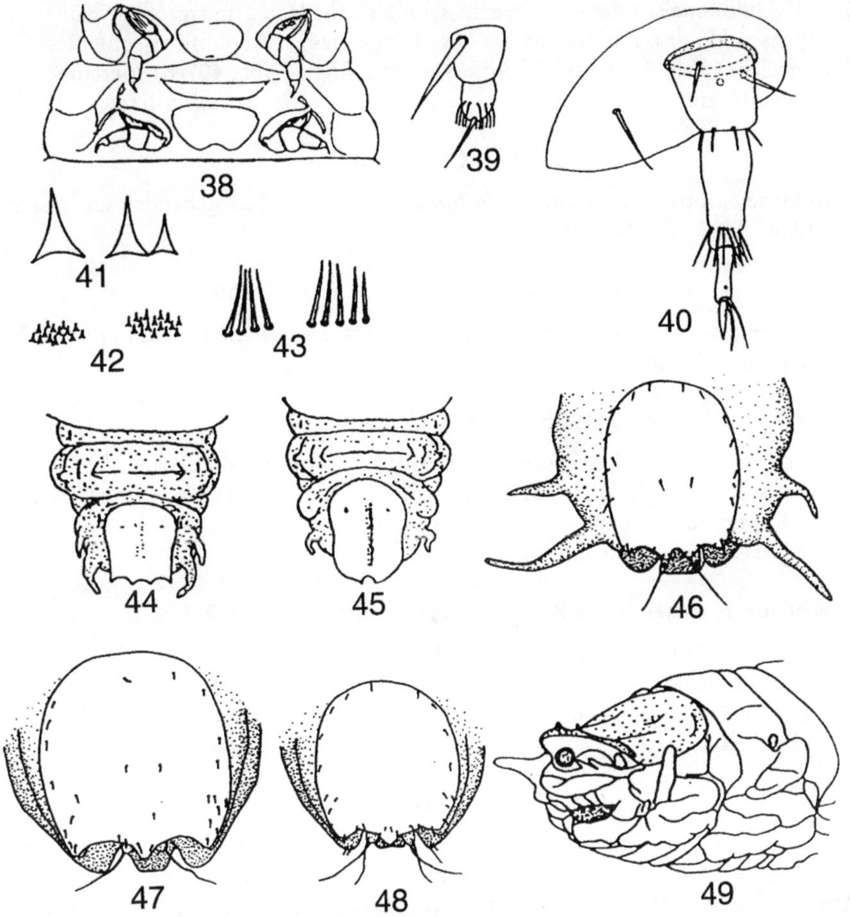

Abb. 38: *Coelostoma orbiculare*, Prothorax, Mesothorax, ventral (aus Böving & Henriksen 1938–1939)

Abb. 39: *Cercyon* sp., Bein (aus Moulins 1959)

Abb. 40: *Sphaeridium* sp., Bein (aus Moulins 1959)

Abb. 41: *Sphaeridium* sp., Thoraxborsten (aus Moulins 1959)

Abb. 42: *Cercyon* sp., Thoraxborsten (aus Moulins 1959)

Abb. 43: *Megasternum obscurum*, Thoraxborsten (aus Moulins 1959)

Abb. 44: *Sphaeridium scarabaeoides*, 8. Abdominalsegment, dorsal (aus Böving & Henriksen 1938–1939)

Abb. 45: *Sphaeridium bipustulatum*, 8. Abdominalsegment, dorsal (aus Böving & Henriksen 1938–1939)

Abb. 46: *Sphaeridium* sp., 8. Abdominalsegment, dorsal (aus Moulins 1959)

Abb. 47: *Cercyon* sp., 8. Abdominalsegment, dorsal (aus Moulins 1959)

Abb. 48: *Megasternum obscurum*, 8. Abdominalsegment, dorsal (aus Moulins 1959)

Abb. 49: *Sphaeridium bipustulatum*, Abdomenende, lateral (aus van Emden 1942)

5* 8. Abdominalsegment nur wenig schmaler als das 7., mit großem Rükkenschild, das mindestens 4/5 der Länge des 8. Abdominalsegmentes erreicht (Abb. 2, 44–46). Tibiotarsus ohne Klaue (Abb. 40). Körperlänge etwa 10 mm. *Sphaeridium* Fabricius

1. Gattung: *Coelostoma* Brullé

In Mitteleuropa kommt nur *Coelostoma orbiculare* (F.) in stehenden Gewässern vor (Abb. 1, 10, 12–14, 38).

2. Gattung: *Dactylosternum* Wollaston

Die Larve der einzigen mitteleuropäischen Art, *Dactylosternum abdominale* F., ist bisher unbekannt.

3. Gattung: *Sphaeridium* Fabricius

Da bisher nur von 2 der 5 in Mitteleuropa vorkommenden Arten die Larven bekannt sind (Abb. 2, 3, 11, 15, 16, 22, 25, 28, 33, 34, 40, 41, 46, 49), ist die folgende Bestimmungstabelle als provisorisch zu betrachten.

Die Larven leben in Kuhdung.

Tabelle für die Arten (nach Böving & Henriksen 1938–1939, Henriksen 1973)

1 Hinterrand des Dorsalsklerits des 8. Abdominalsegmentes mit 2 Zähnchen (Abb. 45). *bipustulatum* F.

1* Hinterrand des Dorsalsklerits des 8. Abdominalsegmentes mit 4 Zähnchen (Abb. 44). *scarabaeoides* L.

4. Gattung: *Cercyon* Leach

In Mitteleuropa kommen 23 Arten aus dieser Gattung vor. Eine Bestimmungstabelle für die Larven kann vorläufig nicht vorgelegt werden, da nur von wenigen Arten (*C. analis* (Paykull), *C. littoralis* (Gyllenhal), *C. unipunctatus* (L.)) Angaben über die Larven vorliegen (Böving & Henriksen 1938–1939) (Abb. 4, 5, 17, 18, 23, 26, 29, 35, 39, 42, 47).

Die Larven leben in Mist, Komposthaufen oder pflanzlichem Abfall an Gewässerufern.

5. Gattung: *Megasternum* Mulsant

In Mitteleuropa kommt nur *Megasternum obscurum* (Marsham) (= *boletophagum* (Marsham)) vor (Abb. 8, 9, 19, 20, 24, 27, 30, 36, 43, 48). Die Larven sind terrestrisch und leben unter faulenden Pflanzenstoffen, in Dung und in Pilzen.

6. Gattung: *Cryptopleurum* Mulsant

In Mitteleuropa kommen 3 Arten aus dieser Gattung vor. Eine Bestimmungstabelle für die Larven kann vorläufig nicht vorgelegt werden, alle Angaben beziehen sich auf eine nicht näher bestimmte Larve (Böving & Henriksen 1938–1939) (Abb. 6, 7, 21, 31, 32, 37).

Die Larven leben in Dung und unter faulenden Pflanzenteilen.

2. Unterfamilie: Helophorinae

Weltweit ist diese Unterfamilie nur durch die Gattung *Helophorus* LEACH vertreten.

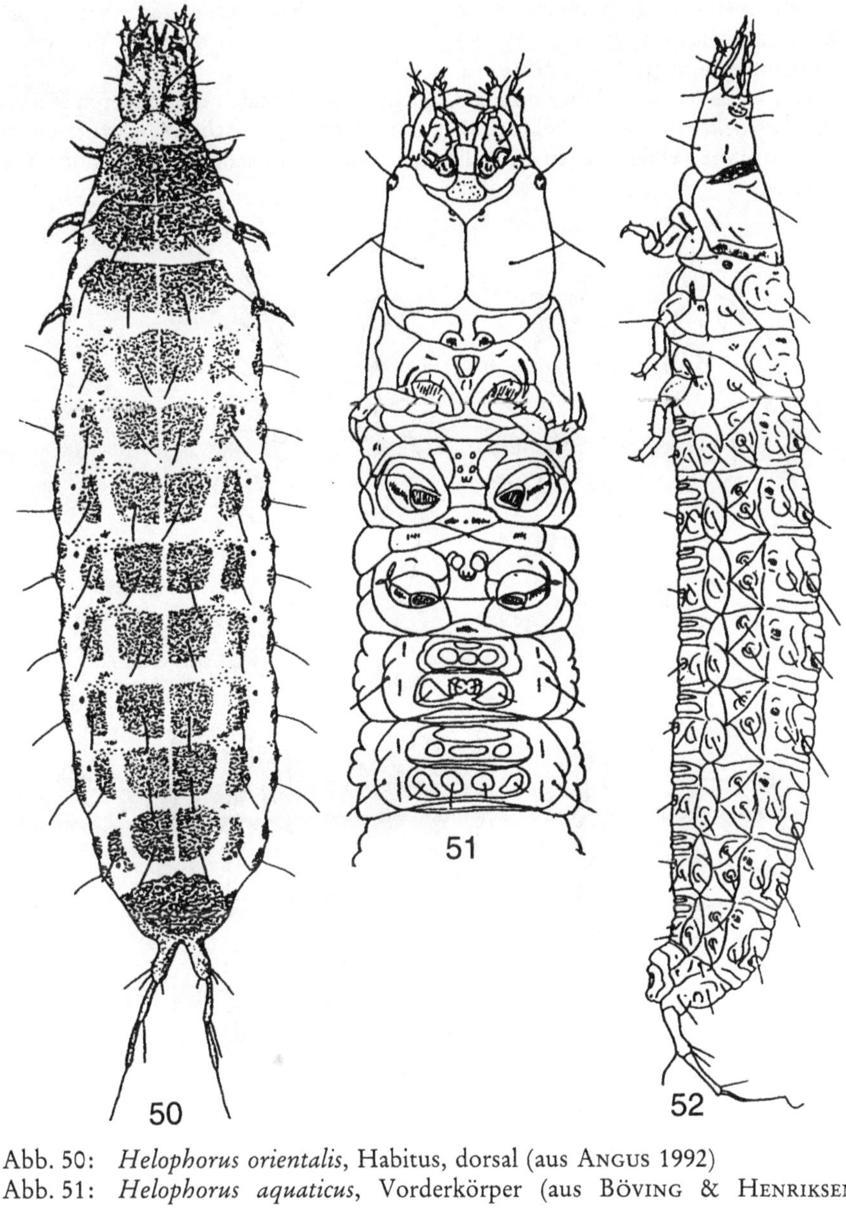

Abb. 50: *Helophorus orientalis*, Habitus, dorsal (aus ANGUS 1992)
Abb. 51: *Helophorus aquaticus*, Vorderkörper (aus BÖVING & HENRIKSEN 1938–1939)
Abb. 52: *Helophorus aquaticus*, Habitus, lateral (aus BÖVING & HENRIKSEN 1938–1939)

7. Gattung: *Helophorus* LEACH

Die Larve von *Helophorus* hat ein voll entwickeltes 9. Abdominalsegment und dreigliedrige lange Urogomphi (dadurch ist sie von allen anderen Hydrophilidae unterschieden).

Die Larven von *H. brevitarsis* KUWERT, *confrater* KUWERT, *glacialis* VILLA, *guttulus* MOTSCHULSKY, *liguricus* ANGUS, *nivalis* GIRAUD und *schmidti* VILLA sind bisher unbekannt (ANGUS 1992).

Die Larven leben in Sphagnum, auf feuchtem Moorboden und anderen Böden, auch an trockenen Stellen (Felder usw.), unter Steinen, zwischen Graswurzeln, an Gewässerufern, einige Arten in stehenden, seltener in langsam fließenden Gewässern.

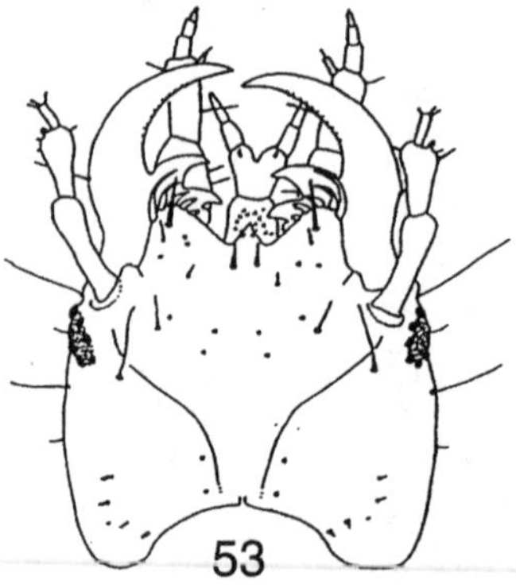
53

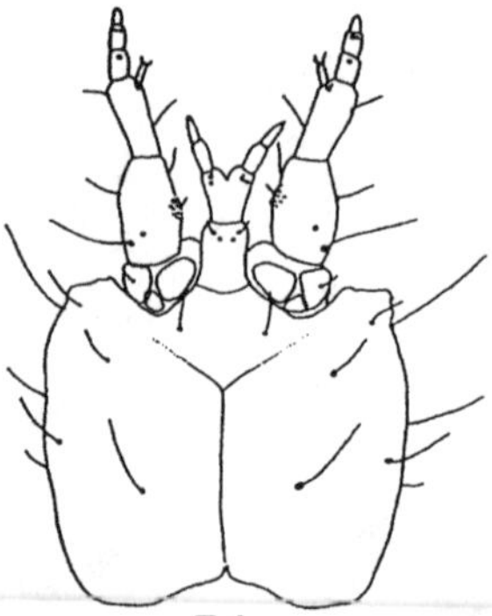
54

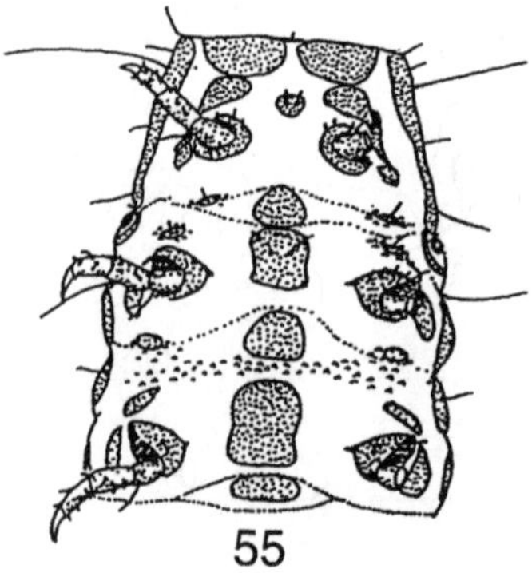
55

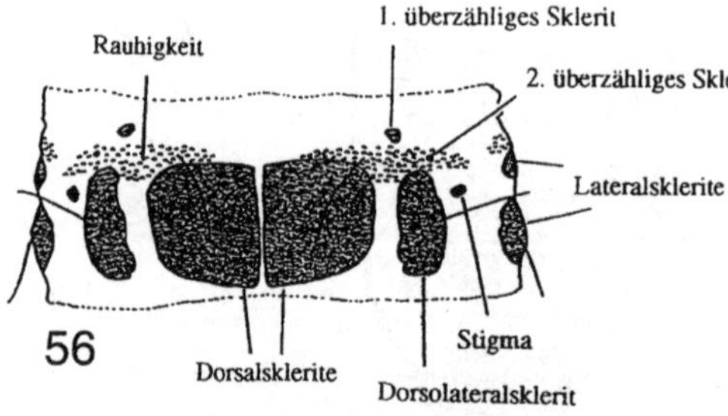

56

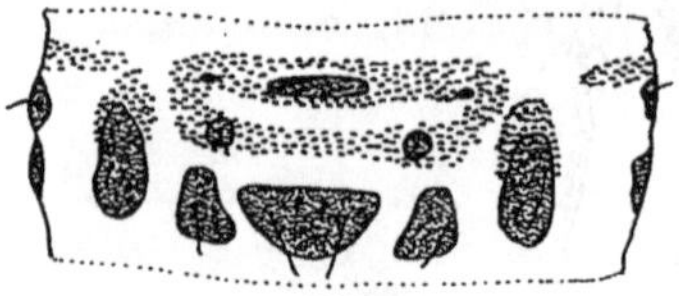
57

Abb. 53: *Helophorus grandis*, Kopfkapsel, dorsal (aus ANGUS 1973)
Abb. 54: *Helophorus grandis*, Kopfkapsel, ventral (aus ANGUS 1973)
Abb. 55: *Helophorus aquaticus*, Thorax, ventral (aus ANGUS 1973)
Abb. 56: *Helophorus grandis*, Abdominalsegment, dorsal (aus ANGUS 1973)
Abb. 57: *Helophorus grandis*, Abdominalsegment, ventral (aus ANGUS 1973)

Tabelle für die Arten (nach Angus 1992)

1 Die beiden ersten Glieder der Urogomphi sind relativ kurz. Das Basalglied trägt 2 Borsten, eine dorsal und eine ventral. Die Apikalborste des 3. Gliedes ist etwa so lang wie der Rest des Urogomphus (Abb. 58, 59). L_1

1* Die beiden ersten Glieder der Urogomphi sind länger. Das Basalglied trägt 3 Borsten, eine dorsal und zwei ventral. Die Apikalborste des 3. Gliedes ist höchstens zwei Drittel so lang wie der Rest des Urogomphus (Abb. 60–64). 2

2 Mandibeln mit einem deutlichen Haarbüschel auf der Dorsalseite des äußeren Retinaculumzahnes (Abb. 65–67). 10

2* Äußerer Retinaculumzahn ohne Haarbüschel (Abb. 65a). 3

3 Kopfkapsel deutlich breiter als lang. Mandibeln kurz. Nasale schmal, mit seitlichen Zähnen (Abb. 71, 72), falls nicht die Mundwerkzeuge deutlich abgenutzt sind. Kopfkapselbreite mindestens 0,6 mm. 4

3* Kopfkapsel annähernd quadratisch (Abb. 53). Mandibeln kurz oder lang. Nasale mit oder ohne seitliche Zähne. Kopfkapselbreite unterschiedlich. 6

4 Kopfkapselbreite etwa 0,6 mm, Körperlänge etwa 5 mm. *porculus* Bedel oder *rufipes* Bosc, L_2

4 Kopfkapselbreite 0,8–0,9 mm, Körperlänge etwa 8 mm. 5

5 Antennen länglicher (Abb. 92). Laterallappen des Clypeus wenigstens manchmal mit nur 5 Borsten. *porculus* Bedel, L_3

5* Antennen breiter (Abb. 93). Laterallappen des Clypeus mit 6 Borsten. *rufipes* Bosc, L_3

6 Nasale mit ventralen und lateralen Zähnen (Abb. 72). L_3 mit einem 1. und einem 2. überzähligem Sklerit auf dem 2. Abdominalsegment (Abb. 56). Kopfkapselbreite 0,65–0,80 mm, Körperlänge 8–9 mm. *micans* Faldermann, L_3

6* Nasale ohne Ventralzähne, Lateralzähne vorhanden oder fehlend (Abb. 68–71, 73–75). 7

7 Mandibeln kurz und kräftig, oft abgenutzt (Abb. 65). Lateralränder des Nasale ohne Zähne (Abb. 69). Abdominalsegmente dorsal ohne Rauhigkeiten und ohne Tuberkelskulptur zwischen den Skleriten. Kopfkapselbreite etwa 0,6 mm, Körperlänge etwa 6 mm. *nubilus* Fabricius, L_3

7* Mandibeln länglicher oder Lateralränder des Nasale mit kräftigen Zähnen und/oder Abdominalsegmente dorsal mit einer Tuberkelskulptur in der Umgebung der Sklerite oder Kopfkapselbreite höchstens 0,4 mm. . . 8

8 Lateralrand des Nasale mit Zähnen (Abb. 70, 71, 73, 74) und/oder Abdominalsegmente dorsal mit einer Tuberkelskulptur in der Umgebung der Sklerite (Abb. 56). Die abdominalen Stigmen liegen innerhalb deutlicher Sklerite. Kopfkapsel sehr dunkel. 9

8* Lateralrand des Nasale ohne Zähne (Abb. 68). Abdominalsegmente dorsal ohne eine Tuberkelskulptur in der Umgebung der Sklerite. Die Sklerite, einschließlich der 1. überzähligen, sind dunkel. Kopfkapsel dunkelbraun, Antennen dunkel. Kopfkapselbreite etwa 0,4 mm, Körperlänge

etwa 0,4 mm. 2. Glied der Urogomphi etwa doppelt so lang wie breit.
nubilus FABRICIUS, L_2

9 Vorderrand des Clypeus jederseits mit Zähnen, die bis an die Seiten des Nasale reichen und die Einkerbung zwischen dem Nasale und den beborsteten Loben ausfüllen (Abb. 75). Antennen fast schwarz, dunkler als die Kopfkapsel. Abdominalsegmente dorsal ohne Rauhigkeiten oder Tuberkelskulpturen in der Umgebung der Sklerite. Kopfkapselbreite etwa 0,6 mm, Körperlänge etwa 0,6 mm. *tuberculatus* GYLLENHAL, L_3

9* Vorderrand des Clypeus jederseits nur mit Zähnen (L_3), die direkt an den Seitenrand des Nasale grenzen, oder diese Zähne fehlen (L_2) (Abb. 73, 74). Antennen heller (L_3) oder dunkler (L_2), nicht dunkler als die Kopfkapsel. Abdominalsegmente dorsal mit Tuberkelskulpturen in der Umgebung der Sklerite. L_3: Kopfkapselbreite etwa 0,6 mm, Körperlänge etwa 6,5–7,0 mm. L_2: Kopfkapselbreite 0,5 mm, Körperlänge 5 mm.
alternans GENÉ, L_3

10 Abdominalsegmente, wenigstens in der Basalhälfte des Abdomens, mit 2 Paar deutlichen überzähligen Skleriten (Abb. 56). Kopfkapselbreite mindestens 0,8 mm. *Helophorus* s. str., L_3. 11

10* Abdominalsegmente höchstens mit einem Paar deutlicher überzähliger Sklerite. Kopfkapselbreite höchstens 0,9 mm. 13

11 Nasale mit ventralen und lateralen Zähnen (Abb. 76). Abdominale Stigmen groß, Breite der Stigmenplatte etwa 0,06 mm. Kopfkapselbreite 1,05–1,20 mm, Körperlänge 12–14 mm. *grandis* ILLIGER, L_3

Abb. 58: *Helophorus brevipalpis*, L_1, Urogomphus (aus ANGUS 1992)
Abb. 59: *Helophorus obscurus*, L_1, Urogomphus (aus ANGUS 1992)
Abb. 60: *Helophorus grandis*, L_2, Urogomphus (aus ANGUS 1992)
Abb. 61: *Helophorus brevipalpis*, L_2, Urogomphus (aus ANGUS 1992)
Abb. 62: *Helophorus fulgidicollis*, L_2, Urogomphus (aus ANGUS 1992)
Abb. 63: *Helophorus granularis*, L_3, Urogomphus (aus ANGUS 1992)
Abb. 64: *Helophorus fulgidicollis*, L_3, Urogomphus (aus ANGUS 1992)
Abb. 65: *Helophorus arvernicus*, L_3, Mandibel (aus ANGUS 1992)
Abb. 65a: *Helophorus nubilus*, L_3, Mandibel (aus ANGUS 1992)
Abb. 66: *Helophorus griseus*, L_3, Mandibel (aus ANGUS 1992)
Abb. 67: *Helophorus pumilio*, L_3, Mandibel (aus ANGUS 1992)
Abb. 68: *Helophorus nubilus*, L_2, Nasale (aus ANGUS 1992)
Abb. 69: *Helophorus nubilus*, L_3, Nasale (aus ANGUS 1992)
Abb. 70: *Helophorus rufipes*, L_2, Nasale (aus ANGUS 1992)
Abb. 71: *Helophorus porculus*, L_3, Nasale (aus ANGUS 1992)
Abb. 72: *Helophorus micans*, L_3, Nasale (aus ANGUS 1992)
Abb. 73: *Helophorus alternans*, L_2, Nasale (aus ANGUS 1992)
Abb. 74: *Helophorus alternans*, L_3, Nasale (aus ANGUS 1992)
Abb. 75: *Helophorus tuberculatus*, L_3, Nasale (aus ANGUS 1992)
Abb. 76: *Helophorus grandis*, L_3, Nasale (aus ANGUS 1992)
Abb. 77: *Helophorus aequalis*, L_3, Nasale (aus ANGUS 1992)
Abb. 78: *Helophorus aquaticus*, L_3, Nasale (aus ANGUS 1992)
Abb. 79: *Helophorus grandis*, L_2, Nasale (aus ANGUS 1992)
Abb. 80: *Helophorus aequalis*, L_2, Nasale (aus ANGUS 1992)

58

59

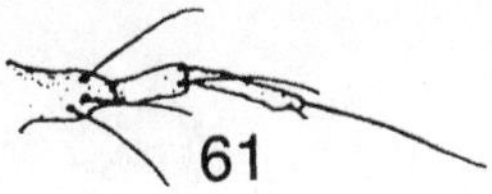
61

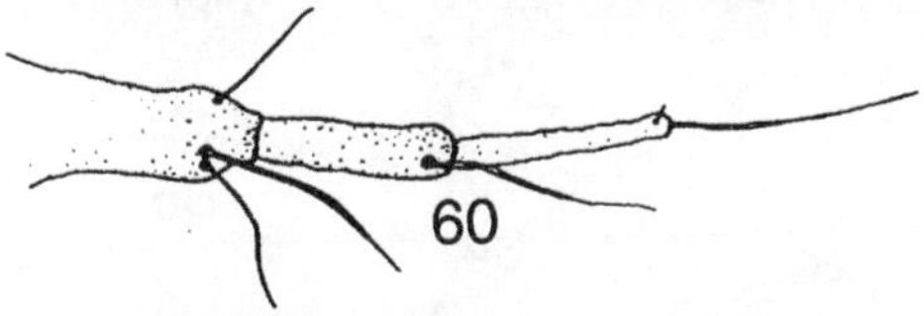
60

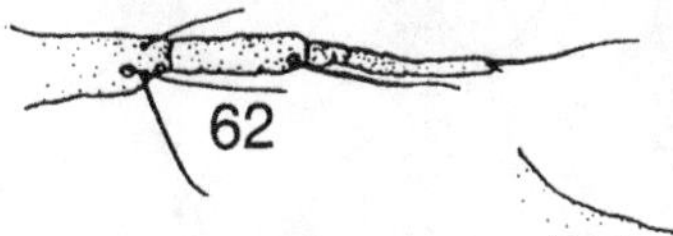
62

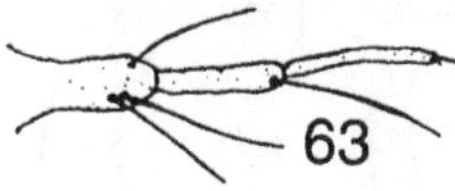
63

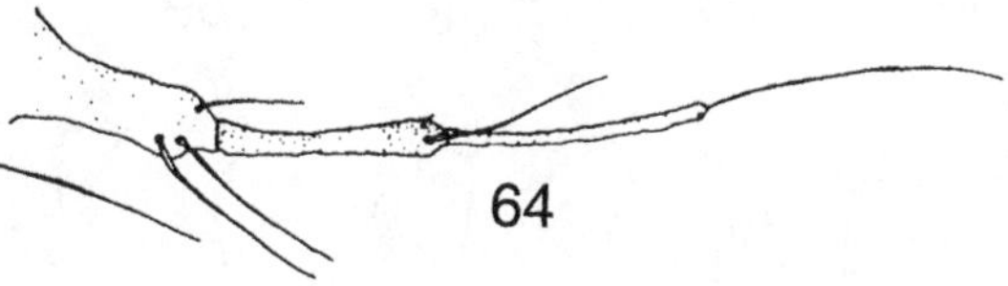
64

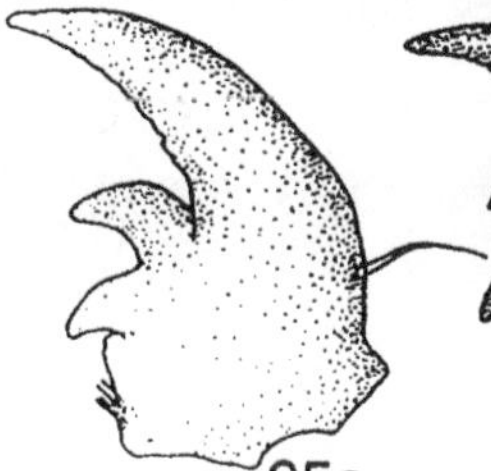
65a

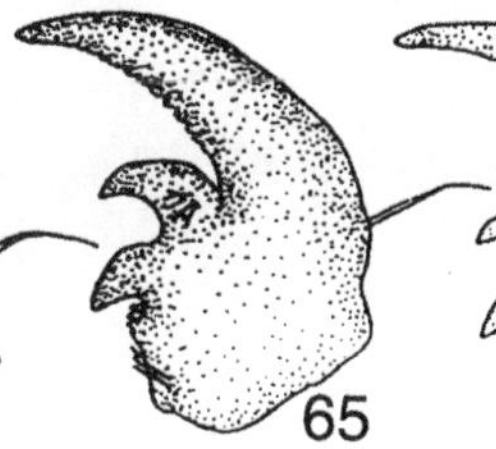
65

66

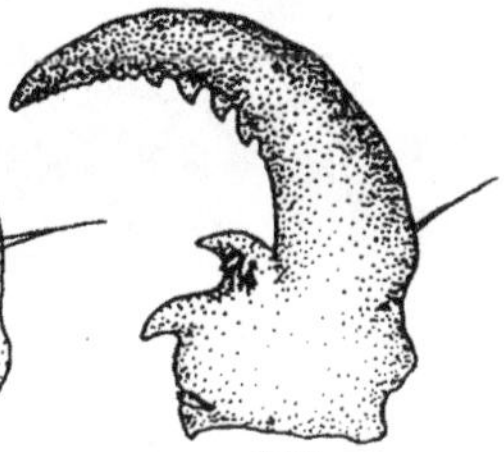
67

68

69

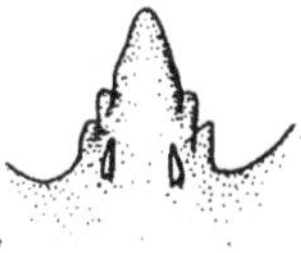
70

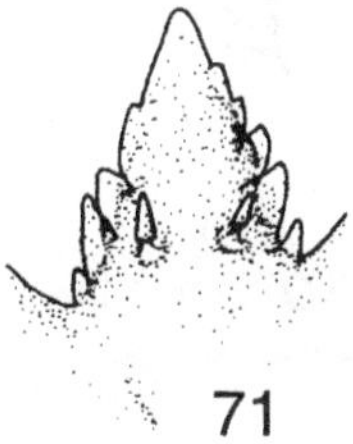
71

72

73

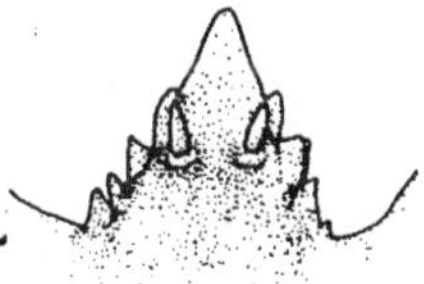
74

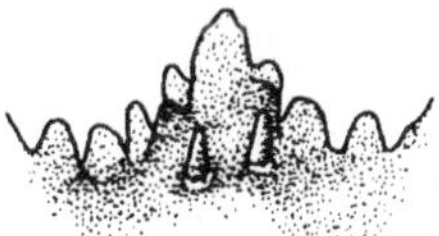
75

76

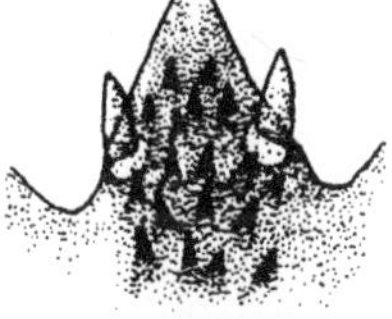
77

78

79

80

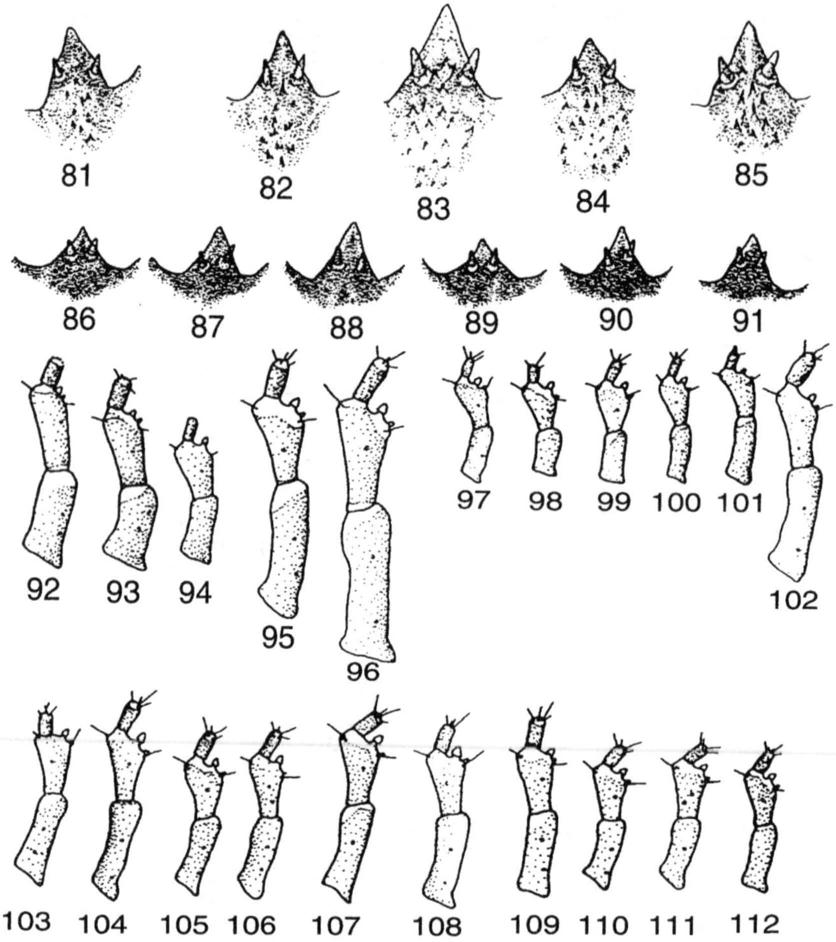

Abb. 81: *Helophorus strigifrons*, L_3, Nasale (aus ANGUS 1992)
Abb. 82: *Helophorus obscurus*, L_3, Nasale (aus ANGUS 1992)
Abb. 83: *Helophorus asperatus*, L_3, Nasale (aus ANGUS 1992)
Abb. 84: *Helophorus dorsalis*, L_3, Nasale (aus ANGUS 1992)
Abb. 85: *Helophorus fulgidicollis*, L_3, Nasale (aus ANGUS 1992)
Abb. 86: *Helophorus brevipalpis*, L_3, Nasale (aus ANGUS 1992)
Abb. 87: *Helophorus granularis*, L_3, Nasale (aus ANGUS 1992)
Abb. 88: *Helophorus arvernicus*, L_3, Nasale (aus ANGUS 1992)
Abb. 89: *Helophorus discrepans*, L_3, Nasale (aus ANGUS 1992)
Abb. 90: *Helophorus minutus*, L_3, Nasale (aus ANGUS 1992)
Abb. 91: *Helophorus griseus*, L_3, Nasale (aus ANGUS 1992)
Abb. 92: *Helophorus porculus*, L_3, Antenne (aus ANGUS 1992)
Abb. 93: *Helophorus rufipes*, L_3, Antenne (aus ANGUS 1992)
Abb. 94: *Helophorus nubilus*, L_3, Antenne (aus ANGUS 1992)
Abb. 95: *Helophorus aquaticus*, L_3, Antenne (aus ANGUS 1992)
Abb. 96: *Helophorus aequalis*, L_3, Antenne (aus ANGUS 1992)

11* Nasale mit ventralen Zähnen, die Seiten sind glatt (Abb. 77, 78). Abdominale Stigmen kleiner, Breite der Stigmenplatte etwa 0,0375 mm. . . 12

12 Kopfkapselbreite 0,86–1,00 mm, Körperlänge 8,1–10,5 mm. Antennen gewöhnlich länglicher, die Sklerotisierung am Außenrand des 2. Gliedes erstreckt sich apikal genau so weit wie die des Innenrandes (Abb. 96). *aequalis* THOMSON, L_3

12* Kopfkapselbreite 0,70–0,87 mm, Körperlänge 7,4–10,5 mm. Antennen gewöhnlich weniger länglich, die Sklerotisierung am Außenrand des 2. Gliedes reicht apikal nur bis zur Mitte der Sklerotisierung des Innenrandes (Abb. 95) und geht nur selten darüber hinaus. *aquaticus* (LINNAEUS), L_3

13 Das 1. Paar der überzähligen Sklerite auf den Abdominalsegmenten ist deutlich. Kopfkapselbreite 0,55–0,90 mm. Nasale mit Ventralzähnen. 2. Glied der Urogomphi 4–5,5mal so lang wie breit (Abb. 60). *Helophorus* s. str., L_2

13* Die überzähligen Sklerite auf den Abdominalsegmenten sind nicht besonders deutlich oder, wenn auffällig dunkel, dann ist das 2. Glied der Urogomphi etwa 7mal so lang wie breit. 14

14 2. Glied der Urogomphi länglicher, 5–8mal so lang wie breit (Abb. 63, 64). L^3 15

14* 2. Glied der Urogomphi weniger länglich, nur 2,5–4mal so lang wie breit (Abb. 60–62). L_2

15 Kopfkapsel rund um die Stemmata deutlich verdunkelt. Stemmata hell und auch bei schwach mazerierten Exemplaren deutlich sichtbar. . . 16

15* Kopfkapsel rund um die Stemmata nicht deutlich verdunkelt. Stemmata bei schwach mazerierten Exemplaren nicht deutlich sichtbar. Kopfkapselbreite etwa 0,4 mm, Körperlänge etwa 4 mm. *nanus* STURM, L_3

16 Sklerite der Abdominalsegmente nicht verdunkelt, bei mazerierten Exemplaren nicht deutlich sichtbar, jedoch die Borsten sind braun. Ein

Abb. 97: *Helophorus redtenbacheri*, L_3, Antenne (aus ANGUS 1992)
Abb. 98: *Helophorus nanus*, L_3, Antenne (aus ANGUS 1992)
Abb. 99: *Helophorus granularis*, L_3, Antenne (aus ANGUS 1992)
Abb. 100: *Helophorus brevipalpis*, L_3, Antenne (aus ANGUS 1992)
Abb. 101: *Helophorus arvernicus*, L_3, Antenne (aus ANGUS 1992)
Abb. 102: *Helophorus asperatus*, L_3, Antenne (aus ANGUS 1992)
Abb. 103: *Helophorus dorsalis*, L_3, Antenne (aus ANGUS 1992)
Abb. 104: *Helophorus fulgidicollis*, L_3, Antenne (aus ANGUS 1992)
Abb. 105: *Helophorus flavipes*, L_3, Antenne (aus ANGUS 1992)
Abb. 106: *Helophorus laticollis*, L_3, Antenne (aus ANGUS 1992)
Abb. 107: *Helophorus obscurus*, L_3, Antenne (aus ANGUS 1992)
Abb. 108: *Helophorus strigifrons*, L_3, Antenne (aus ANGUS 1992)
Abb. 109: *Helophorus longitarsis*, L_3, Antenne (aus ANGUS 1992)
Abb. 110: *Helophorus discrepans*, L_3, Antenne (aus ANGUS 1992)
Abb. 111: *Helophorus griseus*, L_3, Antenne (aus ANGUS 1992)
Abb. 112: *Helophorus minutus*, L_3, Antenne (aus ANGUS 1992)

Postpronotalband ist vorhanden oder fehlt. Unterseite des Nasale ohne Zähne. Kopfkapselbreite etwa 0,4 mm, Körperlänge etwa 5 mm.

redtenbacheri KUWERT, L_3

16* Sklerite der Abdominalsegmente verdunkelt, auch bei mazerierten Exemplaren deutlich sichtbar, oder die Borsten sind hell (frisch geschlüpfte oder mazerierte Exemplare). 17

17 Mandibeln mit kleinen Zähnen an der Unterseite des Incisivus, ± rechtwinklig endend (Abb. 65, 66), die basalen Zähnchen sind nicht deutlich größer als die nahe der Spitze gelegenen Zähne. Die Seiten der Zähne bilden einen rechten Winkel zur Längsachse des Incisivus, oder sie laufen allmählich zur Spitze aus. 18

17* Mandibeln mit einem etwas stärker gebogenen Incisivus, dessen Spitze in Richtung der Basis des Incisivus gerichtet ist (immer?). Die basalen 3 oder 4 Zähne sind deutlich größer als die anderen und dornförmig gebogen (daran können auch L_1 und L_2 erkannt werden) (Abb. 67). Kopfkapselbreite 0,45–0,48 mm, Körperlänge 4,8–5,2 mm.

pumilio ERICHSON, L_3

18 Unterseite des Nasale mit deutlichen Zähnen (Abb. 81–85). 19

18* Unterseite des Nasale ohne deutliche Zähne (Abb. 86–91). 24

19 Haarbüschel an der Basis der Mandibeln länger und dicker (Abb. 115), wenigstens 0,9mal so lang wie der innere Retinaculumzahn. Körper dunkel. Abdomen oft mit deutlichen 1. überzähligen Skleriten. Antenne (Abb. 102), Nasale (Abb. 83). Kopfkapselbreite etwa 0,7 mm, Körperlänge etwa 8 mm. *asperatus* REY, L_3

19* Haarbüschel an der Basis der Mandibeln kürzer und schmaler (Abb. 116, 117), selten mehr als 0,75mal so lang wie der innere Retinaculumzahn. Wenn der Körper dunkel ist, sind die 1. überzähligen Sklerite deutlich, die Ventralzähne auf der Unterseite des Nasale sind ± reduziert (Abb. 84) oder das Nasale ist sehr breit, seine dorsalen Zähne reichen bis zur Spitze. 20

20 Nasale kürzer und breiter, wenigstens so breit wie in Abb. 84. Die Zähne sind oft auf den zentralen Teil des Nasale begrenzt oder sie sind etwas reduziert (Abb. 84). Wenn die Zähne stärker ausgebildet sind, ist das Nasale sehr breit, die Spitzen seiner dorsalen Zähne reichen annähernd bis zum Apex. Die inneren 3 Paar Clypeusborsten mit gut entwickelten gezähnten Rändern, ein oder zwei Zähnchen befinden sich auch auf dem 4. Borstenpaar. 21

20* Nasale schmaler (Abb. 81, 85), die Ventralzähne sind deutlicher ausgeprägt. Wenn sie reduziert sind, ist das Nasale so schmal, wie in Abb. 81. Die dorsalen Zähne reichen nicht bis zur Spitze des Nasale. Die ersten 2 Paar Clypeusborsten mit gut entwickelten gezähnten Rändern, ein oder zwei Zähnchen befinden sich auch auf dem 3. Borstenpaar, das 4. ist glatt. 22

21 Nasale sehr kurz und breit, die Spitzen der dorsalen Zähne reichen etwa bis zum Apex, niemals sind sie so kurz wie die basale Breite eines einzigen Dorsalzahnes. Sie sind denen von *H. dorsalis* (Abb. 84) vergleichbar oder sind noch deutlicher ausgebildet. Die Stigmen des Mesothorax sind kleiner, ihre laterale Porenreihe besteht aus 4 oder 5 Poren.

Antennen wie bei *H. dorsalis* (Abb. 103). Kopfkapselbreite 0,42–0,54 mm, Körperlänge 4,3–5,4 mm. *croaticus* KUWERT, L_3

21* Nasale deutlich schmaler, die dorsalen Zähne entspringen weiter hinten, ihre Spitzen reichen nicht so weit, wenigstens ein Zahn ist vom Apex weniger weit entfernt als durch die basale Breite eines einzigen Zahnes. Sie grenzen an die basalen und medialen Teile des Nasale (Abb. 84). Die Stigmen des Mesothorax sind breiter, ihre laterale Porenreihe besteht aus 6 oder 7 Poren. Antenne Abb. 103. Kopfkapselbreite 0,5–0,6 mm, Körperlänge 6,0–7,5 mm. *dorsalis* MARSHAM, L_3

22 Körper größer, Körperlänge 8,0–9,5 mm, Kopfkapselbreite 0,75–0,90 mm. Breite der abdominalen Stigmen 0,042–0,044 mm. Haarbüschel auf den Mandibeln länger (vgl. *H. asperatus*, Abb. 115). Letztes Glied der Antennen nur schwach verdunkelt. *villosus* DUFTSCHMID, L_3

22* Körper kleiner, Körperlänge 5,9–9,2 mm, Kopfkapselbreite 0,55–0,75 mm. Abdominale Stigmen kleiner, ihre Breite beträgt 0,03–0,04 mm. Letztes Glied der Antennen deutlich verdunkelt. Haarbüschel der Mandibeln kürzer (Abb. 117). 23

23 Die Zähne auf der Unterseite des Nasale sind deutlich rückgebildet, sie erreichen mit ihren Spitzen nicht die Höhe der Insertionen der dorsalen Zähne. Selten stehen sie mehr als 2 oder 3 Zähne in einer Querreihe. Nasale schmal (Abb. 81). Die dorsalen Zähne auf dem Basalsegment des Labium entspringen eng nebeneinander, sie erreichen die Spitze dieses Segments. Kopfkapsel einfarbig graubraun, Antennen oft verdunkelt. Kopfkapselbreite 0,54–0,65 mm, Körperlänge 6–7 mm. *strigifrons* THOMSON, L_3

23* Die Zähne auf der Unterseite des Nasale sind deutlicher ausgebildet, sie erreichen die Höhe der Insertionen der dorsalen Zähne (Abb. 85). Oft sind 3, manchmal 4 Zähne in einer Querreihe angeordnet. Die Zähne sind oft deutlicher ausgeprägt als in der Abbildung zu sehen. Die dorsalen Zähne des Basalsegmentes des Labiums sind vorn oft reduziert. Kopfkapsel verschieden gefärbt, aber oft heller oder kastanienbraun. Antennen oft gelb-weiß, abgesehen vom letzten Glied. Haarbüschel auf den Mandibeln kürzer (Abb. 117). Kopfkapselbreite 0,55–0,68 mm, Körperlänge 5,5–7,0 mm. *fulgidicollis* MOTSCHULSKY, L_3

24 Kleine helle Larven ohne Zeichnung auf den Tergiten. Ein Postpronotalband ist nicht sichtbar. Kopfkapselbreite 0,35–0,40 mm, die Entfernung zwischen den Einlenkungsstellen der Antennen beträgt 0,20–0,23 mm. Länge des basalen Antennengliedes 0,09–0,10 mm. Nasale deutlich schmaler (Abb. 87). Die dorsalen Rauhigkeiten auf den Abdomen reichen nicht über das 4. oder 5. Abdominalsegment hinaus (im allgemeinen schlecht zu sehen). Die dorsalen Sklerite des Abdomens sind quadratisch oder länglich. Körperlänge etwa 4,5 mm. *granularis* (LINNAEUS), L_3

24* Größere und/oder dunklere Larven. Länge des basalen Antennengliedes wenigstens 0,11 mm, oder die dorsalen Sklerite auf dem Abdomen sind quer, mindestens an der Basis des Abdomens. 25

25 Körper kleiner, Länge des basalen Antennengliedes 0,11–0,12 mm. Kopfkapselbreite 0,40–0,45 mm, die Entfernung zwischen den Einlenkungsstellen der Antennen beträgt 0,23–0,28 mm. Maxillarpalpen kurz

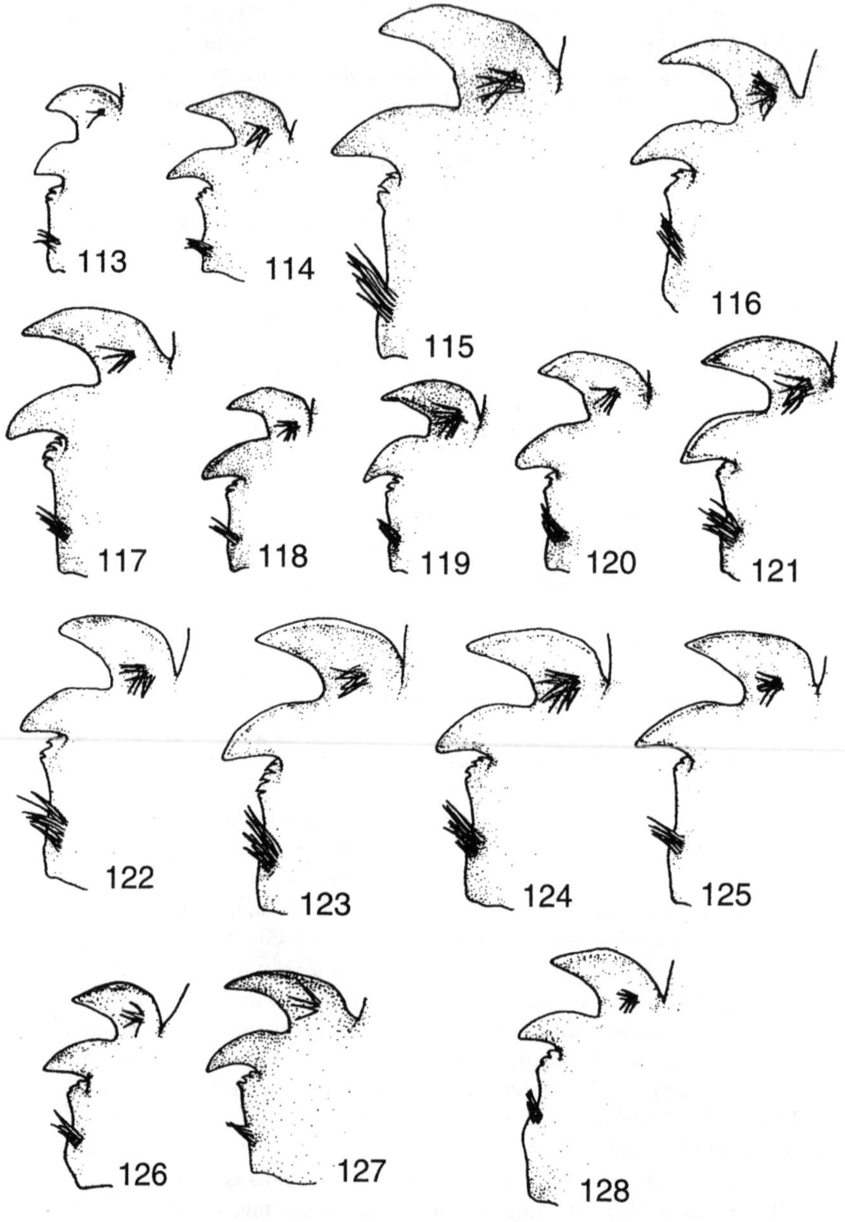

Abb. 113: *Helophorus nanus*, L_3, Mandibelbasis (aus Angus 1992)
Abb. 114: *Helophorus redtenbacheri*, L_3, Mandibelbasis (aus Angus 1992)
Abb. 115: *Helophorus asperatus*, L_3, Mandibelbasis (aus Angus 1992)
Abb. 116: *Helophorus dorsalis*, L_3, Mandibelbasis (aus Angus 1992)
Abb. 117: *Helophorus fulgidicollis*, L_3, Mandibelbasis (aus Angus 1992)
Abb. 118: *Helophorus granularis*, L_3, Mandibelbasis (aus Angus 1992)
Abb. 119: *Helophorus brevipalpis*, L_3, Mandibelbasis (aus Angus 1992)

und breit, die Länge des inneren sklerotisierten Randes des Basalgliedes entspricht etwa der halben Breite des Gliedes. Stigmen des Mesothorax kurz und breit, ihr basaler Abschnitt ist deutlich schmaler als die porentragende Platte (Abb. 129). Die dorsalen Sklerite des Abdomens sind quadratisch oder länglich, dorsolateral sind sie zunehmend lang und schmal, auf dem 4. Abdominalsegment mehr als zweimal so lang wie breit. Die Rauhigkeiten auf der Dorsalseite des Abdomens reichen bis zum 6. oder 7. Abdominalsegment. Körperlänge etwa 5 mm.
brevipalpis BEDEL, L_3

25* Körper größer, die Länge des basalen Antennengliedes beträgt mindestens 0,13 mm, die Entfernung zwischen den Einlenkungsstellen der Antennen ist mindestens 0,3 mm (Grenzfall: *H. minutus* 0,34 mm, Länge des basalen Antennengliedes unter 0,11 mm). Der sklerotisierte Rand an der Innenseite des 1. Gliedes der Maxillarpalpen ist wenigstens so lang wie die halbe Breite dieses Gliedes. Stigmen des Mesothorax länger, deren Basalplatte relativ breiter (Abb. 136, 138). Kleine Larven, außer *H. minutus* haben weniger längliche dorsale Abdominalsklerite, die auf dem 4. Abdominalsegment deutlich weniger als doppelt so lang wie breit sind (*H. discrepans*). 26

26 Haarbüschel auf den Mandibeln klein (Abb. 120). Stigmen groß, vor allem das des Mesothorax (Abb. 130). Nasale schmal und vorragend (Abb. 88). Mandibeln kräftig, die Zähne auf dem Incisivus sind nicht breiter als lang, unterhalb des Retinaculums befinden sich 3 deutliche kleine Zähne (Abb. 65). Die verdunkelte Fläche rund um die Stemmata trägt markante Flecke und ist dunkler als das letzte Antennenglied. Antennen Abb. 101. Kopfkapselbreite etwa 0,48 mm, die Entfernung zwischen den Einlenkungsstellen der Antennen beträgt etwa 0,34 mm, Körperlänge etwa 5 mm. *arvernicus* MULSANT, L_3

26* Haarbüschel auf den Mandibeln und Stigmen groß oder klein. Wenn das Haarbüschel auf den Mandibeln klein ist und die Stigmen auf dem Mesothorax groß, ist das Nasale kurz und breit (Abb. 89), oder die dunkle Umrandung der Stemmata ist nur schwach gefleckt und meistens genau so dunkel wie das letzte Antennenglied. Die Mandibeln sind länglich, an der Basis des Incisivus tragen sie 4 Zähne, oder die Zähne sind breiter als hoch. 27

Abb. 120: *Helophorus arvernicus*, L_3, Mandibelbasis (aus ANGUS 1992)
Abb. 121: *Helophorus flavipes*, L_3, Mandibelbasis (aus ANGUS 1992)
Abb. 122: *Helophorus laticollis*, L_3, Mandibelbasis (aus ANGUS 1992)
Abb. 123: *Helophorus obscurus*, L_3, Mandibelbasis (aus ANGUS 1992)
Abb. 124: *Helophorus strigifrons*, L_3, Mandibelbasis (aus ANGUS 1992)
Abb. 125: *Helophorus longitarsis*, L_3, Mandibelbasis (aus ANGUS 1992)
Abb. 126: *Helophorus discrepans*, L_3, Mandibelbasis (aus ANGUS 1992)
Abb. 127: *Helophorus griseus*, L_3, Mandibelbasis (aus ANGUS 1992)
Abb. 128: *Helophorus minutus*, L_3, Mandibelbasis (aus ANGUS 1992)

27 Haarbüschel auf den Mandibeln groß (Abb. 124), wenn mittelgroß (Abb. 121), so sind die Stigmen des Mesothorax sehr breit (Abb. 131), oder die Kopfkapselbreite beträgt mindestens 0,54 mm. Die verdunkelte Fläche rund um die Stemmata ist immer auffällig und dunkler als das letzte Antennenglied. 28

27* Haarbüschel auf den Mandibeln klein (Abb. 125–128), wenn mittelgroß, dann sind die Stigmen des Mesothorax länger und deren Basalabschnitt durch eine Einschnürung abgegrenzt (Abb. 135), oder die Kopfkapsel ist schmaler, weniger als 0,5 mm breit. 33

28 Körperlänge etwa 6 mm, Kopfkapselbreite 0,47–0,50 mm, die Entfernung zwischen den Einlenkungsstellen der Antennen beträgt 0,30–0,33 mm. Stigmen des Mesothorax breit (Abb. 131), und Stigmen des Abdomens größer. Mandibel Abb. 121, Antenne Abb. 105.
flavipes FABRICIUS, L_3

28* Körper größer, Kopfkapselbreite wenigstens 0,54 mm oder abdominale Stigmen kleiner, oder Stigmen des Mesothorax schmaler mit einer deutlichen basalen Einbuchtung (Abb. 133–135). 29

29 Stigmen des Abdomens klein. Haarbüschel auf den Mandibeln gut entwickelt (Abb. 122). Antenne Abb. 106. Kopfkapselbreite 0,48–0,53 mm, Entfernung zwischen den Einlenkungsstellen der Antennen 0,32–0,35 mm, Körperlänge etwa 6,5 mm. *laticollis* THOMSON, L_3

29* Stigmen des Abdomens größer (Abb. 133–138), oder Haarbüschel auf den Mandibeln weniger gut entwickelt (Abb. 115, 123–128). 30

30 Körper dunkel. Hinterrand der Thoraxtergite scharf von den mittleren Teilen abgegrenzt. Die Flecken der dunklen Ränder sind oft miteinander verschmolzen, so daß viele Flecken mehr als doppelt so breit wie lang sind. Die ersten überzähligen Sklerite sind deutlich, graubraun, oder das Haarbüschel auf den Mandibeln ist sehr groß (Abb. 115).
asperatus REY, L_3

30* Körper heller. Der Hinterrand der Thoraxtergite ist weniger deutlich von der Mitte der Sklerite abgesetzt. Die Flecken sind weniger miteinander verschmolzen, so daß nur einige von ihnen doppelt so breit wie lang sind. Die überzähligen Sklerite sind nicht sichtbar oder gelbweiß. Dunklere Larven haben ein kleineres Haarbüschel auf den Mandibeln. 31

31 Antennen länglicher (Abb. 107). Haarbüschel auf den Mandibeln groß (Abb. 123). Sklerite des Abdomens deutlich, die ersten überzähligen sind im allgemeinen sichtbar und gelbweiß. Kopfkapselbreite 0,47–0,63 mm, der Abstand zwischen den Einlenkungsstellen der Antennen beträgt 0,39–0,41 mm, Körperlänge 5,5–7,0 mm. *obscurus* MULSANT, L_3

31* Antennen weniger lang (Abb. 108, 109). Haarbüschel auf den Mandibeln im allgemeinen kleiner (Abb. 125), wenn sie größer sind (Abb. 124), sind die überzähligen Sklerite auf dem Abdomen nicht sichtbar. 32

32 Stigmen des Abdomens und des Mesothorax breiter (Abb. 134). Haarbüschel auf den Mandibeln meist größer (Abb. 128). Nur selten sind auf dem Abdomen überzählige Sklerite zu sehen. Kopfkapselbreite 0,54–0,65 mm, die Entfernung zwischen den Einlenkungen der Antennen 0,35–0,41 mm, Körperlänge 6–7 mm.
strigifrons THOMSON, L_3

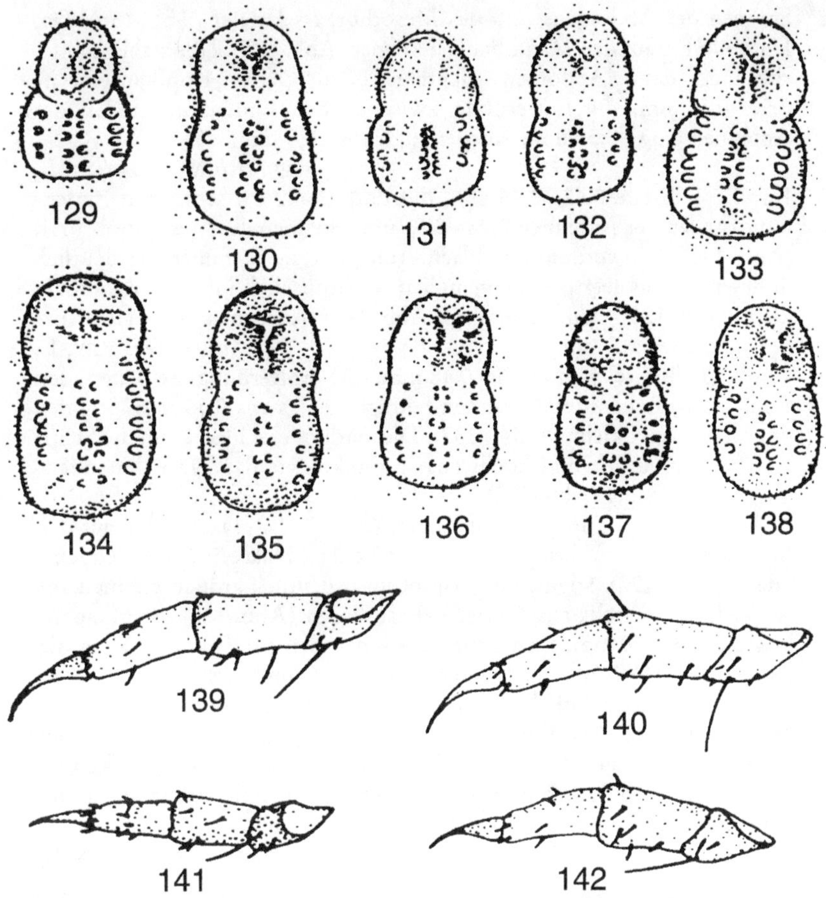

Abb. 129: *Helophorus brevipalpis*, L_3, Mesothoraxstigma (aus ANGUS 1992)
Abb. 130: *Helophorus arvernicus*, L_3, Mesothoraxstigma (aus ANGUS 1992)
Abb. 131: *Helophorus flavipes*, L_3, Mesothoraxstigma (aus ANGUS 1992)
Abb. 132: *Helophorus laticollis*, L_3, Mesothoraxstigma (aus ANGUS 1992)
Abb. 133: *Helophorus obscurus*, L_3, Mesothoraxstigma (aus ANGUS 1992)
Abb. 134: *Helophorus strigifrons*, L_3, Mesothoraxstigma (aus ANGUS 1992)
Abb. 135: *Helophorus longitarsis*, L_3, Mesothoraxstigma (aus ANGUS 1992)
Abb. 136: *Helophorus discrepans*, L_3, Mesothoraxstigma (aus ANGUS 1992)
Abb. 137: *Helophorus griseus*, L_3, Mesothoraxstigma (aus ANGUS 1992)
Abb. 138: *Helophorus minutus*, L_3, Mesothoraxstigma (aus ANGUS 1992)
Abb. 139: *Helophorus strigifrons*, L_3, linkes Hinterbein, Coxa weggelassen (aus ANGUS 1992)
Abb. 140: *Helophorus longitarsis*, L_3, linkes Hinterbein, Coxa weggelassen (aus ANGUS 1992)
Abb. 141: *Helophorus minutus*, L3, linkes Hinterbein, Coxa weggelassen (aus ANGUS 1992)
Abb. 142: *Helophorus griseus*, L_3, linkes Hinterbein, Coxa weggelassen (aus ANGUS 1992)

32* Stigmen des Abdomens und des Mesothorax schmaler (Abb. 135). Das Haarbüschel auf den Mandibeln ist kleiner (Abb. 125). Überzählige Sklerite auf dem Abdomen sichtbar oder nicht. Kopfkapselbreite 0,50–0,57 mm, die Entfernung zwischen den Einlenkungsstellen der Antennen 0,33–0,38 mm, Körperlänge etwa 6,5 mm.
longitarsis WOLLASTON, L_3

33 Kopfkapselbreite 0,42–0,46 mm, die Entfernung zwischen den Einlenkungsstellen der Antennen 0,28–0,31 mm. Stigmen des Mesothorax breit (Abb. 136). Die verdunkelte Fläche rund um die Stemmata ist deutlich dunkler als das letzte Antennenglied. Haarbüschel auf den Mandibeln klein (Abb. 126). Beine kurz (vgl. Abb. 141). Antennen Abb. 110. Körperlänge etwa 5,5 mm. *discrepans* REY, L_3

33* Kopfkapselbreite wenigstens 0,48 mm, die Entfernung zwischen den Einlenkungsstellen der Antennen beträgt wenigstens 0,33 mm. Stigmen des Mesothorax kleiner (Abb. 137). Die verdunkelte Fläche um die Stemmata ist undeutlich und höchstens so dunkel wie das letzte Antennenglied. Beine länger (Abb. 140). 34

34 1. Antennenglied nur wenig verlängert (Abb. 111). Haarbüschel auf den Mandibeln meist stark reduziert bis auf 3 oder 4 Haare, meistens jedoch 5 oder 6 (Abb. 127). Stigmen des Mesothorax deutlich größer, die mediane Doppelreihe besteht aus 5 oder 6 Paar Poren (Abb. 137). Kopfkapselbreite 0,44–0,50 mm, Entfernung zwischen den Einlenkungsstellen der Antennen 0,31–0,36 mm, Körperlänge etwa 6 mm. *griseus* HERBST, L_3

34* 1. Antennenglied deutlicher verlängert (Abb. 112). Haarbüschel auf den Mandibeln Abb. 128. Stigmen des Mesothorax kleiner, die mittlere Doppelreihe besteht nur aus 3 oder 4 Paar Poren (Abb. 138). Kopfkapselbreite 0,41–0,45 mm, Entfernung zwischen den Einlenkungsstellen der Antennen 0,26–0,30 mm, Körperlänge 4,8–6,0 mm.
minutus FABRICIUS, L_3

3. Unterfamilie: Hydrobiinae

Tabelle für die Gattungen (nach BÖVING & HENRIKSEN 1938–1939, BERTRAND 1927, KLAUSNITZER 1977)

1 Ligula so lang wie die Labialpalpen oder wenigstens so lang wie das 2. Glied derselben (Abb. 145, 155, 172). Epicranialnaht fehlt, die Frontalnaht erreicht den Hinterrand des Kopfes (Abb. 144, 146, 148, 149, 167). Beine von oben nicht oder kaum zu sehen (Abb. 143, 146, 167). Urogomphi mit langer Endborste (Abb. 143, 167). (Tribus Anacaeini). . 2

1* Ligula kürzer als das 2. Glied der Labialpalpen (Abb. 164, 192, 201, 215) oder überhaupt nicht vorhanden (Abb. 180). Beine von oben deutlich zu sehen (Abb. 157, 165, 173, 182, 183, 193, 209). Urogomphi meist mit kürzerer Endborste (Abb. 181, 209). 4

2 Körper mit lang zapfenförmig vorstehenden Pleuren (Abb. 143). Vorderrand des Pronotums mit einer Borstenfranse, die aus langen, feinen, an der Spitze mehrfach geteilten Borsten besteht (Abb. 144). Mittellappen

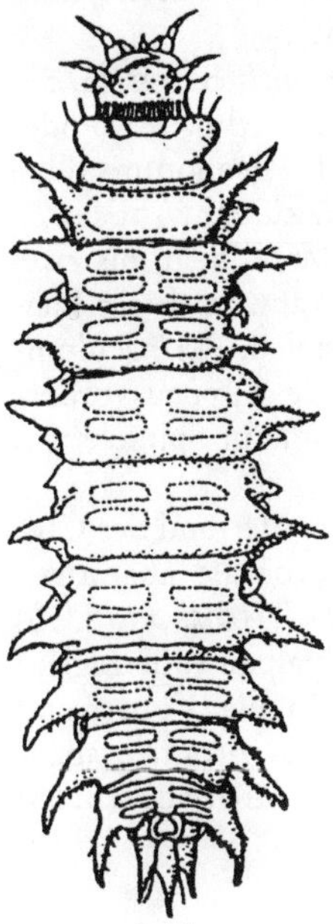
143

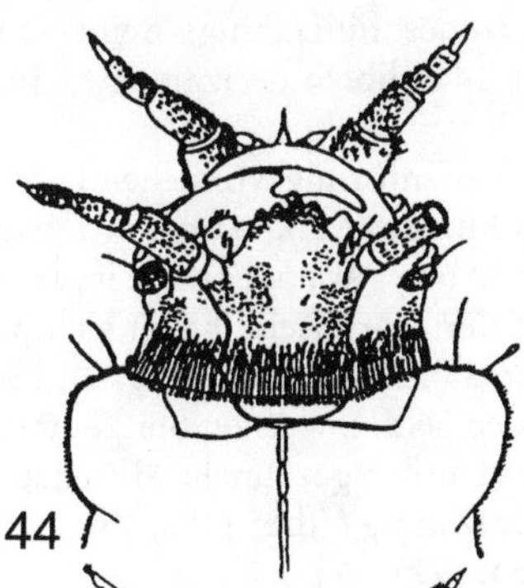
144

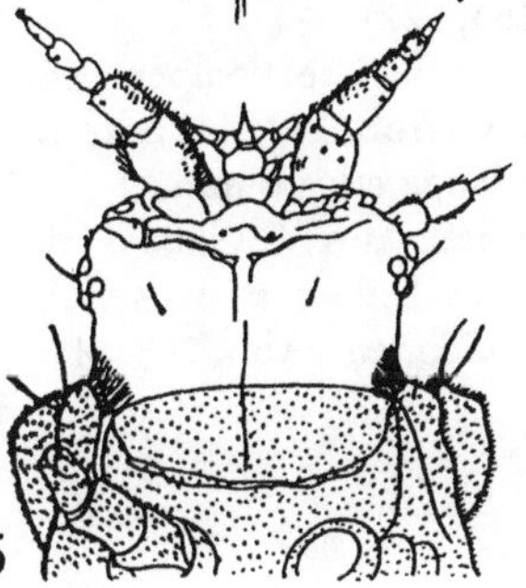
145

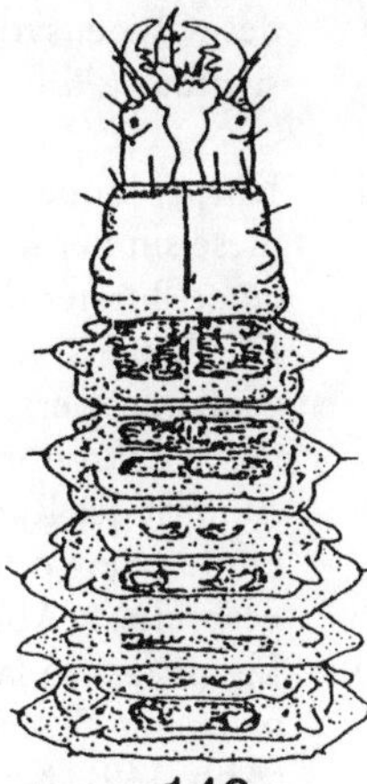
146

147

148

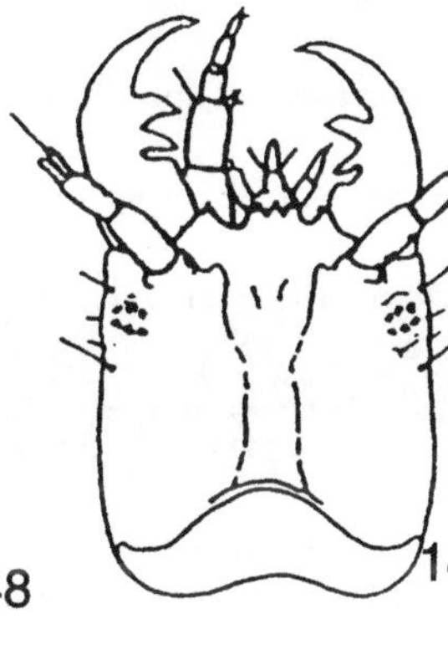
149

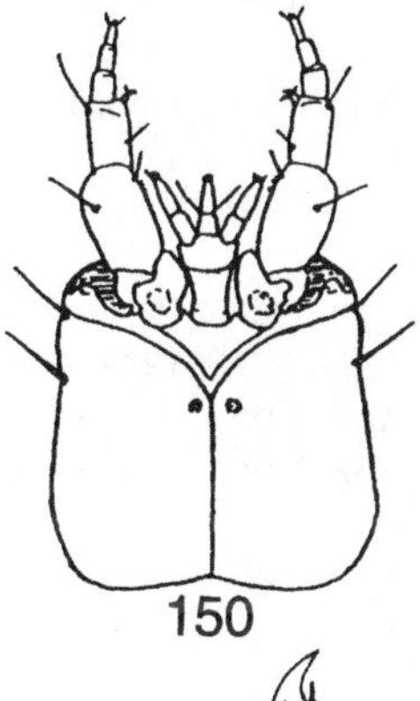
150

151

149a

152

153

154

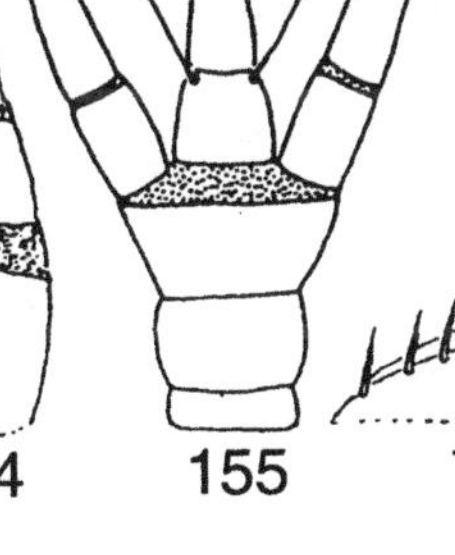
155

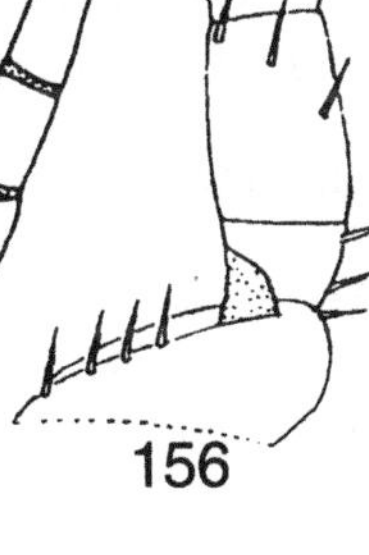
156

des Clypeusvorderrandes fünfzähnig. Beine von der Dorsalseite kurz sichtbar (Abb. 143). Mandibeln dreizähnig (Abb. 151).

Crenitis BEDEL (S. 56)

2* Körper ohne lang zapfenförmig vorstehende Pleuren (Abb. 167), oder diese sind erheblich kürzer (Abb. 146). Vorderrand des Pronotums ohne lange Borstenfranse (Abb. 146), oder diese ist deutlich kürzer (Abb. 167). Die Beine sind von der Dorsalseite kaum sichtbar. Mandibeln mit zwei größeren Retinculumzähnen (Abb. 152, 170), basal kann noch ein kleinerer Zahn vorhanden sein, zwischen Spitze und distalem Retinaculumzahn ist der Rand ± deutlich gezähnelt. Mittellappen des Clypeusvorderrandes vier- oder fünfzähnig (Abb. 149a, 168). Mentum zur Spitze etwas verbreitert (Abb. 155, 172). 3

3 Ligula fast so lang wie die Labialpalpen (Abb. 155). Vorderrand des Clypeus mit 5 Zähnen (Abb. 149a). Hinterrand des Frontale abgestutzt (Abb. 149). Körperlänge etwa 6 mm. *Paracymus* THOMSON (S. 56)

3* Ligula nur die Spitze des 1. Gliedes der Labialpalpen überragend (Abb. 172), dessen 2. Glied etwa ebenso lang wie die Ligula. Vorderrand des Clypeus mit 4 Zähnen (Abb. 168). Hinterrand des Frontale abgerundet (Abb. 167). *Anacaena* THOMSON (S. 58)

Abb. 143: *Crenitis punctatostriata*, Habitus, dorsal (aus VAN EMDEN 1932)
Abb. 144: *Crenitis punctatostriata*, Kopf, Prothorax, dorsal (aus VAN EMDEN 1932)
Abb. 145: *Crenitis punctatostriata*, Kopf, Prothorax, ventral (aus VAN EMDEN 1932)
Abb. 146: *Paracymus aeneus*, Vorderkörper, dorsal (aus BÖVING & HENRIKSEN 1938–1939)
Abb. 147: *Paracymus aeneus*, Abdomenende, dorsal (aus BÖVING & HENRIKSEN 1938–1939)
Abb. 148: *Paracymus scutellaris*, Kopfkapsel, dorsal (aus BERTRAND 1972)
Abb. 149: *Paracymus aeneus*, Kopfkapsel, dorsal (aus BÖVING & HENRIKSEN 1938–1939)
Abb. 149a: *Paracymus* sp., Clypeolabrum, Vorderrand (aus RICHOUX 1982)
Abb. 150: *Paracymus aeneus*, Kopfkapsel, ventral (aus BÖVING & HENRIKSEN 1938–1939)
Abb. 151: *Crenitis punctatostriata*, Mandibel (aus KLAUSNITZER 1977)
Abb. 152: *Paracymus subcupreus*, Mandibel (aus BERTRAND 1972, nach RICHMOND 1920)
Abb. 153: *Paracymus subcupreus*, Antenne (aus BERTRAND 1972, nach RICHMOND 1920)
Abb. 154: *Paracymus subcupreus*, Maxille (aus BERTRAND 1972, nach RICHMOND 1920)
Abb. 155: *Paracymus subcupreus*, Labium (aus BERTRAND 1972, nach RICHMOND 1920)
Abb. 156: *Paracymus subcupreus*, Bein (aus BERTRAND 1972, nach RICHMOND 1920)

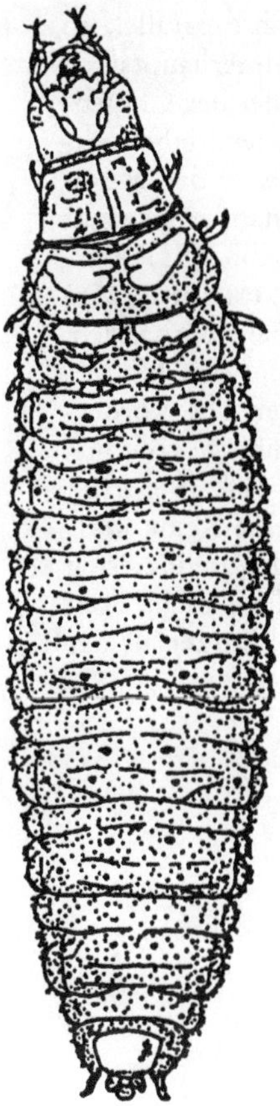

157

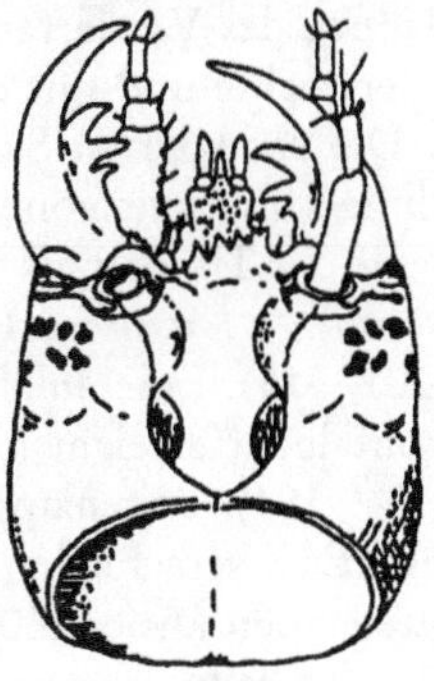

158

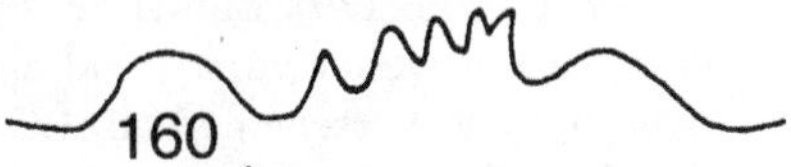

160

161

162

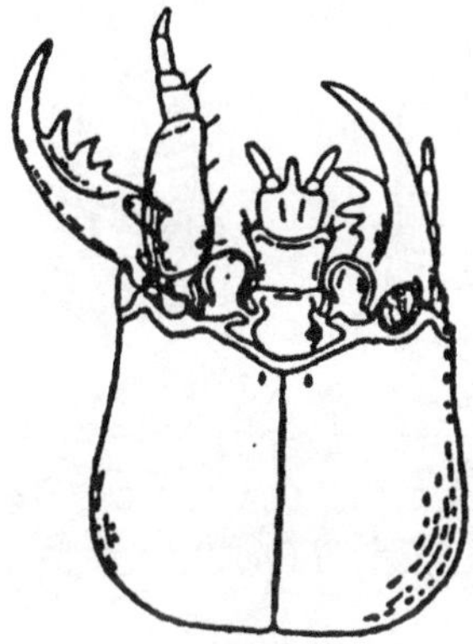

159

163

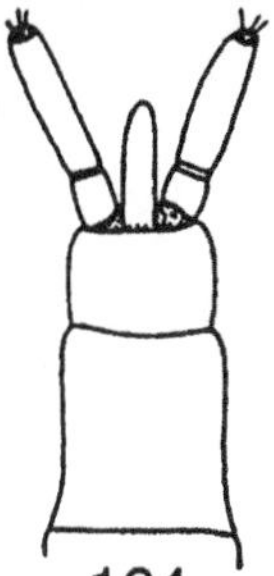

164

Abb. 157: *Hydrobius fuscipes*, Habitus, dorsal (aus Böving & Henriksen 1938–1939)

Abb. 158: *Hydrobius fuscipes*, Kopfkapsel, dorsal (aus Böving & Henriksen 1938–1939)

Abb. 159: *Hydrobius fuscipes*, Kopfkapsel, ventral (aus Böving & Henriksen 1938–1939)

Abb. 160: *Hydrobius fuscipes*, Clypeolabrum, Vorderrand (aus Böving & Henriksen 1938–1939)

Abb. 161: *Hydrobius fuscipes*, Antenne (aus Böving & Henriksen 1938–1939)

Abb. 162: *Hydrobius fuscipes*, Mandibel (aus Böving & Henriksen 1938–1939)

Abb. 163: *Hydrobius fuscipes*, Maxille (aus Böving & Henriksen 1938–1939)

Abb. 164: *Hydrobius fuscipes*, Labium (aus Böving & Henriksen 1938–1939)

4 Ligula fehlt (Abb. 180). Epicranialnaht fehlt, Frontalnähte parallel, so daß sich das Frontale in gleicher Breite bis zum Hinterhauptsloch erstreckt (Abb. 175). Linker Seitenlappen des Vorderrandes des Clypeolabrums viel weiter vorstehend als der rechte und mit einer Reihe kräftiger Borsten versehen (Abb. 175). Die reduzierten Sklerite des Meso- und Metathorax sind in der Mittellinie sehr breit voneinander getrennt (Abb. 173). Klaue ungefähr so lang wie der Tibiotarsus (Abb. 181). Körperlänge etwa 6 mm. (Tribus Oocyclini). *Laccobius* ERICHSON (S. 58)

4* Ligula vorhanden (Abb. 164, 192, 201, 215). Epicranialnaht vorhanden, doch gewöhnlich sehr kurz, die Frontalnaht erreicht nicht den Hinterrand des Kopfes (Abb. 158, 165, 184, 194). Seitenlappen des Vorderrandes des Clypeolabrums nicht wesentlich verschieden und gewöhnlich etwa in gleicher Linie mit dem Mittellappen (Abb. 160, 184, 196, 210). Bei *Hydrobius* ist am Vorderrand beider Seitenlappen eine Reihe kräftiger Borsten vorhanden, sonst fehlt eine Borstenreihe. Die reduzierten Sklerite des Meso- und Metathorax sind in der Mittellinie nicht breit getrennt (Abb. 157, 165, 183, 193, 209). Klaue meist viel kürzer als der Tibiotarsus (Abb. 187). (Tribus Hydrobiini). 5

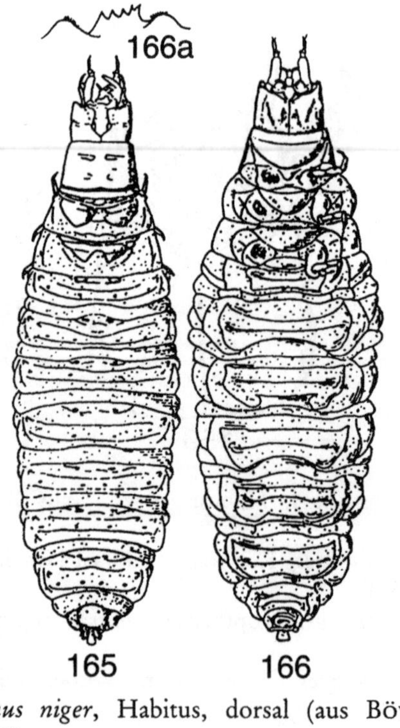

Abb. 165: *Limnoxenus niger*, Habitus, dorsal (aus BÖVING & HENRIKSEN 1938–1939)
Abb. 166: *Limnoxenus niger*, Habitus, ventral (aus BÖVING & HENRIKSEN 1938–1939)
Abb. 166a: *Limnoxenus niger*, Clypeolabrum, Vorderrand (aus RICHOUX 1982)

5 Mandibeln asymmetrisch, die Schneide der rechten mit 2 Zähnen, die der linken mit nur einem Zahn (Abb. 198, 199). Abdomen mit Bauchfüßen am 3. bis 7. Segment (Abb. 202, 203, 207). Körperlänge 6–8 mm. (Subtribus Acidocerina). *Enochrus* THOMSON (S. 60)

5* Mandibeln symmetrisch, jede mit 2 oder 3 Zähnen auf der Schneide (Abb. 162, 189, 190, 212, 213). Abdomen ohne Bauchfüße (Abb. 166). 6

6 Mittellappen des Vorderrandes des Clypeolabrums mit 5 deutlichen asymmetrisch angeordneten Zähnen (Abb. 160). Mandibeln mit 3 Zähnen auf der Schneide, der basale davon ist klein (Abb. 162). Submentum etwa quadratisch (Abb. 164). 1. Antennenglied so lang oder länger als das 2. (Abb. 161). (Subtribus Hydrobiina). 7

6* Mittellappen des Vorderrandes des Clypeolabrums mit mehr als 5 Zähnen (Abb. 184–186, 210). Mandibelschneide mit 2 Zähnen (Abb. 189, 190, 212, 213). Submentum ± herzförmig (Abb. 192, 215). (Subtribus Acidocerina). 8

7 Linker äußerer Zahn des Mittellappens des Vorderrandes des Clypeolabrums etwas von den übrigen entfernt stehend (Abb. 160). Körperlänge 12–15 mm. *Hydrobius* LEACH (S. 58)

Abb. 167: *Anacaena infuscata*, Habitus, dorsal (aus BERTRAND 1972, nach RICHMOND 1920)

Abb. 168: *Anacaena infuscata*, Clypeolabrum, Vorderrand (aus BERTRAND 1972, nach RICHMOND 1920)

Abb. 169: *Anacaena infuscata*, Antenne (aus BERTRAND 1972, nach RICHMOND 1920)

Abb. 170: *Anacaena infuscata*, Mandibel (aus BERTRAND 1972, nach RICHMOND 1920)

Abb. 171: *Anacaena infuscata*, Maxille (aus BERTRAND 1972, nach RICHMOND 1920)

Abb. 172: *Anacaena infuscata*, Labium (aus BERTRAND 1972, nach RICHMOND 1920)

Abb. 173: *Laccobius minutus*, Habitus, dorsal (aus BÖVING & HENRIKSEN 1938–1939)

Abb. 174: *Laccobius minutus*, Vorderende, ventral (aus BÖVING & HENRIKSEN 1938–1939)

Abb. 175: *Laccobius minutus*, Kopfkapsel, dorsal (aus BÖVING & HENRIKSEN 1938–1939)

Abb. 176: *Laccobius minutus*, Antenne (aus BÖVING & HENRIKSEN 1938–1939)

Abb. 177: *Laccobius minutus*, linke Mandibel (aus BÖVING & HENRIKSEN 1938–1939)

Abb. 178: *Laccobius minutus*, rechte Mandibel (aus BÖVING & HENRIKSEN 1938–1939)

Abb. 179: *Laccobius minutus*, Maxille (aus BÖVING & HENRIKSEN 1938–1939)

Abb. 180: *Laccobius minutus*, Labium (aus BÖVING & HENRIKSEN 1938–1939)

Abb. 181: *Laccobius minutus*, Habitus, lateral (aus BÖVING & HENRIKSEN 1938–1939)

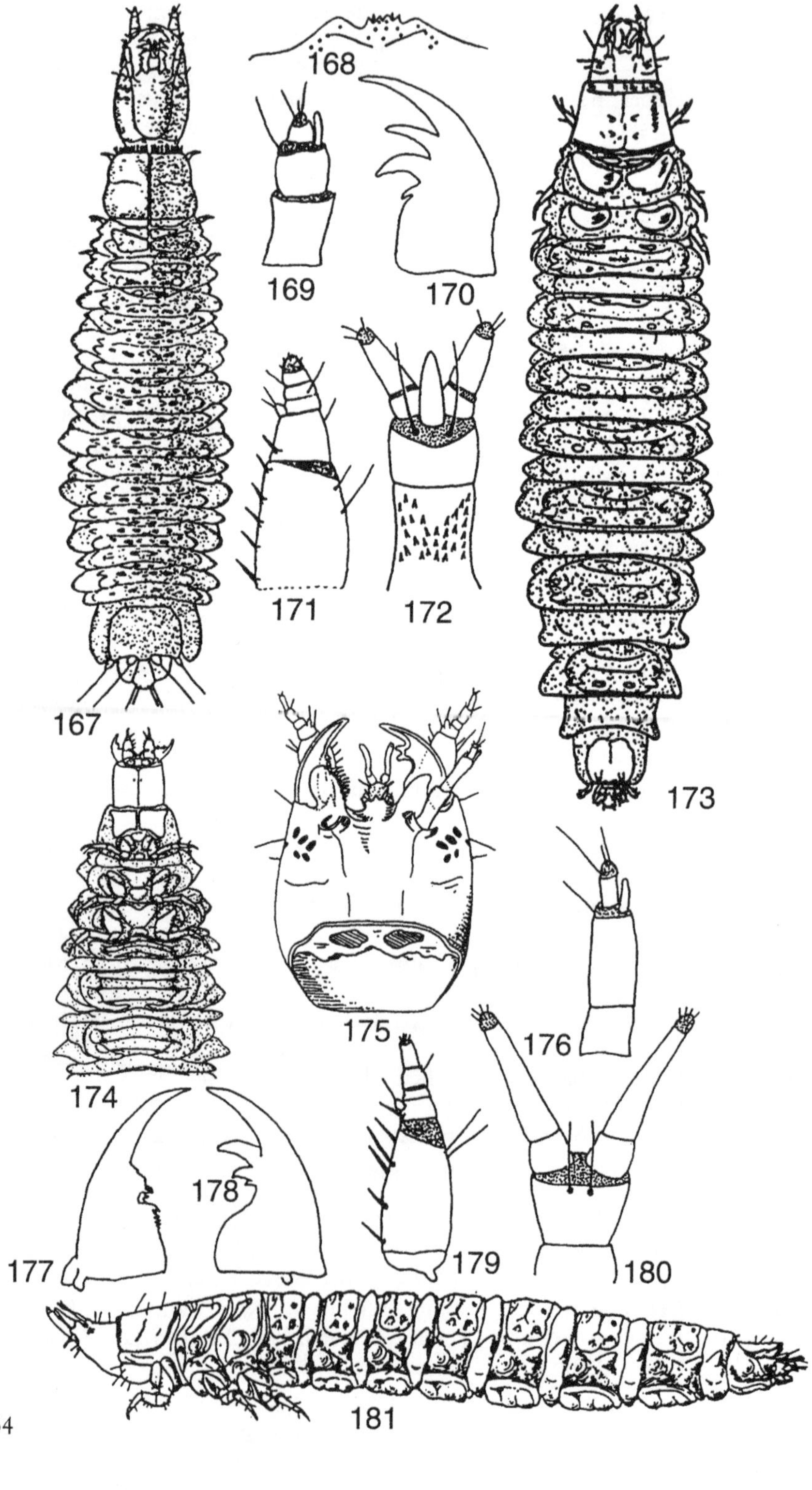
167
168
169
170
171
172
173
174
175
176
177
178
179
180
181

7* Linker äußerer Zahn des Mittellappens des Vorderrandes des Clypeolabrums nicht von den übrigen Zähnen entfernt stehend (Abb. 166a). Körperlänge etwa 16 mm. *Limnoxenus* MOTSCHULSKY (S. 58)

8 Mittellappen des Vorderrandes des Clypeolabrums mit 6 deutlichen, in 2 Gruppen gestellten Zähnen, 2 links und 4 rechts (Abb. 184–186). Submentum in ganzer Ausdehnung mit kleinen Dornen besetzt (Abb. 192). Sklerite des Metathorax vorspringend (Abb. 183). Körperlänge 7–8 mm. *Helochares* MULSANT (S. 60)

8* Mittellappen des Vorderrandes des Clypeolabrums mit mehr als 6 Zähnen, von denen die der rechten Seite nicht scharf begrenzt sind und zum Teil nur als feine Zähnelung in Erscheinung treten (Abb. 210). Sub-

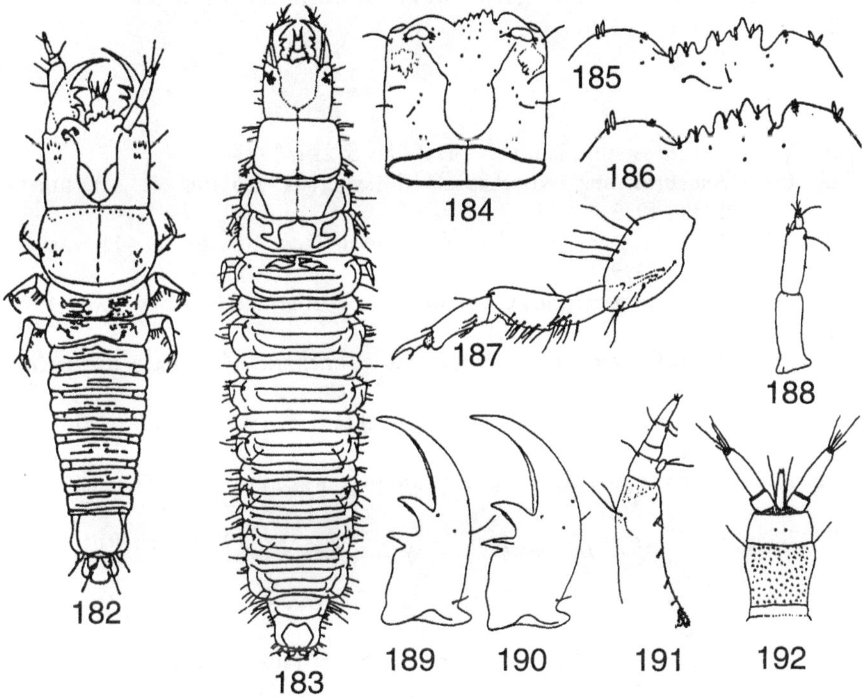

Abb. 182: *Helochares obscurus*, L_1, Habitus, dorsal (aus HENRIKSEN 1973)
Abb. 183: *Helochares* sp., adulte Larve, Habitus, dorsal (aus STEHR 1991)
Abb. 184: *Helochares obscurus*, Kopfkapsel, dorsal (aus PANZERA 1932)
Abb. 185: *Helochares lividus*, Clypeolabrum, Vorderrand (aus PANZERA 1932)
Abb. 186: *Helochares obscurus*, Clypeolabrum, Vorderrand (aus PANZERA 1932)
Abb. 187: *Helochares obscurus*, Bein (aus PANZERA 1932)
Abb. 188: *Helochares obscurus*, Antenne (aus PANZERA 1932)
Abb. 189: *Helochares lividus*, rechte Mandibel (aus PANZERA 1932)
Abb. 190: *Helochares obscurus*, rechte Mandibel (aus PANZERA 1932)
Abb. 191: *Helochares obscurus*, Maxille (aus PANZERA 1932)
Abb. 192: *Helochares obscurus*, Labium (aus PANZERA 1932)

mentum nur nach der Basis zu mit kleinen Dornen besetzt (Abb. 215). Vordere Sklerite des Metathorax rechteckig, nicht caudalwärts vorspringend (Abb. 209). *Cymbiodyta* BEDEL (S. 60)

8. Gattung: *Crenitis* BEDEL

In Mitteleuropa kommt in Sphagnum nur *Crenitis punctatostriata* (LETZNER) vor, deren Larve VAN EMDEN (1932) als erster beschrieb (Abb. 143–145, 151).

9. Gattung: *Paracymus* THOMSON

Die Larven der beiden mitteleuropäischen Arten können bisher nicht getrennt werden. Sie leben in Küstengewässern und stehenden Gewässern. Die Kenntnisse beruhen vor allem auf der Larve von *Paracymus aeneus* (GERMAR), außerdem können Merkmale von *P. subcupreus* SAY aus Nordamerika berücksichtigt werden (Abb. 146–150, 152–156).

Abb. 193: *Enochrus* sp., Habitus, dorsal (aus STEHR 1991)
Abb. 194: *Enochrus* sp., Kopfkapsel, dorsal (aus BÖVING & HENRIKSEN 1938–1939)
Abb. 195: *Enochrus* sp., Kopfkapsel, ventral (aus BÖVING & HENRIKSEN 1938–1939)
Abb. 196: *Enochrus perplexus*, Clypeolabrum, Vorderrand (aus BERTRAND 1972, nach RICHMOND 1920)
Abb. 197: *Enochrus perplexus*, Antenne (aus BERTRAND 1972, nach RICHMOND 1920)
Abb. 198: *Enochrus perplexus*, linke Mandibel (aus BERTRAND 1972, nach RICHMOND 1920)
Abb. 199: *Enochrus perplexus*, rechte Mandibel (aus BERTRAND 1972, nach RICHMOND 1920)
Abb. 200: *Enochrus perplexus*, Maxille (aus BERTRAND 1972, nach RICHMOND 1920)
Abb. 201: *Enochrus perplexus*, Labium (aus BERTRAND 1972, nach RICHMOND 1920)
Abb. 202: *Enochrus bicolor*, Abdominalextremität (aus BÖVING & HENRIKSEN 1938–1939)
Abb. 203: *Enochrus* sp., Abdominalextremität (aus BÖVING & HENRIKSEN 1938–1939)
Abb. 204: *Enochrus bicolor*, Abdominalextremität, Haken (aus BÖVING & HENRIKSEN 1938–1939)
Abb. 205: *Enochrus testaceus*, Abdominalextremität, Haken (aus BÖVING & HENRIKSEN 1938–1939)
Abb. 206: *Enochrus* sp., Abdominalextremität, Haken (aus BÖVING & HENRIKSEN 1938–1939)
Abb. 207: *Enochrus bicolor*, Habitus, lateral (aus BÖVING & HENRIKSEN 1938–1939)
Abb. 208: *Enochrus* sp., 8./9. Abdominalsegment, dorsal (aus BERTRAND 1972)

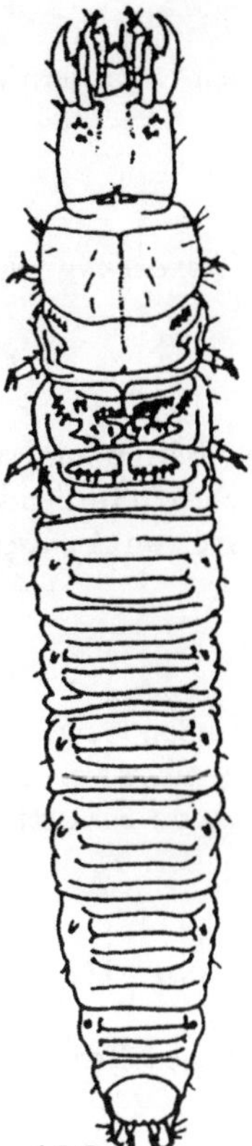
193

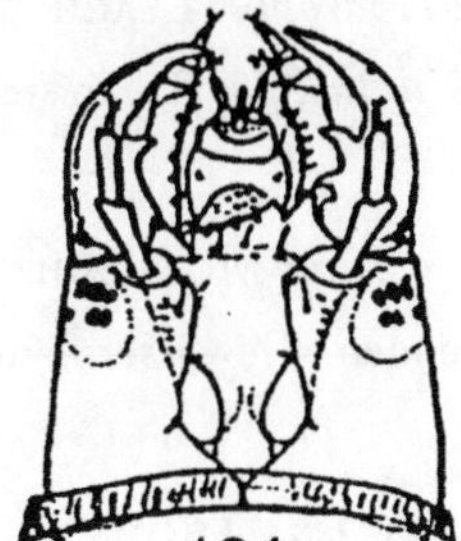
194

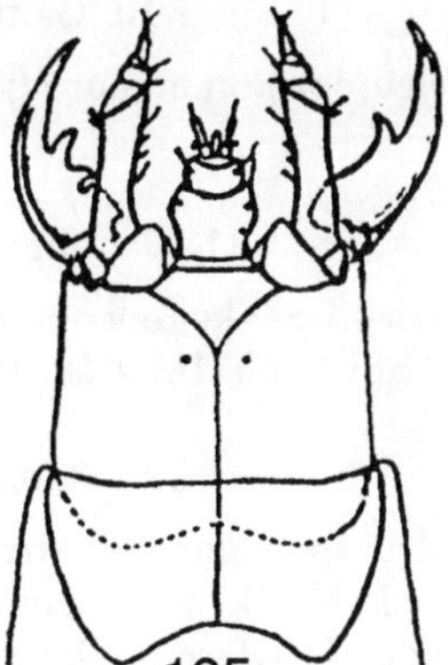
195

196

197

198

199

200

201

202

203

204

205

206

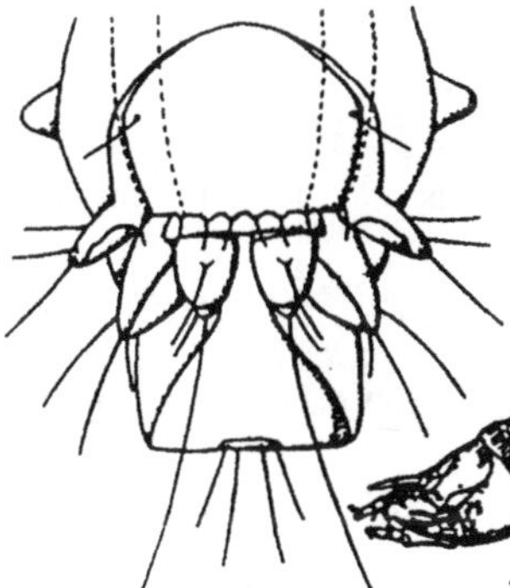
208

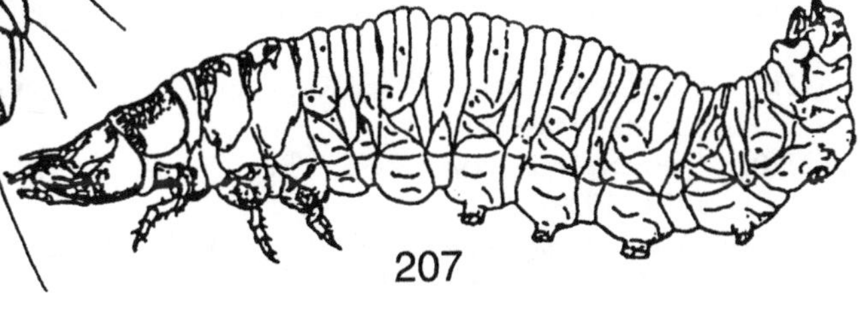
207

10. Gattung: *Hydrobius* LEACH

In Mitteleuropa kommt nur *Hydrobius fuscipes* (L.) in stehenden Gewässern vor (Abb. 157–164).

11. Gattung: *Limnoxenus* MOTSCHULSKY

In Mitteleuropa kommt in stehenden Gewässern nur *Limnoxenus niger* (ZSCHACH) vor (Abb. 165, 166, 166a).

12. Gattung: *Anacaena* THOMSON

In Mitteleuropa kommen 5 Arten aus dieser Gattung vor. Eine Bestimmungstabelle für die Larven kann vorläufig nicht vorgelegt werden. Sie leben in fließenden und stehenden Gewässern. Die Kenntnisse beruhen auf der Larve von *Anacaena infuscata* MOTSCHULSKY aus Nordamerika (Abb. 167–172).

13. Gattung: *Laccobius* ERICHSON

In Mitteleuropa kommen 16 Arten aus dieser Gattung in stehenden Gewässern vor. Eine Bestimmungstabelle für die Larven kann vorläufig nicht vorgelegt werden, weil nur die Larve von *Laccobius minutus* (L.) hinreichend bekannt ist (Abb. 173–181).

Abb. 209: *Cymbiodyta fimbriata*, Habitus, dorsal (aus BERTRAND 1972, nach RICHMOND 1920)
Abb. 210: *Cymbiodyta fimbriata*, Clypeolabrum, Vorderrand (aus BERTRAND 1972, nach RICHMOND 1920)
Abb. 211: *Cymbiodyta fimbriata*, Antenne (aus BERTRAND 1972, nach RICHMOND 1920)
Abb. 212: *Cymbiodyta fimbriata*, linke Mandibel (aus BERTRAND 1972, nach RICHMOND 1920)
Abb. 213: *Cymbiodyta fimbriata*, rechte Mandibel (aus BERTRAND 1972, nach RICHMOND 1920)
Abb. 214: *Cymbiodyta fimbriata*, Maxille (aus BERTRAND 1972, nach RICHMOND 1920)
Abb. 215: *Cymbiodyta fimbriata*, Labium (aus BERTRAND 1972, nach RICHMOND 1920)
Abb. 216: *Chaetarthria seminulum*, Habitus, lateral (aus BÖVING & HENRIKSEN 1938–1939)
Abb. 217: *Chaetarthria seminulum*, Habitus, ventral (aus BÖVING & HENRIKSEN 1938–1939)
Abb. 218: *Chaetarthria seminulum*, Kopfkapsel, dorsal (aus BÖVING & HENRIKSEN 1938–1939)
Abb. 219: *Chaetarthria seminulum*, Kopfkapsel, ventral (aus BÖVING & HENRIKSEN 1938–1939)
Abb. 220: *Chaetarthria seminulum*, Bein (aus BÖVING & HENRIKSEN 1938–1939)
Abb. 221: *Chaetarthria seminulum*, 8./9. Abdominalsegment, dorsal (aus BÖVING & HENRIKSEN 1938–1939)

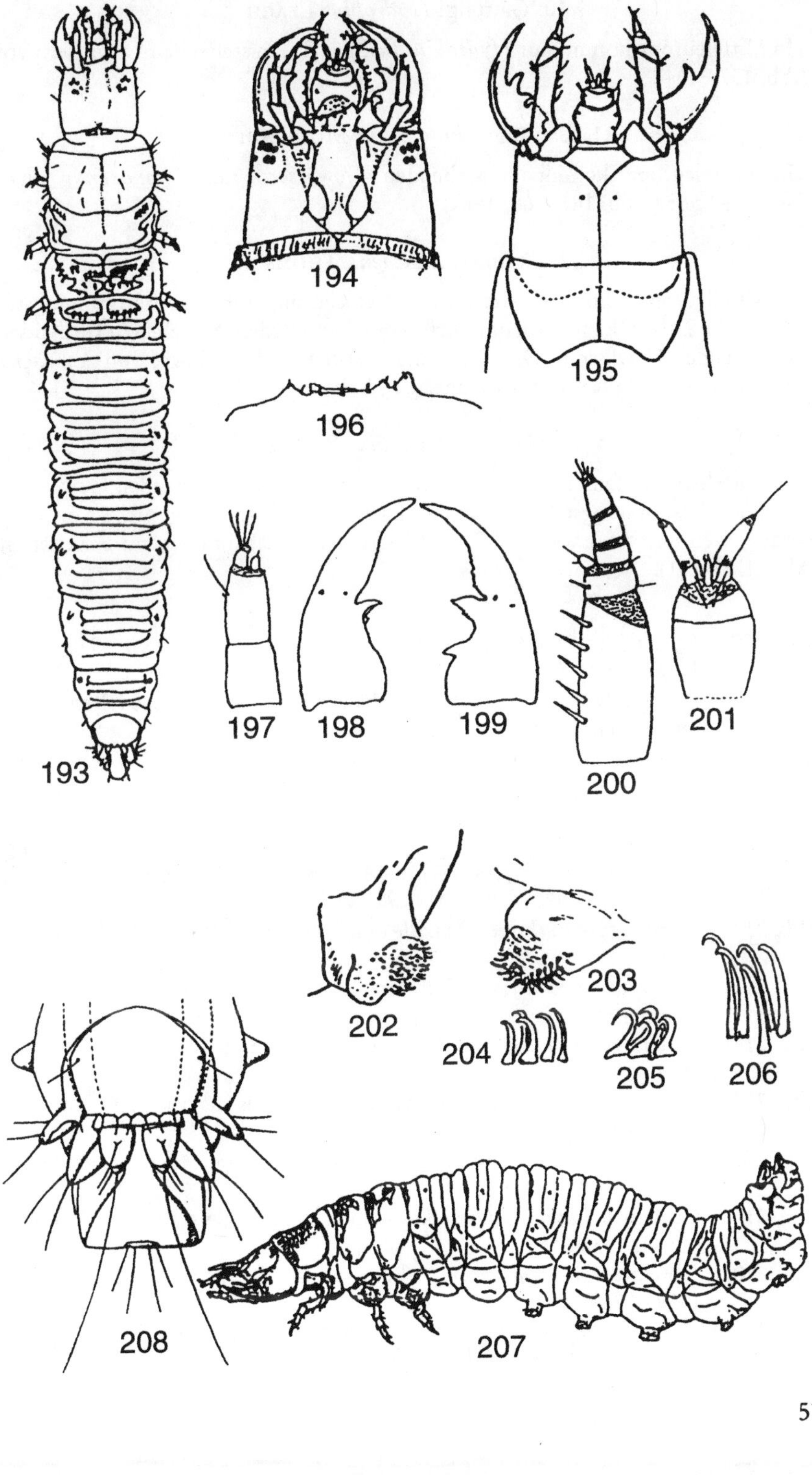
193
194
195
196
197
198
199
200
201
202
203
204
205
206
207
208

10. Gattung: *Hydrobius* LEACH

In Mitteleuropa kommt nur *Hydrobius fuscipes* (L.) in stehenden Gewässern vor (Abb. 157–164).

11. Gattung: *Limnoxenus* MOTSCHULSKY

In Mitteleuropa kommt in stehenden Gewässern nur *Limnoxenus niger* (ZSCHACH) vor (Abb. 165, 166, 166a).

12. Gattung: *Anacaena* THOMSON

In Mitteleuropa kommen 5 Arten aus dieser Gattung vor. Eine Bestimmungstabelle für die Larven kann vorläufig nicht vorgelegt werden. Sie leben in fließenden und stehenden Gewässern. Die Kenntnisse beruhen auf der Larve von *Anacaena infuscata* MOTSCHULSKY aus Nordamerika (Abb. 167–172).

13. Gattung: *Laccobius* ERICHSON

In Mitteleuropa kommen 16 Arten aus dieser Gattung in stehenden Gewässern vor. Eine Bestimmungstabelle für die Larven kann vorläufig nicht vorgelegt werden, weil nur die Larve von *Laccobius minutus* (L.) hinreichend bekannt ist (Abb. 173–181).

Abb. 209: *Cymbiodyta fimbriata*, Habitus, dorsal (aus BERTRAND 1972, nach RICHMOND 1920)
Abb. 210: *Cymbiodyta fimbriata*, Clypeolabrum, Vorderrand (aus BERTRAND 1972, nach RICHMOND 1920)
Abb. 211: *Cymbiodyta fimbriata*, Antenne (aus BERTRAND 1972, nach RICHMOND 1920)
Abb. 212: *Cymbiodyta fimbriata*, linke Mandibel (aus BERTRAND 1972, nach RICHMOND 1920)
Abb. 213: *Cymbiodyta fimbriata*, rechte Mandibel (aus BERTRAND 1972, nach RICHMOND 1920)
Abb. 214: *Cymbiodyta fimbriata*, Maxille (aus BERTRAND 1972, nach RICHMOND 1920)
Abb. 215: *Cymbiodyta fimbriata*, Labium (aus BERTRAND 1972, nach RICHMOND 1920)
Abb. 216: *Chaetarthria seminulum*, Habitus, lateral (aus BÖVING & HENRIKSEN 1938–1939)
Abb. 217: *Chaetarthria seminulum*, Habitus, ventral (aus BÖVING & HENRIKSEN 1938–1939)
Abb. 218: *Chaetarthria seminulum*, Kopfkapsel, dorsal (aus BÖVING & HENRIKSEN 1938–1939)
Abb. 219: *Chaetarthria seminulum*, Kopfkapsel, ventral (aus BÖVING & HENRIKSEN 1938–1939)
Abb. 220: *Chaetarthria seminulum*, Bein (aus BÖVING & HENRIKSEN 1938–1939)
Abb. 221: *Chaetarthria seminulum*, 8./9. Abdominalsegment, dorsal (aus BÖVING & HENRIKSEN 1938–1939)

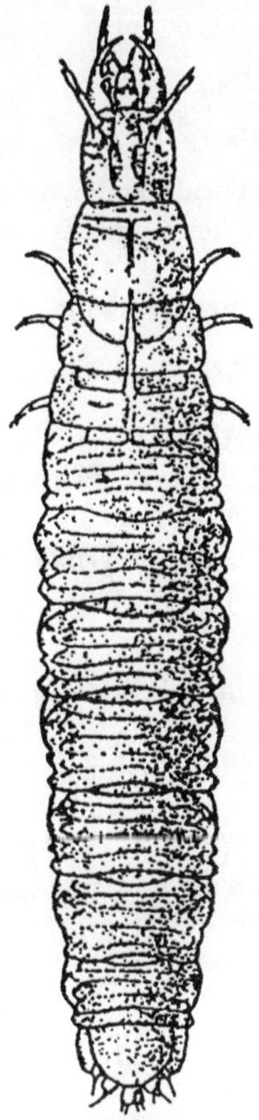
209

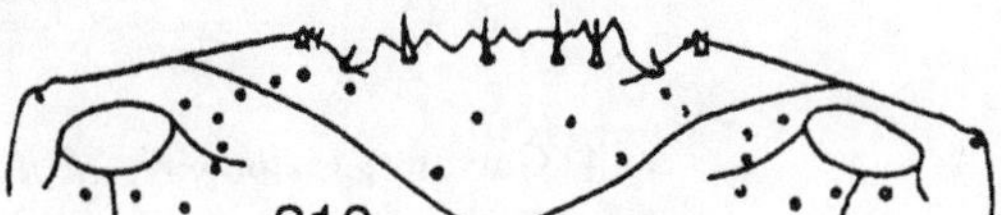
210

211

212

213

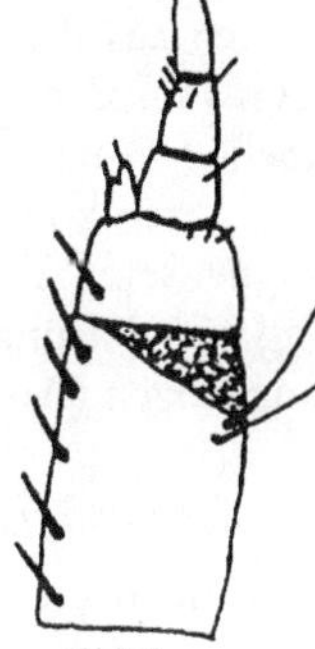
214

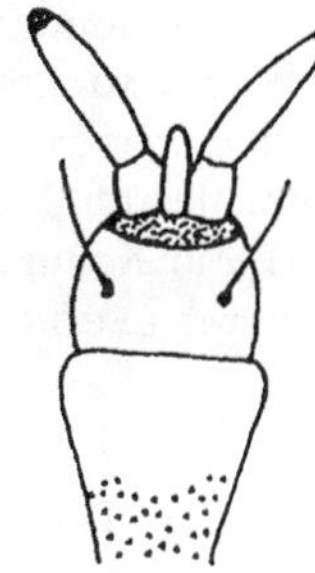
215

216

217

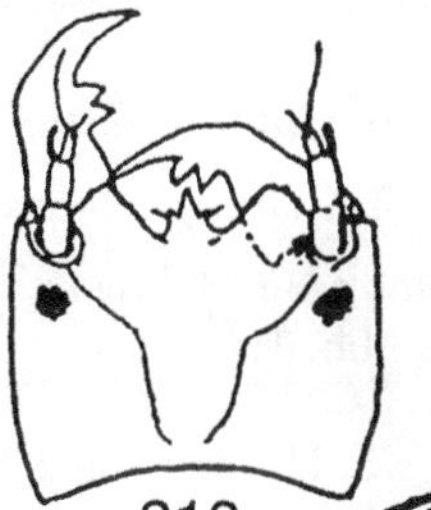
218

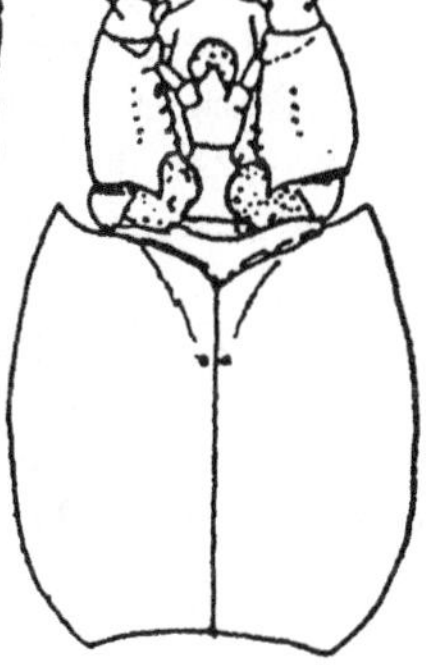
219

220

221

14. Gattung: *Helochares* Mulsant

Die Larven leben in stehenden Gewässern. Zur Unterscheidung der Arten kann vielleicht die Zähnung des Vorderrandes des Clypeolabrums und (wohl besser geeignet) die Form der Mandibeln herangezogen werden.

Die Larve von *Helochares punctatus* Sharp ist bisher nicht bekannt.

Tabelle für die Arten (nach Panzera 1932)

1 Mandibel siehe Abb. 189. Clypeusvorderrand siehe Abb. 185.
lividus (Forster)

1* Mandibel siehe Abb. 190. Clypeusvorderrand siehe Abb. 186.
obscurus (Müller) (= *griseus* F.)

15. Gattung: *Enochrus* Thomson

In Mitteleuropa kommen 9 Arten aus dieser Gattung in stehenden Gewässern vor, von denen besonders *Enochrus bicolor* (F.) bearbeitet wurde (Abb. 194, 195, 202, 207). Eine Bestimmungstabelle für die Larven kann vorläufig nicht vorgelegt werden. Zur Unterscheidung der Arten könnte die Form der Chitinhäkchen auf den Abdominalextremitäten geeignet sein (Abb. 204–206) (Böving & Henriksen 1938–1939). Zur Kennzeichnung der Gattung wurde auch die nordamerikanische Art *E. perplexus* Leconte herangezogen (Abb. 196–201).

16. Gattung : *Cymbiodyta* Bedel

In Mitteleuropa kommt in stehenden Gewässern nur *Cymbiodyta marginella* (F.) vor, die hier verwendeten Angaben beziehen sich auf *C. fimbriata* Motschulsky aus Nordamerika (Abb. 209–215).

4. Unterfamilie: Chaetarthriinae

17. Gattung: *Chaetarthria* Stephens

In Mitteleuropa kommt nur *Chaetarthria seminulum* (Herbst) am Ufer stehender Gewässer vor (Abb. 216–221).

5. Unterfamilie: Hydrophilinae

Tabelle für die Gattungen (nach Böving & Henriksen 1938–1939, Bertrand 1927, Klausnitzer 1977)

1 Linke Mandibel mit einem einfachen und rechte Mandibel mit einem zweispitzigen Mittelzahn (Abb. 233). Die Seitenwülste der 7 ersten Abdominalsegmente nur mit sehr kurzen, dick fadenförmigen seitlichen Anhängen (rudimentäre Tracheenkiemen) (Abb. 225). Kopf gerundet, etwas breiter als lang (Abb. 227). Pronotum mit lederartiger Haut, in die einige irregulär geformte kleine Sklerite eingelagert sind (Abb. 225, 226). Körperlänge etwa 60 mm.
Hydrophilus O. F. Müller (= *Hydrous* Linnaeus) (S. 61)

1* Mandibeln nahezu symmetrisch, jede mit 2 spitzen Innenzähnen (Abb. 223). Die Seitenwülste der 7 ersten Abdominalsegmente mit ziemlich langen, beborsteten Anhängen (Tracheenkiemen) (Abb. 222). Kopf rechteckig, nach hinten verschmälert. Pronotum mit einem gut entwikkelten glatten Sklerit. Körperlänge L_1 6–7 mm, adulte Larve etwa 25 mm. *Hydrochara* BERTHOLD (= *Hydrophilus* LEACH)

18. Gattung: *Hydrochara* BERTHOLD (= *Hydrophilus* LEACH)

Die Larven der beiden mitteleuropäischen Arten leben in stehenden Gewässern und können bisher nicht getrennt werden. Bearbeitet wurde fast ausnahmslos *Hydrochara caraboides* (L.) (Abb. 222–224).

19. Gattung: *Hydrophilus* O. F. MÜLLER (= *Hydrous* L.)

Die in stehenden Gewässern lebenden Larven der beiden mitteleuropäischen Arten können bisher nicht getrennt werden. Untersucht wurde vor allem *Hydrophilus piceus* (L.) (Abb. 225, 227, 228, 233, 234). Auch die Kenntnisse über *H. obtusatus* SAY aus Nordamerika wurden verwendet (Abb. 229–232).

Abb. 222: *Hydrochara caraboides*, Habitus, dorsal (aus BÖVING & HENRIKSEN 1938–1939)
Abb. 223: *Hydrochara caraboides*, Mandibel (aus KLAUSNITZER 1977)
Abb. 224: *Hydrochara caraboides*, Abdomenende, lateral (aus BÖVING & HENRIKSEN 1938–1939)
Abb. 225: *Hydrophilus piceus*, Habitus, dorsal (aus BÖVING & HENRIKSEN 1938–1939)
Abb. 226: *Hydrophilus* sp., Habitus, dorsal (aus STEHR 1991)
Abb. 227: *Hydrophilus piceus*, Kopfkapsel, dorsal (aus BERTRAND 1972)
Abb. 228: *Hydrophilus piceus*, Kopfkapsel, ventral (aus BERTRAND 1972)
Abb. 229: *Hydrophilus obtusatus*, Clypeolabrum, Vorderrand (aus BERTRAND 1972, nach RICHMOND 1920)
Abb. 230: *Hydrophilus obtusatus*, Antenne (aus BERTRAND 1972, nach RICHMOND 1920)
Abb. 231: *Hydrophilus obtusatus*, Maxille (aus BERTRAND 1972, nach RICHMOND 1920)
Abb. 232: *Hydrophilus obtusatus*, Labium (aus BERTRAND 1972, nach RICHMOND 1920)
Abb. 233: *Hydrophilus piceus*, Mandibeln (aus KLAUSNITZER 1977)
Abb. 234: *Hydrophilus piceus*, Bein (aus KLAUSNITZER 1977)

222

223

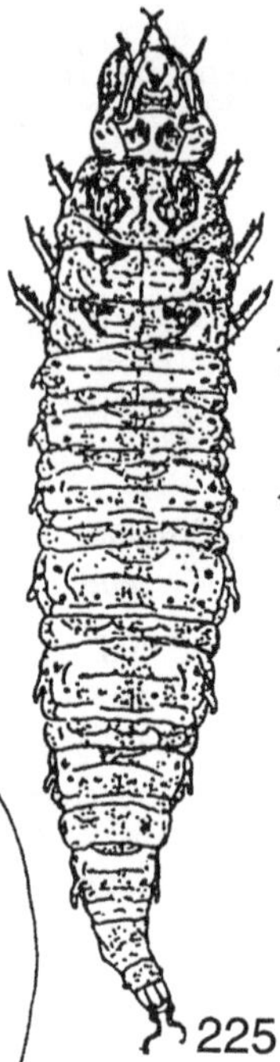
225

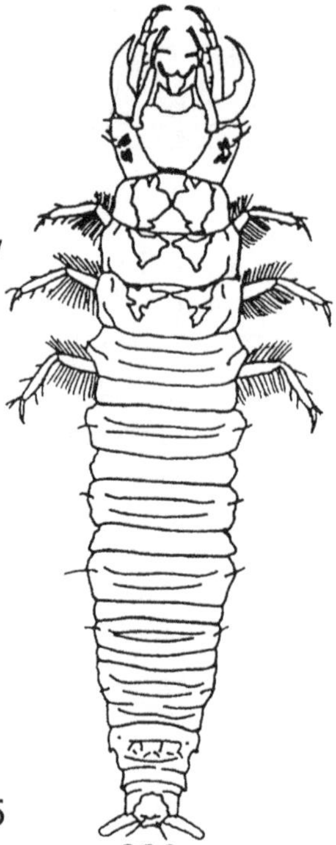
226

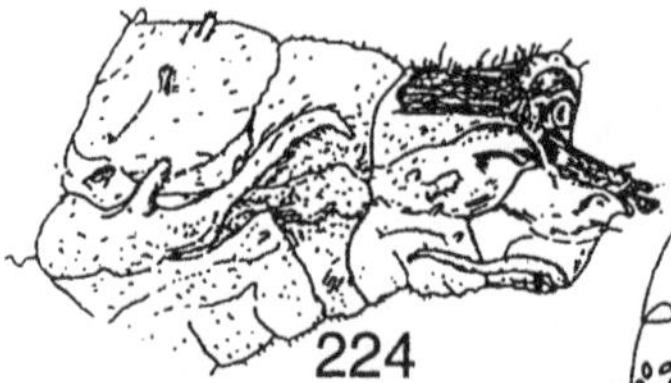
224

227

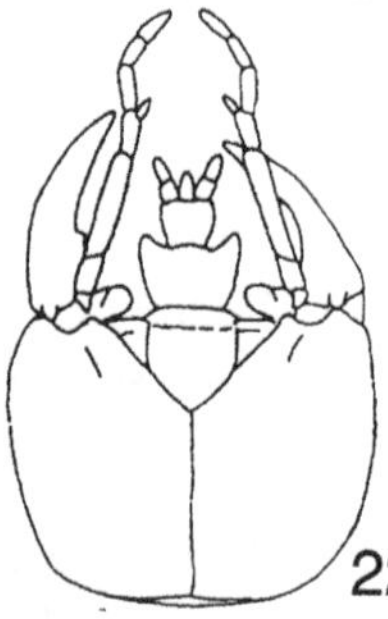
228

229

230

231

232

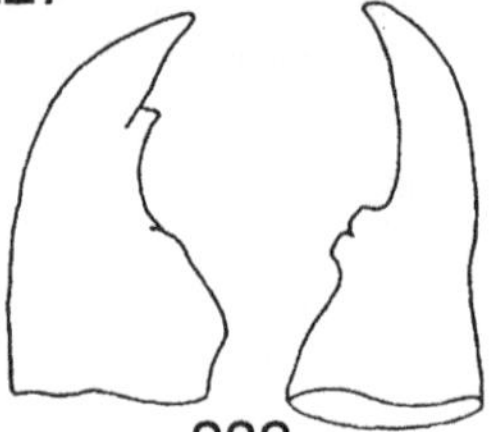
233

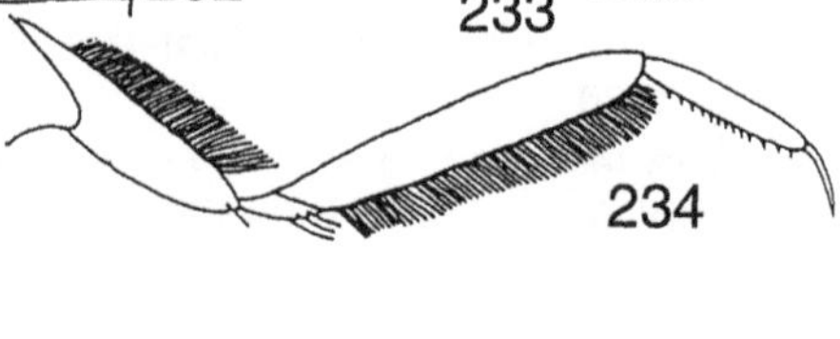
234

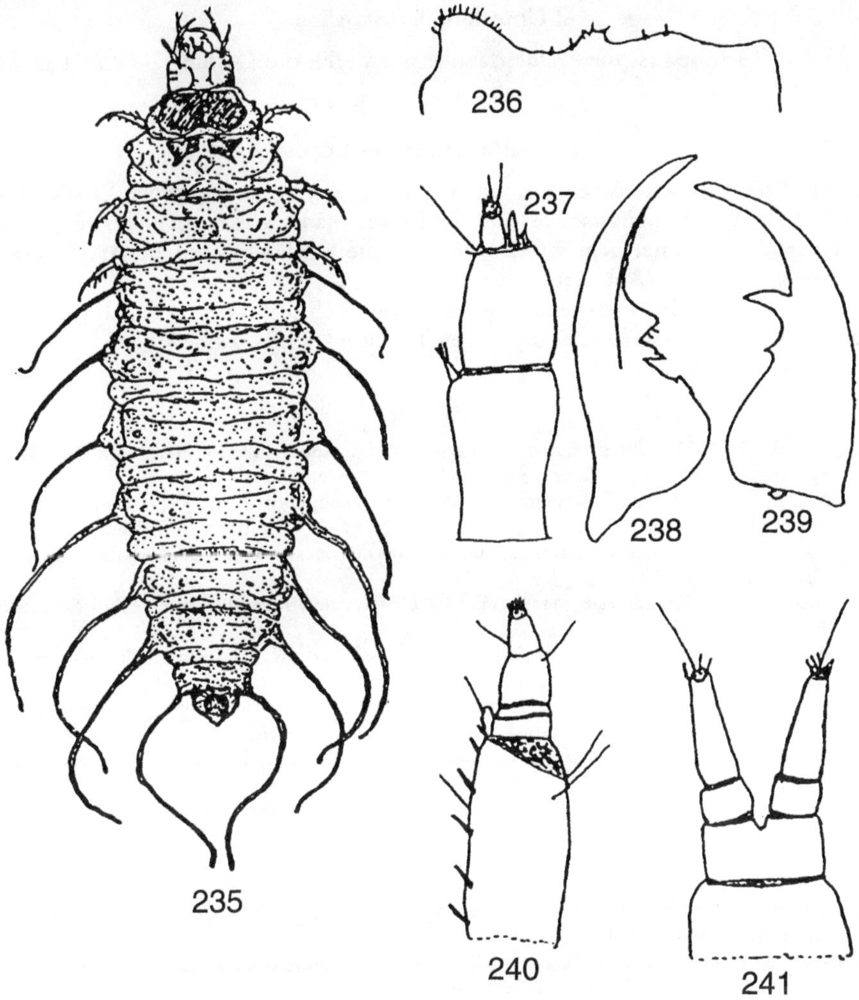

Abb. 235: *Berosus spinosus*, Habitus, dorsal (aus Böving & Henriksen 1938–1939)

Abb. 236: *Berosus peregrinus*, Clypeolabrum, Vorderrand (aus Bertrand 1972, nach Richmond 1920)

Abb. 237: *Berosus peregrinus*, Antenne (aus Bertrand 1972, nach Richmond 1920)

Abb. 238: *Berosus peregrinus*, linke Mandibel (aus Bertrand 1972, nach Richmond 1920)

Abb. 239: *Berosus peregrinus*, rechte Mandibel (aus Bertrand 1972, nach Richmond 1920)

Abb. 240: *Berosus peregrinus*, Maxille (aus Bertrand 1972, nach Richmond 1920)

Abb. 241: *Berosus peregrinus*, Labium (aus Bertrand 1972, nach Richmond 1920)

6. Unterfamilie: Berosinae

In Mitteleuropa ist diese Unterfamilie nur durch die Gattung *Berosus* LEACH vertreten.

20. Gattung: *Berosus* LEACH

In Mitteleuropa kommen 5 Arten aus dieser Gattung in stehenden Gewässern vor. Eine Bestimmungstabelle für die Larven kann vorläufig nicht vorgelegt werden. Näher untersucht wurde vor allem die nordamerikanische Art *Berosus peregrinus* HERBST (Abb. 236–241).

Die L_1 und L_2 besitzen keine Stigmen, vermutlich reicht bei den niedrigen Stadien die O_2–Aufnahme über die langen Tracheenkiemen (Abb. 235) aus.

Literatur

ANGUS, R. B. (1973): The habitats life histories and immature stages of *Helophorus* F. (Col., Hydrophilidae). – Trans R. ent. Soc. London 125: 1–26.

ANGUS, R. (1992): Insecta: Coleoptera: Hydrophilidae: Helophorinae. In: SCHWOERBEL, J. & P. ZWICK, Süßwasserfauna von Mitteleuropa, Band 20/10–2. – Stuttgart, Jena New York.

BERTRAND, H. (1966): Clé de détermination des genres de larves d'Hydrophilides holarctiques. – Can. Nat. 22: 85–88.

BERTRAND, H. (1972): Larves et nymphes des Coléoptères aquatiques du globe. – Bull. Soc. ent. France 78: 89–97.

BÖVING, A. G. & F. C. CRAIGHEAD (1931): An illustrated synopsis of the principal larval forms of the order Coleoptera. – Ent. Amer. N. S. 11: 1–351.

BÖVING, A. G. & K. HENRIKSEN (1938–1939): The developmental stages of the danish Hydrophilidae. – Vidensk. Meddel. Dansk naturh. Foren. 102: 27–162.

CROWSON, R. A. (1967): The natural classification of the families of Coleoptera. – Hampton, Middlesex.

EMDEN, F. I. VAN (1932): Ergebnisse einer Moorexkursion im West–Erzgebirge. – Kol. Rundschau 18: 140–150.

HAFEZ, M. (1939): The external morphology of the full grown larva of *Cercyon* (Hydrophilidae). – Bull. Soc. ent. Egypte 23: 339–343.

HAFEZ, M. (1939): The life-history of *Sphaeridium scaraboides* L. (Hydrophilidae). – Bull. Soc. ent. Egypte 23: 312–318.

HENRIKSEN, K. L. (1973): Vandkaerer (Palpicornia: Hydrophilidae), Larverne. In: V. HANSEN, Biller IX, Danmarks Fauna. – Kobenhavn.

KLAUSNITZER, B. (1977): Bestimmungstabellen für die Gattungen der aquatischen Coleopteren-Larven Mitteleuropas. – Beitr. Ent. 27: 145–192.

MATTA, J. F. (1982): The bionomics of two species of *Hydrochara* (Col., Hydrophilidae) with descriptions of their larvae. – Proc. Ent. Soc. Washington 84: 461–467.

MOULINS, M. (1959): Contribution à la connaissance de quelques types larvaires d'Hydrophilidae (Col.). – Trav. Lab. Zool. Dijon 30: 1–46.

PANZERA, O. (1932): Descrizione delle larve di *Helochares griseus* FABR. e *H. lividus* FORST. (Col., Hydrophilidae). – Mem. Soc. ent. Ital. 11: 52–63.

QUENNEDY, A. (1965): Contribution à la connaissance de quelques types larvaires de Sphaeridiinae (Hydrophilidae). – Trav. Lab. Zool. Dijon 66: 1–56.

RICHMOND, E. A. (1920): Studies on the biology of the aquatic Hydrophilidae. – Bull. American Mus. Nat. Hist. 42: 1–94.

RICHOUX, P. (1982): Coléoptères aquatiques (genres: adultes et larves). – Bull. mens. Soc. Linn. Lyon 51: 105–128, 257–304.

STEHR, F. W. (1991): Immature Insects. Volume 2. – Kendall, Iowa.

13. Familie: Georissidae

Abb. 1–6

Charakteristik der Familie nach larvalen Merkmalen:

Körper langgestreckt (Abb. 1). Kopfkapsel, Mundwerkzeuge, Pronotum und die schmalen dorsalen Sklerite bräunlich, übriger Körper heller. Körperlänge 1,2–2,0 mm.

Kopf prognath, subquadratisch (Abb. 1), etwas abgeplattet. Kopfnähte deutlich (Abb. 2). Clypeus und Labrum miteinander verschmolzen, Vorderrand mit einem spitzen Mittelfortsatz, Seitenecken mit deutlichen Zähnen (Abb. 2). An der Kopfkapsel sind jederseits 6 Stemmata vorhanden (Abb. 2). Antennen dreigliedrig, sie sind in ihrer Einlenkung dem Seitenrand der Kopfkapsel mehr genähert als die Mandibeln (Abb. 2).

Mandibeln groß, symmetrisch, stark gebogen, Innenrand mit 2 großen Zähnen, Incisivus innen fein gezähnt (Abb. 2). Cardo klein, Stipes subquadratisch, Palpifer lang, mit kleiner, schmaler Galea und dreigliedrigem Maxillarpalpus (Abb. 3). Labialpalpen dreigliedrig, keine Ligula vorhanden (Abb. 3).

Sklerit des Pronotums vollständig, die gesamte dorsale Oberfläche bedeckend (Abb. 1). Meso- und Metathorax dorsal jeweils mit 2 Paar Skleriten (Abb. 1). Beine dreigliedrig (Abb. 4, 5), Trochanter und Femur sowie Tibiotarsus und Klaue sind miteinander verschmolzen. Vorderbeine kräftiger als Mittel- und Hinterbeine (Abb. 4, 5).

1.–7. Abdominalsegment dorsal mit 3 Paar kleinen Skleriten (Abb. 1). 8. Abdominalsegment nur mit 2 Paar Skleriten (Abb. 6). 9. Abdominalsegment ohne paarige Dorsalsklerite, mit einem Paar kurzer, konischer, eingliedriger Urogomphi (Abb. 6), deren Spitzen eine papillenartige Struktur tragen, die vielleicht als Rest des 2. Gliedes zu deuten ist. 10. Abdominalsegment breit und kurz, deutlich von der Dorsalseite aus zu sehen (Abb. 1). Stigmen biforous, die des Mesothorax groß und auffällig. 1.–8. Abdominalsegment jeweils mit einem dorsolateralen Stigmenpaar. Es ist keine terminale Atemkammer vorhanden.

In Mitteleuropa kommt nur die Gattung *Georissus* Latreille vor.

1. Gattung: *Georissus* Latreille

In Mitteleuropa kommen 5 Arten aus dieser Gattung vor, von denen nur die Larve von *Georissus crenulatus* Rossi bekannt ist (van Emden 1956) (Abb. 1–6). Eine Bestimmungstabelle für die Larven kann deshalb nicht vorgelegt werden.

Literatur

Emden, F. I. van (1956): The Georyssus larva – a Hydrophilid. – Proc. R. ent. Soc. London A 31: 20–24.

Messner, B. (1964): Zur Biologie der Georyssiden (Col.). – Ent. Ber. 8: 97–100.

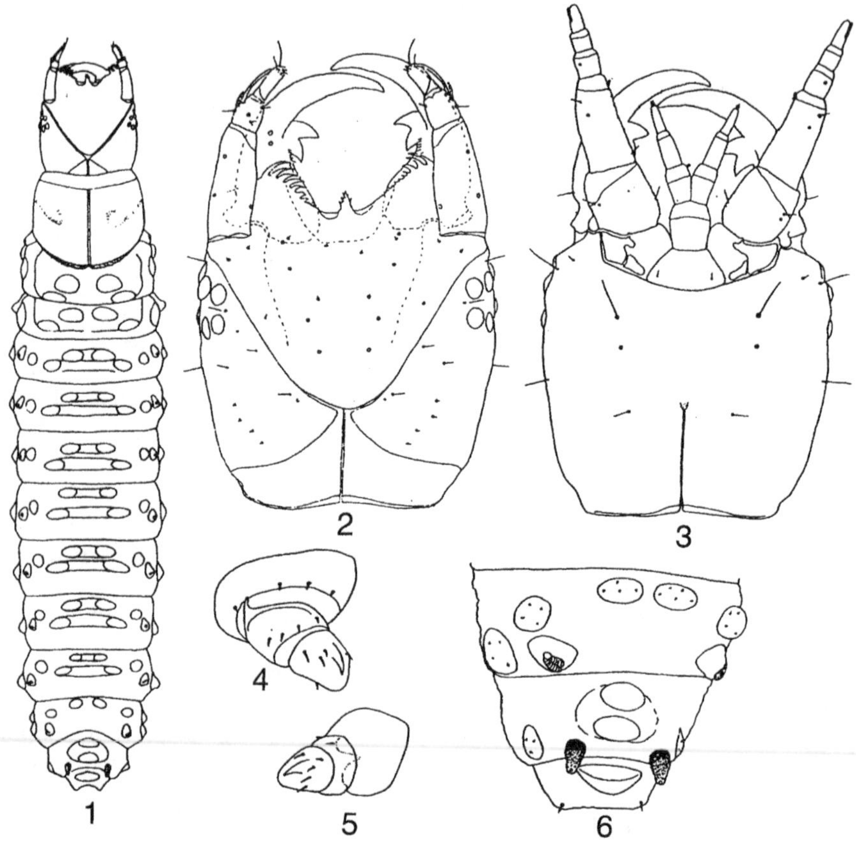

Abb. 1: *Georissus crenulatus*, Habitus, dorsal (aus VAN EMDEN 1956)
Abb. 2: *Georissus crenulatus*, Kopfkapsel, dorsal (aus VAN EMDEN 1956)
Abb. 3: *Georissus crenulatus*, Kopfkapsel, ventral (aus VAN EMDEN 1956)
Abb. 4: *Georissus crenulatus*, Vorderbein (aus VAN EMDEN 1956)
Abb. 5: *Georissus crenulatus*, Mittelbein (aus VAN EMDEN 1956)
Abb. 6: *Georissus crenulatus*, 8.–10. Abdominalsegment, dorsal (aus VAN EMDEN 1956)

4. Überfamilie: Dascilloidea

In Mitteleuropa kommt nur die Familie Dascillidae vor, weltweit gehören zu den Dascilloidea noch die Karumiidae und die Rhipiceridae (Sandalidae). Möglicherweise handelt es sich um die Schwestergruppe der Scarabaeoidea.

26. Familie: Dascillidae

Abb. 1–9

Charakteristik der Familie nach larvalen Merkmalen:

Körper langgestreckt, ± parallelseitig (Abb. 1), subzylindrisch, etwas nach der Ventralseite gebogen (Abb. 2), wenig sklerotisiert, gelbweiß. Oberseite glatt, mit Haaren verschiedener Länge bedeckt, die an manchen Stellen, vor allem lateral und ventral, dicht beieinander stehen. Körperlänge der adulten Larve 20 mm.

Kopf vorgestreckt, etwas nach unten gebogen, groß, quer, seitlich gerundet, ohne Epicranialnaht. Frontalnähte V-förmig (Abb. 3). Es sind keine Endocarina und keine Stemmata vorhanden. Antennen verhältnismäßig lang, dreigliedrig, 3. Glied sehr klein, dadurch erscheint die Antenne zweigliedrig (Abb. 3). Kopfkapsel ohne Frontoclypealnaht, Labrum teilweise mit dem Clypeus verschmolzen, Clypeolabrum asymmetrisch (Abb. 3, 4). Epipharynx mit kräftig sklerotisierten Platten und Kämmen. Mandibeln (Abb. 6) asymmetrisch, kräftig, zweizähnig, Incisivus auf der Innenseite mit 2 oder 3 scherenartigen Zähnen, die als Retinacula aufgefaßt werden können und einem kleinen, gelenkig verbundenen Fortsatz (Prostheca). Mola kräftig, mit feinen Längsriefen bedeckt. Maxille mit einem queren, deutlich geteilten Cardo, einem länglichen Stipes, wohl entwickelter Gelenkfläche, dreigliedrigem Maxillarpalpus, einer gelenkig verbundenen sichelförmigen Galea und einer fest verbundenen Lacinia (Abb. 8). Ligula kurz, breit, zweilappig. Labialpalpen zweigliedrig und weit voneinander getrennt (Abb. 9). Gula transvers.

Prothorax etwas breiter als Meso- und Metathorax (Abb. 1). Tergite des Thorax und der Abdominalsegmente mit deutlichen Tergalplatten. Beine gut entwickelt, 9. Abdominalsegment mit einem Paar kurzer, wenig sklerotisierter nach oben gebogener Urogomphi (Abb. 1). 10. Abdominalsegment reduziert, nach hinten gerichtet. Stigmen cribriform (Abb. 7), relativ groß, ohne Verschlußapparat. Auf dem Thorax und dem 1. Abdominalsegment sind sie nierenförmig, nach hinten werden sie kleiner und runder.

In Mitteleuropa kommt nur die Gattung *Dascillus* LATREILLE vor.

1. Gattung: *Dascillus* LATREILLE

In Mitteleuropa kommt nur *Dascillus cervinus* (L.) vor. Für die Darstellung der Dascillidae wurden auch die Angaben über *Dascillus davidsoni* LECONTE aus Nordamerika verwendet. Die Larve von *Dascillus cervinus* (L.) lebt rhizophag von Graswurzeln in den oberen Bodenschichten.

Literatur

BÖVING, A. G. & K. CRAIGHEAD (1931): An illustrated synopsis of the principal larval forms of the order Coleoptera. – Ent. Amer. 11 (N.S.): 1–351.

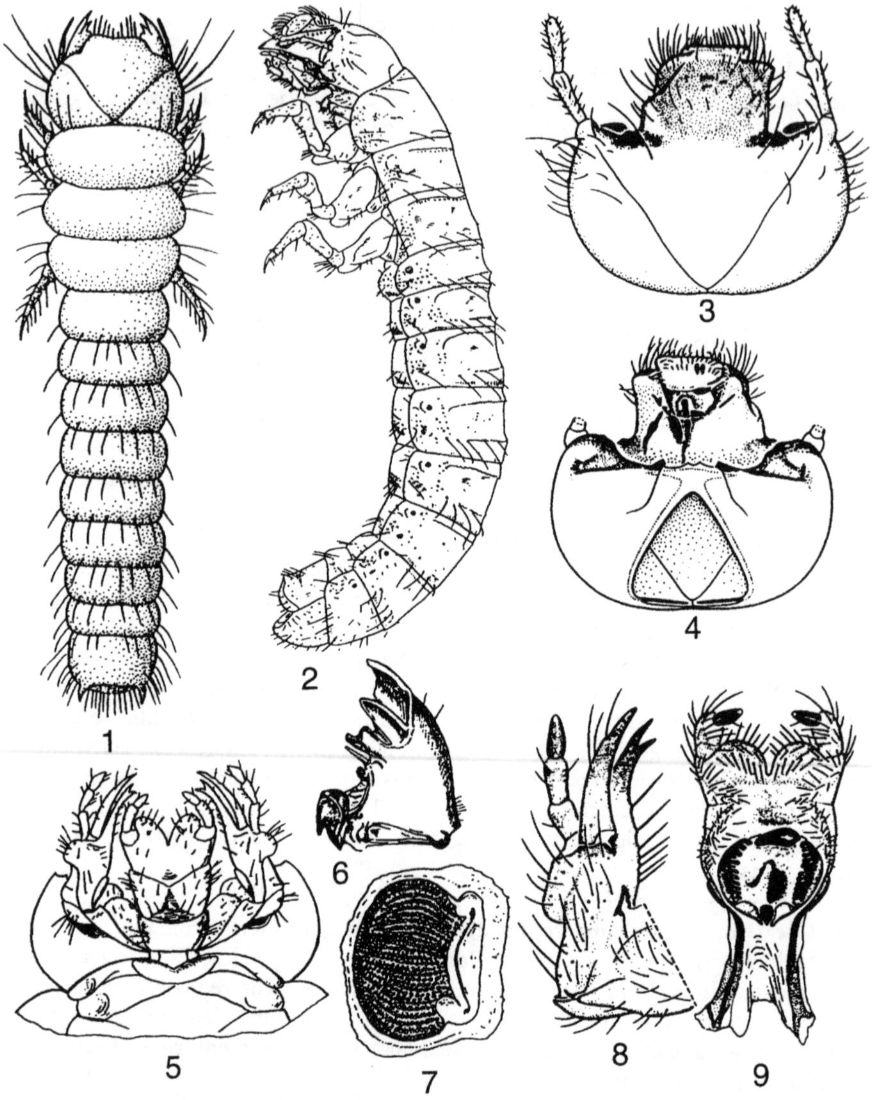

Abb. 1: *Dascillus cervinus*, Habitus, dorsal (aus KLAUSNITZER 1976)
Abb. 2: *Dascillus davidsoni*, Habitus, lateral (aus BÖVING & CRAIGHEAD 1931)
Abb. 3: *Dascillus davidsoni*, Kopfkapsel, dorsal (aus STEHR 1991)
Abb. 4: *Dascillus davidsoni*, Kopfkapsel, ventral (aus STEHR 1991)
Abb. 5: *Dascillus davidsoni*, Mundwerkzeuge, ventral (aus BÖVING & CRAIGHEAD 1931)
Abb. 6: *Dascillus davidsoni*, linke Mandibel (aus BÖVING & CRAIGHEAD 1931)
Abb. 7: *Dascillus davidsoni*, 1. Abdominalsegment, Stigma (aus BÖVING & CRAIGHEAD 1931)
Abb. 8: *Dascillus davidsoni*, Maxille (aus STEHR 1991)
Abb. 9: *Dascillus davidsoni*, Labium (aus STEHR 1991)

CROWSON, R. A. (1967): The natural classification of the families of Coleoptera. – Hampton, Middlesex.
EMDEN, F. I. VAN (1942): Larvae of British beetles.–3. Keys to the families. – Entomol. monthly Mag.78: 206–226, 253–272.
GAHAN, C. J. (1908): On the larvae of *Trictenotoma childreni* GRAY, *Melittomma insulare* FAIRM. , and *Dascillus cervinus* L. – Trans. Ent. Soc. London 1908: 275–282.
GHILAROV, M. S. (1964): Bestimmungsbuch für bodenbewohnenden Insektenlarven. – Moskau (russisch).
HEROLD, W. (1912): *Dascillus cervinus* L. als Moorwiesenschädling. – Centralbl. f. Bakt. Paras. und Inf. – Krankheiten, 2. Abt. 33: 438–442.
KLAUSNITZER, B. (1976): Zur Biologie einheimischer Käferfamilien. 14. Dascillidae. – Ent. Ber. 20: 51–52.
LARSSON, S. G. (1973): Blodvinger, klannere m. m. (Malacodermata, Fossipedes, Macrodactylia og Brachymera), Larverne. In: V. HANSEN, Biller X, Danmarks Fauna. – Kobenhavn.
STEHR, F. W. (1991): Immature Insects. Volume 2. – Kendall, Iowa.
ZOCCHI, R. (1961): Contributo alla cocoscenza della morfologia larvale del Coleottero Dascillidae *Dascillus cervinus* L. – Studi Sassaresi 9: 430–444.

5. Überfamilie: Eucinetoidea

Zu den Eucinetoidea werden die Clambidae (einschließlich der Calyptomeridae), Eucinetidae und Scirtidae gerechnet. Die folgende Bestimmungstabelle gilt nur für die in Mitteleuropa vorkommenden Gattungen.

Tabelle für die Familien

1 Galea und Lacinia deutlich voneinander getrennt (Abb. Eucinetidae 7). 3. Antennenglied kürzer als das 1. und 2. zusammen (Abb. Eucinetidae 2, Scirtidae 7–10, 15–17, 21, 22). 2

1* Galea und Lacinia bilden eine einheitliche Mala (Abb. Clambidae 4, 9). 3. Antennenglied teilweise länger als das 1. und 2. zusammen (Abb. Clambidae 2, 6). Clambidae (S. 70)

2 Larven aquatisch. Antennen lang, durch sekundäre Ringelung vielgliedrig erscheinend (Abb. Scirtidae 3–14, 18–20). Hypopharynx als Sammelapparat für Partikel stark modifiziert (Abb. Scirtidae 1, 2, 26, 30). Scirtidae (S. 74)

2* Larven terrestrisch. Antennen kurz, dreigliedrig (Abb. Eucinetidae 2). Hypopharynx anders gestaltet. Eucinetidae (S. 72)

Literatur

BÖVING, A. G. & K. CRAIGHEAD (1931): An illustrated synopsis of the principal larval forms of the order Coleoptera. – Ent. Amer. 11 (N.S.): 1–351.
CROWSON, R. A. (1967): The natural classification of the families of Coleoptera. – Hampton, Middlesex.
EMDEN, F. I. VAN (1942): Larvae of British beetles.–3. Keys to the families. – Entomol. monthly Mag. 78: 206–226, 253–272.
GHILAROV, M. S. (1964): Bestimmungsbuch für bodenbewohnende Insektenlarven. – Moskau (russisch).
MAMAJEW, B. M. (1972): Bestimmungstabelle für Insektenlarven. Lehrmittel für Lehrer. – Moskau (russisch).

27. Familie: Clambidae

Abb. 1–10

Charakteristik der Familie nach larvalen Merkmalen:

Körper langgestreckt, gerade (Abb. 1), etwas abgeplattet, nur schwach pigmentiert, manchmal mit dunklerer Kopfkapsel. Oberseite glatt, manchmal mit borstentragenden Tuberkeln, ähnlich wie bei den Eucinetidae und verstreuten langen, feinen Borsten. Körperlänge 1–3 mm.

Kopf vorgestreckt, prognath. Epicranialnaht fehlend oder kurz. Frontalnähte fehlend (Abb. 2) oder lyraförmig (Abb. 6). Ohne Endocarina. 5 Stemmata an jeder Seite der Kopfkapsel (Abb. 7), oder sie fehlen völlig und sind höchstens als schwacher Pigmentfleck vorhanden. Antenne dreigliedrig. Frontoclypealnaht fehlend oder undeutlich. Labrum frei. Mandibeln symmetrisch, Incisivus mehrspitzig, eine Prostheca ist vorhanden (Abb. 3, 8). Mola wohl entwickelt, mit Rauhigkeiten bedeckt. Cardo quer, Stipes länglich, Gelenkfläche gut entwickelt, Galea und Lacinia sind zu einer Mala verschmolzen (Abb. 4, 9). Maxillarpalpus dreigliedrig. Ligula breit, Labialpalpen zweigliedrig, weit voneinander getrennt.

Thorax relativ groß, mehr als halb so lang wie das Abdomen (Abb. 1). Beine gut entwickelt. 9. Tergit ohne Urogomphi (Abb. 5, 10).

Die Larve von *Loricaster testaceus* MULSANT ist bisher nicht bekannt, so daß die Gattung *Loricaster* MULSANT nicht in die folgende Bestimmungstabelle aufgenommen werden konnte.

Tabelle für die Gattungen (nach CROWSON 1979)

1 3. Antennenglied viel länger als der Sinnesanhang des 2. (Abb. 2). Mandibeln ohne ventrale Tuberkeln, die Rauhigkeiten der Mola sind in regulären Querreihen angeordnet (Abb. 3). Stemmata fehlend oder durch einen schwachen Pigmentfleck repräsentiert. Die Borsten auf der Dorsalseite der Kopfkapsel entspringen nicht auf deutlichen Tuberkeln (Abb. 2). Dorsale Kopfnähte undeutlich (Abb. 2). Stigmen des 8. Abdominalsegments klein (Abb. 5). *Clambus* FISCHER

1* 3. Antennenglied kürzer als der Sinnesanhang des 2. (Abb. 6). Mandibeln mit ventralen Tuberkeln (Abb. 8). An jeder Seite der Kopfkapsel befinden sich 5 Stemmata (Abb. 7). Die Borsten auf der Dorsalseite der Kopfkapsel entspringen auf deutlichen Tuberkeln (Abb. 6). Dorsale Kopfnähte deutlich (Abb. 6). Stigmen des 8. Abdominalsegments von normaler Größe. *Calyptomerus* REDTENBACHER

1. Gattung: *Calyptomerus* REDTENBACHER

Die Larven der beiden mitteleuropäischen Arten können bisher nicht getrennt werden. Die Beschreibung bezieht sich auf die Larve von *Calyptomerus dubius*

Abb. 1: *Clambus* sp., Habitus, dorsal (aus STEHR 1991)
Abb. 2: *Clambus nigriclavis,* Kopfkapsel, dorsal (aus CROWSON 1979)
Abb. 3: *Clambus nigriclavis,* rechte Mandibel (aus CROWSON 1979)
Abb. 4: *Clambus nigriclavis,* Maxille, Labium, ventral (aus CROWSON 1979)

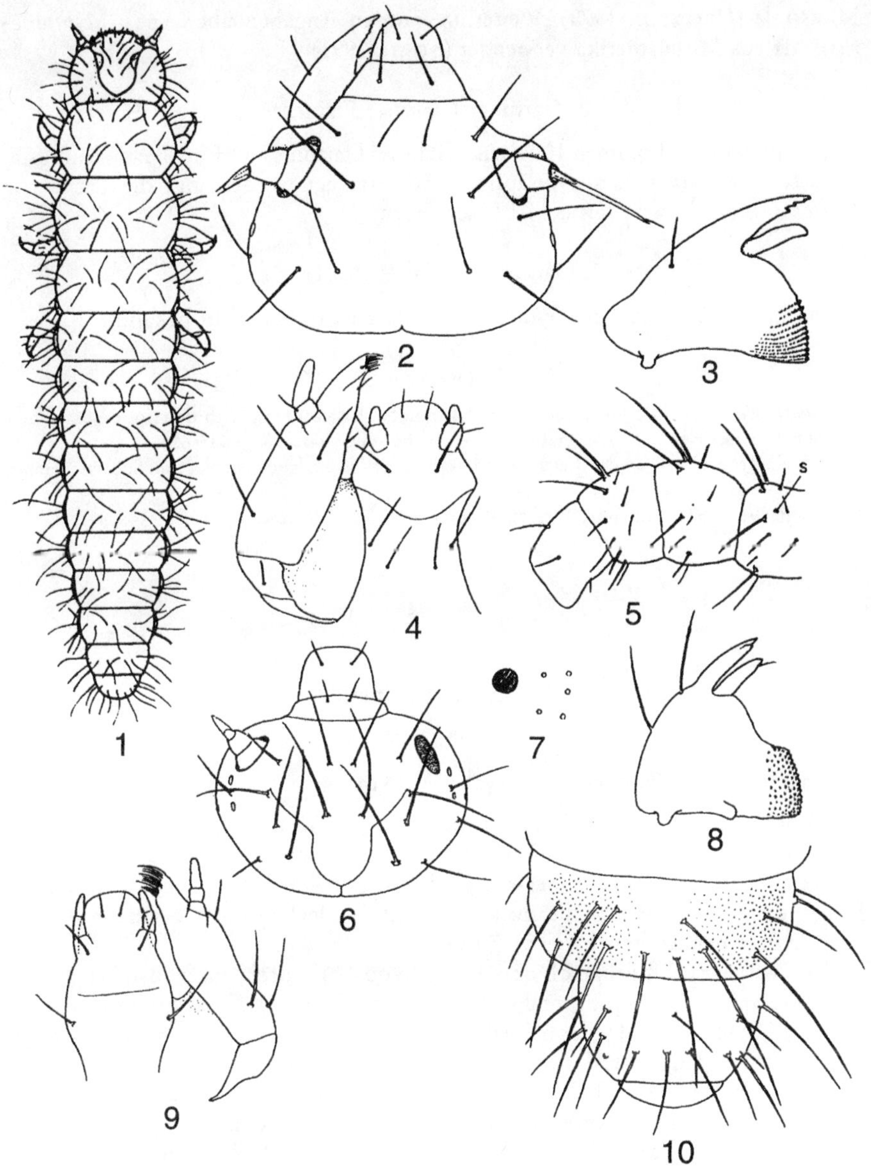

Abb. 5: *Clambus nigriclavis*, 7.–10. Abdominalsegment, lateral (aus Crowson 1979) (S = Stigma)
Abb. 6: *Calyptomerus dubius*, Kopfkapsel, dorsal (aus Crowson 1979)
Abb. 7: *Calyptomerus dubius*, Stemmata, lateral (aus Crowson 1979)
Abb. 8: *Calyptomerus dubius*, rechte Mandibel (aus Crowson 1979)
Abb. 9: *Calyptomerus dubius*, Maxille, Labium, ventral (aus Crowson 1979)
Abb. 10: *Calyptomerus dubius*, 8.–10. Abdominalsegment, dorsal (aus Crowson 1979)

Marsham (Crowson 1979). Weiterhin wurden Angaben über eine *Calyptomerus*–Art aus Mittelamerika verwendet (Stehr 1991).

2. Gattung: *Clambus* Fischer

In Mitteleuropa kommen 10 Arten aus dieser Gattung vor. Eine Bestimmungstabelle für die Larven kann vorläufig nicht vorgelegt werden, nur die Larve von *Clambus nigriclavis* Stephens ist beschrieben.

3. Gattung: *Loricaster* Mulsant

Die Larve von *Loricaster testaceus* Mulsant ist bisher nicht bekannt.

Literatur

Crowson, R. A. (1979): Observations on Clambidae (Coleoptera), with descriptions of a new genus and species and of several larvae. – Revue suisse Zool. 86: 611–623.

Perris, E. (1852): Histoire des métamorphoses du *Clambus enshamensis.* – Ann. Soc. ent. France 10: 574–578.

Stehr, F. W. (1991): Immature Insects. Volume 2. – Kendall, Iowa.

28. Familie: Eucinetidae

Abb. 1–7

Charakteristik der Familie nach larvalen Merkmalen:

Körper langgestreckt, nach hinten verschmälert (Abb. 1), gerade oder schwach gebogen, etwas abgeflacht, wenig sklerotisiert, meist mit dunklen Flecken auf dem Rücken und an den Seiten. Oberseite glatt oder mit Tuberkeln bedeckt, mit relativ langen einfachen Borsten, die meist auf kleinen Flecken dicht beiander stehen. Körperlänge der adulten Larve 5–7 mm.

Kopf vorgestreckt, prognath oder etwas hypognath, breit, nach vorn verschmälert. Epicranialnaht kurz, Frontalnähte lyraförmig (Abb. 2). Keine Endocarina vorhanden. 5 Stemmata auf jeder Seite der Kopfkapsel (Abb. 4). Antenne dreigliedrig, das 2. Glied ist länger als das 1. und 3. (Abb. 2). Die Antennen inserieren deutlich entfernt von der Mandibelbasis. Frontoclypealnaht fehlend, Labrum von der Kopfkapsel getrennt. Mandibeln symmetrisch, kurz und breit, Incisivus zweispitzig, mit zusätzlichen Zähnen an der Spitze (Abb. 5, 6), ein Retinaculum (?) ist vorhanden (immer ?). Mola gut entwickelt, mit rauher Oberfläche. Cardo quer, Stipes lang, Gelenkfläche wohl entwickelt, Maxillarpalpus dreigliedrig, Galea und Lacinia deutlich getrennt (Abb. 7). Ligula kurz und breit. Labialpalpen zweigliedrig und weit voneinander getrennt.

Thorax relativ groß, mehr als halb so lang wie das Abdomen (Abb. 1). Beine wohl entwickelt. Die Abdominalsegmente nehmen nach hinten in Länge und Breite ab. 1.–8. Abdominalsegment mit deutlichen Pleuralloben. Stigmen annular, an den Enden kurzer Röhren liegend.

In Mitteleuropa kommt nur die Gattung *Eucinetus* Germar vor.

1. Gattung: *Eucinetus* GERMAR

In Mitteleuropa kommen 3 Arten aus dieser Gattung vor. Der Beschreibung liegen Angaben über die Larven der nordamerikanischen Arten *Eucinetus infumatus* LECONTE und *E. morio* LECONTE ? zu Grunde (BÖVING & CRAIGHEAD 1991, Stehr 1991). Soweit bekannt sind die Larven der *Eucinetus* – Arten mycophag.

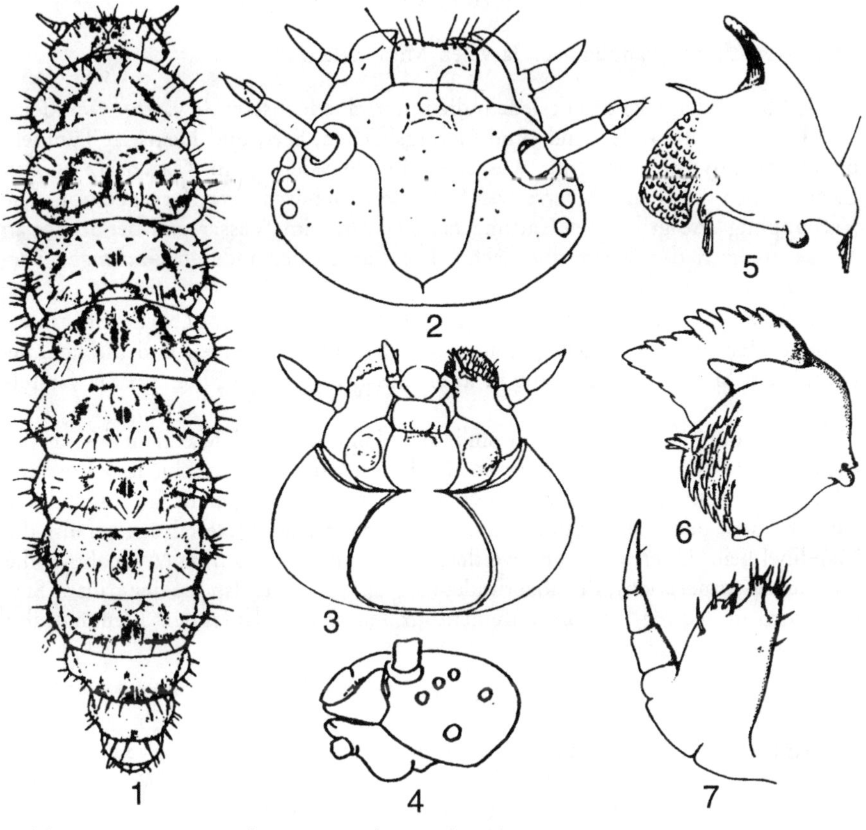

Abb. 1: *Eucinetus infumatus*, Habitus, dorsal (aus STEHR 1991)
Abb. 2: *Eucinetus morio* ?, Kopfkapsel, dorsal (aus BÖVING & CRAIGHEAD 1931)
Abb. 3: *Eucinetus morio* ?, Kopfkapsel, ventral (aus BÖVING & CRAIGHEAD 1931)
Abb. 4: *Ecinetus morio* ?, Kopfkapsel, lateral (aus BÖVING & CRAIGHEAD 1931)
Abb. 5: *Eucinetus morio* ?, linke Mandibel (aus BÖVING & CRAIGHEAD 1931)
Abb. 6: *Eucinetus infumatus*, rechte Mandibel (nach einer Vorlage von JESSOP)
Abb. 7: *Eucinetus infumatus*, Maxille, Spitze (nach einer Vorlage von JESSOP)

Literatur

BÖVING, A. G. & K. CRAIGHEAD (1931): An illustrated synopsis of the principal larval forms of the order Coleoptera. – Ent. Amer. 11 (N.S.): 1–351.

KLAUSNITZER, B. (1971): Zur Biologie einheimischer Käferfamilien. 7. Eucinetidae. – Ent. Ber. 15: 73–74.

PERRIS, E. (1851): Quelques mots sur les métamorphoses de Coléoptères mycétophages, le *Triphyllus punctatus* F.; le *Diphyllus lunatus* F.; l'*Agathidium seminulum* L. et *l'Eucinetus (Nycteus)* LATR. *meridionalis* de CASTELNAU. – Ann. Soc. ent. France 9: 39–53.

STEHR, F. W. (1991): Immature Insects. Volume 2. – Kendall, Iowa.

29. Familie: Scirtidae

Abb. 1–30

Charakteristik der Familie nach larvalen Merkmalen:

Die Larven der Scirtidae besiedeln die unterschiedlichsten Gewässer, von kleinsten Quellaustritten, Tiefland- und Gebirgsbächen, Seen und kleinsten Tümpeln bis hin zu Phytothelmen (mit Wasser gefüllte Astlöcher). Im Gegensatz zu den Larven leben die Imagines terrestrisch auf dem Gebüsch der Ufervegetation. Die Verpuppung erfolgt bei der Gattung *Hydrocyphon* im Wasser und bei *Scirtes* an Wasserpflanzen der Wasseroberfläche. Die Larven der anderen Gattungen verpuppen sich an Land.

Besondere Kennzeichen der Larven sind: der dorso-ventral abgeflachte, asselförmige Habitus; die langen, sekundär vielgliedrigen Antennen und die überaus komplexen Mundwerkzeuge, die in ihrer Gesamtheit einen Filterapparat darstellen.

Bedingt durch diese Funktion sind die Mandibeln und Maxillen mit langen Fieder – bzw. Kammborsten besetzt. Der Epipharynx trägt verschiedene Borstenfelder, auf dem Hypopharynx befinden sich gattungsspezifisch ausgebildete Mittelborsten und Zahngruppen. Eine morphologische Umgestaltung erfährt die Mandibel beim Übergang vom zweitletzten zum letzten Stadium (Ausnahme: die Gattung *Hydrocyphon*); die abgerundete stumpfe Mandibelspitze der frühen Stadien wird im letzten Stadium zu einem großen spitz zulaufenden Terminalzahn (Incisivus) umgebildet.

Tabelle für die Gattungen

1 Antennen kurz, höchstens bis zum ersten Abdominalsegment reichend (Abb. 3, 14). Thorax deutlich breiter als Abdomen. Die in der Mitte des Hypopharynx stehenden Mittelborsten sind unterteilt in 2 große, gezähnte, distal stehende Zahnborsten und in 2 stabförmige Kielborsten (Abb. 1). Maxillarpalpen dreigliedrig. Dorsale und ventrale Mola-Fläche der Mandibel unterschiedlich skulpturiert, wenn gleich, dann nicht einheitlich mit Lamellen besetzt. 2

1* Antennen länger, bis etwa körperlang. Thorax und die ersten Abdominalsegmente von fast gleicher Breite. Der Hypopharynx trägt vorne in der Mitte 4 große, gezähnte Mittelborsten (MB in Abb. 26). Maxillarpalpus deutlich viergliedrig (Ausnahme: Gattung *Scirtes*: Maxillarpalpus dreigliedrig). Gesamte Mola-Fläche der Mandibel einheitlich mit feinen Lamellen besetzt. In stehenden Gewässern. 4

2 Antennen mit gebogenem 1. Fühlerglied (Scapus) (Abb. 8, 18); Kielsklerit und Zahnborstensockel des Hypopharynx getrennt, Krallenzähne von fast gleicher Länge (Abb. 1). Larve im letzten Stadium mit ausgeprägtem Incisivus (zugespitzter Mandibelspitze; Tz in Abb. 23). In fließenden Gewässern (kleine Bäche bis hin zu kleinsten Rinnsalen, Quellaustritten). 3

2* Antennen mit geradem, nicht gebogenem Scapus (Abb. 7); Kielsklerit des Hypopharynx mit dem Zahnborstensockel verschmolzen, Krallenzähne an Länge stetig nach proximal zunehmend (Abb. 2); Larve im letzten Stadium ebenfalls mit ausgeprägtem Incisivus. *Flavohelodes* KLAUSNITZER

3 Kopf halb so breit wie der Prothorax. Tergite des Abdomens an den Seiten mit kantigen Ecken. Mandibel der Larve nur im letzten Larvalstadium mit deutlich ausgebildetem spitzen Incisivus (Abb. 23), Larven jüngerer Stadien ebenfalls mit abgerundeter Mandibelspitze. Mola-Fläche durch einen Längsspalt geteilt in eine glatte ventrale und eine mit groben Lamellen besetzte dorsale Fläche. *Elodes* LATREILLE

3* Kopf so breit wie der Prothorax, Tergite des Thorax und des Abdomens mit abgerundeten Ecken, Tergite des Abdomens am unteren Rand mit langen kräftigen Borsten besetzt (Abb. 14). Larve auch im letzten Larvalstadium mit abgerundeter Mandibelspitze (Abb. 24). Hypopharynx mit 4 Paar Krallenzähnen; Mandibel mit nur einem Borstenfeld, Mola-Fläche glatt. *Hydrocyphon* REDTENBACHER

4 Maxillarpalpus dreigliedrig (das 3. Glied trägt den Terminalkegel, der wie ein winziges 4. Glied wirkt). Länglich-ovale Körperform. Larven des letzten Stadiums mit breiter gezähnter Spitze der Mandibel (Abb. 25), Zahl der Kammzähne gering (5; in Ausnahmefällen 4 oder 6). Sockel der Mittelborsten des Hypopharynx fast quadratisch; an seiner Basis sitzen 2 lappenartige Krallenzähne, die in mehreren Fortsätzen ausgezogen sind (Abb. 26). Branchialorgan mit 7 Schläuchen. *Scirtes* ILLIGER

4* Maxillarpalpen deutlich viergliedrig (Abb. 27–29). Körperseiten fast parallel. Sockel der Mittelborsten länger als breit. Ausgewachsene Larven mit einer großen Mandibelspitze. Branchialorgan mit 5 Schläuchen. . . 5

5 4. Glied des Maxillarpalpus klein, nur 1/6 so lang wie das 3. (Abb. 29); letzteres mit 5 Querreihen von Sinnesstäbchen. Clypeolabrum trapezförmig; distal mit vorgezogenen Vorderecken. Anzahl der Kammzähne 10, Anzahl der Krallenzähne des Hypopharynx gering (3 bis 5). Krallenzähne lappenartig ausgebildet (Abb. 30). Lateral sind die Abdominalsegmente mit einigen langen Borsten besetzt. 8. Abdominalsegment trapezförmig. *Cyphon* PAYKULL

5* 4. Glied des Maxillarpalpus halb so lang wie das 3. Palpenglied, letzteres mit 5 Reihen von Sinnesstäbchen (Abb. 27). 8. Abdominalsegment distal breit abgestutzt, nur wenig schmäler als das 7. Segment. Clypeolabrum trapezförmig, mit stark ausgebildeten Vorderecken, die an ihren abgerundeten Spitzen jeweils eine starke Borste tragen. Hypopharynx mit 14 Kammzähnen aber ohne Krallenzähne.
Prionocyphon REDTENBACHER

5** 4. Glied des Maxillarpalpus 2/3 bis 1/2 so lang wie das 3., das 4 Reihen von Sinnesstäbchen trägt (Abb. 28). Der laterale Rand der Abdominalsegmente ist mit kurzen, kräftigen Borsten besetzt, die nach proximal stetig an Länge zunehmen. 8. Abdominalsegment trapezförmig aber schmäler als das 7. Segment. Clypeolabrum trapezförmig bis rechteckig, ohne stark ausgeprägte Vorderecken. Anzahl der Kammzähne des Hypopharynx 10, Krallenzähne nicht vorhanden. *Microcara* THOMSON

1. Gattung: *Flavohelodes* KLAUSNITZER

In Europa nur die Art *Flavohelodes flavicollis* (KIESW.) (Abb. 3, 7). Ausschließlich in Phytothelmen (wassergefüllte Astlöcher von Laubbäumen) lebend, im überlappenden Verbreitungsgebiet (südöstliches Mitteleuropa) zusammen mit *Prionocyphon serricornis.* Verbreitet in der Ostpalaearktis, vom Südosten Europas bis nach Ungarn, die Slowakei und Ostösterreich.

2. Gattung: *Elodes* LATREILLE

In Mitteleuropa 9 Arten, von denen 4 näher bestimmt werden können.

Tabelle für die Arten

1 Distaler Rand des Prothorax bildet eine gerade Linie (Abb. 8). Abdomen mit kegelförmigen, gerieften, vorn abgerundeten Borsten besetzt. Clypeolabrum von rechteckiger Form; die Vorderlappen des Clypeolabrums tragen an den abgerundeten Vorderecken jeweils eine lange, dicke bedornte Borste. Anzahl der Kammzähne des Hypopharynx 10, Anzahl der Krallenzähne 5.
Elodes sp. aus der *Elodes-minuta*-Gruppe (Abb. 4, 8)
(Die in den Abb. 1, 4 und 8 dargestellten Larven von *Elodes* sp. aus der *Elodes-minuta*-Gruppe wurden in Südwest-Deutschland gesammelt.)

1* Prothorax mit seitlich gerundeten, vorstehenden Vorderecken (Abb. 9). Abdomen mit dorso-ventral abgeflachten, lanzettförmigen, vorne zugespitzten Borsten besetzt. Clypeolabrum trapezförmig; Anzahl der Kammzähne der ausgewachsenen Larve 12–14; Anzahl der Krallenzähne 7- 8.
Montane Art; in kalten Bächen im gesamten Mittel- und Westeuropa.
marginata F. (Abb. 5, 9).

1** Die Vorderkante des Prothorax verläuft in der Mitte bogenförmig. Auf dem Thorax befinden sich in gruppenförmiger Anordnung kräftige Borsten (Chemorezeptoren) (Abb. 10, 15). 2

2 Am Hinterrand eines jeden Abdominalsegmentes stehen 4 oder 6 kräftige Borsten, die den Vorderrand des folgenden Tergites überragen (Abb. 6, 10). Clypeolabrum schwach trapezförmig bis rechteckig; Anzahl der Kammzähne des Hypopharynx 14; Anzahl der Krallenzähne 8.
Montane Art, verbreitet in Mittel- und Südeuropa.
hausmanni GREDLER

2* Rand der Tergite ohne diese Borsten. Abdominaltergite mit kleinen, kräftigen, vorne abgestutzten Borsten besetzt (Abb. 11, 15). Clypeolabrum

von rechteckiger Form mit abgerundeten Seiten; Anzahl der Kammzähne 12; Anzahl der Krallenzähne 6.
Verbreitet im Alpengebiet, in Norditalien und der Balkanhalbinsel.
gredleri KIESENWETTER

3. Gattung: *Hydrocyphon* REDTENBACHER

In Mitteleuropa nur die Art *Hydrocyphon deflexicollis* MÜLLER (Abb. 18). Verbreitet in den angrenzenden Ländern von West- u. Mitteleuropa. In Bächen des Gebirgsvorlandes.

4. Gattung: *Scirtes* ILLIGER

In Mitteleuropa mit den beiden Arten *Scirtes orbicularis* PANZER (Larve nicht bekannt) und *Scirtes hemisphaericus* L. (Abb. 12, 16) vorkommend. In Nordeuropa fehlend; im übrigen Europa sonst weit verbreitet.

5. Gattung: *Cyphon* PAYKULL (Abb. 13, 17)

In Mitteleuropa 12 Arten, deren Larven bisher nicht unterscheidbar sind. In stehenden Gewässern, auch in Mooren und bisher vereinzelt im hyporheischen Interstitial. Larven von *Cyphon palustris* mit regelmäßigem Vorkommen im Grundwasser.

6. Gattung: *Prionocyphon* REDTENBACHER

In Mitteleuropa nur *Prionocyphon serricornis* MÜLLER (Abb. 19, 21). Verbreitet vor allem in Waldgebieten. Ausschließlich in Phytothelmen lebend (wassergefüllte Astlöcher von Laubbäumen); im überlappenden Verbreitungsgebiet zusammen mit *Flavohelodes flavicollis.*

7. Gattung: *Microcara* THOMSON

In Mitteleuropa nur *Microcara testacea* L. (Abb. 20, 22). In Nordeuropa fehlend; im übrigen Europa weit verbreitet vor allem in Waldsümpfen und in schattigen, stehenden Gewässern.

Literatur

BEIER, M. (1949): Körperbau und Lebensweise der Larve von *Helodes hausmanni.* – Eos 25: 49–100.

BEIER, M. (1952): Bau und Funktion der Mundwerkzeuge bei den Helodiden-Larven. – Trans. 9th. Int. Congr. Ento. Amsterdam 1951, 1(1)pp. 135–138.

BELING, TH. (1882): Beitrag zur Biologie einiger Käfer aus den Familien Dascyllidae und Parnidae. – Verh. zool.-bot. Ges. Wien 32: 435–442.

BENICK, L. (1924): *Microcara testacea* in: Zur Biologie der Käferfamilie Helodidae. – Mitt. geograph. Ges. Lübeck II, 29: 47–75.

BENICK, L. (1924): *Prionocyphon serricornis* in: Zur Biologie der Käferfamilie Helodidae. – Mitt. geograph. Ges. Lübeck II, 29: 47–75.
BENICK, L. (1925): Beiträge zur Kenntnis der Tierwelt norddeutscher Quellgebiete. III: Die Entwicklung der *Elodes minuta*. – Entomologische Blätter 21: 164–172.
BERNET KEMPERS, K. J. W. (1943/44): De larven der Helodidae. – Tijdschr. Ent. Amsterdam 86: 85–91.
BERTRAND, H. (1955): Les Insectes aquatiques d'Europe. – Encyclopedie Entomologique. Lechevalier, Paris.
BÖVING, A. G. & CRAIGHEAD, F. G. (1931): An illustrated synopsis of the principal larval forms of the order Coleoptera. – Ent. Amer. 11: 1–351.
CARPENTER, G. H. & MAC DOWELL M. C. (1912): The Larva of *Helodes minuta*. In: The Mouth-Parts of Some Beetle Larvae (Dascillidae and Scarabaeidae) with especial reference to the Maxillulae and Hypopharynx. – Quart. J. Micr. Sci. London 57 pp. 373–396.
HANNAPPEL, U. (1991): Die Larven von *Helodes tournieri* KIESW. und *Helodes gredleri* KIESW. und ihre Stellung im phylogenetischen System (Coleoptera, Helodidae). – Zeitschr. Arbeitsgemeinschaft Österr. Entomol. 43 (3/4): 89–100.
HANNAPPEL, U. & PAULUS, H.F. (1987): Arbeiten zu einem phylogenetischen System der Helodidae (Coleoptera). – Zool. Beitr. N.F. 31: 77–150.
KEBER, G. (1943): Über den Bau und die Funktion der Ernährungsorgane palaearktischer Helodidae-Larven und ihre Bedeutung für die Systematik. – Diss. Univ. Graz.
KLAUSNITZER, B. (1974): Anwendung der phylogenetischen Systematik innerhalb von Gattungen, dargestellt am Beispiel der Gattung *Helodes* LATREILLE, 1796 (Coleoptera, Helodidae). – Zool. Jb. Syst. 101: 479–559.
KLAUSNITZER, B. (1975): Zur Kenntnis der Larven der mitteleuropäischen Helodidae. – Dtsch. entomol. Zeitschrift 22: 61–65.
KLAUSNITZER, B. (1977): Bestimmungstabellen für die Gattungen der aquatischen Coleopteren-Larven Mitteleuropas. – Beitr. Ent. 27: 145–192.
KLAUSNITZER, B. (1984): Helodidae. – In: Käfer im und am Wasser. Die neue Brehm Bücherei. Ziemsen Verlag Wittenberg Lutherstadt.
KLAUSNITZER, B. (1987): Zur Kenntnis der Larve von *Flavohelodes flavicollis* (KIESENWETTER, 1859) (Col. Helodidae). – Ent. Nachr. Ber. 31 (4) 141–147.
KLAUSNITZER, B. & POSPISIL, P. (1991): Larvae of *Cyphon* spec. (Coleoptera, Helodidae) in Ground Water. – Aquatic Insects Vol. 13 3 pp. 161–165.
LARSSON, S. G. (1938): Larven. – In: Hansen, V., Biller X. Blodvinger, Klannere; Kobenhavn: 193–310.
LOMBARDI, D. (1928): Contributo alla conoscenza dello *Scirtes hemisphaericus* LINN. (Coleoptera, Helodidae). – Boll. Lab. Entom. R. Ist. Super. Agrario Bologna 1: 236–258.
PEYERIMHOFF, P. DE (1913): Le double type larvaire de *Prionocyphon serricornis* MÜLL. (Col. Helodidae). – Bull. Soc. Ent. France: 148–151.
PICARDO, C. (1913): La Larve du genre *Scirtes*. – Bull. Soc. Zool. France 37: 315–319.
RASMUSSEN, A. (1978): Life-cycle and habitat preference of *Helodes marginata* FABR. and *Helodes minuta* and the distribution of the two species in Jutland. – Flora og Fauna 84: 80–84.
ROLPH, W. (1874): Beitrag zur Kenntnis einiger Insektenlarven. – Arch. f. Naturgesch. 40 1: 1–40.
STRIGANOWA, B. R. (1961): Morpho-functional characters of a larva of *Prionocyphon serricornis* MÜLL. (Col., Helodidae) with respect to inhabitation in water. – Entomol. Rev. Washington: 314–317.

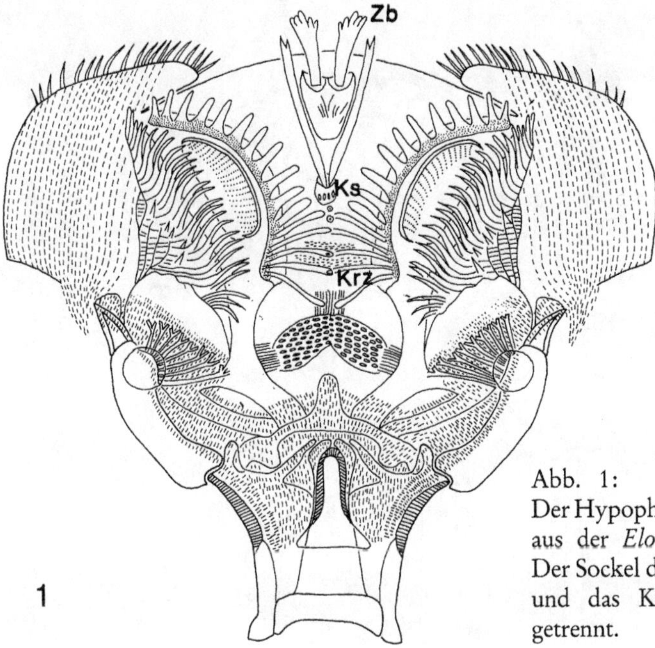

1

Abb. 1:
Der Hypopharynx von *Elodes* sp. aus der *Elodes-minuta*-Gruppe. Der Sockel der Zahnborsten (Zb) und das Kielsklerit (Ks) sind getrennt.

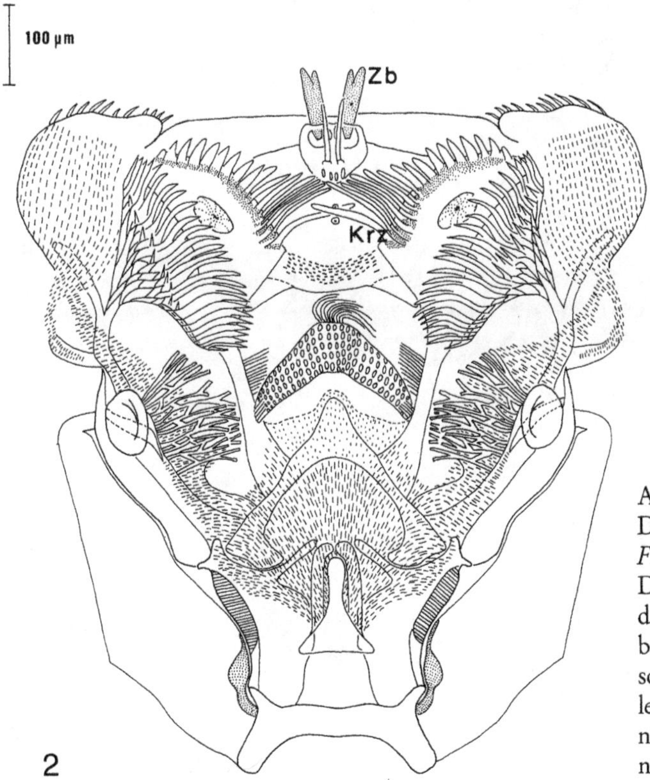

2

Abb. 2:
Der Hypopharynx von *Flavohelodes flavicollis.* Das Kielsklerit ist mit dem Sockel der Zahnborsten (Zb) verschmolzen. Die Krallenzähne (Kr) nehmen nach proximal kontinuierlich an Länge zu.

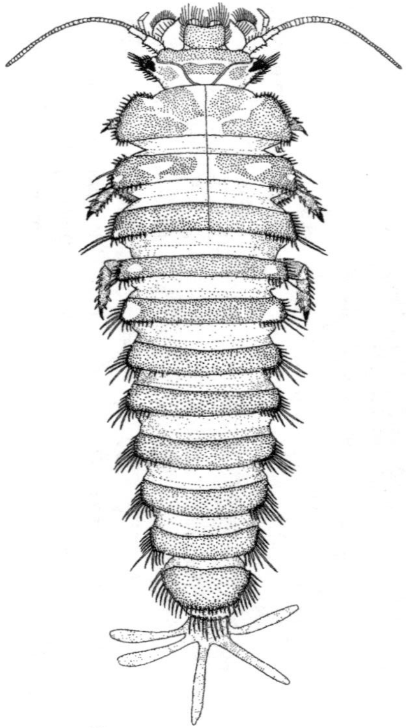

3

Abb. 3:
Habitus von *Flavohelodes flavicollis;* mit dem ausgestülpten Branchialorgan.

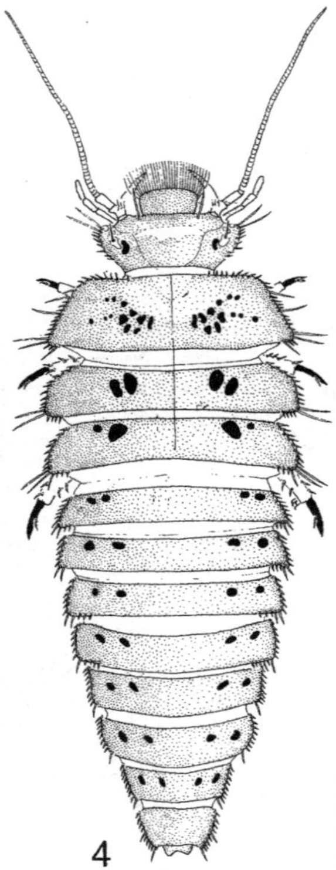

4

Abb. 4:
Habitus von *Elodes* sp. (*Elodes-minuta*-Gruppe).

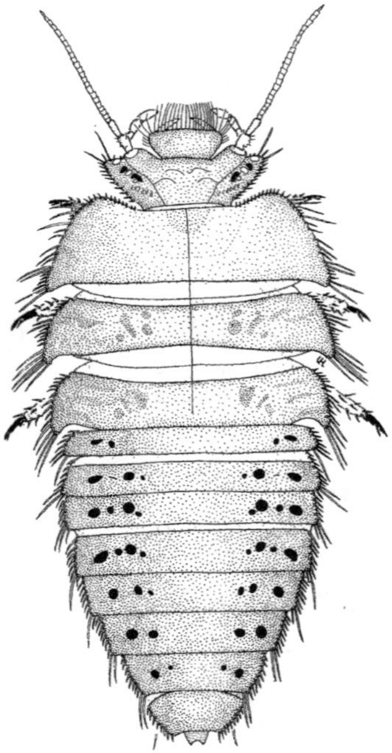

5

Abb. 5:
Habitus von *Elodes marginata* (*Elodes-marginata*-Gruppe).

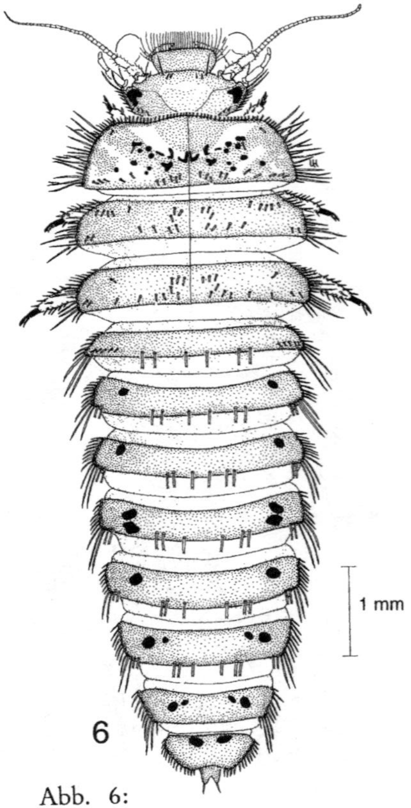

6

Abb. 6:
Habitus von *Elodes hausmanni* (*Elodes-marginata*-Gruppe).

7

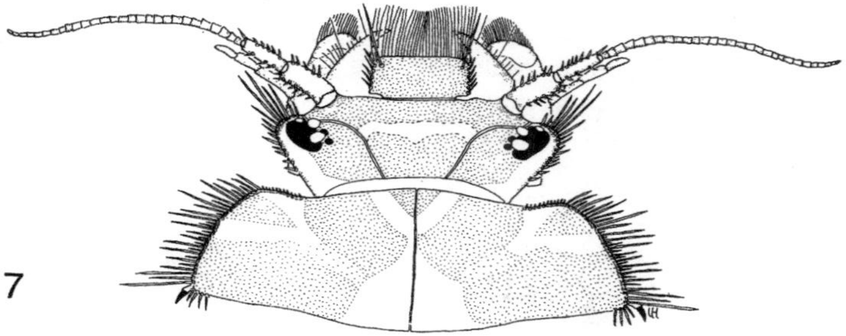

Abb. 7: Ansicht der Kopfkapsel von *Flavohelodes flavicollis*. Die kurzen Antennen mit dem geraden nicht gebogenen Scapus.

8

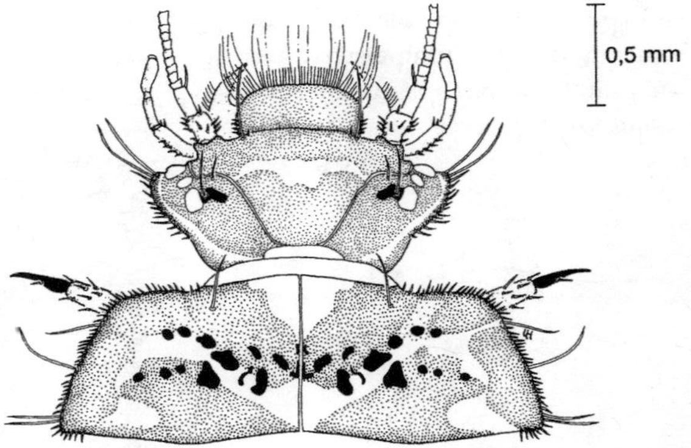

Abb. 8: Kopfkapsel von *Elodes* sp. (*Elodes-minuta*-Gruppe) mit dem rechteckigen Clypeolabrum.

9

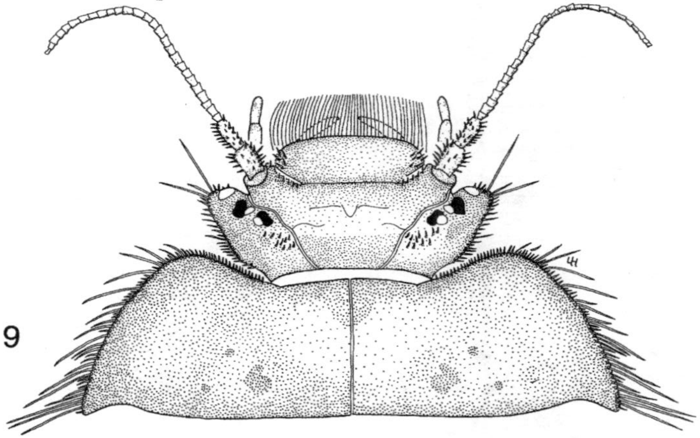

Abb. 9: Kopfkapsel von *Elodes marginata* mit dem trapezförmigen Clypeolabrum.

10

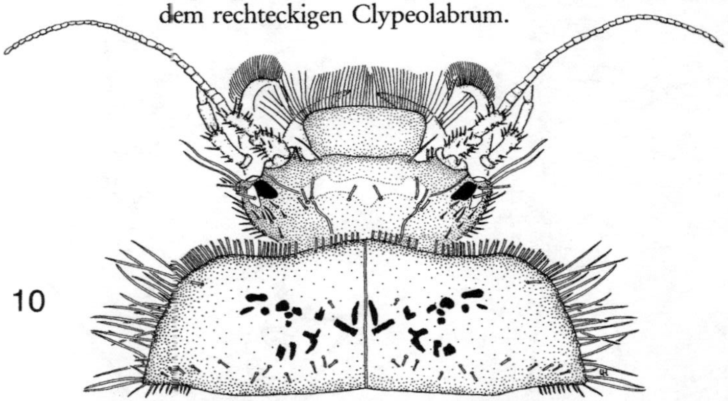

Abb. 10: Kopfkapsel von *Elodes hausmanni*. Die Vorderkante des Prothorax verläuft in der Mitte leicht bogenförmig.

11

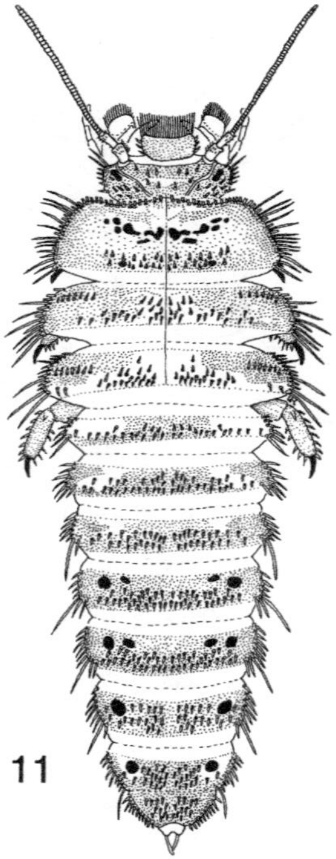

Abb. 11:
Habitus von *Elodes gredleri* (*Elodes-marginata*-Gruppe). Die Thorakal- und Abdominaltergite sind mit kleinen kräftigen Borsten besetzt.

12

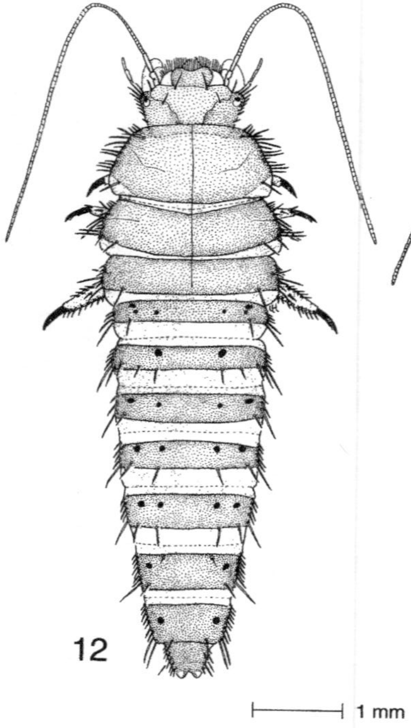

Abb. 12:
Habitus von *Scirtes hemisphaericus*, charakteristisch die länglich ovale Körperform.

13

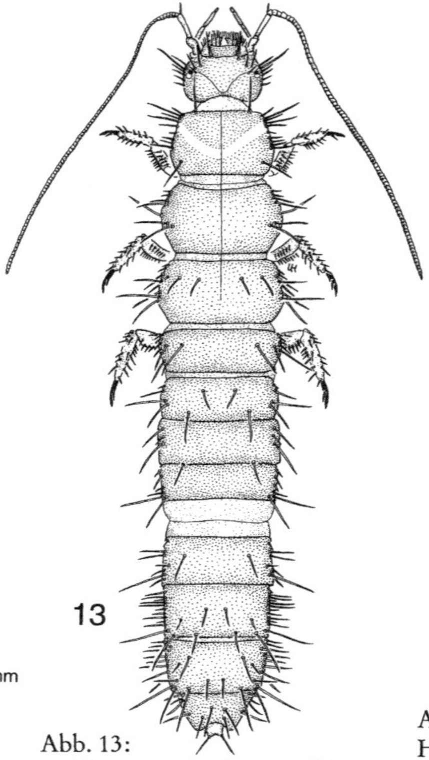

Abb. 13:
Habitus von *Cyphon* sp. Die Abdominaltergite sind mit wenigen langen Borsten besetzt.

14

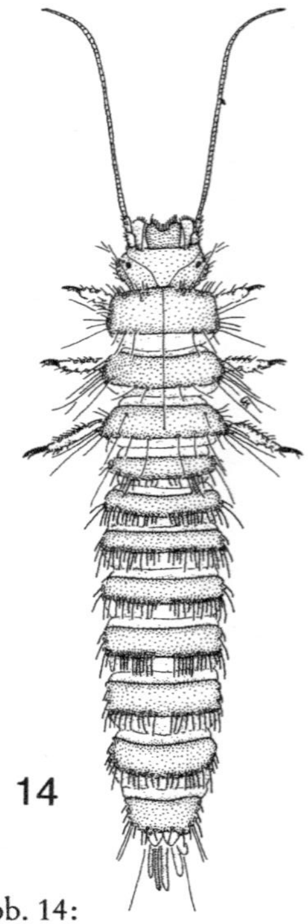

Abb. 14:
Habitus von *Hydrocyphon deflexicollis* (verm. letztes Larvenstadium). Abdominaltergite am unteren Rand mit kräftigen langen Borsten.

Abb. 15: Kopfkapsel von *Elodes gredleri*. Die Vorderkante des Prothorax ist ebenfalls leicht gebogen.

0,5 mm

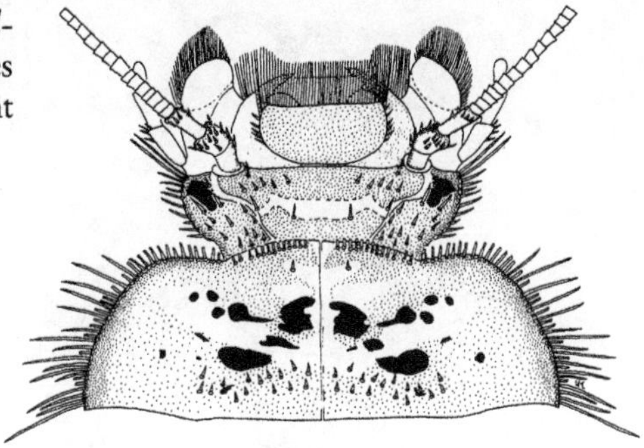

15

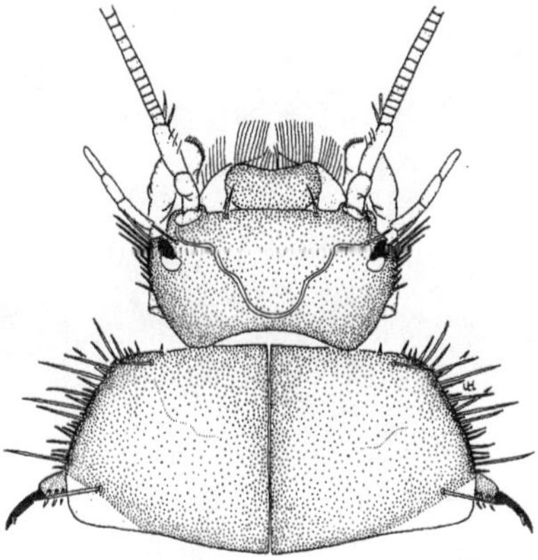

16

Abb. 16: Kopfkapsel von *Scirtes hemisphaericus*. Die Maxille trägt einen dreigliedrigen Palpus.

Abb. 18: Ansicht der Kopfkapsel von *Hydrocyphon deflexicollis*. Die Kopfkapsel ist so breit wie der Prothorax.

Abb. 17: Kopfkapsel von *Cyphon* sp., die nur ein paar lange Borsten trägt.

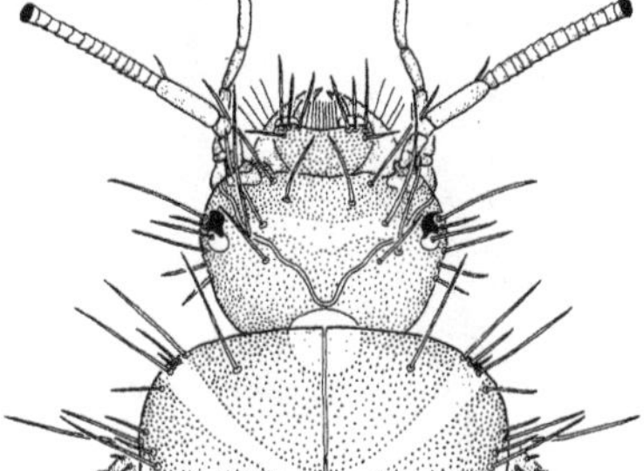

17

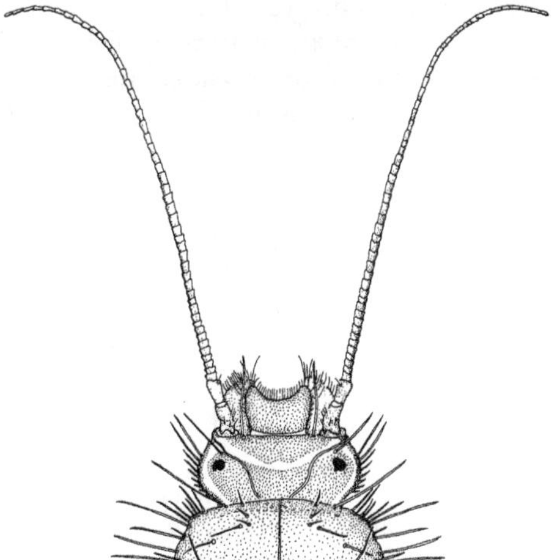

18

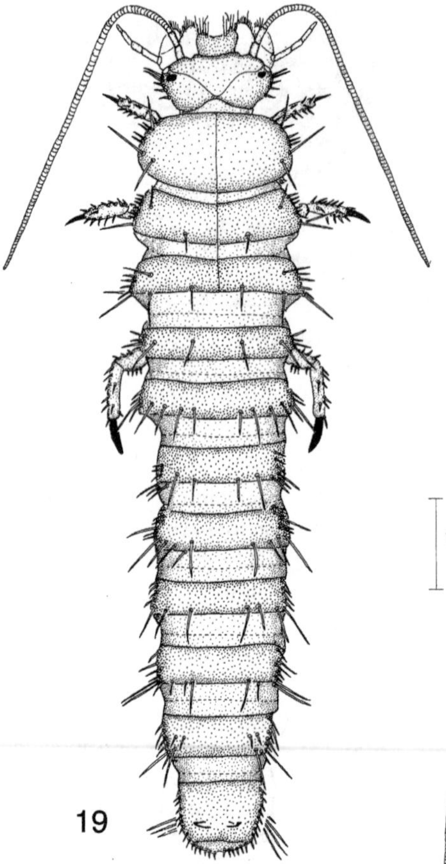

19

Abb. 19: Habitus von *Prionocyphon serricornis* mit dem distal breit abgestutzten 8. Abdominalsegment.

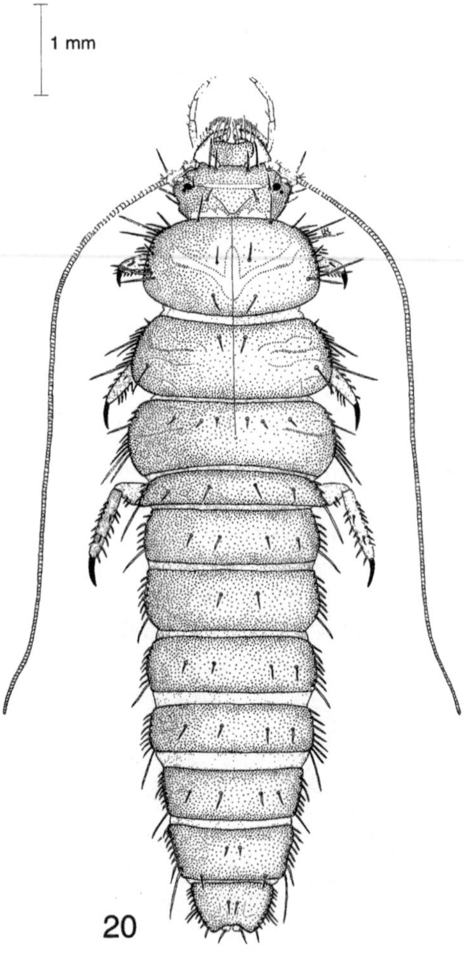

20

Abb. 20: Habitus von *Microcara testacea.* Der laterale Rand der Abdominaltergite ist mit kräftigen Borsten besetzt.

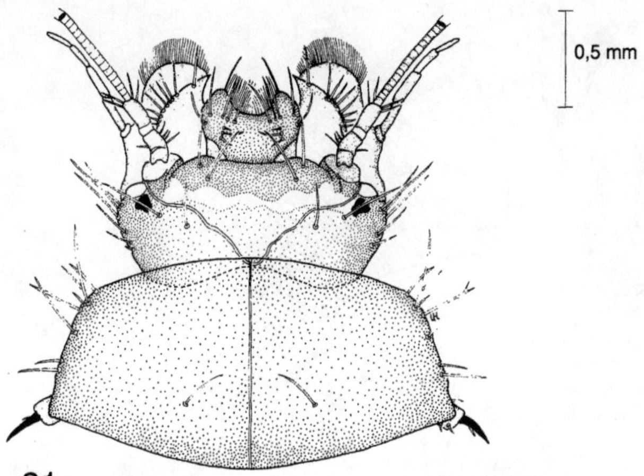

21

Abb. 21: Kopfkapsel von *Prionocyphon serricornis.* Mandibel mit deutlich ausgeprägten Incisivus.

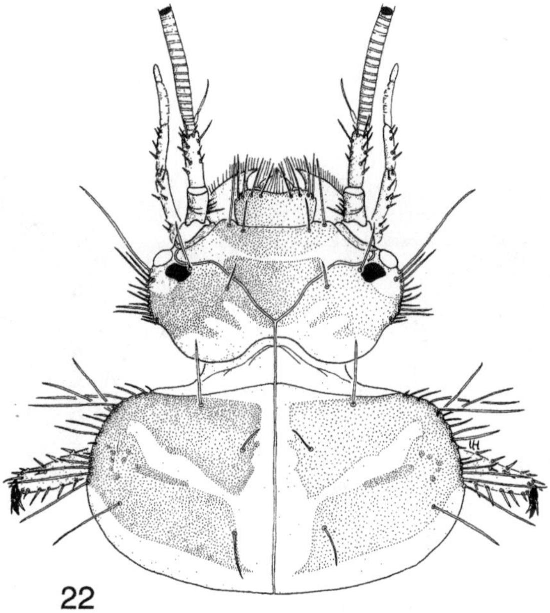

22

Abb. 22: Kopfkapsel von *Microcara testacea.* Das Clypeolabrum trägt keine ausgeprägten Vorderecken.

23

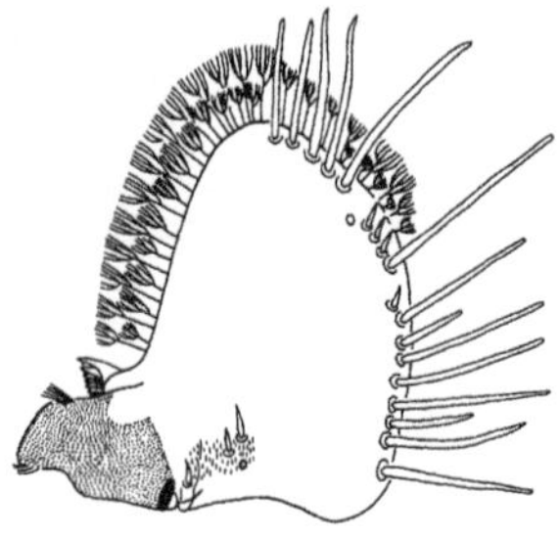

24

Abb. 23: Gattung *Elodes:* Letztes Larvenstadium: Mandibel mit deutlich ausgebildetetem Incisivus (Tz).

Abb. 24: *Hydrocyphon deflexicollis:* Die Mandibel trägt stets unabhängig vom Larvenstadium eine abgerundete Spitze.

100 µm

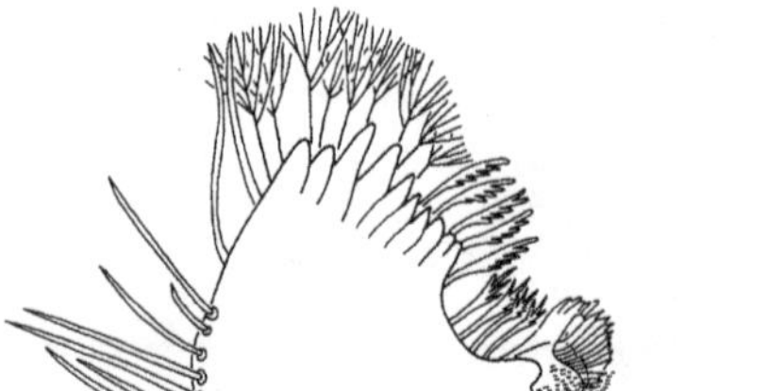

25

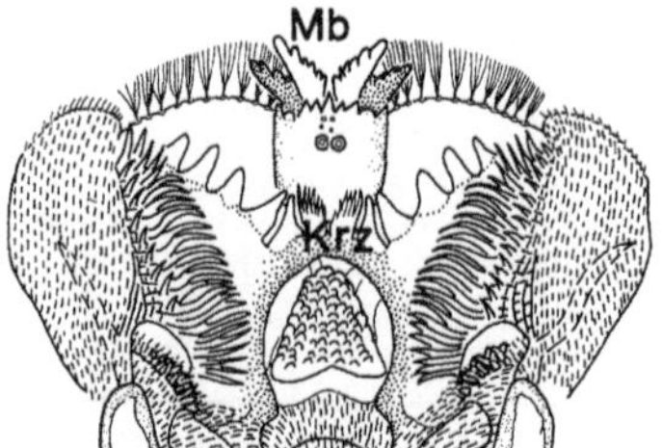

26

Abb. 25: *Scirtes hemisphaericus:* Letztes Larvenstadium: Mandibel mit breit gezähnter Spitze.

Abb. 26: *Scirtes hemisphaericus:* Der Hypopharynx mit den 4 Mittelborsten (MB) und den 2 Krallenzähnen (Kr).

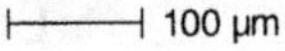

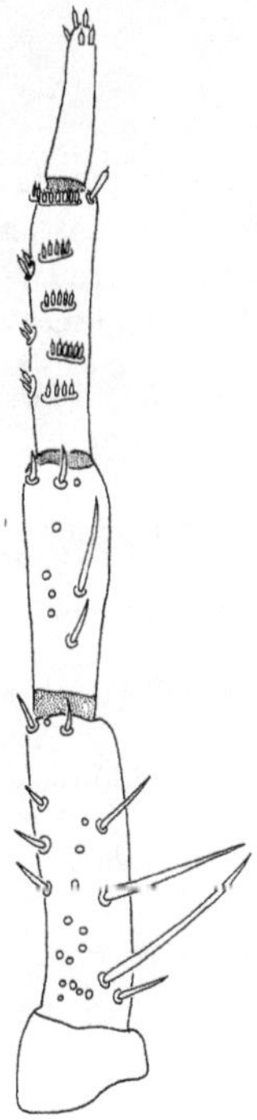

27

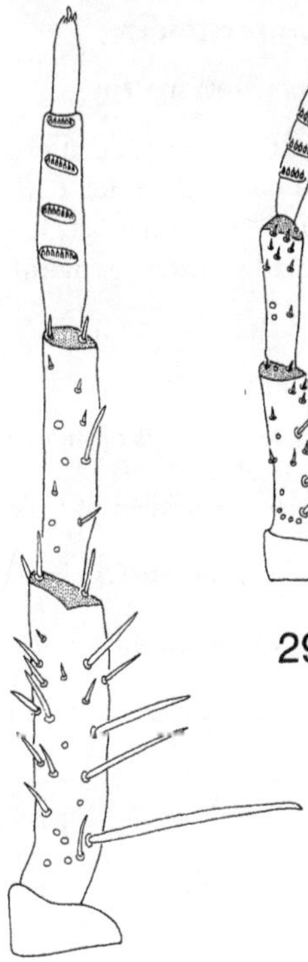

28

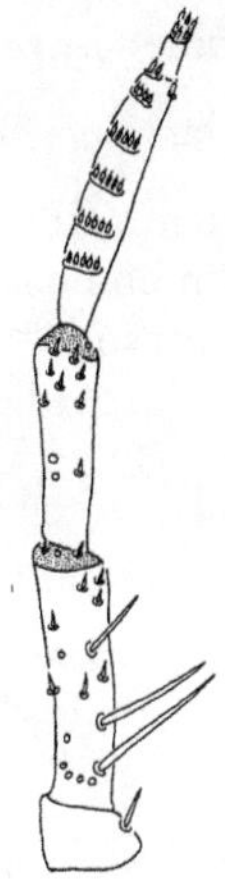

29

Abb. 27:
Prionocyphon serricornis: Ventralansicht des Maxillarpalpus, dessen 4. Glied halb so lang ist wie das 3. Palpusglied.

Abb. 28:
Microcara testacea: Ventralansicht des Maxillarpalpus. Das 4. Glied ist 2/3 bis 1/2 mal so lang wie das 3. Palpusglied.

Abb. 29:
Gattung *Cyphon:* Ventralansicht des Maxillarpalpus. Das 4. Glied ist nur 1/6 so lang wie das 3. Palpusglied.

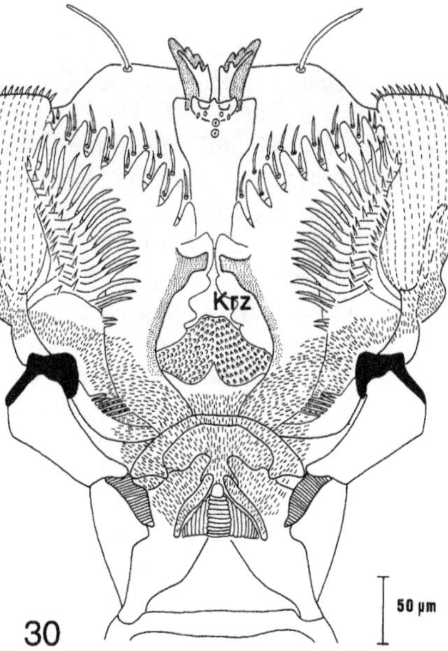

30

Abb. 30:
Gattung *Cyphon:* Der Hypopharynx mit den lappenartig ausgebildeten Krallenzähnen (Kr).

9. Überfamilie: Buprestoidea

Charakteristik der Überfamilie nach larvalen Merkmalen:

Nach Crowson (1967) sind die wichtigsten Merkmale dieser Überfamilie das freie Labrum, die cribriformen Stigmen und das Fehlen der Beine (bei den meisten Arten). Da hierher nur die Familie Buprestidae zu zählen ist, kann eine nähere larvale Charakteristik der Buprestoidea durch die unten genannten Familienmerkmale erfolgen.

Literatur

Böving, A. G. & K. Craighead (1931): An illustrated synopsis of the principal larval forms of the order Coleoptera. – Ent. Amer. 11 (N.S.): 1–351.

Crowson, R. A. (1967): The natural classification of the families of Coleoptera. – Hampton, Middlesex.

Emden, F. I. van (1942): Larvae of British beetles. – 3. Keys to the families. – Entomol. monthly Mag. 78: 206–226, 253–272.

Ghilarov, M. S. (1964): Bestimmungsbuch für bodenbewohnenden Insektenlarven. – Moskau (russisch).

Mamajew, B. M. (1972): Bestimmungstabelle für Insektenlarven. Lehrmittel für Lehrer. – Moskau (russisch).

41. Familie: Buprestidae

Abb. 1–103

Charakteristik der Familie nach larvalen Merkmalen:

Die Buprestiden-Larven sind apod, dorsoventral abgeflacht, meist mit einem stark erweiterten Thorax. Man kann vier morphologische Typen der Buprestiden-Larven unterscheiden.

Der erste Typ ist z. B. durch die Vertreter der Unterfamilien Polycestinae, Acmaeoderinae, Chalcophorinae, Chrysobothrinae, Sphenopterinae und Buprestinae repräsentiert (Abb. 2). Die Larven dieses Typs haben einen stark erweiterten Prothorax. Meso- und Metathorax sind etwas schmaler und sehr kurz, das Abdomen besteht aus zehn Segmenten, es ist zylindrisch, das Analsegment ist kahl und völlig ohne Höcker (Urogomphi). Die Stigmata befinden sich auf dem Mesothorax und auf dem 2.–9. Abdominalsegment und gehören meist zum Typus der Spiracula multiforia. Lediglich die Vertreter der Unterfamilie Acmaeoderinae besitzen auf den Abdominalsegmenten Spiracula uniforia. Die Kopfkapsel ist schwach sklerotisiert, zu ihrem größeren Teil ist sie in den Prothorax eingezogen, meist sind nur die Mundwerkzeuge von außen zu sehen. Sie sind mit Ausnahme der Mandibeln, des Epistoms, Hypostoms und Pleurostoms häutig. Die Maxillen und das Labium bilden einen Labiomaxillarkomplex, das Labrum und der Hypopharynx sind ebenfalls häutig. Die Antennen sind zwei- bis dreigliedrig, kurz. Stemmata fehlen, nur bei einigen Vertretern der Unterfamilien Acmaeoderinae und Chrysobothrinae sind Rudimente einzelner Stemmata vorhanden. Die Larven dieses morphoökologischen Typus entwickeln sich in absterbendem Holz oder Rinde von Bäumen und Sträuchern, ausnahmsweise auch in Kräutern, welche nach dem Absterben holzig werden.

Die Larven des zweiten morphoökologischen Typus, der in der europäischen Fauna durch die Unterfamilien Agrilinae und Cylindromorphinae repräsentiert wird, unterscheiden sich durch einen schmaleren Prothorax, der nicht so stark erweitert ist wie bei den Larven des ersten Typus, durch ein längeres Abdomen und vor allem durch die Anwesenheit von mehr oder weniger stark sklerotisierten Dornen (Urogomphi) auf dem 9. Abdominalsegment (Abb. 1). Die Larven dieses morphoökologischen Typus entwickeln sich entweder unter der Rinde lebender Bäume und Sträucher (Agrilinae) oder in Gras- und Juncushalmen (Cylindromorphinae).

Die Larven des dritten morphoökologischen Typus sind durch die Unterfamilie Trachyinae repräsentiert und weichen habituell von den beiden vorhergehenden Typen sehr ab (Abb. 3). Die Segmente einschließlich des Thorax sind verhältnismäßig homogen gestaltet und lateral stark erweitert. Jedes Segment trägt sowohl auf der Dorsal- wie auch auf der Ventralseite (manchmal nur auf der Dorsalseite, Gattung *Habroloma*) dunkle sklerotisierte Plättchen und darüber hinaus befindet sich auf jedem Segment, außer dem Prothorax und dem 9. Abdominalsegment auf der Dorsal- und Ventralseite je ein Paar rundlicher ausstülpbarer Ampullen. Das 9. Abdominalsegment ist kahl, kugelförmig und ohne Fortsätze (Urogomphi). Die Larven dieses morphoökologischen Typus entwickeln sich im Parenchym von Blättern und bilden charakteristische Minen.

Die vierte morphoökologische Typus ist durch die Unterfamilie Julodinae repräsentiert. Die Larven dieses Typus erinnern stark an die Larven mancher Cerambyciden der Unterfamilie Lamiinae. Sie sind im Unterschied zu den Larven aller anderen Buprestiden ziemlich lang behaart, der Prothorax ist nur wenig breiter als die übrigen Körpersegmente, und er hat keine sklerotisierten Längsfurchen, die für die Larven der ersten beiden Typen charakteristisch sind. Der Körper ist zylindrisch, relativ kurz und nicht abgeflacht. Die Mandibeln ragen auf der Ventralseite als auffallende schaufelförmige Lamellen hervor (Abb. 5), ein Merkmal, das nur bei diesem Typ vorkommt. Die Larven entwickeln sich frei in der Erde, wo sie sich von Pflanzenwurzeln ernähren.

In taxonomischer Hinsicht sind die Buprestiden-Larven verhältnismäßig wenig bekannt, und so ist auch der vorliegende Bestimmungsschlüssel nur als provisorisch zu beurteilen. Die Tabellen für manche Gattungen wurden völlig von anderen Autoren übernommen, z. B. die für die Gattung *Anthaxia* nach Soldatova (1970). Bei einer Reihe von Gattungen ist es bisher unmöglich, Arten-Tabellen zusammenzustellen. Eingehende morphologische Charakteristiken der Larven einiger Gattungen enthalten folgende Arbeiten: Alexeev (1960), Benoit (1964), Bily (1971, 1972, 1974, 1975a, 1975 b, 1993), Schaefer (1949), Soldatova (1973), Volkovic (1979) und Yano (1952).

Für die Zusammenstellung der Tabelle der Unterfamilien wurde das Unterfamilien-System nach Cobos (1980) benutzt.

Tabelle für die Unterfamilien

1 Mandibeln groß, mit einer auffallenden vertikal gerichteten Lamelle endend (Abb. 5). Körper stark behaart, an die Larven von Cerambyciden der Unterfamilie Prioninae erinnernd. Labium beweglich, fähig zum Schließen der Mundöffnung. Hypopharynx stark entwickelt. Entwicklung in der Erde. Julodinae (S. 93)

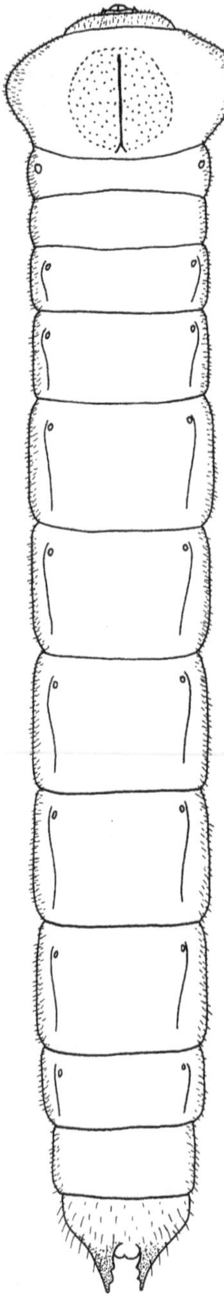

1

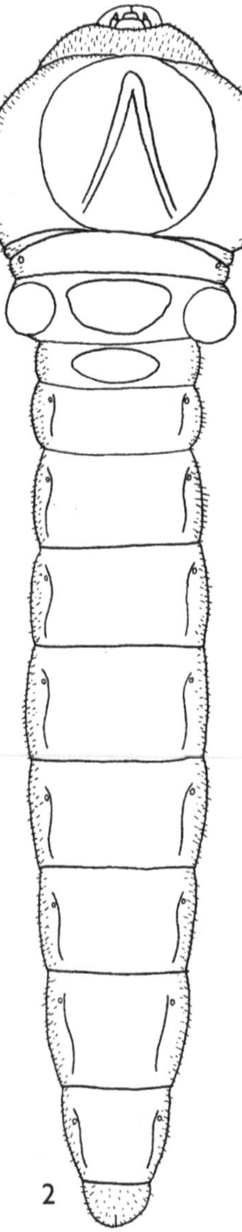

2

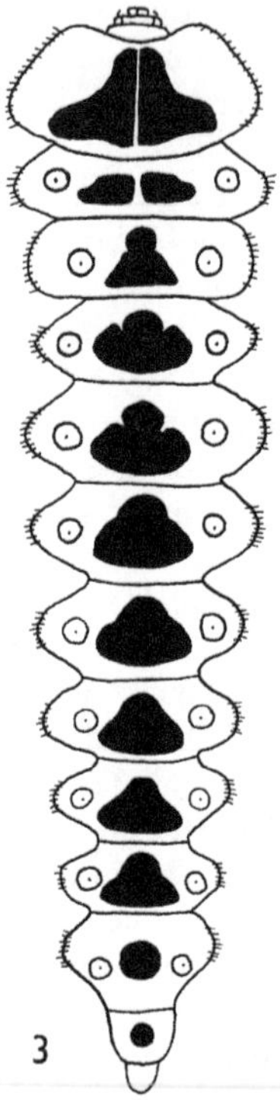

3

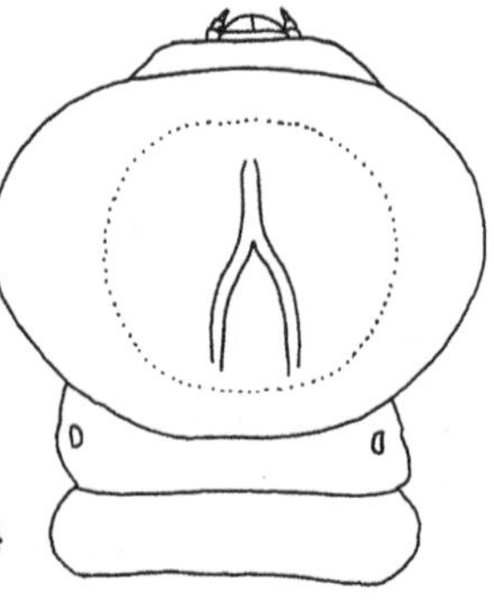

4

Abb. 1: *Agrilus biguttatus*, Habitus (Original)
Abb. 2: *Anthaxia candens*, Habitus (Original)
Abb. 3: *Trachys fragariae*, Habitus (Original)
Abb. 4: *Sphenoptera* sp., Thorax, dorsal (Original)

1* Mandibeln klein, ohne Höcker und Lamellen. Die Behaarung des Körpers ist spärlich und unauffällig. Labium unbeweglich, Hypopharynx normal. Thoraxsegmente meist bedeutend breiter als die Abdominalsegmente. Entwicklung in Pflanzengeweben. 2

2 Abdominalsegmente dorsal und ventral mit ausstülpbaren Ampullen, lateral lappig erweitert (Abb. 3, 74). Mikrospinulae auf dem ganzen Körper dunkel. Prothorax schmaler als der Metathorax. Pronotum und Prosternum (manchmlal auch alle Abdominalsegmente) dorsal und ventral mit mehr oder weniger dunklen sklerotisierten Plättchen. Die Gesamtform des Körpers weicht von den Larven anderer Buprestiden bedeutend ab (Abb. 3). Entwicklung im Blattparenchym.
Trachyinae (S. 113)

2* Abdominalsegmente ohne ausstülpbare Ampullen, seitlich nicht lappig erweitert, zylindrisch. Microspinulae (falls vorhanden) weiß. Prothorax breiter als Mesothorax, die Körpersegmente dorsal und ventral ohne dunkle sklerotisierte Plättchen. Die Gesamtform des Körpers ist sehr typisch (Abb. 1, 2). Entwicklung in Leitungs- oder Holzgewebe verschiedener Pflanzen, in der Rinde oder in Grashalmen. 3

3 Pronotum und Prosternum ohne Furchen. Entwicklung in Halmen von Monokotyledonen. 4

3* Pronotum und Prosternum mit Furchen. Entwicklung in Rinde oder in Leitungs- und Holzgewebe. 5

4 Kopf lateral nicht erweitert. 9. Abdominalsegment mit zwei schwach sklerotisierten scharfen Urogomphi. Entwicklung in Grashalmen.
Cylindromorphinae (S. 112)

4* Kopf seitlich lappenartig erweitert. 9. Abdominalsegment ohne Urogomphi. Entwicklung in Gras- und Juncushalmen.
Agrilinae (partim) (S. 106)

5 9. Abdominalsegment stark entwickelt, mit zwei oder mehr oder minder sklerotisierten Urogomphi (Abb. 1, 75–77). Agrilinae (partim) (S. 106)

5* 9. Abdominalsegment sehr klein, ohne Urogomphi. 6

6 Pronotum mit einer mittleren Längsfurche. Der Vorderrand des Labiums ohne Härchen. Der Mesothorax trägt Spiracula multiforia, die Abdominalsegmente tragen Spiracula uniforia. 7

6* Pronotum mit zwei nach vorn konvergenten Furchen. Der Vorderrand des Labiums ist bewimpert. Die mesothorakalen und abdominalen Stigmen sind Spiracula multiforia. 8

7 Das 1. Abdominalsegment ist kürzer und schmaler als das 2., 2.–7. Abdominalsegment 1,5 x länger als breit. Die Stigmen des Abdomens mit einem Peritrema. Färbung des Körpers hellgelb. Die Höcker auf der Dorsal- und der Innenseite des Proventriculus mit einem sklerotisierten Zähnchen (Abb. 8). Polycestinae (S. 93)

7* Das 1. Abdominalsegment ist breiter, aber genauso lang wie das 2., 2.–7. Segment breiter als lang. Die Stigmen des Abdomens ohne Peritrema. Färbung des Körpers weiß oder kremfarben. Die Höcker der Innendorsalseite des Proventriculus mit mehreren Zähnchen (Abb. 9, 10).
Acmaeoderinae (S. 94)

8 Die Furchen des Pronotum sind im ersten Drittel in der Form eines

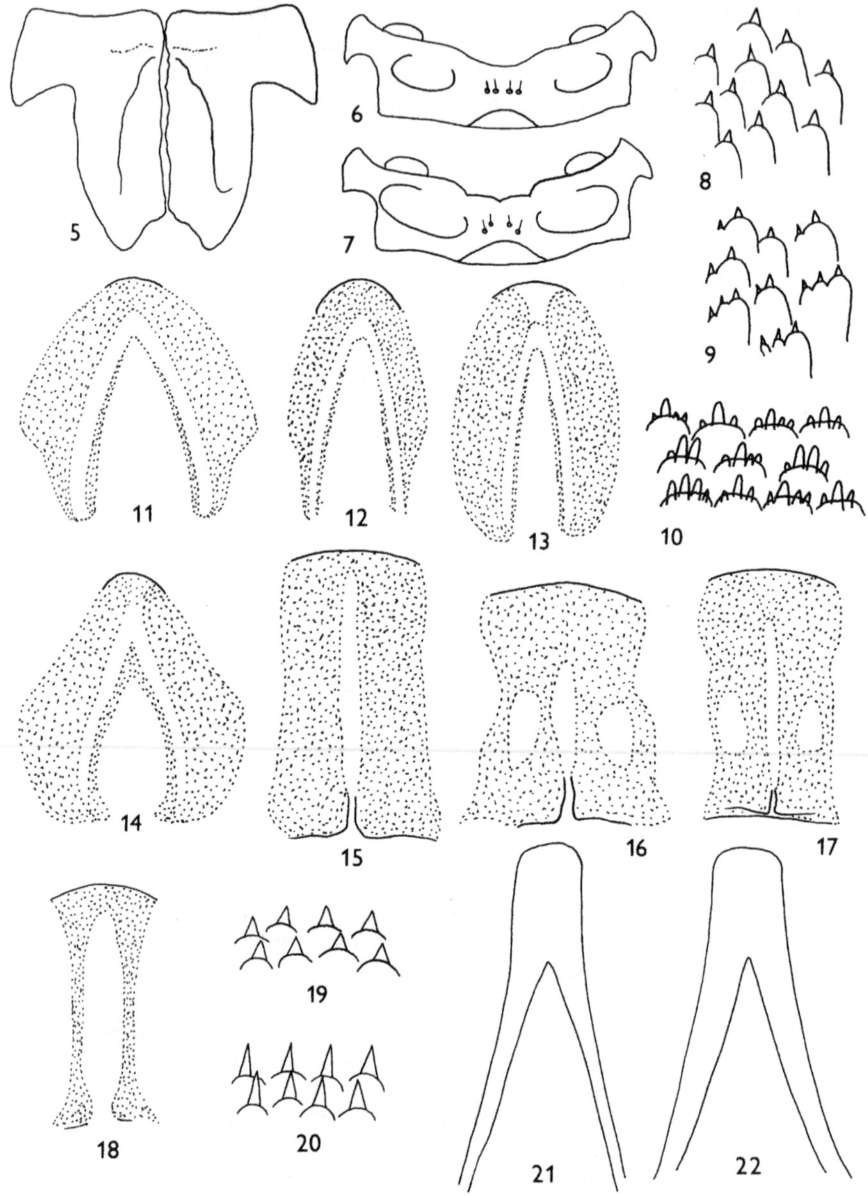

Abb. 5: *Julodis variolaris,* Mandibeln, Frontalansicht (Original)
Abb. 6: *Acmaeodera degener,* Epistom (Original)
Abb. 7: *Acmaeoderella flavofasciata,* Epistom (Original)
Abb. 8: *Ptosima flavoguttata,* innere Struktur des Proventriculus (Original)
Abb. 9: *Acmaeoderella flavofasciata,* innere Struktur des Proventriculus (Original)
Abb. 10: *Acmaeodera degener,* innere Struktur des Proventriculus (Original)

umgekehrten „Y“ verbunden (Abb. 4). Antennen dreigliedrig.
Sphenopterinae (S. 94)

8* Die Furchen des Pronotum haben die Form eines umgekehrten „V“ (Abb. 2). Antennen zweigliedrig, das dritte Glied ist rudimentär. . . 9

9 Pronotum und Prosternum mit unterschiedlich entwickelten (meist ovalen) Plättchen mit sklerotisierten Granula, die manchmal nur auf dem Raum längs der Furchen vorhanden sind. Die Pronotal- sowie Mittelprosternalfurchen sind gut entwickelt und mehr oder weniger sklerotisiert.

9* Pronotal- und Prosternalsklerite ohne Granula. Pronotalfurchen und Prosternalfurche schwach sklerotisiert. Buprestinae (partim) (S. 95)

10 Labrum lateral lappig erweitert. Prothorax höchstens 1,5 x breiter als der Mesothorax. 11

10* Labrum lateral nicht erweitert. Prothorax sehr breit, rundlich, doppelt so breit wie der Mesothorax. Meso- und Metathorax viel breiter als das Abdomen. Die pronotalen und prosternalen Granulasklerite sind groß und oval. Chrysobothrinae (S. 106)

11 Granulasklerite des Pronotum und Prosternum groß, quer elliptisch.
Chalcophorinae (S. 94)

11* Das Granulasklerit des Pronotum mehr oder weniger reduziert, nicht oval, manchmal auf den Raum in der Nähe der Furchen begrenzt. Das Granulasklerit ist immer lateral reduziert und oft nur auf den Raum in der Nähe der Furchen beschränkt. Buprestinae (partim) (S. 95)

1. Unterfamilie: Julodinae

In Europa kommt nur eine Gattung mit einer einzigen in Mitteleuropa fehlenden Art, *Julodis onopordi* (F.) vor, deren Larve unbekannt ist.

2. Unterfamilie: Polycestinae

1. Gattung: *Ptosima* Solier

In Europa kommen drei Gattungen der Polycestinae vor (*Thurntaxisia* Schatzmayer, *Polycestis* Marseul und *Ptosima* Solier), jede mit einer Art. Lediglich die Larve der einzigen mitteleuropäischen Art, *Ptosima flavoguttata* (Illiger), ist ge-

Abb. 11: *Eurythyrea quercus*, Pronotalsklerit (Original)
Abb. 12: *Eurythyrea austriaca*, Pronotalsklerit (Original)
Abb. 13: *Eurythyrea micans*, Pronotalsklerit (Original)
Abb. 14: *Eurythyrea aurata*, Pronotalsklerit (Original)
Abb. 15: *Eurythyrea micans*, Prosternalsklerit (Original)
Abb. 16: *Eurythyrea aurata*, Prosternalsklerit (Original)
Abb. 17: *Eurythyrea quercus*, Prosternalsklerit (Original)
Abb. 18: *Eurythyrea austriaca*, Prosternalsklerit (Original)
Abb. 19: *Scintillatrix mirifica*, Struktur des Vorderteils des Pronotalsklerits (Original)
Abb. 20: *Scintillatrix rutilans*, Struktur des Vorderteils des Pronotalsklerits (Original)
Abb. 21: *Scintillatrix rutilans*, Pronotalfurchen (Original)
Abb. 22: *Scintillatrix dives*, Pronotalfurchen (Original)

nügend gut beschrieben. Die Charakteristik der Unterfamilie beruht auf der Beschreibung der Larve dieser Art.

3. Unterfamilie: Acmaeoderinae

Tabelle für die Gattungen

1 Vorderrand des Epistoms ist bogenförmig ausgeschnitten, die Epistomalsensillen bilden eine Querreihe (Abb. 6). Die Struktur der inneren Dorsalwand des Proventiculus ist aus Abb. 10 zu ersehen.
Acmaeodera ESCHSCHOLTZ

1* Der Vorderrand des Epistoms ist winkelförmig ausgeschnitten, die Epistomalsensillen sind zu zwei Paaren geordnet (Abb. 7). Die Struktur der inneren Dorsalwand des Proventriculus ist aus Abb. 9 zu ersehen.
Acmaeoderella COBOS

2. Gattung: *Acmaeodera* ESCHSCHOLTZ

In Europa kommen etwa 12 Arten vor, in Mitteleuropa nur *A. degener* (SCOPOLI), von der als einziger die Larve bekannt ist. Auf diese bezieht sich auch die Charakterisierung der gesamten Gattung in der Bestimmungstabelle.

3. Gattung: *Acmaeoderella* COBOS

In Europa kommen etwa 15 Arten vor, von welchen lediglich die Larve der einzigen mitteleuropäischen Art, *A. flavofasciata* (PILLER) bekannt ist. Auf diese bezieht sich auch die Aufnahme der Gattung in die Tabelle.

4. Unterfamilie: Sphenopterinae

4. Gattung: *Sphenoptera* SOLIER

In Europa kommt ausschließlich die Gattung *Sphenoptera* SOLIER mit vielen Arten (in Mitteleuropa 4) vor. Jedoch ist von keiner Art die Larve ausreichend bekannt, so daß es nicht einmal möglich ist, eine provisorische Bestimmungstabelle für die Arten zusammenzustellen.

5. Unterfamilie: Chalcophorinae

In Europa kommen zwei Gattungen, *Chalcophora* SOLIER und *Chalcophorella* KERREMANS, vor. Im FREUDE-HARDE-LOHSE werden neben *Chalcophora* noch *Capnodis* ESCHSCHOLTZ und *Aurigena* LAPORTE & GORY (= *Perotis* SPINOLA) mit je einer Art hier eingeordnet. Sie gehören aber in die Unterfamilie Buprestinae. Nur die Larven von *Chalcophora* sind hinreichend bekannt.

5. Gattung: *Chalcophora* SOLIER

Tabelle für die Arten (in Mitteleuropa nur *C. mariana* (L.))

1 Prothorakalfurchen breit und tief. Pronotum mit größeren und mehr ausgeprägten Granula, welche feine Querrillen bilden. Vorderrand des Labrum gerade. 2

1* Prothorakalfurchen schmal, nicht vertieft, Pronotum mit kleineren und feineren Granula, die kleine Querrillen bilden. Vorderrand des Labrum abgerundet. 3
2 Labrum auf dem Vorderrand abgerundet. Pronotalfurchen auf ihren Gipfeln durch eine schwache Rinne verlängert. Pronotum weniger glänzend, mit feiner Mikroskulptur. Nicht in Mitteleuropa. *intermedia intermedia* REY
2* Labrum auf dem Vorderrand gerade. Pronotalfurchen auf dem Gipfel durch eine starke und tiefere Rinne verlängert. Pronotum völlig glänzend, ohne Mikroskulptur. Nicht in Mitteleuropa. *intermedia fagniezi* SCHAEFER
3 Pronotalfurchen an Vorderende in ein gemeinsames glattes Plättchen verlängert. Nicht in Mitteleuropa. *mariana massiliensis* VILLERS
3* Pronotalfurchen bilden an ihrem Ende kein gemeinsames glattes Plättchen. *mariana mariana* (LINNE)

6. Unterfamilie: Buprestinae

(Tribus Chalcophorini partim, Buprestini, Melanophilini, Anthaxiini sensu FREUDE-HARDE-LOHSE)

Tabelle für die Gattungen

1 Pronotal- und Prosternalsklerite mit rostfarbigen Granula. Plättchen verschieden entwickelt, manchmal nur auf dem Raum neben den Furchen. Prothorakalfurchen stärker sklerotisiert. 2
1* Pronotal- und Prosternalsklerite ohne Granula. Prothorakalfurchen schwächer sklerotisiert. 5
2 Labrum lateral lappenförmig erweitert. Die Granulasklerite des Prothorax sind mehr oder weniger reduziert. 3
2* Labrum lateral nicht erweitert. Die Granulasklerite des Prothorax (besonders das Pronotalsklerit) sind gut entwickelt, nicht reduziert, quer oder länglich oval (Melanophilini). 4
3 Das Granulasklerit des Prosternum weniger reduziert, länglich, deutlich längs der gesamten Prosternalfurche entwickelt (Abb. 15–18). *Eurythyrea* LACORDAIRE (S. 97)
3* Das Granulasklerit des Prosternum reduziert, nur auf den beiden Enden der Prosternalfurchen deutlich (Abb. 45–48). *Buprestis* L. (S. 97)
4 Das Pronotal- und Prosternalsklerit mit kleinen ovalen Granula, die höchstens 1,5 x breiter als lang sind (Abb. 26). Die Sensillenwimpern des Labrums sind nur auf dessen Vorderrand konzentriert (Abb. 34). *Melanophila* ESCHSCHOLTZ (S. 98)
4* Die Pronotal- und Prosternalsklerite mit queren Granula, die mindestens doppelt so breit als lang sind (Abb. 25, 27). Das Feld der Sensillenwimpern auf dem Vorderrand des Labrum ist in der Mitte oder an den Seiten nach hinten verlängert (Abb. 35–37). *Phaenops* LACORDAIRE (S. 98)
5 Prothorakalsklerit mit einer dicken Haut, fein, aber chagriniert dornig, matt. 6

5* Die Sklerite des Prothorax glanzend, ohne verdickte Haut und ohne Chagrinierung. 11
6 Pronotalfurchen (besonders deren verbundener Vorderteil) mit feinen, rostigen Kernchen gesäumt. Mandibeln mindestens dreizähnig, das äußere Praeapikalzähnchen ist gut entwickelt. 7
6* Pronotalfurchen ohne granulierten Saum. Mandibeln mit zwei Hauptapikalzähnen; der äußere praeapikale Zahn ist sehr schwach, wenig entwickelt. 10
7 Die Entfernung der Enden der pronotalen Furchen entspricht höchstens einem Viertel von deren Länge, wobei auch ihr verbundener Vorderteil eingerechnet ist. Labrum lateral lappig (Chalcophorini partim sensu FREUDE-HARDE-LOHSE). 8
7* Pronotalfurchen offener, die Entfernung zwischen ihren Enden entspricht ungefähr der Hälfte von dern Länge. Labrum ohne deutliche Laterallappen. 9
8 Pronotalrinnen gerade, die Distanz der Enden entspricht einem Viertel ihrer Länge. Diese Furchen schließen innen einen scharfen Winkel ein, der nicht nach vorn verlängert ist (Abb. 49). Mandibularzähne abgestumpft. *Capnodis* ESCHSCHOLTZ (S. 99)
8* Pronotalfurchen länger, deutlich gebogen, einander mehr genähert, die Distanz der Enden entspricht einem Sechstel ihrer Länge. Der Innenwinkel dieser Furchen ist nach vorn verlängert (Abb. 50). Mandibularzähne scharf. *Aurigena* LAPORTE et GORY (= *Perotis* SPINOLA) (S. 99)
9 Mandibeln ohne einen äußeren Praeapikalzahn. Der größere Teil des Körpers trägt keine Microspinulae. Das durch die Verbindung der vorderen Teile der Pronotalfurchen gebildete Plättchen ist rhombisch. Die Pronotalfurchen werden auf der Außenseite deutlich von einer Reihe rostfarbener Körnchen gerandet, ihr Innenwinkel ist kahl. *Latipalpis* SOLIER (S. 99)
9* Mandibeln mit einem deutlichen Praeapikalzähnchen. Die gesamte Oberfläche des Körpers ist mit Microspinulae bedeckt. Das durch die Verbindung der vorderen Enden der Pronotalfurchen geformte Plättchen hat die Form eines Schwammes. Die Pronotalfurchen werden auch auf der Innenseite von rostfarbigen Zähnchen gesäumt. *Dicerca* ESCHSCHOLTZ (S. 99)
10 Die Distanz der Enden der Pronotalfurchen gleicht einem Drittel von deren Länge, ihr gemeinsamer Vorderteil ist nicht erweitert. Labrum lateral lappig. *Poecilonota* ESCHSCHOLTZ
10* Pronotalfurchen mehr offen, die Distanz ihrer Enden gleicht der Hälfte ihrer Länge, ihr gemeinsamer Vorderteil ist in Form eines Schwammes erweitert. Labrum nicht erweitert. *Scintillatrix* OBENBERGER (= *Lampra* LACORDAIRE) (S. 101)
11 Metathorax ohne kugelförmige Höcker. Pronotalsklerit fein gerieft. *Kisanthobia* MARSEUL
11* Metathorax mit vier deutlich kugelförmigen Höckern (Abb. 2, 61). Pronotalsklerit glatt, ohne feine Riefelung. *Anthaxia* ESCHSCHOLTZ (S. 103)

6. Gattung: *Buprestis* L.

Die Larven von *B. splendens* F. und *B. haemorrhoidalis* HERBST sind unbekannt.

Tabelle für die Arten

1 Prosternalfurche breit, in der Mittelpartie von einigen Reihen rostfarbiger Granula gesäumt. Dieser granulierte Saum ist im ersten Viertel bis Drittel in Form eines Schwammes erweitert. 2

1* Prosternalfurche schmal, in der mittleren Partie nur von einer einzigen Reihe rostfarbiger Granula gesäumt. Nur das vordere Fünftel der Prosternalfurche ist von einem erweiterten Feld rostiger Granula gesäumt (Abb. 45, 48). 3

2 Das granulierte Plättchen des Prosternum umgibt das gesamte erste Drittel der Prosternalrinne (Abb. 46). Prosternalfurchen gerade (Abb. 46), Pronotalfurche ebenfalls gerade (Abb. 42). Wirtspflanze: Cupressus sempervivens. Nicht in Mitteleuropa. *cupressi* GERMAR

2* Das granulierte Plättchen des Prosternum umgibt nur das erste Viertel der Prosternalfurche (Abb. 47). Pronotalfurchen leicht nach innen gebogen (Abb. 43). Wirtspflanzen: Picea sp., Abies sp., Pinus sp. *rustica* L.

3 Pronotalfurchen schmal, im vorderen Teil schmal von rostigen Granula gesäumt (Abb. 44). Wirtspflanzen: Pinus sp. *octoguttata* L.

3* Pronotalfurchen breiter, im vorderen Teil mit breiterem granulierten Saum (Abb. 41). Wirtspflanzen: Pinus sp. *novemmaculata* L.

7. Gattung: *Eurythyrea* LACORDAIRE

Tabelle für die Arten

1 Pronotalfurchen auf der Außenseite nur von einem schmalen Feld sklerotisierter Granula mit vielen glatten kleinen Kleinfeldern flankiert, das Feld ist in der Vorderhälfte nur schwach erweitert (Abb. 12). Diese Randung der Prosternalfurche ist nur auf dem vorderen und hinteren Ende etwas erweitert (Abb. 18). Wirtspflanzen: Abies sp. *austriaca* (L.)

1* Pronotalfurchen von einem breiten, lateral erweiterten Feld von sklerotisierten Granula umrandet (Abb. 11, 13, 14). Prosternalfurche in der gesamten Länge von einem breiten Feld sklerotisierter Granula umrandet (Abb. 15–17). 2

2 Pronotalfurchen am vorderen Ende in ein gemeinsames vertieftes ausgehöhltes Plättchen erweitert (Abb. 13). Prosternalfurche von einem breiten, fast parallelen Feld von Granula ohne glatte Kleinfelder gesäumt (Abb. 15), Wirtspflanzen: Populus sp. *micans* (F.)

2* Pronotal- und Prosternalfurchen am vorderen, verbundenen Ende nicht erweitert (Abb. 11, 14). Prosternalfurche in der Mitte von einem verschmälerten Feld von Granula und glatten Kleinfeldern gesäumt (Abb. 16, 17). 3

3 Das hintere Viertel der Pronotalfurchen ist lediglich auf der Außenseite von einem schmalen Feld sklerotisierter Granula gesäumt, die Furchen sind mehr geöffnet (Abb. 11). Das Prosternalfeld der sklerotisierten Gra-

nula ist in der ganzen hinteren Hälfte verengt (Abb. 17). Wirtspflanzen: Quercus sp. *quercus* (Herbst)

3* Pronotalfurchen einander mehr oder minder genähert und auf der Außenseite in ihrer gesamten Länge von einem breiten Feld sklerotisierter Granula gesäumt (Abb. 14). Das prosternale granulierte Feld ist in der Mitte verengt (Abb. 16). Wirtspflanzen: Populus sp. Nicht in Mitteleuropa. *aurata* (Pallas)

8. Gattung: *Melanophila* Eschscholtz

Tabelle für die Arten (*Melanophila picta* (Pallas) wird in die 17. Gattung *Trachypteris* Kirby eingeordnet.

1 Das Feld der Sensillenwimpern auf dem vorderen Rand des Labium ist in der Mitte nur bis zu einem Drittel, maximal bis in die Hälfte des Labium verlängert (Abb. 39). 2

1* Das Feld der Sensillenwimpern auf dem Vorderrand des Labium ist bis zur Mitte, mitunter bis in das zweite Drittel des Labium verlängert (Abb. 38). Wirtspflanzen: alle Nadelbaumarten. *acuminata* (De Geer)

2 Das granulierte Pronotalsklerit ist rundlich, so lang wie breit (Abb. 33). Wirtspflanzen: Populus sp. *Trachypteris picta decastigma* (F.)

2* Das granulierte Pronotalsklerit ist oval, etwas länger als breit (Abb. 32). Wirtspflanzen: Populus sp. Nicht in Mitteleuropa. *Trachypteris picta picta* (Pallas)

9. Gattung: *Phaenops* Lacordaire

Tabelle für die Arten

1 Pronotal- und Prosternalfeld der sklerotisierten Granula sehr schmal, viel länger als breit, beide nehmen nur den Raum längs der Dorsal- und Ventralfurchen ein (Abb. 30, 31). Das Feld der Sensillenwimpern auf dem Vorderrand des Labrum ist in der Mitte bis zur Hälfte der Labrumlänge verlängert (Abb. 35). Wirtspflanzen: Pinus sp. *cyanea* (F.)

1* Pronotal- und Prosternalfeld der sklerotisierten Granula breit und oval, annähernd ebenso breit wie lang (Abb. 28, 29). Die Sensillenwimpern auf dem Vorderrand des Labrum sind an den beiden Seiten nach rückwärts verlängert, aber nicht in der Mitte (Abb. 36, 37). 2

2 Das Feld der Sensillenwimpern auf dem Vorderrand des Labrum ist in der Mitte stark reduziert und nimmt nur den Vorderrand des Labrum ein (Abb. 36). Die sklerotisierten Granula auf dem Pronotalsklerit sind auf dem Hinterrand in einem stumpfen Zahn ausgezogen (A. 25.). Wirtspflanzen: Pinus sp. *formaneki* Jakobson

2* Das Feld der Sensillenwimpern auf dem Vorderrand des Labrum ist vorn nicht reduziert und nimmt auch einen Teil der Fläche des Labrum ein (Abb. 37). Die sklerotisierten Granula auf dem Pronotalsklerit sind auf dem Hinterrand gerade oder wenig gewellt, aber immer ungezähnt (Abb. 40). Wirtspflanzen: Abies sp. *knoteki* Reitter

10. Gattung: *Capnodis* Eschscholtz

In Europa kommen 5 Arten vor, in Mitteleuropa lediglich *C. tenebrionis* (L.). Nur die Larve von *C. tenebricosa* (Olivier) ist ausreichend bekannt, und die Aufnahme der Gattung in die Tabelle beruht auf dieser Beschreibung. Die Beschreibung der Larve von *C. tenebrionis* (L.) ist leider diagnostisch unverwendbar (Rivney 1945).

11. Gattung: *Aurigena* Laporte et Gory (= *Perotis* Spinola)

In Europa kommen zwei Arten vor, von welchen die Larve der *A. unicolor* (Olivier) bekannt ist. Die Diagnose in der Gattungstabelle beruht auf dieser Beschreibung. Die Larve von *A. lugubris* (F.) (im Freude-Harde-Lohse als *Perotis* Spinola geführt) ist unbekannt.

(Gattung: *Latipalpis* Solier)

In Europa kommen zwei Arten vor, von welchen die Larve der *L. plana* (Olivier) bekannt ist (Schaefer 1949).

12. Gattung: *Dicerca* Eschscholtz

Die Larven von *D. aenea* (L.) und *D. herbstii* (Kiesenwetter) sind unbekannt.

Tabelle für die Arten

1 Der vordere, verbundene Teil der Pronotalfurchen ist vorn nicht von sklerotisiertem Granula begrenzt (Untergattung: *Argante* Gistl). Wirtspflanzen: Pinus sp. *moesta* (F.)

1* Der vordere Teil der Pronotalfurchen ist auch vorn durch sklerotisierte Granula begrenzt (Untergattung: *Dicerca* s. str.). 2

2 Epistoma robust, am hinteren Rand 3,5 x so breit wie lang. Die sklerotisierten Granula umgeben das vordere, verbundene Ende der Pronotalfurchen, sie sind oval, auf dem Vorderrand nur mäßig abgeflacht (Abb. 56). Wirtspflanzen: Fagus, Carpinus, Ulmus, Pyrus sp. *berolinensis* (Herbst)

2* Epistoma schmaler, am Hinterrand 4,5–5 x so breit wie lang. Die sklerotisierten Granula umgeben das vordere verbundene Ende der Pronotalfurchen, sie sind rund (Abb. 57) oder quer mit verflachtem Vorderrand (Abb. 55). 3

3 Epistoma am vorderen Ende tief ausgeschnitten. Die sklerotisierten Granula umgeben das Vorderende der Pronotalfurchen (Abb. 55). Wirtspflanzen: Betula sp. *furcata* (Thunberg) (= *acuminata* (Pallas))

3* Epistoma am Vorderrand weniger ausgeschnitten. Die sklerotisierten Granula umgeben das Vorderende der Pronotalfurchen (Abb. 57). Wirtspflanzen: Alnus sp. *alni* (Fischer)

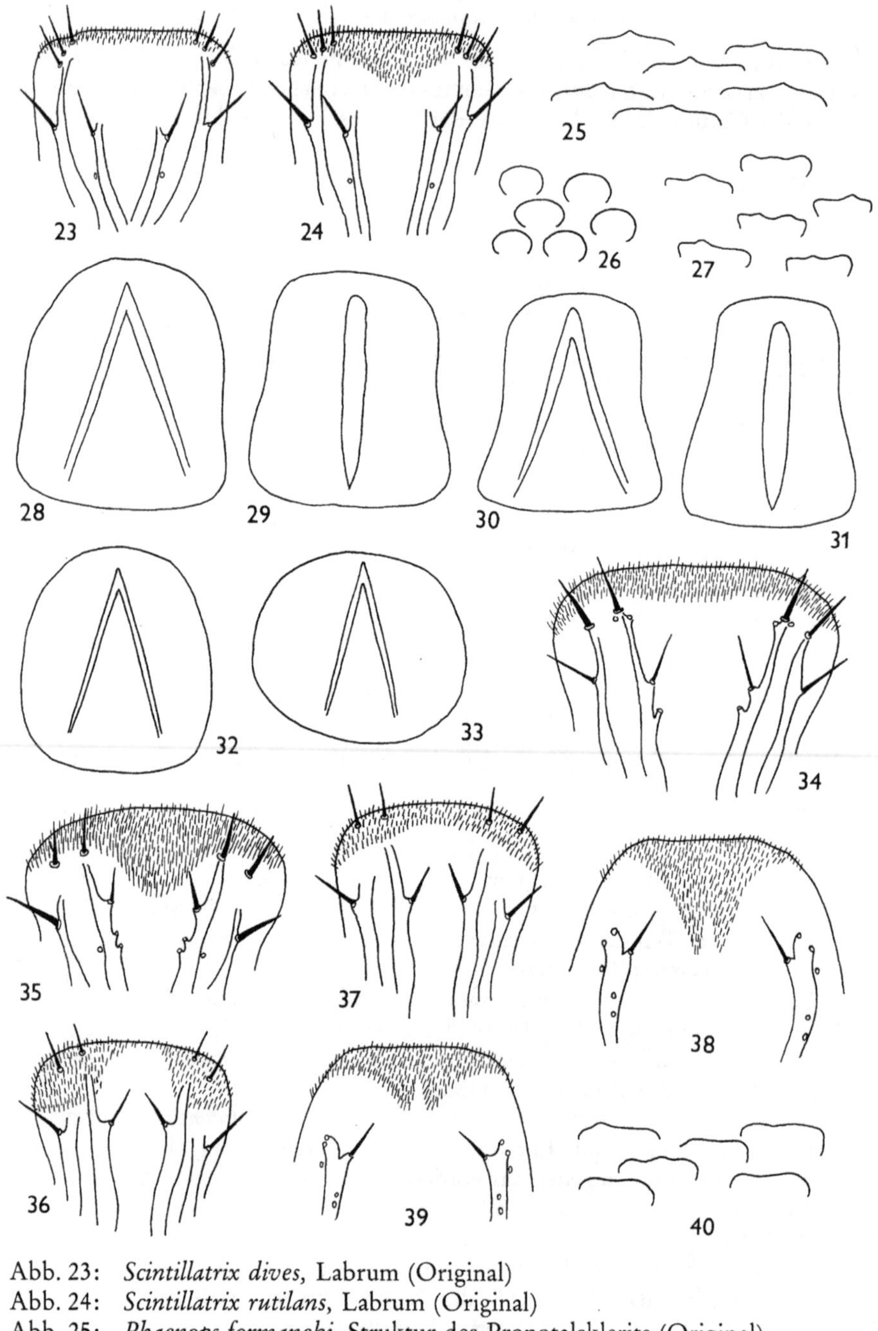

Abb. 23: *Scintillatrix dives,* Labrum (Original)
Abb. 24: *Scintillatrix rutilans,* Labrum (Original)
Abb. 25: *Phaenops formaneki,* Struktur des Pronotalsklerits (Original)
Abb. 26: *Melanophila picta,* Struktur des Pronotalsklerits (Original)
Abb. 27: *Phaenops cyanea,* Struktur des Pronotalsklerits (Original)
Abb. 28: *Phaenops formaneki,* Pronotalsklerit (Original)

13. Gattung: *Poecilonota* ESCHSCHOLTZ

In Mitteleuropa kommt nur eine Art vor, *Poecilonota variolosa* (PAYKULL), deren Larve die Grundlage für die Aufnahme der Gattung in die Bestimmungstabelle war. Wirtspflanzen: Populus sp.

14. Gattung: *Scintillatrix* OBENBERGER (= *Lampra* LACORDAIRE)

Tabelle für die Arten

1 Pronotalfurchen breit, mäßig nach außen gebogen (Abb. 22). Der Vorderrand des Labrum trägt nur eine Reihe von Sensillenwimpern, dieses Feld ist in der Mitte nicht nach hinten verlängert (Abb. 23). Wirtspflanzen: Salix caprea, Betula sp. *dives* (GUILLEBEAU)

1* Pronotalfurchen schmal und gerade (Abb. 21). Das Feld der Sensillenwimpern auf dem Vorderrand des Labrum ist in der Mitte fast bis in die Hälfte der Länge des Labrum verlängert (Abb. 24). 2

2 Die Microspinulae auf dem Pronotalsklerit zwischen den Pronotalfurchen sind 2–3 x so lang wie an der Basis breit (Abb. 20). Wirtspflanze: Tilia cordata. *rutilans* (F.)

2* Die Microspinulae auf dem Pronotalsklerit zwischen den Pronotalfurchen sind höchstens 1–1,5 x so lang wie an der Basis breit (Abb. 19). Wirtspflanzen: Ulmus sp. *mirifica* (MULSANT)

15. Gattung: *Palmar* SCHAEFER

Die Larve der einzigen mitteleuropäischen Art, *Palmar festiva* (L.), ist bisher unbekannt.

16. Gattung: *Kisanthobia* MARSEUL

In Europa kommt nur eine Art vor (*K. ariasi* (ROBERT)), deren Larve für die Aufnahme in die Bestimmungstabelle für die Gattungen verwendet wurde. Wirtspflanzen: Quercus sp.

Abb. 29: *Phaenops formaneki,* Prosternalsklerit (Original)
Abb. 30: *Phaenops cyanea,* Pronotalsklerit (Original)
Abb. 31: *Phaenops cyanea,* Prosternalsklerit (Original)
Abb. 32: *Melanophila picta picta,* Pronotalsklerit (Original)
Abb. 33: *Melanophila picta decastigma,* Pronotalsklerit (Original)
Abb. 34: *Melanophila picta decastigma,* Labrum (Original)
Abb. 35: *Phaenops cyanea,* Labrum (Original)
Abb. 36: *Phaenops formaneki,* Labrum (Original)
Abb. 37: *Phaenops knoteki,* Labrum (Original)
Abb. 38: *Melanophila acuminata,* Labrum (Original)
Abb. 39: *Melanophila picta,* Labium (Original)
Abb. 40: *Phaenops knoteki,* Struktur des Pronotalsklerits (Original)

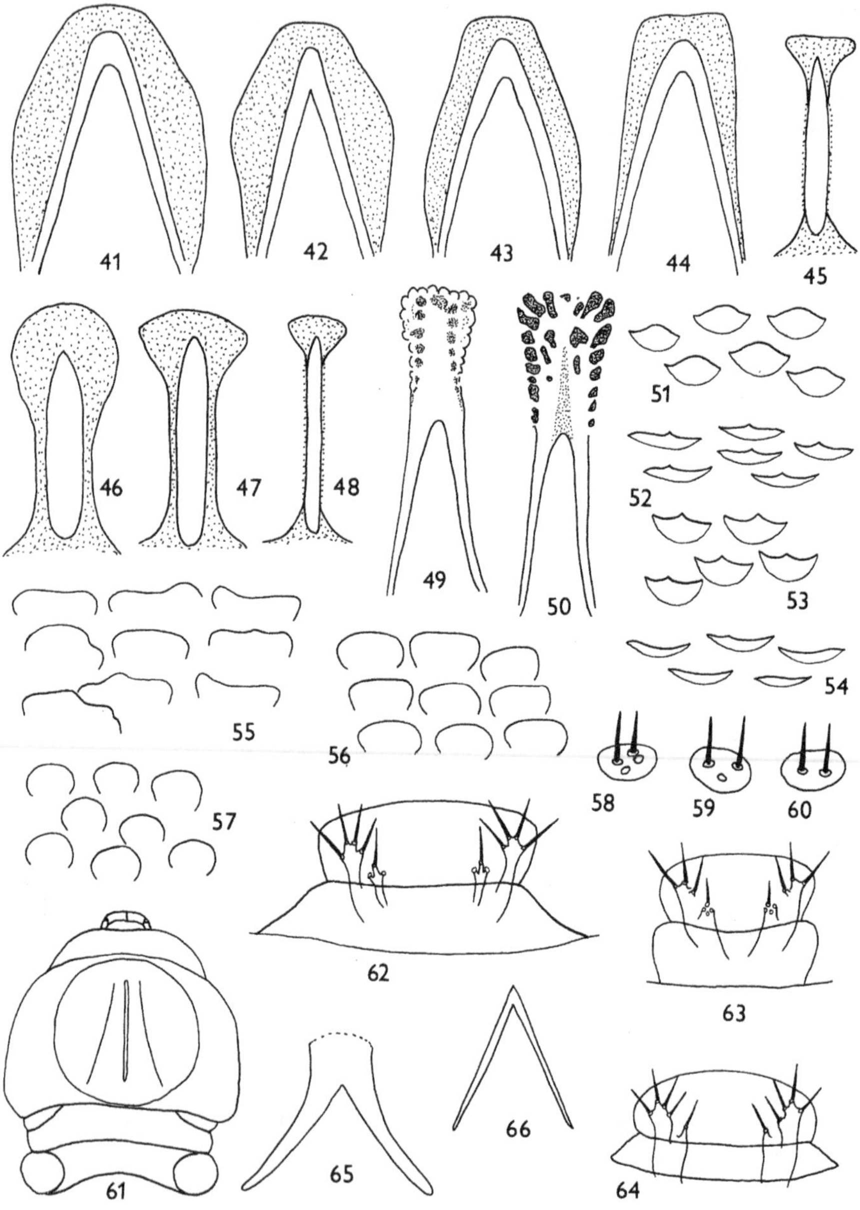

Abb. 41: *Buprestis novemmaculata*, Pronotalsklerit (Original)
Abb. 42: *Buprestis cupressi*, Pronotalsklerit (Original)
Abb. 43: *Buprestis rustica*, Pronotalsklerit (Original)
Abb. 44: *Buprestis octoguttata*, Pronotalsklerit (Original)
Abb. 45: *Buprestis novemmaculata*, Prosternalsklerit (Original)
Abb. 46: *Buprestis cupressi*, Prosternalsklerit (Original)
Abb. 47: *Buprestis rustica*, Prosternalsklerit (Original)

17. Gattung: *Trachypteris* Kirby

In Mitteleuropa kommt nur *Trachypteris picta decastigma* (Pallas) vor, die bei der 8. Gattung *Melanophila* Eschscholtz eingeordnet wurde.

18. Gattung: *Anthaxia* Eschscholtz

Die Larven von *A. balatonica* Bily et Som., *A. helvetica* Stierlin, *A. hungarica* (Scopoli), *A. mendizabali* Cobos, *A. similis* Saunders (= *morio* (Herbst)), *A. nigritula* Ratzeburg, *A. plicata* Kiesenwetter, *A. rossica* (K. Daniel), *A. salicis* (F.), *A. semicuprea* Küster, *A. sepulchralis* (F.), *A. tuerki* Ganglbauer und *A. umbellatarum* (F.) sind unbekannt.

Tabelle für die Arten

1 Die Prosternalfurche ist gut kenntlich, nicht verkürzt. Die innere Struktur des Proventriculus wird aus mehr oder weniger kurzen und starken farblosen Dornen gebildet, welche höchstens 3–4 x so lang sind wie an der Basis breit (Abb. 67). 2

1* Die Prosternalfurche ist schlecht sichtbar, nur ihr mittlerer sklerotisierter Teil ist deutlich. Die Innenstruktur des Proventriculus besteht aus langen, dichten und orangefarbig pigmentierten Dornen, die mindestens 5 x so lang wie an der Basis breit sind, manchmal erscheinen sie borstenförmig (Abb. 68, 69). 18

2 Auf dem Metathorax fehlen kugelförmige Höcker. Die Pronotal- und Prosternalfurchen sind schmal, stark pigmentiert. Wirtspflanzen: Eryngium sp. *hypomelaena* (Illiger)

2* Metathorax mit gut entwickelten kugelförmigen Höckern. Die Pronotal- und Prosternalfurchen sind breit. 3

Abb. 48: *Buprestis octoguttata*, Prosternalsklerit (Original)
Abb. 49: *Capnodis tenebricosa*, Pronotalfurchen (Original)
Abb. 50: *Aurigena unicolor*, Pronotalfurchen (Original)
Abb. 51: *Chrysobothris affinis*, Struktur des Pronotalsklerits (Original)
Abb. 52: *Chrysobothris igniventris*, Struktur des Pronotalsklerits (Original)
Abb. 53: *Chrysobothris chrysostigma*, Struktur des Pronotalsklerits (Original)
Abb. 54: *Chrysobothris solieri*, Struktur des Pronotalsklerits (Original)
Abb. 55: *Dicerca furcata*, Struktur des Pronotalsklerits (Original)
Abb. 56: *Dicerca berolinensis*, Struktur des Pronotalsklerits (Original)
Abb. 57: *Dicerca alni*, Struktur des Pronotalsklerits (Original)
Abb. 58: *Chrysobothris affinis*, Submaxillarsklerit (Original)
Abb. 59: *Chrysobothris igniventris*, Submaxillarsklerit (Original)
Abb. 60: *Chrysobothris chrysostigma* und *Ch. solieri*, Submaxillarsklerit (Original)
Abb. 61: *Anthaxia candens*, Thorax, ventral (Original)
Abb. 62: *Anthaxia deaurata*, Labrum (Original)
Abb. 63: *Anthaxia hackeri*, Labrum (Original)
Abb. 64: *Anthaxia manca*, Labrum (Original)
Abb. 65: *Anthaxia passerini*, Pronotalfurchen (Original)
Abb. 66: *Anthaxia istriana*, Pronotalfurchen (Original)

3 Die Pronotalfurchen sind gleichmäßig pigmentiert. 4

3* Die Pronotalfurchen sind unregelmäßig pigmentiert, entweder mosaikartig oder nur an den Enden. 11

4 Die Pronotalfurchen verengen sich gleichmäßig nach hinten. Wirtspflanzen: Fraxinus sp. und Obstbäume. Nicht in Mitteleuropa. *bicolor* FALDERMANN

4* Die Pronotalfurchen sind in ihrer gesamten Länge gleichmäßig breit und verengen sich höchstens unmittelbar am Ende. 5

5 Die Posternalfurche ist gleichlang oder etwas kürzer als die Pronotalfurchen, die einen ziemlich spitzen Winkel einschließen. 6

5* Die Prosternalfurche ist kurz, höchstens so lang wie eine Hälfte der Pronotalfurche. 10

6 Pronotalfurchen gerade. 7

6* Pronotalfurchen leicht nach innen gebogen. 8

7 Der sklerotisierte Teil der Prosternalfurche nimmt die gesamte Länge dieser Furche ein. Alle Dornen auf der Innenseite des Proventriculus sind einfach. Wirtspflanzen: Pistacia sp. Nicht in Mitteleuropa. *brevis* LAPORTE et GORY

7* Der sklerotisierte Teil der Prosternalfurche nimmt nur ein Drittel dieser Furche ein. Die Innenwand des Proventriculus ist mit einfachen und doppelten Dornen bedeckt (Abb. 67). Wirtspflanzen: Nadelbäume. *quadripunctata* (L.)

8 Die Prosternalfurche ist stark pigmentiert, deutlich stärker als die Pronotalfurchen. 9

8* Die Prosternalfurche ist ebenso schwach pigmentiert wie die Pronotalfurchen, ihr sklerotisierter Teil ist kurz und breit. Wirtspflanze: Abies alba. *nigrojubata* ROUBAL

9 Beiderseits der Prosternalfurche ist noch eine schwache kleine Längsfurche sichtbar (Abb. 61). Die Dornen auf der Innenseite des Proventriculus sind meistens einfach. Wirtspflanzen: Prunus sp., Cerasus sp., Amygdalus sp. *candens* (PANZER)

9* Die Prosternalfurche ist einfach. Die Innenseite des Proventriculus ist meist mit doppelten bis dreifachen Dornen bedeckt. Wirtspflanzen: Quercus sp. *millefolii* (F.)

10 Die Pronotalfurchen sind stark geöffnet und schließen einen Winkel von etwa 70° ein, ihr vorderer, verbundener Teil ist stark erweitert (Abb. 65). Wirtspflanzen: Juniperus sp. Nicht in Mitteleuropa. *passerini* (PECCHIOLI)

10* Die Pronotalfurchen sind schwach geöffnet und schließen einen Winkel von höchstens 50° ein, ihr verbundener Teil ist nicht geöffnet (Abb. 66). Wirtspflanzen: Juniperus sp. *istriana* ROSENHAUER

11 Die Pronotalfurchen sind mosaikartig pigmentiert. 12

11* Die Pronotalfurchen sind nur im hinteren Teil pigmentiert und zwar regelmäßig, nicht mosaikartig. 15

12 Die Pronotalfurchen sind nur im mittleren Teil mosaikartig pigmentiert, ihre Enden sind unpigmentiert. Die Prosternalfurche ist unpigmentiert. Wirtspflanzen: Pinus sp. *godeti* LAPORTE et GORY

12* Die Pronotalfurchen sind nur in den Endteilen mosaikartig pigmentiert.

Die Prosternalfurche ist entweder nur teilweise oder gar nicht pigmentiert. 13

13 Die Prosternalfurche ist unpigmentiert. Die Pronotalfurchen sind nur im letzten Drittel pigmentiert. Wirtspflanzen: Obstbäume. *fulgurans* (SCHRANK)

13* Die Prosternalfurche ist mosaikartig pigmentiert. 14

14 Die gesamte hintere Hälfte der Pronotalfurchen ist mosaikartig pigmentiert, ihr verbundener Vorderteil ist nicht erweitert. Die Prosternalfurche ist vollständig mosaikartig pigmentiert. Wirtspflanzen: Astragalus (sectio Tragacanthus). Nicht in Mitteleuropa. *amasina* DANIEL

14* Die mosaikartige Pigmentierung des hinteren Teiles der Pronotalfurchen reicht nicht bis zur Mitte, der vordere Teil dieser Furche ist erweitert. Die Prosternalfurche ist nur im mittleren Teil pigmentiert. Wirtspflanze: Cornus mas. *podolica* MANNERHEIM

15 Der hintere Teil der Pronotalfurchen ist nur im letzten Drittel pigmentiert. 16

15* Der hintere Teil der Pronotalfurchen ist mindestens bis in die Hälfte derselben pigmentiert. 17

16 Der vordere, verbundene Teil der Pronotalfurchen ist nicht erweitert. Der sklerotisierte Teil der Prosternalfurchen ist erweitert. Wirtspflanzen: Genista sp., Ulex sp., Spartium junceum, Sarothamnus scoparius. *funerula* ILLIGER

16* Der vordere, verbundene Teil der Pronotalfurchen ist stark erweitert. Der sklerotisierte Teil der Prosternalfurche ist schmal. Wirtspflanzen: Prunus sp., Cerasus sp., Amygdalus sp. *olympica* KIESENWETTER

17 Der hintere Teil der Pronotalfurchen ist weiter als bis in die Hälfte dieser Furchen pigmentiert. Der vordere, verbundene Teil der Pronotalfurchen ist stark erweitert. Wirtspflanzen: Obstbäume. *nitidula* (L.)

17* Der hintere Teil der Pronotalfurchen ist nur bis zu deren halber Länge pigmentiert. Der vordere, verbundene Teil der Pronotalfurchen ist nicht erweitert. Wirtspflanzen: Obstbäume und Fraxinus excelsior. *cichorii* (OLIVIER)

18 Der vordere, verbundene Teil der Pronotalfurchen ist stark erweitert. Die Dornen auf der Innenwand des Proventriculus sind lang bis borstenförmig (Abb. 68, 69). 19

18* Der vordere, verbundene Teil der Pronotalfurchen ist zugespitzt, nicht erweitert. Die Dornen auf der Innenseite des Proventriculus sind kürzer, höchstens 5–6 x so lang wie an der Basis breit. Wirtspflanzen: Quercus sp. Nicht in Mitteleuropa. *sponsa* Kiesenwetter

19 Anteclypeus so breit und lang wie das Labrum. Jedes Sklerit des Labrum trägt nur 4 Sensillenwimpern (Abb. 63). Wirtspflanzen: Ulmus sp. *hackeri* FRIVALDSKY

19* Anteclypeus viel breiter und kürzer als das Labrum. Jedes Sklerit des Labrum mit 5 Sensillenwimpern. 20

20 Labrum mit einem sensibilen Feld an der Basis der inneren Sensillenwimpern (Abb. 64). Die Dornen an der inneren Wand des Proventriculus sind kürzer und stärker, etwa 8–10 x so lang wie an der Basis breit (Abb. 69). Wirtspflanzen: Ulmus sp. *manca* (L.)

20* Labrum mit zwei sensibilen Feldern an der Basis der inneren Sensillenwimpern (Abb. 62). Die Dornen an der inneren Wand des Proventriculus sind lang, fast haardick. Wirtspflanzen: Ulmus sp. *deaurata* (GMELIN)

7. Unterfamilie: Chrysobothrinae

19. Gattung: *Chrysobothris* ESCHSCHOLTZ

In Europa kommt nur diese eine Gattung mit fünf Arten vor.

Tabelle für die Arten

1 Die sklerotisierten Granula auf dem vorderen Teil des Pronotalsklerits sind doppelt so breit wie lang (Abb. 51, 53). Die Stigmen des Mesothorax 2,4–2,7 x so breit wie lang. Epistom mit zwei Zentralsensillen. . . . 2

1* Die sklerotisierten Granula auf dem Vorderrand des Pronotalsklerits sind 5–6 x so breit wie lang (Abb. 52, 54). Die Stigmen des Mesothorax sind 1,5–1,9 x so breit wie lang. Epistom mit vier Zentralsensillen. . . . 3

2 Die sklerotisierten Granula auf dem Pronotum mit einem kleinen stumpfen Zähnchen (Abb. 51). Die Stigmen des Mesothorax sind 2,4 x so breit wie lang. Das Submaxillarsklerit trägt zwei Wimpern und zwei sensibile Felder (Abb. 58). Wirtspflanzen: Quercus sp., Fagus sp., Ulmus sp., Juglans regia, Obstbäume. *affinis* (F.)

2* Die sklerotisierten Granula auf dem Pronotum mit einem kleinen scharfen Zähnchen (Abb. 53). Die Stigmen des Mesothorax sind 2,7 x so breit wie lang. Das Submaxillarsklerit trägt nur zwei Sensillenwimpern (Abb. 53). Wirtspflanzen: Abies alba, Picea excelsa. *chrysostigma* (L.)

3 Der Vorderrand des Epistom ist gekerbt, der Vorderrand des Labrum fast gerade. Das Submaxillarsklerit trägt zwei Wimpern und ein sensibiles Feld (Abb. 52). Die Stigmen des Mesothorax sind 1,5 x so breit wie lang. Wirtspflanzen: Pinus silvestris, P. nigra. *igniventris* REITTER

3* Der Vorderrand des Epistom ist glatt, der Vorderrand des Labrum bogenförmig. Das Submaxillarsklerit trägt nur zwei Wimpern (Abb. 60). Die Stigmen des Mesothorax sind 1,9 x so breit wie lang. Wirtspflanzen: Pinus sp. *solieri* LAPORTE et GORY

8. Unterfamilie: Agrilinae

Tabelle für die Gattungen

1 Prothorax ohne Furchen, 9. Abdominalsegment einfach. *Aphanisticus* LATREILLE (S. 107)

1* Prothorax mit länglichen, mehr oder minder sklerotisierten Furchen. 9. Abdominalsegment mit zwei, meist sklerotisierten Urogomphi (Abb. 1, 75–77). 2

2 Pronotum und Prosternum mit einem hellen oder rostfarbigen, sklerotisierten, sehr fein granulierten Plättchen. 9. Abdominalsegment völlig sklerotisiert. *Coroebus* LAPORTE et GORY (S. 107)

2* Prothorax ohne granulierte Plättchen. Nur die Urogomphi des 9. Abdominalsegmentes und der unmittelbaren Umgebung sind sklerotisiert. . 3

3 Urogomphi mit einem Zahn (Abb. 75). 4

3* Urogomphi zwei- oder dreizähnig (Abb. 76, 77). *Agrilus* SOLIER
4 Pronotum mit zwei Furchen. *Meliboeus* DEYROLLE (partim)
4* Pronotum mit einer Furche. 5
5 Körper mit gut sichtbaren Mikrospinulae, die am deutlichsten auf dem größeren Teil der Thoraxsegmente und auf den lateralen Partien der Abdominalsegmente zu sehen sind. 9. Abdominalsegment mit ziemlich langer Behaarung. *Meliboeus* DEYROLLE (partim)
5* Körper kahl, ohne jede Spur von Mikrospinulae. 9. Abdominalsegment völlig kahl. *Nalanda* THÉRY

20. Gattung: *Aphanisticus* LATREILLE

In Europa 6 Arten, von denen nur die Larve von *A. emarginatus* (OLIVIER) ungenügend bekannt ist.

21. Gattung: *Coroebus* LAPORTE et GORY

Die Larve von *C. rubi* (L.) ist unbekannt.

Tabelle für die Arten

1 Das Pronotal- und Prosternalsklerit mit einem rundlichen Feld sklerotisierter Granula (Abb. 72, 73). 2
1* Das Pronotalsklerit mit einem pilzartigen Feld feiner sklerotisierter Granula (Abb. 70). Das Prosternalsklerit mit einem in der Mitte fast unterbrochenen Feld sklerotisierter Granula (Abb. 71). Wirtspflanzen: Quercus sp. *undatus* (F.)
2 Die Pronotalfurchen bilden ein umgekehrtes V. Wirtspflanzen: Potentilla sp. *elatus* (F.)
2* Die Pronotalfurchen laufen in der ersten Hälfte parallel, hinter der Mitte sind sie nach außen gebogen und am Ende konvergierend (Abb. 72). Wirtspflanzen: Quercus sp. *florentinus* (HERBST)

22. Gattung: *Meliboeus* DEYROLLE

Von keiner der beiden mitteleuropäischen Arten ist die Larve so ausreichend beschrieben worden, daß eine Bestimmungstabelle für die Arten zusammengestellt werden kann.

23. Gattung: *Nalanda* THERY

In Europa kommt nur *N. fulgidicollis* LUCAS vor, deren Larve völlig ungenügend beschrieben wurde (PERRIS 1877).

24. Gattung: *Agrilus* CURTIS

Die Larven von *A. bialowiezaensis* GUT., *A. guerini* LACORDAIRE, *A. convexicollis* REDTENBACHER, *A. laticornis* (ILLIGER), *A. olivicolor* KIESENWETTER, *A. curtulus* MULSANT et REY, *A. derasofasciatus* LACORDAIRE, *A. litura* KIESENWETTER, *A. hastulifer* RATZEBURG, *A. sulcicollis* LACORDAIRE, *A. augustulus* (ILLIGER),

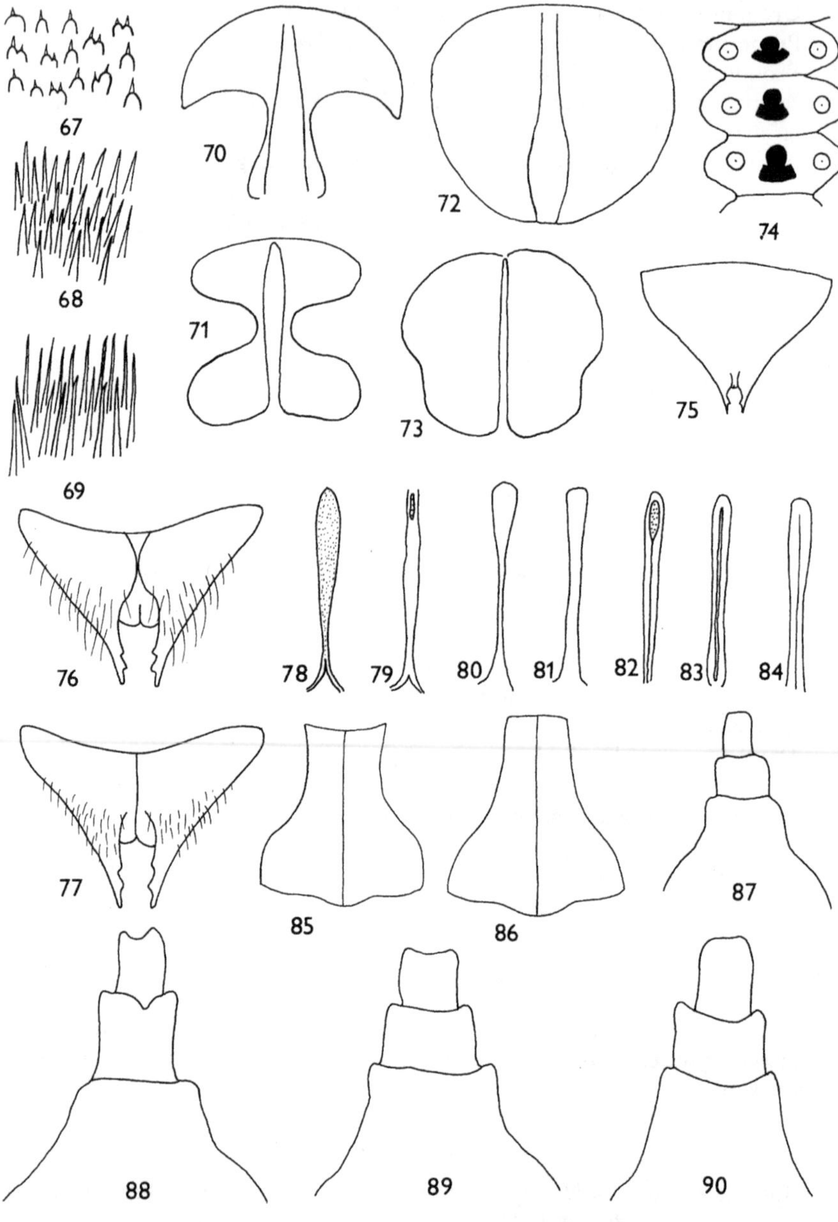

Abb. 67: *Anthaxia quadripunctata*, innere Struktur des Proventriculus (Original)
Abb. 68: *Anthaxia deaurata*, innere Struktur des Proventriculus (Original)
Abb. 69: *Anthaxia manca*, innere Struktur des Proventriculus (Original)
Abb. 70: *Coroebus undatus*, Pronotalsklerit (Original)
Abb. 71: *Coroebus undatus*, Prosternalsklerit (Original)
Abb. 72: *Coroebus florentinus*, Pronotalsklerit (Original)
Abb. 73: *Coroebus florentinus*, Prosternalsklerit (Original)

A. obscuricollis KIESENWETTER, *A. kubani* BILY, *A. auricollis* KIESENWETTER, *A. hyperici* (CREUTZER); *A. salicis* FRIVALDKY (= *acutangulus* THÉRY), *A. pseudocyaneus* KIESENWETTER, *A. pratensis* (RATZEBURG), *A. viscivorus* BILY, *A. populneus* SCHAEFER, *A. macroderus* ABEILLE (= *fuscosericeus* DANIEL), *A. ribesi* SCHAEFER, *A. cinctus* (OLIVIER), *A. antiquus* MULSANT, *A. curtii* OBENBERGER, *A. croaticus* ABEILLE, *A. grandiceps* KIESENWETTER und *A. viridicaerulus* SCHAEFER sind unbekannt.

Tabelle für die Arten

1	Pronotalfurche hinten deutlich gegabelt (Abb. 78).	2
1*	Pronotalfurche hinten nicht gegabelt.	6
2	Pronotalfurche in der ersten Hälfte rotbraun, in der hinteren Hälfte unpigmentiert. Die Behaarung des 9. Abdominalsegmentes dicht und lang, die einzelnen Haare reichen bis zur Hälfte der Urogomphi (Abb. 76).	3
2*	Die gesamte Pronotalfurche ist braunrot oder mindestens gelb pigmentiert. Die Behaarung des 9. Abdominalsegmentes ist spärlich und kurz, die einzelnen Härchen reichen nicht bis zur Hälfte der Urogomphi (Abb. 77).	4
3	Pronotalfurche in der ersten Hälfte stark erweitert (Abb. 78). Urogomphi breit (Abb. 89). Wirtspflanzen: Betula sp. *betuleti* RATZEBURG	
3*	Pronotalfurche in der ersten Hälfte nicht erweitert (Abb. 79). Urogomphi schmal (Abb. 90). Wirtspflanzen: Salix caprea, Populus sp. *subauratus* GEBLER	
4	Pronotalfurche nach vorn sehr schwach erweitert, fast parallel. Prosternalfurche hinten nicht erweitert, fast parallel.	5
4*	Pronotalfurche nach vorn stark erweitert, völlig braun. Prosternalfurche vorn und hinten stark erweitert (Abb. 80), die Urogomphi schmal (Abb. 93). Wirtspflanzen: Crataegus sp., Pyrus sp. *sinuatus* (OLIVIER)	

Abb. 74: *Trachys minutus*, dorsale Sklerite der Abdominalsegmente (Original)
Abb. 75: *Meliboeus subulatus*, 9. Abdominalsegment (Original)
Abb. 76: *Agrilus betuleti*, 9. Abdominalsegment (Original)
Abb. 77: *Agrilus biguttatus*, 9. Abdominalsegment (Original)
Abb. 78: *Agrilus betuleti*, Pronotalfurche (Original)
Abb. 79: *Agrilus subauratus*, Pronotalfurche (Original)
Abb. 80: *Agrilus sinuatus*, Prosternalfurche (Original)
Abb. 81: *Agrilus mendax*, Prosternalfurche (Original)
Abb. 82: *Agrilus aurichalceus*, Prosternalfurche (Original)
Abb. 83: *Agrilus constantini*, Prosternalfurche (Original)
Abb. 84: *Agrilus lineola*, Prosternalfurche (Original)
Abb. 85: *Trachys minutus*, Prosternalsklerit (Original)
Abb. 86: *Trachys scrobiculatus*, Prosternalsklerit (Original)
Abb. 87: *Agrilus graminis*, Urogomphus, lateral (Original)
Abb. 88: *Agrilus biguttatus*, Urogomphus, lateral (Original)
Abb. 89: *Agrilus betuleti*, Urogomphus, lateral (Original)
Abb. 90: *Agrilus subauratus*, Urogomphus, lateral (Original)

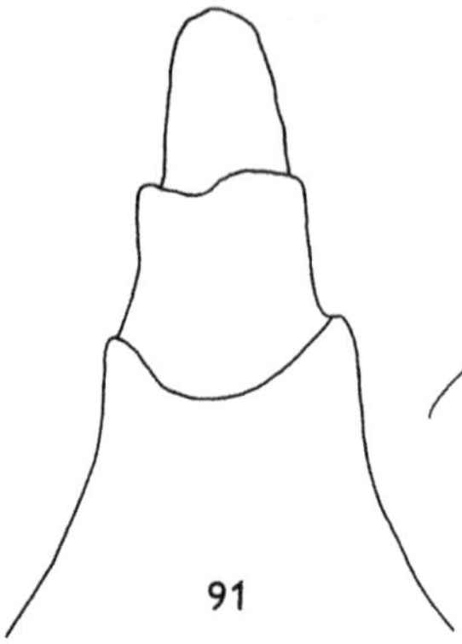
91

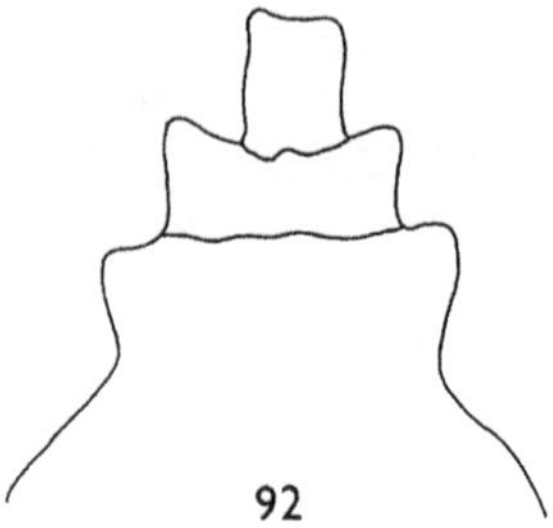
92

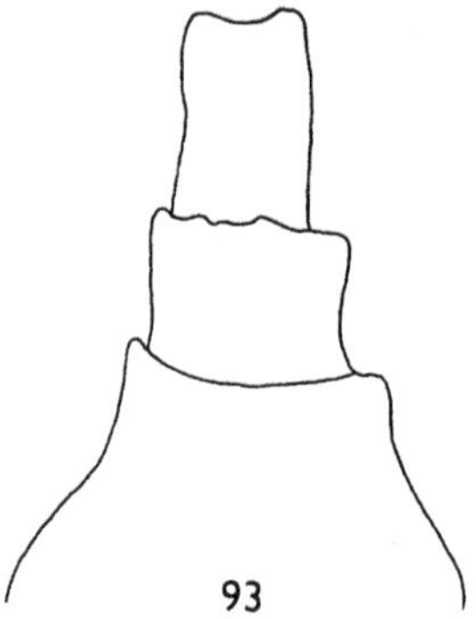
93

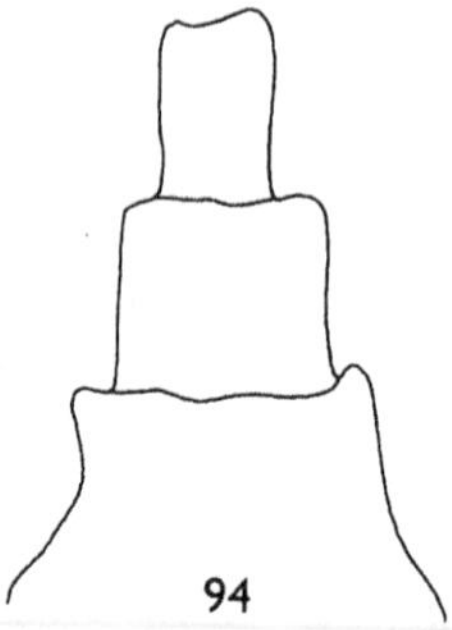
94

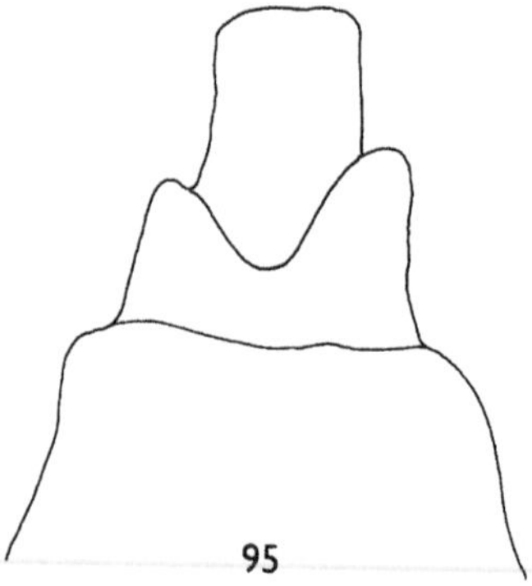
95

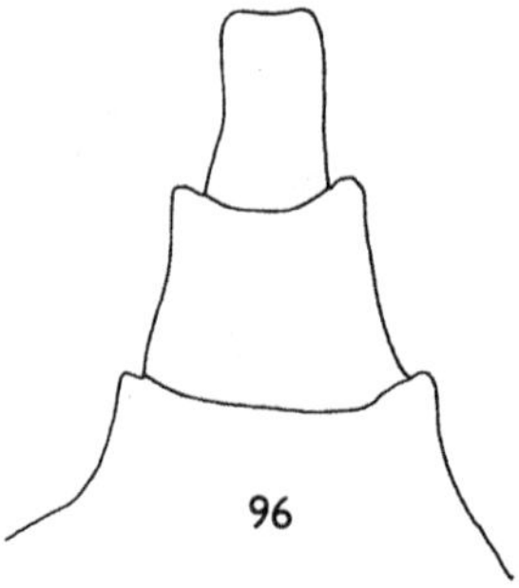
96

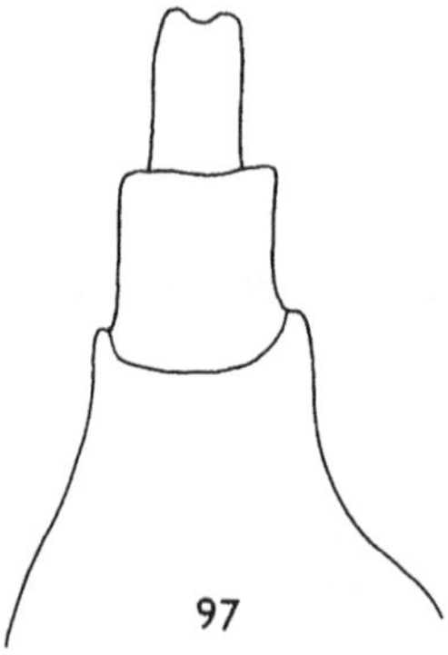
97

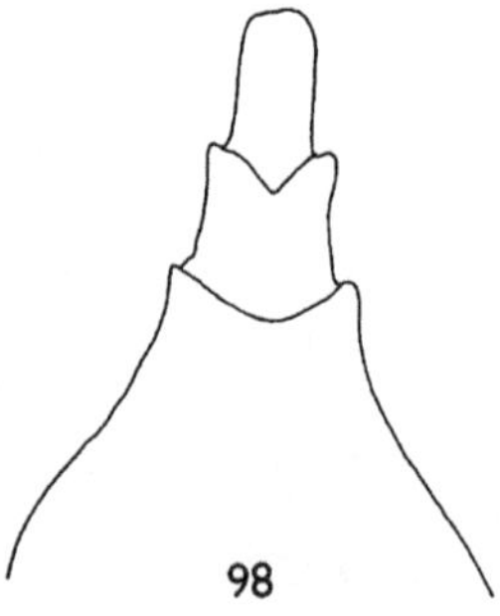
98

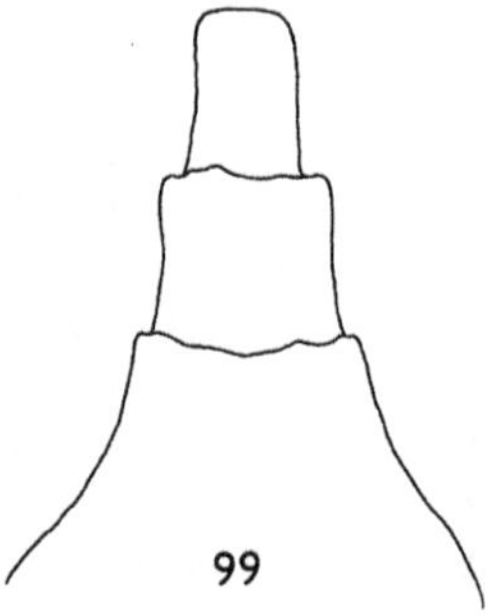
99

Abb. 91: *Agrilus mendax*, Urogomphus, lateral (Original)
Abb. 92: *Agrilus roscidus*, Urogomphus, lateral (Original)
Abb. 93: *Agrilus sinuatus*, Urogomphus, lateral (Original)
Abb. 94: *Agrilus constantini*, Urogomphus, lateral (Original)
Abb. 95: *Agrilus ater*, Urogomphus, lateral (Original)
Abb. 96: *Agrilus viridis*, Urogomphus, lateral (Original)
Abb. 97: *Agrilus cyanescens*, Urogomphus, lateral (Original)
Abb. 98: *Agrilus aurichalceus*, Urogomphus, lateral (Original)
Abb. 99: *Agrilus lineola*, Urogomphus, lateral (Original)

5 Die Pigmentierung der Pronotalfurche ist nach vorn zu dunkler, aber die gesamte Furche ist rotbraun. Urogomphi schmal (Abb. 88). Wirtspflanzen: Quercus sp. *biguttatus* (F.) (= *pannonicus* (PILLER))

5* Die Pronotalfurche ist in der hinteren Hälfte rotbraun, in der Vorderhälfte strohgelb. Urogomphi breit (Abb. 95). Wirtspflanzen: Salix sp. *ater* (L.)

6 Pronotalfurche hinten erweitert. Prosternalfurche vorn und hinten erweitert (Abb. 81). Urogomphi schmal. Wirtspflanze: Sorbus aucuparia. *mendax* MANNERHEIM

6* Pronotalfurche hinten nicht erweitert, wenn sie doch erweitert ist, dann ist nicht gleichzeitig die Prosternalfurche an beiden Enden erweitert. . 7

7 Pronotal- und Prosternalfurchen breit, das Verhältnis der Breite zur Länge beträgt 1:12. 8

7* Pronotalfurche schmal, das Verhältnis der Breite zur Länge beträgt 1:15 bis 1:20. 9

8 Pronotalfurche im hinteren Viertel verengt. Prosternalfurche nach vorn erweitert. Urogomphi schmal (Abb. 97). Wirtspflanze: Lonicera nigra. *cyanescens* (RATZEBURG)

8* Pronotalfurche im ersten Viertel etwas verengt. Prosternalfurche fast parallel, auf beiden Seiten in der Mitte sehr schwach verengt. Urogomphi breit (Abb. 102). Wirtspflanze: Daphne mezereum. *integerrimus* (RATZEBURG)

9 Urogomphi sehr breit (Abb. 92). 10

9* Urogomphi schmal (Abb. 94, 96, 99). 11

10 Pronotal- und Prosternalfurchen in ihrer gesamten Länge gleichmäßig pigmentiert. Beide Furchen sind nach vorn erweitert (Abb. 82). Urogomphi breiter. Wirtspflanzen: Rosa sp. Nicht in Mitteleuropa. *chrysoderes* ABEILLE

10* Pronotal- und Prosternalfurchen in der vorderen Hälfte dunkler. Urogomphi schmaler (Abb. 92). Wirtspflanzen: Obstbäume, Swida sanguinea, Quercus sp. *roscidus* KIESENWETTER

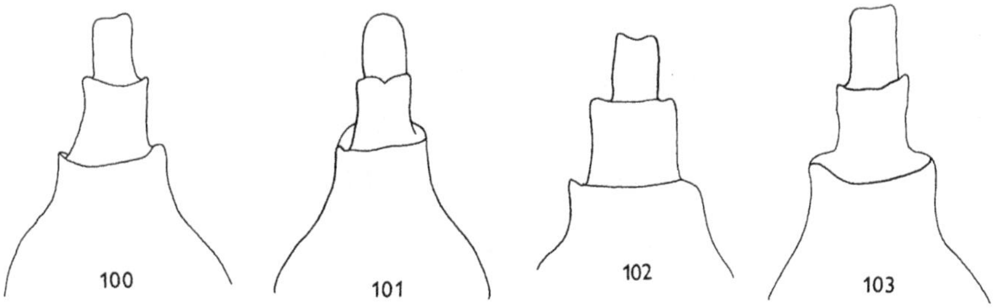

Abb. 100: *Agrilus albogularis*, Urogomphus, lateral (Original)
Abb. 101: *Agrilus zigzag*, Urogomphus, lateral (Original)
Abb. 102: *Agrilus integerrimus*, Urogomphus, lateral (Original)
Abb. 103: *Agrilus sericans*, Urogomphus, lateral (Original)

11 Pronotal- und Prosternalfurchen regelmäßig in ihrer gesamten Länge pigmentiert. Pronotalfurche nach vorn erweitert. 12
11* Pronotalfurche nach vorn nicht erweitert, in der vorderen Hälfte viel dunkler pigmentiert als in der hinteren. 14
12 Prosternalfurche hinten erweitert. 13
12* Prosternalfurche hinten nicht erweitert. Urogomphi siehe Abb. 87. Wirtspflanzen: Quercus sp. *graminis* LAPORTE et GORY
13 Prosternalfurche hinten stark erweitert (Abb. 83). Urogomphi an der Basis schmaler (Abb. 94). Wirtspflanzen: Caragana sp. Nicht in Mitteleuropa. *constantini* OBENBERGER
13* Prosternalfurche hinten schwach und allmählich erweitert (Abb. 84). Urogomphi an der Basis verbreitert (Abb. 99). Wirtspflanzen: Salix sp. *linoela* REDTENBACHER
14 Pronotalfurche stark sklerotisiert und mindestens im vorderen Viertel dunkel pigmentiert. 15
14* Pronotalfurche nur unmittelbar an ihrem vorderen Ende stark sklerotisiert und pigmentiert. 16
15 Prosternalfurche hinten stark sklerotisiert, jedoch nicht erweitert. Urogomphi breit (Abb. 96). Wirtspflanzen: Quercus sp., Fagus sp., Salix sp., Betula sp., Carpinus sp. und andere. *viridis* (L.)
15* Prosternalfurche gleichmäßig in ihrer gesamten Länge sklerotisiert und pigmentiert. Urogomphi schmal (Abb. 98). Wirtspflanzen: Salix sp. *aurichalceus* REDTENBACHER
16 Pronotal- und Prosternalfurchen schmal. Der Endzahn der Urogomphi beträchtlich schmaler als der mittlere Zahn (Abb. 100, 103). 17
16* Pronotalfurche schmal, Prosternalfurche breit. Der Endzahn der Urogomphi ist so breit wie der mittlere Zahn (Abb. 101). Wirtspflanze: Artemisia paniculata. Nicht in Mitteleuropa. *zigzag* MARSEUL
17 Die Prosternalfurche besitzt an ihrem vorderen Ende ein dunkles sklerotisiertes dreieckiges Kleinfeld. Urogomphi siehe Abb. 100. Wirtspflanze: Artemisia campestris. *albogularis* GORY
17* Prosternalfurche vorn nur mit einem kleinen rundlichen Kleinfeld. Urogomphi siehe Abb. 103. Wirtspflanze: Artemisia maritima. *sericans* KIESENWETTER

9. Unterfamilie: Cylindromorphinae

25. Gattung: *Cylindromorphus* KIESENWETTER

Von den sieben europäischen Arten der Gattung *Cylindromorphus* KIESENWETTER ist lediglich die von *C. gallicus* (MULSANT) bekannt, und zwar nur die Praepupa, die der vier mitteleuropäischen Arten sind unbekannt.

26. Gattung: *Paracylindromorphus* THÉRY

Die Larve der einzigen mitteleuropäischen Art, *Paracylindromorphus subuliformis* MANNERHEIM ist unbekannt.

10. Unterfamilie: Trachyinae

Tabelle für die Gattungen

1 Nur das Pronotum und das Prosternum mit einem sklerotisierten Plättchen. Abdomen mit 11 Segmenten. 2.–7. Abdominalsegment gleich breit, ohne Lateralbehaarung. *Habroloma* THOMSON

1* Alle Thorax- und Abdominalsegmente mit je einem Dorsal- und Ventralsklerit. Abdomen mit 10 Segmenten. Die Abdominalsegmente, von dem zweiten beginnend, nach hinten verschmälert. Deswegen erscheint das Abdomen keilförmig. Abdominalsegmente mit Lateralbehaarung. *Trachys* F.

27. Gattung: *Habroloma* THOMSON

In Europa kommen zwei Arten vor, jedoch ist nur die Larve der einzigen mitteleuropäischen Art, *H. nana* (PAYKULL) (= *geranii* SILFVERBERG) genügend bekannt.

28. Gattung: *Trachys* F.

In Mitteleuropa kommen 9 Arten vor, die Larven von *T. fabricii* (SCHAEFER) (= *coruscus* PONZA), *T. problematicus* OBENBERGER, *T. puncticollis* ABEILLE, *T. quercicola* MARSEUL, *T. scrobiculatus* KIESENWETTER und *T. troglodytes* GYLLENHAL sind unbekannt.

Tabelle für die Arten

1 Die sklerotisierten Dorsalsklerite der Abdominalsegmente sind groß, breiter als lang und etwa so breit wie die Hälfte der Breite des gesamten Segmentes (Abb. 3). Wirtspflanzen: Fragaria sp., Potentilla sp. *fragariae* BRISTOUT

1* Die sklerotisierten Dorsalsklerite der Abdominalsegmente sind klein, länger als breit und viel schmaler als die Hälfte der Breite des gesamten Segments (Abb. 74). 2

2 Das sklerotisierte Prosternalsklerit ist vorn erweitert (Abb. 85). Wirtspflanzen: Salix sp., Betula sp., Ulmus sp., Corylus avellana, Sorbus aria. *minutus* (L.)

2* Das sklerotisierte Prosternalsklerit ist nach vorn verengt (Abb. 86). Wirtspflanzen: Stachys recta, Mentha sp. *scrobiculatus* KIESENWETTER (im FREUDE-HARDE-LOHSE *pumilus* ILLIGER)

Literatur

ALEKSEEV, A. V. (1960): K morfologii i sistematike licinok nekotorych vidov zlatok roda *Agrilus* CURT. evropejskoj casti SSSR. – Zool. zhur. 39: 1497–1510.

ALEKSEEV, A. V. (1961): Opredelitel zlatok roda *Agrilus* CURTIS evropejskoj casti SSSR II, opredelitel licinok. – Trudy ekol. sist. ziv. 2: 3–21.

BENOIT, P. (1964): Comparative morphology of some *Chrysobothris* larvae (Col., Buprestidae) of eastern Canada. – Canad. entomol. 96: 1107–1117.

Bílý, S. (1971): The larva of *Ptosima flavoguttata* (Illiger) (Col., Buprestidae). – Acta ent. bohemoslov. 69: 18–22.
Bílý, S. (1972): The larva of *Dicerca (Dicerca) berolinensis* (Herbst) (Col., Buprestidae), and a case of prothetely in this species. Acta ent. bohemoslov. 69: 266-269.
Bílý, S. (1974): Zur Biologie einheimischer Käferfamilien. 13. Buprestidae. – Ent. Ber. 18: 67–79.
Bílý, S. (1975a): Larvae of European species of the Genus *Chrysobothris* Eschsch. (Col., Buprestidae). – Acta ent. bohemoslov. 72: 418–424.
Bílý, S. (1975b): The larva of eight species of genus *Anthaxia* Eschscholtz, 1829 from the Central Europe (Col., Buprestidae). – Studia ent. forestalia 2: 63–82.
Bílý, S. (1993): The larva of *Trachys troglodytes* (Col., Buprestidae) and a key to the trachyinae larvae of Scandinavia. – Ent. Scand. 23: 415–418.
Cobos, A. (1980): Ensayo sobre los géneros de la subfamilia Polycestinae (Col., Buprestidae). Parte I. – EOS 54: 15–94.
Perris, E. (1877): Larves de Coléoptéres. – Deyrolle, Naturaliste, Paris.
Rivney, E. (1945): Physiological and ecological studies on the species of *Capnodis* in Palestine. II. Larvae. – Bull. Ent. Res. 36: 103–119.
Soldatova, E. A. (1970): Taxonomiceskoe znacenije morfologiceskich priznakov licinok zlatok rodov *Anthaxia* i *Cratomerus*. – Zool. zhur. 49: 61–71.
Soldatova, E. A. (1973): Osobennosti strojenija zeludka licinok zlatok otnosjascichsja k tribam Anthaxiini, Melanophilini i Kisanthobiini (Col., Buprestidae). – Ent. obozr. 52: 582–585.
Volkovic, M. G. (1975): Licinki zlatok *Eurythyrea quercus* Herbst i *E. aurata* Pall. (Col., Buprestidae). – Ent. obozr. 54: 404–408.
Volkovic, M. G. (1979): K morfologii licinok zlatok roda *Acmaeoderella* Cobos (Col., Buprestidae). – Tr. zool. inst. AN SSSR 83: 21–38.
Yano, T. (1952): The developmental stages of two genera of Trachyinae, *Trachys* and *Habroloma*, of Shikoku, Japan. – Trans. Shikoku ent. soc. 3: 17–40.

10. Überfamilie: Elateroidea

Charakteristik der Überfamilie nach larvalen Merkmalen:

Das Integument ist bei den meisten Gattungen fest, wenn nicht, so fehlen fast immer die Beine oder sind ± verkürzt. Das Labrum ist mit der Kopfkapsel verschmolzen und formt meist einen Frontoclypeus. Frontalnaht meist deutlich ausgeprägt. Mandibeln ohne deutliche Mola, vielfach mit Retinaculum, bei mehreren Familien exodont. Maxillen mit deutlicher, fingerförmiger, gegliederter Galea, Lacinia vielfach ± verkümmert oder Maxillen mit Mala. Maxillare Gelenkfläche meist reduziert. 9. Abdominalsegment niemals mit gelenkigen Urogomphi, wenn Urogomphi vorhanden sind, so entspringen sie als einfache Fortsätze und sind nur selten hornartig nach oben gerichtet.

Tabelle für die Familien

1 Beine fehlend. Ventrale Teile der Mundwerkzeuge reduziert. Eucnemidae (ältere Stadien) (S. 195)

1* Beine mit mehreren Gliedern. Wenigstens die ventralen Teile der Mundwerkzeuge vom normal beißenden Typ. 2

2 Vorderbeine mit 2 Klauen (Abb. 1). Labium als fünfzähnige Platte ausgebildet (Abb. 2). Labidalpalpen fehlend. Cerophytidae (S. 194)

2* Vorderbeine mit einer Klaue. Labium abgeplattet, ohne auffällige Zähne. Labidalpalpen vorhanden. 3

3 9. Abdominalsegment mit fadenförmigen Urogomphi (Abb. 3). Beine kurz und schlank, mit einer basal entspringenden Borste, die länger ist als das Bein (Abb. 4). Eucnemidae (L_1) (S. 195)

3* 9. Abdominalsegment mit kurzen ± kräftigen, niemals fadenförmigen Urogomphi oder ohne Urogomphi. Beine anders gestaltet. 4

4 Körper kräftig chitinisiert, langgestreckt. Wenn der Körper wenig sklerotisiert ist, ist er ungewöhnlich lang und mit telekopartig ineinander schiebbaren Zwischensegmenten ausgestattet (Elateridae – Cardiophorinae). Kopf fast so breit wie der Prothorax. Kopfkapsel mit gut entwikkeltem Frontoclypeus (Abb. 5). Mandibeln zugespitzt, nach innen gebogen, mit Retinaculum (Abb. 6). Beine ± lang, gut entwickelt. 9. Abdominalsegment fast so breit wie das 8., mit oder ohne Urogomphi, wenn diese vorhanden sind, dann sind sie deutlich anders gestaltet. . . 5

4* Körper größtenteils weichhäutig, gedrungen. Kopf etwa halb so breit wie Prothorax (Abb. 7). Kopfkapsel ohne abgeteilten Frontoclypeus (Abb. 8). Mandibeln stumpf, nach außen gebogen, ohne Retinaculum (Abb. 9). Beine sehr kurz. 9. Abdominalsegment mit kleinen dornenförmigen Urogomphi in der Mitte des Segments (Abb. 10), deutlich schmaler als das 8. Throscidae (S. 190)

5 2.–6. Abdominalsegment dorsal ohne eine Dörnchenfläche. Wenn das 9. Abdominalsegment gebogene Urogomphi trägt, sind diese nach oben oder nach unten, aber nie als einfache Bögen bei einem gleichzeitig vorhandenen mittleren, kreisförmigen Einschnitt nach innen gebogen. Elateridae (S. 118)

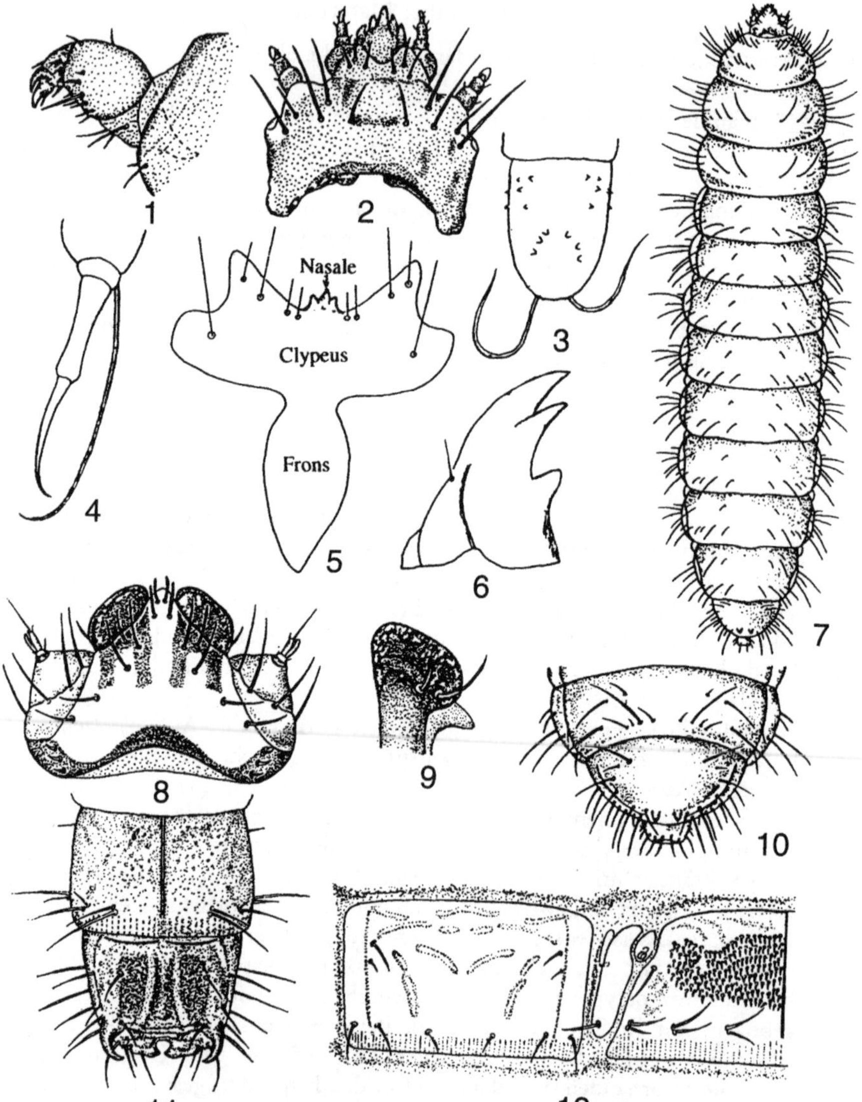

Abb. 1: *Cerophytum elateroides*, Vorderbein (aus MAMAJEW 1978)
Abb. 2: *Cerophytum elateroides*, Kopfkapsel, ventral (aus MAMAJEW 1978)
Abb. 3: *Rhacopus attenuatus*, L_1, 9. Abdominalsegment
Abb. 4: *Rhacopus attenuatus*, L_1, Vorderbein
Abb. 5: Elateridae, Frontoclypeus, Schema (aus RUDOLPH 1970)
Abb. 6: *Haplotarsus angustulus*, Mandibel (aus RUDOLPH 1978)
Abb. 7: *Trixagus dermestoides*, Habitus, dorsal (aus BURAKOWSKI 1975)
Abb. 8: *Trixagus dermestoides*, Kopfkapsel, dorsal (aus BURAKOWSKI 1975)
Abb. 9: *Trixagus dermestoides*, Mandibel (aus BURAKOWSKI 1975)

5* 2.–6. Abdominalsegment dorsal mit einer Dörnchenfläche (Abb 11). 9. Abdominalsegment in der Mitte mit einem kreisförmigen Einschnitt, Urogomphi kräftig nach innen gebogen (Abb. 12). Lissomidae (S. 192)

Literatur

BURAKOWSKI, B. (1973): Immature Stages and Biology of *Drapetes biguttatus* (PILLER) (Col., Lissomidae). – Fragm. Faunist. Warszawa 30: 335–347.

BURAKOWSKI, B. (1975): Development, distribution and habits of *Trixagus dermestoides* (L.), with notes on the Throscidae and Lissomidae (Col., Elateroidea). – Fragm. Faunist. Warszawa 32: 375–405.

BURAKOWSKI, B. (1991): Cerophytidae, Eucnemidae, Throscidae, Lissomidae. In: Klucze do oznaczania owadów Polski, XIX, Zeszyt 35–37. – Wroclaw.

EMDEN, F. I. VAN (1932): Die Larven der *Callirrhipini*, eine mutmaßliche *Cerophytum*-Larve und Familien-Bestimmungstabellen der Larven der Malacodermata-Sternoxia-Reihe. – Bull. Ann. Soc. ent. Belg. 72: 199–260.

BÖVING, A. G. & K. CRAIGHEAD (1931): An illustrated synopsis of the principal larval forms of the order Coleoptera. – Ent. Amer. 11 (N.S.): 1–351.

CROWSON, R. A. (1967): The natural classification of the families of Coleoptera. – Hampton, Middlesex.

EMDEN, F. I. VAN (1942): Larvae of British beetles.– 3. Keys to the families. – Entomol. monthly Mag.78: 206–226, 253–272.

GHILAROV, M. S. (1964): Bestimmungsbuch für bodenbewohnenden Insektenlarven. – Moskau (russisch).

MAMAJEW, B. M. (1972): Bestimmungstabelle für Insektenlarven. Lehrmittel für Lehrer. – Moskau (russisch).

MAMAJEV, B. M. (1978): Morphology of the larva of *Cerophytum elateroides* LATR. and the phylogenetic ties of the Cerophytidae (Coleoptera) family. – Doklady Akad. Nauk USSR 238: 1007–1008.

PETERSON, A. (1957): Larvae of Insects. Part II. – Ann Arbor, Michigan.

RUDOLPH, K. (1970): Zur Morphologie der Elateridenlarven. – Ent. Nachr. 14: 33–46.

Abb. 10: *Trixagus dermestoides,* 8.–10. Abdominalsegment (aus BURAKOWSKI 1975)

Abb. 11: *Drapetes cinctus,* 8./9. Abdominalsegment, dorsal (aus BURAKOWSKI 1973)

Abb. 12: *Drapetes cinctus,* 4. Abdominalsegment, Sternit und halbes Tergit (aus BURAKOWSKI 1973)

42. Familie: Elateridae

Abb. 1–363

Die Elateridae gehören zu jenen Familien, über deren Larven wir recht gut unterrichtet sind. Schon seit Beginn der Coleopterenlarvenkunde waren sie ein bevorzugtes Untersuchungsobjekt, nicht zuletzt deshalb, weil sie relativ leicht zu konservieren sind und selbst im trockenen Zustand noch wichtige Unterscheidungsmerkmale erkennen lassen. So nimmt es nicht Wunder, daß eine Fülle von Larvenbeschreibungen vorliegen.

Bereits LOHSE (1975) ging bei der Behandlung der Imagines in den „Käfern Mitteleuropas" auf die Arbeit von RUDOLPH (1974) ein und veröffentlichte eine kurz gefaßte Tabelle zur Bestimmung der Unterfamilien. Die folgenden Bestimmungstabellen wurden im wesentlichen nach HENRIKSEN (1913, 1966), KORSCHEFSKY (1941), VAN EMDEN (1945), GHILAROV (1964), DOLIN (1964, 1978), PALM (1972) und RUDOLPH (1974) zusammen gestellt. Diesen Autoren, von denen ich einige (DOLIN, GHILAROV, PALM, RUDOLPH) kennen lernen durfte, gebührt ein großer Dank und Anerkennung für Ihre bemerkenswerten Grundlagenforschungen.

Charakteristik der Familie nach larvalen Merkmalen:

Die Elateridenlarven sind mit Ausnahme der Unterfamilie Cardiophorinae ± stark chitinisiert, beim Anfassen erscheinen sie hart und drahtähnlich („Drahtwürmer") und sind zwischen 10 und 60 mm lang. Sie sind gelblich, braun bis nahezu schwarz. Ihr Körper ist zylindrisch, bei manchen Unterfamilien jedoch dorsoventral, vor allem von der Unterseite her, abgeflacht und meist mit wenigen Borsten bedeckt. Die gewöhnlich stark sklerotisierte Kopfkapsel ist prognath, keilförmig, abgeflacht, niemals gewölbt. Labrum fehlend, mit der Kopfkapsel verschmolzen und das Nasale bildend. Clypeus und Frons sind miteinander verschmolzen und bilden einen gut abgesetzten Teil der Kopfkapsel, den Frontoclypeus, dessen Form ein wichtiges Unterscheidungsmerkmal darstellt. Am Vorderrand befinden sich ein oder drei Zähne auf einem ± vorragenden Fortsatz, dem Nasale. Frontalnaht deutlich entwickelt, lyraförmig. Antennen dreigliedrig, 2. Glied mit einer oder mehreren konischen Sinnespapillen am apikalen Ende. Mandibeln kräftig, sichel- oder zangenförmig, vielfach mit einem Retinaculum, manchmal mit zusätzlichen Zähnchen, ohne Mola. Maxillen und Labium gut entwickelt, durch die großen Stipites und das Submentum verbunden und einen Labiomaxillarkomplex bildend.

Beine gut entwickelt, mit vollständiger Gliederzahl, aber klein. Alle 3 Beinpaare sind ± gleichartig gestaltet. Das Prosternum besteht aus einem Sklerit, das bei manchen Taxa geteilt ist.

Das Abdomen besteht aus 9 von der Dorsalseite gut sichtbaren Segmenten. Für die Bestimmung besonders wichtig ist der Bau des 9. Abdominalsegments, das Urogomphi tragen kann, aber auch gleichmäßig abgerundet bzw. in einen terminalen Fortsatz (Dorn, Warze) ausgezogen sein kann. Das 10. Abdominalsegment ist klein und befindet sich auf der Unterseite des 9. (Nachschieber). Stigmen biforous, ohne Verschlußapparat.

Die Entwicklung dauert meist 3 Jahre, bei manchen Arten 2 oder 1 Jahr. Nach unserem bisherigen Wissen weicht die L_1 (1,5–2,2 mm lang) in vielen Fällen, auch durch die schwache Chitinisierung (sie ist ± farblos), so weit von den anderen Stadien ab, daß eine Benutzung der Bestimmungstabellen nur für die späteren Stadien möglich ist. Über die Zahl der Larvenstadien gibt es keine sichere Kenntnis. Seit der Arbeit von McDOUGALL (1934) wird vielfach von 8 Stadien ausgegangen, wobei jedoch auch bereits nach der L_6 eine Verpuppung möglich ist (VAN EMDEN 1945). Andererseits werden von KOSMATSCHEWSKIJ (1959) 14–16 und von TSCHEREPANOW (1965) 9–15 Häutungen angegeben. Im folgenden Text werden die Kopfkapselbreiten aus der Arbeit von VAN EMDEN (1945) wiedergegeben (wobei von 8 Stadien ausgegangen wird). Damit soll eine gewisse Reproduzierbarkeit von Größenangaben wenigstens bei einem Teil der Arten gewährleistet werden (Mittelwerte in Klammern). Die Zuordnung zu den Stadien ist natürlich mit Unsicherheiten versehen, oft wird das größte Maß das präpupale Stadium (L_8?) charakterisieren.

Die Larven der Elateridae leben entweder in der Bodenstreu verschiedenartiger Böden, in Moos, unter Steinen oder in Totholz, in mulmigen Substraten und unter der Rinde. Die meisten Arten sind pantophag und bevorzugen vielfach pflanzliche

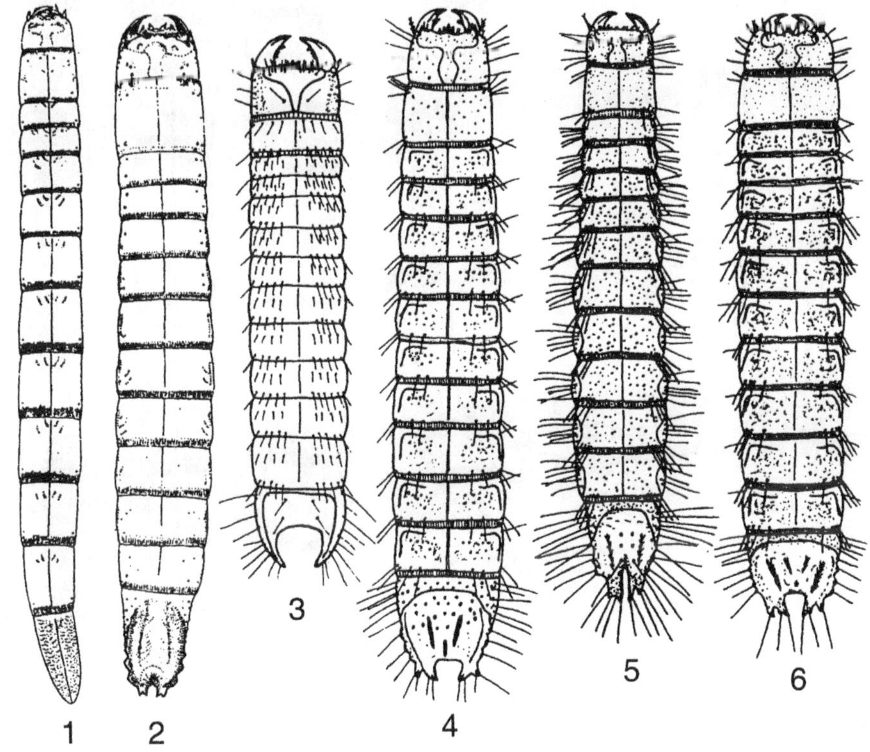

Abb. 1: *Elater ferrugineus*, Habitus, dorsal (aus KORSCHEFSKY 1941)
Abb. 2: *Agrypnus murinus*, Habitus, dorsal (aus KORSCHEFSKY 1941)
Abb. 3: Negastriinae, Habitus, dorsal (aus RUDOLPH 1974)
Abb. 4: Athoinae, Habitus, dorsal (aus RUDOLPH 1974)
Abb. 5: Agrypninae, Habitus, dorsal (aus RUDOLPH 1974)
Abb. 6: Ctenicerinae, Habitus, dorsal (aus RUDOLPH 1974)

Nahrung (Wurzeln). Andere Arten sind saprophag, auch necrophag, einige leben räuberisch.

Tabelle für die Unterfamilien (nach HENRIKSEN 1913, 1966, KORSCHEFSKY 1941, VAN EMDEN 1945, RUBEL 1955, GHILAROV 1964, DOLIN 1964, 1978, PALM 1972, RUDOLPH 1974)

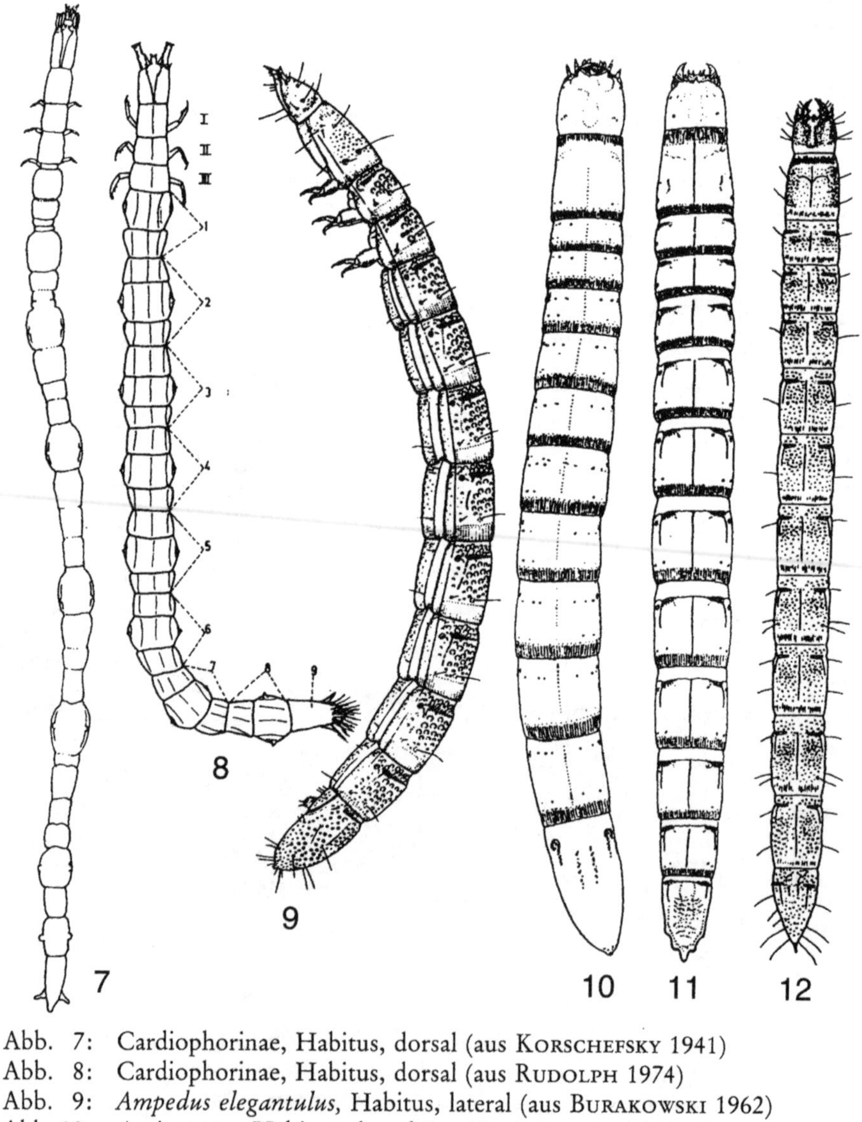

Abb. 7: Cardiophorinae, Habitus, dorsal (aus KORSCHEFSKY 1941)
Abb. 8: Cardiophorinae, Habitus, dorsal (aus RUDOLPH 1974)
Abb. 9: *Ampedus elegantulus*, Habitus, lateral (aus BURAKOWSKI 1962)
Abb. 10: *Agriotes* sp., Habitus, dorsal (aus KORSCHEFSKY 1941)
Abb. 11: *Melanotus* sp., Habitus, dorsal (aus KORSCHEFSKY 1941)
Abb. 12: *Ampedus suecicus*, Habitus, dorsal (aus PALM 1972)

1 9. Abdominalsegment mit einer Einbuchtung an der Spitze, die von zwei einfachen (Abb. 3, 13, 16) oder gegabelten Urogomphi begrenzt wird (Abb. 2, 4–6, 14, 33). 2

1* 9. Abdominalsegment ohne terminale Einbuchtung, es endet in einer Spitze (Abb. 7–12, 15, 34–36, 41) oder ist stumpf (Abb. 1). 8

2 Submentum annähernd dreieckig, die Stipites der Maxillen an der Basis stark genähert (Abb. 17) Nachschieber mit 2 kräftigen Dornen (Abb. 18), Mandibel einspitzig, ohne Retinaculum (Abb. 20). 3

2* Submentum trapezförmig bis rechteckig, die Stipites der Maxillen sind an der Basis nur wenig genähert (Abb. 25, 26). Nachschieber ohne Dornen. Mandibel mit Retinaculum (Abb. 19). 5

3 Abdominaltergite ohne transversalen oder longitudinalen Eindruck (Abb. 5). 4

3* Abdominaltergite mit einem transversalen und einem longitudinalen Eindruck (Abb. 16). Diminae (S. 155)

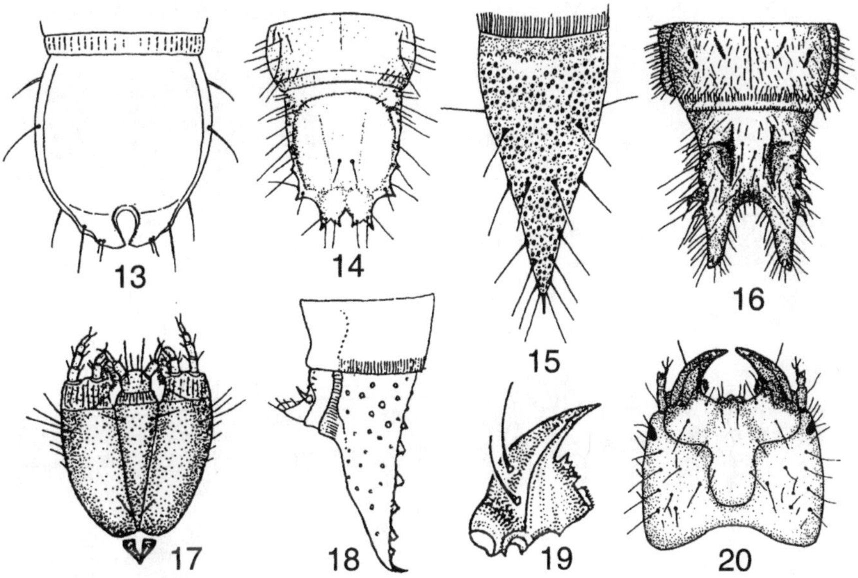

Abb. 13: *Orithales serraticornis*, 9. Abdominalsegment, dorsal (aus Palm 1972)

Abb. 14: *Drasterius bimaculatus*, 9. Abdominalsegment, dorsal (aus Dolin 1978)

Abb. 15: *Ischnodes sanguinicollis*, 9. Abdominalsegment, dorsal (aus Rudolph 1971)

Abb. 16: *Dima* sp., 8./9. Abdominalsegment, dorsal (aus Dolin 1990)

Abb. 17: *Drasterius bimaculatus*, Labiomaxillarkomplex, ventral (aus Dolin 1978)

Abb. 18: *Agrypnus murinus*, 9./10. Abdominalsegment, lateral (aus Korschefsky 1941)

Abb. 19: *Orithales serraticornis*, Mandibel (aus Dolin 1978)

Abb. 20: *Dima* sp., Kopfkapsel, dorsal (aus Dolin 1990)

4 Vorderrand des Clypeus neben Nasale mit 1–2 zusätzlichen Zähnen (Abb. 21). Conoderinae (S. 153)

4* Vorderrand des Clypeus neben dem dreizähnigen Nasale glatt, keine zusätzlichen Zähne vorhanden (Abb. 22). Agrypninae (S. 153)

5 Galea eingliedrig (Abb. 25). Frons V-förmig (Abb. 23). Abdominaltergite ohne transversalen oder longitudinalen Eindruck (Abb. 3). Urogomphi ungeteilt, zugespitzt (Abb. 3). Negastriinae (S. 178)

5* Galea zweigliedrig (Abb. 26). Frons krug- oder birnenförmig (Abb. 24). Tergite der Abdominalsegmente mit einem mehr oder weniger stark ausgeprägtem vorderen transversalen und einem seitlichen longitudinalen Eindruck (Abb. 4, 6, 30). Urogomphi meist gegabelt, wenn ungeteilt, dann stumpf endend. 6

6 Praesternit (Sternellum) des Prothorax in drei Sklerite geteilt (Abb. 28). Ctenicerinae (S. 155)

6* Praesternit des Prothorax nicht geteilt (Abb. 27). 7

7 Stigmen des 8. Abdominalsegmentes in der Mitte gelegen (Abb. 29). Die transversalen Eindrücke des 2.–8. Abdominalsegmentes immer durchgehend, nicht an der Mittellinie unterbrochen (Abb. 30). Äußere Äste der

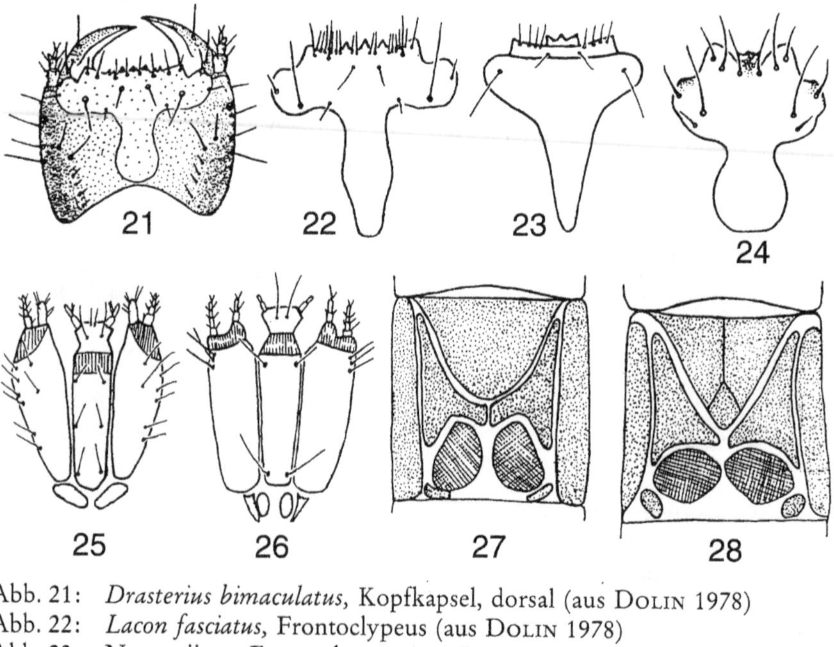

Abb. 21: *Drasterius bimaculatus*, Kopfkapsel, dorsal (aus Dolin 1978)
Abb. 22: *Lacon fasciatus*, Frontoclypeus (aus Dolin 1978)
Abb. 23: Negastriinae, Frontoclypeus (aus Rudolph 1974)
Abb. 24: *Orithales serraticornis*, Frontoclypeus (aus Dolin 1978)
Abb. 25: Negastriinae, Labiomaxillarkomplex, ventral (aus Rudolph 1974)
Abb. 26: Ctenicerinae, Labiomaxillarkomplex, ventral (aus Rudolph 1974)
Abb. 27: Athoinae, Prothorax, ventral (aus Rudolph 1974)
Abb. 28: Ctenicerinae, Prothorax, ventral (aus Rudolph 1974)

Urogomphi meist deutlich länger als die inneren, spitz und gekrümmt (Abb. 33). Denticollinae (S. 166)

7* Stigmen des 8. Abdominalsegmentes im vorderen Drittel des Segmentes gelegen (Abb. 31). Die transversalen Eindrücke wenigstens einiger der Tergite des 2.–8. Abdominalsegments sind an der Mittellinie bei den meisten Arten unterbrochen (Abb. 4). Äußerer Ast der Urogomphi oft kürzer (Abb. 4), bei anderen deutlich länger als der innere. Athoinae und Hypnoidinae (S. 169)

8 2.–7. Abdominalsegment mit je zwei zusätzlichen Ringen „Segmente" (Abb. 7, 8), längsgerippt und ± deutlich mit je 4 zapfenartigen Fortsätzen (Sperrpapillen) besetzt. Larven dünnhäutig und weich, stark verlängert, „wurmförmig". Cardiophorinae (S. 182)

8* 2.–7. Abdominalsegment ohne zusätzliche „Segmente" (Abb. 1, 9–12). Larven stark chitinisiert, hart („Drahtwürmer"). 9

9 9. Abdominalsegment an der Spitze parabelförmig gebogen oder breit abgerundet ohne terminalen Dorn oder Warze (Abb. 1). Elaterinae (S. 138)

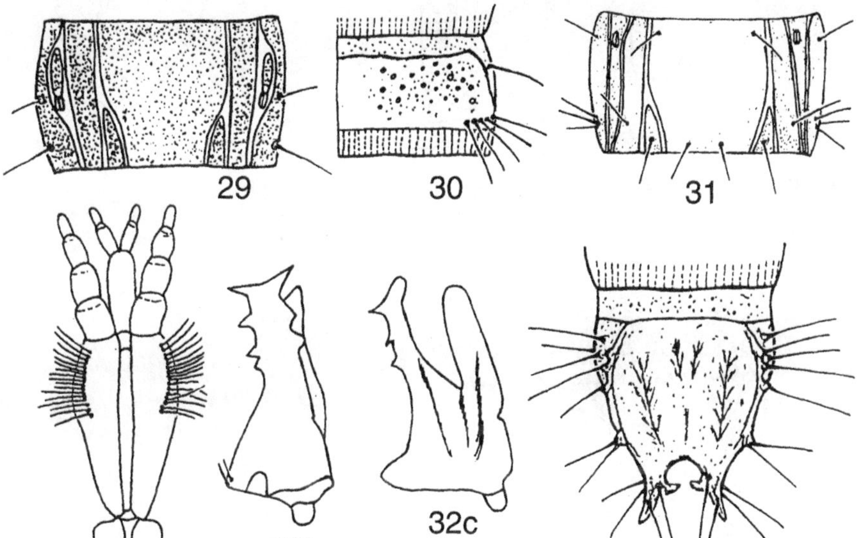

Abb. 29: *Denticollis linearis*, 8. Abdominalsegment, ventral (aus RUDOLPH 1974)
Abb. 30: *Denticollis linearis*, 4. Abdominalsegment, dorsal (aus RUDOLPH 1974)
Abb. 31: *Athous haemorrhoidalis*, 8. Abdominalsegment, ventral (aus RUDOLPH 1974)
Abb. 32a: *Cardiophorus* sp., Labiomaxillarkomplex, ventral (aus PALM 1972)
Abb. 32b: *Cardiophorus* sp., linke Mandibel, dorsal (aus RUDOLPH 1974)
Abb. 32c: *Cardiophorus* sp., linke Mandibel, lateral (aus RUDOLPH 1974)
Abb. 33: *Denticollis linearis*, 9. Abdominalsegment, dorsal (aus RUDOLPH 1974)

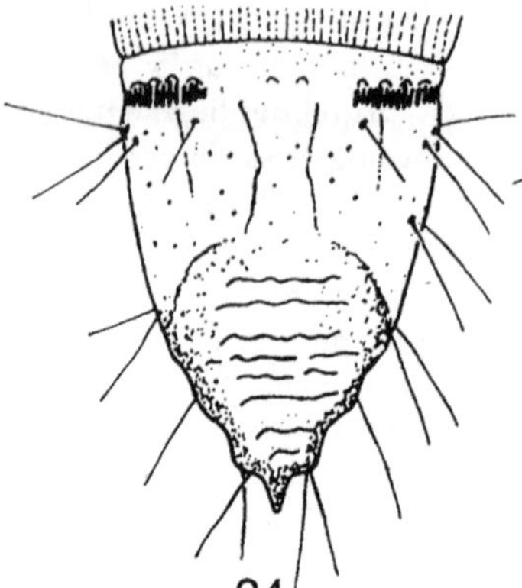

34

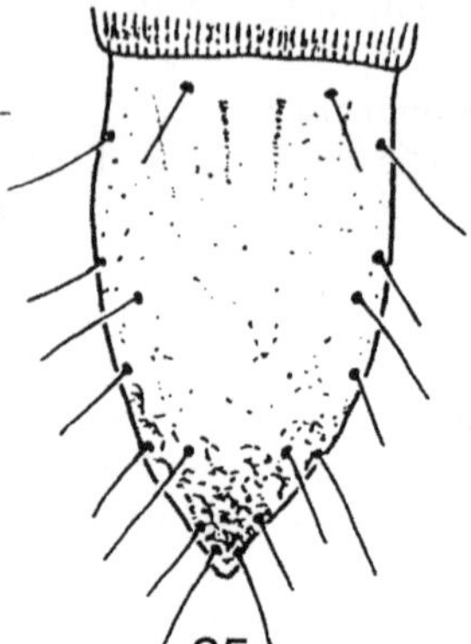

35

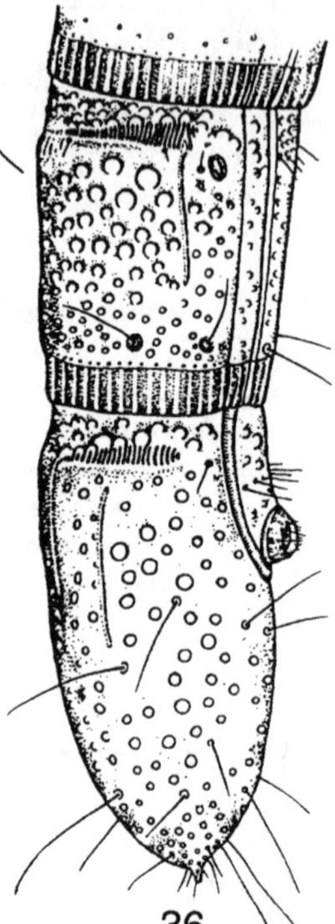

36

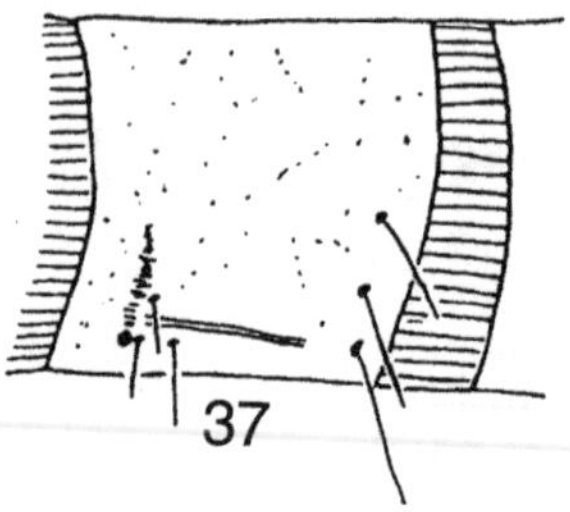

37

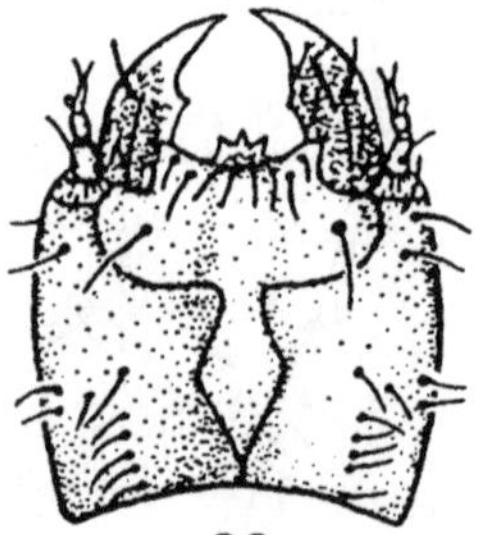

38

39

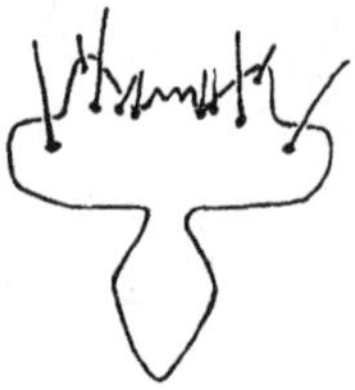

40

Abb. 34: *Melanotus rufipes*, 9. Abdominalsegment, dorsal (aus RUDOLPH 1974)
Abb. 35: *Athous aterrimus*, 9. Abdominalsegment, dorsal (aus RUDOLPH 1974)
Abb. 36: *Ampedus elegantulus*, 8.–10. Abdominalsegment, lateral (aus BURAKOWSKI 1962)
Abb. 37: *Dalopius marginatus*, 4. Abdominalsegment, lateral (aus RUDOLPH 1974)
Abb. 38: *Synaptus filiformis*, Kopfkapsel, dorsal (aus DOLIN 1978)
Abb. 39: *Idolus picipennis*, Kopfkapsel, dorsal (aus RUDOLPH 1974)
Abb. 40: *Adrastus limbatus*, Frontoclypeus (aus RUDOLPH 1974)

9* 9. Abdominalsegment an der Spitze mit einem Dorn (Abb. 12, 15), einem Zahn (Abb. 11, 34) oder einer Warze (Abb. 9, 10, 35, 36). 10

10 9. Abdominalsegment im Spitzendrittel deutlich schaufelförmig ausgehöhlt und abgeflacht, es endet mit drei Zähnen, von denen meist nur der mittlere deutlich ausgebildet ist (Abb. 11, 34). Melanotinae (S. 151)

10* 9. Abdominalsegment konisch oder zylindrisch, an der Spitze mit einem einzigen Dorn (Abb. 12, 15) oder einer Warze (Abb. 9, 10, 35, 36), bei einer Art mit 3 gleichgroßen Zähnen (Abb. 97). 11

11 Tergite der Abdominalsegmente jederseits nur mit zwei lateralen Borsten am Hinterrand (Abb. 9, 12, 36, 41). Epicranialnaht fehlend (Abb. 41). 9. Abdominalsegment meist grob punktiert (Abb. 9, 12, 36, 41). . . . 12

11* Tergite der Abdominalsegmente am Hinterrand jederseits mit mindestens drei lateralen Borsten (Abb. 37). Epicranialnaht ± deutlich entwickelt, kurz (Abb. 38, 39). 9. Abdominalsegment fein punktiert und meist gerunzelt (Abb. 28, 37). 13

12 Sämtliche Tergite sind deutlich, zum größten Teil kräftig und dicht punktiert (Abb. 9, 12, 36). Ampedinae

12* Tergite glatt, nur spärlich und schwach punktiert (Abb. 41). Physorrhininae (S. 138)

13 Frons an der Übergangsstelle zum Clypeus so breit oder etwas breiter wie das Nasale (Abb. 39). Agriotinae und Pomachilinae (S. 140)

13* Frons an der Übergangsstelle zum Clypeus schmaler als das Nasale (Abb. 38, 40). Adrastinae (S. 146)

1. Unterfamilie: Ampedinae

Körper ± abgeflacht. Tergite deutlich punktiert, an der Basis mit Querreihen dichtgestellter Punkte, lateral mit je 2 Borsten am Hinterrand. 9. Abdominalsegment terminal in einen Dorn oder eine Warze auslaufend, bei einer Art mit 3 gleichgroßen Zähnen endend.

Tabelle für die Gattungen (nach Henriksen 1913, 1966, van Emden 1945, Palm 1972, Rudolph 1974)

1 Nasale einzähnig (Abb. 79). Das Sternit und die Analplatte des 9. Abdominalsegmentes nehmen nicht mehr als die Hälfte der ventralen Fläche des 9. Abdominalsegmentes ein (Abb. 80). 2

1* Nasale dreizähnig (Abb. 98). Das Sternit und die Analplatte des 9. Abdominalsegmentes nehmen kaum weniger als 3/4 der ventralen Fläche des 9. Abdominalsegmentes ein (Abb. 96, 99). 4

2 Tergite der Abdominalsegmente mit gut ausgeprägten Muskelgruben (Abb. 42, 43, 48, 51, 52, 55–58, 62, 65–67, 69, 72–78, 82, 84, 86, 88, 90). Spitze des 9. Abdominalsegmentes ohne ringförmige Einschnitte (Abb. 44, 50, 61, 64, 67, 70, 73, 75, 77, 81, 83, 85, 87, 89, 91, 93). . . . 3

2* Tergite der Abdominalsegmente ohne gut sichtbare Muskelinserationen (Abb. 94). 9. Abdominalsegment an der Spitze mit 3 ringförmigen Einschnitten (Abb. 95). *Ischnodes* Germar (S. 136)

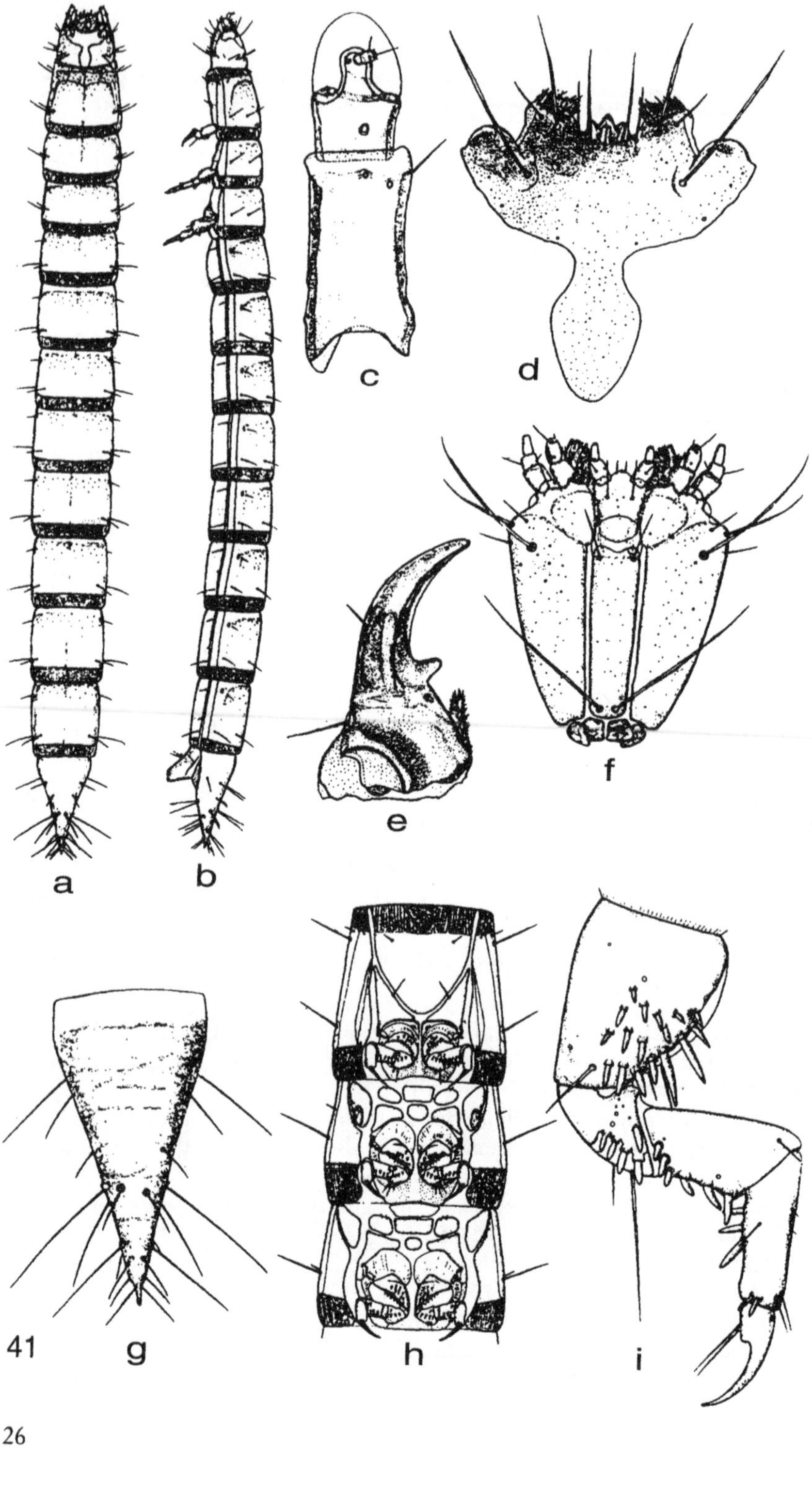

41

3 Sternite der Abdominalsegmente glatt, vollständig unpunktiert (Abb. 92). Spitze des 9. Abdominalsegmentes warzenförmig (Abb. 93).
Brachygonus Buysson (S. 136)

3* Sternite der Abdominalsegmente punktiert (Abb. 49, 53, 59, 63), sie tragen einen basalen Punktgürtel. Die Spitze des 9. Abdominalsegmentes mit einem chitinisierten Dorn (Abb. 44, 50, 61, 64, 67, 70, 73, 75, 77, 81, 83, 85, 87, 89, 91). *Ampedus* Germar

4 Spitze des 9. Abdominalsegmentes mit einem chitinisierten Dorn (Abb. 100). *Procraerus* Reitter (S. 136)

4* Spitze des 9. Abdominalsegmentes mit 3 Zähnen (Abb. 97).
Megapenthes Kiesenwetter (S. 136)

1. Gattung: *Ampedus* Germar

In Mitteleuropa durch 34 Arten vertreten, die folgende Tabelle enthält 20 Arten. Die Larven von *A. bouweri* Schimmel, *A. forticornis* Schwarz, *A. francolinus* Bouwer, *A. nemoralis* Bouwer, *A. robustus* Bouwer, *A. rugosus* Schimmel, *A. quadrisignatus* (Gyllenhal), *A. suecicus* Palm (= *borealis* (Palm)), *A. triangulum* Dorn, *A. vandalitiae* Lohse und *A. zieglcri* Zeis sind unbekannt oder können nicht sicher eingeordnet werden. Ähnliches trifft für *A. brunnicornis* Germar (= *A. fontisbellaquei* Jablokov), *A. melanurus* (Mulsant & Guillebeau) und *A. quercicola* (Buysson) zu (Bouwer 1979, 1981, 1982), da kein Vergleich mit Originalmaterial möglich war. Sie können nur mit einem Fragezeichen vorläufig eingeordnet werden. Die Bestimmung der Larven ist zum Teil recht schwierig, da die Struktur der Muskelgruben, auch die Punktur, nicht immer einfach zu beurteilen sind. Habitus Abb. 12.

Tabelle für die Arten (nach van Emden 1945, van Emden 1956, Dolin 1964, Palm 1972, Rudolph 1974)

1 Tergite (beginnend mit dem Mesothorax) unterhalb der Muskelgruben gleichmäßig (auf der gesamten Fläche) und klein punktiert (Abb. 43, 48, 51). Der grobkörnige Punktgürtel im basalen Teil der Abdominalsternite ist einreihig und immer in der Mitte unterbrochen (Abb. 49). 2

1* Tergite (beginnend mit dem Mesothorax) unterhalb der Muskelgruben (auf einem Teil der Fläche) unregelmäßig und grob punktiert (Abb. 52, 56–58, 62, 66, 69, 72, 74, 76, 78, 82, 84, 86, 88, 90). Der grobkörnige

Abb. 41a: *Podeonius acuticornis,* Habitus, dorsal (aus Buchholz 1987)
Abb. 41b: *Podeonius acuticornis,* Habitus, lateral (aus Buchholz 1987)
Abb. 41c: *Podeonius acuticornis,* Antenne(aus Buchholz 1987)
Abb. 41d: *Podeonius acuticornis,* Frontoclypeus (aus Buchholz 1987)
Abb. 41e: *Podeonius acuticornis,* Mandibel (aus Buchholz 1987)
Abb. 41f: *Podeonius acuticornis,* Labiomaxillarkomplex, ventral (aus Buchholz 1987)
Abb. 41g: *Podeonius acuticornis,* 9. Abdominalsegment, dorsal (aus Buchholz 1987)
Abb. 41h: *Podeonius acuticornis,* Thorax, ventral (aus Buchholz 1987)
Abb. 41i: *Podeonius acuticornis,* Mittelbein (aus Buchholz 1987)

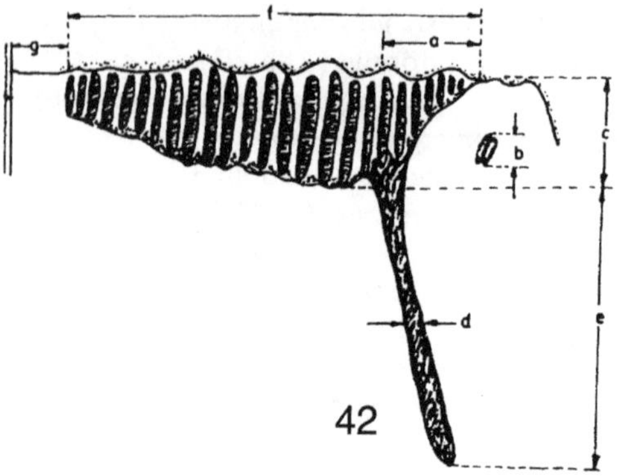

42

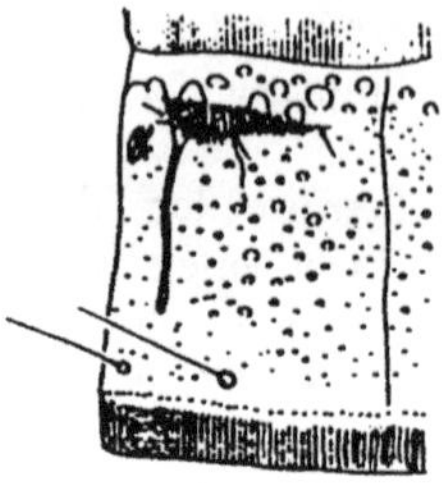

43

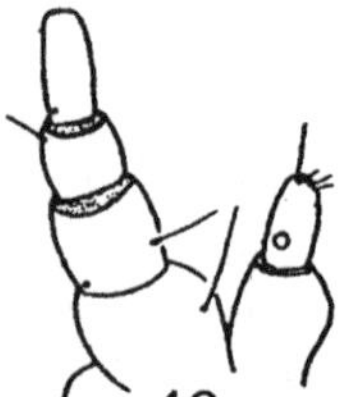

46

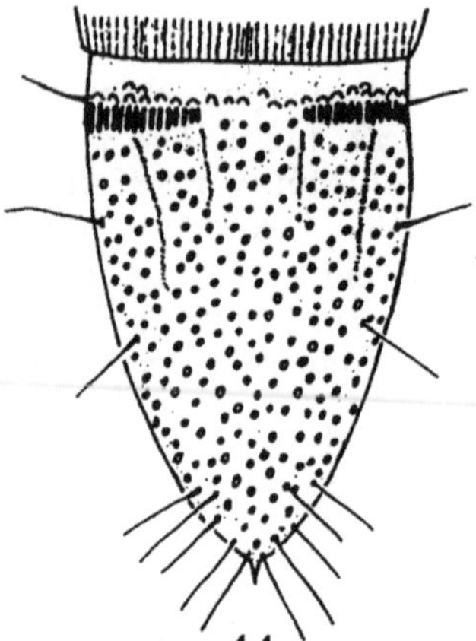

44

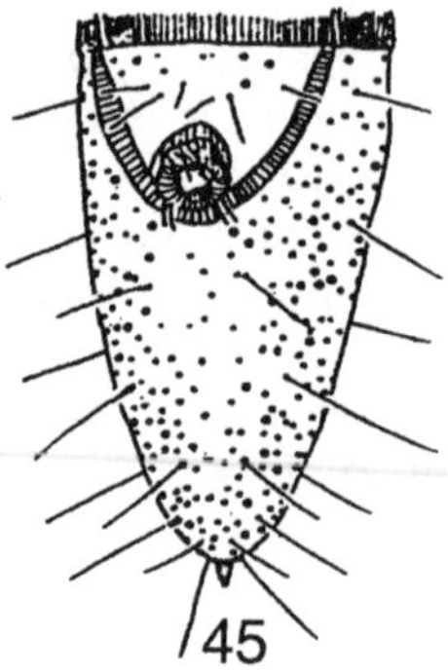

45

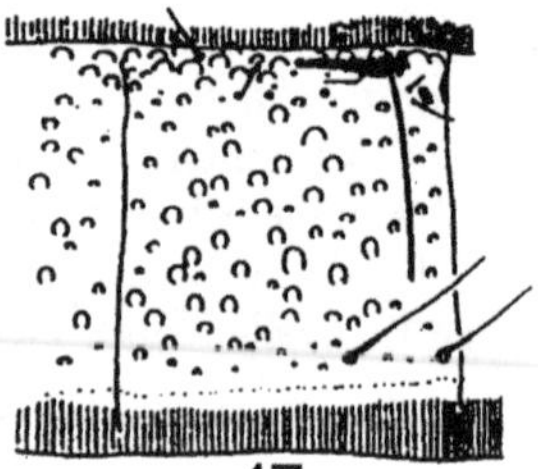

47

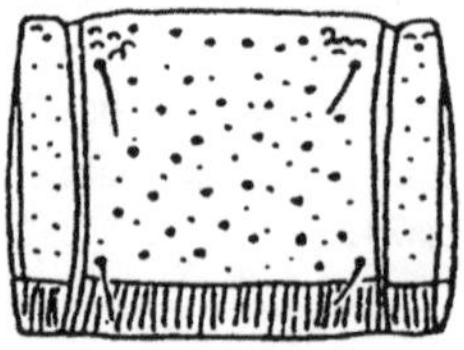

49

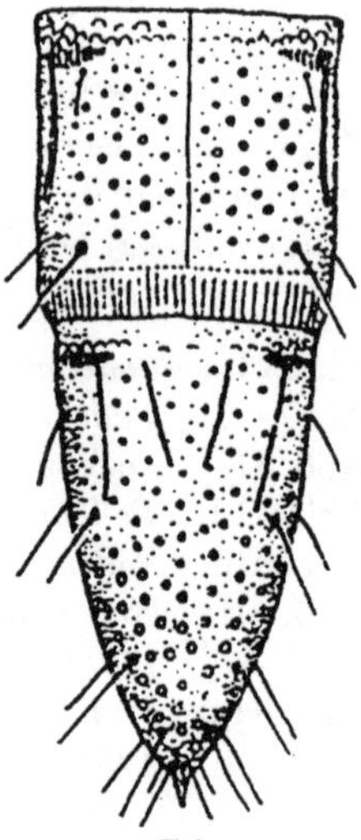

51

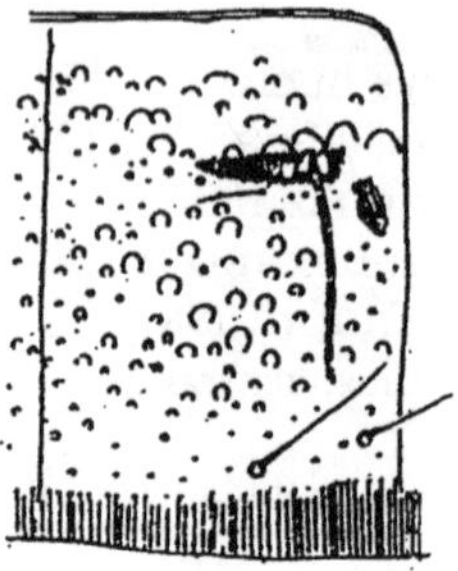

48

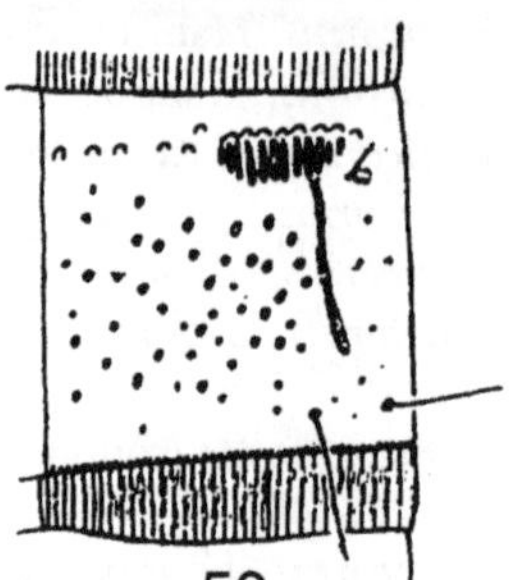

50

Punktgürtel im basalen Teil der Abdominalsternite ist mehrreihig (zumindest im Seitenbereich) (Abb. 53, 59, 63). 6

2 Die Muskelgruben des 9. Abdominalsegmentes erreichen die mittleren Längsfurchen (Abb. 44). 3

2* Die Muskelgruben des 9. Abdominalsegmentes erreichen die mittleren Längsfurchen nicht (Abb. 50). 4

3 9. Abdominalsegment ventral in der Mitte mit einem Borstenpaar (Abb. 45). 4. Glied der Maxillarpalpen kürzer als das 2. Larve in rotfaulen Stubben von Eichen u. a. Laubbäumen. Länge maximal 18 mm, Breite 1,5 mm. Kopfkapselbreite L_7 1,10 mm, L_8 1,24 mm.
nigerrimus (LACORDAIRE)
(? *brunnicornis* GERMAR)

3* 9. Abdominalsegment ventral in der Mitte mit 2 nebeneinander stehenden Borstenpaaren. 4. Glied der Maxillarpalpen länger als das 2. (Abb. 46). Larve in morschem Holz hohler Laubbäume. Länge maximal 5,8 mm, Breite 0,56 mm. Kopfkapselbreite L_4 ? 0,56 mm.
ruficeps (MULSANT et GUILLEBEAU)

4 Die Muskelgruben der Abdominaltergite sind breit und mindestens so lang wie die Entfernung von ihrem medianen Ende bis zur Mittellinie ($f/g > 1$) (Abb. 42, 48, 51). 5

4* Die Muskelgruben der Abdominalsegmente sind schmal und kürzer als die Entfernung von ihrem medianen Ende bis zur Mittellinie ($f/g < 1$) (Abb. 42, 47). Larve im morschen Holz von Kiefernstubben. Länge maximal 16 mm, Breite 1,2 mm. Kopfkapselbreite L_8 1,22 mm.
tristis (L.)

5 Hinterer Tibiotarsus ventral mit zwei Borsten. Larve in stark vermoderten Baumstümpfen, besonders von Erlen. Länge maximal 13 mm, Breite 1,2 mm. *nigrinus* (HERBST)

Abb. 42: *Ampedus* sp., Abdominalsegment, Schema der transversalen und longitudinalen Muskelimpression mit den im Text der Bestimmungstabelle erwähnten Meßstrecken (aus RUDOLPH 1974)

Abb. 43: *Ampedus nigerrimus,* 3. Abdominalsegment, dorsal (aus VAN EMDEN 1956)

Abb. 44: *Ampedus nigerrimus,* 9. Abdominalsegment, dorsal (aus RUDOLPH 1974)

Abb. 45: *Ampedus nigerrimus,* 9. Abdominalsegment, ventral (aus VAN EMDEN 1956)

Abb. 46: *Ampedus ruficeps,* Maxillarpalpus und Labialpalpus (aus VAN EMDEN 1956)

Abb. 47: *Ampedus tristis,* 5. Abdominalsegment, dorsal (aus VAN EMDEN 1956)

Abb. 48: *Ampedus nigrinus,* 5. Abdominalsegment, dorsal (aus VAN EMDEN 1956)

Abb. 49: *Ampedus nigrinus,* 8. Abdominalsegment, ventral (aus DOLIN 1978)

Abb. 50: *Ampedus nigrinus,* 8./9. Abdominalsegment, dorsal (aus DOLIN 1978)

Abb. 51: *Ampedus erythrogonus,* 4. Abdominalsegment, dorsal (aus RUDOLPH 1974)

5* Hinterer Tibiotarsus ventral mit 3 Borsten. Larve in stark vermoderten Stümpfen von Laub- und Nadelbäumen. Länge maximal 13 mm, Breite 1,2 mm. *erythrogonus* (Müller)

6 Pleurite des Meso- und Metathorax nur in der vorderen Hälfte punktiert (Abb. 54). Sternite der Abdominalsegmente zerstreut punktiert, im basalen Teil mit einigen groben Punkten (Abb. 53). 7

6* Pleurite des Meso- und Metathorax der ganzen Länge nach grob punktiert (Abb. 60). Sternite der Abdominalsegmente mit einem deutlichen groben Punktgürtel im basalen Teil (Abb. 59, 63, 78). 8

7 Tergit des Mesothorax im mittleren Teil jederseits mit 2–5 groben Punkten, ähnlich den Punkten im basalen Punktgürtel (Abb. 55), Metathoraxtergit mit 5–8 solchen Punkten. Tergite der vorderen Abdominalsegmente mit 8–12 groben Punkten (Abb. 52). Larve in weißfaulem

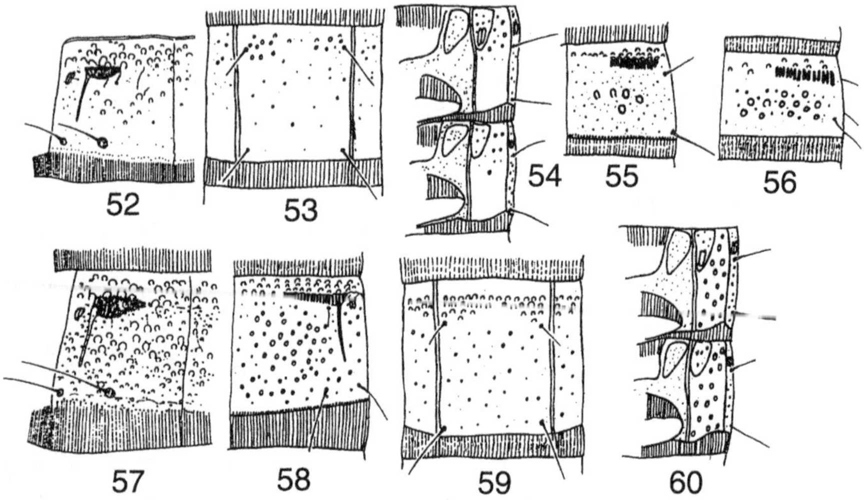

Abb. 52: *Ampedus sanguinolentus*, 5. Abdominalsegment, dorsal (aus van Emden 1956)

Abb. 53: *Ampedus sanguinolentus*, 4. Abdominalsegment, ventral (aus Rudolph 1974)

Abb. 54: *Ampedus sanguinolentus*, Meso- und Metathorax, ventral (aus Rudolph 1974)

Abb. 55: *Ampedus sanguinolentus*, 4. Abdominalsegment, dorsal (aus Rudolph 1974)

Abb. 56: *Ampedus pomonae*, Mesothorax, dorsal (aus Rudolph 1974)

Abb. 57: *Ampedus pomonae*, 4. Abdominalsegment, dorsal (aus van Emden 1956)

Abb. 58: *Ampedus praeustus*, 4. Abdominalsegment, dorsal (aus Rudolph 1974)

Abb. 59: *Ampedus praeustus*, 4. Abdominalsegment, ventral (aus Rudolph 1974)

Abb. 60: *Ampedus praeustus*, Meso- und Metathorax, ventral (aus Rudolph 1974)

Laubholzmulm. Länge maximal 22 mm, Breite 2,2 mm. Kopfkapselbreite L_6 ? 1,19 mm. *sanguinolentus* (SCHRANK)

7* Tergite des Meso- und Metathorax auf jeder Seite mit 10–12 kräftigen Punkten (Abb. 56). Die Punktierung der Abdominaltergite besteht aus einer Gruppe von kräftigen Punkten im Mittelteil und kleineren Punkten im Randbereich (Abb. 57). Larve in rotfaulen Baumstümpfen, besonders Betula. Länge maximal 20 mm, Breite 1,9 mm. *pomonae* (STEPHENS)

8 Die Muskelgruben der Abdominaltergite überschreiten die seitliche Längsfurche nach außen um ihre eigene Breite oder mindestens um die zweifache Längsfurchenbreite (a = c oder a = 2d) (Abb. 58, 62, 66, 69, 72, 74). 9

8* Die Muskelgruben der Abdominaltergite überschreiten die seitlichen Längsfurchen nicht (Abb. 76, 78, 82, 84, 86, 88, 90). 14

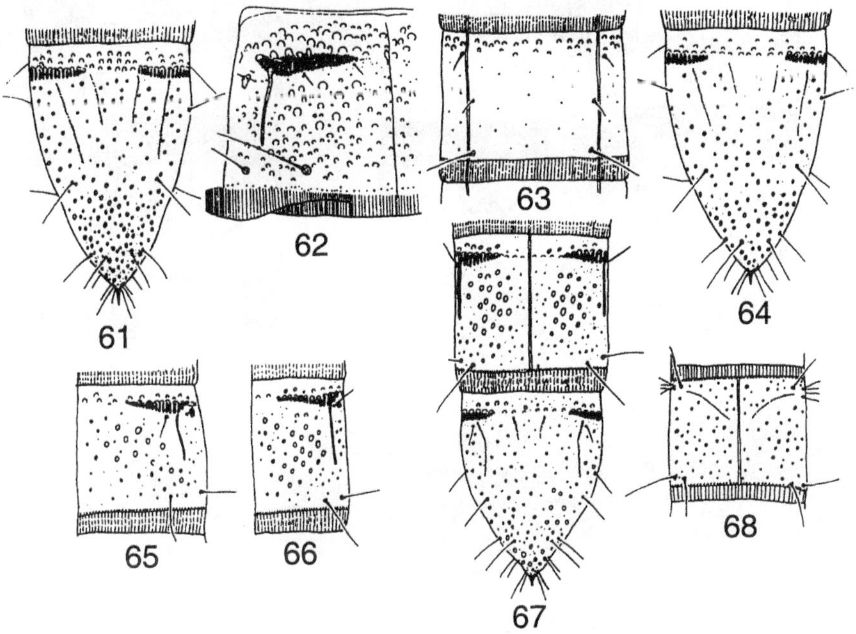

Abb. 61: *Ampedus praeustus*, 9. Abdominalsegment, dorsal (aus RUDOLPH 1974)
Abb. 62: *Ampedus cardinalis*, 5. Abdominalsegment, dorsal (aus VAN EMDEN 1956)
Abb. 63: *Ampedus cardinalis*, 4. Abdominalsegment, ventral (aus RUDOLPH 1971)
Abb. 64: *Ampedus cardinalis*, 9. Abdominalsegment, dorsal (aus RUDOLPH 1971)
Abb. 65: *Ampedus cardinalis*, 4. Abdominalsegment, dorsal (aus RUDOLPH 1971)
Abb. 66: *Ampedus aethiops*, 4. Abdominalsegment, dorsal (aus RUDOLPH 1974)
Abb. 67: *Ampedus aethiops*, 8./9. Abdominalsegment, dorsal (aus RUDOLPH 1974)
Abb. 68: *Ampedus aethiops*, Prothorax, dorsal (aus RUDOLPH 1974)

9 Die Muskelgruben überschreiten die seitlichen Längsfurchen um ihre eigene Breite (a = c) (Abb. 58, 62, 66, 69). 10

9* Die Muskelgruben überschreiten die seitlichen Längsfurchen nur um die doppelte Längsfurchenbreite (a = 2d) (Abb. 72, 74). 13

10 Die Muskelgruben des 9. Abdominalsegmentes sind nicht oder kaum kleiner als die des vorhergehenden Segmentes, sie erreichen wenigstens annähernd das mittlere Längsfurchenpaar (Abb. 61, 64). Die Muskelgruben des 8. Abdominalsegmentes reichen fast bis zur Mittellinie. . . 11

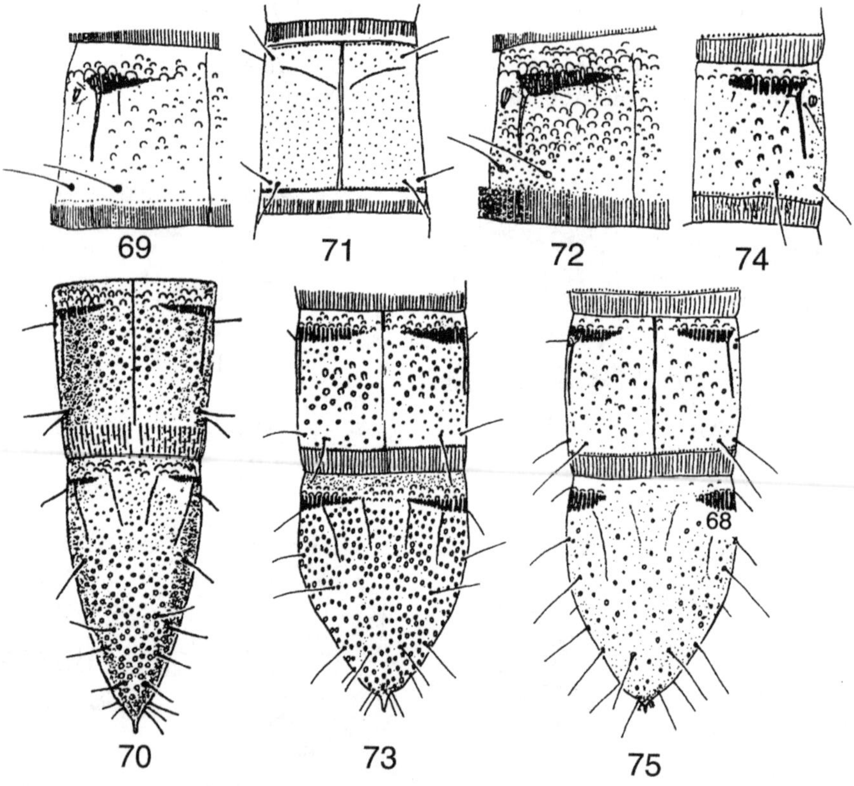

Abb. 69: *Ampedus balteatus,* 5. Abdominalsegment, dorsal (aus VAN EMDEN 1956)

Abb. 70: *Ampedus balteatus,* 8./9. Abdominalsegment, dorsal (aus DOLIN 1978)

Abb. 71: *Ampedus balteatus,* Prothorax, dorsal (aus RUDOLPH 1974)

Abb. 72: *Ampedus sanguineus,* 3. Abdominalsegment, dorsal (aus VAN EMDEN 1956)

Abb. 73: *Ampedus sanguineus,* 8./9. Abdominalsegment, dorsal (aus RUDOLPH 1974)

Abb. 74: *Ampedus cinnabarinus,* 4. Abdominalsegment, dorsal (aus RUDOLPH 1974)

Abb. 75: *Ampedus cinnabarinus,* 8./9. Abdominalsegment, dorsal (aus RUDOLPH 1974)

10* Die Muskelgruben des 9. Abdominalsegmentes sind deutlich schmaler und kürzer als auf dem vorhergehenden Segment (Abb. 67, 70), sie erreichen das mittlere Längsfurchenpaar nicht. Die Muskelgruben des 8. Abdominalsegmentes erreichen die Mittellinie nicht. 12

11 Tergite des Meso- und Metathorax sowie der Abdominalsegmente gleichmäßig und dicht mit groben Punkten besetzt (Abb. 58). Der dorsale Punktgürtel an der Segmentbasis ist mindestens dreireihig, ebenso der basale Punktgürtel der Sternite (Abb. 59). Mediales und laterales Längsfurchenpaar des 9. Abdominalsegmentes gut ausgebildet, dieses spitz konisch, Seitenflächen annähernd gerade (Abb. 61). Larve in rotfaulen Stümpfen von Quercus und Fagus. Länge maximal 25 mm, Breite 2,0 mm. Kopfkapselbreite L_8 1,74 mm. *praeustus* (FABRICIUS)

11* Tergite des Meso- und Metathorax sowie der Abdominalsegmente nur mit einer kleinen Gruppe grober Punkte bedeckt (Abb. 65). Der Punktgürtel an der Segmentbasis ist meist nur zweireihig (Abb. 63), ebenso der basale dorsale Punktgürtel der Sternite. Medianes Längsfurchenpaar des 9. Abdominalsegmentes kaum ausgeprägt. 9. Abdominalsegment bauchig, Seitenflächen ± gerundet (Abb. 64). Larve im Inneren alter, hohler Eichen. Länge maximal 25 mm, Breite 2,0 mm. *cardinalis* (SCHIÖDTE)

12 9. Abdominalsegment kurz, gedrungen (Abb. 67). Der Prothorax ist fast quadratisch (Abb. 68). Die Muskelgruben der Abdominalsegmente sind breiter als die Stigmenlänge. Larve in rotfaulem Nadelholzmulm, besonders von Picea. Länge maximal 22 mm, Breite 2,2 mm. *aethiops* (LACORDAIRE)

12* 9. Abdominalsegment lang, schmal (Abb. 70). Der Prothorax ist deutlich länger als breit und nach vorn etwas verengt (Abb. 71). Die Muskelgruben sind nicht deutlich breiter als die Stigmenlänge (Abb. 69). Larve vor allem im faulen Holz von Nadelbäumen. Länge maximal 22 mm, Breite 1,9 mm. Kopfkapselbreite L_7 0,91, (1,06), 1,15 mm, L_8 1,22, (1,29), 1,41 mm. *balteatus* (L.)

13 Die Muskelgruben des 9. Abdominalsegmentes sind nicht viel kürzer als die des vorhergehenden Segmentes, sie erreichen das mittlere Längsfurchenpaar (Abb. 73). Die Muskelgruben des 8. Abdominalsegmentes erreichen fast dessen Mittellinie. Larve besonders in morschen Stubben von Fichten und Kiefern. Länge maximal 30 mm, Breite 2,5 mm. Kopfkapselbreite L_4 0,87 mm, L_5 1,10, (1,17), 1,23 mm, L_6 1,34, (1,45), 1,57 mm, L_7 1,70, (1,75), 1,77 mm, L_8 1,97, (2,07), 2,23 mm. *sanguineus* (L.)

13* Die Muskelgruben des 9. Abdominalsegmentes sind geringfügig breiter, aber deutlich kürzer als die des vorhergehenden Segmentes, sie erreichen nicht das mittlere Längsfurchenpaar (Abb. 75). Die Muskelgruben des 8. Abdominalsegmentes enden weit vor der Mittellinie. Larve in weißfaulen Stubben von Laubhölzern, besonders Quercus und Fagus. Länge maximal 27 mm, Breite 2,3 mm. *cinnabarinus* (ESCHSCHOLTZ)

14 Die Punktierung des Meso- und Metathoraxtergits und des 1.–8. Abdominaltergites ist spärlich und zerstreut. Die Entfernungen zwischen den Punkten sind 2–4 mal so groß wie die Ausmaße der Punkte selbst (Abb. 76). Die vorderen Abdominaltergite tragen zu beiden Seiten der

Mittellinie 2–3 kräftige Punkte. Die Muskelgruben sind schmaler als der Längsdurchmesser der Stigmen. Larve in morschem Holz von Laubbäumen. Länge maximal 18 mm, Breite 1,6 mm. *sinuatus* (GERMAR)

14* Die Punktierung der Thorax- und Abdominalsegmente ist dicht und grob, die Entfernungen zwischen den Punkten im mittleren Teil der Tergite entsprechen den Ausmaßen eines Punktes oder überschreiten diese nur wenig (Abb. 78, 84, 86, 88, 90). 15

15 9. Abdominalsegment zylindrisch, an der Spitze breit abgerundet, mit kleinem Dorn (Abb. 81). Im Mulm von Laubbäumen. Länge maximal 22 mm, Breite 2,0 mm. Habitus Abb. 9. *elegantulus* (SCHÖNHERR)

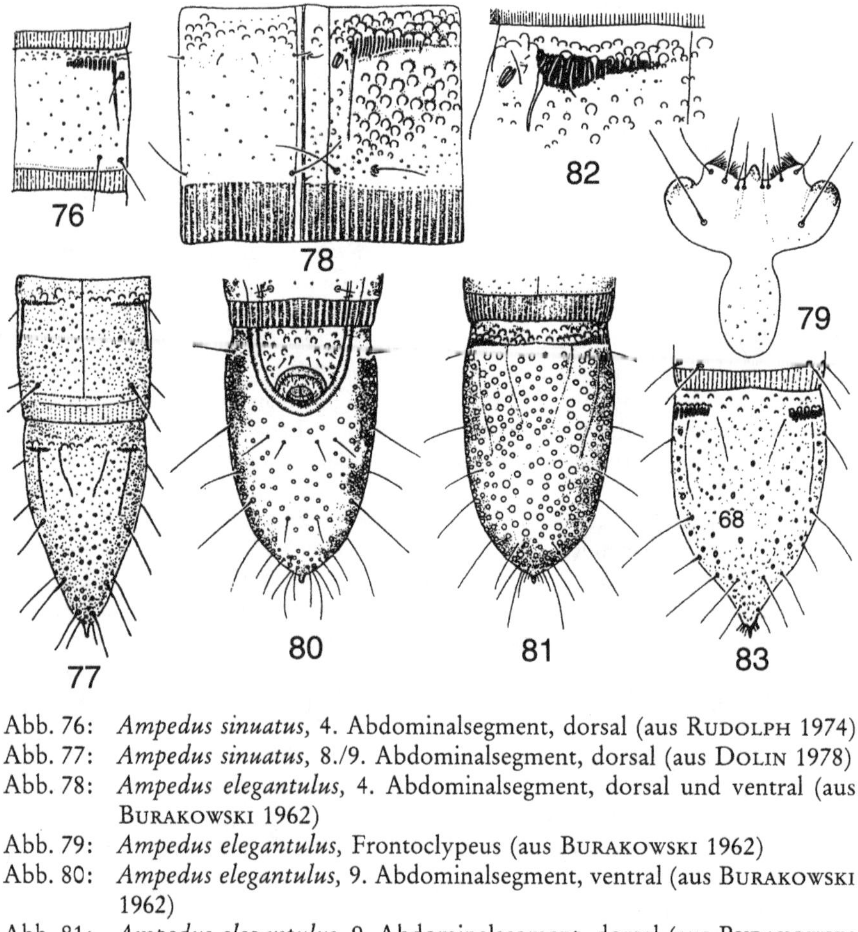

Abb. 76: *Ampedus sinuatus*, 4. Abdominalsegment, dorsal (aus RUDOLPH 1974)
Abb. 77: *Ampedus sinuatus*, 8./9. Abdominalsegment, dorsal (aus DOLIN 1978)
Abb. 78: *Ampedus elegantulus*, 4. Abdominalsegment, dorsal und ventral (aus BURAKOWSKI 1962)
Abb. 79: *Ampedus elegantulus*, Frontoclypeus (aus BURAKOWSKI 1962)
Abb. 80: *Ampedus elegantulus*, 9. Abdominalsegment, ventral (aus BURAKOWSKI 1962)
Abb. 81: *Ampedus elegantulus*, 9. Abdominalsegment, dorsal (aus BURAKOWSKI 1962)
Abb. 82: *Ampedus rufipennis*, 4. Abdominalsegment, dorsal (aus RUDOLPH 1974)
Abb. 83: *Ampedus rufipennis*, 9. Abdominalsegment, dorsal (aus RUDOLPH 1974)

15* 9. Abdominalsegment länglich, konisch (Abb. 83, 85, 87, 89, 91). . . 16

16 Die laterale Fläche der Abdominaltergite ist genauso grob punktiert wie der mittlere Teil (Abb. 82). Die Muskelgruben sind breit. Die seitlichen Längsfurchen der Tergite sind kurz und überschreiten die Mitte nicht. Larve im Mulm von Laubbäumen. Länge maximal 26 mm, Breite 2,0 mm. *rufipennis* (STEPHENS)

16* Die Seitenteile der Tergite sind spärlicher und kleiner punktiert als ihre Mitte (Abb. 84, 86, 88, 90). Die Längsfurchen an den Seiten der Tergite überschreiten die Mitte. 17

17 9. Abdominalsegment von der Mitte zur Spitze gerade verengt (Seitenflächen ± gerade), im Spitzendrittel mit 1–2 Einkerbungen (Abb. 85). Larve in rotfaulem Mulm von Laub- und Nadelbäumen. Länge maximal 25 mm, Breite 2,0 mm. Kopfkapselbreite L_3 0,43 mm, L_4 0,65 mm, L_5 0,87 mm, L_7 1,34 mm, L_8 1,47, (1,55), 1,64 mm. *pomorum* (HERBST)

17* Seitenflächen des 9. Abdominalsegmentes ± abgerundet, ohne Einkerbungen im Spitzendrittel (Abb. 87, 89, 91). 18

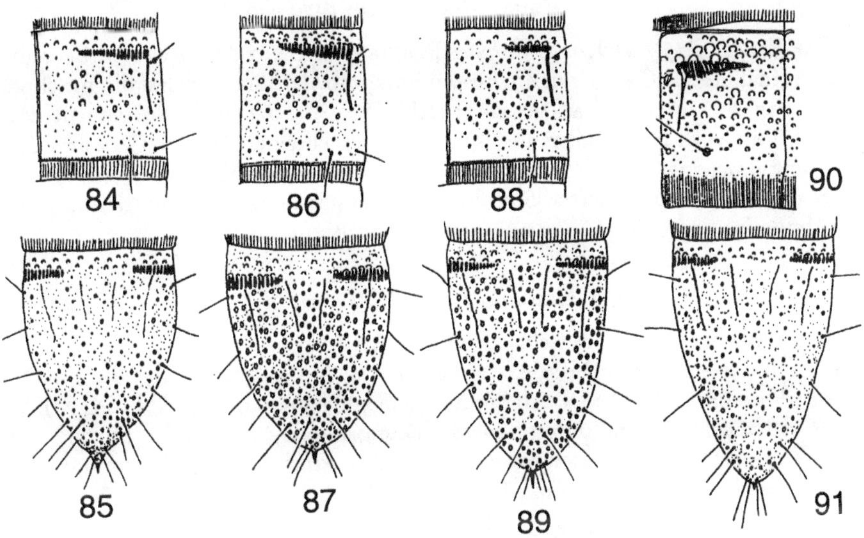

Abb. 84: *Ampedus pomorum*, 4. Abdominalsegment, dorsal (aus RUDOLPH 1974)
Abb. 85: *Ampedus pomorum*, 9. Abdominalsegment, dorsal (aus RUDOLPH 1974)
Abb. 86: *Ampedus nigroflavus*, 4. Abdominalsegment, dorsal (aus RUDOLPH 1974)
Abb. 87: *Ampedus nigroflavus*, 9. Abdominalsegment, dorsal (aus RUDOLPH 1974)
Abb. 88: *Ampedus hjorti*, 4. Abdominalsegment, dorsal (aus RUDOLPH 1974)
Abb. 89: *Ampedus hjorti*, 9. Abdominalsegment, dorsal (aus RUDOLPH 1974)
Abb. 90: *Ampedus elongatulus*, 4. Abdominalsegment, dorsal (aus RUDOLPH 1974)
Abb. 91: *Ampedus elongatulus*, 9. Abdominalsegment, dorsal (aus RUDOLPH 1974)

18 9. Abdominalsegment mehr als doppelt so lang wie breit (Abb. 89, 91). Die Muskelgruben auf den Abdominalsegmenten sind nicht breiter (bei *elongatulus* anders) als die Stigmen (Abb. 88). 19

18* 9. Abdominalsegment kurz und gedrungen (Abb. 87). Die Muskelgruben auf den Abdominalsegmenten sind breiter als die Stigmenlänge (Abb. 86). Vor allem in weißfaulem Holz von Laubbäumen. Länge maximal 25 mm, Breite 2,4 mm. *nigroflavus* (GOEZE) (? *quercicola* BUYSSON))

19 Spitzendorn des 9. Abdominalsegments lang und kräftig (Abb. 89). Larve in rotfaulem Holz alter Eichen. Länge maximal 24 mm, Breite 2,0 mm. *hjorti* (RYE) (? *vandalitae* LOHSE)

19* Spitzendorn des 9. Abdominalsegments kurz, nicht länger als an der Basis breit (Abb. 91). In faulem Holz von Laubbäumen. Länge maximal 18 mm, Breite 1,6 mm. *elongatulus* (FABRICIUS) (? *melanurus* (MULSANT & GUILLEBEAU))

2. Gattung: *Brachygonus* BUYSSON

Die Larve von *Brachygonus dubius* (PLATIA & CATE) ist bisher nicht bekannt. Die Aufnahme der Gattung in die Bestimmungstabelle stützt sich auf die Beschreibung von *B. megerlei* (LACORDAIRE) (Abb. 92, 93), die im Mulm anbrüchiger Laubbäume vorkommt und räuberisch ist. Sie ähnelt einer *Ampedus* – Larve (die Gattung *Brachygonus* BUYSSON wurde lange in diese eingereiht), unterscheidet sich aber durch die unpunktierten Sternite der Abdominalsegmente und den Bau des 9. Abdominalsegments. Länge maximal 23 mm, Breite 2,2 mm.

3. Gattung: *Ischnodes* (GERMAR)

Die Larve der einzigen mitteleuropäischen Art *Ischnodes sanguinicollis* (PANZER) ist durch das einzähnige Nasale, das Fehlen von Muskelgruben und die ringförmigen Einschnitte auf dem 9. Abdominalsegment charakterisiert (Abb. 94, 95). Sie kann sich einringeln und durch Längsstreckung auffällig verdünnen. In stark vermoderndem Mulm von Laubbäumen. Länge maximal 18 mm, Breite 1,3 mm. Kopfkapselbreite L5 ? 0,58 mm, L8 1,12, (1,16), 1,19 mm.

4. Gattung: *Megapenthes* KIESENWETTER

Die Larve der einzigen mitteleuropäischen Art, *Megapenthes lugens* (REDTENBACHER), kann vor allem am 9. Abdominalsegment erkannt werden, das in drei gleichlange Zähne ausläuft (Abb. 96, 97). Sie lebt räuberisch in hohlen Laubbäumen und unter der Rinde. Länge maximal 15 mm, Breite 1,4 mm.

5. Gattung: *Procraerus* REITTER

Die einzige mitteleuropäische Art, *Procraerus tibialis* (LACORDAIRE), ist durch das dreizähnige Nasale und den Bau des 9. Abdominalsegments gekennzeichnet (Abb. 98–100). Sie lebt in trockenem, mulmigem Holz. Länge maximal 15 mm, Breite 1,3 mm. Kopfkapselbreite L_6 ? 0,77 mm.

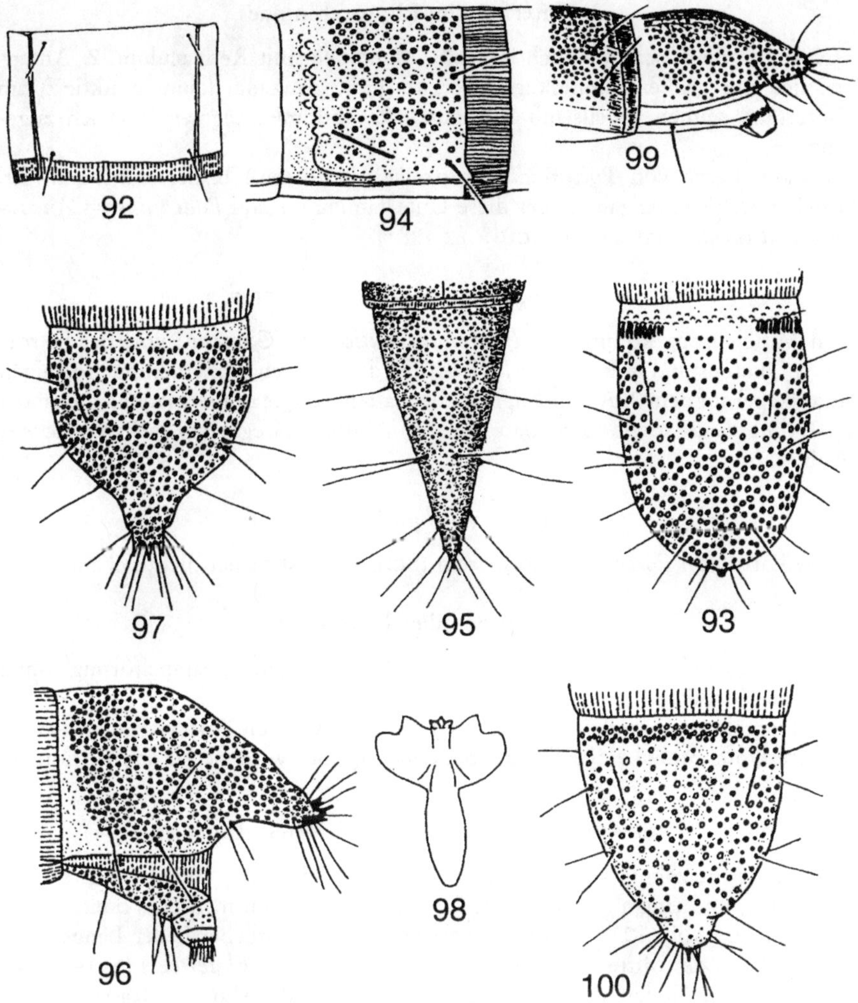

Abb. 92: *Brachygonus megerlei,* 4. Abdominalsegment, ventral (aus RUDOLPH 1974)

Abb. 93: *Brachygonus megerlei,* 9. Abdominalsegment, dorsal (aus RUDOLPH 1974)

Abb. 94: *Ischnodes sanguinicollis,* 4. Abdominalsegment, lateral (aus RUDOLPH 1974)

Abb. 95: *Ischnodes sanguinicollis,* 9. Abdominalsegment, dorsal (aus PALM 1972)

Abb. 96: *Megapenthes lugens,* 9./10. Abdominalsegment, lateral (aus RUDOLPH 1974)

Abb. 97: *Megapenthes lugens,* 9. Abdominalsegment, dorsal (aus RUDOLPH 1974)

Abb. 98: *Procraerus tibialis,* Frontoclypeus (aus PALM 1972)

Abb. 99: *Procraerus tibialis,* 9./10. Abdominalsegment, lateral (aus PALM 1972)

Abb. 100: *Procraerus tibialis,* 9. Abdominalsegment, dorsal (aus RUDOLPH 1974)

2. Unterfamilie: Physorrhininae

Körper zylindrisch, weißlich bis gelb. Mandibeln mit Retinaculum. 2. Antennenglied mir großem Sinneskegel. Tergite glatt, glänzend, kaum punktiert, am Hinterrand seitlich jeweils mit 2 Borsten. 9. Abdominalsegment konisch zugespitzt.

Da die Larve von *Porthmidius austriacus* (SCHRANK) bisher unbekannt ist, beziehen sich alle Angaben über diese Unterfamilie nur auf *Podeonius* (= *Anchastus*) *acuticornis* (GERMAR) (BUCHHOLZ 1987).

6. Gattung: *Podeonius* KIESENWETTER

In Mitteleuropa kommt nur *Podeonius acuticornis* (GERMAR) vor, der in rotfaulen Quercus und in Fagus lebt. Die Art ist durch einen großen, kuppelförmigen Sinneskegel auf dem 2. Antennenglied, die glatten Tergite mit je 2 lateralen Borsten am Hinterrand sowie den Bau des 9. Abdominalsegments gekennzeichnet (Abb. 41).

7. Gattung: *Porthmidius* GERMAR

Die Larve von *Porthmidius austriacus* (SCHRANK) ist bisher nicht bekannt.

3. Unterfamilie: Elaterinae

Körper zylindrisch. Tergite glatt. 9. Abdominalsegment parabelförmig, ohne terminale Fortsätze.

Aus larvalsystematischen Erwägungen wird die Gattung *Sericus* ESCHSCHOLTZ in diese Unterfamilie eingegliedert (bei den Imagines wird sie zu den Agriotinae gestellt).

Tabelle für die Gattungen (nach HENRIKSEN 1913, 1966, RUDOLPH 1974)

1 Nasale dreizähnig (Abb. 101). Mandibeln sichelförmig, mit ungeteilter Spitze, und einem Retinaculum. 2. Antennenglied mit mehreren Sinnespapillen (Abb. 102). 9. Abdominalsegment mit deutlicher heller Längsfurche in der Mitte (Abb. 103). *Elater* (L.) (S. 140)

1* Nasale einzähnig (Abb. 104). Mandibelspitze geteilt (Abb. 105, 106) oder ungeteilt. 2. Antennenglied nur mit einer Sinnespapille (Abb. 107). Mittellinie des 9. Abdominalsegmentes undeutlich (Abb. 108) oder fehlend (Abb. 110). *Sericus* ESCHSCHOLTZ (S. 140)

Abb. 101: *Elater ferrugineus*, Frontoclypeus (aus RUDOLPH 1974)
Abb. 102: *Elater ferrugineus*, Antenne (aus RUDOLPH 1974)
Abb. 103: *Elater ferrugineus*, 9. Abdominalsegment, dorsal (aus RUDOLPH 1974)
Abb. 104: *Sericus brunneus*, Frontoclypeus (aus PALM 1972)
Abb. 105: *Sericus brunneus*, Mandibel (aus DOLIN 1978)
Abb. 106: *Sericus brunneus*, Mandibel (aus RUDOLPH 1974)
Abb. 107: *Sericus brunneus*, Antenne (aus RUDOLPH 1974)
Abb. 108: *Sericus brunneus*, 8./9. Abdominalsegment, dorsal (aus DOLIN 1978)
Abb. 109: *Sericus subaeneus*, Labiomaxillarkomplex, ventral (aus DOLIN 1978)
Abb. 110: *Sericus subaeneus*, 8./9. Abdominalsegment, dorsal (aus DOLIN 1978)

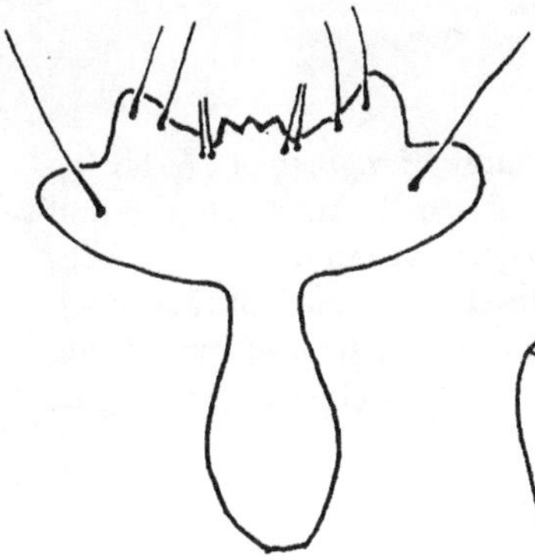
101

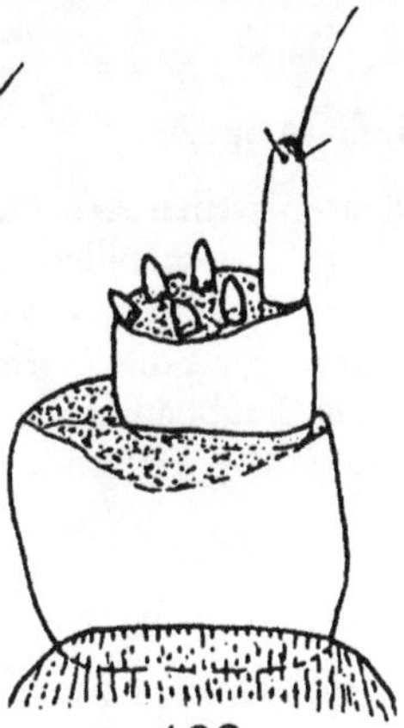
102

105

106

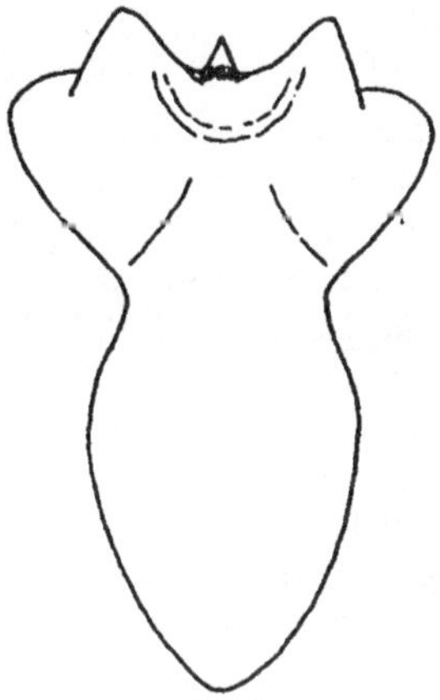
104

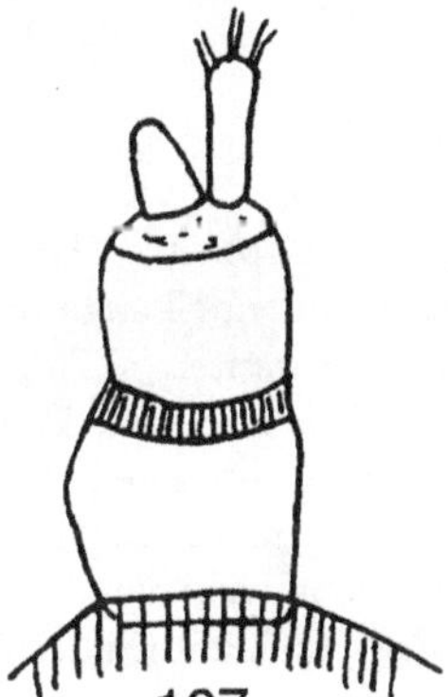
107

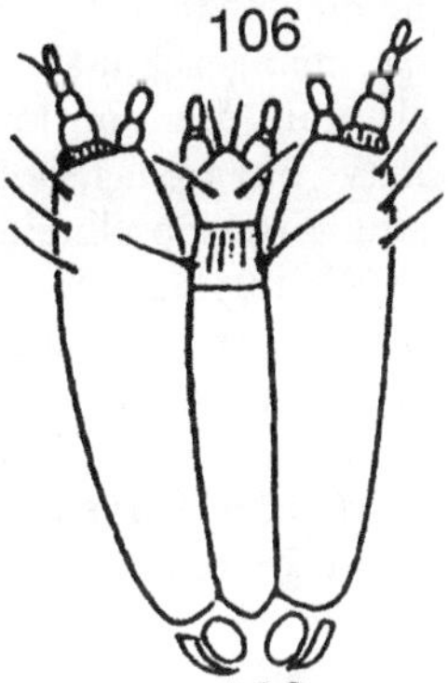
109

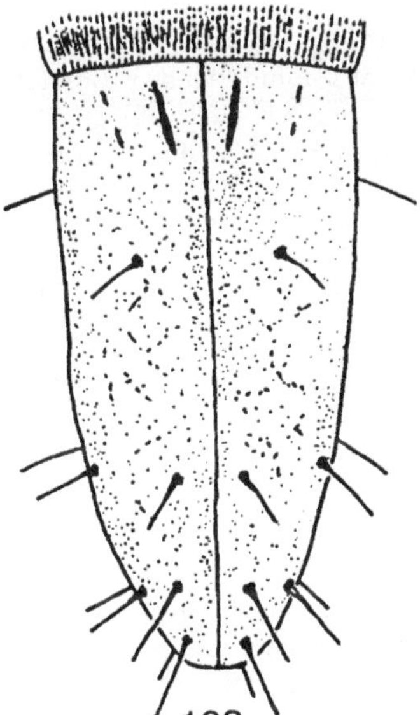
103

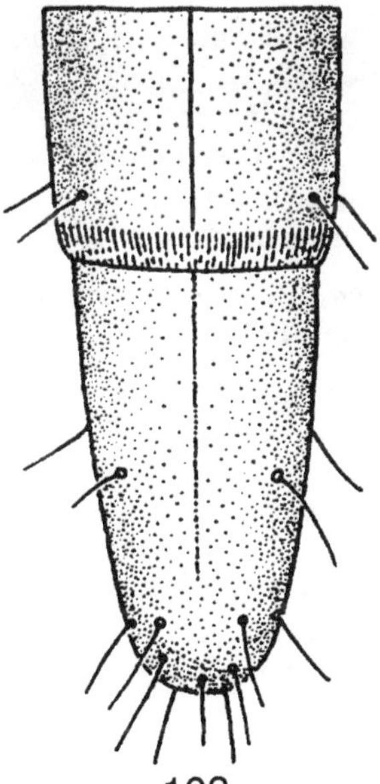
108

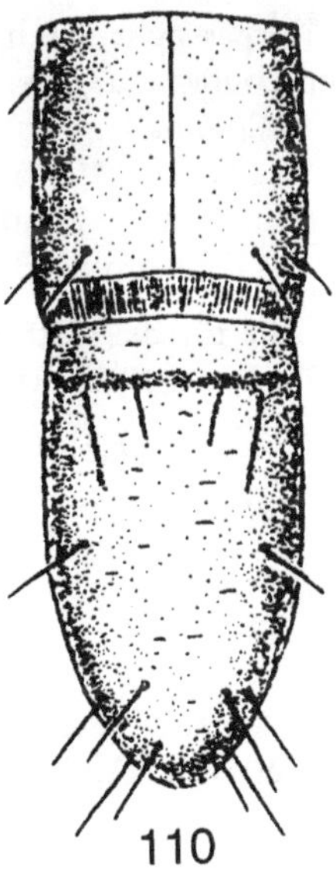
110

8. Gattung: *Elater* L.

Die Larve der einzigen mitteleuropäischen Art, *Elater ferrugineus* L. (Abb. 1), ist durch das dreizähnige Nasale, die Sinnespapillen auf dem 2. Antennenglied und die helle Mittellinie auf dem 9. Abdominalsegment gekennzeichnet (Abb. 101–103). Außerdem ist sie viel größer, als die *Sericus*-Larven. Sie lebt räuberisch im feuchten Mulm von alten, hohlen Laubbäumen. Länge maximal 45 mm, Breite 4,0 mm. Kopfkapselbreite L_3 0,89, (1,01), 1,19 mm, L_4 1,31, (1,41), 1,48 mm, L_8 3,24, (3,39), 3,58 mm.

9. Gattung: *Sericus* Eschscholtz

Die Larve von *Sericus subaeneus* (Redtenbacher) wurde von Dolin & Ostaficuk (1973) beschrieben und wegen verschiedener Abweichungen sogar eine eigene Gattung *Sericoderma* Dolin errichtet.

Tabelle für die Arten

1 Mandibeln breit, Spitze in 2 Zähne geteilt, die an der Basis vor dem Retinaculum gezähnt sind (Abb. 105, 106). Kopfkapsel stark gewölbt, länger als breit. Mentum kurz, etwa doppelt so lang wie seine größte Breite. Larve phytophag, bodenbewohnend. Länge maximal 20 mm, Breite 2,2 mm. Kopfkapselbreite L_3 0,54 mm, L_5 0,76, (0,78), 0,80 mm, L_6 0,94, (1,00), 1,08 mm, L_7 1,19, (1,28), 1,37 mm, L_8 1,55 mm. *brunneus* (L.)

1* Mandibelspitze sichelförmig, nicht geteilt, Retinaculum groß. Kopfkapsel mehr oder weniger flach, nicht länger oder kaum länger als breit. Mentum stark verlängert, nicht weniger als 3,5–4mal länger als breit (Abb. 109). Larve im Boden von Laubwäldern. Länge maximal 22 mm, Breite 2,3 mm. *subaeneus* (Redtenbacher)

4. Unterfamilie: Agriotinae (und 5. Unterfamilie Pomachilinae)

Körper zylindrisch, stark chitinisiert. Epicranialnaht ± deutlich. Tergite glatt, am Hinterrand jederseits mit einer queren Reihe aus mindestens 3 Borsten. 9. Abdominalsegment konisch zugespitzt.

Wegen der Merkmale der Larven wird die Gattung *Idolus* Desbrochers (5. Unterfamilie Pomachilinae), den Agrotinae zugeordnet, ebenfalls nach Dolin (1978) die Gattung *Betarmon* Kiesenwetter.

Tabelle für die Gattungen (nach Korschefsky 1941, van Emden 1945, Dolin 1978, Palm 1972, Rudolph 1974)

1 9. Abdominalsegment an der Basis mit 2 gut entwickelten Stigmen („Augenflecke") (Abb. 114, 116, 119, 123, 125, 129, 131, 135). *Agriotes* (*Agriotes* s. str.) Eschscholtz (S. 141)

1* 9. Abdominalsegment an der Basis ohne „Augenflecke" (Abb. 111, 139, 141, 143). 2

2 Die Spitze des 9. Abdominalsegmentes endet in einer Warze (Abb. 111). Die Poren der Borsten des 9. Abdominalsegmentes sind nicht hügelartig umwallt. Abdominalsegmente mit deutlichen Muskelgruben (Abb. 112). *Agriotes* (*Ectinus*) Eschscholtz

2* Das 9. Abdominalsegment endet in einem Dorn (Abb. 139, 141, 143). Borsten des 9. Abdominalsegmentes zumindest im Spitzendrittel auf Hügeln entspringend (Abb. 139, 141, 143). Abdominalsegmente ohne deutliche Muskelgruben. 3

3 Die Kopfkapsel trägt seitlich neben der Frons eine einzige kräftige Borste und eine ebensolche an der Seite (Abb. 144). Mandibeln schmal, dreimal so lang wie an der Basis breit. *Idolus* DESBROCHERS (S. 146)

3* Die Kopfkapsel trägt seitlich neben der Frons ein kräftiges Borstenpaar und an der Seite der Kopfkapsel ein weiteres, das eng beieinander steht (Abb. 140, 142). Mandibeln kräftig, doppelt so lang wie an der Basis breit. 4

4 Mandibeln zwischen Spitze und Retinaculum glatt, ohne Erhebungen oder Zähne. Borstentragende Poren an der Spitze des 9. Abdominalsegmentes hügelartig, nicht sehr groß (Abb. 139). *Dalopius* ESCHSCHOLTZ

4* Mandibeln von der Spitze mit einer großen Ausbuchtung, die einen stumpfwinkeligen Zahn bildet (Abb. 142). Borstentragende Poren an der Spitze des 9. Abdominalsegmentes sehr groß, warzenförmig (Abb. 141). *Betarmon* KIESENWETTER (S. 146)

10. Gattung: *Dalopius* ESCHSCHOLTZ

Die Larve der einzigen mitteleuropäischen Art, *Dalopius marginatus* (L.), ist durch die fehlenden Muskelgruben und die nicht sehr großen hügelartigen Bildungen auf dem 9. Abdominalsegment charakterisiert (Abb. 139, 140). Sie lebt im Boden (Humusschicht) von Wäldern. Länge maximal 15 mm, Breite 1,2 mm. Kopfkapselbreite L_4 0,49 mm, L_6 0,68, (0,71), 0,77 mm, L_7 0,87, (0,91), 0,94 mm, L_8 1,05, (1,07), 1,08 mm.

11. Gattung: *Agriotes* ESCHSCHOLTZ

Agriotes (*Ectinus*) *aterrimus* (L.) kann nach dem Gattungsschlüssel bestimmt werden. Sie ist an den fehlenden „Augenflecken“ auf dem 9. Abdominalsegment und der warzenartigen Spitze des 9. Abdominalsegment zu erkennen (Abb. 35). Diese Art lebt im Waldboden. Länge maximal 32 mm, Breite 2,5 mm. Kopfkapselbreite L_8 2,06 mm.

Ein auffälliges Merkmal der Gattung (nur *Agriotes* s. str.) sind die auffälligen Stigmen auf dem 9. Abdominalsegment („Augenflecke“) (Abb. 10). Die folgende Tabelle umfaßt nur die Arten der Untergattung *Agriotes* s. str., insgesamt 8 von 15. Unbekannt sind die Larven von *A. gallicus* (BOISDUVAL & LACORDAIRE), *A. incognitus* SCHWARZ, *A. litigiosus* (ROSSI), *A. modestus* KIESENWETTER, *A. proximus* SCHWARZ und *A. sordidus* (ILLIGER).

Tabelle für die Arten (nach HENRIKSEN 1913, 1966, KORSCHEFSKY 1941, VAN EMDEN 1945, DOLIN 1964, 1978, PALM 1972, RUDOLPH 1974)

1 Tergite längsgerunzelt, matt (Abb. 113). Stigmen des 9. Abdominalsegmentes nach hinten konisch verengt. Das 9. Abdominalsegment endet in einer stumpfen, ± deutlichen Warze (Abb. 114, 116). Mandibeln zwischen Retinaculum und Spitze glatt, ohne zusätzlichen Zahn (Abb. 117). Mittelzahn des Nasale etwas länger als die äußeren (Abb. 115, 118). . . 2

1* Tergite querrunzelig, glatt oder punktiert, glänzend, nicht matt (Abb. 119, 123, 125, 131, 135). Stigmen des 9. Abdominalsegmentes nicht nach hinten verengt, sondern eher ausgedehnt. Spitze des 9. Abdominalsegmentes mit einem chitinisierten Dorn (Abb. 119, 123, 125, 129, 131, 135). Mandibeln vor der Spitze angeschwollen (Abb. 126) oder mit einem Zahn zwischen Retinaculum und Spitze (Abb. 120, 132, 136). Zähne des Nasale gleichlang (Abb. 121, 124, 127, 130, 133, 137). 3

2 Frons vorn mit fast geraden Seiten, an der Basis geradseitig verengt. Der Übergang zum Clypeus ist schmal, nicht breiter als das Nasale. Mittelzahn des Nasale etwas nach vorn ragend (Abb. 115). 9. Abdominalsegment bis zur Mitte etwas erweitert, von dort zur Spitze in leichtem Bogen verengt, die Spitze endet in einer stumpfen Warze. Das von den Stigmen ausgehende Längsfurchenpaar ist sehr kurz (höchstens 1,5 mal so lang wie die Stigmen selbst). Das mittlere Paar Längsfurchen reicht fast bis zur Mitte des Segmentes (Abb. 114). Larve in Böden von Wiesen. Länge maximal 9 mm, Breite 0,6 mm. *pallidulus* (ILLIGER)

2* Frons im Mittelteil mit gewölbten Seiten, in gleichmäßigem Bogen von der Mitte zur Basis verengt. Der Übergang zum Clypeus ist breiter als das Nasale. Mittelzahn des Nasale deutlich größer als die 2 seitlichen und deutlicher als bei der vorhergehenden Art nach vorn ragend (Abb. 118). 9. Abdominalsegment an der Basis am breitesten, nicht zur Mitte hin erweitert. Das von den Stigmen ausgehende Längsfurchenpaar ist etwa doppelt so lang wie das Stigma selbst. Die Mittelfurchen erreichen nicht die Mitte (Abb. 116). Larve im Boden von Wäldern. Länge maximal 13,5 mm, Breite 1,0 mm. *acuminatus* (STEPHENS)

3 Basaler Teil der Tergite (beginnend mit dem 2.) und der Sternite granuliert, matt, die übrige Oberfläche runzlig punktiert, glänzend (Abb. 122, 123). 4

3* Basaler Teil der Tergite und der Sternite nicht granuliert, sondern glatt, glänzend und wie der übrige Teil der Tergitoberfläche punktiert (Abb. 125, 131, 138). 5

4 Dorsalfläche des 9. Abdominalsegmentes im Spitzendrittel dicht und tief runzlig punktiert, matt. Das mittlere Längsfurchenpaar überschreitet nicht die Mitte des 9. Abdominalsegmentes. Spitzendorn lang und dünn (Abb. 119). Der Innenrand der Mandibel bildet mit dem zusätzlichen Zahn einen rechten Winkel (Abb. 120). Zähne des Nasale gleichartig. Frons längsoval, an der Basis spitz abgerundet (Abb. 121). Prothoraxtergite spärlich punktiert, alle übrigen stärker punktiert. Muskelgruben verhältnismäßig kräftig ausgebildet (Abb. 122). Larve bodenbewohnend, ernährt sich von Wurzeln. Länge maximal 18 mm, Breite 1,4 mm. Kopfkapselbreite L_1 0,24 mm, L_2 0,32, (0,38), 0,42 mm, L_3 0,43, (0,47), 0,52 mm, L_4 0,53, (0,56), 0,60 mm, L_5 0,61, (0,67), 0,74 mm, L_6 0,76, (0,83), 0,90 mm, L_7 0,92, (1,00), 1,08 mm, L_8 1,10, (1,21), 1,41 mm. *sputator* (L.)

4* Die gesamte dorsale Fläche des 9. Abdominalsegmentes ist gleichmäßig dünn runzlig punktiert, glänzend, Spitzendrittel nicht stärker punktiert. Das mittlere Längsfurchenpaar überschreitet die Mitte des 9. Abdominalsegmentes. Spitzendorn dick und kurz (Abb. 123). Muskelgruben fast

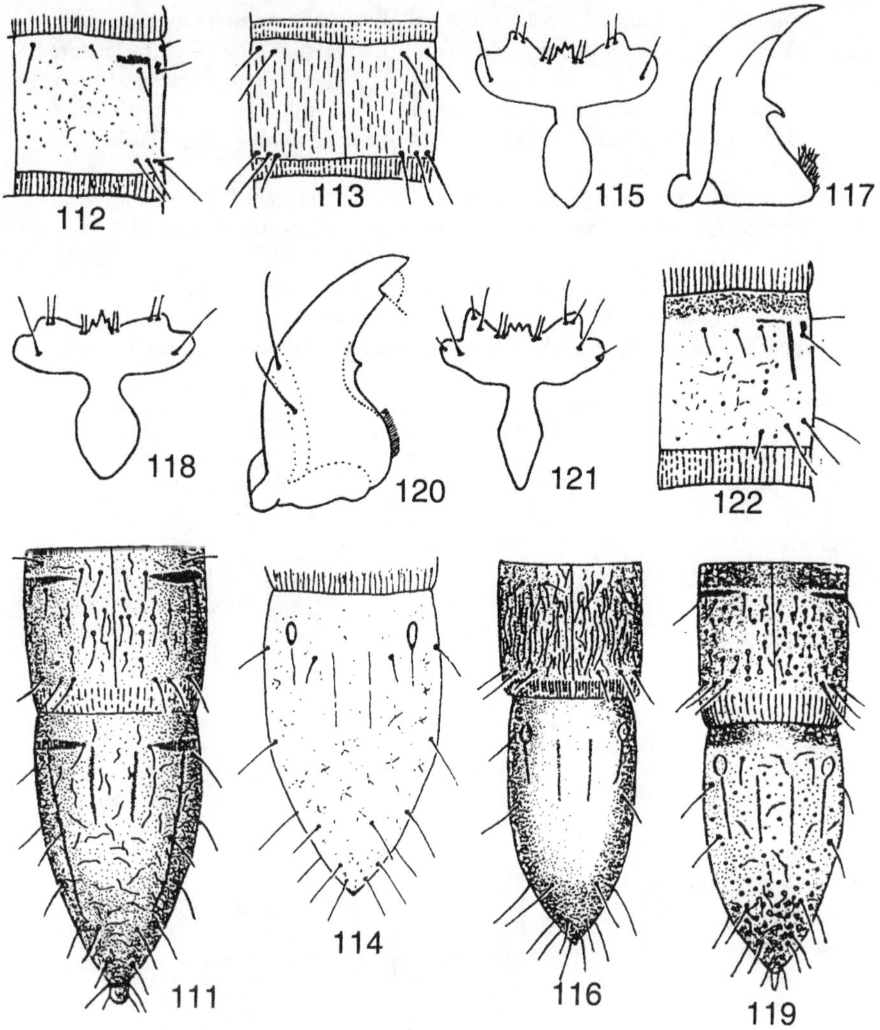

Abb. 111: *Agriotes aterrimus*, 8./9. Abdominalsegment, dorsal (aus DOLIN 1978)
Abb. 112: *Agriotes aterrimus*, 4. Abdominalsegment, dorsal (aus RUDOLPH 1974)
Abb. 113: *Agriotes pallidulus*, 4. Abdominalsegment, dorsal (aus RUDOLPH 1974)
Abb. 114: *Agriotes pallidulus*, 9. Abdominalsegment, dorsal (aus RUDOLPH 1974)
Abb. 115: *Agriotes pallidulus*, Frontoclypeus (aus RUDOLPH 1974)
Abb. 116: *Agriotes acuminatus*, 8./9. Abdominalsegment, dorsal (aus DOLIN 1978)
Abb. 117: *Agriotes acuminatus*, Mandibel (aus RUDOLPH 1974)
Abb. 118: *Agriotes acuminatus*, Frontoclypeus (aus RUDOLPH 1974)
Abb. 119: *Agriotes sputator*, 8./9. Abdominalsegment, dorsal (aus DOLIN 1978)
Abb. 120: *Agriotes sputator*, Mandibel (aus KORSCHEFSKY 1941)
Abb. 121: *Agriotes sputator*, Frontoclypeus (aus RUDOLPH 1974)
Abb. 122: *Agriotes sputator*, 4. Abdominalsegment, dorsal (aus RUDOLPH 1974)

vollständig reduziert. Frons queroval, Basis abgerundet, niemals spitz (Abb. 124). Larve bodenbewohnend. Länge maximal 22 mm, Breite 1,9 mm. *brevis* CANDEZE

5 Mandibeln vor der Spitze verdickt, kein zusätzlicher Zahn vorhanden (Abb. 126). Spitzendorn des 9. Abdominalsegmentes lang. (Abb. 125, 129). 6

5* Mandibeln mit einem zusätzlichen Zahn zwischen Retinaculum und Spitze (Abb. 132, 136). Spitzendorn des 9. Abdominalsegmentes kurz (Abb. 131, 135). 7

6 Nasale über den Rand des Clypeus vorragend, Zähne gleichartig. Frons längsoval, an der Basis breit abgerundet (Abb. 127). 9. Abdominalsegment im Spitzendrittel scharf konisch verengt, glänzend, schwach gerun-

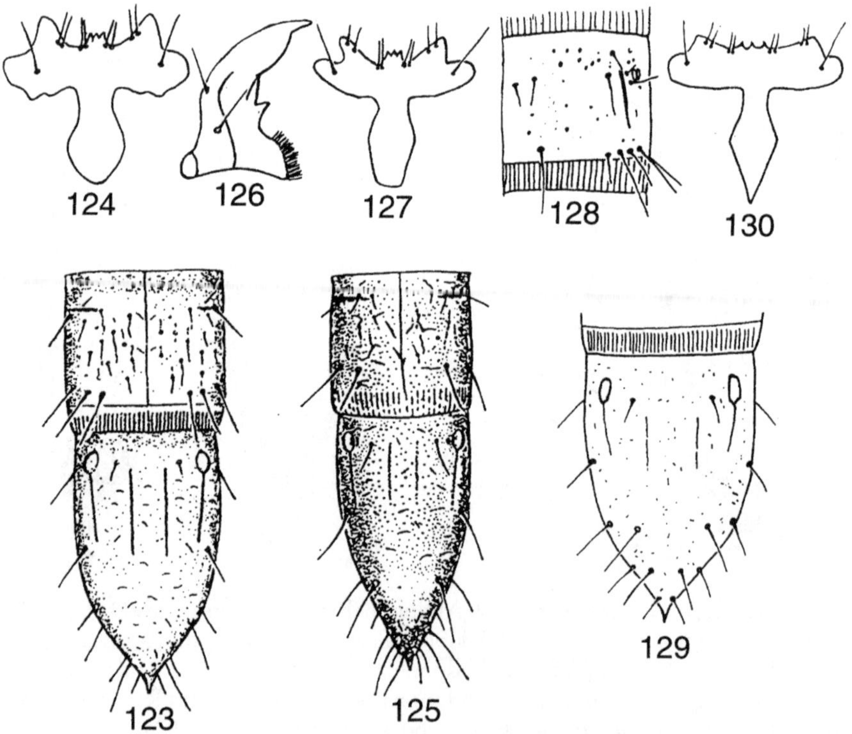

Abb. 123: *Agriotes brevis,* 8./9. Abdominalsegment, dorsal (aus DOLIN 1978)
Abb. 124: *Agriotes brevis,* Frontoclypeus (aus RUDOLPH 1974)
Abb. 125: *Agriotes ustulatus,* 8./9. Abdominalsegment, dorsal (aus DOLIN 1978)
Abb. 126: *Agriotes ustulatus,* Mandibel (aus RUDOLPH 1974)
Abb. 127: *Agriotes ustulatus,* Frontoclypeus (aus RUDOLPH 1974)
Abb. 128: *Agriotes ustulatus,* 4. Abdominalsegment, dorsal (aus RUDOLPH 1974)
Abb. 129: *Agriotes pilosellus,* 9. Abdominalsegment, dorsal (aus RUDOLPH 1974)
Abb. 130: *Agriotes pilosellus,* Frontoclypeus (aus RUDOLPH 1974)

zelt. Längsfurchen schwach entwickelt. Borstentragende Poren an der Spitze des 9. Abdominalsegmentes leicht hügelförmig umwallt (Abb. 125). Thorax- und Abdominaltergite, mit Ausschluß des 9. Abdominalsegmentes, mäßig grob und dicht punktiert, schwach gerunzelt, Basalteil glatt, Muskelgruben und Längsfurchen schwach ausgebildet (Abb. 128). Larve bodenbewohnend. Länge maximal 25 mm, Breite 1,9 mm. Kopfkapselbreite L_7 1,17, (1,18), 1,19 mm, L_8 1,43 mm.

ustulatus (SCHALLER)

6* Die Zähne des Nasale liegen dem Vorderrand des Clypeus direkt an. Frons schmal, lanzettförmig, Übergang zum Clypeus so breit wie das Nasale (Abb. 130). Borstentragende Poren an der Spitze des 9. Abdominalsegmentes nicht auf Hügeln stehend (Abb. 129). 9. Abdominalsegment schwach punktiert und gerunzelt. Laterales Längsfurchenpaar gut ausgebildet, mittleres undeutlich. Thoraxtergite dünn, Abdominaltergite gröber und dichter punktiert, nicht gerunzelt. Muskelgruben gut ausgeprägt, Seitenfurchen ebenfalls. Larve bodenbewohnend. Länge maximal 28 mm, Breite 2,3 mm. *pilosellus* (SCHÖNHERR)

(= *elongatus* (MARSHAM))

7 Tergite der Thorax- und Abdominalsegmente, mit Ausnahme des 9. Abdominalsegmentes, im mittleren Teil dicht und grob punktiert (Abb. 134). Muskelgruben deutlich sichtbar. 9. Abdominalsegment von der Basis an etwa 2/3 zylindrisch mit fast geraden Seiten, im Spitzendrittel stumpf konisch verengt (Abb. 131). Oberfläche des 9. Abdominalsegmentes glatt, glänzend, spärlich gerunzelt und gewöhnlich ohne Punkte. Längsfurchen gut ausgebildet. Der Spitzendorn fügt sich in die Flucht des 9. Abdominalsegmentes ein. Der zusätzliche Zahn der Mandibel steht deutlich ab und bildet mit dem Innenrand einen spitzen Winkel (etwa 60°) (Abb. 132). Larve im Boden, ernährt sich von Wurzeln. Länge maximal 27 mm, Breite 2,0 mm. Kopfkapselbreite L_1 0,24 mm, L_2 0,31, (0,35), 0,41 mm, L_3 0,43, (0,50), 0,56 mm, L_4 0,58, (0,66), 0,74 mm, L_5 0,76, (0,87), 0,96 mm, L_6 0,98, (1,09), 1,17 mm, L_7 1,19, (1,29), 1,39 mm, L_8 1,41, (1,55), 1,75 mm. *lineatus* (L.)

7* Tergite der Thorax- und Abdominalsegmente spärlich punktiert und nur dünn gerunzelt (Abb. 138). Muskelgruben kaum ausgebildet. 9. Abdominalsegment von der Mitte an deutlich konisch verengt, Seitenflächen leicht gebogen. Der Spitzendorn fügt sich nicht deutlich in die Flucht des 9. Abdominalsegmentes ein (Abb. 135). Der zusätzliche Zahn der Mandibel ragt nicht spitz vor, sondern bildet mit der Innenkante einen stumpfen Winkel (etwa 120°) (Abb. 136). Larve bodenbewohnend, ernährt sich von Wurzeln. Länge maximal 28 mm, Breite 2,0 mm. Kopfkapselbreite L_1 0,24, (0,28), 0,31 mm, L_2 0,32, (0,36), 0,41 mm, L_3 0,43, (0,50), 0,56 mm, L_4 0,58, (0,65), 0,74 mm, L_5 0,76, (0,81), 0,92 mm, L_6 0,94, (1,03), 1,14 mm, L_7 1,16 (1,30), 1,43 mm, L_8 1,45, (1,57), 1,68 mm.

obscurus (L.)

12. Gattung: *Betarmon* Kiesenwetter

Dolin (1978) beschrieb die Larve der einzigen mitteleuropäischen Art *Betarmon bisbimaculatus* (F.) (= *ferrugineus* (Scopoli)). Die Art kann am Bau der Mandibeln und den großen Warzen an der Spitze des 9. Abdominalsegments erkannt werden (Abb. 141, 142). Länge maximal 12,5 mm, Breite 1,1 mm.

13. Gattung: *Idolus* Desbrochers

Die Larve der einzigen mitteleuropäischen Art *Idolus picipennis* (Bach), wird durch die schlanken Mandibeln, die Beborstung der Kopfkapsel (Abb. 39) und den Bau des 9. Abdominalsegments charakterisiert (Abb. 143, 144). Sie lebt in Waldstreu. Länge maximal 15 mm, Breite 1,1 mm.

6. Unterfamilie: Adrastinae

Körper zylindrisch. Epicranialnaht ± deutlich. 3. Antennenglied fast doppelt so lang wie das 2. Tergite fast glatt, vorn und hinten mit einer Querreihe von 3–5 Borsten. 9. Abdominalsegment konisch zugespitzt.

Tabelle für die Gattungen (nach Rudolph 1974, Dolin 1978)

1 Tergit des 9. Abdominalsegmentes vor der Spitze mit einer deutlich abgehobenen grobquerrunzligen Fläche (Abb. 145). Mandibeln neben dem Retinaculum mit einem zusätzlichen Zahn an der Unterseite.
Synaptus Eschscholtz (S. 148)

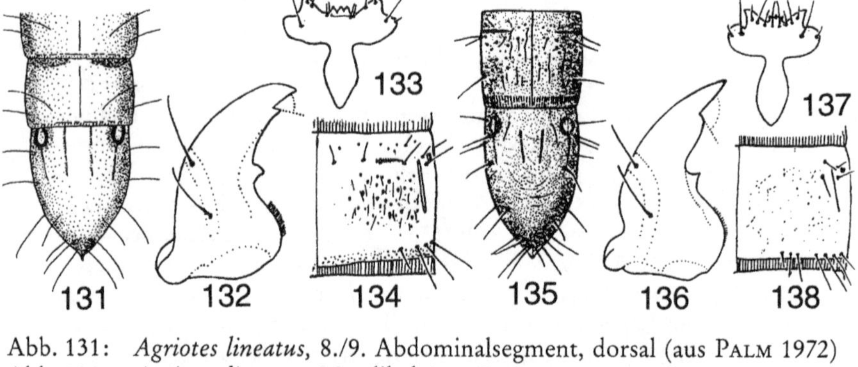

Abb. 131: *Agriotes lineatus,* 8./9. Abdominalsegment, dorsal (aus Palm 1972)
Abb. 132: *Agriotes lineatus,* Mandibel (aus Korschefsky 1941)
Abb. 133: *Agriotes lineatus,* Frontoclypeus (aus Rudolph 1974)
Abb. 134: *Agriotes lineatus,* 4. Abdominalsegment, dorsal (aus Rudolph 1974)
Abb. 135: *Agriotes obscurus,* 8./9. Abdominalsegment, dorsal (aus Dolin 1978)
Abb. 136: *Agriotes obscurus,* Mandibel (aus Korschefsky 1941)
Abb. 137: *Agriotes obscurus,* Frontoclypeus (aus Dolin 1978)
Abb. 138: *Agriotes obscurus,* 4. Abdominalsegment, dorsal (aus Rudolph 1974)

1* 9. Abdominalsegment ohne querrunzlige Fläche vor der Spitze, konisch zugespitzt (Abb. 147, 149, 151, 153, 154, 156, 159, 162). Mandibeln nur mit Retinaculum (Abb. 147, 150). 2

2 Borsten des 9. Abdominalsegmentes höchstens im Spitzendrittel auf hügelartig aufgeworfenen Poren sitzend (Abb. 149, 151, 153, 154, 156, 159, 162). *Adrastus* ESCHSCHOLTZ (S. 148)

2* Borsten des 9. Abdominalsegmentes auch im mittleren Drittel bereits auf tuberkelartig aufgeworfenen Poren sitzend (Abb. 147). *Silesis* CANDÈZE (? *Peripontius* GURJEVA) (S. 148)

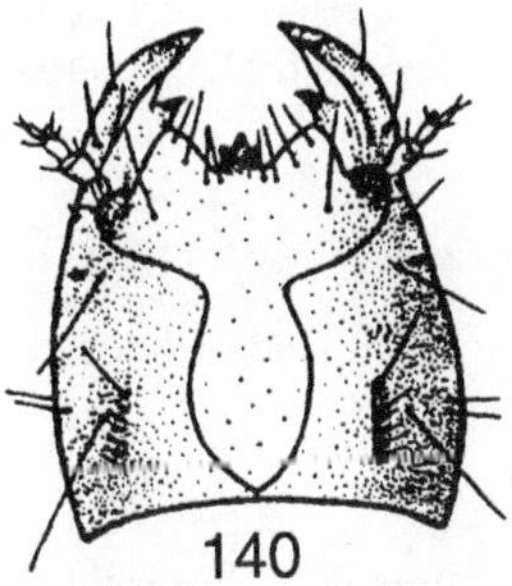
140

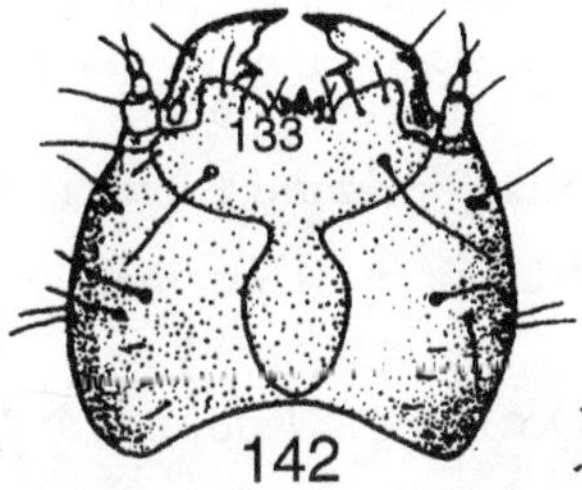

142

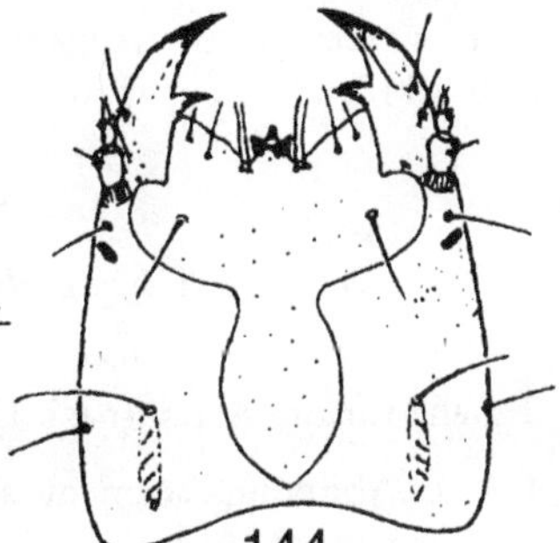
144

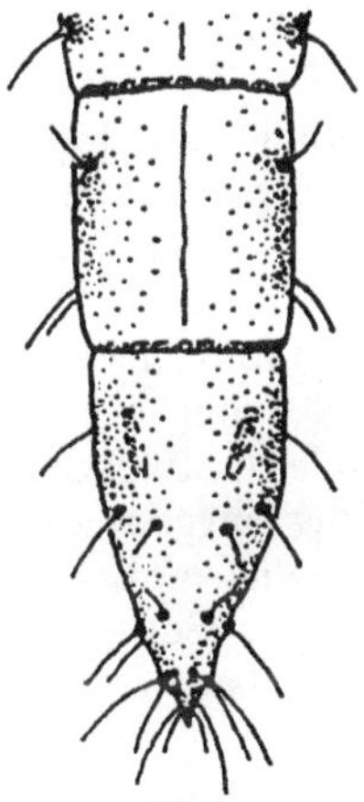
139

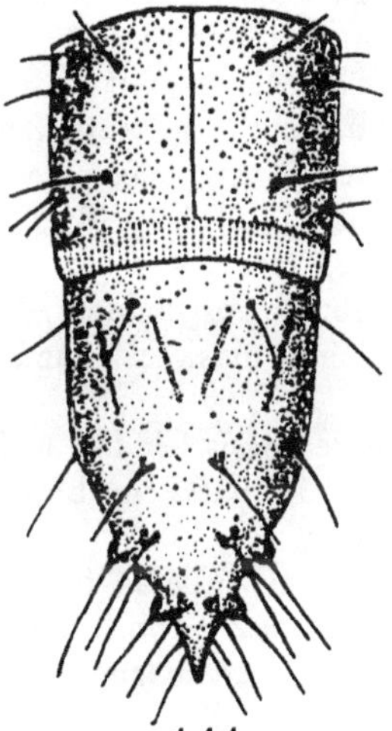
141

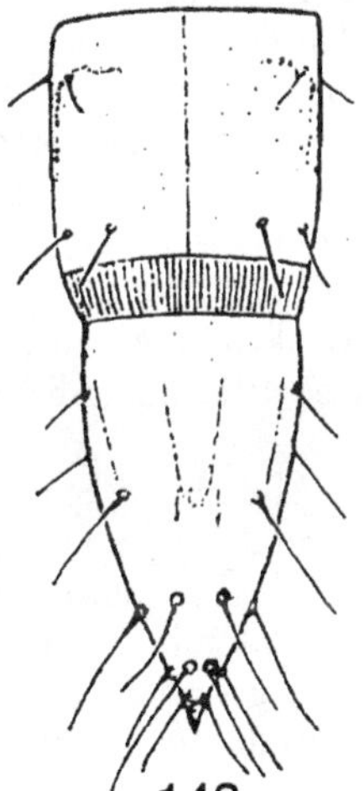
143

Abb. 139: *Dalopius marginatus,* 8./9. Abdominalsegment, dorsal (aus PALM 1972)
Abb. 140: *Dalopius marginatus,* Kopfkapsel, dorsal (aus DOLIN 1978)
Abb. 141: *Betarmon bisbimaculatus,* 8./9. Abdominalsegment, dorsal (aus DOLIN 1978)
Abb. 142: *Betarmon bisbimaculatus,* Kopfkapsel, dorsal (aus DOLIN 1978)
Abb. 143: *Idolus picipennis,* 8./9. Abdominalsegment, dorsal (aus DOLIN 1978)
Abb. 144: *Idolus picipennis,* Kopfkapsel, dorsal (aus DOLIN 1978)

14. Gattung: *Synaptus* Eschscholtz

Die Larve der einzigen mitteleuropäischen Art, *Synaptus filiformis* (Fabricius), kann an der querrunzligen Fläche des 9. Abdominalsegmentes und dem zusätzlichen Mandibelzahn erkannt werden (Abb. 38, 145, 146). Sie lebt in Böden von Wiesen. Länge maximal 22,5 mm, Breite 1,8 mm.

15. Gattung: *Silesis* Candèze
(? *Peripontius* Gurjeva)

Die Gattungsmerkmale der Tabelle sind wahrscheinlich auch auf die noch unbekannte Larve von *Peripontius terminatus* (Erichson) zutreffend, verwendet wurden aber nur die Angaben über *Silesis musculus* Candèze nach Dolin (1978) (Abb. 147, 148), die aber in Mitteleuropa nicht vorkommt.

16. Gattung: *Adrastus* Eschscholtz

Die Larven von *A. kryshtali* Dolin und *A. lacertosus* Erichson sind bisher unbekannt.

Tabelle für die Arten (nach Dolin 1978, Rudolph 1974)

1 9. Abdominalsegment an den Seiten abgerundet, allmählich konisch zugespitzt (Abb. 149, 151). 2

1* 9. Abdominalsegment ± gleichmäßig konisch verengt oder mit einem deutlichen Einzug vor der Mitte (Abb. 153). 3

2 Muskelgruben sind an allen Segmenten, mit Ausnahme des 1. Thoraxsegmentes gut ausgeprägt (Abb. 149). Frons kurz, lanzettförmig (Abb. 150). Larve im Boden von Wiesen. Länge maximal 12 mm, Breite 0,7 mm. Kopfkapselbreite L_5 0,35 mm, L_6 0,43, (0,48), 0,52 mm, L_7 0,56, (0,60), 0,63 mm, L_8 0,66, (0,70), 0,80 mm. *limbatus* (F.)

2* Muskelgruben sind nicht deutlich ausgebildet (Abb. 151). Frons länglich, lanzettförmig (Abb. 152). Länge maximal 9 mm, Breite 0,6 mm. *rachifer* (Fourcroy)

3 9. Abdominalsegment von der Basis her fast gleichmäßig langgestreckt konisch zugespitzt (Abb. 153). Larve in Böden von Wiesen. Länge maximal 8 mm, Breite 0,6 mm. *montanus* (Scopoli)

3* 9. Abdominalsegment nach dem vorderen Drittel stark (± stufenartig) verengt und dann konisch zugespitzt (Abb. 156–161). 4

4 9. Abdominalsegment knapp doppelt so lang wie an der Basis breit (Abb. 154, 155, 162). 5

4* 9. Abdominalsegment mehr als doppelt so lang wie an der Basis breit, bereits im vorderen Drittel mit konisch verengten Seiten, glatt, ohne deutlich ausgeprägte Querrunzeln (Abb. 156, 159). Der Abstand vom mittleren Borstenpaar bis zur Spitze des Sternits des 9. Abdominalsegmentes entspricht dem doppelten Abstand zwischen diesen Borsten (Abb. 157, 160). 6

5 9. Abdominalsegment vor der Verengung mit schwach gerundeten Seiten, zur Spitze hin sich allmählich verengend, mit kleinen konzentrischen Querrunzeln, die den konzentrischen Reihen der Borsten entsprechen

(Abb. 154). Das mittlere Borstenpaar auf der Ventralseite des 9. Abdominalsegmentes ist von der Spitze des Sternites soweit entfernt wie der Zwischenraum zwischen diesen Borsten breit ist (Abb. 155). Larve im Boden von Wiesen. Länge maximal 12 mm, Breite 0,8 mm.

pallens (FABRICIUS)

5* Seiten an der Basis des 9. Abdominalsegments gerade (Abb. 162).

binaghii LESEIGNEUR

6 Breiter Basalteil des 9. Abdominalsegments etwas länger (Abb. 156). Dorsallinie des 9. Abdominalsegments steiler nach hinten abfallend (Abb. 158). Länge maximal 12 mm. *axillaris* ERICHSON

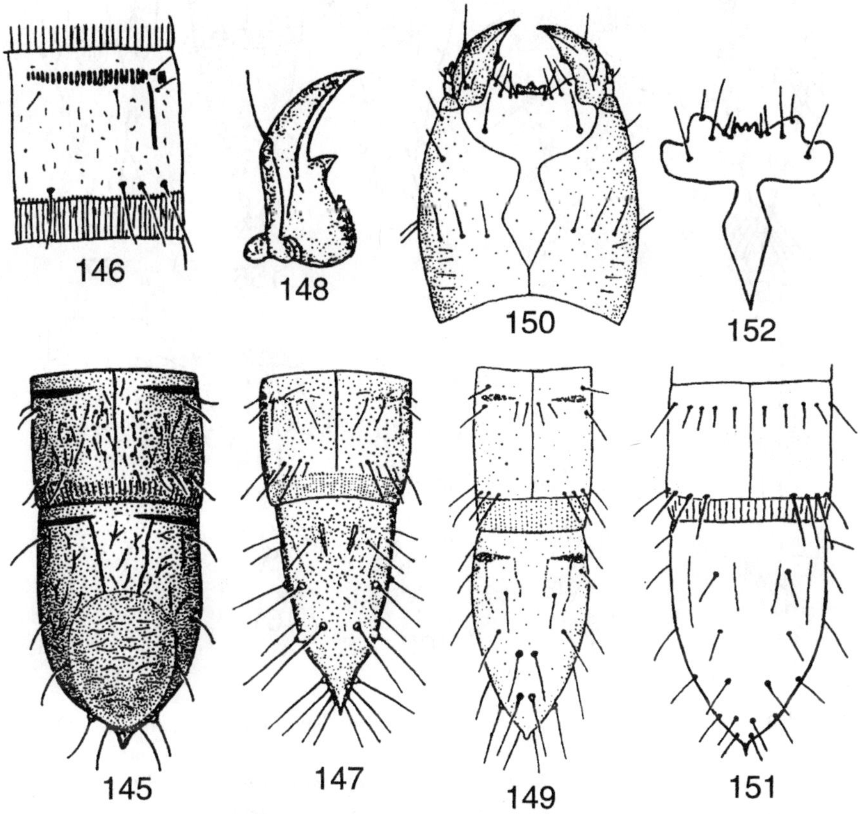

Abb. 145: *Synaptus filiformis*, 8./9. Abdominalsegment, dorsal (aus DOLIN 1978)
Abb. 146: *Synaptus filiformis*, 4. Abdominalsegment, dorsal (aus RUDOLPH 1974)
Abb. 147: *Silesis musculus*, 8./9. Abdominalsegment, dorsal (aus DOLIN 1978)
Abb. 148: *Silesis musculus*, Mandibel (aus DOLIN 1978)
Abb. 149: *Adrastus limbatus*, 8./9. Abdominalsegment, dorsal (aus DOLIN 1978)
Abb. 150: *Adrastus limbatus*, Kopfkapsel, dorsal (aus DOLIN 1978)
Abb. 151: *Adrastus rachifer*, 8./9. Abdominalsegment, dorsal (aus RUDOLPH 1974)
Abb. 152: *Adrastus rachifer*, Frontoclypeus (aus RUDOLPH 1974)

6* Breiter Basalteil des 9. Abdominalsegments etwas kürzer (Abb. 159). Dorsallinie des 9. Abdominalsegments ± gleichmäßig nach hinten abfallend (Abb. 161). Länge maximal 13 mm. *circassicus* REITTER

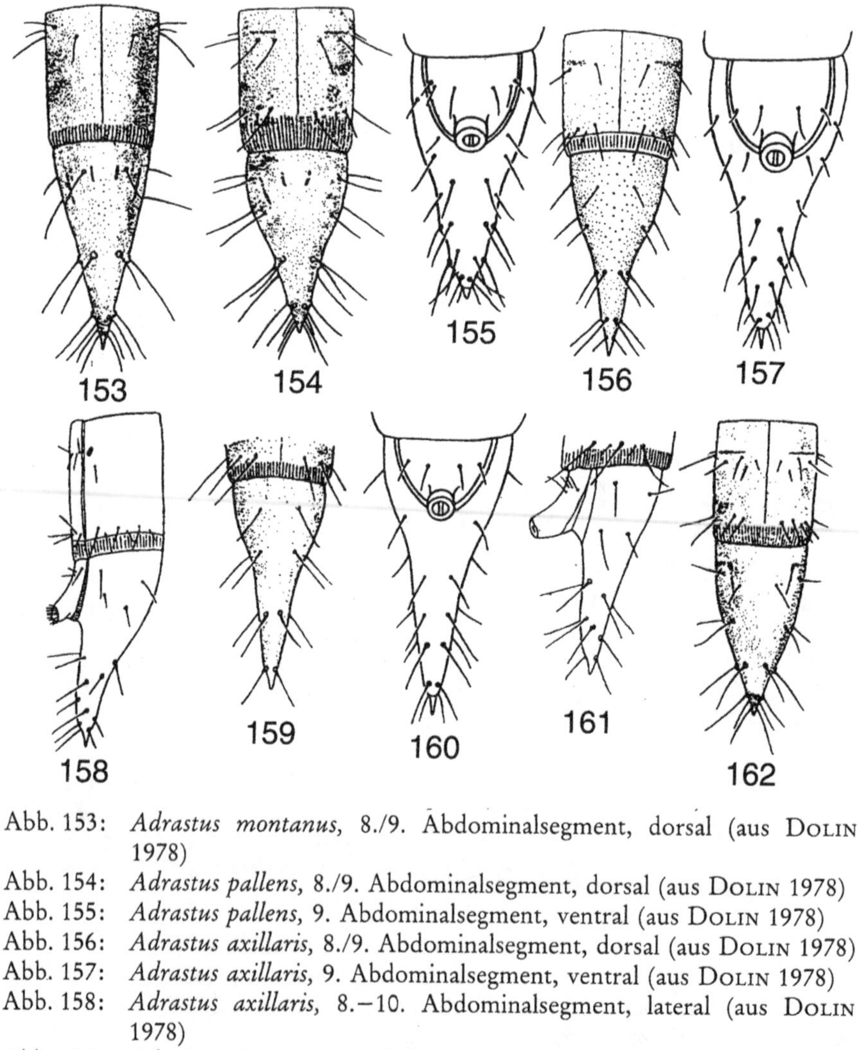

Abb. 153: *Adrastus montanus*, 8./9. Abdominalsegment, dorsal (aus DOLIN 1978)
Abb. 154: *Adrastus pallens*, 8./9. Abdominalsegment, dorsal (aus DOLIN 1978)
Abb. 155: *Adrastus pallens*, 9. Abdominalsegment, ventral (aus DOLIN 1978)
Abb. 156: *Adrastus axillaris*, 8./9. Abdominalsegment, dorsal (aus DOLIN 1978)
Abb. 157: *Adrastus axillaris*, 9. Abdominalsegment, ventral (aus DOLIN 1978)
Abb. 158: *Adrastus axillaris*, 8.–10. Abdominalsegment, lateral (aus DOLIN 1978)
Abb. 159: *Adrastus circassicus*, 9. Abdominalsegment, dorsal (aus DOLIN 1978)
Abb. 160: *Adrastus circassicus*, 9. Abdominalsegment, ventral (aus DOLIN 1978)
Abb. 161: *Adrastus circassicus*, 9./10. Abdominalsegment, lateral (aus DOLIN 1978)
Abb. 162: *Adrastus binaghii*, 8./9. Abdominalsegment, dorsal (aus DOLIN 1978)

7. Unterfamilie: Melanotinae

Körper sehr robust und stark chitinisiert, ± zylindrisch (Abb. 11). Nasale einzähnig. 9. Abdominalsegment an der Spitze abgeflacht, in 3 Zähnen endend, von denen der mittelste immer deutlich ausgebildet ist.

17. Gattung: *Melanotus* ESCHSCHOLTZ

Die Larve von *Melanotus castanipes* (PAYKULL) ist bisher unbekannt.

Tabelle für die Arten (nach HENRIKSEN 1913, 1966, VAN EMDEN 1945, DOLIN 1960, 1964, 1978, RUDOLPH 1974)

1 Muskelgruben des 9. Abdominalsegmentes ebenso lang, nur wenig schmaler als die des 8. Segmentes (Abb. 166–168). Querer Kiel am Vorderrand der Abdominalsternite nicht geradlinig (Abb. 169). 2

1* Muskelgruben des 9. Abdominalsegmentes sehr klein, kleiner als am vorhergehenden Segment, meist nur als kleiner Fleck oder gar nicht sichtbar (Abb. 163). Querer Kiel am Vorderrand des 2.–8. Sternits gerade (Abb. 164). 9. Abdominalsegment an den Seiten erweitert, erst von der Mitte ab zur Spitze hin enger werdend, terminaler Mittelzahn kurz, Seitenzähne undeutlich ausgeprägt, stumpf (Abb. 163). Larve meist im Boden, ernährt sich von Wurzeln. Länge maximal 35 mm, Breite 3,0 mm. Kopfkapselbreite L_6 1,88 mm, L_7 2,34 mm, L_8 2,72, (2,78), 2,83 mm. *brunnipes* (GERMAR)

2 Schaufelfläche des 9. Abdominalsegmentes querrunzlig und glänzend, ohne grobe Punkte (Abb. 165). Spitze des 9. Abdominalsegmentes mit 3 gut ausgebildeten Zähnen, der mittlere ist fingerförmig, die seitlichen annähernd rechtwinklig (Abb. 165). Larve in vermodertem, feuchtem Holz. Länge maximal 40 mm, Breite 3,3 mm. Kopfkapselbreite L_1 0,24 mm, L_2 0,40, (0,52), 0,63 mm, L_3 0,80, (0,89), 0,96 mm, L_4 1,08, (1,24), 1,36 mm, L_5 1,53, (1,62), 1,74 mm, L_6 1,81, (1,98), 2,06 mm, L_7 2,16, (2,29), 2,48 mm, L_8 2,62, (2,76), 2,83 mm. *rufipes* (HERBST)

2* Die Schaufelfläche des 9. Abdominalsegmentes mit gut sichtbaren groben Punkten bedeckt (Abb. 166–168). 3

3 Die gesamte dorsale Fläche des 9. Abdominalsegmentes ist dicht und regelmäßig punktiert (Abb. 166), an der Basis und den Seiten ist die Punktur spärlicher als im übrigen Teil. Der mittlere Zahn an der Spitze des 9. Abdominalsegmentes ist scharf, die seitlichen stumpfwinklig gerundet. Larven meist im Boden. Länge maximal 38 mm, Breite 2,9 mm. *crassicollis* (ERICHSON)

3* Die dorsale Fläche des 9. Abdominalsegmentes ist nur im Spitzendrittel grob und unregelmäßig punktiert (Abb. 167, 168). 4

4 Mittelzahn des 9. Abdominalsegmentes abgerundet, Seitenzähne nur schwach ausgebildet (Abb. 167). Larve bodenbewohnend, auch in morschem Holz. Länge maximal 35 mm, Breite 3,0 mm. *niger* (F.)

4* Mittelzahn des 9. Abdominalsegmentes spitz, Seitenzähne gerundet (Abb. 168). Länge maximal 35 mm. *tenebrosus* (ERICHSON)

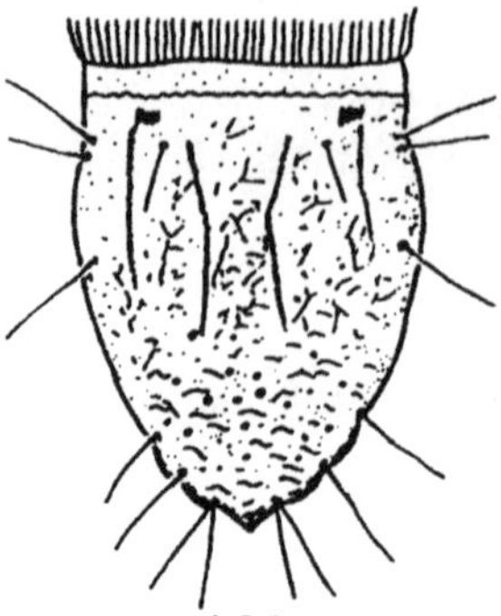

163

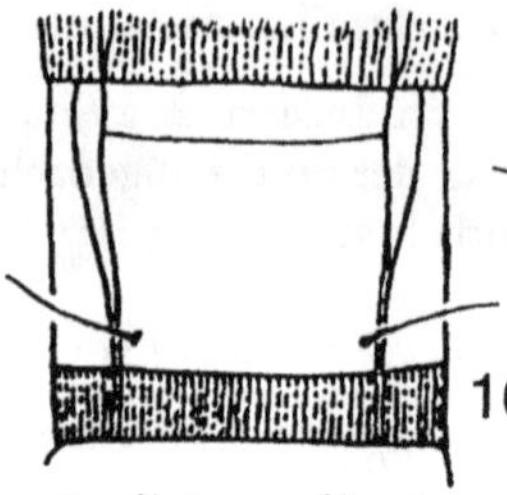

164

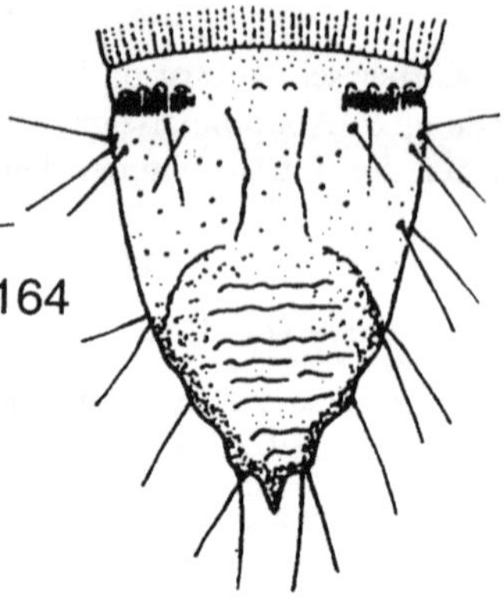

165

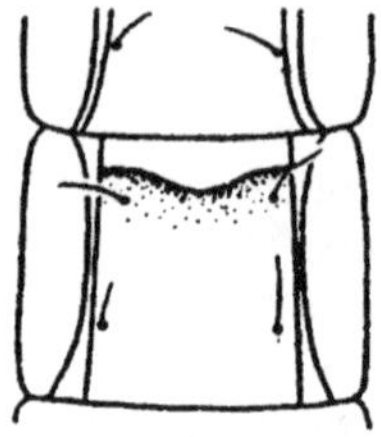

169

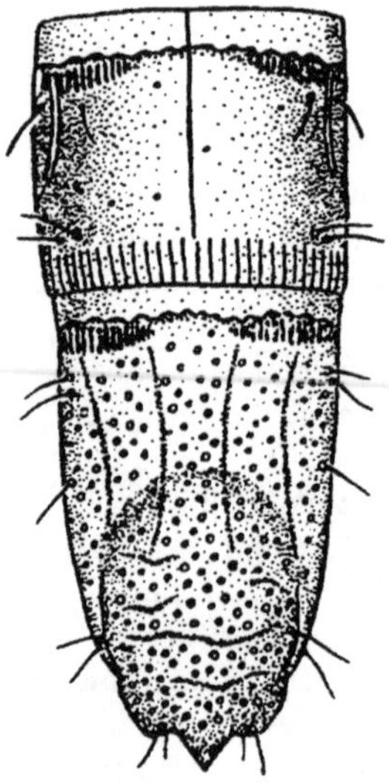

166

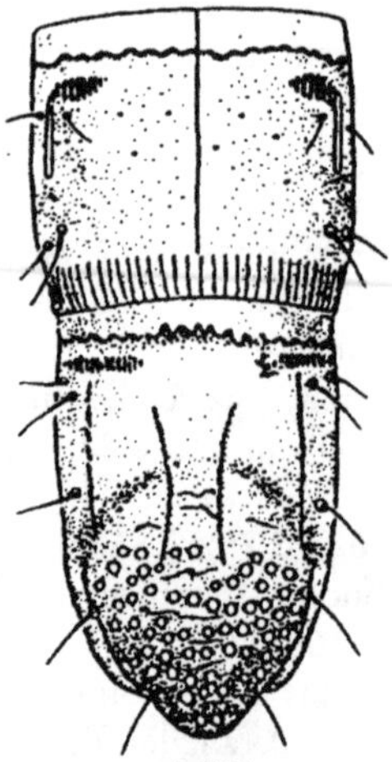

167

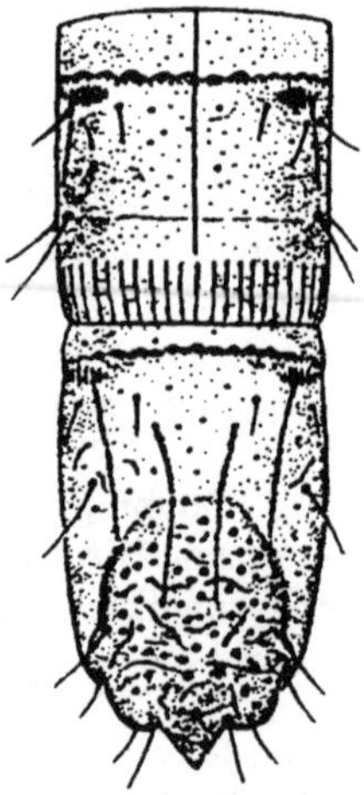

168

Abb. 163: *Melanotus brunnipes,* 9. Abdominalsegment, dorsal (aus RUDOLPH 1974)

Abb. 164: *Melanotus brunnipes,* 4. Abdominalsegment, ventral (aus RUDOLPH 1974)

Abb. 165: *Melanotus rufipes,* 9. Abdominalsegment, dorsal (aus RUDOLPH 1974)

Abb. 166: *Melanotus crassicollis,* 8./9. Abdominalsegment, dorsal (aus DOLIN 1978)

Abb. 167: *Melanotus niger,* 8./9. Abdominalsegment, dorsal (aus DOLIN 1978)

Abb. 168: *Melanotus tenebrosus,* 8./9. Abdominalsegment, dorsal (aus DOLIN 1978)

Abb. 169: *Melanotus brunnipes,* 2. Abdominalsegment, ventral (aus DOLIN 1978)

8. Unterfamilie: Conoderinae

Die Larven ähneln denen der Agrypninae weshalb sie auch als Tribus Monocrepidini zu diesen gestellt werden. Sie sind aber durch den Bau des Clypeus von dieser Unterfamilie zu trennen.

18. Gattung: *Drasterius* ESCHSCHOLTZ

Die Larve der einzigen mitteleuropäischen Art, *Drasterius bimaculatus* (ROSSI), ist über die Unterfamilientabelle erkennbar (Abb. 14, 17, 21). Die Larve ist bodenbewohnend. Länge maximal 10 mm. Kopfkapselbreite L_6 0,38 mm, L_7 0,43 mm, L_8 0,58, (0,59), 0,60 mm.

9. Unterfamilie: Agrypninae

Kopf, Prothorax und 9. Abdominalsegment deutlich stärker chitinisiert als der übrige Körper, dieser abgeflacht (Abb. 5). Nasale dreizähnig, Clypeus neben dem Nasale jederseits mit 5–7 Borsten. Mandibeln ohne Retinaculum. Tergite des 1.–8. Abdominalsegments ohne transversale und longitudinale Eindrücke. 9. Abdominalsegment mit gegabelten Urogomphi. 10. Abdominalsegment (Nachschieber) mit 2 Dornen.

Tabelle für die Gattungen (nach RUDOLPH 1974, DOLIN 1978)

1 Frons an der Basis breit abgerundet und erweitert (Abb. 180). Abgesetzte Fläche des 9. Abdominalsegmentes stark gerunzelt, Einbuchtung schmal, spitz zulaufend (Abb. 181). *Agrypnus* ESCHSCHOLTZ (S. 155)

1* Frons in Richtung zur Basis schmaler werdend, nicht erweitert (Abb. 171, 173, 175, 177, 179). Abgesetzte Fläche des 9. Abdominalsegmentes nicht gerunzelt, Einbuchtung ± breit gerundet (Abb. 170, 172, 174, 176, 178). *Lacon* CASTELNAU

19. Gattung: *Lacon* CASTELNAU

Die Larven leben carnivor unter verpilzter Borke und in morschem faulem Holz und Mulm besonders von Baumstümpfen.

Tabelle für die Arten (nach PALM 1972, RUDOLPH 1974, DOLIN 1978)

1 Terminaler Ausschnitt des 9. Abdominalsegmentes klein, höchstens halb so breit wie ein einzelner Urogomphus (Abb. 170, 172). Urogomphi kräftig, kurz, mehr als doppelt so breit wie lang, der Innenzahn ist nach innen gerichtet. 2

1* Terminaler Ausschnitt des 9. Abdominalsegmentes groß und tief, genauso breit oder breiter als ein einzelner Urogomphus. Urogomphi etwa doppelt so lang wie breit (Abb. 174, 176, 178), der Innenzahn ist kaum nach innen gerichtet. 3

2 Seiten des 9. Abdominalsegmentes vor der Basis der Urogomphi verlängert und vor dem hinteren Zahnpaar tief eingebuchtet, in der hinteren Hälfte nur mit 2 deutlichen, etwa gleich großen Zahnpaaren (Abb. 170). Frons stumpf (Abb. 171). In Nadelbäumen. Länge maximal 30 mm, Breite 4,3 mm. *fasciatus* (L.)

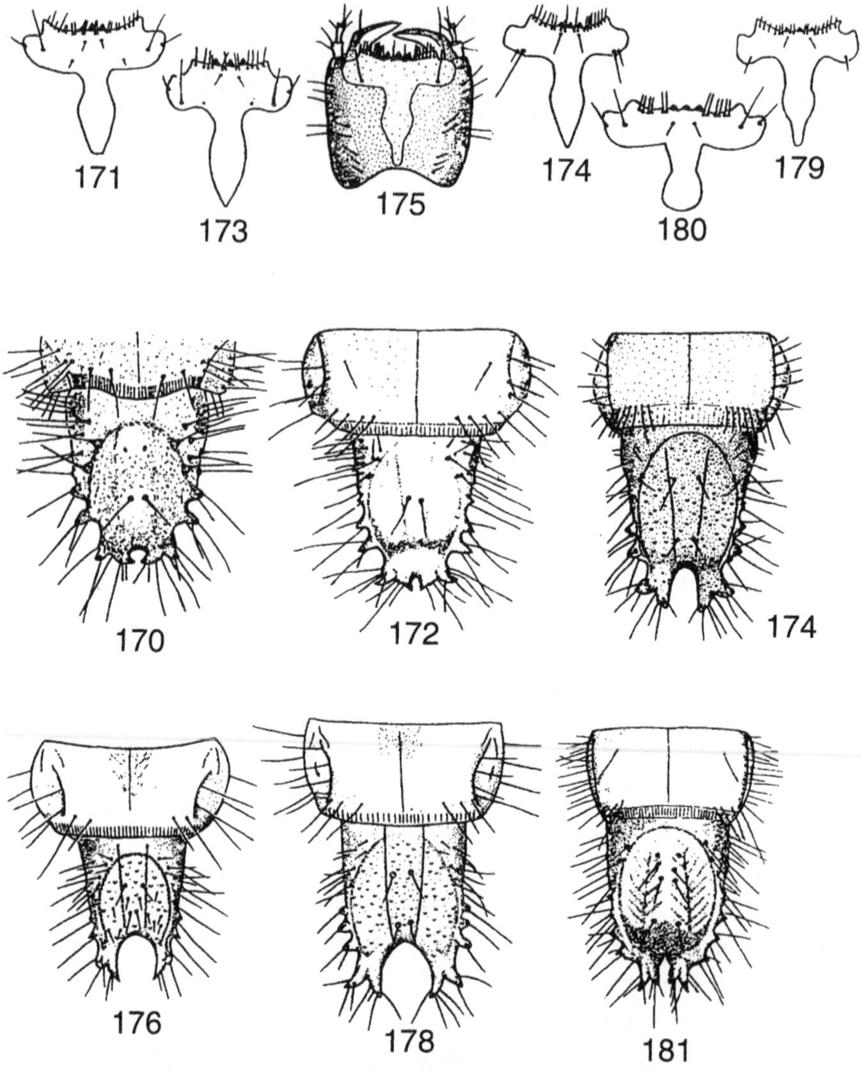

Abb. 170: *Lacon fasciatus,* 9. Abdominalsegment, dorsal (aus Rudolph 1974)
Abb. 171: *Lacon fasciatus,* Frontoclypeus (aus Rudolph 1974)
Abb. 172: *Lacon conspersus,* 8./9. Abdominalsegment, dorsal (aus Dolin 1978)
Abb. 173: *Lacon conspersus,* Frontoclypeus (aus Dolin 1978)
Abb. 174: *Lacon punctatus,* 8./9. Abdominalsegment, dorsal (aus Dolin 1978)
Abb. 175: *Lacon punctatus,* Kopfkapsel, dorsal (aus Dolin 1978)
Abb. 176: *Lacon querceus,* 8./9. Abdominalsegment, dorsal (aus Dolin 1978)
Abb. 177: *Lacon querceus,* Frontoclypeus (aus Dolin 1978)
Abb. 178: *Lacon lepidopterus,* 8./9. Abdominalsegment, dorsal (aus Dolin 1978)
Abb. 179: *Lacon lepidopterus,* Frontoclypeus (aus Dolin 1978)
Abb. 180: *Agrypnus murinus,* Frontoclypeus (aus Rudolph 1974)
Abb. 181: *Agrypnus murinus,* 8./9. Abdominalsegment, dorsal (aus Dolin 1978)

2* Seiten des 9. Abdominalsegmentes vor der Basis der Urogomphi nur schwach eingebuchtet, nicht verlängert. Die 3 Paar Seitenzähne des 9. Abdominalsegmentes verkleinern sich gleichmäßig zur Basis hin (Abb. 172). Frons spitz (Abb. 173). Länge maximal 30 mm.
conspersus (GYLLENHAL)

3 Terminaler Ausschnitt des 9. Abdominalsegmentes fast so breit wie ein Urogomphus (Abb. 174). Nasalplatte schwach ausgeprägt, die Zähne haben eine gemeinsame Basis (Abb. 175). Länge maximal 32 mm.
punctatus (HERBST)

3* Terminaler Ausschnitt des 9. Abdominalsegmentes deutlich breiter als ein einzelner Urogomphus (Abb. 176, 178). Nasalplatte nicht ausgeprägt, die 3 Zähne sind nicht durch eine gemeinsame chitinisierte Basis verbunden (Abb. 177, 179). 4

4 Hinterer Teil der Frons keilförmig zugespitzt (Abb. 177). Kopfkapsel an den Seiten in Längsrichtung mit starken rippenförmigen Erhebungen. Diskusförmige Fläche des 9. Abdominalsegmentes mit 6–10 Paar kleinen Borsten (Abb. 176). Terminale Einbuchtung rundbogenförmig. In alten Eichen. Länge maximal 22 mm, Breite 3,5 mm. Kopfkapselbreite L_4 ? 1,37 mm, L_5 1,88 mm. *querceus* (HERBST)

4* Hinterer Teil der Frons stark verschmälert und fingerförmig ausgezogen (Abb. 179). Kopfkapsel an den Seiten schwach gewölbt, ohne Rippen. Diskusförmige Fläche des 9. Abdominalsegmentes nur mit 2 Paar kräftig entwickelter Borsten (Abb. 178), terminale Einbuchtung spitzbogenförmig. In Fichtenholz. Länge maximal 28 mm, Breite 4,5 mm.
lepidopterus (PANZER)

20. Gattung: *Agrypnus* ESCHSCHOLTZ (= *Adelocera* LATREILLE)

Die Larve der einzigen mitteleuropäischen Art, *Agrypnus murinus* (L.) ist durch die Tabelle für die Gattungen erkennbar (Abb. 2, 18). Sie lebt räuberisch in humusreichen Böden. Länge maximal 32 mm, Breite 4,0 mm. Kopfkapselbreite L_1 0,68, (0,74), 0,77 mm, L_3 1,01, (1,08), 1,15 mm, L_4 1,57, (1,64), 1,71 mm, L_5 2,02, (2,13), 2,24 mm, L_6 2,41, (2,50), 2,60 mm, L_7 2,71, (2,92), 3,11 mm, L_8 3,18, (3,35), 3,59 mm.

10. Unterfamilie: Diminae

21. Gattung: *Dima* CHARPENTIER

Die Larve von *Dima elateroides* CHARPENTIER, der einzigen Art im Gebiet, besitzt lange, ungeteilte Urogomphi, an deren Basis sich lateral je 2 Zähne befinden (Abb. 16). Submentum annähernd dreieckig. Mandibeln ohne Retinaculum (Abb. 20). 10. Abdominalsegment (Nachschieber) mit 2 Dornen. Larve bodenbewohnend. Kopfkapselbreite L_7 1,37 mm, L_8 1,59 mm.

11. Unterfamilie: Ctenicerinae

Körper abgeflacht (Abb. 6). Mandibeln mit Retinaculum. Praesternit des Prothorax dreigeteilt (Abb. 28). Tergite der Abdominalsegmente mit transversalen und longitudinalen Impressionen, Hinterrand mit 3–7 in einer Querreihe stehenden Borsten. 9. Abdominalsegment mit verzweigten Urogomphi.

Tabelle für die Gattungen (nach Henriksen 1913, 1966, Korschefsky 1941, van Emden 1945, Palm 1972, Rudolph 1974, Dolin 1978)

1 Abdominalsegmente ohne Hyposternite (Abb. 187). 2

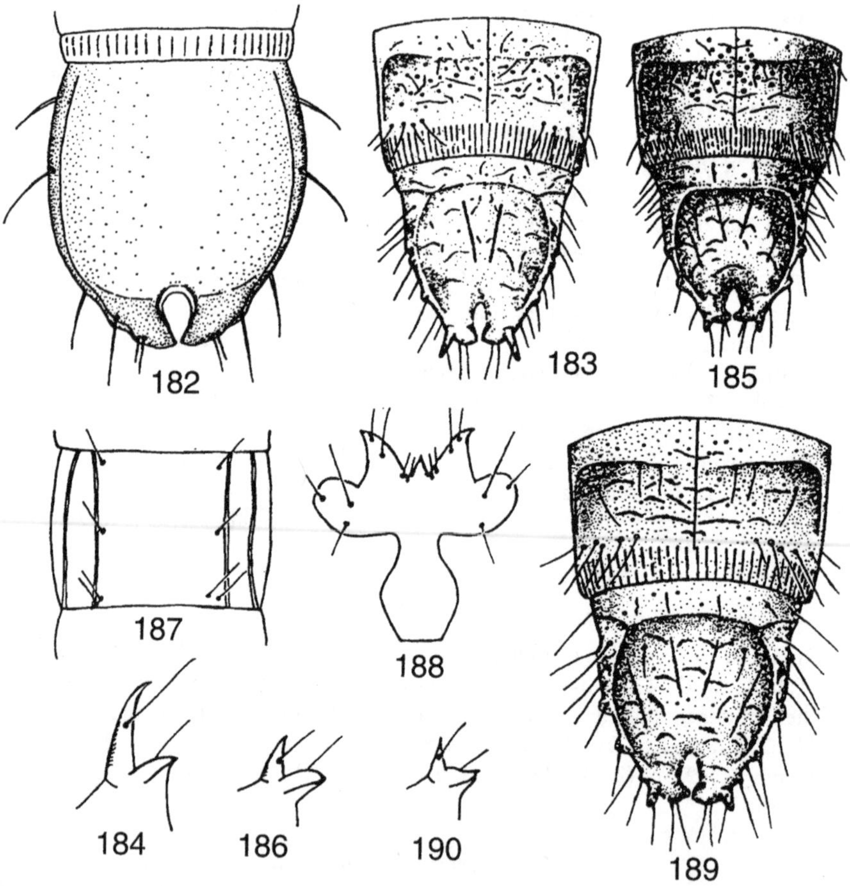

Abb. 182: *Orithales serraticornis*, 9. Abdominalsegment, dorsal (aus Palm 1972)
Abb. 183: *Ctenicera virens*, 8./9. Abdominalsegment, dorsal (aus Dolin 1978)
Abb. 184: *Ctenicera virens*, rechter Urogomphus, dorsal (aus Rudolph 1974)
Abb. 185: *Ctenicera cuprea*, 8./9. Abdominalsegment, dorsal (aus Dolin 1978)
Abb. 186: *Ctenicera cuprea*, rechter Urogomphus, dorsal (aus Rudolph 1974)
Abb. 187: *Ctenicera cuprea*, 5. Abdominalsegment, ventral (aus Rudolph 1974)
Abb. 188: *Ctenicera cuprea*, Frontoclypeus (aus Rudolph 1974)
Abb. 189: *Ctenicera pectinicornis*, 8./9. Abdominalsegment, dorsal (aus Dolin 1978)
Abb. 190: *Ctenicera pectinicornis*, rechter Urogomphus, dorsal (aus Rudolph 1974)

1* Hyposternite vorhanden (vgl. Abb. 29, 31). 5

2 Äußere Äste der Urogomphi klein, warzenförmig oder fehlend (Abb. 182, 234). 3

2* Äußere Äste der Urogomphi deutlich ausgebildet (Abb. 183–186, 189–191). 4

3 Auf dem 9. Abdominalsegment ist eine abgehobene Fläche gut ausgebildet und kaum punktiert, die terminale Aussparung ist durch die nach innen gebogenen Urogomphi ± verschlossen (Abb. 182). *Orithales* KIESENWETTER (S. 158)

3* Das 9. Abdominalsegment hat keine abgehobene Fläche, die dorsale Seite ist gewölbt und grob punktiert, die terminale Einbuchtung nicht durch innere Äste der Urogomphi ± völlig verschlossen (Abb. 234). *Paranomus* KIESENWETTER (S. 166)

4 Nasale einzähnig (Abb. 188). Tergite der Abdominalsegmente am Hinterrand außen mit je 5–6 Borsten in einer Querreihe (Abb. 183, 185, 189). *Ctenicera* LATREILLE (S. 158)

4* Nasale dreizähnig (Abb. 192). Abdominaltergite am Hinterrand außen nur mit je 3–4 Borsten in einer Querreihe (Abb. 191). *Liotrichus* KIESENWETTER (S. 159)

5 Stigmen des 8. Abdominalsegmentes im hinteren Drittel gelegen (Abb. 194). *Actenicerus* KIESENWETTER (S. 160)

5* Die Stigmen, auch des 8. Abdominalsegmentes liegen in der vorderen Hälfte (vgl. Abb. 31). 6

6 Der Vorderrand des Clypeus trägt beiderseits des Nasale eine Reihe von 6–8 Borsten, so daß an seinem Vorderrand eine dichte Bürste gebildet wird (Abb. 195, 198, 200, 202). 7

6* Der Vorderrand des Clypeus trägt keine zusätzlichen Borstenreihen (Abb. 205, 212, 214, 216, 219, 222, 224, 228, 233). 8

7 Distales Ende des 2. Antennengliedes mit 3–5 Sinnespapillen (Abb. 196). Frons lanzettförmig, nach hinten verengt, zugespitzt (Abb. 195). *Prosternon* LATREILLE (S. 160)

7* Distales Ende des 2. Antennengliedes nur mit einer Sinnespapille (Abb. 204). Frons nicht lanzettförmig, hinten ± breit abgerundet (Abb. 198, 200, 202). *Anostirus* THOMSON (S. 161)

8 Larven dicht behaart, die Länge vieler Borsten überschreitet die Breite des halben Körpers (Abb. 230–232). 9

8* Tergite nicht mit langen Haaren besetzt, die Länge der vorhandenen Borsten erreicht niemals die Breite des halben Körpers (Abb. 206). . . . 10

9 Äußere Äste der Urogomphi nur wenig kürzer als die inneren (Abb. 232). Fläche des 9. Abdominalsegmentes grob punktiert, terminale Einbuchtung so breit wie tief (Abb. 232). *Hypoganus* KIESENWETTER (S. 166)

9* Äußere Äste der Urogomphi zu Warzen reduziert, die Spitzen der inneren Äste sind abgerundet (Abb. 230), terminale Einbuchtung des 9. Abdominalsegmentes länglich, tiefer als breit. *Calambus* THOMSON (S. 166)

10 Terminale Einbuchtung des 9. Abdominalsegmentes weit offen, durch die inneren Äste der Urogomphi kaum eingeengt (Abb. 210, 211, 213, 215, 218, 221, 223, 226, 229). Mandibeln an der Innenseite nur mit einem Retinaculum (Abb. 212, 224). 11

10* Terminale Einbuchtung des 9. Abdominalsegmentes durch die inneren Äste der Urogomphi fast verschlossen (Abb. 207). Mandibeln zwischen dem Retinaculum und dem Incisivus mit einem weiteren Zahn (Abb. 208). *Haplotarsus* STEPHENS (S. 161)

11 Die terminale Aussparung des 9. Abdominalsegmentes nimmt mindestens ein Drittel der Länge des 9. Abdominalsegmentes ein (Abb. 210). Frons deutlich länger als breit, hinten stumpf abgeschnitten, Nasale einzähnig (Abb. 209). *Metanomus* BUYSSON (S. 161)

11* Die terminale Aussparung des 9. Abdominalsegmentes ist kürzer als ein Drittel der Länge des 9. Abdominalsegmentes (meist etwa 1/4) (Abb. 211, 213, 215, 218, 221, 223, 226, 229). Frons länger als breit und hinten abgerundet (Abb. 216, 219, 222, 224, 228) oder Frons kürzer als breit und hinten breit stumpf abgeschnitten (Abb. 212, 214). Nasale einzähnig (Abb. 212, 216, 219, 222) oder dreizähnig (Abb.) 214, 224, 228. *Selatosomus* STEPHENS (S. 161)

22. Gattung: *Orithales* KIESENWETTER

Die Larve der einzigen mitteleuropäischen Art, *Orithales serraticornis* (PAYKULL), ist an der winzigen, nur spaltförmigen Aussparung am 9. Abdominalsegment gut erkennbar (Abb. 13, 19, 24, 182). Sie wird in faulem Birkenholz gefunden. Länge maximal 13 mm, Breite 1,5 mm.

23. Gattung: *Ctenicera* LATREILLE

Das Nasale ist einzähnig. Die Tergite der Abdominalsegmente tragen am Hinterrand jederseits 5–6 Borsten in einer Querreihe.

Die Larve von *Ctenicera heyeri* (SAXESEN) ist unbekannt.

Tabelle für die Arten (nach HENRIKSEN 1913, 1966, KORSCHEFSKY 1941, VAN EMDEN 1945, DOLIN 1964, 1978, RUDOLPH 1974)

1 Die äußeren Äste der Urogomphi sind doppelt so lang wie die inneren, ± nach vorn gebogen und krallenförmig zugespitzt (Abb. 183, 184). Abgesetzte Fläche des 9. Abdominalsegmentes nur mit einem einzigen Längsfurchenpaar. Die Larve lebt pantophag (phytophag) in morschem Holz von Laub- und Nadelbäumen. Länge maximal 32 mm, Breite 4,0 mm. *virens* (SCHRANK)

1* Äußere Äste der Urogomphi nicht deutlich länger als die inneren, fast gerade mit vergleichsweise abgestumpfter Spitze (Abb. 185–188). Abgesetzte Fläche des 9. Abdominalsegmentes mit 2 Längsfurchenpaaren (Abb. 185, 187). 2

2 Tergite des Abdomens, besonders des 6.–8. Segmentes, im mittleren Teil kräftig und dicht punktiert (Abb. 185). Punkte nicht kleiner als die borstentragenden Poren an den Seiten der Tergite. Äußere Äste der Urogomphi konusförmig, gerade, zugespitzt, aber nicht gekrümmt (Abb. 186). Larve im Boden, phytophag an Pflanzenwurzeln. Länge maximal 25 mm, Breite 3,0 mm. Kopfkapselbreite L_3 0,56, (0,65), 0,73 mm, L_4 0,80, (0,84), 0,87 mm, L_5 1,06, (1,10), 1,15 mm, L_6 1,34, (1,43), 1,48 mm, L_7 1,60, (1,74), 1,85 mm, L_8 2,06, (2,17), 2,39 mm. *cuprea* F.

2* Abdominaltergite schwächer punktiert, die Punkte im vorderen Drittel der Tergite sind bedeutend kleiner als die borstentragenden Poren (Abb. 187). Äußere Äste der Urogomphi länglich zylindrisch mit etwas gebogenen Spitzen (Abb. 188). Larve bodenbewohnend, ernährt sich von Wurzeln. Länge maximal 28 mm, Breite 3,0 mm. Kopfkapselbreite L_8 2,20 mm. *pectinicornis* (L.)

24. Gattung: *Liotrichus* Kiesenwetter

Die Larve der einzigen mitteleuropäischen Art, *Liotrichus affinis* (Paykull), ist am dreizähnigen Nasale und den tergiten der Abdominalsegmente, die an ihrem Hinterrand nur 3–4 Borsten in einer Querreihe tragen, erkennbar (Abb. 191, 192). Sie lebt in der Erde. Länge maximal 15 mm, Breite 3,0 mm.

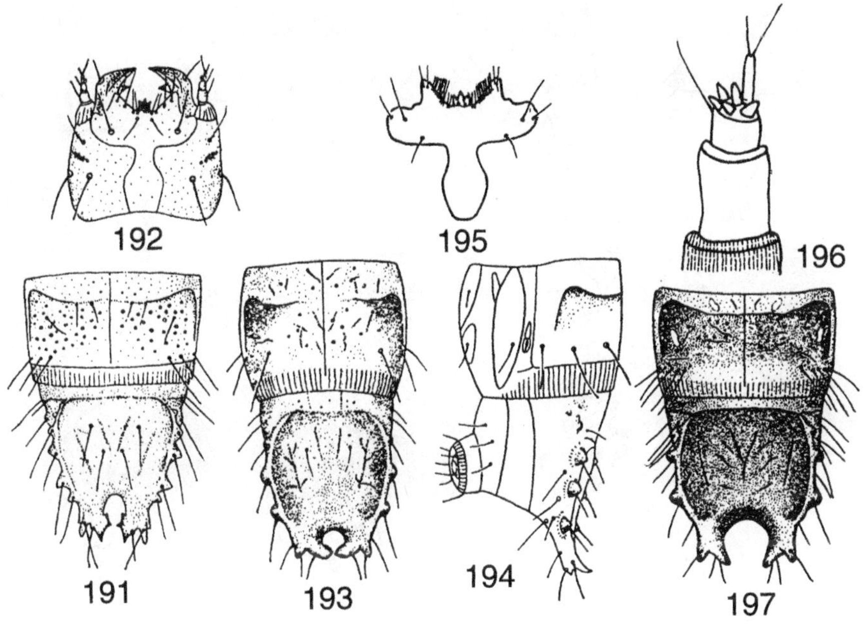

Abb. 191: *Liotrichus affinis,* 8./9. Abdominalsegment, dorsal (aus Dolin 1978)
Abb. 192: *Liotrichus affinis,* Kopfkapsel, dorsal (aus Dolin 1978)
Abb. 193: *Actenicerus sjaelandicus,* 8./9. Abdominalsegment, dorsal (aus Dolin 1978)
Abb. 194: *Actenicerus sjaelandicus,* 8.–10. Abdominalsegment, lateral (aus Dolin 1978)
Abb. 195: *Prosternon tesselatum,* Frontoclypeus (aus Rudolph 1974)
Abb. 196: *Prosternon tesselatum,* Antenne (aus Rudolph 1974)
Abb. 197: *Prosternon tesselatum,* 8./9. Abdominalsegment, dorsal (aus Dolin 1978)

25. Gattung: *Actenicerus* Kiesenwetter

Die Larve der einzigen mitteleuropäischen Art, *Actenicerus sjaelandicus* (Müller), besitzt Hyposternite, gleichzeitig liegen die Stigmen des 8. Abdominalsegments im hinteren Drittel (Abb. 193, 194). Sie ist bodenbewohnend und lebt von Wurzeln. Länge maximal 25 mm, Breite 3,0 mm. Kopfkapselbreite L_4 1,03 mm, L_6 1,52, (1,56), 1,59 mm, L_7 1,85, (2,08), 2,16 mm.

26. Gattung: *Prosternon* Latreille

Da die Larve von *Prosternon chrysocomum* (Germar) unbekannt ist, beziehen sich die Angaben in der Gattungstabelle auf *P. tesselatum* (L.) (Abb. 195–197). Diese Art lebt necrophag und carnivor in faulem Holz, auch in Waldstreu. Länge maximal 22 mm, Breite 3,0 mm. Kopfkapselbreite L_2 0,45 mm, L_4 0,80, (0,85), 0,89 mm, L_5 1,04, (1,15), 1,19 mm, L_6 1,27, (1,32), 1,36 mm, L_7 1,48, (1,61), 1,77 mm, L_8 1,85, (1,99), 2,17 mm.

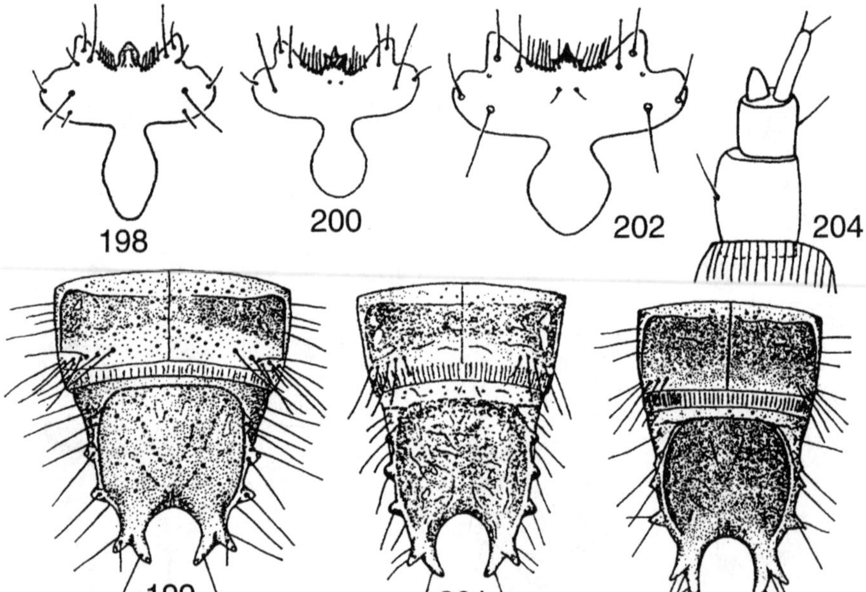

Abb. 198: *Anostirus globicollis*, Frontoclypeus (aus Dolin 1978)
Abb. 199: *Anostirus globicollis*, 8./9. Abdominalsegment, dorsal (aus Dolin 1978)
Abb. 200: *Anostirus castaneus*, Frontoclypeus (aus Dolin 1978)
Abb. 201: *Anostirus castaneus*, 8./9. Abdominalsegment, dorsal (aus Dolin 1978)
Abb. 202: *Anostirus purpureus*, Frontoclypeus (aus Dolin 1978)
Abb. 203: *Anostirus purpureus*, 8./9. Abdominalsegment, dorsal (aus Dolin 1978)
Abb. 204: *Anostirus purpureus*, Antenne (aus Rudolph 1974)

27. Gattung: *Anostirus* Thomson

Die Larve von *Selatosomus globicollis* (Germar) gehört in diese Gattung (nach Dolin 1964: *Anostirus (Pseudanostirus) globicollis*). Von *A. gracilicollis* (Stierlin), *A. reissi* Reitter, *A. sulphuripennis* (Germar) und *A. zenii* (Rosenhauer) sind die Larven unbekannt, so daß die Bestimmungstabelle als provisorisch angesehen werden muß.

Tabelle für die Arten (nach Korschefsky 1941, Dolin 1964, 1978, Rudolph 1974)

1 Nasale einzähnig, breit keilförmig. Frons fast doppelt so lang wie breit (Abb. 198). Larve im Boden. Länge maximal 22 mm, Breite 3,5 mm. *globicollis* (Germar)

1* Nasale dreizähnig, Frons weniger als 1,5mal so lang wie breit (Abb. 200, 202). 2

2 Abdominaltergite lateral mit je 2 gut sichtbaren länglichen helleren Flecken (Abb. 201). Urogomphi maximal halb so lang wie die abgesetzte Fläche des 9. Abdominalsegmentes, terminale Aussparung nicht oder nur etwas länger als breit, die Öffnung ist leicht eingeengt (Abb. 201). Larve in morschem Wurzelholz, auch Wurzelballen und im Boden. Länge maximal 20 mm, Breite 2,8 mm. *castaneus* (L).

2* Abdominaltergite ohne hellere Flecken an den Seiten (Abb. 203). Urogomphi länger (2/3 der Länge der abgesetzten Fläche des 9. Abdominalsegmentes), terminale Aussparung 1,5mal länger als breit, Mündung nicht eingeengt (Abb. 203). Larve in faulem Wurzelwerk von Laubbäumen. Länge maximal 20 mm, Breite 2,7 mm. *purpureus* (Poda)

28. Gattung: *Haplotarsus* Stephens

Die Larve von *Haplotarsus incanus* (Gyllenhal) gehört larvalsystematisch nach van Emden (1945) in die Gattung *Selatosomus* Stephens und wird dort abgehandelt. *H. angustulus* (Kiesenwetter) besitzt kurze äußere Äste der Urogomphi, einen Zusatzzahn neben dem Retinaculum und eine längliche Frons (Abb. 205–208). Auf diese Art beziehen sich die Angaben in der Tabelle für die Gattungen. Sie lebt in der Streu von Böden montaner Wälder. Länge maximal 13 mm, Breite 1,3 mm.

29. Gattung: *Metanomus* Buysson

Die Larve der einzigen mitteleuropäischen Art, *Metanomus infuscatus* (Eschscholtz), ist an der tiefen Aussparung des 9. Abdominalsegmentes erkennbar (Abb. 209, 210). Larve bodenbewohnend. Länge maximal 15 mm.

30. Gattung: *Selatosomus* Stephens

Die Larve von *Selatosomus depressus* (Germar) ist unbekannt.

Tabelle für die Arten (nach Dolin 1964, 1978, Rudolph 1974)

1 Fläche des 9. Abdominalsegmentes gewölbt, mit 2–4 Borstenpaaren (Abb. 211, 213), seitlicher kielförmiger Rand schwach ausgebildet. Frons

fast doppelt so breit wie lang (Abb. 212, 214). 2

1* Fläche des 9. Abdominalsegmentes eben oder ausgehöhlt, höchstens mit 1–2 Borstenpaaren oder ohne solche, seitlicher kielförmiger Rand der Fläche stark aufgeworfen, mit 3–4 groben chitinisierten Hügeln (Abb. 215, 218, 221, 223, 226, 229). Frons nicht oder nur bis 1,5mal breiter als lang (Abb. 216, 219, 222, 224, 228). 3

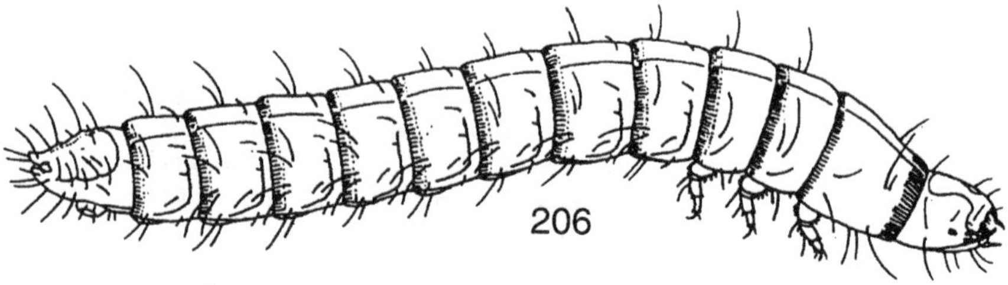
206

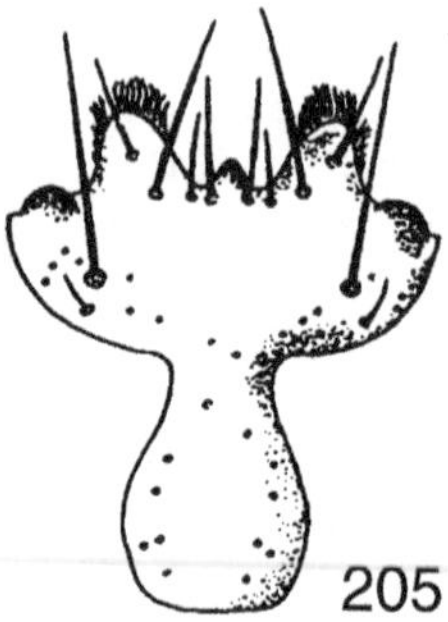
205

208

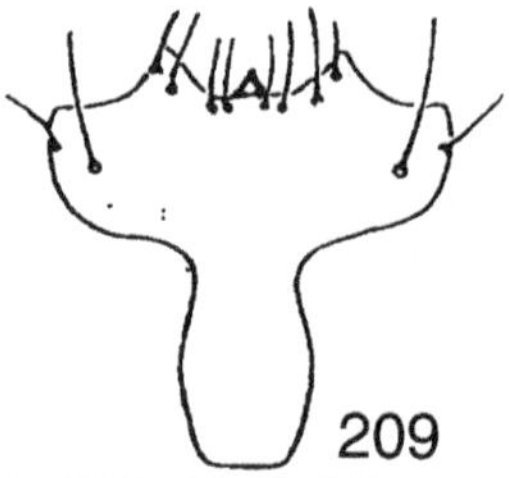
209

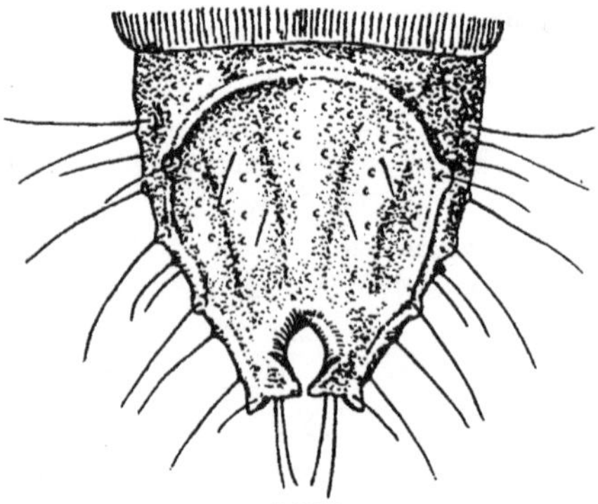
207

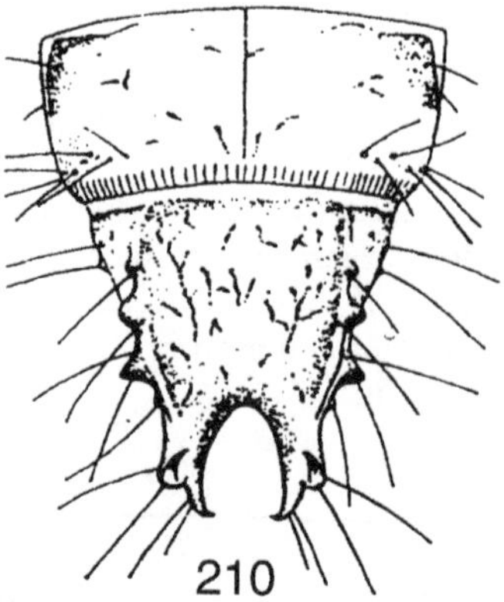
210

Abb. 205: *Haplotarsus angustulus,* Frontoclypeus (aus Burakowski 1971)
Abb. 206: *Haplotarsus angustulus,* Habitus, lateral (aus Burakowski 1971)
Abb. 207: *Haplotarsus angustulus,* 9. Abdominalsegment, dorsal (aus Burakowski 1971)
Abb. 208: *Haplotarsus angustulus,* Mandibel (aus Burakowski 1971)
Abb. 209: *Metanomus infuscatus,* Frontoclypeus (aus Dolin 1978)
Abb. 210: *Metanomus infuscatus,* 8./9. Abdominalsegment, dorsal (aus Dolin 1978)

2 Nasale einzähnig, mit je einem kleinen Zähnchen an den Seiten (Abb. 212). Seitenrand der Fläche des 9. Abdominalsegmentes mit je 3–5 kleinen borstentragenden Hügeln (Abb. 211). Larve räuberisch im Boden, in faulem Holz, auch in Pilzen. Länge maximal 25 mm, Breite 3,0 mm. *cruciatus* (L.)

2* Nasale deutlich dreizähnig (Abb. 214). Seitenrand des 9. Abdominalsegmentes (nicht der abgesetzten Fläche) mit 2–3 kräftigeren borstentragenden Hügeln (Abb. 213). Larve bodenbewohnend. Länge maximal 18 mm, Breite 3,2 mm. *melancholicus* (FABRICIUS)

3 Nasale einzähnig, keilförmig (Abb. 216, 219, 222). 4

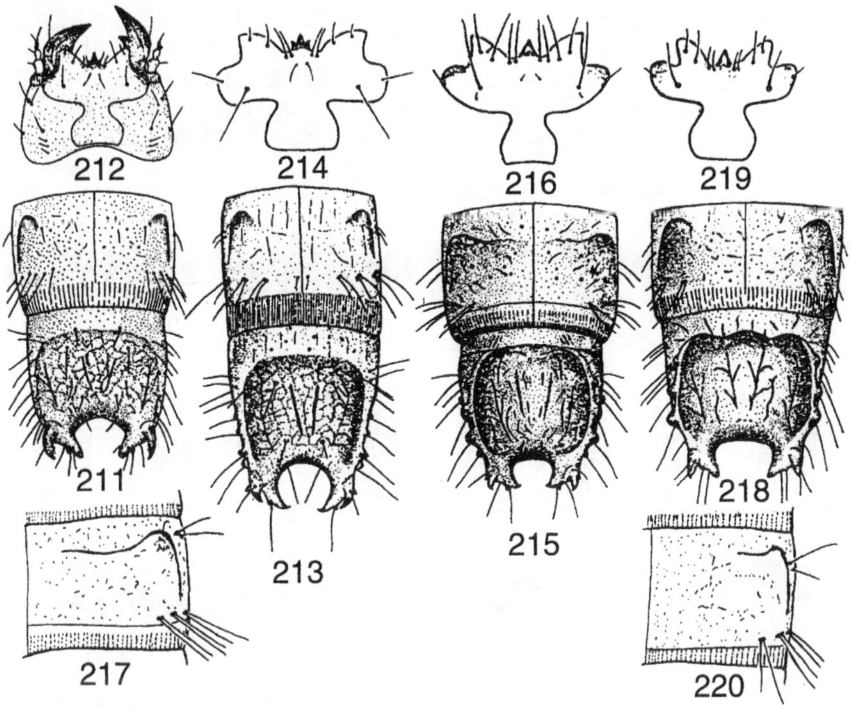

Abb. 211: *Selatosomus cruciatus,* 8./9. Abdominalsegment, dorsal (aus DOLIN 1978)
Abb. 212: *Selatosomus cruciatus,* Kopfkapsel, dorsal (aus DOLIN 1978)
Abb. 213: *Selatosomus melancholicus,* 8./9. Abdominalsegment, dorsal (aus Dolin 1978)
Abb. 214: *Selatosomus melancholicus,* Frontoclypeus (aus DOLIN 1978)
Abb. 215: *Selatosomus latus,* 8./9. Abdominalsegment, dorsal (aus DOLIN 1978)
Abb. 216: *Selatosomus latus,* Frontoclypeus (aus DOLIN 1978)
Abb. 217: *Selatosomus latus,* Mesothorax, dorsal (aus RUDOLPH 1974)
Abb. 218: *Selatosomus aeneus,* 8./9. Abdominalsegment, dorsal (aus DOLIN 1978)
Abb. 219: *Selatosomus aeneus,* Frontoclypeus (aus DOLIN 1978)
Abb. 220: *Selatosomus aeneus,* Mesothorax, dorsal (aus RUDOLPH 1974)

3* Nasale dreizähnig (Abb. 224, 228). 6

4 Fläche des 9. Abdominalsegmentes mit einem Borstenpaar im vorderen Drittel (Abb. 215). Der transversale kielförmige Saum am Vorderrand der Abdominalsegmente erstreckt sich meistens bis über die Mitte jeder Hälfte der Tergite hinaus, am 8. Segment erreicht er fast die Mittellinie (Abb. 217). Larve bodenbewohnend, ernährt sich von Wurzeln. Länge maximal 25 mm, Breite 3,3 mm. Kopfkapselbreite L_6 1,69, (1,74), 1,79 mm, L_7 1,90, (2,03), 2,16 mm, L_8 2,60 mm. *latus* (FABRICIUS)

4* Fläche des 9. Abdominalsegmentes ohne Borstenpaar (Abb. 218, 221). Der transversale kielförmige Saum am Vorderrand der Abdominaltergite überschreitet nicht die Mitte der Tergithälften, auch nicht auf dem 8. Abdominalsegment (Abb. 220). 5

5 Terminale Einbuchtung des 9. Abdominalsegmentes breiter als tief, Basis gerade, breiter als die Dicke eines einzigen Urogomphus (Abb. 218). Larve im Boden, ernährt sich von Wurzeln. Länge maximal 25 mm, Breite 3,3 mm. Kopfkapselbreite L_5 1,12 mm, L_8 1,99, (2,09), 2,31 mm. *aeneus* (L.)

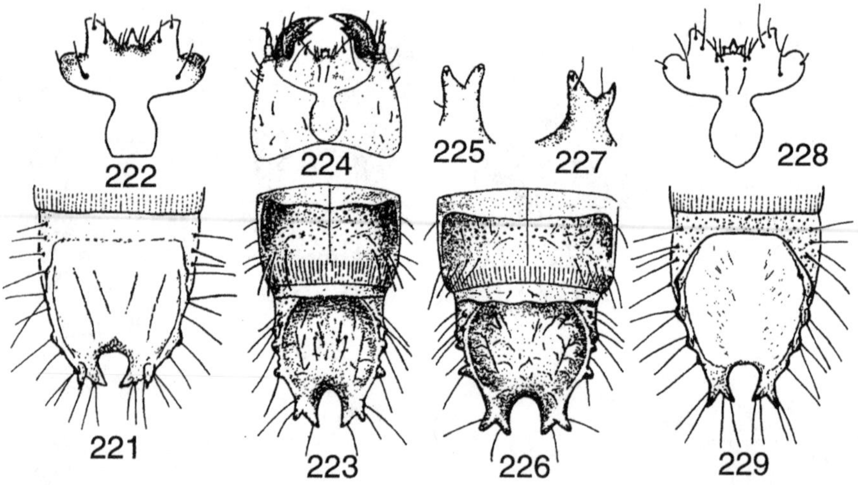

Abb. 221: *Selatosomus rugosus,* 9. Abdominalsegment, dorsal (aus RUDOLPH 1974)
Abb. 222: *Selatosomus rugosus,* Frontoclypeus (aus DOLIN 1978)
Abb. 223: *Selatosomus impressus,* 8./9. Abdominalsegment, dorsal (aus DOLIN 1978)
Abb. 224: *Selatosomus impressus,* Kopfkapsel, dorsal (aus DOLIN 1978)
Abb. 225: *Selatosomus impressus,* rechter Urogomphus, dorsal (aus DOLIN 1978)
Abb. 226: *Selatosomus nigricornis,* 8./9. Abdominalsegment, dorsal (aus DOLIN 1978)
Abb. 227: *Selatosomus nigricornis,* rechter Urogomphus, dorsal (aus DOLIN 1978)
Abb. 228: *Selatosomus nigricornis,* Frontoclypeus (aus DOLIN 1978)
Abb. 229: *Selatosomus incanus,* 9. Abdominalsegment, dorsal (aus RUDOLPH 1974)

5* Terminale Einbuchtung des 9. Abdominalsegmentes von den Urogomphi verengt, etwas tiefer als breit, nicht oder nur etwas breiter als die Dicke eines einzigen Urogomphus (Abb. 221). Larve im Boden alpiner Grasheiden. Länge maximal 25 mm, Breite 3,3 mm. *rugosus* (GERMAR)

6 Nasale mit 3 gleichlangen Zähnen (Abb. 224). Äußere und innere Äste der Urogomphi fast gleichlang (Abb. 225), Fläche des 9. Abdominalseg-

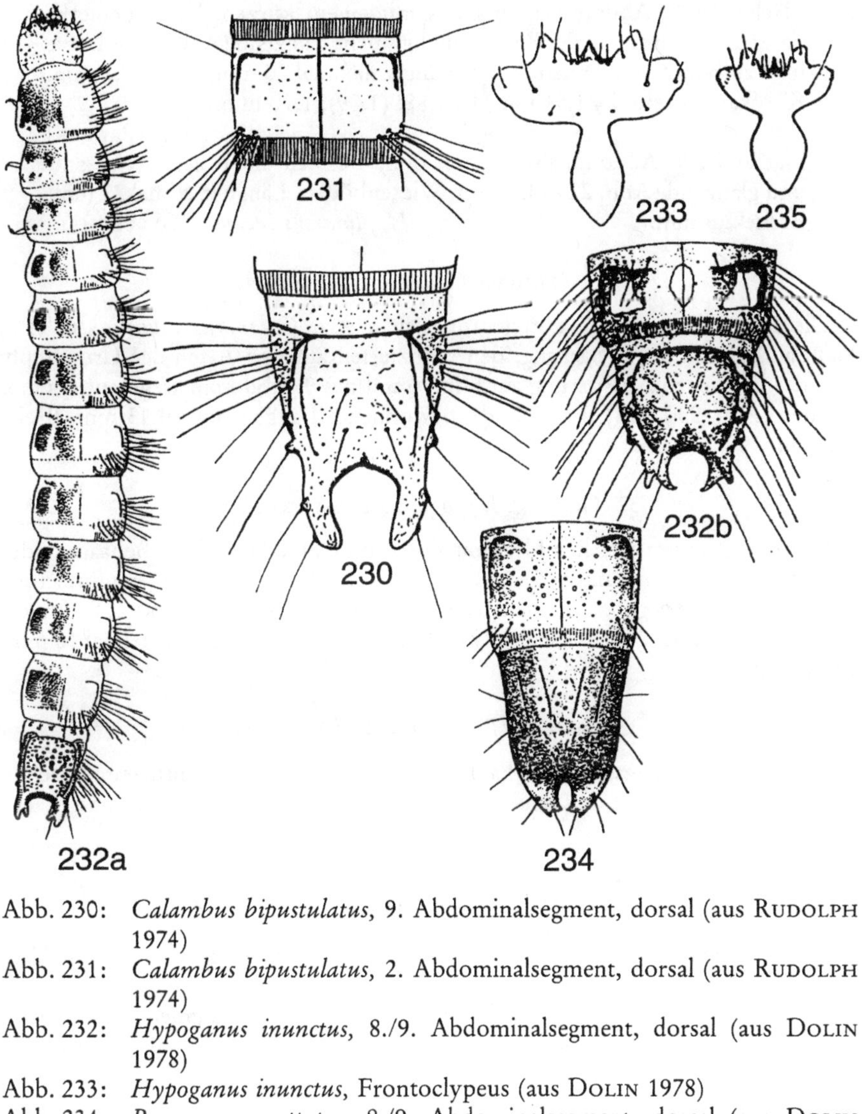

Abb. 230: *Calambus bipustulatus,* 9. Abdominalsegment, dorsal (aus RUDOLPH 1974)

Abb. 231: *Calambus bipustulatus,* 2. Abdominalsegment, dorsal (aus RUDOLPH 1974)

Abb. 232: *Hypoganus inunctus,* 8./9. Abdominalsegment, dorsal (aus DOLIN 1978)

Abb. 233: *Hypoganus inunctus,* Frontoclypeus (aus DOLIN 1978)

Abb. 234: *Paranomus guttatus,* 8./9. Abdominalsegment, dorsal (aus DOLIN 1978)

Abb. 235: *Paranomus guttatus,* Frontoclypeus (aus DOLIN 1978) mentes mit zwei gut entwickelten Borstenpaaren (Abb. 223). Larve in Waldböden. Länge maximal 27 mm, Breite 3,5 mm.

impressus (FABRICIUS)

6* Der mittlere Zahn des Nasale ist am größten und überragt die beiden anderen (Abb. 228). Innere Äste der Urogomphi deutlich kürzer als die äußeren (Abb. 227). Fläche des 9. Abdominalsegmentes ohne gut entwickelte Borstenpaare (Abb. 229), höchstens mit einem einzigen schwach ausgeprägten Borstenpaar am basalen Rand (Abb. 226). 7

7 Fläche des 9. Abdominalsegmentes mit einem kurzen, kaum bemerkbaren Borstenpaar an der Basis, runzlig, nicht glänzend (Abb. 226). Larve in Waldböden und faulem Holz. Länge maximal 20 mm, Breite 2,8 mm. Kopfkapselbreite L_7 1,54 mm, L_8 1,88, (1,89), 1,90 mm.

nigricornis (PANZER)

7* Fläche des 9. Abdominalsegmentes ohne Borsten, nicht gerunzelt, glatt und glänzend (Abb. 229). Larve in Wiesenböden. Länge maximal 23 mm, Breite 2,5 mm. *Haplotarsus incanus* (GYLLENHAL)

31. Gattung: *Calambus* THOMSON

Die Larve der einzigen mitteleuropäischen Art, *Calambus bipustulatus* (L.), kann an der dichten Behaarung, den reduzierten äußeren Ästen der Urogomphi und der länglichen Aussparung am Hinterrand des 9. Abdominalsegment erkannt werden (Abb. 230, 231). Larve bodenbewohnend. Länge maximal 13 mm, Breite 2,1 mm.

32. Gattung: *Hypoganus* KIESENWETTER

Wegen der kontrastreichen Fleckung der Tergite und der dichten Behaarung des Körpers (Hyposternite mit je 8–11 Borsten) ist die Larve der einzigen mitteleuropäischen Art, *Hypoganus inunctus* (LACORDAIRE) (= *cinctus* (PAYKULL)), unverkennbar (Abb. 232, 233). Sie lebt in weißfaulem Laubholz. Länge maximal 16 mm, Breite 2,2 mm.

33. Gattung: *Paranomus* KIESENWETTER

Nach dem Gattungsschlüssel kann die Larve der einzigen mitteleuropäischen Art, *Paranomus guttatus* (GERMAR), bestimmt werden (Abb. 234, 235). Larve bodenbewohnend.

12. Unterfamilie: Denticollinae

Körper abgeflacht, dunkelbraun bis schwarz. Mandibeln mit Retinaculum. Tergite mit transversalen und longitudinalen Impressionen. Transversale Eindrücke auf dem 2.–8. Abdominalsegment nicht unterbrochen. Die Stigmen des 8. Abdominalsegmentes liegen in dessen Mitte. 9. Abdominalsegment mit verzweigten Urogomphi.

34. Gattung: *Denticollis* PILLER et MITTERPACHER

Die Larve von *D. interpositus* ROUBAL ist unbekannt.

Tabelle für die Arten (nach HENRIKSEN 1913, 1966, DOLIN 1964, 1978, PALM 1972, RUDOLPH 1974)

1 Die äußeren Zweige der Urogomphi sind von oben gesehen nicht länger als die inneren (Abb. 236, 237). Körper dorsal schwarz oder fast schwarz. 1.–8. Abdominalsegment sehr stark und dicht querwellig gerunzelt. Larve in verpilztem Holz. Länge maximal 15 mm. *borealis* (PANZER)

1* Die äußeren Zweige der Urogomphi sind von oben gesehen etwa doppelt so lang wie die inneren (Abb. 239, 240, 243, 244). Körper dorsal braun. 1.–8. Abdominalsegment viel schwächer und weitläufiger gerunzelt. . 2

2 Seitenränder des 9. Abdominalsegmentes mit 4 gut entwickelten stumpfen Hügeln (Abb. 239). Ausschnitt zwischen den Innenzweigen der Urogomphi höchstens schwach queroval. Transversaler Quereindruck des 1. Abdominaltergits an der Mittellinie unterbrochen (Abb. 242). Larve in morschem Laubholz. Länge maximal 20 mm, Breite 3,0 mm. Kopfkapselbreite L_2 ? 0,50 mm, L_3 ? 0,63 mm, L_4 0,73, (0,77), 0,80 mm, L_6 1,05, (1,14), 1,22 mm, L_7 1,36, (1,45), 1,53 mm, L_8 1,57, (1,69), 1,88 mm. *linearis* (L.)

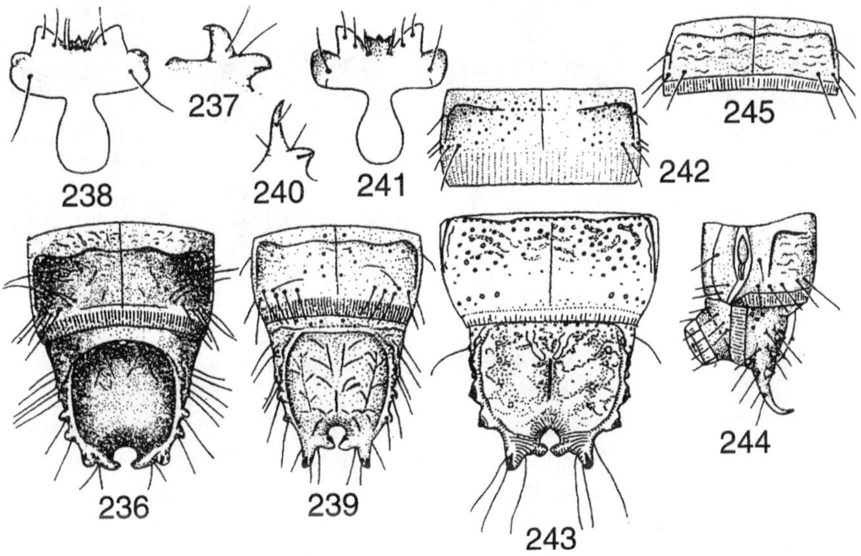

Abb. 236: *Denticollis borealis,* 8./9. Abdominalsegment, dorsal (aus DOLIN 1978)
Abb. 237: *Denticollis borealis,* rechter Urogomphus, dorsal (aus DOLIN 1978)
Abb. 238: *Denticollis borealis,* Frontoclypeus (aus DOLIN 1978)
Abb. 239: *Denticollis linearis,* 8./9. Abdominalsegment, dorsal (aus DOLIN 1978)
Abb. 240: *Denticollis linearis,* rechter Urogomphus, dorsal (aus DOLIN 1978)
Abb. 241: *Denticollis linearis,* Frontoclypeus (aus DOLIN 1978)
Abb. 242: *Denticollis linearis,* 1. Abdominalsegment, dorsal (aus DOLIN 1978)
Abb. 243: *Denticollis rubens,* 8./9. Abdominalsegment, dorsal (aus DOLIN 1978)
Abb. 244: *Denticollis rubens,* 8.–10. Abdominalsegment, lateral (aus DOLIN 1978)
Abb. 245: *Denticollis rubens,* 1. Abdominalsegment, dorsal (aus DOLIN 1978)

2* Seitenränder des 9. Abdominalsegmentes mit 3 zugespitzten Hügeln (Abb. 243, 244). Ausschnitt zwischen den Innenzweigen der Urogomphi meist breiter queroval. Transversaler Quereindruck des 1. Abdominaltergits an der Mittellinie nicht unterbrochen (Abb. 245). Larve in morschem Nadelholz. Länge maximal 20 mm, Breite 3,3 mm.

rubens Piller et Mitterpacher

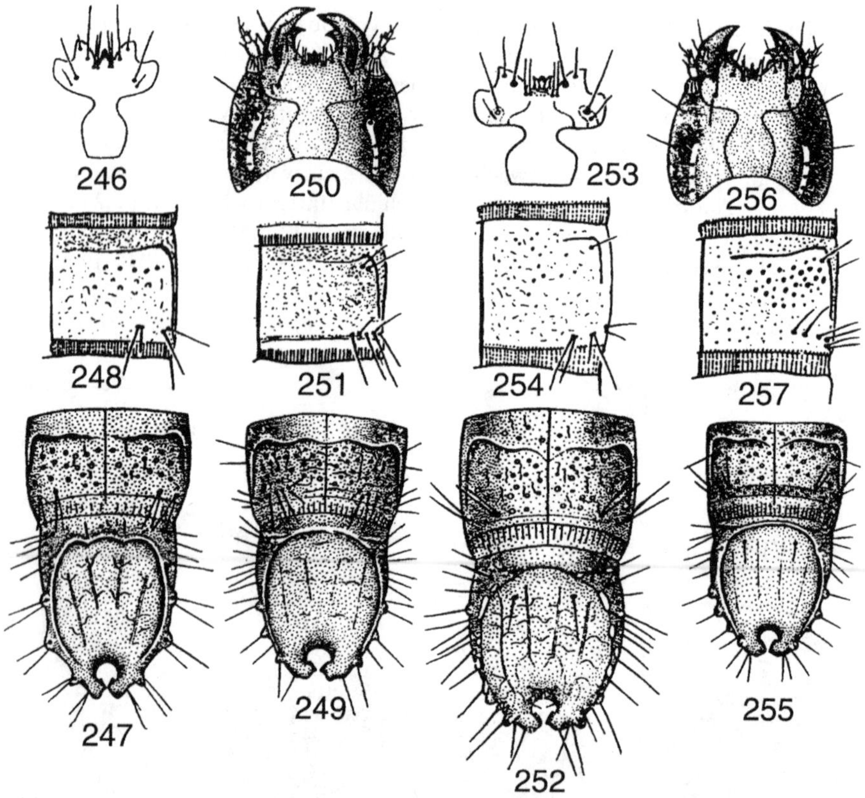

Abb. 246: *Cidnopus pilosus,* Frontoclypeus (aus Dolin 1978)
Abb. 247: *Cidnopus pilosus,* 8./9. Abdominalsegment, dorsal (aus Dolin 1978)
Abb. 248: *Cidnopus pilosus,* 4. Abdominalsegment, dorsal (aus Rudolph 1974)
Abb. 249: *Cidnopus minutus,* 8./9. Abdominalsegment, dorsal (aus Dolin 1978)
Abb. 250: *Cidnopus minutus,* Kopfkapsel, dorsal (aus Dolin 1978)
Abb. 251: *Cidnopus minutus,* 4. Abdominalsegment, dorsal (aus Rudolph 1974)
Abb. 252: *Cidnopus aeruginosus,* 8./9. Abdominalsegment, dorsal (aus Dolin 1978)
Abb. 253: *Cidnopus aeruginosus,* Frontoclypeus (aus Dolin 1978)
Abb. 254: *Cidnopus aeruginosus,* 4. Abdominalsegment, dorsal (aus Rudolph 1974)
Abb. 255: *Cidnopus parvulus,* 8./9. Abdominalsegment, dorsal (aus Dolin 1978)
Abb. 256: *Cidnopus parvulus,* Kopfkapsel, dorsal (aus Dolin 1978)
Abb. 257: *Cidnopus parvulus,* 4. Abdominalsegment, dorsal (aus Rudolph 1974)

13. Unterfamilie: Athoinae (und 14. Unterfamilie: Hypnoidinae)

Körper abgeflacht (Abb. 4). Mandibeln mit Retinaculum. Tergite mit transversalen und longitudinalen Impressionen, Hinterrand jederseits mit 3–7 Borsten. Transversale Eindrücke wenigstens auf einigen Abdominalsegmenten unterbrochen. Stigmen des 8. Abdominalsegmentes im vorderen Drittel gelegen. 9. Abdominalsegment mit verzweigten Urogomphi.

Nach larvalsystematischen Gesichtspunkten gehören die Gattungen *Hypnoidus* DILLWYN und *Berninelsonius* STIBICK (14. Unterfamilie Hypnoidinae) zu den Athoinae (auch nach den Merkmalen der Imagines; SCHIMMEL i.l. 1993).

Tabelle für die Gattungen (nach HENRIKSEN 1913, 1966, KORSCHEFSKY 1941, VAN EMDEN 1945, DOLIN 1964, 1978, RUDOLPH 1974)

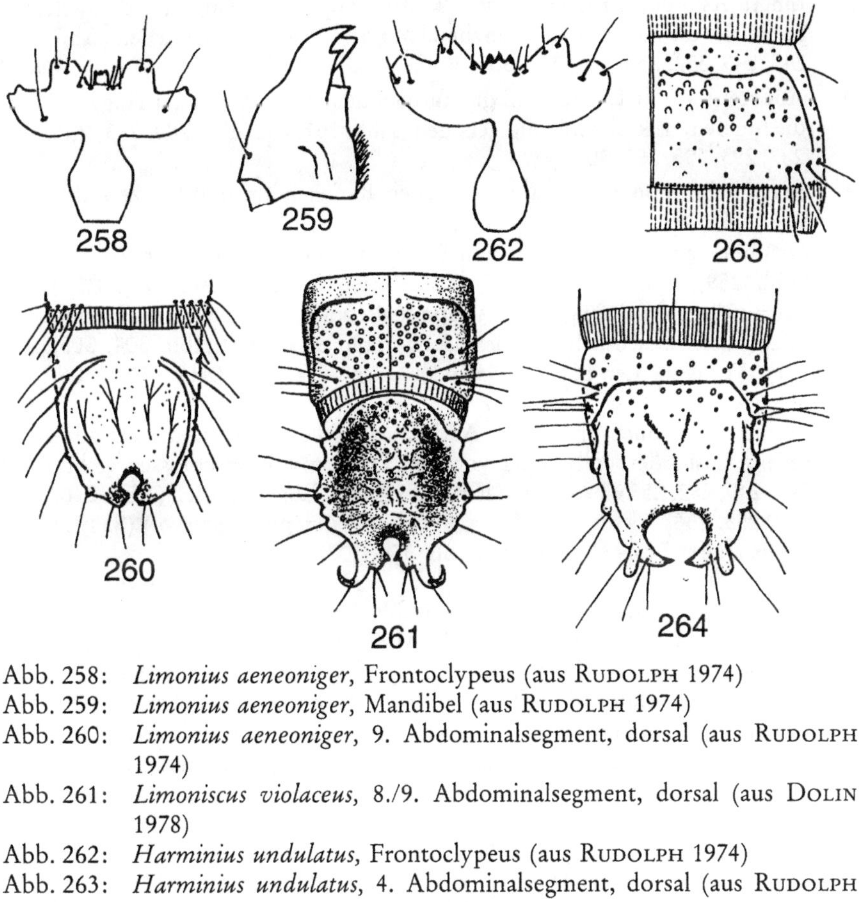

Abb. 258: *Limonius aeneoniger*, Frontoclypeus (aus RUDOLPH 1974)
Abb. 259: *Limonius aeneoniger*, Mandibel (aus RUDOLPH 1974)
Abb. 260: *Limonius aeneoniger*, 9. Abdominalsegment, dorsal (aus RUDOLPH 1974)
Abb. 261: *Limoniscus violaceus*, 8./9. Abdominalsegment, dorsal (aus DOLIN 1978)
Abb. 262: *Harminius undulatus*, Frontoclypeus (aus RUDOLPH 1974)
Abb. 263: *Harminius undulatus*, 4. Abdominalsegment, dorsal (aus RUDOLPH 1974)
Abb. 264: *Harminius undulatus*, 9. Abdominalsegment, dorsal (aus RUDOLPH 1974)

1 Äußere Äste der Urogomphi zylindrisch, an der Spitze breit abgerundet (Abb. 264, 267, 269). Tergite ± grob punktiert, der Durchmesser der Punkte entspricht etwa ihren Abständen (Abb. 263, 266, 268). . . . 2

1* Äußere Äste der Urogomphi konisch, mitunter krallenförmig gebogen oder nur als kleine Warze erhalten (Abb. 247, 249, 252, 255, 260, 261, 272, 276, 280, 283, 285, 287, 293, 295, 297, 300, 304, 305, 307). Tergite meist undeutlich punktiert oder glatt (Abb. 248, 251, 254, 257, 271, 275, 279, 282, 292). 3

2 Die gesamte Fläche des 9. Abdominalsegmentes ist grob und dicht punktiert (Abb. 267, 269). Frons an der Basis quer abgestutzt (Abb. 265). *Stenagostus* THOMSON (S. 173)

2* Fläche des 9. Abdominalsegmentes nur im vorderen Drittel punktiert (Abb. 264). Frons an der Basis breit abgerundet (Abb. 262). *Harminius* FAIRMAIRE (S. 173)

3 Innere Äste der Urogomphi sehr kräftig, doppelt so lang und deutlich breiter als die äußeren, die manchmal nur kleine Warzen darstellen (Abb. 247, 249, 252, 255, 260. 304, 305, 307). 4

3* Äußere Äste der Urogomphi gut ausgebildet, fast so lang oder länger als die inneren, ± krallenförmig gebogen (Abb. 261, 272, 276, 280, 283, 285, 287, 293, 295, 297, 300). 7

4 Mandibeln ohne Zusatzzähne zwischen Retinaculum und Spitze (Abb. 250, 256, 308). 5

4* Mandibel zwischen Incisivus und Retinaculum mit zusätzlichen Zähnen (Abb. 259). *Limonius* ESCHSCHOLTZ (S. 171)

5 Terminale Einbuchtung des 9. Abdominalsegmentes verhältnismäßig tief, offen, nicht wesentlich von den Urogomphi eingeengt (Abb. 304, 305, 307). Frons an der Basis abgerundet oder zugespitzt (Abb. 302, 306, 308). 6

5* Terminale Einbuchtung des 9. Abdominalsegmentes ± rund oder pilzförmig, fast oder vollständig von den Urogomphi verschlossen (Abb. 247, 249, 252, 255). Frons an der Basis ± gerade abgeschnitten (Abb. 246, 250, 253, 256). *Cidnopus* THOMSON (S. 171)

6 Frons an der Basis abgerundet (Abb. 306, 308). *Hypnoidus* DILLWYN (S. 177)

6* Frons kurz, an der Basis zugespitzt (Abb. 302). *Berninelsonius* STIBICK

7 Terminale Einbuchtung des 9. Abdominalsegmentes klein, fast geschlossen, ihr Durchmesser deutlich geringer als die Breite eines einzigen Urogomphus (Abb. 261). *Limoniscus* REITTER (S. 173)

7* Terminale Einbuchtung des 9. Abdominalsegmentes weit offen (Abb. 272, 276, 280) oder schmal, mit durch die Urogomphi eingeengter Öffnung, aber nicht enger als die Breite eines einzigen Urogomphus (Abb. 283, 285, 287, 293, 295, 297, 300). 8

8 Terminale Einbuchtung des 9. Abdominalsegmentes breit, fast vollständig offen, ihre Tiefe entspricht etwa einem Drittel der Länge der abgesetzten Fläche des 9. Abdominalsegmentes (Abb. 272, 276, 280). . 9

8* Terminale Einbuchtung des 9. Abdominalsegmentes von den Urogomphi ± verschlossen, ihre Tiefe beträgt weniger als 1/4 der Länge der abgesetzten Fläche des 9. Abdominalsegmentes (Abb. 283, 285, 287, 293, 295, 297, 300). *Athous* ESCHSCHOLTZ (S. 174)

9 Seiten der Frons abgerundet (Abb. 278). Abgesetzte Fläche des 9. Abdominalsegmentes ohne Punkte (höchstens sehr kleine an der Basis) (Abb. 280). Der quere Kiel am Vorderrand der Abdominaltergite ist in der Mitte geschlossen (Abb. 279). *Crepidophorus* MULSANT (S. 174)

9* Seiten der Frons ± eckig (Abb. 270, 274). Abgesetzte Fläche des 9. Abdominalsegmentes deutlich punktiert (Abb. 272, 276). Der kielförmige Quersaum am Vorderrand der Tergite ist in der Mitte unterbrochen (Abb. 271, 275). *Hemicrepidius* GERMAR (S. 174)

35. Gattung: *Cidnopus* THOMSON

Die kräftigen inneren Äste der Urogomphi verschließen die runde Aussparung am Hinterrand des 9. Abdominalsegmentes fast vollständig.

Die Larven von *Cidnopus quercus* (OLIVIER) und *C. ruzenae* LAIBNER sind unbekannt.

Tabelle für die Arten (nach RUDOLPH 1974)

1 Nasale einzähnig (Abb. 246). Abgesetzte Fläche des 9. Abdominalsegmentes basal dreilappig (Abb. 247). Larve im Boden. Länge maximal 20 mm, Breite 3,0 mm. *pilosus* (LESKE)

1* Nasale dreizähnig (Abb. 250, 253, 256). Abgesetzte Fläche des 9. Abdominalsegmentes basal abgerundet (Abb. 249, 252, 255). 2

2 Abgesetzte Fläche des 9. Abdominalsegmentes mit Borsten (Abb. 252, 255). 3

2* Die abgesetzte Fläche des 9. Abdominalsegmentes trägt keine Borsten (höchstens ein winziges Paar an der Basis) (Abb. 249). Larve ernährt sich von Wurzeln in Böden. Länge maximal 12 mm, Breite 1,2 mm. Kopfkapselbreite L_4 0,54, (0,57), 0,59 mm, L_5 0,66, (0,71), 0,75 mm, L_6 0,82, (0,88), 0,94 mm, L_7 1,08, (1,11), 1,15 mm, L_8 1,22, (1,27), 1,36 mm. *minutus* (L.)

3 Abgesetzte Fläche des 9. Abdominalsegmentes mit 2 kleinen Borstenpaaren, keine Borsten vorhanden (Abb. 252). Larve saprophag und carnivor in Böden. Länge maximal 25 mm, Breite 2,5 mm. Kopfkapselbreite L_4 0,98 mm, L_5 1,23, (1,26), 1,28 mm, L_7 1,86 mm. *aeruginosus* (OLIVIER)

3* Abgesetzte Fläche des 9. Abdominalsegmentes nur mit einem kräftigen Borstenpaar an der Basis (Abb. 255). Larve im Boden. Länge maximal 12 mm, Breite 1,3 mm. *parvulus* (PANZER)

36. Gattung: *Limonius* ESCHSCHOLTZ

Die Larve der einzigen mitteleuropäischen Art, *Limonius aeneoniger* (DEGEER), hat an den Mandibeln kleine Zusatzzähne zwischen Incisivus und Retinaculum (Abb. 258–260). Sie lebt im Boden. Länge maximal 9 mm, Breite 1,5 mm.

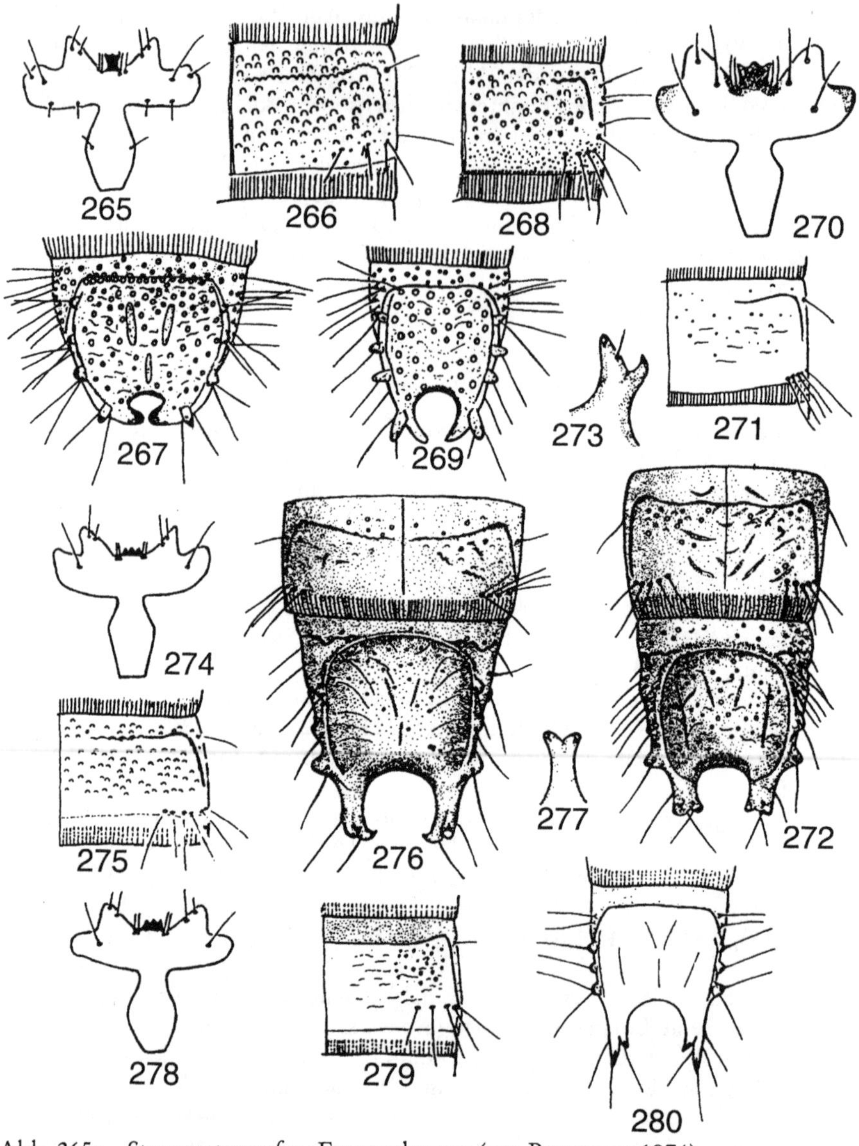

Abb. 265: *Stenagostus rufus*, Frontoclypeus (aus RUDOLPH 1974)
Abb. 266: *Stenagostus rufus*, 4. Abdominalsegment, dorsal (aus RUDOLPH 1974)
Abb. 267: *Stenagostus rufus*, 9. Abdominalsegment, dorsal (aus RUDOLPH 1974)
Abb. 268: *Stenagostus rhombeus*, 4. Abdominalsegment, dorsal (aus RUDOLPH 1974)
Abb. 269: *Stenagostus rhombeus*, 9. Abdominalsegment, dorsal (aus RUDOLPH 1974)
Abb. 270: *Hemicrepidius niger*, Frontoclypeus (aus DOLIN 1978)
Abb. 271: *Hemicrepidius niger*, 4. Abdominalsegment, dorsal (aus RUDOLPH 1974)

37. Gattung: *Limoniscus* REITTER

Die Larve der einzigen mitteleuropäischen Art, *Limoniscus violaceus* (MÜLLER), hat nur eine kleine Aussparung am Hinterrand des 9. Abdominalsegmentes und große äußere Äste der Urogomphi (Abb. 261). Sie lebt im Mulm hohler Laubbäume, auch im Wurzelmulm. Länge maximal 22 mm, Breite 1,8 mm.

38. Gattung: *Harminius* FAIRMAIRE

Die Larve von *Harminius undulatus* (DEGEER), der einzigen mitteleuropäischen Art, ist nach dem Bau des 9. Abdominalsegmentes bestimmbar (Abb. 262–264). Sie lebt räuberisch in vermoderndem Holz, vor allem in Stubben. Länge maximal 25 mm, Breite 3,6 mm. Kopfkapselbreite L_6 1,92 mm, L_7 2,27 mm, L_8 2,86, (2,99), 3,11 mm.

39. Gattung: *Stenagostus* THOMSON

Larven sehr groß, 9. Abdominalsegment grob und dicht punktiert.

Tabelle für die Arten (nach DOLIN 1964, RUDOLPH 1974)

1 Innere Äste der Urogomphi fast doppelt so lang wie die äußeren, die Mündung der terminalen Einbuchtung um 2/3 verschließend. Abgesetzte Fläche des 9. Abdominalsegmentes fast quadratisch (Abb. 267). Nasale schmal, länger als breit, Frons längsoval (Abb. 265). Larve räuberisch in alten Kiefernstubben, unter der Rinde. Länge maximal 45 mm, Breite 6,0 mm. *rufus* (DEGEER)

1* Äußere und innere Äste der Urogomphi annähernd gleich lang, die terminale Einbuchtung des 9. Abdominalsegmentes nur um 1/3 verschließend. Abgesetzte Fläche des 9. Abdominalsegmentes länger als breit (Abb. 269). Nasale quer, Frons krugförmig. Larve räuberisch in alten Stümpfen von Laubbäumen, unter der Rinde. Länge maximal 40 mm, Breite 5,5 mm. Kopfkapselbreite L_1 0,35, (0,42), 0,49 mm, L_2 0,59, (0,67),

Abb. 272: *Hemicrepidius niger,* 8./9. Abdominalsegment, dorsal (aus DOLIN 1978)
Abb. 273: *Hemicrepidius niger,* rechter Urogomphus, dorsal (aus DOLIN 1978)
Abb. 274: *Hemicrepidius hirtus,* Frontoclypeus (aus RUDOLPH 1974)
Abb. 275: *Hemicrepidius hirtus,* 4. Abdominalsegment, dorsal (aus RUDOLPH 1974)
Abb. 276: *Hemicrepidius hirtus,* 8./9. Abdominalsegment, dorsal (aus DOLIN 1978)
Abb. 277: *Hemicrepidius hirtus,* rechter Urogomphus, dorsal (aus DOLIN 1978)
Abb. 278: *Crepidophorus mutilatus,* Frontoclypeus (aus RUDOLPH 1974)
Abb. 279: *Crepidophorus mutilatus,* 4. Abdominalsegment, dorsal (aus RUDOLPH 1974)
Abb. 280: *Crepidophorus mutilatus,* 9. Abdominalsegment, dorsal (aus RUDOLPH 1974)

0,73 mm, L_3 0,89, (0,90), 0,91 mm, L_4 1,26 mm, L_5 1,40, (1,45), 1,53 mm, L_6 1,78 mm, L_7 2,30, (2,46), 2,58 mm, L_8 2,69, (2,75), 2,79 mm.
rhombeus (OLIVIER) (= *villosus* (FOURCROY))

40. Gattung: *Hemicrepidius* GERMAR (= *Pseudathous* MÉQUIGNON)

Die Arten dieser Gattung, auch *Crepidophorus* MULSANT et GUILLEBEAU wurden lange bei *Athous* ESCHSCHOLTZ eingeordnet, lassen sich aber nach den in der Tabelle für die Gattungen angegebenen Merkmalen gut von *Athous* trennen.

Tabelle für die Arten (nach VAN EMDEN 1945, DOLIN 1964, 1978, PALM 1972, RUDOLPH 1974)

1 Innere Äste der Urogomphi etwas kürzer als die äußeren (Abb. 273). Terminale Einbuchtung des 9. Abdominalsegmentes weniger tief, etwa doppelt so breit wie ein einzelner Urogomphus (Abb. 272). Die Abdominaltergite sind spärlich gerunzelt (Abb. 271). Larve bodenbewohnend. Länge maximal 27 mm, Breite 3,0 mm. Kopfkapselbreite L_3 0,73 mm, L_6 1,50 mm, L_7 1,88, (1,90), 1,92 mm, L_8 2,13, (2,25), 2,41 mm. *niger* (L.)

1* Äußere und innere Äste der Urogomphi etwa gleich lang (Abb. 277). Terminale Einbuchtung des 9. Abdominalsegmentes tief, etwa 3mal so breit wie ein einzelner Urogomphus (Abb. 276). Die Abdominaltergite sind dichter und kräftiger gerunzelt (Abb. 275). Larve bodenbewohnend. Länge maximal 30 mm, Breite 3,7 mm. *hirtus* (HERBST)

41. Gattung: *Crepidophorus* MULSANT et GUILLEBEAU

Die Larve der einzigen mitteleuropäischen Art, *Crepidophorus mutilatus* (ROSENHAUER), (Abb. 278–280) lebt räuberisch in morschem, verpilztem Holz von Laubbäumen. Länge maximal 22 mm, Breite 3,5 mm.

42. Gattung: *Athous* ESCHSCHOLTZ

Die Larven von *A. angulifrons* REITTER, *A. austriacus* DESBROCHERS, *A. cavifrons* REDTENBACHER, *A. campyloides* NEWMAN (= *difformis* BOISDUVAL et LACORDAIRE), *A. emaciatus* CANDÈZE, *A. gottwaldi* LOHSE, *A. pallens* MULSANT et GUILLEBEAU, *A. picipennis* SCHWARZ und *A. silicensis* LAIBNER sind unbekannt.

Tabelle für die Arten (nach HENRIKSEN 1913, 1966, VAN EMDEN 1945, DOLIN 1964, 1978, PALM 1972, RUDOLPH 1974)

1 Abdominaltergite nur schwach und ungekielt runzlig, Punktur schwach ausgebildet (Abb. 292). Die äußere Oberfläche der Mandibeln ist rund, die innere mit 2 deutlichen Kielen (Abb. 291). 2

1* Abdominaltergite in der vorderen Hälfte mit gekielten, wellenförmigen, kurzen Querrunzeln (Abb. 282). Die äußere Oberfläche der Mandibeln ist flach, die innere mit einem deutlichen Kiel, der andere ist nur in Andeutungen zu erkennen. Larven im Boden. Länge maximal 18 mm. *bicolor* (GOEZE)

2 Äußere Zweige der Urogomphi auf der Innenseite mit einem zusätzlichen spitzen Zähnchen etwa in der Mitte (Abb. 285, 289). 3

2* Äußere Zweige der Urogomphi auf der Innenseite glatt, ohne zusätzliches Zähnchen (Abb. 294, 295, 298, 301). 4

3 Die abgesetzte Fläche des 9. Abdominalsegmentes ist an der Basis kreisförmig gebogen und zur Spitze hin verengt (Abb. 285). Das 1. Hügelpaar des rippenartigen Seitenrandes des 9. Abdominalsegmentes ist nicht kräftiger als das 2., sondern kleiner und nicht so stark gekrümmt. Es überragt von oben betrachtet nicht den kielförmigen Rand der Fläche nach innen (Abb. 286). Larve im Boden. Länge maximal 26 mm, Breite 3,0 mm. Kopfkapselbreite L_3 0,50, (0,62), 0,73 mm, L_4 0,84, (0,90), 0,98 mm, L_5 1,08, (1,24), 1,36 mm, L_6 1,43, (1,53), 1,64 mm, L_7 1,67, (1,80), 1,92 mm, L_8 2,02, (2,08), 2,13 mm. *haemorrhoidalis* (Fabricius)

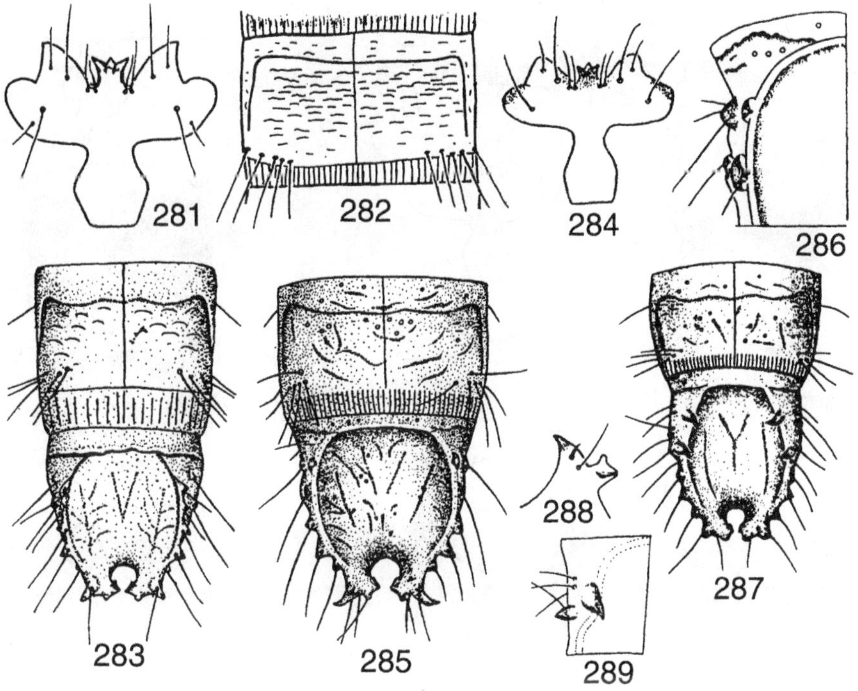

Abb. 281: *Athous bicolor*, Frontoclypeus (aus Dolin 1978)
Abb. 282: *Athous bicolor*, 4. Abdominalsegment, dorsal (aus Rudolph 1974)
Abb. 283: *Athous bicolor*, 8./9. Abdominalsegment, dorsal (aus Dolin 1978)
Abb. 284: *Athous haemorrhoidalis*, Frontoclypeus (aus Dolin 1978)
Abb. 285: *Athous haemorrhoidalis*, 8./9. Abdominalsegment, dorsal (aus Dolin 1978)
Abb. 286: *Athous haemorrhoidalis*, 9. Abdominalsegment, dorsal, vorderer Seitenrand (aus Dolin 1978)
Abb. 287: *Athous vittatus*, 8./9. Abdominalsegment, dorsal (aus Dolin 1978)
Abb. 288: *Athous vittatus*, 9. Abdominalsegment, dorsal, vorderer Seitenrand (aus Dolin 1978)
Abb. 289: *Athous vittatus*, rechter Urogomphus, dorsal (aus Dolin 1978)

3* Abgesetzte Fläche des 9. Abdominalsegmentes länglich, an der Basis verengt, nach hinten erweitert (Abb. 287). Das 1. Hügelpaar des rippenartigen Seitenrandes des 9. Abdominalsegmentes ist kräftiger als das 2., krallenförmig gebogen und überragt von oben her betrachtet deutlich den kielförmigen Rand der Fläche nach innen (Abb. 288). Larve im Boden. Länge maximal 18 mm, Breite 1,8 mm. *vittatus* (Fabricius)

4 Innerer Zweig der Urogomphi mit gut ausgebildetem Enddorn und einer undeutlichen inneren Ecke (Abb. 293–295). Die äußere, hintere Ecke

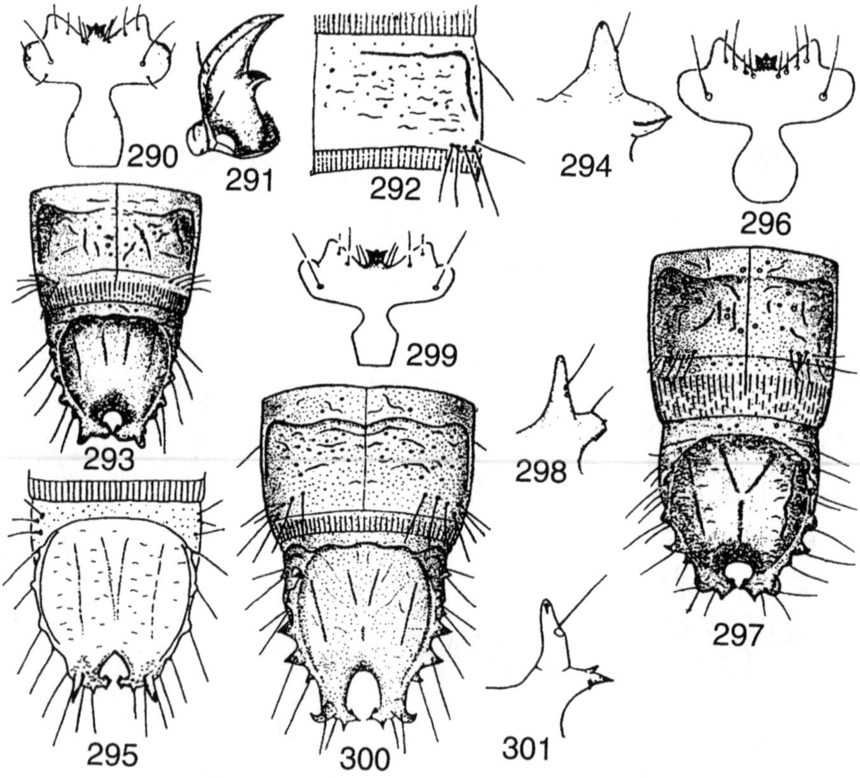

Abb. 290: *Athous subfuscus*, Frontoclypeus (aus Dolin 1978)
Abb. 291: *Athous subfuscus*, Mandibel (aus Dolin 1978)
Abb. 292: *Athous subfuscus*, 4. Abdominalsegment, dorsal (aus Rudolph 1974)
Abb. 293: *Athous subfuscus*, 8./9. Abdominalsegment, dorsal (aus Dolin 1978)
Abb. 294: *Athous subfuscus*, rechter Urogomphus, dorsal (aus Dolin 1978)
Abb. 295: *Athous zebei*, 9. Abdominalsegment, dorsal (aus Rudolph 1974)
Abb. 296: *Athous jejunus*, Frontoclypeus (aus Dolin 1978)
Abb. 297: *Athous jejunus*, 8./9. Abdominalsegment, dorsal (aus Dolin 1978)
Abb. 298: *Athous jejunus*, rechter Urogomphus, dorsal (aus Dolin 1978)
Abb. 299: *Athous mollis*, Frontoclypeus (aus Dolin 1978)
Abb. 300: *Athous mollis*, 8./9. Abdominalsegment, dorsal (aus Dolin 1978)
Abb. 301: *Athous mollis*, rechter Urogomphus, dorsal (aus Dolin 1978)

fehlt, an ihrer Stelle befindet sich eine schwache Erhebung. Fläche des 9. Abdominalsegmentes mit abgerundeten Seiten, an ihren Kanten mit 4, an der Spitze abgerundeten Hügeln (Abb. 293, 295). 5

4* Innerer Zweig der Urogomphi mit 3 gut ausgebildeten chitinisierten Ecken (Abb. 297, 300, 301). Die Hügel an den kielförmigen Seitenrändern der abgesetzten Fläche des 9. Abdominalsegmentes sind zugespitzt (Abb. 297. 300). 6

5 Innere Äste der Urogomphi ohne zusätzlichen spitzen Zahn auf der Außenseite (Abb. 294). Larve räuberisch im Waldboden. Länge maximal 20 mm, Breite 2,2 mm. Kopfkapselbreite L_7 0,83, (0,92), 0,98 mm, L_8 1,05, (1,12), 1,23 mm. *subfuscus* (MÜLLER)

5* Innere Äste der Urogomphi mit einem zusätzlichen spitzen Zahn auf der Außenseite (Abb. 295). Larve im Waldboden. Länge maximal 23 mm, Breite 2,0 mm. *zebei* BACH

6 Der kielförmige Saum am Vorderrand der Abdominaltergite ist entlang der Mittellinie unterbrochen (Abb. 297). Nasale schmal, etwa so lang wie breit oder etwas länger, die Zähne gerade nach vorn gerichtet (Abb. 296). Länge maximal 20 mm. *jejunus* KIESENWETTER

6* Der kielförmige Saum am Vorderrand der Abdominaltergite ist entlang der Mittellinie nicht unterbrochen (Abb. 300). Nasale etwas breiter als lang, die Seitenzähne sind deutlich nach der Seite gerichtet (Abb. 299). Länge maximal 25 mm. *mollis* REITTER

43. Gattung: *Berninelsonius* STIBICK

Die Larve der einzigen mitteleuropäischen Art, *Berninelsonius hyperboreus* (GYLLENHAL), kann an den kräftigen Innenzähnen der Urogomphi, der kaum eingeengten Einbuchtung am Hinterrand des 9. Abdominalsegmentes und am Bau der Frons erkannt werden (Abb. 302–304). Länge maximal 15 mm.

44. Gattung: *Hypnoidus* DILLWYN

Die Larve von *Hypnoidus consobrinus* (MULSANT et GUILLEBEAU) ist unbekannt.

Tabelle für die Arten (nach DOLIN 1964, 1978, RUDOLPH 1974)

1 Terminale Einbuchtung des 9. Abdominalsegmentes schmal, längsoval, etwa halb so breit wie die Breite eines einzigen Urogomphus (Abb. 305). Mittlerer Zahn des Nasale kielförmig nach vorn ragend, deutlich länger als die beiden Nachbarzähne (Abb. 306). Larve phytophag (Wurzeln) in hochalpinen Grasheideböden. Länge maximal 7,5 mm, Breite 1,1 mm. *rivularius* (GYLLENHAL)

1* Terminale Einbuchtung des 9. Abdominalsegmentes breit, fast quadratisch (Abb. 307). Mittlerer Zahn des Nasale nicht so deutlich kielförmig nach vorn ragend (Abb. 308). Larve in feuchten Böden von montanen Wiesen. Länge maximal 10 mm, Breite 1,4 mm. Kopfkapselbreite L_6 0,73, (0,79), 0,84 mm, L_7 0,91, (0,94), 1,01 mm, L_8 1,18 mm. *riparius* (FABRICIUS)

15. Unterfamilie: Negastriinae

Kopf und Prothorax bedeutend stärker chitinisiert und dunkler als der übrige Körper. Mandibeln mit Retinaculum, bei einigen Arten mit weiteren Zähnchen am Innenrand. Nasale dreizähnig. Frontoclypeus schmal, V-förmig (Abb. 23). Galea eingliedrig (Abb. 25). Abdominalsegmente ohne transversale und longitudinale Impressionen. 9. Abdominalsegment mit ungeteilten Urogomphi.

Tabelle für die Gattungen (nach RUDOLPH 1974, DOLIN 1978)

1 Urogomphi zangenförmig, die terminale Einbuchtung des 9. Abdominalsegmentes fast völlig verschließend (Abb. 311, 313).
Oedostethus LECONTE (S. 179)

1* Die terminale Einbuchtung des 9. Abdominalsegmentes wird durch die Urogomphi höchstens zu einem Drittel eingeengt (Abb. 315, 317, 320, 323, 324). 2

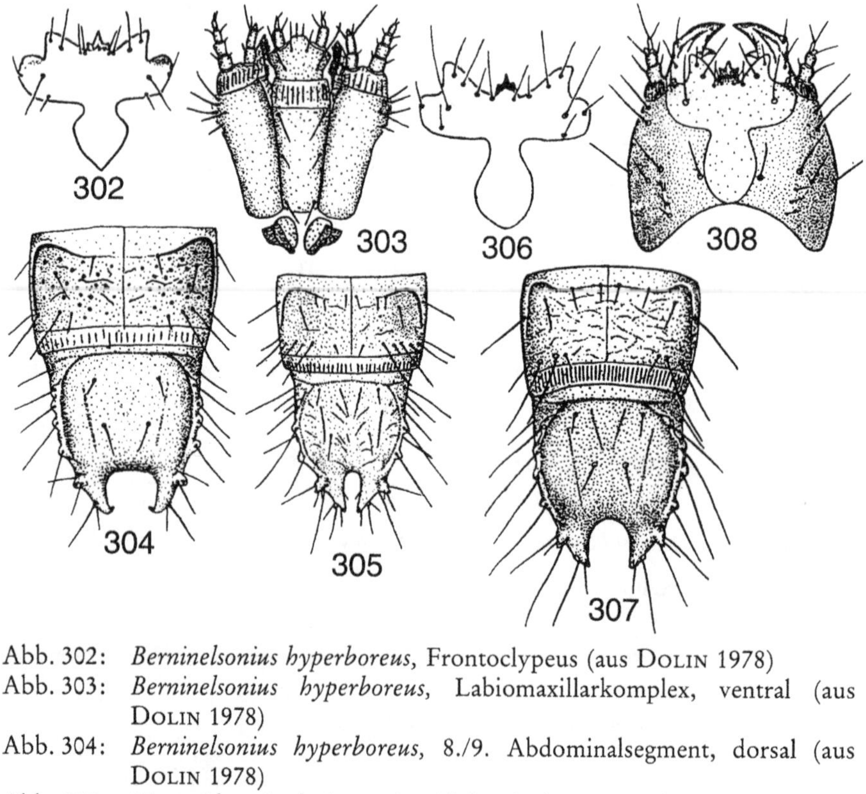

Abb. 302: *Berninelsonius hyperboreus,* Frontoclypeus (aus DOLIN 1978)
Abb. 303: *Berninelsonius hyperboreus,* Labiomaxillarkomplex, ventral (aus DOLIN 1978)
Abb. 304: *Berninelsonius hyperboreus,* 8./9. Abdominalsegment, dorsal (aus DOLIN 1978)
Abb. 305: *Hypnoidus rivularius,* 8./9. Abdominalsegment, dorsal (aus DOLIN 1978)
Abb. 306: *Hypnoidus rivularius,* Frontoclypeus (aus RUDOLPH 1974)
Abb. 307: *Hypnoidus riparius,* 8./9. Abdominalsegment, dorsal (aus DOLIN 1978)
Abb. 308: *Hypnoidus riparius,* Kopfkapsel, dorsal (aus DOLIN 1978)

2 Mandibeln ohne Retinaculum, nur mit gut ausgeprägten Zähnchen vor der Spitze (Abb. 316). Submentum parallelseitig. *Negastrius* THOMSON

2* Mandibeln mit gut ausgebildetem Retinaculum und dahinter gelegenen kleinen Zähnchen (fehlen bei *Quasimus*, Abb. 327) (Abb. 314, 318). Submentum zur Basis stark verengt oder verbreitert und dadurch parallelseitig (Abb. 326). 3

3 Submentum zur Basis stark verengt. Urogomphi lang und schmal, die terminale Einbuchtung des 9. Abdominalsegmentes ist doppelt so breit wie ein einziger Urogomphus (Abb. 315, 320, 323).
Zorochrus THOMSON
einschließlich *Fleutiauxellus* MÉQUIGNON

3* Submentum zur Basis deutlich verbreitert, annähernd parallelseitig (Abb. 326). Urogomphi kurz und kräftig, die terminale Einbuchtung des 9. Abdominalsegmentes ist reichlich halb so breit wie ein einziger Urogomphus (Abb. 324). *Quasimus* DESGOZIS

45. Gattung: *Oedostethus* LECONTE

Tabelle für die Arten (nach PALM 1972, RUDOLPH 1974)

1 Mandibeln hinter dem Retinaculum mit einigen kleinen, aber deutlich ausgebildeten Zähnchen (Abb. 310). Frons schmal, V-förmig, nicht breiter als das Nasale, aber viel länger als der Clypeus (Abb. 309). Die Zähne des Nasale sind gleichgroß und liegen in einer Reihe. Im Boden und unter Steinen von Ufern von Fließgewässern. Länge maximal 8,8 mm, Breite 1,3 mm. *quadripustulatus* (FABRICIUS)

1* Mandibeln hinter dem Retinaculum mit glattem Innenrand, nicht gezähnt. Frons breiter als das Nasale und kaum länger als der Clypeus (Abb. 312). Der Mittelzahn des Nasale ist größer als die beiden anderen und bildet mit den seitlichen Zähnen keine einheitliche Reihe. Im Sand und Schotter von Ufern. Länge maximal 7 mm, Breite 1,1 mm.
tenuicornis (GERMAR)

46. Gattung: *Fleutiauxellus* MÉQUIGNON

Die Larve von *Fleutiauxellus maritimus* (CURTIS) (Abb. 314, 315) gehört nach larvalsystematischen Gesichtspunkten zur Gattung *Zorochrus* THOMSON (VAN EMDEN 1945).

47. Gattung: *Negastrius* THOMSON

Die Angaben in der Tabelle für die Gattungen beziehen sich auf *Negastrius pulchellus* (L.) (Abb. 316, 317). Die Larven von *N. sabulicola* (BOHEMAN) und *N. arenicola* (BOHEMAN) sind unbekannt. Die Larve von *N. pulchellus* lebt im Boden an Gewässerufern unter Schotter und Steinen. Länge maximal 8,5 mm, Breite 1,3 mm.

48. Gattung: *Zorochrus* THOMSON

Nur die Larven von *Zorochrus minimus* (LACORDAIRE) (= *dermestoides* (HERBST)) und *Z. meridionalis* (CASTELNAU) sind bekannt, die von *Z. boubersi* LESEIGNEUR, *Z. dufouri* (BUYSSON), *Z. flavipes* (AUBE), *Z. quadriguttatus*

(Castelnau) und Z. *stibicki* Leseigneur sind bisher nicht beschrieben, so daß die Bestimmungstabelle als provisorisch anzusehen ist.

Tabelle für die Arten (nach Rudolph 1974, Dolin 1978)

1 Urogomphi etwa so lang wie das übrige 9. Abdominalsegment (Abb. 320, 323). 2

1* Urogomphi kürzer als der übrige Teil des 9. Abdominalsegmentes (Abb. 315). Larve in alpinen Böden von Fließgewässern. Länge maximal

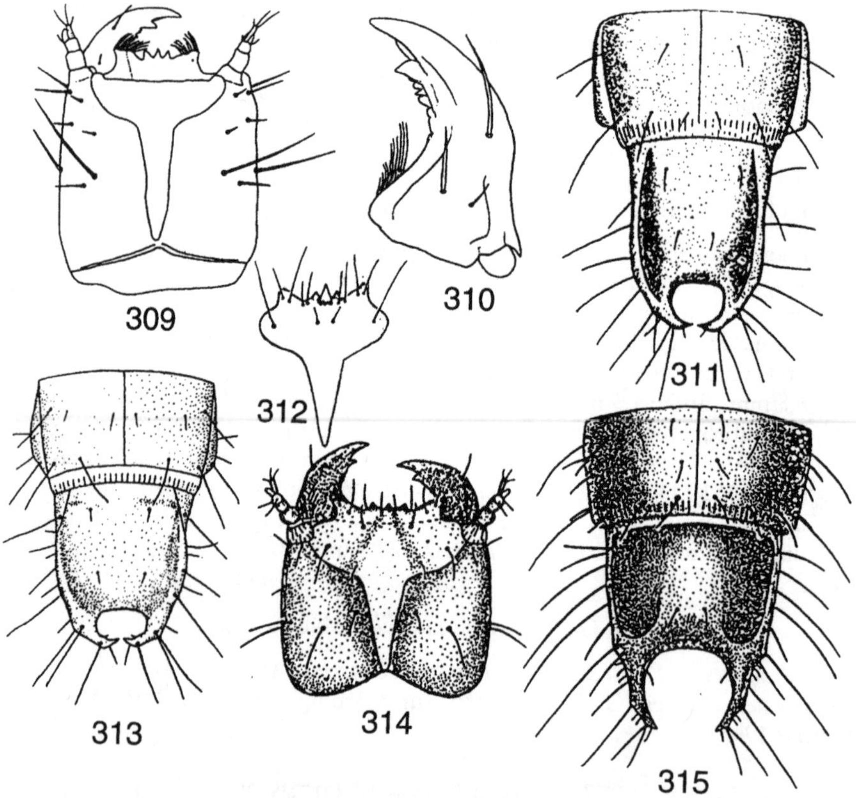

Abb. 309: *Oedostethus quadripustulatus*, Frontoclypeus (aus Dolin 1978)
Abb. 310: *Oedostethus quadripustulatus*, Mandibel (aus Rudolph 1974)
Abb. 311: *Oedostethus quadripustulatus*, 8./9. Abdominalsegment, dorsal (aus Dolin 1978)
Abb. 312: *Oedostethus tenuicornis*, Frontoclypeus (aus Rudolph 1974)
Abb. 313: *Oedostethus tenuicornis*, 8./9. Abdominalsegment, dorsal (aus Dolin 1978)
Abb. 314: *Fleutiauxellus maritimus*, Kopfkapsel, dorsal (aus Dolin 1978)
Abb. 315: *Fleutiauxellus maritimus*, 8./9. Abdominalsegment, dorsal (aus Dolin 1978)

7 mm, Breite 0,9 mm. Kopfkapselbreite L_3 0,26, (0,29), 0,30 mm, L_4 0,36, (0,39), 0,42 mm, L_5 0,52, (0,53), 0,54 mm, L_7 0,74 mm.

Fleutiauxellus maritimus (CURTIS)

2 2. Antennenglied deutlich länger als breit und nicht kürzer als das 1. (Abb. 319). Seitenwülste an den Abdominalsegmenten deutlich ausgeprägt und gut abgesetzt. 9. Abdominalsegment flach oder in der Mitte schwach konvex. Im Boden von Gewässerufern. Länge maximal 10 mm, Breite 1,5 mm. Kopfkapselbreite L4 0,49 mm.

minimus (LACORDAIRE) (= *dermestoides* (HERBST)

2* 2. Antennenglied etwa so lang wie breit, kürzer als das 1. (Abb. 322). Seitenwülste an den Abdominalsegmenten nur an der Basis deutlich ausge-

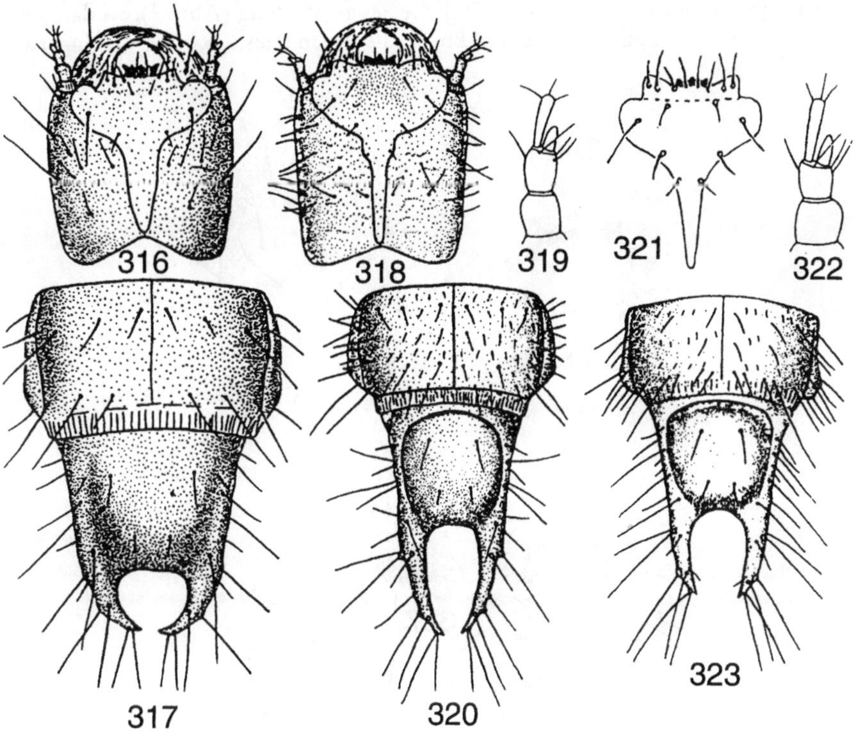

Abb. 316: *Negastrius pulchellus*, Kopfkapsel, dorsal (aus DOLIN 1978)

Abb. 317: *Negastrius pulchellus*, 8./9. Abdominalsegment, dorsal (aus DOLIN 1978)

Abb. 318: *Zorochrus minimus*, Kopfkapsel, dorsal (aus DOLIN 1978)

Abb. 319: *Zorochrus minimus*, Antenne (aus DOLIN 1978)

Abb. 320: *Zorochrus minimus*, 8./9. Abdominalsegment, dorsal (aus DOLIN 1978)

Abb. 321: *Zorochrus meridionalis*, Frontoclypeus (aus DOLIN 1978)

Abb. 322: *Zorochrus meridionalis*, Antenne (aus DOLIN 1978)

Abb. 323: *Zorochrus meridionalis*, 8./9. Abdominalsegment, dorsal (aus DOLIN 1978) prägt und abgesetzt, an den Seiten flach. Mittelfläche des 9. Abdominalsegmentes konvex. Im Boden von Gewässerufern.

meridionalis (CASTELNAU)

49. Gattung: *Quasimus* DESGOZIS

Die Larve der einzigen mitteleuropäischen Art, *Quasimus minutissimus* (GERMAR), wurde von BURAKOWSKI (1976) ausführlich beschrieben (Abb. 324–327). Länge maximal 3,5 mm, Breite 0,55 mm. Kopfkapselbreite L_8 0,35 mm.

16. Unterfamilie: Cardiophorinae

Larven schwach chitinisiert, weichhäutig. Das 2.–7. Abdominalsegment besitzt eine aus je 2 Ringen bestehende zusätzliche Segmentierung (Abb. 7), so daß jedes Segment aus 3 Abschnitten besteht (Abb. 8), die durch teleskopartige Verlängerung

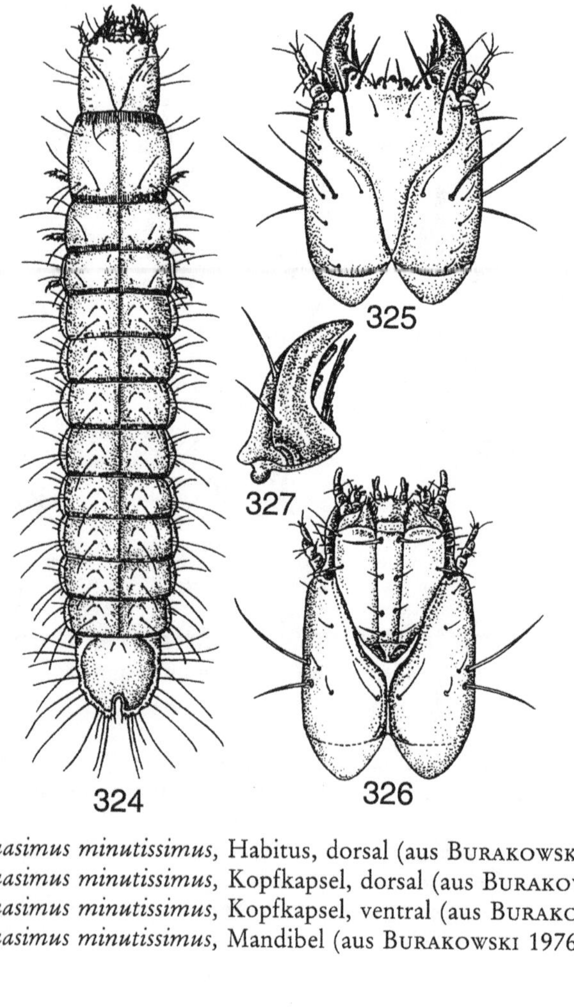

Abb. 324: *Quasimus minutissimus*, Habitus, dorsal (aus BURAKOWSKI 1976)
Abb. 325: *Quasimus minutissimus*, Kopfkapsel, dorsal (aus BURAKOWSKI 1976)
Abb. 326: *Quasimus minutissimus*, Kopfkapsel, ventral (aus BURAKOWSKI 1976)
Abb. 327: *Quasimus minutissimus*, Mandibel (aus BURAKOWSKI 1976)

den Körper bis auf das 3fache strecken können. Jedes Hauptteil mit 4 Längsfurchen und Sperrpapillen. Frons schmal, V-förmig. Nasale zweizähnig. Mandibeln bis zur Mitte gespalten, der Dorsalteil mit Zähnchen (Abb. 32b, 32c). Submentum sehr schmal (Abb. 32a). 9. Abdominalsegment konisch, mit abgerundeter Spitze. 10. Abdominalsegment am Ende jederseits mit einer großen Analpapille. Kopfkapselmaße nach DOLIN (1978).

Tabelle für die Gattungen (nach DOLIN 1964, 1978, LEILER 1967, PALM 1972)

1 Oberes Blatt der Mandibeln auf der Innenseite dreizähnig erscheinend (Abb. 362). *Paracardiophorus* SCHWARZ (S. 187)

1* Oberes Blatt der Mandibeln auf der Innenseite vierzähnig (3 große und ein kleiner Zahn sind vorhanden) erscheinend (Abb. 329, 333, 337, 347, 352, 356). *Cardiophorus* ESCHSCHOLTZ und *Dicronychus* BRULLÉ (S. 187)

50. Gattung: *Cardiophorus* ESCHSCHOLTZ

Die Gattung *Dicronychus* BRULLÉ läßt sich von *Cardiophorus* ESCHSCHOLTZ larvalsystematisch nicht abtrennen, die bekannten Arten sind deshalb in die folgende Tabelle aufgenommen. Die Larven von *Cardiophorus anticus* ERICHSON und *C. atripes* BUYSSON sind unbekannt.

Tabelle für die Arten (nach LEILER 1967, PALM 1972, RUDOLPH 1974, DOLIN 1978,)

1 Femur mit 2 Grabstacheln (setae fossori) (Abb. 330, 338). 2

1* Femur mit 3 Grabstacheln (setae fossori) (Abb. 349, 353, 358). . . . 6

2 Kopfkapsel matt glänzend, deutlich chagriniert (Vergrößerung 50x). Mandibeln schwach chitinisiert. 9. Abdominalsegment von der Basis ab konisch verengt, vor der Spitze ist eine leichte Einschnürung sichtbar (Abb. 331). Larve räuberisch, in trockenem Sand. Länge maximal 40 mm, Breite 1,4 mm. Kopfkapselbreite 0,7 mm. *gramineus* (SCOPOLI)

2* Kopfkapsel glänzend, glatt, nicht chagriniert, oft mit einigen zerstreut gelagerten Punkten. 3

3 9. Abdominalsegment von der Basis zur Spitze allmählich gerundet verengt, ohne Einschnürung vor der Spitze, mehr als doppelt so lang wie an der Basis breit (Abb. 334). Larve in steinigen Böden und Flußufern. Länge maximal 30 mm, Breite 0,7 mm. Kopfkapselbreite 0,7 mm. *discicollis* (HERBST)

3* 9. Abdominalsegment mit einer Einschnürung vor der Spitze, höchstens doppelt so lang wie an der Basis breit (Abb. 335, 339, 342). 4

4 Haarfeld auf der Dorsalfseite des Spitzendrittels des 9. Abdominalsegmentes gut ausgebildet (Abb. 272). Larve in sandigem Boden. Länge maximal 35 mm, Breite 1,0 mm. Kopfkapselbreite 0,9 mm. *vestigialis* ERICHSON (= *erichsoni* DU BUYSSON) ?

4* Haarfeld auf der Dorsalseite im Spitzenteil des 9. Abdominalsegmentes weniger dicht, nur an den Seiten deutlich (Abb. 339, 342). 5

5 Prothorax länger als breit. Oberteil der Mandibeln an der Spitze mit einem starken äußeren und einem dünneren inneren Zahn (Abb. 337). Im sandigen Boden von Kiefernwäldern. Länge maximal 25 mm, Breite 0,7 mm. Kopfkapselbreite 0,7 mm (nach VAN EMDEN 0,98 mm).

ruficollis (L.)

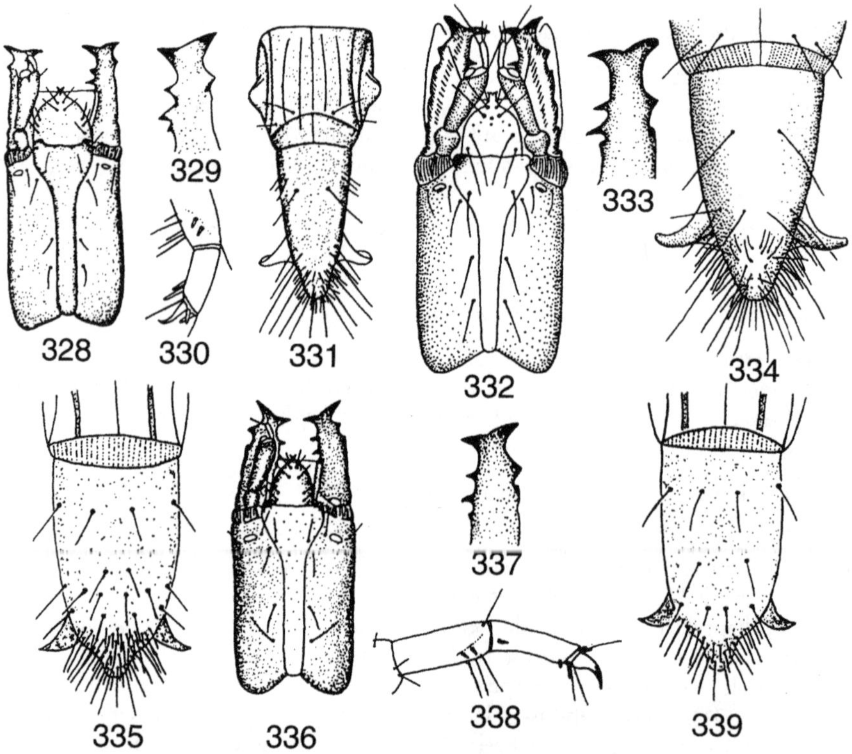

Abb. 328: *Cardiophorus gramineus*, Kopfkapsel, dorsal (aus DOLIN 1978)
Abb. 329: *Cardiophorus gramineus*, Mandibel (aus DOLIN 1978)
Abb. 330: *Cardiophorus gramineus*, Bein (aus DOLIN 1978)
Abb. 331: *Cardiophorus gramineus*, 8./9. Abdominalsegment, dorsal (aus DOLIN 1978)
Abb. 332: *Cardiophorus discicollis*, Kopfkapsel, dorsal (aus DOLIN 1978)
Abb. 333: *Cardiophorus discicollis*, Mandibel (aus DOLIN 1978)
Abb. 334: *Cardiophorus discicollis*, 9. Abdominalsegment, dorsal (aus DOLIN 1978)
Abb. 335: *Cardiophorus vestigialis*, 9. Abdominalsegment, dorsal (aus RUDOLPH 1974)
Abb. 336: *Cardiophorus ruficollis*, Kopfkapsel, dorsal (aus DOLIN 1978)
Abb. 337: *Cardiophorus ruficollis*, Mandibel (aus DOLIN 1978)
Abb. 338: *Cardiophorus ruficollis*, Bein (aus RUDOLPH 1974)
Abb. 339: *Cardiophorus ruficollis*, 9. Abdominalsegment, dorsal (aus RUDOLPH 1974)

5* Prothorax nicht länger als breit. Oberteil der Mandibeln an der Spitze fast abgerundet, nur mit einem unbedeutenden inneren Fortsatz (Abb. 341). In sandigen Böden, räuberisch. Länge maximal 30 mm, Breite 0,7 mm. Kopfkapselbreite 0,7 mm. *ebeninus* (GERMAR)

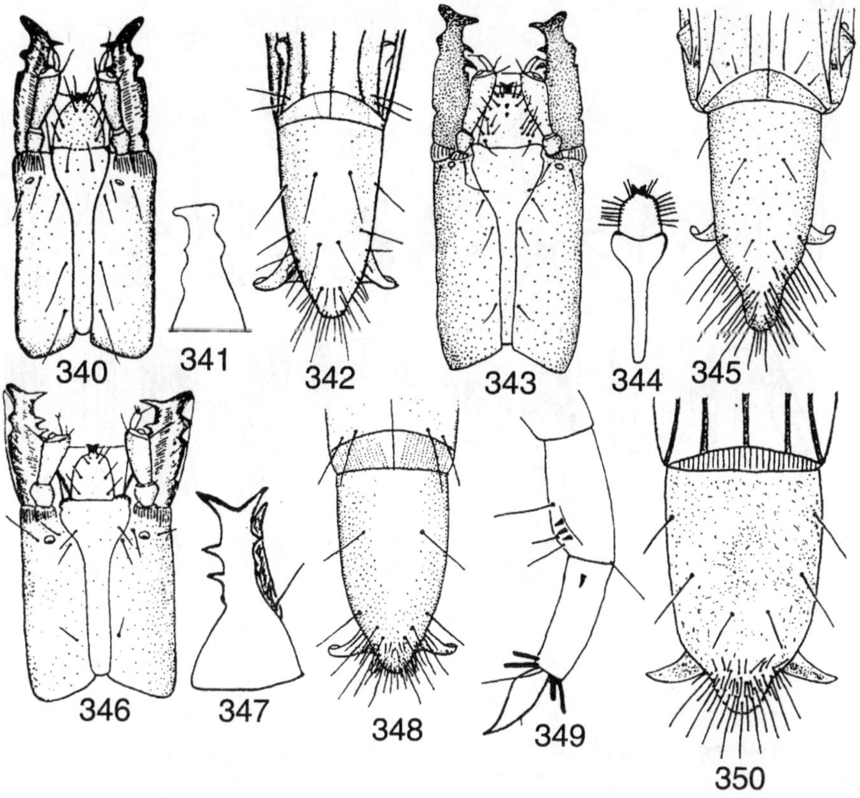

Abb. 340: *Cardiophorus ebeninus*, Kopfkapsel, dorsal (aus DOLIN 1978)
Abb. 341: *Cardiophorus ebeninus*, Mandibel (aus RUDOLPH 1974)
Abb. 342: *Cardiophorus ebeninus*, 9. Abdominalsegment, dorsal (aus DOLIN 1978)
Abb. 343: *Cardiophorus asellus*, Kopfkapsel, dorsal (aus DOLIN 1978)
Abb. 344: *Cardiophorus asellus*, Frontoclypeus (aus RUDOLPH 1974)
Abb. 345: *Cardiophorus asellus*, 9. Abdominalsegment, dorsal (aus DOLIN 1978)
Abb. 346: *Cardiophorus atramentarius*, Kopfkapsel, dorsal (aus DOLIN 1978)
Abb. 347: *Cardiophorus atramentarius*, Mandibel (aus RUDOLPH 1974)
Abb. 348: *Cardiophorus atramentarius*, 9. Abdominalsegment, dorsal (aus DOLIN 1978)
Abb. 349: *Cardiophorus nigerrimus*, Bein (aus RUDOLPH 1974)
Abb. 350: *Cardiophorus nigerrimus*, 9. Abdominalsegment, dorsal (aus RUDOLPH 1974)

6 Clypeus mit 7–8 lateralen Borstenpaaren (Abb. 344). Larve räuberisch, in sandigen Böden. Länge maximal 48 mm, Breite 2,0 mm. Kopfkapselbreite 1,0 mm. *asellus* ERICHSON

6* Clypeus nur mit 2 (- 3) lateralen Borstenpaaren (Abb. 346, 351, 357, 360). 7

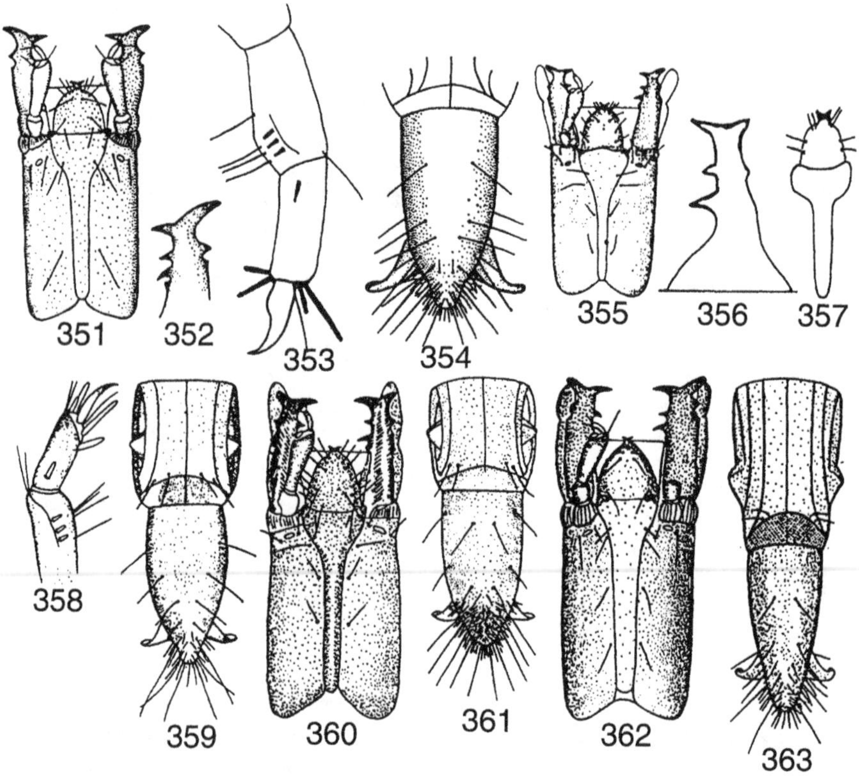

Abb. 351: *Dicronychus rubripes*, Kopfkapsel, dorsal (aus DOLIN 1978)
Abb. 352: *Dicronychus rubripes*, Mandibel (aus DOLIN 1978)
Abb. 353: *Dicronychus rubripes*, Bein (aus RUDOLPH 1974)
Abb. 354: *Dicronychus rubripes*, 9. Abdominalsegment, dorsal (aus DOLIN 1978)
Abb. 355: *Dicronychus cinereus*, Kopfkapsel, dorsal (aus DOLIN 1978)
Abb. 356: *Dicronychus cinereus*, Mandibel (aus RUDOLPH 1974)
Abb. 357: *Dicronychus cinereus*, Frontoclypeus (aus RUDOLPH 1974)
Abb. 358: *Dicronychus cinereus*, Bein (aus DOLIN 1978)
Abb. 359: *Dicronychus cinereus*, 8./9. Abdominalsegment, dorsal (aus DOLIN 1978)
Abb. 360: *Dicronychus equiseti*, Kopfkapsel, dorsal (aus DOLIN 1978)
Abb. 361: *Dicronychus equiseti*, 8./9. Abdominalsegment, dorsal (aus DOLIN 1978)
Abb. 362: *Paracardiophorus musculus*, Kopfkapsel, dorsal (aus DOLIN 1978)
Abb. 363: *Paracardiophorus musculus*, 8./9. Abdominalsegment, dorsal (aus DOLIN 1978)

7 Oberteil der Mandibeln an der Spitze mit einem annähernd gleichstark entwickelten äußeren und inneren Zahn (Abb. 347). 8

7* Oberteil der Mandibeln an der Spitze mit einem schwach entwickelten äußeren Zahn (Abb. 356). 10

8 9. Abdominalsegment vor der Spitze nicht deutlich verengt (Abb. 348). Larve räuberisch, in sandigen Böden. Länge maximal 40 mm, Breite 1,2 mm. Kopfkapselbreite 1,1 mm. *atramentarius* Erichson

8* 9. Abdominalsegment mit einer deutlichen Verengung vor der Spitze (Abb. 350, 354). 9

9 Die äußere apikale Seta des Tibiotarsus erreicht fast die Länge der Klaue (Abb. 353). In Böden von Ufern und Schluchten. Länge maximal 30 mm. Kopfkapselbreite 0,7 mm. *Dicronychus rubripes* (Germar)

9* Die äußere apikale Seta des Tibiotarsus erreicht nicht die Länge der Klaue (Abb. 349). In sandigen Böden. Länge maximal 30 mm, Breite 1,0 mm. *nigerrimus* Erichson

10 Das Haarfeld an der Spitze des 9, Abdominalsegmentes besteht nur aus einigen langen und kurzen Haaren und nimmt höchstens 1/4 der Länge des Segmentes ein (Abb. 359). In sandigen Böden. Länge maximal 45 mm, Breite 2,0 mm. Kopfkapselbreite 1,2 mm. *Dicronychus cinereus* (Herbst)

10* Das Haarfeld an der Spitze des 9. Abdominalsegmentes ist dicht und gut ausgebildet, es nimmt etwa 1/3 der Länge des Segmentes ein (Abb. 361). In feuchteren Böden, auch von Gewässerufern. Länge maximal 45 mm, Breite 1,2 mm. Kopfkapselbreite 1,2 mm. *Dicronychus equiseti* (Herbst)

51. Gattung: *Dicronychus* Brullé

Die Larve von *Dicronychus equisetioides* Lohse ist unbekannt, die anderen Arten sind in der *Cardiophorus*-Tabelle enthalten.

52. Gattung: *Paracardiophorus* Schwarz

Die Larve der einzigen mitteleuropäischen Art, *Paracardiophorus musculus* (Erichson), kann durch den Bau der Mandibeln abgetrennt werden (Abb. 362, 363). Sie lebt in sandigen Böden. Länge maximal 25 mm. Kopfkapselbreite 0,5 mm.

Literatur

Basden, G. F. (1950): A method of distinguishing the larval stages of *Agriotes sputator* L. (Col., Elateridae). – Bull. Ent. Res. 41: 395–413.

Bouwer, R. (1980): Revision der *Ampedus ferrugatus*-Gruppe nebst Beschreibung von vier neuen Arten (Col., Elateridae). – Senckenbergiana biol. 60: 321–336.

Bouwer, R. (1981): Redeskription der Larve von *Ampedus ruficeps* Mulsant & Guillebeau (1854–55) (Col., Elateridae). – Mitt. Int. Ent. Ver. Frankfurt/M. 6: 16–21.

Bouwer, R. (1982): Beschreibung der Larve von *Ampedus fontisbellaquei* Jabl., von *Ampedus melanurus* Muls. & Guill. und von *Ampedus quercicola* (Buyss.) (Col., Elateridae). – Dt. Ent. Z. N. F. 29: 117–127.

Buchholz, L. (1987): The description of the larva and pupa of *Podeonius acuticornis* (Germar, 1824) (Col., Elateridae) with notes on its taxonomy, biology, and geographical distribution. – Polskie Pismo Ent. 56: 861–881.

BURAKOWSKI, B. (1962): Biologia oraz opis larwy *Ampedus elegantulus* (SCHÖNH.) (Col., Elateridae). – Fragm. Faunist. Warszawa 10: 47–62.
BURAKOWSKI, B. (1971): Sprezyki (Col., Elateridae) Bieszczadów. – Fragm Faunist. 17: 221–272.
BURAKOWSKI, B. (1976): Post – embryonic development and bionomics of *Quasimus minutissimus* (GERMAR) (Col., Elateridae). – Ann. Zool. 33: 235–259.
CHERNOVA, N. M. (1960): The structure of the frontal plate in the larvae of click beetles. – Rev. Entomol. URSS 39: 838C849 (russisch).
DAJOZ, R. (1965): Les espèces françaises du genre *Ampedus*, morphologie, biologie, systématique. – Revue Franç d'entomologie 29: 5–26.
DOLIN, W. G. (1960): Die Larven der Elateridengattung *Melanotus* des europäischen Teiles der UdSSR. – Zool. Zh. 39: 1032–1038 (russisch).
DOLIN, W. G. (1960): Die Larven der Elateridengattung *Athous* des europäischen Teiles der UdSSR. – Zool. Zh 39: 1156–1168 (russisch).
DOLIN, W. G. (1964): Licinki zukov – scelkunov (provolocniki) evropejskoj casti SSSR. – Kiew. (russisch).
DOLIN, W. G. (1967): Die Larven der Gattung *Idolus* DESBR. und ihr Platz im Elateridensystem – Zool. Zurn. 46: 1860–1863. (russisch).
DOLIN, W. G. (1978): Opredelitel licinok zukov – scelkunov fauny SSSR. – Kiew. (russisch).
DOLIN, W. G. (1990): Die Stellung der Gattung *Penia* CAST. im System der Elateridae (Coleoptera) auf Grund der Larvenmerkmale. – Mitt. Entom. Gesellschaft Basel 40: 15–19.
DOLIN, W. G. & V. G. NADVORNYI (1967): Die Larven von *Orithales serraticornis* (Col., Elateridae) – Zool. Zurn. 46: 1860–1863. (russisch).
DOLIN, W. G. & W. G. OSTAFITSCHUK (1973): Neue Schnellkäferlarven (Elateridae) aus Moldawien. – Fauna und Biologie der Insekten Moldawiens, Kishinew: 82–87 (russisch).
EMDEN, F. I. VAN (1945): Larvae of British beetles.–5. Elateridae. – Entomol. monthly Mag. 81: 13–37.
EMDEN, H. F. VAN (1956): Morphology and identification of the British larvae of the genus *Elater* (Col., Elateridae). – Entomol. monthly Mag. 92: 167–188.
GAEDIKE, R. (1969): Bibliographie der Elateridenlarven – Literatur der Welt. – Beitr. Ent. 19: 159–266.
GAEDIKE, R. (1975): Bibliographie der Elateridenlarven – Literatur der Welt (1968 – 1972). – Beitr. Ent. 25: 85–98.
GARDNER, I. C. M. (1936): A larva of the subfamily Balginae (Col., Elateridae). – Proc. R. ent. Soc. London 5: 3–5.
GHILAROV, M.S. (1964): Bestimmungsbuch für bodenbewohnende Insektenlarven. – Moskau (russisch).
GLEN, R. (1935): Contribution to the morphology of the larval Elateridae (Col.), I. – Canad. Entomol. 67: 231–238.
GLEN, R. (1944): Contribution to a knowledge of the larval Elateridae (Col.), 3. *Agriotes* ESCH. and *Dalopius* ESCH. – Canad. Entomol. 76: 73–87.
GLEN, R. (1950): Larvae of the Elaterid beetles. – Smithson. misc. Coll. 111: 11.
GLEN, R., KING, K. M. & A. P. ARNASON (1943): The identification of wireworms of economic importance in Canada. – Canad. J. 21: 358–387.
GURJEVA, E. L. (1979): Click-beetles (Elateridae) subfamily Elaterinae. Tribes Megapenthini, Physorhinini, Ampedini, Elaterini, Pomachiliini. – Fauna SSR 12: 1–451.
HENRIKSEN, K. L. (1912): Oversigt over de danske Elateride larver. An account of the larvae of the Danish Elateridae. – Ent. Medd. 4: 225–331.
HENRIKSEN, K. L. (1913): Smaeldere og Pragtbiller, Larverne. In: V. HANSEN, Biller XXIII, Danmarks Fauna (2. Auflage mit Ergänzungen von S. G. LARSSON 1966). – Kobenhavn.
HYSLOP, J. A. (1917): The phylogeny of the Elateridae based on larval characters. – Ann. ent. Soc. Amer. 10: 241–263.
KORSCHEFSKY, R. (1941): Bestimmungstabellen der bekanntesten deutschen Elateridenlarven. – Arb. physiol. angew. Ent. 8: 217–230.
KOSMATSCHEWSKIJ, A. S. (1959): Die Biologie von *Agriotes litigiosus* v. *tauricus* HEYD. und *Agriotes sputator* L. (Col., Elateridae). – Ent. obosr. 38: 738–749. (russisch).

LEILER, T. E. (1967): Studien über die Biologie und Beschreibung der Entwicklungsstadien einiger schwedischer *Cardiophorus*-Arten (Col., Elateridae). – Ent. Tidskr. 88: 89–109.

LUTERSK, D. (1966): Observations on the larvae of some species of click – beetles feeding on mushrooms. – Polsk. Pismo Ent. 8: 341–345.

MASAITIS, A. I. (1931): On the morphology of the *Selatosomus spretus* MANNH. larvae. – Plant. Prot. Leningrad 8: 293–298.

MCDOUGALL, W. A. (1934): The determination of larval instars and stadia of some wire worms (Elateridae). – Queensl. agr. J. 42: 43–70.

PALM, T. (1960): Bidrag till kännedomen om svenska skalbaggars biologi och systematik. 36–38. Ent. Tidsk. 81: 98–107.

PALM, T. (1972): Die skandinavischen Elateriden – Larven (Col.). – Entomol. scand. 2, No. 2: 1–63.

PATAKI, E. (1966): Bestimmungstabelle der wichtigsten ackerbewohnenden Elateridenlarven Ungarns (Col., Elateridae). – Ent. Nachr. 10: 17–32.

RADU, V. G. (1965): Coleoptera larvae in soil. II. Elateridae – Cluj. Univ. Babes. – Boulai. Stud. Ser. Biol. 10: 41–46.

RUBEL, S. (1955): Naksurlaste vastsete (traatusside) määramistabel (Col., Elateridae) – Tartu.

RUDOLPH, K. (1970): Zur Biologie einheimischer Käferfamilien. 2. Elateridae. – Ent. Ber. 12: 95–119.

RUDOLPH, K. (1970): Zur Kenntnis der Larve von *Elater hjorti* RYE. (Col., Elateridae). – Ent. Nachr. 14: 189–192.

RUDOLPH, K. (1970): Zur Morphologie der Elateridenlarven. – Ent. Nachr. 14: 33–46.

RUDOLPH, K. (1971): Beitrag zur Morphologie der Larven von *Elater cardinalis* SCHIÖDTE und *Ischnodes sanguinicollis* PANZER (Col., Elateridae). – Ent. Nachr. 15: 82–89.

RUDOLPH, K. (1972): Beitrag zur Morphologie der Larve von *Cardiophorus nigerrimus* ER. mit differentialdiagnostischen Angaben zu allen in der DDR und BRD vorkommenden *Cardiophorus*-Arten (Col., Elateridae). – Ent. Nachr. 16: 121–126.

RUDOLPH, K. (1972): Zur Kenntnis der Larve von *Athous zebei* BACH. (Col., Elateridae). – Ent. Nachr. 16: 109–114.

RUDOLPH, K. (1974): Beitrag zur Kenntnis der Elateridenlarven der Fauna der DDR und der BRD. – Zool. Jb. Syst. 101: 1–151.

RYMER – ROBERTS, A. W. (1919): On the life history of „wireworms" of the genus *Agriotes* ESCH., with some notes on that of *Athous haemorrhoidalis* F. – Ann. Appl. Biol. 6: 116–135.

RYMER – ROBERTS, A. W. (1921): On the life history of „wireworms" of the genus *Agriotes* ESCH., with some notes on that of *Athous haemorrhoidalis* F. – Ann. Appl. Biol. 8: 193–215.

RYMER – ROBERTS, A. W. (1928): On the life history of „wireworms" of the genus *Agriotes* ESCH., IV. – Ann. Appl. Biol. 15: 90–94.

RYMER – ROBERTS, A. W. (1956): On the larva of *Cryptohypnus quadripustulatus* FABRICIUS (Col., Elateridae). – Proc. R. ent. Soc – London (A) 31: 76–80.

SAALAS, U. (1937): Ein neuer Larventyp der Elateriden. – Ann. ent. fenn. 3: 65–73.

SCHAERFFENBERG, B. (1942): Die Elateridenlarven der Kiefernwaldstreu. – Z. angew. Ent. 13: 85–115.

SCHIMMEL, R. (1984): Studien zum Variationsspektrum der Imagines und Beschreibung der Larve von *Ampedus vandalitae* LOHSE, 1976. – Ent. Abh. Mus. Tierk. Dresden 48: 23–34.

TSCHEREPANOW, A. J. (1965): Provolocniki zapadnoj Sibiri. – Moskau. (russisch).

ZACHARUK, R. Y. (1962): Some new larval characters for the classification of the Elateridae into major groups. – Proc. R. Ent. Soc. London (B) 31: 29–32.

43. Familie: Throscidae

Abb. 1–10

Charakteristik der Familie nach larvalen Merkmalen:

Körper größtenteils weichhäutig, gedrungen (Abb. 1, 2), in der Höhe des Thorax am breitesten. Kopf prognath, relativ klein, etwa halb so breit wie der Prothorax (Abb. 1). Kopfkapsel ohne abgetrennten Frontoclypeus (Abb. 3). Antennen kurz, mit einem Sinneskegel, der etwa so lang ist wie das letzte Antennenglied (Abb. 6). Mandibeln ± reduziert, abgeflacht, stumpf, nach außen gebogen, ohne Retinaculum (Abb. 5). Maxillare Gelenkfläche reduziert (Abb. 4). Maxillen mit deutlicher Mala (Abb. 7). Beine sehr kurz, aber mit allen Gliedern (Abb. 8). Prothorax ventral mit einem Paar schmaler sklerotisierter Stäbchen. 9. Abdominalsegment deutlich schmaler als das 8., mit 2 kleinen dornenförmigen Urogomphi in der Mitte des Segments (Abb. 9). 10. Abdominalsegment weitgehend reduziert, auf der Ventralseite des 9. Abdominalsegmentes liegend (Abb. 10). Stigmen biforous, mit Verschlußapparat.

Zweifellos gehören nach larvalsystematischen Gesichtspunkten die Gattungen *Drapetes* Dejean und *Trixagus* Kugelann (= *Throscus* Latreille) in kein näheres Verwandtschaftsverhältnis (Burakowski 1975, Lohse 1979) obwohl sie vielfach in dieser Familie zusammengefaßt wurden.

Crowson (1967) trägt den tiefgreifenden Unterschieden ebenfalls Rechnung, indem er die früheren Throscidae (= Trixagidae) in drei Unterfamilien untergliedert:

Trixaginae (= Throscinae) : *Trixagus* Kugelann (= *Throscus* Latreille)
Lissominae : *Drapetes* Dejean
Balginae : bisher Unterfamilie der Eucnemidae

In Mitteleuropa kommt nur die Gattung *Trixagus* Kugelann vor.

1. Gattung: *Trixagus* Kugelann (= *Throscus* Latreille)

Die Beschreibungen von Henriksen (1966) und Burakowski (1975) beziehen sich auf *Trixagus dermestoides* (L.), die Larven der anderen 6 Arten sind unbekannt. Sie leben unter faulender Pflanzensubstanz, zwischen Fallaub, in Mulm, Detritus und im Boden, oft nahe von Baumstümpfen.

Die Zahl der Larvenstadien ist nicht klar. Von 3 Stadien sind Maße (Angaben in mm) bekannt (Burakowski 1975).

Stadium	Länge	Breite	Kopfkapselbreite
L_1	1,2 – 1,8		0,12 – 0,15
L_2	2,0 – 2,7		0,20 – 0,27
adulte Larve	4,5 – 6,3	1,3	0,30 – 0,35

Literatur

Burakowski, B. (1975): Development, distribution and habits of *Trixagus dermestoides* (L.), with notes on the Throscidae and Lissomidae (Col., Elateroidea). – Fragm. Faunist. Warszawa 32: 375–405.

Burakowski, B. (1991): Cerophytidae, Eucnemidae, Throscidae, Lissomidae. In: Klucze do oznaczania owadów Polski, XIX, Zeszyt 35–37. – Wroclaw.

Crowson, R. A. (1967): The natural classification of the families of Coleoptera. – Hampton, Middlesex.

Henriksen, K. (1913): Smaeldere og Pragtbiller, Larverne. In: V. Hansen, Biller XXIII, Danmarks Fauna. – Kobenhavn.

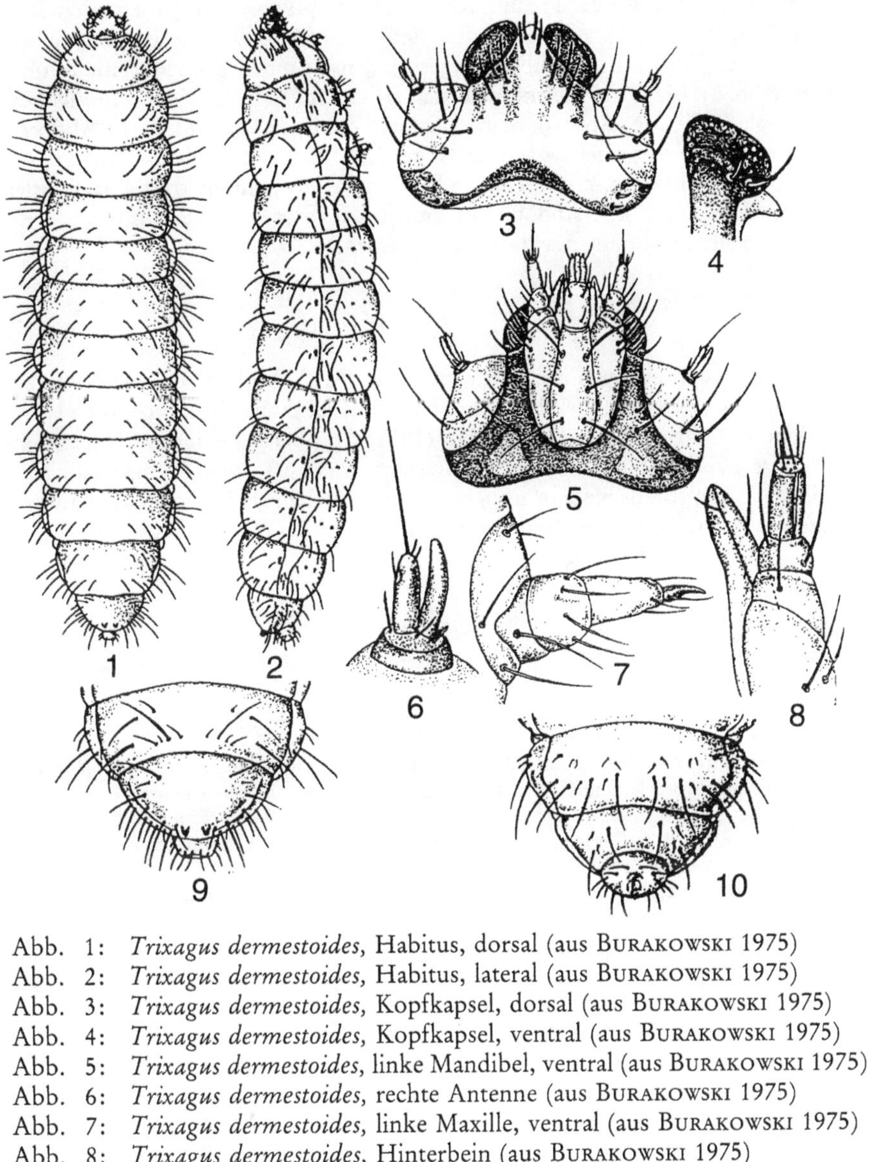

Abb. 1: *Trixagus dermestoides,* Habitus, dorsal (aus Burakowski 1975)
Abb. 2: *Trixagus dermestoides,* Habitus, lateral (aus Burakowski 1975)
Abb. 3: *Trixagus dermestoides,* Kopfkapsel, dorsal (aus Burakowski 1975)
Abb. 4: *Trixagus dermestoides,* Kopfkapsel, ventral (aus Burakowski 1975)
Abb. 5: *Trixagus dermestoides,* linke Mandibel, ventral (aus Burakowski 1975)
Abb. 6: *Trixagus dermestoides,* rechte Antenne (aus Burakowski 1975)
Abb. 7: *Trixagus dermestoides,* linke Maxille, ventral (aus Burakowski 1975)
Abb. 8: *Trixagus dermestoides,* Hinterbein (aus Burakowski 1975)
Abb. 9: *Trixagus dermestoides,* 8.–10. Abdominalsegment, dorsal (aus Burakowski 1975)
Abb. 10: *Trixagus dermestoides,* 8.–10. Abdominalsegment, ventral (aus Burakowski 1975)

44. Familie: Lissomidae

Abb. 1–11

Charakteristik der Familie nach larvalen Merkmalen:

Kopf fast so breit wie der Prothorax (Abb. 1). Kopfkapsel mit gut entwickeltem Frontoclypeus (Abb. 3). Antennen dreigliedrig, ohne auffälligen Sinneskegel auf dem 2. Glied (Abb. 4). Mandibeln zugespitzt, nach innen gebogen, mit Retinaculum (Abb. 5). Maxillare Gelenkmembran reduziert (Abb. 7). Maxille mit langem Stipes, Galea 2gliedrig (Abb. 6). Beine kurz und kräftig (Abb. 7, 8). 2.–6. Abdominalsegment dorsal mit einer Dörnchenfläche (Abb. 9). 9. Abdominalsegment in der Mitte mit einem kleinen, kreisförmigen Einschnitt, Urogomphi kräftig nach innen gebogen (Abb. 10, 11). 9. Abdominalsegment fast so breit wie das 8.

In Mitteleuropa kommt nur die Gattung *Drapetes* DEJEAN vor.

1. Gattung: *Drapetes* DEJEAN

Die Larve der einzigen mitteleuropäischen Art, *Drapetes cinctus* (PANZER) (= *biguttatus* (PILLER)), beschrieben DENIER (1921) und BURAKOWSKI (1973), nachdem bereits BÖVING & CRAIGHEAD (1931) Angaben zu einer nordamerikanischen Art publiziert hatten. Die erwachsene Larve ist etwa 11 mm lang und maximal 1,5 mm breit. Sie lebt in besonntem morschem Holz von Laubbäumen, besonders Rotbuche, unter Rinde und in faulenden Baumstümpfen.

Literatur

BÖVING, A. G. & F. C. CRAIGHEAD (1931): An illustrated synopsis of the principal larval forms of the order Coleoptera. – Ent. Amer. N. S. 11: 1–351.

BURAKOWSKI, B. (1973): Immature Stages and Biology of *Drapetes biguttatus* (PILLER) (Col., Lissomidae). – Fragm. Faunist. Warszawa 30: 335–347.

BURAKOWSKI, B. (1975): Development, distribution and habits of *Trixagus dermestoides* (L.), with notes on the Throscidae and Lissomidae (Col., Elateroidea). – Fragm. Faunist. Warszawa 32: 375–405.

BURAKOWSKI, B. (1991): Cerophytidae, Eucnemidae, Throscidae, Lissomidae. In: Klucze do oznaczania owadów Polski, XIX, Zeszyt 35–37. – Wroclaw.

DERNIER, P. (1921): Description sommaire et biologie de la larve du *Drapetes biguttatus* PILLER (Col., Throscidae). – Bull. Soc. ent. France 1921: 299–302.

PETERSON, A. (1957): Larvae of Insects. Part II. – Ann Arbor, Michigan.

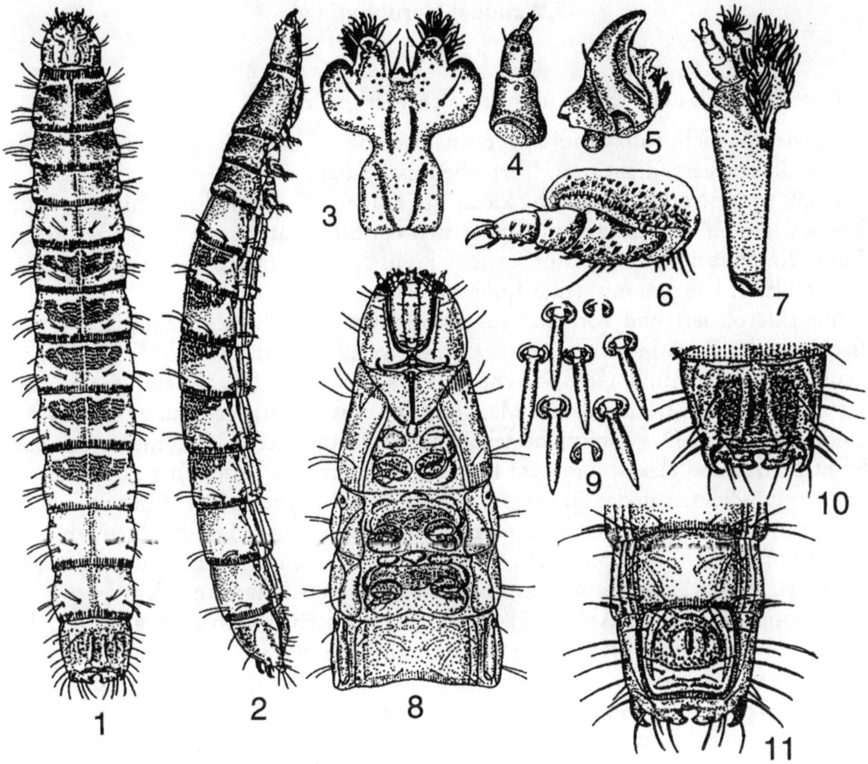

Abb. 1: *Drapetes cinctus*, Habitus, dorsal (aus BURAKOWSKI 1973)
Abb. 2: *Drapetes cinctus*, Habitus, lateral (aus BURAKOWSKI 1973)
Abb. 3: *Drapetes cinctus*, Frontoclypeus (aus BURAKOWSKI 1973)
Abb. 4: *Drapetes cinctus*, linke Antenne (aus BURAKOWSKI 1973)
Abb. 5: *Drapetes cinctus*, linke Mandibel (aus BURAKOWSKI 1973)
Abb. 6: *Drapetes cinctus*, linke Maxille (aus BURAKOWSKI 1973)
Abb. 7: *Drapetes cinctus*, Kopf, Thorax und 1. Abdominalsegment, ventral (aus BURAKOWSKI 1973)
Abb. 8: *Drapetes cinctus*, Mittelbein (aus BURAKOWSKI 1973)
Abb. 9: *Drapetes cinctus*, 4. Abdominalsegment, Sternit und halbes Tergit (aus BURAKOWSKI 1973)
Abb. 10: *Drapetes cinctus*, 8./9. Abdominalsegment, dorsal (aus BURAKOWSKI 1973)
Abb. 11: *Drapetes cinctus*, 8./9. Abdominalsegment, ventral (aus BURAKOWSKI 1973)

45. Familie: Cerophytidae

Abb. 1–3

Charakteristik der Familie nach larvalen Merkmalen:

Körper länglich, subzylindrisch, etwas nach der Ventralseite gebogen (Abb. 1), wenig sklerotisiert, dicht mit Haaren bedeckt. Körperlänge 6–9 mm.

Kopf vorgestreckt, prognath, klein, abgeflacht (Abb. 3). Epicranialnaht und Endocarina fehlen. Jederseits befindet sich ein Stemmatum mit gut entwickelter Linse. Antenne dreigliedrig, mit breitem, konischen Sinnesfortsatz. Frontoclypealnaht fehlend. Labrum mit der Kopfkapsel verschmolzen, ein Nasale formend, das wenig sklerotisiert und vorn tief ausgerandet ist. Mandibeln symmetrisch, abgeflacht, an der Basis breit, zur Spitze schmal werdend, ohne Mola. Maxillen ohne deutlichen Cardo und Gelenkfläche. Mala schmal und längsgeteilt (Galea und Lacinia teilweise verschmolzen). Maxillarpalpus dreigliedrig mit gut entwickeltem Palpifer (Abb. 3). Das Labium besteht aus dem Postmentum, das komplett mit den Stipites verschmolzen ist und dem Prämentum. Letzteres formt eine sklerotisierte Platte mit 5 Zähnen an der Spitze (Abb. 3) und einer Kerbe in jeder Seite, in welche die Mala und die Mandibelspitze eingelegt werden können. Labialpalpen fehlend.

Prothorax mit 2 sklerotisierten Sternalstäbchen, die nach hinten konvergieren (Abb. 3). Vorderbeine verbreitert, mit kräftig sklerotisierter, ungleicher, zweiteiliger (doppelter) Klaue (Abb. 1, 2). Coxen der Vorderbeine einander genähert, die der Mittel- und Hinterbeine weiter voneinander getrennt (Abb. 2). Alle 3 Thoraxsegmente und das 1.–8. Abdominalsegment jeweils mit einem vorragenden Paar seitlicher Drüsenöffnungen nahe des Hinterrandes des Tergums. 1.–8. Abdominalsegment an jeder Seite mit 2 gut entwickelten Pleuralloben (Abb. 1). 9. Abdominalsegment ohne deutliches Tergum. 10. Abdominalsegment klein (Abb. 1), mit einer vertikalen Analöffnung. Stigmen biforous, mit Verschlußapparat. Die

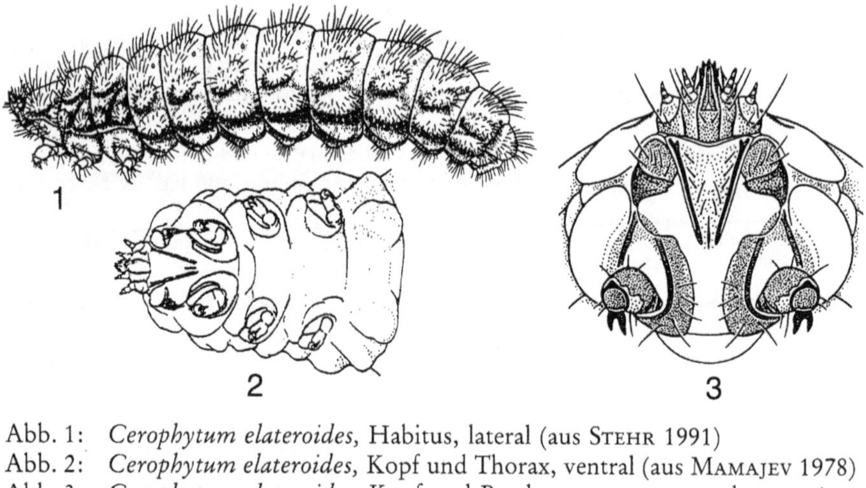

Abb. 1: *Cerophytum elateroides*, Habitus, lateral (aus Stehr 1991)
Abb. 2: *Cerophytum elateroides*, Kopf und Thorax, ventral (aus Mamajev 1978)
Abb. 3: *Cerophytum elateroides*, Kopf und Prothorax von vorn und unten (aus Stehr 1991)

Stigmen des Abdomens liegen oberhalb einer kleinen Vertiefung in dem oberen Pleurallobus.

Weltweit kommt nur die Gattung *Cerophytum* LATREILLE vor.

1. Gattung: *Cerophytum* LATREILLE

In Mitteleuropa lebt nur *Cerophytum elateroides* LATREILLE. Die Larve entwikkelt sich im Mulm von Ulmus, wo sie sich in den Schichten mit rot-faulem Holz besonders im Wurzelbereich aufhält. Sie wird aber auch in anbrüchigen Stellen zerfallenden Holzes von Fagus, Quercus, Populus, Salix, Acer, Tilia, Betula, Juglans und Aesculus gefunden.

Literatur

BURAKOWSKI, B. (1991): Cerophytidae, Eucnemidae, Throscidae, Lissomidae. In: Klucze do oznaczania owadów Polski, XIX, Zeszyt 35–37. – Wroclaw.

MAMAJEV, B. M. (1978): Morphology of the larvae of *Cerophytum elateroides* LATR. and the phylogenetic ties of the Cerophytidae (Coleoptera) family. – Doklady Akad. Nauk USSR 238: 1007–1008.

REY, C. (1887): Essai d'études sur certaines larves de Coléoptères et descriptions de quelques espèces inédites ou peu connues. – Ann. Soc. linn. Lyon 33: 131–260.

STEHR, F. W. (1991): Immature Insects. Volume 2. – Kendall, Iowa.

46. Familie: Eucnemidae

Abb. 1–105

Charakteristik der Familie nach larvalen Merkmalen:

Beine, von einer Ausnahme abgesehen, völlig fehlend. Kopf prognath, abgeflacht, ohne Epicranialnaht; Frons, Clypeus und Labrum miteinander verschmolzen. Mundwerkzeuge außerordentlich zurückgebildet. Mandibeln stets nach außen gebogen, dort gezähnt (exodont), gut bis nur schwach beweglich oder unbeweglich, klein, auf der Innenseite nicht gezähnt. Maxillen ohne deutliche Laden, Stipites kaum breiter als die Maxillarpalpen. Maxillen und Labium zu einer einheitlichen Chitinplatte verschmolzen. Kopfseiten oft mit zahnartigen Auswüchsen. Ohne Stemmata, Antennen reduziert oder fehlend. 9. Abdominalsegment am Ende stumpf gerundet, Urogomphi meist fehlend. Abdominalsegmente dorsal und/oder ventral oft mit filzig erscheinenden Platten mikroskopisch kleiner Zähnchen (Samtplatten) als Lokomotionsorgane, dahinter meist ein querovales Plättchen (Areola). Der Terminus Areola geht auf VAN EMDEN (1943) zurück, MAMAJEV (1976) nennt dieses „Stützoval", während PALM und LEILER von Hornplatten sprechen. Nach LUCHT (1981 und i. l. 1993) handelt es sich um eine Membran, die durch eine feine Chitinumrandung arretiert wird und deren Oberfläche geringfügig eingesenkt ist. Bis zu einer noch ausstehenden histologischen Untersuchung wird im folgenden der Begriff „Hornplatte" verwendet. Stigmen biforous, mit Verschlußapparat.

Die Entwicklung der Larven erfolgt in faulendem Oberflächenholz alter Bäume, in Stämmen und feucht liegenden Ästen in urständigen Wäldern. Sie gehen meist nur wenige Zentimeter tief und befallen kein gesundes Holz.

BURAKOWSKI (1989) fand bei *Rhacopus attenuatus* (MAEKLIN) Hypermetabolie. Zunächst bleibt offen, ob diese Erscheinung nur bei dieser Art vorkommt oder innerhalb der Eucnemidae weiter verbreitet ist. Die Bestimmungstabellen gelten deshalb nur für die L_3, L_4 und L_5 (sofern es noch weitere Larvenstadien gibt, auch für diese), wobei noch nicht klar ist, ob alle Vertreter dieser Familie 5 Larvenstadien aufweisen. Bei einigen Arten ist das präpupale Stadium von den vorherigen (nahrungsaktiven) deutlich unterschieden. Die bisher bekannten derartigen Fälle sind in den Tabellen bzw. bei den einzelnen Gattungen erwähnt.

Bei den angegebenen Körpermaßen handelt es sich um Maximalwerte für die Länge des letzten Larvenstadiums. Die Größe der Tiere differiert jedoch innerhalb vieler Arten nicht unbeträchtlich, wie auch aus der Variation der Imagines geschlossen werden kann. Auch Konservierungseffekt sind zu bedenken.

Tabelle für die Gattungen (nach PALM 1960, LEILER 1976 und BURAKOWSKI 1991) (es fehlt *Thambus* BONVOULOIR)

1 Larve buprestidenähnlich. Prothorax bei den meisten Arten viel breiter als Meso- und Metathorax (Abb. 1, 3, 8, 10, 63, 97). Körper wenig chitinisiert, größtenteils weiß und weichhäutig, zylindrisch. Abdomenende ohne Chitinisierung. Vorderteil des Kopfes meist nicht auffallend verbreitert, abgeplattet oder an den Seiten gezähnt. Mandibeln verhältnismäßig groß, gut beweglich, mit 2 Zähnchen an ihrer Außenseite (Abb. 6, 66, 67, 99). 9. Abdominalsegment etwa so lang wie breit oder länger als breit. 2

1* Larve elateridenähnlich. Prothorax nicht stärker als Meso- und Metathorax entwickelt (Abb. 14, 25, 31, 34, 41, 50, 53, 70–77, 88, 94, 101). Körper stärker chitinisiert, weniger dünn- und weichhäutig, überwiegend gelb oder gelbweiß, ± abgeplattet, Hinterleibsende ± stark chitinisiert. Vorderteil des Kopfes auffallend verbreitert, abgeplattet und an den Seiten gezähnt (Abb. 16, 17, 36, 54, 55, 62, 78, 79, 82, 83, 86, 90, 91). Mandibeln klein, weniger beweglich oder mit Reduktionserscheinungen (Abb. 19, 55, 62). 7

2 Prothorax nicht breiter als Meso- und Metathorax, dorsal ohne Sklerite (Abb. 21. 22). Erwachsene Larve mit 5 Zähnchen an jeder Vorderrandseite des Kopfes (Abb. 23). 1.–8. Abdominalsegment oben und unten ohne deutliche Samt- und Hornplatten. Thoraxsegmente ohne Hornplatten (bei jungen Larven sind sie vorhanden, aber mit dreieckigen Samtplatten). Körper bis 15 mm lang.
Eucnemis AHRENS (präpupales Stadium) (S. 199)

2* Prothorax deutlich breiter als Meso- und Metathorax, mindestens auf der Dorsalseite mit auffälligen Skleriten (Abb. 1, 3, 8, 10, 63, 97). 3

3 Prothorax jederseits mit einer runden oder ovalen Chitinplatte (Abb. 99, 100). 4

3* Prothorax mit strich- oder bandförmigen Sklerotisierungen (Abb. 1–4, 8–11, 63–67). 5

4 Sklerotisierung auf dem Prothorax breit oval (Abb. 99, 100). Körper bis 7–9 mm lang (?). *Hylochares* LATREILLE (= *Xylophilus* auctt.) (S. 214)

4* Sklerotisierung auf dem Prothorax lang oval.
Farsus DU VAL (= *Hylochares* auctt.) (S. 207)

5 Vorderteil des Kopfes vor den Antennen linien- oder kragenförmig abgegrenzt, Hinterteil dorsoventral mit breiter sklerotisierter Platte, in der Mitte erhaben (Abb. 66, 67). Prothorax weniger verbreitert (Abb. 63–65). 9. Abdominalsegment in der Mitte verbreitert und dorsal mit einer Hornplatte (Abb. 68). Körper bis 15 mm lang.
Nematodes LATREILLE (S. 209)

5* Am Kopf ist kein Vorder- und Hinterteil markiert. Frons durch deutliche Frontalnaht abgetrennt (Abb. 7, 13). Prothorax sehr stark verbreitert (Abb. 1–4, 8–11). 9. Abdominalsegment dorsal ohne Hornplatte. . . 6

6 Clypeus vorn hinter dem Nasale mit 1–3 ± geraden, vollständigen Querleisten (Abb. 7). (7.)–8. Abdominalsegment dorsal und 6.–8. Abdominalsegment ventral mit Hornplatten (Abb. 1–4). Abdominalsegmente mit dichten Querfalten. 9. Abdominalsegment schmaler als das 8. Prothoraxsklerite stadienabhängig T-förmig (Abb. 1, 2). Abdominalsegmente durch undeutliche Zwischensegmente voneinander getrennt. Körper bis 24 mm lang. *Melasis* OLIVIER (S. 199)

6* Clypeus hinter dem Nasale ± eingeschweift (Abb. 13). Die Abdominalsegmente 1.–8. sind alle mit Hornplatten versehen (Abb. 8–11). Abdominalsegmente ± glatt. 9. Abdominalsegment nicht deutlich schmaler als das 8. Auf dem Prothorax jederseits eine sklerotisierte gebogene Linie und außerhalb dieser ein kleiner Fleck, meist aber mit T-förmigen Skleriten. 1.–8. Abdominalsegment durch deutliche Zwischensegmente voneinander getrennt. Körper bis 24 mm lang. *Isorhipis* LACORDAIRE (S. 199)

7 9. Abdominalsegment fast kreisrund, deutlich verbreitert, an der Spitze mit 2 kleinen Urogomphi (Abb. 80, 81, 84, 85, 87), die bei einer Art erst unter stärkerer Vergrößerung (50fach) zu erkennen sind. Abdominalsegmente ohne oder mit Hornplatten (Abb. 70–77). Körper 9–15 mm lang.
Hylis DES GOZIS (= *Hypocoelus* auctt.) (S. 210)

7* 9. Abdominalsegment an der Spitze ohne Urogomphi (Abb. 19, 20, 29, 30, 37, 38, 48, 49, 56, 57, 92, 93, 105, 106). Abdominalsegmente immer mit Hornplatten (Abb. 14, 15, 25, 26, 31, 32, 34, 35, 41, 42, 50, 51, 53, 54, 58, 59, 88, 89, 94, 95, 101, 102). 8

8 Larve weiß oder nur schwach gelblich gefärbt, nicht auffällig abgeplattet. Die Hornplatten auf dem 1.–8. Abdominalsegment werden nicht von den Samtplatten eingeschlossen (Abb. 14, 15, 31, 32, 34, 35, 41, 42, 50, 51, 53, 54, 58, 59, 88, 89, 94, 95, 101, 102). 9

8* Larve auffallend gelb und flach. 1.–8. Abdominalsegment mit je einer runden, matten Samtplatte in der vorderen Hälfte (Abb. 25, 26), die die sehr kleine querelliptische Hornplatte vollkommen einschließt. Eine 2. kleine Samtplatte befindet sich jeweils an den Seiten hinter den Stigmen. Meso- und Metathorax mit ähnlicher Dorsalstruktur wie die Abdominalsegmente. Prothorax mit 3 Dorsal- und Ventralskleriten (Abb. 27). Körper bis 12 mm lang. *Dromaeolus* KIESENWETTER (S. 200)

9 9. Abdominalsegment hinten ziemlich rund, Hinterpartie nur schwach chitinisiert, an der Spitze nur fein punktiert (Abb. 92, 93, 105, 106). . . 10

9* 9. Abdominalsegment hinten abgestutzt, Hinterpartie kräftig chitinisiert, grob und bisweilen runzelig punktiert (Abb. 19, 20, 37, 38, 48, 49, 56, 57). 11

10 Hornplatten unmittelbar hinter den Samtplatten gelegen, einige können vollständig zweigeteilt sein (Abb. 88, 89, 94, 95). 9. Abdominalsegment an der Spitze gleichmäßig gerundet (Abb. 92, 93). Körper bis 12 mm lang.
Xylophilus MANNERHEIM (= *Xylobius* LATREILLE) (S. 211)

10* Hornplatten ungeteilt, von den Samtplatten weiter entfernt (Abb. 101, 102). 9. Abdominalsegment kurz, an der Spitze etwas eingeschweift (Abb. 105, 106). Körper bis 23 mm lang. *Otho* LACORDAIRE (S. 214)

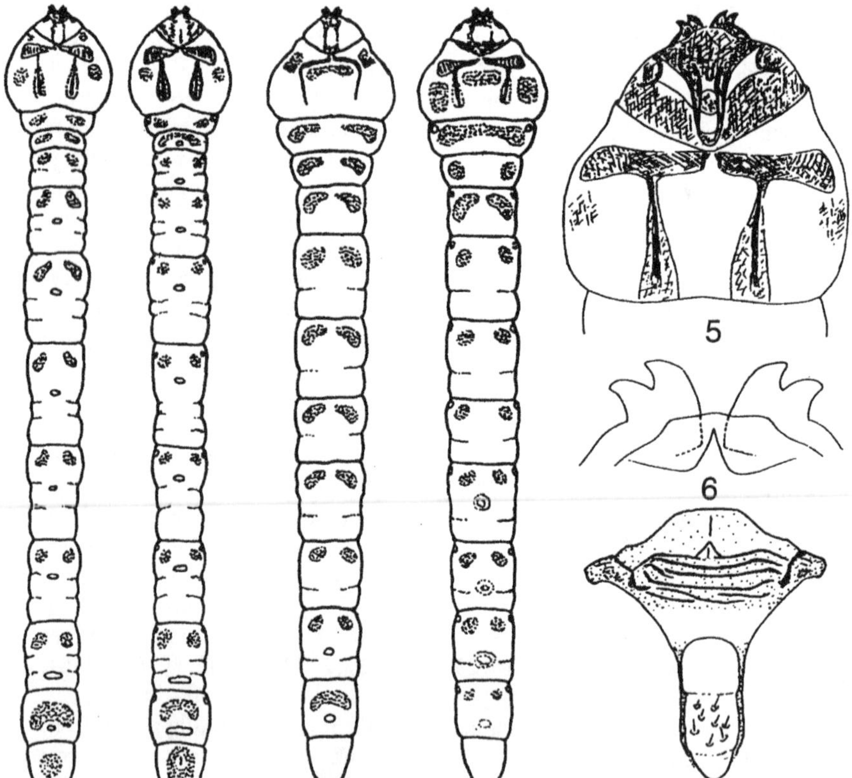

Abb. 1: *Melasis buprestoides*, nahrungsaktive Larve, Habitus, dorsal (aus BURAKOWSKI 1991)

Abb. 2: *Melasis buprestoides*, nahrungsaktive Larve, Habitus, ventral (aus BURAKOWSKI 1991)

Abb. 3: *Melasis buprestoides*, präpupales Stadium, Habitus, dorsal (aus BURAKOWSKI 1991)

Abb. 4: *Melasis buprestoides*, präpupales Stadium, Habitus, ventral (aus BURAKOWSKI 1991)

Abb. 5: *Melasis buprestoides*, Kopf und Prothorax, dorsal (aus PALM 1960)

Abb. 6: *Melasis buprestoides*, Mandibeln, dorsal (aus PALM 1960)

Abb. 7: *Melasis buprestoides*, Clypeus und Frons (aus LEILER 1976)

11 9. Abdominalsegment auf der Dorsalseite und auf der Ventralseite am Vorderrand mit einer großen, querovalen, durch Chagrinierung und kurze Behaarung matten Samtplatte (Abb. 19, 20). Körper bis 14 mm lang. *Eucnemis* AHRENS (nahrungsaktive Larven)

11* 9. Abdominalsegment auf der Ventralseite ohne matte Samtplatte (Abb. 38, 49, 57). 12

12 9. Abdominalsegment dorsal am Hinterrand mit rundlicher Samtplatte (Abb. 37, 48). Körper bis 18 mm lang. *Rhacopus* HAMPE (partim) (S. 203)

12* 9. Abdominalsegment dorsal ohne Samtplatte (Abb. 31, 50, 56). . . . 13

13 Mesothorax dorsal und ventral sowie Metathorax ventral mit einem queren Chitinteil, das zwischen Samtplatte und Hornplatte liegt (Abb. 31, 32) *Clypeorhagus* OLEXA (S. 202)

13* Meso- und Metathorax ohne derartige Chitinstrukturen (Abb. 50, 51, 53, 54, 58, 59). 14

14 Seiten des Kopfes am Vorderrand jederseits mit 3 Zähnchen (Abb. 52). 9. Abdominalsegment gleichmäßig gerundet (Abb. 50, 51). *Rhacopus* HAMPE (partim) (S. 203)

14* Seiten des Kopfes am Vorderrand jederseits mit 4 Zähnchen (Abb. 55, 61, 62). 9. Abdominalsegment mit deutlichen Hinterecken (Abb. 53, 54, 56–60). Körper 12–14 mm lang. *Dirhagus* LATREILLE (S. 203)

1. Tribus: Melasini

1. Gattung: *Melasis* OLIVIER

Die Larve der einzigen mitteleuropäischen Art, *Melasis buprestoides* (L.), wurde von HENRIKSEN (1913), VAN EMDEN (1943), PALM (1960) und LEILER (1976) beschrieben (Abb. 1–7). Sie lebt in sonnenexponiertem morschem Laubholz und es gibt Unterschiede zwischen dem präpupalen und jüngeren, nahrungsaktiven Larvenstadien (vgl. Abb.1–4).

2. Gattung: *Isorhipis* LACORDAIRE

Nur von *Isorhipis melasoides* (CASTELNAU) ist die Larve bekannt (LEILER 1976) (Abb. 8–13), die von *I. marmottani* (BONVOULOIR) wurde bisher nicht beschrieben. Die Larven leben in morschem Laubholz und es gibt Unterschiede zwischen dem präpupalen und jüngeren, nahrungsaktiven Larvenstadien (Abb. 8–11).

2. Tribus: Eucnemini

3. Gattung: *Eucnemis* AHRENS

HENRIKSEN (1913), VAN EMDEN (1943), PALM (1960), LUNDBERG (1962) und LEILER (1976) beschrieben die Larve der einzigen mitteleuropäischen Art, *Eucnemis capucina* AHRENS, die in zwei Formen auftritt. Die ersten (nahrungsaktiven) Larvenstadien (Abb. 14–20) unterscheiden sich deutlich vom präpupalen Stadium (Abb. 21–24). Sie lebt in weißfaulem Laubholz und im Mulm hohler Bäume.

4. Gattung: *Dromaeolus* Kiesenwetter

Leiler (1976) beschrieb die in dürrem Laubholz, vor allem in sten, lebende Larve der einzigen mitteleuropäischen Art *Dromaeolus barnabita* (Villa) (Abb. 25–30).

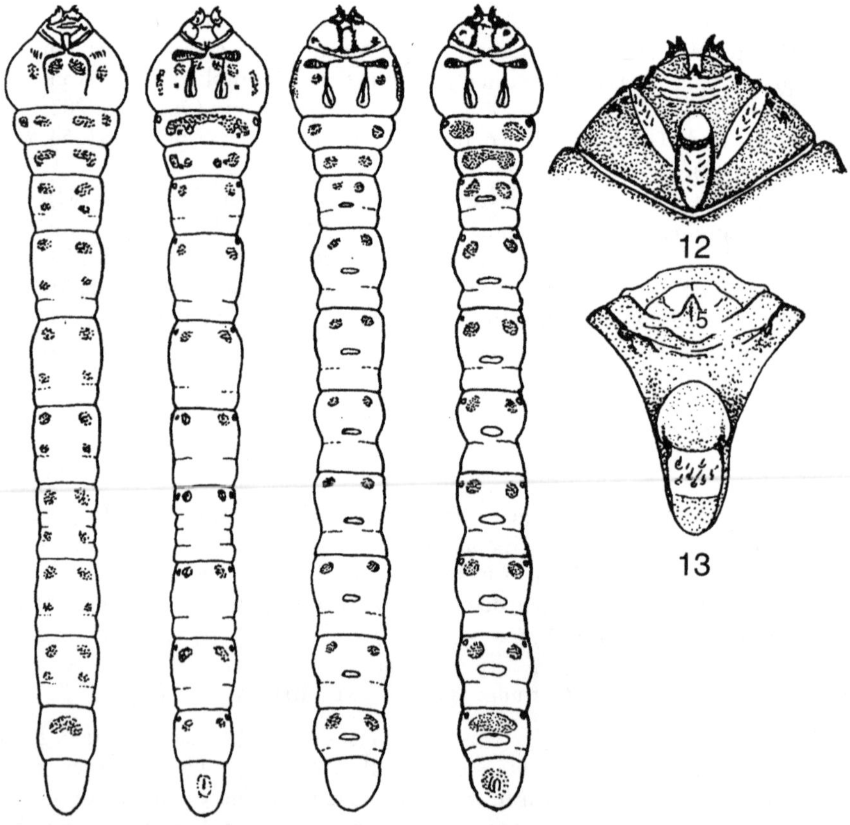

Abb. 8: *Isorhipis melasoides*, präpupales Stadium, Habitus, dorsal (aus Burakowski 1991)

Abb. 9: *Isorhipis melasoides*, präpupales Stadium, Habitus, ventral (aus Burakowski 1991)

Abb. 10: *Isorhipis melasoides*, nahrungsaktive Larve, Habitus, dorsal (aus Burakowski 1991)

Abb. 11: *Isorhipis melasoides*, nahrungsaktive Larve, Habitus, ventral (aus Burakowski 1991)

Abb. 12: *Isorhipis melasoides*, Kopf, dorsal (aus Burakowski 1991)

Abb. 13: *Isorhipis melasoides*, Clypeus und Frons (aus Leiler 1976)

5. Gattung: *Thambus* Bonvouloir

Die Larve von *Thambus frivaldszkyi* Bonvouloir, als einziger in Mitteleuropa vorkommender Art ist bisher nicht bekannt, so daß die Gattung nicht in die Bestimmungstabelle aufgenommen werden konnte.

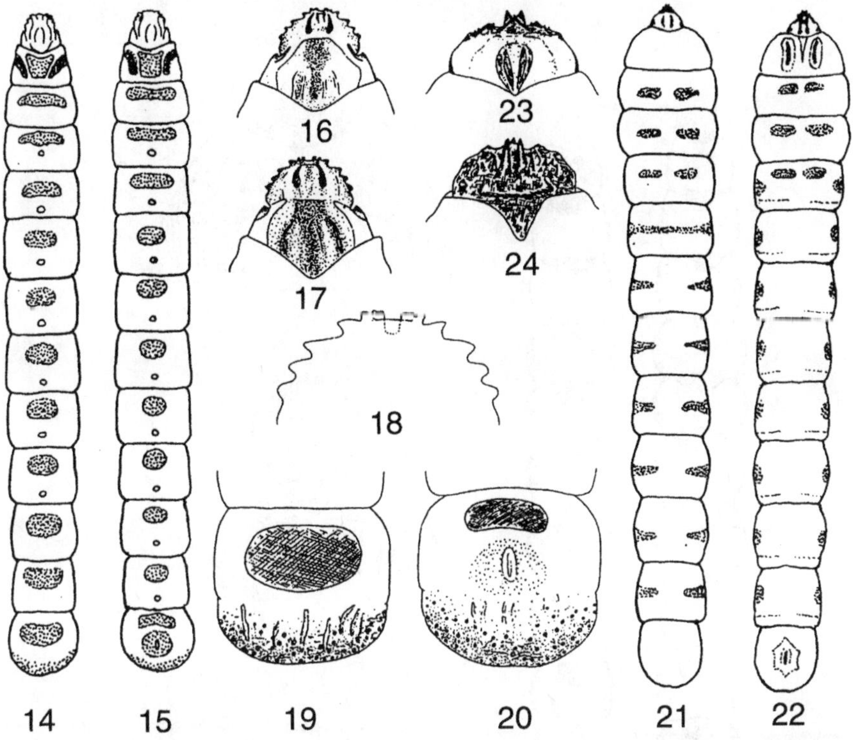

Abb. 14: *Eucnemis capucina*, nahrungsaktive Larve, Habitus, dorsal (aus Palm 1960)
Abb. 15: *Eucnemis capucina*, nahrungsaktive Larve, Habitus, ventral (aus Burakowski 1991)
Abb. 16: *Eucnemis capucina*, nahrungsaktive Larve, Kopf, dorsal (aus Palm 1960)
Abb. 17: *Eucnemis capucina*, nahrungsaktive Larve, Kopf, ventral (aus Palm 1960)
Abb. 18: *Eucnemis capucina*, nahrungsaktive Larve, Mandibel, dorsal (aus Palm 1960)
Abb. 19: *Eucnemis capucina*, nahrungsaktive Larve, 9. Abdominalsegment, dorsal (aus Palm 1960)
Abb. 20: *Eucnemis capucina*, nahrungsaktive Larve, 9. Abdominalsegment, ventral (aus Palm 1960)
Abb. 21: *Eucnemis capucina*, präpupales Stadium, Habitus, dorsal (aus Palm 1960)
Abb. 22: *Eucnemis capucina*, präpupales Stadium, Habitus, ventral (aus Burakowski 1991)
Abb. 23: *Eucnemis capucina*, präpupales Stadium, Kopf, dorsal (aus Palm 1960)
Abb. 24: *Eucnemis capucina*, präpupales Stadium, Kopf, ventral (aus Palm 1960)

3. Tribus: Dirhagini

6. Gattung: *Clypeorhagus* Olexa

Die Larve der einzigen mitteleuropäischen Art, *Clypeorhagus clypeatus* (Hampe) lebt in weißfaulem Holz von Hainbuche. Sie wurde von Burakowski (1991) beschrieben (Abb. 31–33).

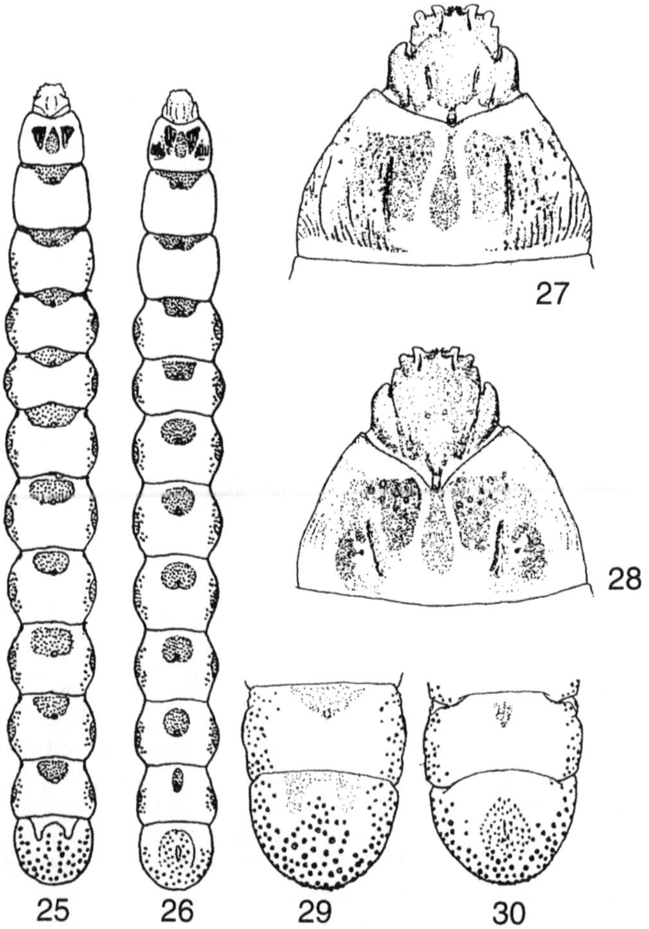

Abb. 25: *Dromaeolus barnabita*, Habitus, dorsal (aus Burakowski 1991)
Abb. 26: *Dromaeolus barnabita*, Habitus, ventral (aus Burakowski 1991)
Abb. 27: *Dromaeolus barnabita*, Kopf, dorsal (aus Leiler 1976)
Abb. 28: *Dromaeolus barnabita*, Kopf, ventral (aus Leiler 1976)
Abb. 29: *Dromaeolus barnabita*, 8./9. Abdominalsegment, dorsal (aus Leiler 1976)
Abb. 30: *Dromaeolus barnabita*, 8./9. Abdominalsegment, ventral (aus Leiler 1976)

7. Gattung: *Rhacopus* HAMPE

PALM (1958, 1960) und LEILER (1976) beschrieben unter dem Namen *Dirrhagus* (*Hyporrhagus*) *sahlbergi* (MANNERHEIM) die Larve einer Art, die jetzt in die Gattung *Rhacopus* HAMPE gestellt wird (Abb. 34–38). Die Larve von *R. pyrenaeus* (BONVOLOIR) wurde von BURAKOWSKI (1991) beschrieben (Abb. 50–52). Überraschenderweise fand BURAKOWSKI (1989), daß die L_1 (teilweise auch die L_2) von *R. attenuatus* (MAEKLIN) von den anderen 4 Larvenstadien sehr deutlich abweichen (Abb. 39–44). Er bezeichnet die L_1 als Triungulinus und spricht von einer Hypermetabolie. Eine Beschreibung der übrigen Stadien wird ebenfalls gegeben (Abb. 45–49).

Tabelle für die Stadien von *Rhacopus attenuatus* (nach BURAKOWSKI 1991)

1 Beine aus 3 Gliedern und einer Klaue bestehend (Abb. 44). An der Basis entspringt eine Borste, die länger als das gesamte Bein ist. 9. Abdominalsegment mit 2 langen, fadenförmigen Urogomphi (Abb. 39) L_1

1* Beine fehlend. 2

2 9. Abdominalsegment mit fadenförmigen Urogomphi (Abb. 40) L_2

2* 9. Abdominalsegment ohne Urogomphi (Abb. 41, 42) L_3–L_5

Körpermaße [mm]:

Stadium	Länge	Kopfkapselbreite	
L_1	1,0 – 1,3	0,05	
L_2	1,8 – 2,0	0,1	
L_3	4,0 – 5,0	0,35	(an der Basis)
L_4	6,0 – 7,0	0,5	(an der Basis)
L_5	14,0 – 16,0	0,9	(an der Basis)

Die Larven dieser Gattung leben in faulendem, morschem Laubholz.

Tabelle für die Arten (nach BURAKOWSKI 1991)

1 Der große hintere Kopfzahn ist gespalten (Abb. 36). Samtplatte auf der Dorsalseite des 9. Abdominalsegments so lang wie breit (Abb. 37). Körper bis 18 mm lang. *sahlbergi* (MANNERHEIM)

1* Der große hintere Kopfzahn ist einfach (Abb. 46, 52). Samtplatte auf der Dorsalseite des 9. Abdominalsegments breiter als lang (Abb. 48) oder fehlend (Abb. 50). 2

2 Auf dem 9. Abdominalsegment befindet sich eine quere Samtplatte (Abb. 48). Prothorax dorsal und ventral mit schmalen klammerförmigen Skleriten (Abb. 46, 47). Körper 14–16 mm lang. *attenuatus* (MAEKLIN)

2* Auf dem 9. Abdominalsegment befindet sich keine Samtplatte. Prothorax dorsal und ventral mit dreieckigen Skleriten (Abb. 50, 51). *pyrenaeus* BONVOULOIR

8. Gattung: *Dirhagus* LATREILLE

Die Larven von *Dirhagus pygmaeus* (F.) (Abb. 53–57) und *D. lepidus* (ROSENHAUER) (Abb. 58–62) beschrieben PALM (1960) und LEILER (1976), die von *D.*

pygmaeus VAN EMDEN (1943). Die Larven von *D. emyi* ROUGET und *D. palmi* OLEXA sind noch unbekannt. Die Larven der bekannten Arten leben in faulendem Laubholz.

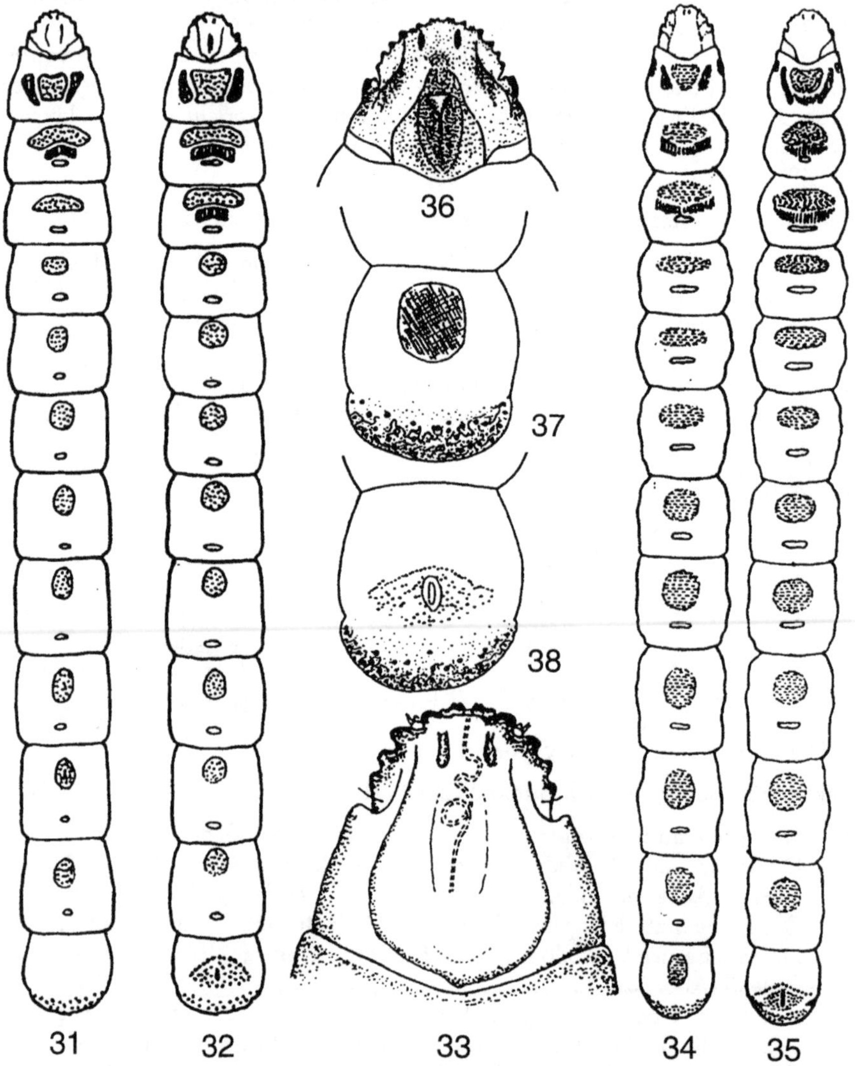

Abb. 31: *Clypeorhagus clypeatus*, Habitus, dorsal (aus BURAKOWSKI 1991)
Abb. 32: *Clypeorhagus clypeatus*, Habitus, ventral (aus BURAKOWSKI 1991)
Abb. 33: *Clypeorhagus clypeatus*, Kopf, dorsal (aus BURAKOWSKI 1991)
Abb. 34: *Rhacopus sahlbergi*, Habitus, dorsal (aus BURAKOWSKI 1991)
Abb. 35: *Rhacopus sahlbergi*, Habitus, ventral (aus BURAKOWSKI 1991)
Abb. 36: *Rhacopus sahlbergi*, Kopf, dorsal (aus LEILER 1976)
Abb. 37: *Rhacopus sahlbergi*, 9. Abdominalsegment, dorsal (aus LEILER 1976)
Abb. 38: *Rhacopus sahlbergi*, 9. Abdominalsegment, ventral (aus LEILER 1976)

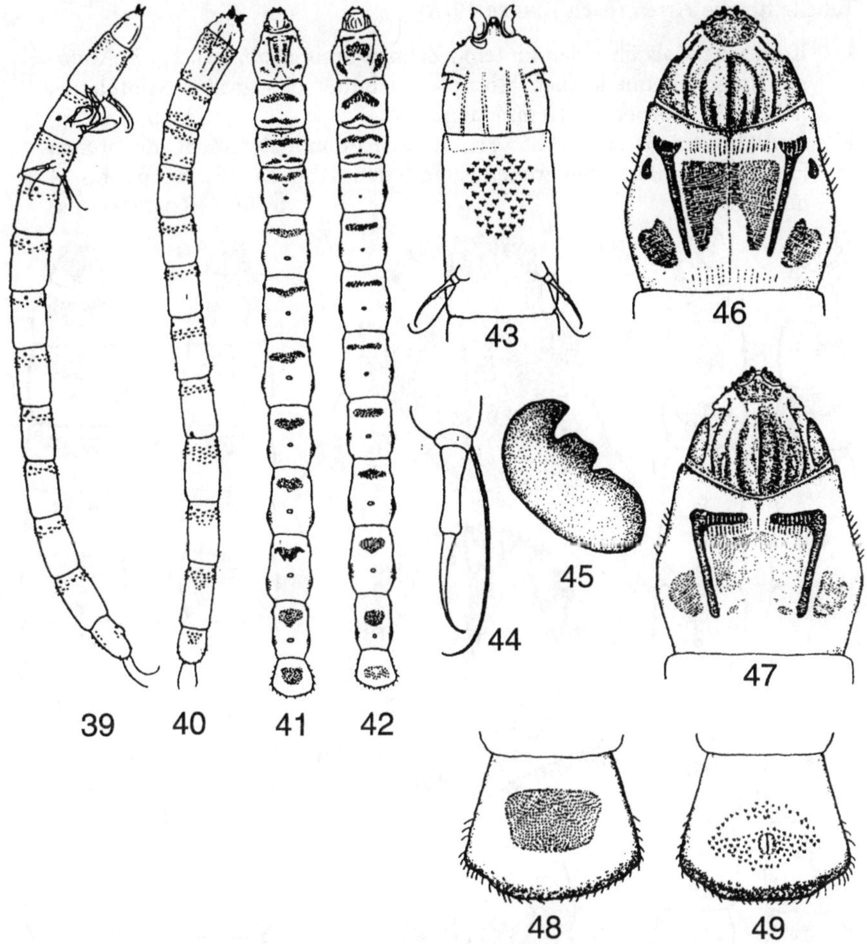

Abb. 39: *Rhacopus attenuatus*, L_1, Habitus, lateral (aus Burakowski 1989)
Abb. 40: *Rhacopus attenuatus*, L_2, Habitus, dorsal (aus Burakowski 1989)
Abb. 41: *Rhacopus attenuatus*, L_5, Habitus, dorsal (aus Burakowski 1989)
Abb. 42: *Rhacopus attenuatus*, L_5, Habitus, ventral (aus Burakowski 1989)
Abb. 43: *Rhacopus attenuatus*, L_1, Kopf und Prothorax, ventral (aus Burakowski 1989)
Abb. 44: *Rhacopus attenuatus*, L_1, Bein (aus Burakowski 1989)
Abb. 45: *Rhacopus attenuatus*, L_5, Mandibel (aus Burakowski 1989)
Abb. 46: *Rhacopus attenuatus*, L_5, Kopf und Prothorax, dorsal (aus Burakowski 1989)
Abb. 47: *Rhacopus attenuatus*, L_5, Kopf und Prothorax, ventral (aus Burakowski 1989)
Abb. 48: *Rhacopus attenuatus*, L_5, 9. Abdominalsegment, dorsal (aus Burakowski 1989)
Abb. 49: *Rhacopus attenuatus*, L_5, 9. Abdominalsegment, ventral (aus Burakowski 1989)

Tabelle für die Arten (nach LEILER 1976)

1 Kopf länger als über den hinteren Zähnen breit (Abb. 54). 1.–7. Abdominalsegment mit kleinen Hornplatten hinter den großen Samtplatten (Abb. 53). Körper bis 12 mm lang. *pygmaeus* (F.)

1* Kopf breiter als lang (Abb. 61). 1.–8. Abdominalsegment mit breiten Hornplatten hinter den großen Samtplatten (Abb. 58, 59). Körper bis 14 mm lang. *lepidus* (ROSENHAUER)

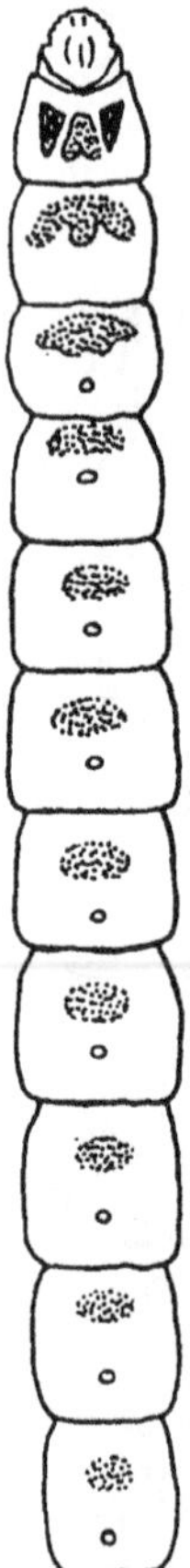
50

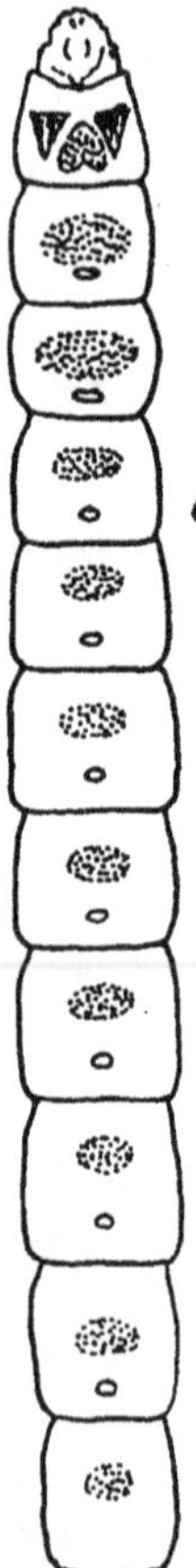
51

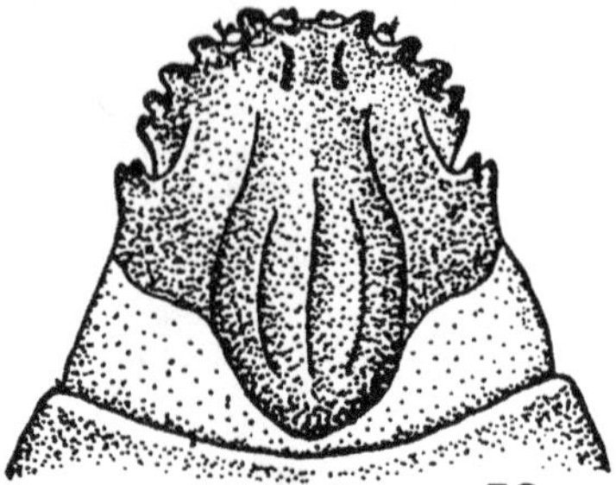
52

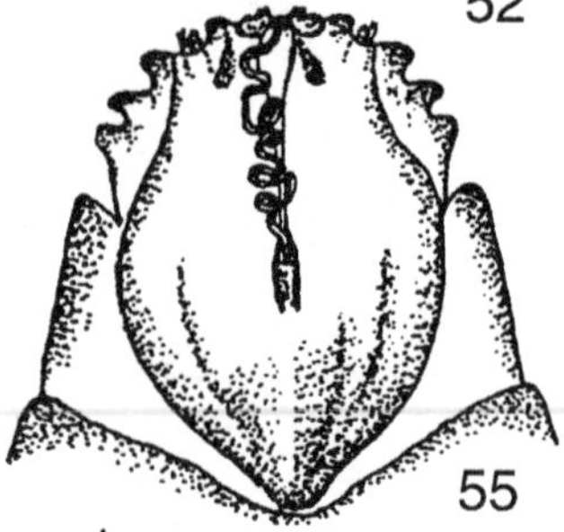
55

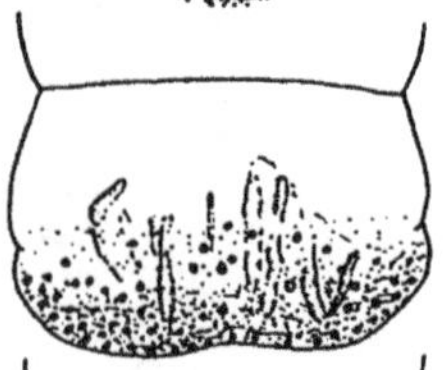
56

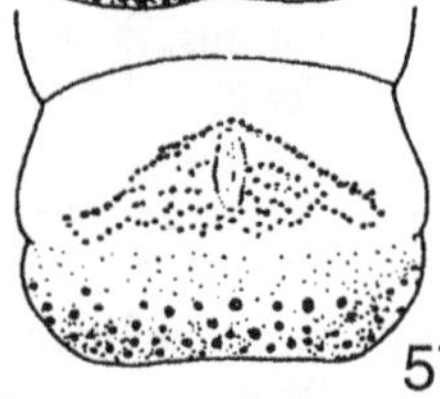
57

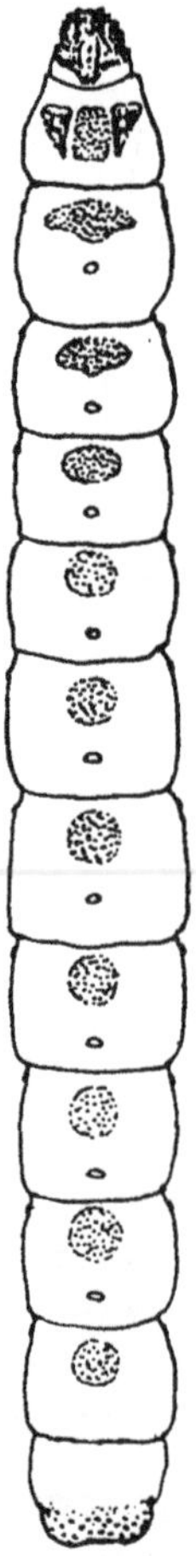
53

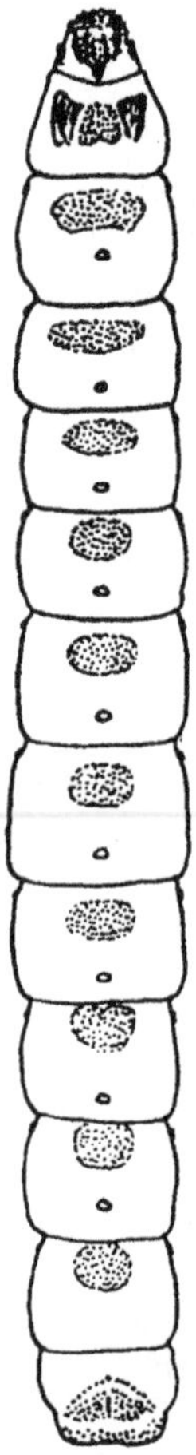
54

Abb. 50: *Rhacopus pyrenaeus*, Habitus, dorsal (aus BURAKOWSKI 1991)
Abb. 51: *Rhacopus pyrenaeus*, Habitus, ventral (aus BURAKOWSKI 1991)
Abb. 52: *Rhacopus pyrenaeus*, Kopf, dorsal (aus BURAKOWSKI 1991)
Abb. 53: *Dirhagus pygmaeus*, Habitus, dorsal (aus PALM 1960)
Abb. 54: *Dirhagus pygmaeus*, Habitus, ventral (aus BURAKOWSKI 1991)
Abb. 55: *Dirhagus pygmaeus*, Kopf, dorsal (aus PALM 1960)
Abb. 56: *Dirhagus pygmaeus*, 9. Abdominalsegment, dorsal (aus PALM 1960)
Abb. 57: *Dirhagus pygmaeus*, 9. Abdominalsegment, ventral (aus PALM 1960)

9. Gattung: *Farsus* du Val
(= *Hylochares* auctt.)

In Mitteleuropa kommt nur *Farsus dubius* (Piller et Mitterpacher) in morschem Laubholz und unter Rinde vor. Van Emden (1943) veröffentlichte Angaben zu den Larven dieser Gattung, die die Grundlage für die Einordnung in die Bestimmungstabelle der Gattungen bilden.

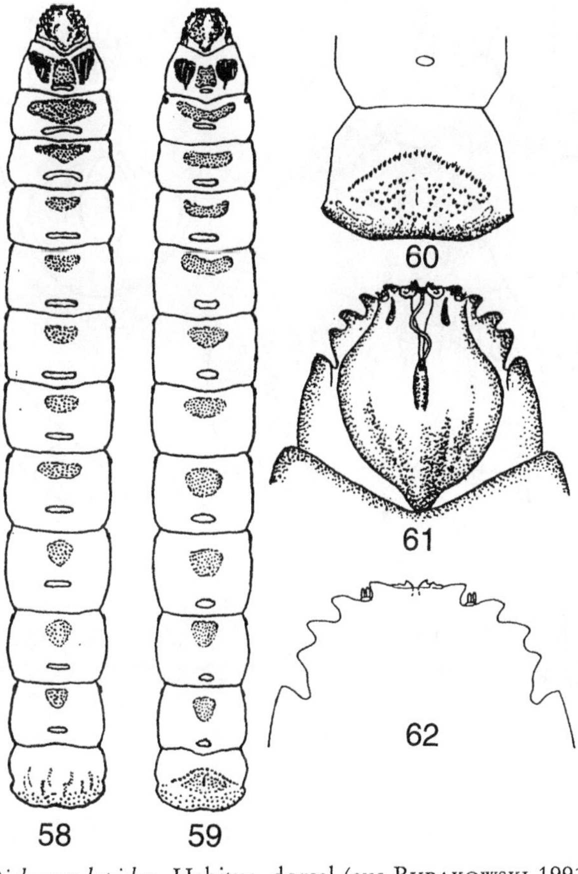

Abb. 58: *Dirhagus lepidus*, Habitus, dorsal (aus Burakowski 1991)
Abb. 59: *Dirhagus lepidus*, Habitus, ventral (aus Burakowski 1991)
Abb. 60: *Dirhagus lepidus*, 9. Abdominalsegment, ventral (aus Leiler 1976)
Abb. 61: *Dirhagus lepidus*, Kopf, dorsal (aus Burakowski 1991)
Abb. 62: *Dirhagus lepidus*, Mandibeln und Seiten des vorderen Kopfteiles, dorsal (aus Palm 1960)

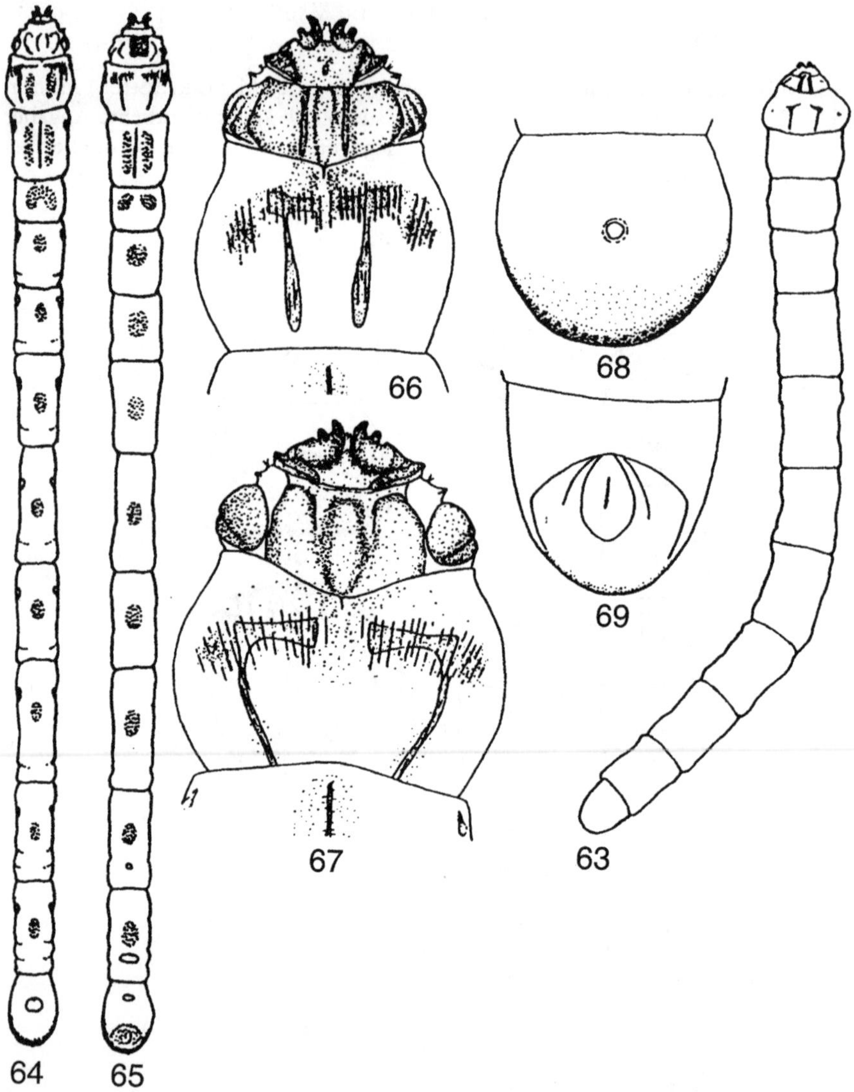

Abb. 63: *Nematodes filum*, präpupales Stadium, Habitus, dorsal (aus LEILER 1976)

Abb. 64: *Nematodes filum*, nahrungsaktive Larve, Habitus, dorsal (aus BURAKOWSKI 1991)

Abb. 65: *Nematodes filum*, nahrungsaktive Larve, Habitus, ventral (aus LEILER 1976)

Abb. 66: *Nematodes filum*, Kopf und Prothorax, dorsal (aus LEILER 1976)

Abb. 67: *Nematodes filum*, Kopf und Prothorax, ventral (aus LEILER 1976)

Abb. 68: *Nematodes filum*, 9. Abdominalsegment, dorsal (aus LEILER 1976)

Abb. 69: *Nematodes filum*, 9. Abdominalsegment, ventral (aus LEILER 1976)

4. Tribus: Nematodini

10. Gattung: *Nematodes* LATREILLE

Die Larve der einzigen mitteleuropäischen Art, *Nematodes filum* (F.), lebt in Stämmen verschiedener Laubhölzer. Sie wurde von PALM (1960) und LEILER (1976) beschrieben (Abb. 63–69). Auch bei dieser Art gibt es Unterschiede zwischen dem präpupalen Stadium und jüngeren, nahrungsaktiven Tieren (Abb. 63–65).

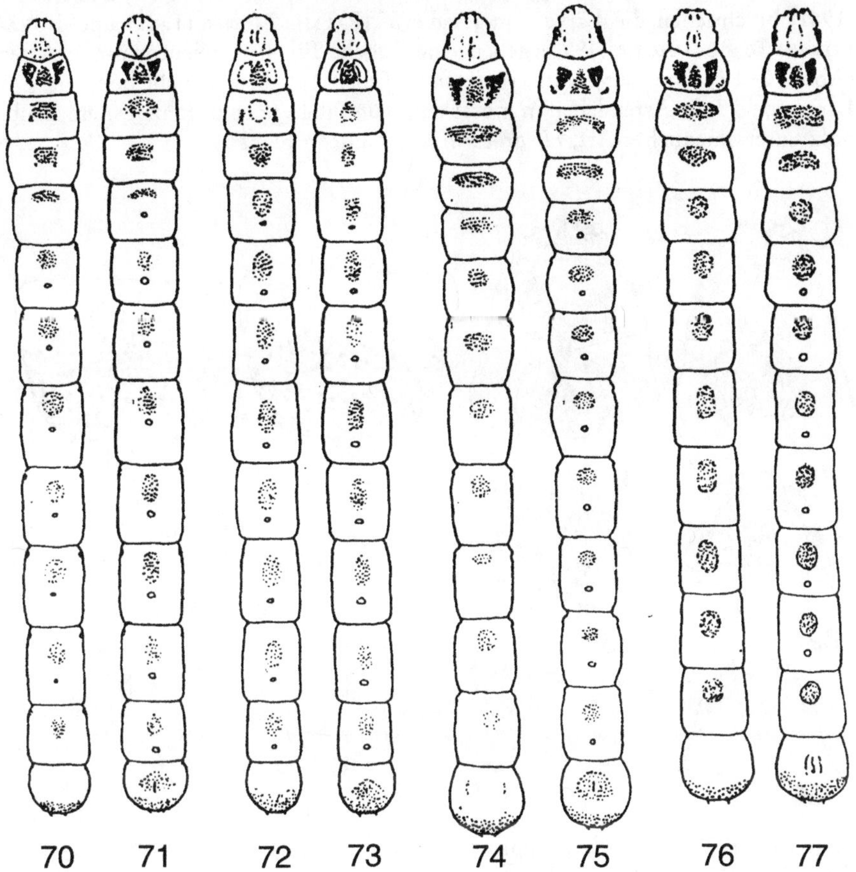

Abb. 70: *Hylis foveicollis*, Habitus, dorsal (aus BURAKOWSKI & BUCHHOLZ 1991)
Abb. 71: *Hylis foveicollis*, Habitus, ventral (aus BURAKOWSKI & BUCHHOLZ 1991)
Abb. 72: *Hylis procerulus*, Habitus, dorsal (aus BURAKOWSKI & BUCHHOLZ 1991)
Abb. 73: *Hylis procerulus*, Habitus, ventral (aus BURAKOWSKI & BUCHHOLZ 1991)
Abb. 74: *Hylis cariniceps*, Habitus, dorsal (aus BURAKOWSKI & BUCHHOLZ 1991)
Abb. 75: *Hylis cariniceps*, Habitus, ventral (aus BURAKOWSKI & BUCHHOLZ 1991)
Abb. 76: *Hylis olexai*, Habitus, dorsal (aus BURAKOWSKI & BUCHHOLZ 1991)
Abb. 77: *Hylis olexai*, Habitus, ventral (aus BURAKOWSKI & BUCHHOLZ 1991)

5. Tribus: Hypocoelini

11. Gattung: *Hylis* DES GOZIS
(= *Hypocoelus* auctt.)

PALM (1960) beschrieb die Larven von *Hylis foveicollis* (THOMSON) (= *fleischeri* (OLEXA) und *H. cariniceps* (REITTER), die von *H. procerulus* (MANNERHEIM) wurde von PALM (1954) und LEILER (1973) dargestellt. Der gleiche Autor veröffentlichte eine Tabelle für die Larven dieser Arten (LEILER 1976). LEILER (1979) und LUCHT (1981) beschrieben die Larve von *H. olexai* (PALM). LUCHT (1981) und BURAKOWSKI & BUCHHOLZ (1991) geben eine Tabelle für 4 mitteleuropäische Arten (Abb. 70–87). Die Larve von *H. simonae* (OLEXA) ist bisher nicht bekannt. Die Larven der *Hylis*-Arten leben in morschem, von Pilzhyphen durchzogenem Laubholz unterschiedlicher Art, *H. procerulus* fast nur in Fichte.

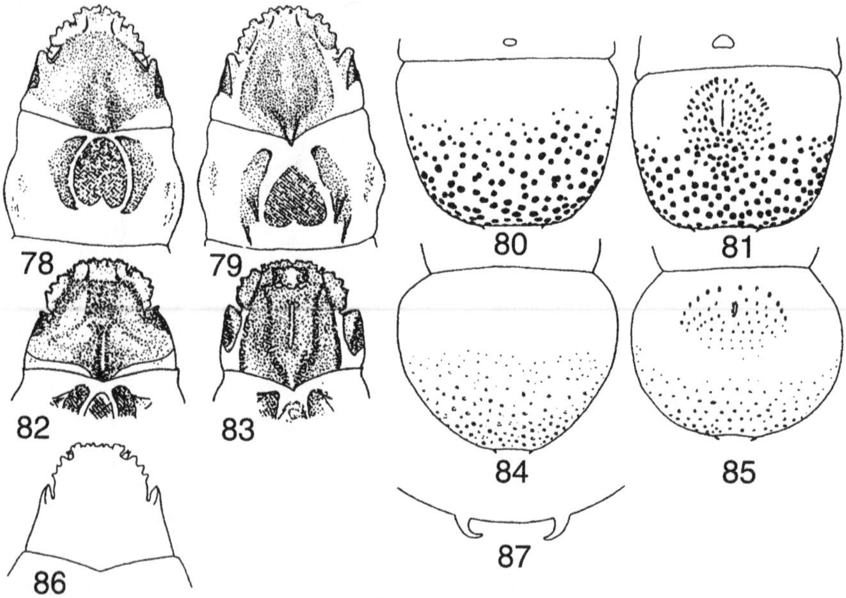

Abb. 78: *Hylis procerulus*, Kopf und Prothorax, dorsal (aus LEILER 1973)
Abb. 79: *Hylis procerulus*, Kopf und Prothorax, ventral (aus LEILER 1973)
Abb. 80: *Hylis procerulus*, 9. Abdominalsegment, dorsal (aus LEILER 1973)
Abb. 81: *Hylis procerulus*, 9. Abdominalsegment, ventral (aus LEILER 1973)
Abb. 82: *Hylis foveicollis*, Kopf und Prothorax, dorsal (aus PALM 1960)
Abb. 83: *Hylis foveicollis*, Kopf und Prothorax, ventral (aus PALM 1960)
Abb. 84: *Hylis foveicollis*, 9. Abdominalsegment, dorsal (aus PALM 1960)
Abb. 85: *Hylis foveicollis*, 9. Abdominalsegment, ventral (aus PALM 1960)
Abb. 86: *Hylis cariniceps*, Kopf, dorsal (aus PALM 1960)
Abb. 87: *Hylis cariniceps*, 9. Abdominalsegment, Hinterrand (aus PALM 1960)

Tabelle für die Arten (nach LEILER 1976, LUCHT 1981, BURAKOWSKI 1991 und BURAKOWSKI & BUCHHOLZ 1991)

1 Abdominalsegmente dorsal mit Hornplatten (Abb. 70, 72). 2
1* Abdominalsegmente dorsal ohne Hornplatten (Abb. 74, 76). 3
2 Abdominalsegmente dorsal mit deutlichen Hornplatten auf dem 1.–8. Abdominalsegment (Abb. 72). Abdominalsegmente ventral mit Hornplatten (Abb. 73). 9. Abdominalsegment apikal abgestutzt, mit 2 sehr kleinen, auch bei 50facher Vergrößerung kaum erkennbaren Urogomphi, deren Abstand voneinander etwa 1/3 der Breite des 9. Abdominalsegments beträgt (Abb. 80, 81). Körper bis 15 mm lang. *procerulus* (MANNERHEIM)
2* Dorsalseite des 2.–6. Abdominalsegments mit Hornplatten (Abb. 70). Abdominalsegmente ventral ohne Hornplatten (Abb. 71). 9. Abdominalsegment rundlich, deutlich breiter als das vorhergehende, mit 2 kleinen, deutlich sichtbaren Urogomphi, deren Abstand mehr als das 7–8fache ihrer Länge bzw. 1/4 der Breite des 9. Abdominalsegments beträgt (Abb. 84, 85). Körper bis 14 mm lang. *foveicollis* (THOMSON)
3 9. Abdominalsegment fast kreisrund, mit kleinen, spitzen, stark einwärts gekrümmten Urogomphi (Abb. 87), deren Abstand voneinander mindestens das 5fache ihrer Länge bzw. 1/5 der Breite des 9. Abdominalsegments beträgt (Abb. 74, 75). Auf dem 1.–8. Abdominalsegment befinden sich ventral Areolae (Abb. 75). *cariniceps* (REITTER)
3* 9. Abdominalsegment queroval mit konkaver Apikalrundung und kräftigen, geraden Urogomphi, deren Abstand etwa das 4–5fache ihrer Länge bzw. 1/3 bis 1/4 der Breite des 9. Abdominalsegments beträgt (Abb. 76, 77). Nur auf dem 2.–7. Abdominalsegment befinden sich ventral Areolae (Abb. 77). Körper 9–10 mm lang. *olexai* (PALM)

6. Tribus: Xylophilini

12. Gattung: *Xylophilus* MANNERHEIM (= *Xylobius* LATREILLE)

Die Larve von *Xylophilus corticalis* (PAYKULL) lebt in morschem, verpilztem Holz. Sie wurde von PALM (1960) und LEILER (1976) beschrieben (Abb. 88–93), die von *X. testaceus* (HERBST) beschrieb BURAKOWSKI (1991) (Abb. 94–96).

Tabelle für die Arten (nach BURAKOWSKI 1991)

1 1.–8. Abdominalsegment dorsal und ventral mit kleinen runden Hornplatten hinter den Samtplatten (Abb. 94, 95) *testaceus* (HERBST)
1* Auf der Dorsalseite des 2.–6. Abdominalsegmentes sind die Hornplatten in zwei etwa gleich große Abschnitte geteilt. Die dorsalen Hornplatten auf dem 1., 7. und 8. sowie die ventralen (1.–8. Abdominalsegment) sind ungeteilt (Abb. 88, 89) *corticalis* (PAYKULL)

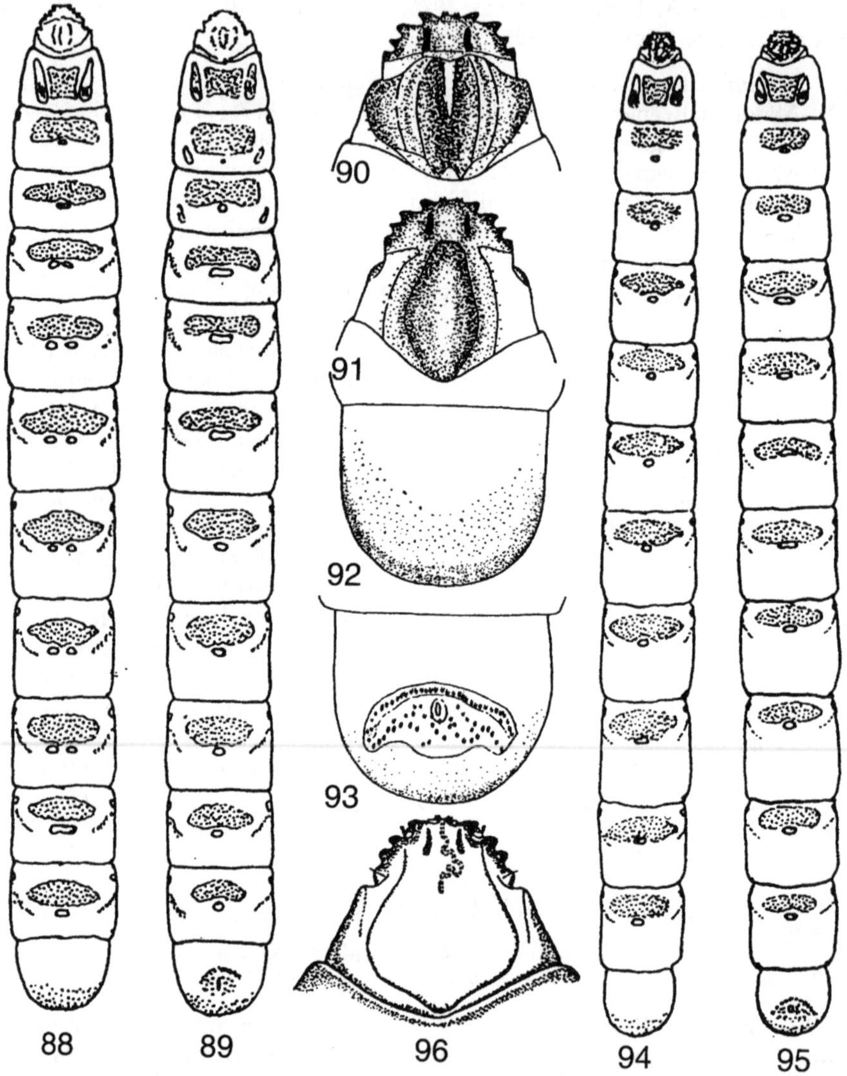

Abb. 88: *Xylophilus corticalis,* Habitus, dorsal (aus PALM 1960)
Abb. 89: *Xylophilus corticalis,* Habitus, ventral (aus BURAKOWSKI 1991)
Abb. 90: *Xylophilus corticalis,* Kopf, dorsal (aus PALM 1960)
Abb. 91: *Xylophilus corticalis,* Kopf, ventral (aus PALM 1960)
Abb. 92: *Xylophilus corticalis,* 9. Abdominalsegment, dorsal (aus PALM 1960)
Abb. 93: *Xylophilus corticalis,* 8./9. Abdominalsegment, ventral (aus PALM 1960)
Abb. 94: *Xylophilus testaceus,* Habitus, dorsal (aus BURAKOWSKI 1991)
Abb. 95: *Xylophilus testaceus,* Habitus, ventral (aus BURAKOWSKI 1991)
Abb. 96: *Xylophilus testaceus,* Kopf, dorsal (aus BURAKOWSKI 1991)

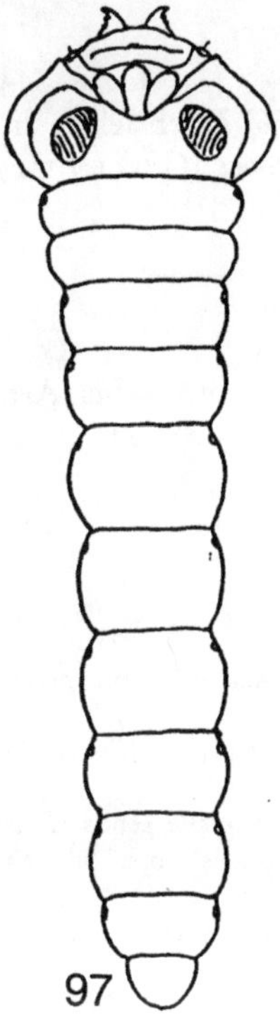

97

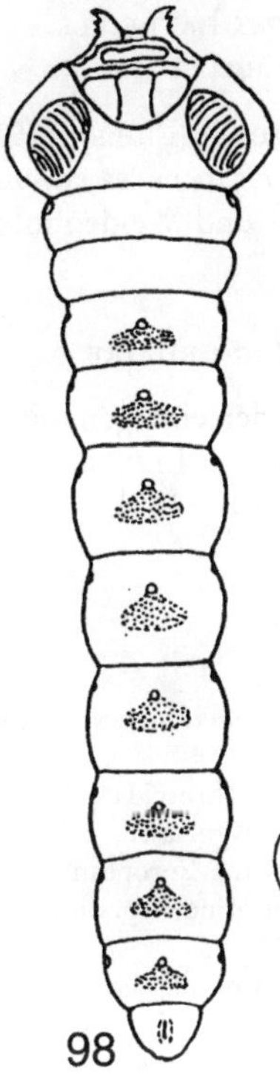

98

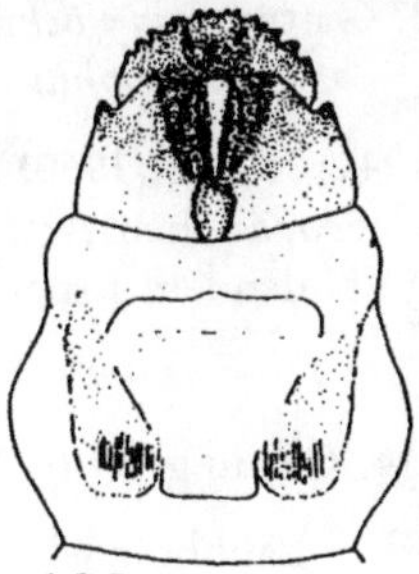

103

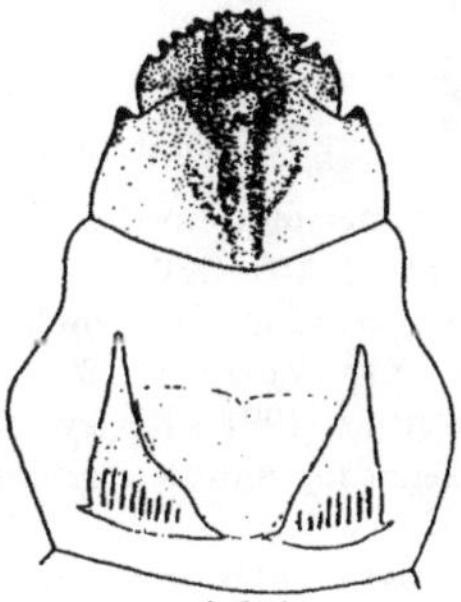

104

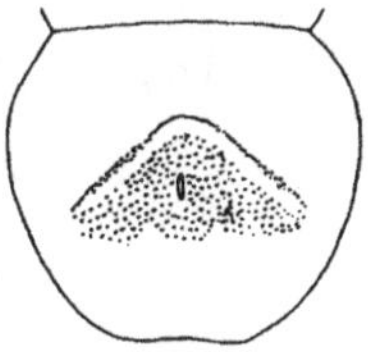

105

101

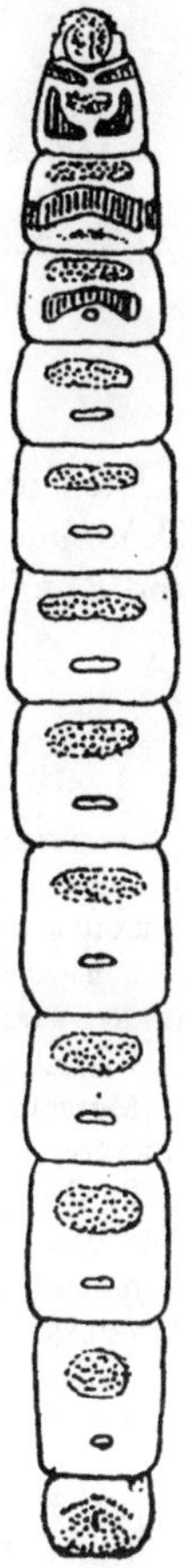

102

99

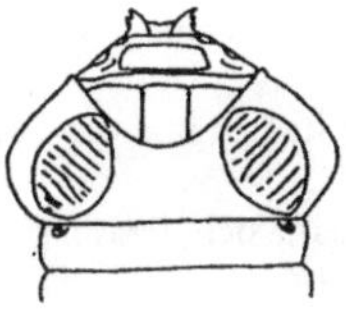

100

Abb. 97: *Hylochares cruentatus,* Habitus, dorsal (aus Burakowski 1991)
Abb. 98: *Hylochares cruentatus,* Habitus, ventral (aus Burakowski 1991)
Abb. 99: *Hylochares cruentatus,* Kopf und Prothorax, dorsal (aus Kangas & Kangas 1944)
Abb. 100: *Hylochares cruentatus,* Kopf und Prothorax, ventral (aus Kangas & Kangas 1944)
Abb. 101: *Otho sphondyloides,* Habitus, dorsal (aus Burakowski 1991)
Abb. 102: *Otho sphondyloides,* Habitus, ventral (aus Burakowski 1991)
Abb. 103: *Otho sphondyloides,* Kopf und Prothorax, dorsal (aus Leiler 1976)
Abb. 104: *Otho sphondyloides,* Kopf und Prothorax, ventral (aus Leiler 1976)
Abb. 105: *Otho sphondyloides,* 7.–9. Abdominalsegment, ventral (aus Leiler 1976)

13. Gattung: *Hylochares* LATREILLE
(= *Xylophilus* auctt.)

KANGAS & KANGAS (1944), PALM (1960) sowie LEILER (1976) beschrieben die Larve der einzigen mitteleuropäischen Art, *Hylochares cruentatus* (GYLLENHAL) (Abb. 97–100). Sie lebt in faulendem Espen- und Weidenholz.

14. Gattung: *Otho* LACORDAIRE

Die Larve der in faulendem Laubholz lebenden einzigen mitteleuropäischen Art, *Otho sphondyloides* (GERMAR), kennen wir durch LEILER (1976), MAMAEV (1976) und BURAKOWSKI & SLIWINSKI (1981) (Abb. 101–105).

Literatur

BURAKOWSKI, B. (1989): Hypermetamorphosis of *Rhacopus attenuatus* (MAEKLIN) (Coleoptera, Eucnemidae). – Ann. Zool. 42: 165–180.

BURAKOWSKI, B. (1991): Cerophytidae, Eucnemidae, Throscidae, Lissomidae. In: Klucze do oznaczania owadw Polski, XIX, Zeszyt 35–37. – Wroclaw.

BURAKOWSKI, B. & L. BUCHHOLZ (1991): Review of the European species of the genus *Hylis* GOZIS (Coleoptera, Eucnemidae) with description of new species. – Annals Upper Silesian Museum, Entmology 2: 103–125.

BURAKOWSKI, B. & Z. SLIWINSKI (1981): Trzy nowe gatunki chrzaszcy (Coleoptera) dla fauny Polski. – Przeglad Zoologiczny 25: 111–116.

EMDEN, F.I. VAN (1943): Larvae of British beetles.–4. Various small families. – Entomol. monthly Mag. 79: 209–233, 259–270.

HENRIKSEN, K. (1913): Smaeldere og Pragtbiller, Larverne. In: V. HANSEN, Biller XXIII, Danmarks Fauna. – Kobenhavn.

KANGAS, E. & J. KANGAS (1944): Über die Lebensweise und die Larve von *Xylophilus cruentatus* Gyll. (Col., Eucnemidae) – Ann. Ent. Fenn. 10: 7–16.

LEILER, T. E. (1973): Beschreibung der Larve von *Hypocoelus procerulus* (Col., Eucn.). – Ent. Tidskr. 94: 42–44.

LEILER, T. E. (1976): Zur Kenntnis der Entwicklungsstadien und der Lebensweise nord- und mitteleuropäischer Eucnemiden (Col.). – Ent. Bl. 72: 10–50.

LEILER, T. E. (1979): De Nordiska *Hypocoelus* – arterna och deras larver ned deskrivingav larven till H. *olexai* PALM. – Ent. Tidskr. 100: 200–202.

LUCHT, W. (1981): Die Präimaginalstadien von *Hypocoelus olexai* PALM (Col., Eucnemidae) nebst Bestimmungstabelle der Larven nord- und mitteleuropäischer *Hypocoelus* – Arten. – Ent. Bl. 77: 61–74.

LUNDBERG, S. (1962): Något om svenska eucnemider (Coleoptera). – Entomol. Ts. 83: 89 - 94.

MAMAJEW, B. M. (1976): Morphologische Typen der Eucnemiden-Larven und ihre evolutionäre Bedeutung. – In: Evolutionsmorphologie der Insektenlarven, Moskau (russisch).

PALM, T. (1954): Anteckningar om svenska skålbaggar. IX. – Entomol. Tidskr. 75: 21 – 22.

PALM, T. (1958): Bidrag till kännedomen om svenska skålbaggars biologi och systematik. 23. *Dirrhagus Sahlbergi* MANNH. (Eucnemidae). – Entomol. Tidskr. 79: 29–33.

PALM, T. (1960): Zur Kenntnis der früheren Entwicklungsstadien schwedischer Käfer. I. Bisher bekannte Eucnemiden-Larven. – Opusc. Ent. 25: 157–169.

11. Überfamilie: Cantharoidea

Außer den fünf in Mitteleuropa vorkommenden Familien gehören noch die Brachypsectridae, Omethidae, Phengodidae und Telegeusidae zu den Cantharoidea.

Charakteristik der Überfamilie nach larvalen Merkmalen:

Körper gerade, langgestreckt (Abb. Omalisidae 1, Lycidae 1, 2, 5, 6, Drilidae 1, 2, Lampyridae 1, 2, 4), mitunter ± stark abgeplattet (Abb. Omalisidae 2, Lampyridae 3). Labrum mit Kopfkapsel verschmolzen (Abb. Lycidae 10, 21, 27, Lampyridae 5–7). Mandibeln ohne Mola und ohne Prostheca, mit Saugrinne oder Saugkanal (Abb. Omalisidae 6, Lycidae 13, 24, 26, 31, Drilidae 5, Lampyridae 9). Maxillare Gelenkflächen reduziert (Abb. Lycidae 11, 22, 28, Drilidae 7, Lampyridae 8, 11). Galea deutlich entwickelt (Abb. Omalisidae 7, Lycidae 14).

Tabelle für die Familien (nach VAN EMDEN 1932, 1942, KLAUSNITZER 1978)

1 Nasale ungewöhnlich lang, spatelförmig, an der Spitze ausgerandet (Abb. Omalisidae 3, 4). Die Parietalia sind ventral am Hinterhauptsloch durch eine schmale Brücke miteinander verbunden. 9. Abdominalsegment ohne Urogomphi (Abb. Omalisidae 1). Larven mit Leuchtvermögen. Omalisidae (S. 216)

1* Nasale viel kürzer, nicht spatelförmig (Abb. Lycidae 10, 21, 27, Drilidae 4, Lampyridae 5–7). Die Parietala berühren sich ventral breit oder überhaupt nicht (Abb. Lycidae 11, 22, Lampyridae 8, 11). Wenn sie sich ventral nur schmal berühren, dann trägt das 9. Abdominalsegment Urogomphi. Larven ohne oder mit Leuchtvermögen. 2

2 9. Abdominalsegment mit kräftigen Urogomphi (Abb. Drilidae 2). 1.–8. Abdominalsegment seitlich mit je 2 weit vom Körper abstehenden kräftig beborsteten Fortsätzen (Abb. Drilidae 2). Stipites frei, Cardo fehlend (Abb. Drilidae 7). Die Parietalia berühren sich ventral durch eine schmale Brücke am Hinterhauptsloch. Drilidae (S. 225)

2* 9. Abdominalsegment ohne Urogomphi (Abb. Lycidae 1, 2, 20, Lampyridae 1, 2, 4) (Ausnahmen: *Lygistopterus, Xylobanellus* – Lycidae, Abb. 5, 6, 34). Thorax- und Abdominalsegmente ohne derartige Fortsätze (Abb. Lycidae 1, 2, 5, 6, Lampyridae 1, 2, 4). Wenn die Stipites frei sind, ist der Cardo deutlich abgetrennt. Die Parietala berühren sich ventral breit oder überhaupt nicht (Abb. Lycidae 11, 22, Lampyridae 8, 11). . 3

3 Dorsale Kopfnähte deutlich entwickelt, mit langer Epicranialnaht (Abb. Lampyridae 5). Mandibeln mit geschlossenem Saugkanal, an der Basis mit einem Haarbusch (Penicillus) (Abb. Lampyridae 5, 6, 9). Kopf in Dorsalansicht meist nicht deutlich sichtbar, ± in den stark vergrößerten Prothorax zurückziehbar (Abb. Lampyridae 1, 4). Die Parietalia berühren sich ventral nicht (Abb. Lampyridae 8, 11). Alle Teile der Maxillen sind sichtbar (Abb. Lampyridae 8, 11). Larven mit Leuchtvermögen. Lampyridae (S. 228)

3* Dorsale Kopfnähte nicht deutlich ausgeprägt, ohne Epicranialnaht. Kopf in Dorsalansicht ± vollständig sichtbar, nur wenig in den Prothorax zurückziehbar. Die Parietala berühren sich ventral breit oder überhaupt nicht. Wenn sie sich ventral nicht berühren, ist der Cardo mit dem Labium verschmolzen. Larven ohne Leuchtvermögen. 4

4 Mandibel stark gebogen, mit einer ± offenen Schlürfrinne. Die Parietalia sind ventral breit miteinander verschmolzen, die Kopfkapsel ist zur Aufnahme des Labiomaxillarkomplexes halbkreisförmig ausgeschnitten. Antennen dreigliedrig. Maxille frei. Körper dicht samtig behaart, mit Segmentaldrüsen. 10. Abdominalsegment deutlich entwickelt, von oben sichtbar. Cantharidae (Band 3)

4* Mandibeln fast gerade, mit geschlossenem Saugkanal, längsgeteilt und 2 Paar klingenartige Teile formend, deren Basen einander genähert sind (Abb. Lycidae 13, 24, 26, 31). Die Parietalia berühren sich ventral nicht (Abb. Lycidae 11, 22). Antennen zweigliedrig (Abb. Lycidae 12, 21, 29). Maxillenbasis annähernd komplett mit dem Labrum verschmolzen. Körper nicht dicht samtig behaart, ohne Segmentaldrüsen. Lycidae (S. 218)

Literatur

Böving, A. G. & K. Craighead (1931): An illustrated synopsis of the principal larval forms of the order Coleoptera. – Ent. Amer. 11 (N.S.): 1–351.

Crowson, R. A. (1967): The natural classification of the families of Coleoptera. – Hampton, Middlesex.

Emden, F. I. van (1932): Die Larven der Callirrhipini, eine mutmaßliche *Cerophytum*-Larve und Familien-Bestimmungstabellen der Larven der Malacodermata-Sternoxia-Reihe. – Bull. Ann. Soc. ent. Belg. 72: 199–260.

Emden, F. I. van (1942): Larvae of British beetles.–3. Keys to the families. – Entomol. monthly Mag. 78: 206–226, 253–272.

Gardner, I. C. M. (1947): Larvae of Cantharoidea (Col.). – Indian I. Ent. New Delhi 8 (1946): 121–129.

Ghilarov, M. S. (1964): Bestimmungsbuch für bodenbewohnenden Insektenlarven. – Moskau (russisch).

Klausnitzer, B. (1978): Bestimmungsbücher zur Bodenfauna Europas, Lieferung 10, Ordnung Coleoptera (Larven). – W. Junk, The Hague.

Mamajew, B. M. (1972): Bestimmungstabelle für Insektenlarven. Lehrmittel für Lehrer. – Moskau (russisch).

Stehr, F. W. (1991): Immature Insects. Volume 2. – Kendall, Iowa.

Verhoeff, K. W. (1919): Zur Entwicklung, Morphologie und Biologie der Vorlarven und Larven der Canthariden. – Arch. Naturg. A 83: 102–140.

Verhoeff, K. W. (1923): Zur Kenntnis der Canthariden-Larven. – Arch. Naturg. A 89: 110–137.

47. Familie: Omalisidae

Abb. 1–8

Charakteristik der Familie nach larvalen Merkmalen:

Körper langgestreckt, schmal (Abb. 1) und etwas abgeplattet (Abb. 2), rot- bis dunkelbraun, 10–13 mm lang und ca. 2 mm breit, mit Leuchtorganen an den Seiten des Abdomens.

Kopf prognath, mit ungewöhnlich langem, spatelförmigem und an der Spitze ausgerandetem Mittelfortsatz aus Clypeus und Labrum (Abb. 3, 4). Antennen dreigliedrig (Abb. 5), fast so lang wie die Mandibeln (Abb. 3). Ein Stemmatum auf jeder Seite der Kopfkapsel vorhanden. Die Parietalia berühren einander auf der Ventralseite in einem schmalen Bereich. Mandibeln auffällig weit vorgestreckt (Abb. 3), schmal, fast gerade mit gekrümmter Spitze (Abb. 6), an der Basis einander genähert, mit einer tiefen Längsgrube und einer durchscheinenden inneren Lamellenstruktur. Mentum und Stipites dicht aneinander anschließend, aber nicht miteinander verschmolzen. Cardines undeutlich, Galea eingliedrig (Abb. 7).

Tergite kräftig sklerotisiert (Abb. 1, 2). Prothoraxsegment auffällig größer als die übrigen Thoraxsegmente (Abb. 1). Abdominalsegmente an den Rändern mit spitzen Dornen besetzt (Abb. 2). 9. Abdominalsegment ohne Urogomphi (Abb. 1). 10. Abdominalsegment reduziert, ventral gelegen (Abb. 2).

Die einzige Gattung dieser Familie ist *Omalisus* FOURCROY.

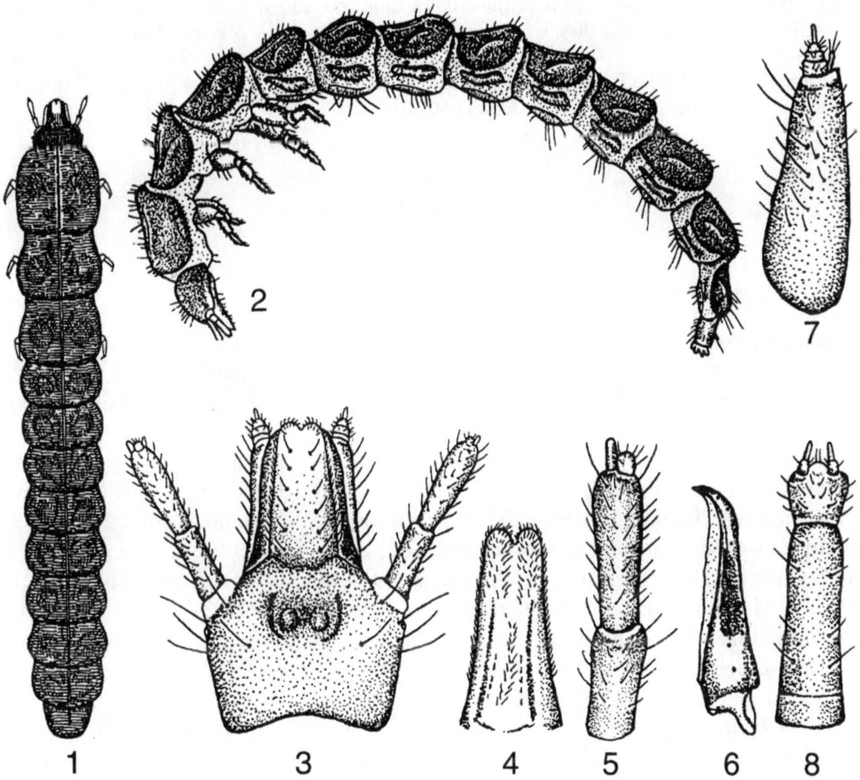

Abb. 1: *Omalisus fontisbellaquaei*, Habitus, dorsal (aus KORSCHEFSKY 1951)
Abb. 2: *Omalisus fontisbellaquaei*, Habitus, lateral (aus BURAKOWSKI 1988)
Abb. 3: *Omalisus fontisbellaquaei*, Kopfkapsel, dorsal (aus BURAKOWSKI 1988)
Abb. 4: *Omalisus fontisbellaquaei*, Stirnfortsatz, ventral (aus BURAKOWSKI 1988)
Abb. 5: *Omalisus fontisbellaquaei*, Antenne (aus BURAKOWSKI 1988)
Abb. 6: *Omalisus fontisbellaquaei*, Mandibel (aus BURAKOWSKI 1988)
Abb. 7: *Omalisus fontisbellaquaei*, Maxille (aus BURAKOWSKI 1988)
Abb. 8: *Omalisus fontisbellaquaei*, Labium (aus BURAKOWSKI 1988)

1. Gattung: *Omalisus* Fourcroy
(= *Homalisus* Geoffroy)

Die Larve der einzigen mitteleuropäischen Art, *Omalisus fontisbellaquaei* Fourcroy, lebt im Gras und unter Steinen. Sie wurde von Korschefsky (1951) und Ghilarov (1964) abgebildet. Eine gute frühere Beschreibung lieferte Bertkau (1891), neuere und ergänzende Angaben verdanken wir Burakowski (1988).

Literatur

Bertkau, Ph. (1891): Beschreibung der Larve und des Weibchens von *Homalisus suturalis*. – Dtsch. Ent. Z. 1891: 37–42.

Burakowski, B. (1988): Observations on the larval morphology and biology of *Omalisus fontisbellaquei* Fourcroy (Col., Homalisidae). – Polskie Pismo Ent. 58: 571–574.

Crowson, R. A. (1972): A review of the classification of Cantharoidea (Coleoptera), with the definition of two new families, Cneoglossidae and Omethidae. – Revista Univer. Madrid 21: 35–77.

Korschefsky, R. (1951): Bestimmungstabellen der bekanntesten deutschen Lyciden-, Lampyriden- und Drilidenlarven. – Beitr. Ent. 1: 60–64.

48. Familie: Lycidae

Abb. 1–35

Charakteristik der Familie nach larvalen Merkmalen:

Körper, vor allem die Dorsalseite, meist kräftig sklerotisiert und in verschiedener Weise gefärbt (Abb. 1, 2, 5, 6). Oberseite glatt (gelegentlich mit Tuberkeln) und glänzend oder zerstreut mit kurzen, einfachen Borsten besetzt. Körperlänge der adulten Larven bis 15 mm.

Kopf prognath, meist vorgestreckt, kurz und breit (Abb. 21, 27). Kopfkapsel (Abb. 10, 21, 27) ohne Epicranialnaht, Frontalnähte, Endocarina und Stemmata (höchstens ein Stemmatum auf jeder Seite vorhanden). Antennen (Abb. 12, 21, 29) ± kurz, zweigliedrig, mit einem unterschiedlich geformten Sinnesanhang an der Spitze des 2. Gliedes. Labrum völlig mit Kopfkapsel verschmolzen (Abb. 10, 21, 23, 27). Mandibeln symmetrisch, schmal und gebogen (Abb. 24), ohne Mola und Mittelfortsätze, an der Basis einander genähert, zur Spitze zu auseinander klaffend. Die Mandibeln sind durch eine Längsteilung in je 2 unterschiedlich geformte Teile gespalten (Abb. 13, 26, 31). Cardo deutlich oder mit dem Stipes verschmolzen, ventrale Gelenkfläche nicht vorhanden (Abb. 11). Maxillarpalpus (Abb. 14, 22) dreigliedrig (oder viergliedrig), Palpifer breit, Mala beweglich oder unbeweglich, von verschiedenartiger Form (Abb. 14, 33). Mentum und Submentum miteinander verschmolzen, Postmentum mit den Stipites verbunden. Keine Ligula vorhanden (Abb. 15, 32). Labialpalpen zweigliedrig, eng nebeneinander entspringend (Abb. 15, 22, 23, 32). Gula sehr kurz und undeutlich.

Thorax- und Abdominalsegmente oft mit paarigen Fortsätzen. 9. Abdominalsegment meist ohne Urogomphi (Ausnahmen: *Lygistopterus*, *Xylobanellus*, Abb. 5, 6, 34), breit gerundet (Abb. 1, 2, 20). 10. Abdominalsegment kurz, rund, ventral liegend (Abb. 4, 8, 35). Stigmen biforous (Abb. 25).

Tabelle für die Gattungen (nach KORSCHEFSKY 1951, KLAUSNITZER 1978 ergänzt)

1 9. Abdominalsegment mit deutlichen Urogomphi (Abb. 5, 6, 34). . . 2

1* 9. Abdominalsegment ohne Urogomphi (Abb. 1, 2). 3

2 Das 9. Abdominalsegment trägt zwei nach hinten gerichtete und nach innen gebogene schwarze Urogomphi (Abb. 5), die sich von dem gelblichen 9. Segment stark abheben. Die übrigen Abdominalsegmente sind dunkelbraun bis schwärzlich. *Lygistopterus* DEJEAN

2* Die Urogomphi des 9. Abdominalsegmentes sind nicht so deutlich abgesetzt, das 9. Abdominalsegment unterscheidet sich in seiner Färbung nicht vom übrigen Körper (Abb. 6, 34). *Xylobanellus* KLEINE

3 Mandibeln mit annähernd rechtwinklig abgebogener Spitze (Abb. 24). Abdominalsegmente dorsal wahrscheinlich ohne Netzung (Abb. 4). Antenne Abb. 21. Larve 8,2–14,5 mm lang, 1,3–2,1 mm breit. *Platycis* THOMSON

3* Mandibelspitze nicht rechtwinklig abgebogen (Abb. 13). Abdominalsegmente dorsal mit netzartiger Skulptur (Abb. 1, 2, 16). Antennen Abb. 12. 4

4 Größere Larven von 10–15 mm Länge, mit längeren Beinen, die deutlich über den Larvenkörper hinausragen (Abb. 2). ußeres Sklerit des Femurs gut doppelt so lang wie das des Trochanters (Abb. 17). Segmentalplatten des Abdomens sehr fein genetzt (Abb. 2, 16, 19) und etwas verschwommen begrenzt. Antennen Abb. 12. *Dictyoptera* LATREILLE und *Lopherus* LECONTE (= *Aplatopterus* REITTER)

4* Kleinere Larven von 6–9 mm Länge, mit kürzeren Beinen, die seitlich nicht auffällig den Larvenkörper überragen (Abb. 1). ußeres Sklerit des Femurs höchstens 1 1/2 mal so lang wie das des Trochanters (Abb.). Segmentalplatten des Abdomens deutlich abgesetzt und viel deutlicher genetzt (Abb. 1). Antenne Abb. . *Pyropterus* MULSANT

1. Gattung: *Dictyoptera* LATREILLE

KORSCHEFSKY (1951) lag eine Larve vor, die er seinerzeit als *Dictyopterus* sp. determinierte und sie den Arten *D. aurora* (HERBST) oder *D. rubens* (GYLLENHAL) zuordnete. Letztere gehört heute in die Gattung *Lopherus* LECONTE (= *Aplatopterus* REITTER). Gesichert beschrieben ist die einzige mitteleuropäische Art, *D. aurora* (HERBST), bisher nicht. Die Larven wären unter Rinde und in faulenden Baumstümpfen zu erwarten.

2. Gattung: *Benibotarus* KÔNO

Die Larve der einzigen mitteleuropäischen Art, *Benibotarus taygetanus* KÔNO (= *Dictyoptera fiedleri* REITTER), ist bisher nicht bekannt, so daß die Gattung nicht in die Bestimmungstabelle aufgenommen werden konnte.

3. Gattung: *Pyropterus* MULSANT

Die Larve der einzigen mitteleuropäischen Art, *Pyropterus nigroruber* (DEGEER), wurde von KORSCHEFSKY (1951) unter dem Namen *Dictyopterus affinis* PAYKULL beschrieben.

4. Gattung: *Lopherus* LeConte
(= *Aplatopterus* Reitter)

Für die Larve der einzigen mitteleuropäischen Art, *Lopherus rubens* (Gyllenhal), gilt die unter *Dictyoptera* gemachte Bemerkung. Auch die Arbeit von Potozkaja (1981) mit der Beschreibung von drei *Lopherus (Aplatopterus)* – Larven (*A. septentrionalis* Kôno, *A. motschulskii* Barovski, *A. mamaevi* L. Medvedev) erlaubt vorläufig nicht das Erkennen differenzierter Gattungsmerkmale. Die Larve der aus Japan bekannten, aber neuerdings auch aus Polen gemeldeten *L. lineatus* (Gorham) beschrieb Burakowski (1990).

5. Gattung: *Platycis* Thomson

Die Larven der beiden mitteleuropäischen *Platycis*-Arten sind bisher unbekannt. Die Aufnahme der Gattung in die Tabelle beruht auf der Arbeit von McCabe & Johnson (1979) über *Platycis sculptilis* (Say).

6. Gattung: *Lygistopterus* Dejean

Angaben über die gut kenntliche Larve der einzigen mitteleuropäischen Art, *Lygistopterus sanguineus* (L.), finden sich z. B. bei Korschefsky (1951), Ghilarov (1964) und Larsson (1973). Sie lebt in faulenden Baumstümpfen und unter der Rinde liegender, toter Stämme.

7. Gattung: *Xylobanellus* Kleine

Burakowski (1988) fand *Xylobanellus erythropterus* (Baudi a Selve) in Ostpolen (Puszcza Bialowieska) und beschreibt auch die Larve. Die Art wurde in die Bestimmungstabelle der Gattungen aufgenommen, vielleicht wird sie in Mitteleuropa noch gefunden.

Abb. 1: *Pyropterus nigroruber*, adulte Larve, Habitus, dorsal (aus Korschefsky 1951)
Abb. 2: *Lopherus lineatus*, adulte Larve, Habitus, dorsal (aus Burakowski 1990)
Abb. 3: *Lopherus lineatus*, L_1, Habitus, lateral (aus Burakowski 1990)
Abb. 4: *Platycis sculptilis*, Habitus, lateral (aus McCabe & Johnson 1979)
Abb. 5: *Lygistopterus sanguineus*, adulte Larve, Habitus, dorsal (aus Korschefsky 1951)
Abb. 6: *Xylobanellus erythropterus*, adulte Larve, Habitus, dorsal (aus Burakowski 1988)
Abb. 7: *Xylobanellus erythropterus*, adulte Larve, Habitus, ventral (aus Burakowski 1988)
Abb. 8: *Xylobanellus erythropterus*, adulte Larve, Habitus, lateral (aus Burakowski 1988)
Abb. 9: *Xylobanellus erythropterus*, L_1, Habitus, lateral (aus Burakowski 1988)

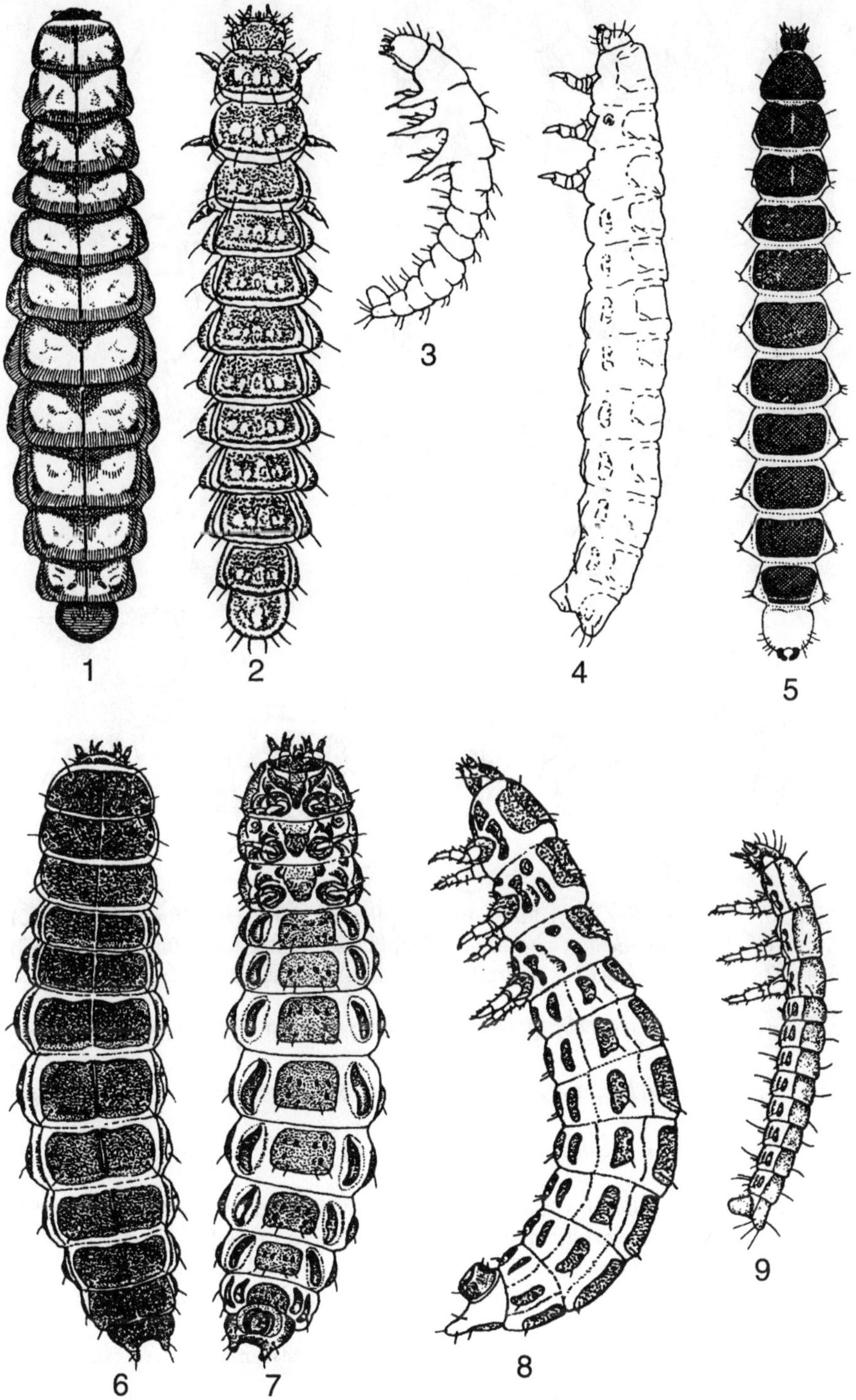
1
2
3
4
5
6
7
8
9

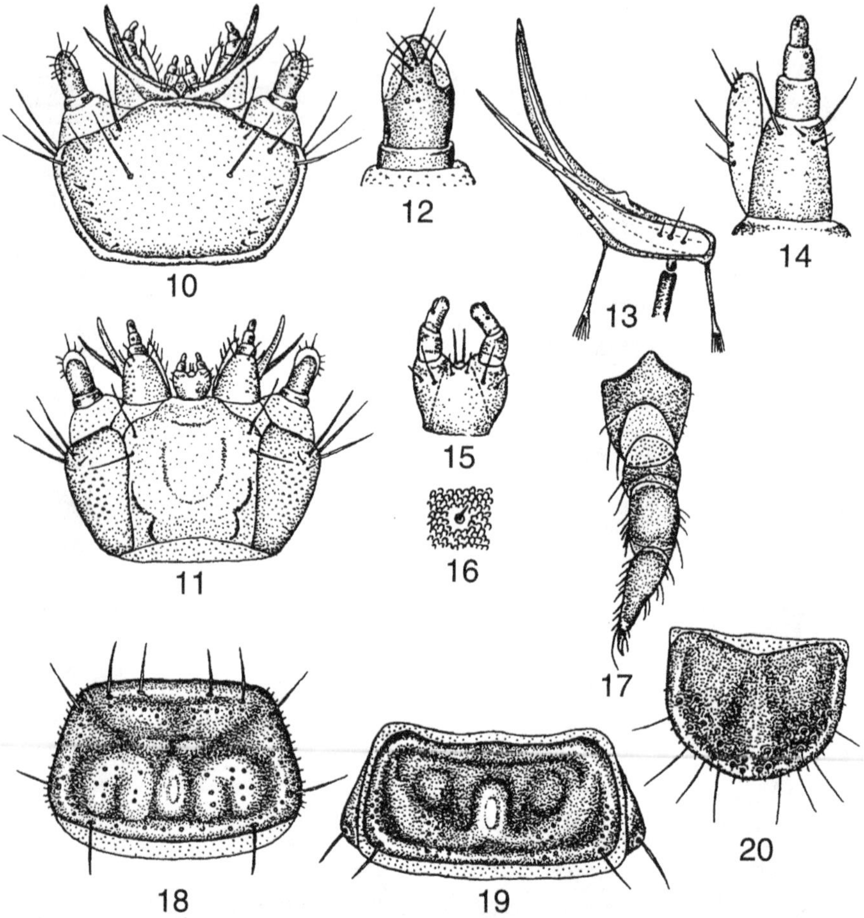

Abb. 10: *Lopherus lineatus,* adulte Larve, Kopfkapsel, dorsal (aus Burakowski 1990)
Abb. 11: *Lopherus lineatus,* adulte Larve, Kopfkapsel, ventral (aus Burakowski 1990)
Abb. 12: *Lopherus lineatus,* adulte Larve, linke Antenne, dorsal (aus Burakowski 1990)
Abb. 13: *Lopherus lineatus,* adulte Larve, linke Mandibel, dorsal (aus Burakowski 1990)
Abb. 14: *Lopherus lineatus,* adulte Larve, linke Maxille, ventral (aus Burakowski 1990)
Abb. 15: *Lopherus lineatus,* adulte Larve, Praementum, ventral (aus Burakowski 1990)
Abb. 16: *Lopherus lineatus,* adulte Larve, linkes Mittelbein (aus Burakowski 1990)
Abb. 17: *Lopherus lineatus,* adulte Larve, Mikroskulptur (aus Burakowski 1990)
Abb. 18: *Lopherus lineatus,* adulte Larve, Pronotum (aus Burakowski 1990)
Abb. 19: *Lopherus lineatus,* adulte Larve, 4. Abdominalsegment, dorsal (aus Burakowski 1990)
Abb. 20: *Lopherus lineatus,* adulte Larve, 9. Abdominalsegment, dorsal (aus Burakowski 1990)

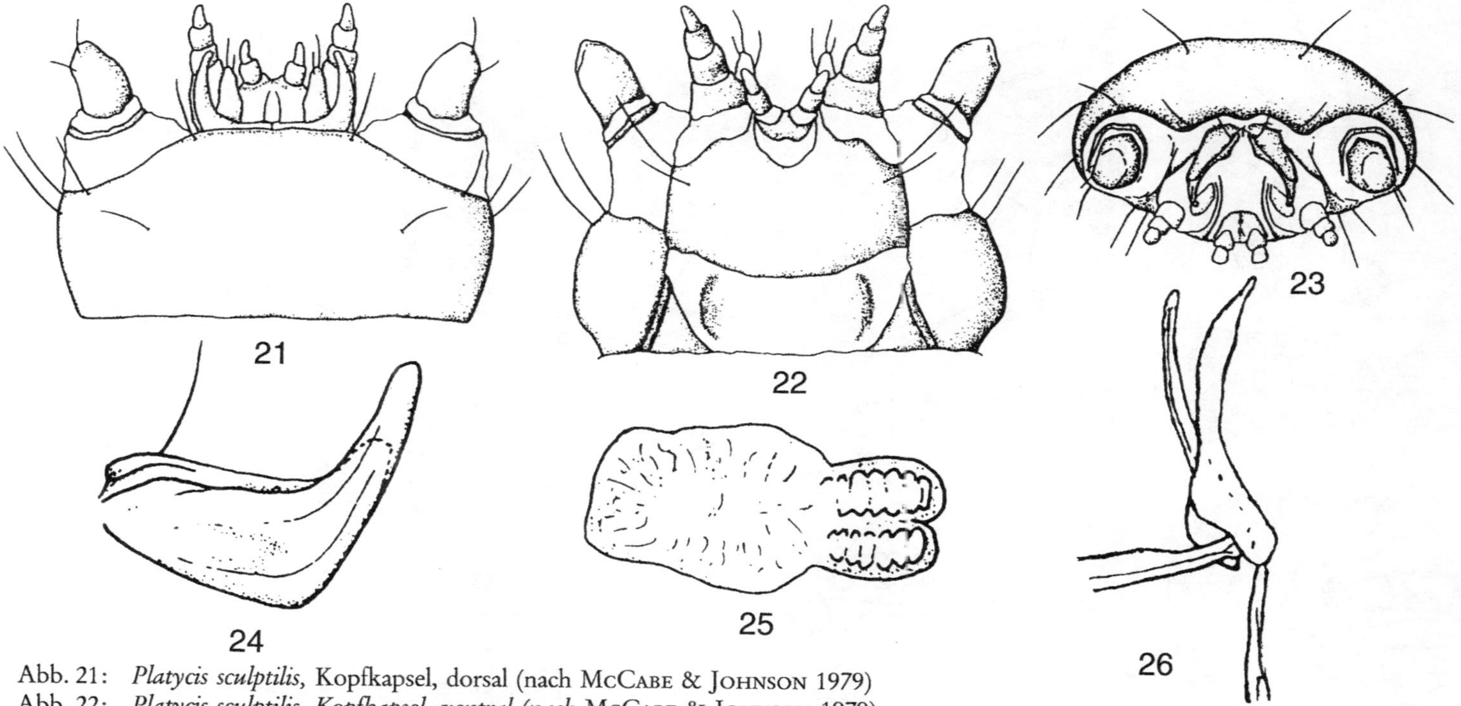

Abb. 21: *Platycis sculptilis,* Kopfkapsel, dorsal (nach McCabe & Johnson 1979)
Abb. 22: *Platycis sculptilis, Kopfkapsel, ventral (nach* McCabe & Johnson 1979)
Abb. 23: *Platycis sculptilis,* Kopfkapsel von vorn (nach McCabe & Johnson 1979)
Abb. 24: *Platycis sculptilis,* linke Mandibel, ventral (nach McCabe & Johnson 1979)
Abb. 25: *Platycis sculptilis,* 3. Abdominalsegment, Stigma (nach McCabe & Johnson 1979)
Abb. 26: *Lygistopterus sanguineus,* Mandibel (aus Larsson 1973)

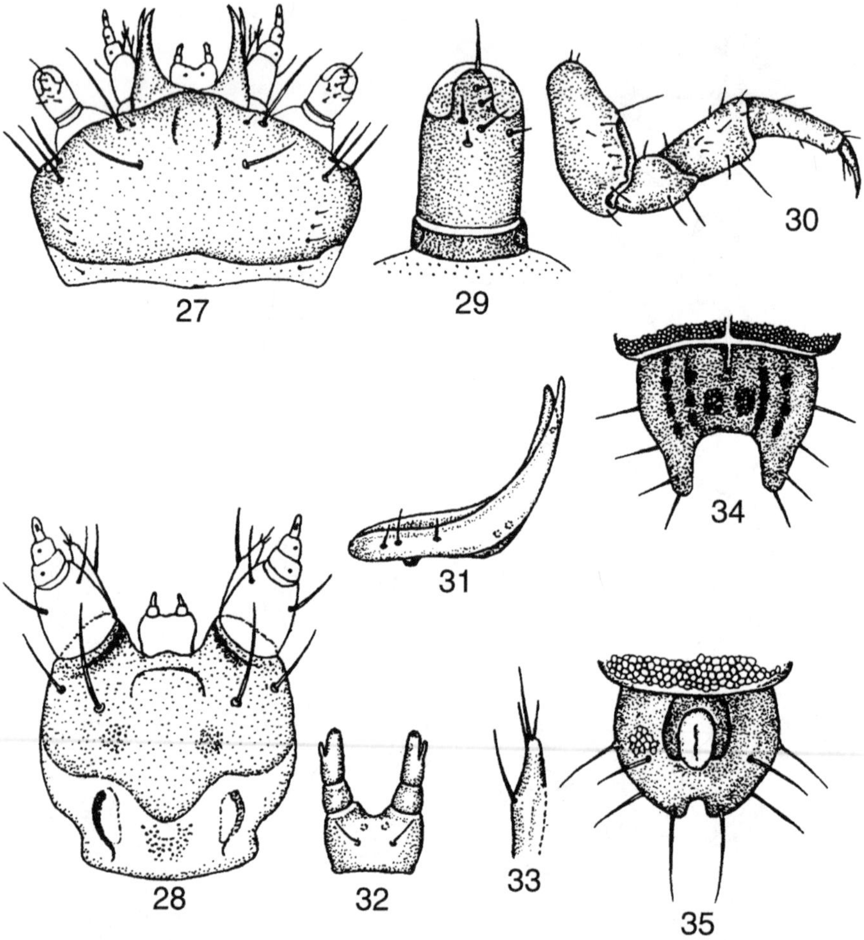

Abb. 27: *Xylobanellus erythropterus*, adulte Larve, Kopfkapsel, dorsal (aus BURAKOWSKI 1988)

Abb. 28: *Xylobanellus erythropterus*, adulte Larve, Kopfkapsel, ventral (aus BURAKOWSKI 1988)

Abb. 29: *Xylobanellus erythropterus*, adulte Larve, Antenne (aus BURAKOWSKI 1988)

Abb. 30: *Xylobanellus erythropterus*, adulte Larve, linkes Mittelbein (aus Burakowski 1988)

Abb. 31: *Xylobanellus erythropterus*, adulte Larve, Mandibel (aus BURAKOWSKI 1988)

Abb. 32: *Xylobanellus erythropterus*, adulte Larve, Praementum (aus BURAKOWSKI 1988)

Abb. 33: *Xylobanellus erythropterus*, adulte Larve, Maxille, Mala (aus BURAKOWSKI 1988)

Abb. 34: *Xylobanellus erythropterus*, adulte Larve, 9. Abdominalsegment, dorsal (aus BURAKOWSKI 1988)

Abb. 35: *Xylobanellus erythropterus*, adulte Larve, 9. Abdominalsegment, ventral (aus BURAKOWSKI 1988)

Körpermaße verschiedener Arten der Familie Lycidae:

	Xylobanellus erythropterus L_1	ad. L	*Lopherus lineatus* L_1	ad. L	*Platycis sculptilis* ad.L
Körperlänge	1,9–2,3	10–13	1,8–2,4	10–12	8,2–14,5
Kopfkapsel, Breite	0,30-0,37	1,15	0,3	0,9–1,15	–
Pronotum, Breite	0,37-0,40	2,0	0,4	1,6–1,8	–
9. Abdominalsegment – Breite	0,20	1,3	–	1,15–1,4	–
3.–5. Abdominalsegment – Breite	–	3,0	–	2,1–2,7	1,3–2,1

Literatur

Böving, A. G. & K. Craighead (1931): An illustrated synopsis of the principal larval forms of the order Coleoptera. – Ent. Amer. 11 (N.S.): 1–351.

Burakowski, B. (1988): Notes on the biology of *Xylobanellus erythropterus* (Baudi a Selve) (Col., Lycidae), with description of the immature stages. – Polskie Pismo Ent. 58: 575–585.

Burakowski, B. (1990): *Lopherus lineatus* (Gorham) – a species new to the Central European fauna (Col., Lycidae), with a description of the immature stages. – Polskie Pismo Ent. 59: 719–729.

Crowson, R. A. (1967): The natural classification of the families of Coleoptera. – Hampton, Middlesex.

Ghilarov, M. S. (1964): Bestimmungsbuch für bodenbewohnenden Insektenlarven. – Moskau (russisch).

Hayashi, N. & H. Takenaka (1960): Notes on the immature stages of *Plateros coracinus* Kiesenwetter (Lycidae). – Kontyû 28: 138–141.

Klausnitzer, B. (1978): Bestimmungsbücher zur Bodenfauna Europas, Lieferung 10, Ordnung Coleoptera (Larven). – W. Junk, The Hague.

Korschefsky, R. (1951): Bestimmungstabellen der bekanntesten deutschen Lyciden-, Lampyriden- und Drilidenlarven. – Beitr. Ent. 1: 60–64.

Larsson, S. G. (1973): Blodvinger, klannere m. m. (Malacodermata, Fossipedes, Macrodactylia og Brachymera), Larverne. In: V. Hansen, Biller X, Danmarks Fauna. – Kobenhavn.

McCabe, T. L. & L. M. Johnson (1979): The biology of *Platycis sculptilis* (Say) (Col., Lycidae). – Col. Bull. 33: 297–302.

Peterson, A. (1957): Larvae of Insects. Part II. – Ann Arbor, Michigan.

Potozkaja, V. A. (1981): Morphology and ecology of larvae of the Lycid genera *Aplatopterus* Rtt. and *Xylobanus* C. O. Waterh. (Col., Lycidae). – Rev. d'Ent. l'URSS 60: 337–347.

Stehr, F. W. (1991): Immature Insects. Volume 2. – Kendall, Iowa.

49. Familie: Drilidae

Abb. 1–7

Charakteristik der Familie nach larvalen Merkmalen:

Körper langgestreckt, etwas abgeplattet, auffällig behaart (Abb. 1, 2), ausgenommen das letzte Stadium (Abb. 3).

Kopfkapsel ohne Epicranialnaht (Abb. 4) und mit einer schmalen, aber deutlichen ventralen Verbindung. Antenne dreigliedrig (Abb. 4). Labrum mit Kopfkapsel verschmolzen. Ein großes Stemmatum auf jeder Seite der Kopfkapsel. Mandibeln sichelförmig (Abb. 5), mit einem unvollständigen Saugkanal, an der Basis weit voneinander getrennt. Maxillarpalpus viergliedrig (Abb. 7). Die Maxille und das Labium schließen eng aneinander an (Abb. 7), sind aber nicht miteinander verschmolzen. Cardo undeutlich. Galea eingliedrig.

1.–8. Abdominalsegment mit gut entwickelten seitlichen Fortsätzen der Tergite und Pleuren (Abb. 2). 9. Abdominalsegment mit großen Urogomphi (Abb. 2). Stigmen biforous.

In Mitteleuropa kommt nur die Gattung *Drilus* OLIVIER vor. Die Larven ernähren sich von Schnecken, jedes der 3 Stadien braucht für seine Entwicklung neue Beutetiere. Die Stadien unterscheiden sich deutlich, so daß von einer Hypermetabolie (Polymetabolie) gesprochen werden kann. Die in den Schneckenhäusern überwinternden Larven sind durch die bedeutend kürzeren Abdominalfortsätze und Behaarung gekennzeichnet.

1. Gattung: *Drilus* OLIVIER

Tabelle für die Arten (nach KORSCHEFSKY 1951)

1 Die beiden Zapfen des 9. Abdominalsegmentes (Urogomphi) sind fast gerade und nur schwach nach außen geneigt (Abb. 1). Der auf jedem Ende entspringende lange und kräftige Dorn ist nur wenig nach innen geneigt, so daß bei einer gedachten Verlängerung derselben die Schnittpunktstelle weit ab vom Körper liegen und sich ein spitzer Winkel bilden würde. Die Zapfen der seitlichen unteren Reihe auf den Abdominalsegmenten 1–8 sind breit und nach dem ersten Drittel der Länge parallelseitig mit breit abgerundetem Ende (Abb. 2). Larven bis 16 mm lang. *flavescens* OLIVIER

1* Die beiden Zapfen des 9. Abdominalsegmentes (Urogomphi) sind schwach nach innen gekrümmt, und die Innenränder sind schwach ausgerandet. Der auf jedem Ende sitzende Dorn ist viel stärker nach innen gerichtet, so daß sich eine gedachte Verlängerung derselben schon kurz hinter dem Larvenkörper schneidet und ein fast rechter Winkel entstehen würde. Die Zapfen der unteren seitlichen Reihe sind weniger breit als bei *D. flavcescens*, bis zum Ende mehr oder weniger kontinuierlich schmaler werdend, die Enden darum weniger breit abgerundet. Larven etwa 14 mm lang. *concolor* AHRENS

Literatur

BAYFORD, E.G. (1906): *Drilus flavescens* ROSSI, ♀, and its larva. – Ent. Mag. London 42: 267–268.

BÖVING, A. G. & K. CRAIGHEAD (1931): An illustrated synopsis of the principal larval forms of the order Coleoptera. – Ent. Amer. 11 (N.S.): 1–351.

GHILAROV, M. S. (1964): Bestimmungsbuch für bodenbewohnenden Insektenlarven. – Moskau (russisch).

KORSCHEFSKY, R. (1951): Bestimmungstabellen der bekanntesten deutschen Lyciden-, Lampyriden- und Drilidenlarven. – Beitr. Ent. 1: 60–64.

LARSSON, S. G. (1973): Blodvinger, klannere m. m. (Malacodermata, Fossipedes, Macrodactylia og Brachymera), Larverne. In: V. HANSEN, Biller X, Danmarks Fauna. – Kobenhavn.

ROSENBERG, E. C. (1909): Bidrag til Kundskaben om Billernes Udvikling, Levevis og Systematik. II. *Drilus concolor* AHR.: Hunnens Forvandling i Skallen af *Helix hortensis*. – Ent. Medd. 3: 227–240.

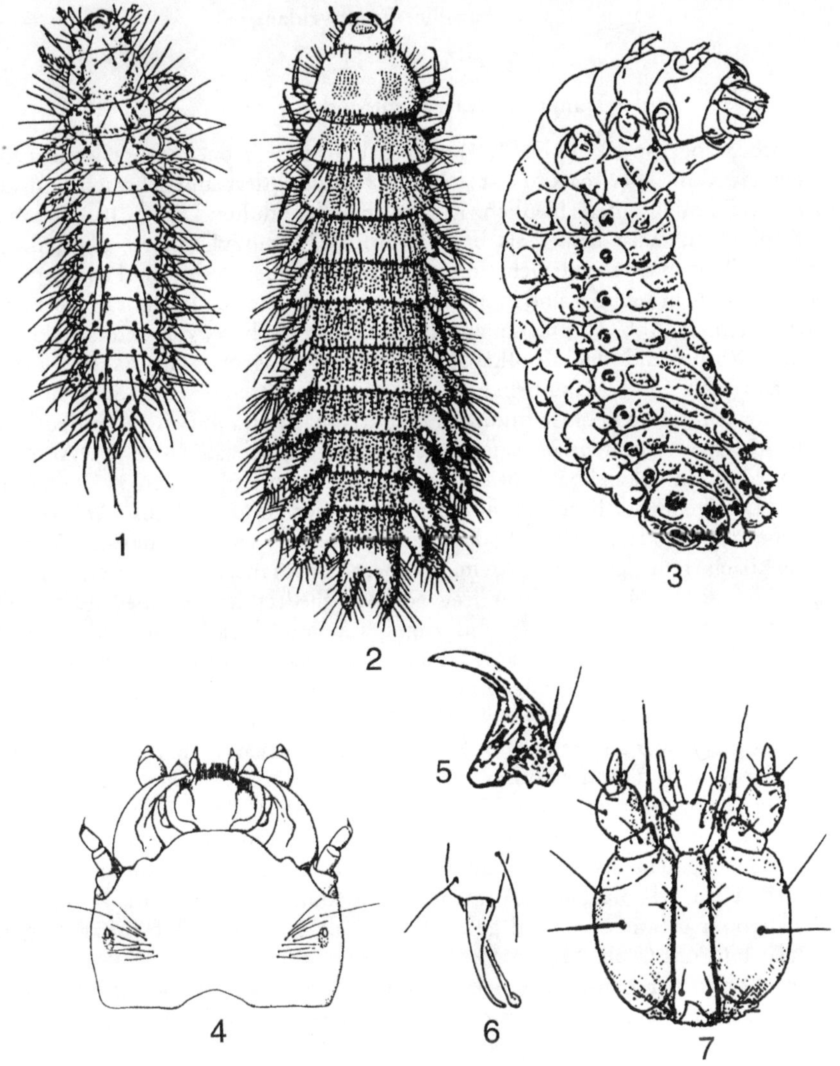

Abb. 1: *Drilus concolor*, L_1, Habitus, dorsal (aus Böving & Craighead 1931)

Abb. 2: *Drilus flavescens*, aktives Stadium, Habitus, dorsal (aus Korschefsky 1951)

Abb. 3: *Drilus flavescens*, inaktives Stadium, Habitus, lateral (aus Larsson 1973)

Abb. 4: *Drilus flavescens*, inaktives Stadium, Kopfkapsel, dorsal (nach einer Vorlage von Jessop)

Abb. 5: *Drilus concolor*, aktives Stadium, Mandibel (aus Böving & Craighead 1931)

Abb. 6: *Drilus concolor*, aktives Stadium, Tarsus (aus Böving & Craighead 1931)

Abb. 7: *Drilus concolor*, aktives Stadium, Kopfkapsel, ventral (aus Böving & Craighead 1931)

50. Familie: Lampyridae

Abb. 1–11

Charakteristik der Familie nach larvalen Merkmalen:

Körper langgestreckt (Abb. 1, 4) oder ± breit oval (Abb. 2), abgeflacht. Oberfläche glänzend oder matt, meist gekörnt, fein punktiert und schwach und kurz behaart. Färbung unterschiedlich. Körperlänge der adulten Larven 10–22 mm.

Kopf klein, meist länger als breit (Abb. 5–7), subzylindrisch, glatt, dunkel gefärbt. Parietalia ventral nicht miteinander verbunden (Abb. 8, 11). Kopf von oben meist nicht sichtbar und in den stets stark vergrößerten Prothorax vollständig zurückziehbar (Abb. 3). Epicranialnaht vorhanden (Abb. 5), von unterschiedlicher Länge. Vorderrand der Kopfkapsel mit einem ± großen medianen Fortsatz (Nasale) (Abb. 5–7). Mandibeln gebogen, mit einem geschlossenem Saugkanal, der kurz vor der Spitze in einer ffnung mündet (Abb. 9) und mit einem ± deutlichen Retinaculum, wenigstens bis zur Mitte stark seidig behaart (Abb. 9). Antennen dreigliedrig, zurückziehbar, mit einem kugelförmigen Anhang am 3. Glied (Abb. 5–7). Die Stemmata liegen unmittelbar hinter der Antennenbasis (Abb. 6). Die Antennen sind so lang (Abb. 5) oder länger (Abb. 6, 7) als die Mandibeln. Ventrałe Gelenkfläche reduziert. Cardo klein, annähernd quadratisch, Stipes breit und länglich (Abb. 8, 11). Maxillarpalpen drei- oder viergliedrig, letztes Glied stumpf oder zugespitzt. Galea zweigliedrig und zugespitzt, mit einer langen Borste an der Spitze (Abb. 8). Lacinia reduziert. Labium mit einem kleinen Mentum und einem langen Submentum. Labialpalpen zweigliedrig (Abb. 8, 11). Auf dem Submentum und dem Stipes befinden sich viele feine Borsten und wenige Dörnchen.

Pronotum länger als breit (Abb. 1, 4) oder subelliptisch (Abb. 2), nach vorn verschmälert. Meso- und Metathorax subquadratisch (Abb. 1, 4) oder deutlich breiter als lang (Abb. 2). Tergite des Thorax in der Mitte ± deutlich markiert. 1.–9. Abdominalsegment von der Dorsalseite deutlich sichtbar (Abb. 1, 2, 4). 1.–7. Abdominalsegment breiter als lang, ebenfalls in der Mitte ± deutlich markiert, ähnlich gebaut wie die Thoraxsegmente. 9. Abdominalsegment ohne Urogomphi. 10. Abdominalsegment ventral gelegen, wird als Pygopodium benutzt. Stigmen annular biforous (Abb. 10).

Die Larven der Lampyridae leben unter Steinen, Holz, Moos und faulenden Pflanzensubstanzen. Sie ernähren sich von Schnecken und können leuchten. Die Zahl der Larvenstadien beträgt, soweit bekannt, 4–5.

Tabelle für die Gattungen (nach Korschefsky 1951, Klausnitzer 1978)

1 9. Abdominalsegment hinten ± gerade, niemals mit vorgezogenen Ecken (Abb. 2, 4). Mandibeln ohne auffälliges Retinaculum (Abb. 6, 7). Segmente ohne helle Flecke am Hinterrand (Abb. 2, 4). Körper kaum länger als 12 mm. 2

1* 9. Abdominalsegment hinten gerade abgestutzt, mit deutlich vorgezogenen Ecken (Abb. 1). Mandibeln mit kräftigem, langem Mittelzahn (Retinaculum) (Abb. 5). Körper dunkelbraun bis schwarzbraun mit je einem hellen gelblichen Fleck am Hinterrand aller Segmente (Abb. 1). Segmente dorsal stark gekörnt. Körper bis 22 mm lang.
Lampyris Geoffroy

2 8. Abdominalsegment hinten tief ausgerandet (Abb. 2). Alle Segmente jederseits stark erweitert und weit über den eigentlichen Larvenkörper herausragend (Abb. 2) (Habitus ähnlich den Larven der Silphidae). Die Seitenränder der Segmente sind fein gezähnelt. Mandibeln in der Mitte mit einem flachen Höcker (Abb. 6). Körper gelblichbraun, bis 12 mm lang. *Lamprohiza* MOTSCHULSKY

2* 8. Abdominalsegment nicht ausgerandet (Abb. 4). Die Segmente sind seitlich nicht erweitert (Abb. 4), ihre Seitenränder sind glatt. Mandibeln ohne Andeutung eines Retinaculums in der Mitte (Abb. 7). Thoraxsegmente mit je 2 geschwungenen Längslinien (Abb. 4). Körper bis 10 mm lang. *Phosphaenus* LAPORTE

1. Gattung: *Lampyris* GEOFFROY

In Mitteleuropa kommt unter Steinen, Holz und Moos nur *Lampyris noctiluca* (L.) vor.

2. Gattung: *Lamprohiza* MOTSCHULSKY

In Mitteleuropa lebt nur *Lamprohiza splendidula* (L.). Die Larve findet man unter Steinen, Holz und Moos.

3. Gattung: *Phosphaenus* LAPORTE

In Mitteleuropa ist diese Gattung nur durch *Phosphaenus hemipterus* (GOEZE) vertreten, die unter Steinen und faulenden Pflanzenstoffen lebt.

Literatur

BÖVING, A. G. & K. CRAIGHEAD (1931): An illustrated synopsis of the principal larval forms of the order Coleoptera. – Ent. Amer. 11 (N.S.): 1–351.

GEISTHARDT, M. (1979): Skelet und Muskulatur des Thorax der Larven und Imagines von *Lamprohiza splendidula* (L.) unter Berücksichtigung der Larve und der weiblichen Imago von *Lampyris noctiluca* (L.) (Col., Lampyridae). – Zool. Jb. Anat. 101: 472–536.

GHILAROV, M. S. (1964): Bestimmungsbuch für bodenbewohnenden Insektenlarven. – Moskau (russisch).

KLAUSNITZER, B. (1978): Bestimmungsbücher zur Bodenfauna Europas, Lieferung 10, Ordnung Coleoptera (Larven). – W. Junk, The Hague.

KORSCHEFSKY, R. (1951): Bestimmungstabellen der bekanntesten deutschen Lyciden-, Lampyriden- und Drilidenlarven. – Beitr. Ent. 1: 60–64.

LARSSON, S. G. (1973): Blodvinger, klannere m. m. (Malacodermata, Fossipedes, Macrodactylia og Brachymera), Larverne. In: V. HANSEN, Biller X, Danmarks Fauna. – Kobenhavn.

PETERSON, A. (1957): Larvae of Insects. Part II. – Ann Arbor, Michigan.

STEHR, F. W. (1991): Immature Insects. Volume 2. – Kendall, Iowa.

VOGEL, R. (1915): Beitrag zur Kenntnis des Baues und der Lebensweise der Larve von *Lampyris noctiluca*. – Z. wiss. Zool. 112: 292–432.

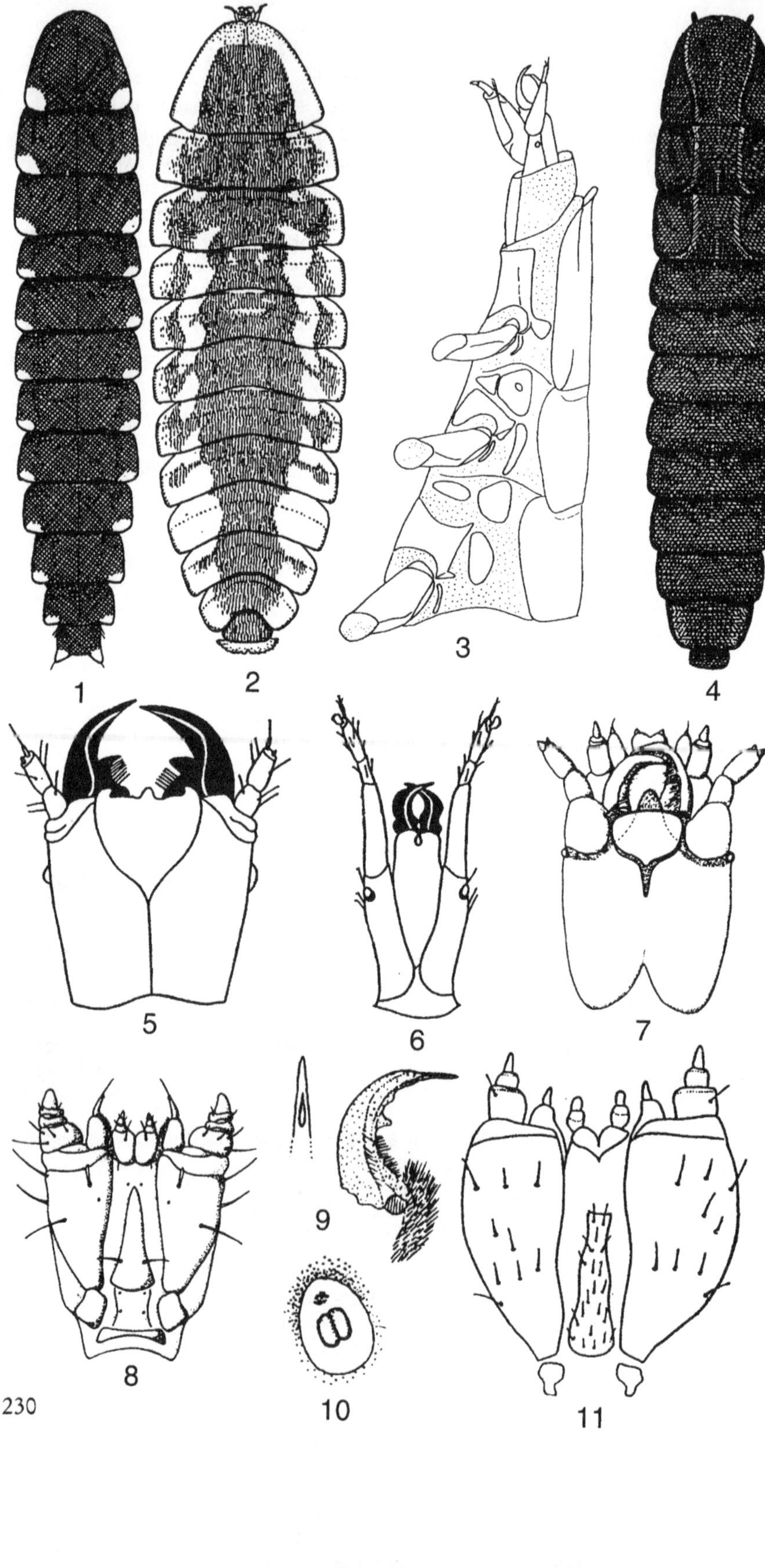
1
2
3
4
5
6
7
8
9
10
11

17. Überfamilie: Chrysomeloidea

116. Familie: Chrysomelidae

Abb. 1–385

Literatur: HENRIKSEN (1927), BÖVING et al. (1931), PATERSON (1931), GHILAROV (1964), STEINHAUSEN (1966), OGLOBLIN et al. (1971), MEDVEDEV et al. (1978a), STEINHAUSEN (1978), COX (1981), MANN et al. (1981).

Die typische Chrysomeliden-Larve ist ein mehr oder weniger über dem Rücken gekrümmtes Insekt, das meist an und von den Blättern seiner Fraßpflanzen lebt, besonders bei den Vertretern der Unterfamilien Chrysomelinae, Criocerinae und Cassidinae. Andere Arten fressen an den Wurzeln der Pflanzen oder halten sich als Minierer in ihren Blättern, Stengeln oder im Wurzelhals auf, und auch eine rein aquatische Lebensweise ist bei den Larven der Donaciinae zu finden. Als ausgesprochene Bodenbewohner kann man die Larven der Sackträger (Clytrinae, Cryptocephalinae), ferner einige in Bodennähe sich aufhaltende Chrysomelinae sowie die in der Bodenregion lebenden Vertreter der Eumolpinae, Galerucinae und Alticinae bezeichnen. Nach bisherigen Kenntnissen leben die sacktragenden Larven meist von abgestorbenen Pflanzenteilen, teilweise zeitweilig auch carnivor und werden oft in Bodenfallen gefangen. Die Larvenstäcke der Clytrinae findet man in Ameisennestern.

Die Zahl der Larvenstadien kann 3 bis 5 betragen. Von einigen, besonders den landwirtschaftlich schädlichen und daher genauer untersuchten Arten kennt man in Mitteleuropa 2, in Einzelfällen sogar 3 Generationen, während wohl die größere Zahl der indifferenten Arten nur eine Generation aufweisen dürfte. Die Behauptung früherer Autoren, wonach besonders bei den Sackträgern mehr als ein Jahr zur Entwicklung benötigt wird, bedarf der Nachprüfung. Lediglich bei den *Timarcha*-Arten ist nachweislich eine 2jährige Entwicklungszeit bekannt, und auch die Untersuchungen bei den Donaciinae deuten auf eine solche hin. Naturgemäß sind Entwicklungszeiten und -zyklen immer vom Klima der jeweiligen Region abhängig und daher unterschiedlich.

Man unterscheidet Spätfrühlings-Sommerbrüter mit Eiablage im Frühjahr und Überwinterung der Imagines, Sommer-Herbstbrüter mit Eiablage im Sommer und

---

Abb. 1: *Lampyris noctiluca,* Habitus, dorsal (aus KORSCHEFSKY 1951)
Abb. 2: *Lamprohiza splendidula,* Habitus, dorsal (aus KORSCHEFSKY 1951)
Abb. 3: *Lamprohiza splendidula,* Thorax, lateral (aus GEISTHARDT 1979)
Abb. 4: *Phosphaenus hemipterus,* Habitus, dorsal (aus KORSCHEFSKY 1951)
Abb. 5: *Lampyris noctiluca,* Kopfkapsel, dorsal (aus GHILAROV 1964)
Abb. 6: *Lamprohiza splendidula,* Kopfkapsel, dorsal (aus GHILAROV 1964)
Abb. 7: *Phosphaenus hemipterus,* Kopfkapsel, dorsal (nach einer Vorlage von JESSOP)
Abb. 8: *Lampyris noctiluca,* Kopfkapsel, ventral (nach einer Vorlage von JESSOP)
Abb. 9: *Photuris sp.*, linke Mandibel mit Porenöffnung (aus STEHR 1991)
Abb. 10: *Photuris sp.*, Stigma (aus STEHR 1991)
Abb. 11: *Phosphaenus hemipterus,* Kopfkapsel, ventral (aus GHILAROV 1964)

Überwinterung der Larve oder auch der Puppe oder auch frisch geschlüpfter Käfer in ihren Kokons und schließlich Frühlingsbrüter mit Eiablage im Herbst und Überwinterung der Eier. Es ist anzunehmen, daß weitere Zwischenformen, besonders in der alpinen Region oder auch bei den bodenbewohnenden Arten vorkommen.

Die Verpuppung findet meist am Boden in mehr oder weniger stark ausgebildeten Erdzellen oder den larvalen Kotsäcken statt, seltener frei hängend an den Pflanzenteilen. Die unter Wasser lebenden Donaciinae fertigen einen Kokon an, der an den Wurzeln oder der Stengelbasis befestigt wird.

Morphologie (Tafel 1a–e)

Die Larven besitzen einen gut entwickelten Kopf mit entweder waagerecht vorgestreckten (prognath) oder senkrecht nach unten gerichteten (hypognath) Mundteilen, 3 Brustringe (Thorax) und 10 Hinterleibsegmente (Abdomen).

Am Kopf befindet sich meist eine umgekehrt Y-förmige Stirn- (frontal) und Scheitel- (epikranial) Naht, erstere oft in der Mitte nach vorn bis zum Kopfschild (Clypeus) verlängert oder dort auch verkürzt oder ganz fehlend.

Die Oberlippe (Labrum) zeigt eine für die Unterfamilien charakteristische Form. Sie ist am Vorderrand mehr oder weniger tief ausgerandet, gerade oder auch nach vorn gewölbt, machnmal mit fehlender Zwischennaht zum Kopfschild. Der Basisrand kann beiderseits in verdickte Zipfel (Tormae) enden, ist oft gerade oder auch konvex nach hinten gewölbt. Auch die Beborstung der Oberlippe findet für die Unterscheidung von Gattungen und Arten Verwendung.

Bei vielen Arten trägt der Kopf 6 paarige Augenflecken (Ocelli), bei einigen sind es 5 oder auch nur eines oder auch dieses kann ganz fehlen und ist manchmal nur im 1. Larvenstadium vorhanden. Die Beborstung des Kopfes auf der Stirn (Frons) und dem Scheitel (Vertex) wird ebenfalls taxonomisch verwendet, ist aber je nach dem Larvenstadium nicht immer konstant.

Die Fühler bestehen meistens aus 3 Gliedern, wobei das 1. und das 3. reduziert sein oder auch gänzlich fehlen können. Bei den Mundteilen unterscheiden wir verschieden gezähnte Oberkiefer (Mandibel) ohne Molarteil, manchmal mit einem Borstenbüschel seitwärts am Innenrand. Die Unterkiefer (Maxille) zeigen eine breite Variationsmöglichkeit, doch sind sie bestimmend für die Unterfamilien. Sie bestehen aus Angel (Cardo), Stiel (Stipes) sowie Tasterträger (Palpifer) mit dem daran entspringenden Taster (Maxillar-Palpus). Letzterer besteht gewöhnlich aus 3 Gliedern. Bei manchen Arten trägt der Tasterträger zusätzlich eine Kaulade, bestehend aus einem lappenförmigen Gebilde mit blattartigen Borsten, dem Zipfel (Lacinia) und einem chitinösen Sklerit, dem Helm (Galea), ebenfalls mit Borsten besetzt. Beide Teile bilden bei den Donaciinae ein stilettartiges Saugorgan.

Die Unterlippe (Labium) setzt sich aus mehreren Teilen zusammen und ist ziemlich konstant, wobei einige Teile ganz fehlen können. Seitlich entspringt der Lippentaster (Labial-Palpus). Ferner unterscheiden wir Vorderkinn (Prementum), Kinn (Mentum) und Unterkinn (Submentum) als mehr oder weniger gut voneinander getrennte Sklerite, weiter Schlund (Hypopharynx) und eine Art Zunge (Superlingua), dargestellt durch lappenförmige Anhänge am hinteren Schlundteil. Schließlich ist noch der Gaumen (Epipharynx) mit Gefühls- und Geschmackspapillen besetzt, zu erwähnen, der vorn von der Oberlippe und hinten vom Schlund begrenzt wird.

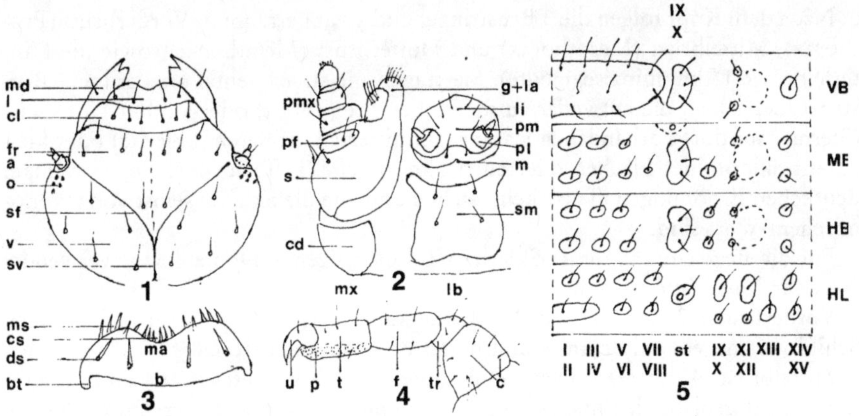

Tafel 1: Bezeichnung der Körperteile und seiner Anhänge

1 Kopf, Oberseite (Caput, dorsal): a – Fühler (Antenna), cl – Kopfschild (Clypeus), fr – Stirn (Frons), l – Oberlippe (Labrum), md – Oberkiefer (Mandibula), o – Augenfleck (Ocellus), sf – Stirnnaht (Sutura frontalis), sv – Sutura verticalis, epicranial), v – Scheitel (Vertex)

2 Kopf, Unterseite (Caput ventral): cd – Angel (Cardo), g + la – Kaulade (Galea + Lacinia), lb – Unterlippe (Labium), li – Zunge (Ligula), m – Kinn (Mentum), mx – Unterkiefer (Maxilla), pf – Tasterträger (Palpifer), pl – Lippentaster (Palpus labialis), pm – Vorderkinn (Prämentum), pmx – Unterkiefertaster (Palpus maxillaris), s – Stiel (Stipes), sm – Unterkinn (Submentum)

3 Oberlippe (Labrum): b – Grund (Basis), bt – Grundzipfel (Torma), cs – Mittelborsten (Seta centralis), ds – Scheibenborsten (Seta discalis), ma – Mittelausrandung, ms – Randborsten (Seta marginalis)

4 Bein (Pes): c – Hüfte (Coxa), f – Schenkel (Femur), p – Haftbeutel (Pulvillus), t – Unterschenkel + Fuß (Tibiotarsus), tr – Schenkelring (Trochanter), u – Klaue (Unguis)

5 Körpersegmente: VB – Vorderbrust (Prothorax), MB – Mittelbrust (Mesothorax), HB – Hinterbrust (Metathorax), HL – Hinterleib (Abdomen), Oberseite (Tergit), Unterseite (Sternit), seitlich (pleural, epi-, hypo-)

Schema der Sklerite: tergal von der Mitte nach außen und ventral zur Mitte

I –	inneres prädorsales	IX –	präepipleurales
II –	inneres postdorsales	X –	postepipleurales
III –	äußeres prädorsales	XI –	prähypopleurales
IV –	äußeres postdorsales	XII –	posthypopleurales
V –	inneres prädorsolaterales	XIII –	parasternales
VI –	inneres postdorsolaterales	XIV –	prästernales
VII –	äußeres prädorsolaterales	XV –	poststernales
VIII –	äußeres postdorsolaterales	st –	stigmales

Nach dem Kopf folgen die 3 Brustringe, und zwar getrennt in Vorderbrust (Prothorax), Mittelbrust (Mesothorax) und Hinterbrust (Metathorax) sowie die Hinterleibringe (Abdominalsegmente). Sie tragen meist segmental angeordnete Borsten-Querreihen, die entweder auf der Oberseite (Tergit) oder auf der Unterseite (Sternit) auf dort vorhandenen stärker chitinisierten größeren (Sklerite) oder kleineren (Skleritoide) Flächen oder auch ohne solche, z. T. auf mehr oder weniger deutlichen Erhöhungen (Tuberkeln) stehen und wie die Sklerite selbst von taxonomischem Wert sind.

Für die Bezeichnung dieser Sklerite wird die folgende Nomenklatur verwendet (von der Mittellinie nach außen):

Vorderbrust: 2 dorsale und 2 dorsolaterale, meistens zu einem einheitlichen Schild vereint, ein epipleurales und hinter der Hüfte ein sternales.

Mittelbrust: 4 dorsale (inneres und äußeres sowie vorderes (prä-) und hinteres (post-), 3 dorsolaterale (inneres vorderes und hinteres sowie ein vereintes äußeres), 1 stigmales (mit dem Stigma), 1 epipleurales (auch poststigmales) und 2 sternale. Das stigmale Sklerit ist bei den Clytrinae und Cryptocephalinae zu einer verschieden gestalteten Platte erweitert und wird als Stigmenplatte bezeichnet.

Hinterbrust: ähnlich wie Vorderbrust, aber ohne Stigma, so daß 2 epipleurale vorhanden sein können.

Hinterleibsegmente: wie oben, jedoch vor dem Stigma manchmal ein prästigmales, nach außen 2 epipleurale und 2 hypopleurale, ferner 2 parasternale und 2 sternale. Bei einzelnen Gattungen können auch interkalare (zwischen den vorderen und hinteren Reihen) auftreten. Die Sklerite können paarweise in der Mitte, also links mit rechts, oder innen mit außen, vorn mit hinten oder auch alle untereinander vereint sein und teilweise auch fehlen.

Am 8. bzw. 9. Hinterleibsegment sind in einigen Fällen besondere Anhängsel zu finden, kleinere Dornen (Urogomphi) oder größere stigmale Dornen.

Bei der Beborstung werden Makro- und Mikroborsten (primäre und sekundäre) unterschieden, die aus kleinen Poren entspringen, ferner Dornen, die zum Unterschied zu den Borsten stärker sind (z. B. am Tibiotarsus), und normale, dünne Haare.

Bei einigen Gattungen befinden sich auf allen Tergiten (mit Ausnahme der Vorderbrust) oder auch nur auf einem Tergit in der Nähe der dorsolateralen Sklerite paarig angeordnete Sekretdrüsen.

Junglarven im I. Stadium zeigen oft abweichende Merkmale, besonders was die Größe und Anordnung der Körpersklerite sowie die Beborstung betrifft. Auch sind bei diesen Larven in einigen Unterfamilien auf dem Mittel- und Hinterbrust- sowie dem 1. Hinterleibtergit paarige Eizähne, und zwar auf dem dorsolateralen Sklerit vorhanden.

Das 10. Hinterleibsegment ist meist etwas reduziert und bildet oft eine Art Nachschieber oder mit dem 9. Segment eine längere, ausstülpbare Afterröhre, mittels der die Exkremente bei manchen Arten auf die Körperoberseite befördert werden können. Die meisten Arten besitzen seitlich (dorsolateral) auf der Mittelbrust und den Hinterleibsegmenten 1 bis 8 je ein Paar Atemöffnungen (Stigma), welche ringförmig einkammerig oder auch länglich zweikammerig sein können. Bei den Timarchini und den Cassidinae fehlt das 8. Paar. Bei den Donaciinae ist es in stigmale Dornen und bei den Hispinae am mit dem 8. vereinigten 9. Segment ebenfalls in stigmale Dornen umgewandelt.

Die Brustbeinpaare sind meist kurz und dick, bei den sacktragenden Arten dünner und länger. Sie bestehen aus 4 Gliedern: Hüfte (Coxa), Schenkelring (Trochanter), Schenkel (Femur) und dem aus Schiene und Fuß vereinigten Teil (Tibiotarsus) mit einer Klaue (Unguis) bewehrt, diese mit oder ohne Haftbeutel (Pulvillus).

Bei den Larven mit stark gekrümmter Oberseite verengt sich der Körper vom hinteren Beinpaar ab, während bei den meisten anderen Arten der Körper zum Hinterende zu stetig abnimmt mit nur wenig gekrümmter Oberseite. Oft ist der Körper auch abgeflacht und langgestreckt. Ganz abweichend sind die Larven der Cassidinae gestaltet, mit gänzlich flachem Körperbau und seitlichen, bedörnelten Fortsätzen der Brust- und Hinterleibsegmente. Bei den Sackträgern sind die letzten Segmente erweitert und im Sack nach vorn gebogen, wobei die Larven die Exkremente mit den Mundteilen abnehmen und sie zum Weiterbau ihres Sackes verwenden.

Nomenklatur nach Kippenberg (1992) und Seeno et al. (1982), Pflanzennamen nach Garcke (1972). Wenn nicht besonders erwähnt beziehen sich die verwendeten taxonomischen Merkmale auf das letzte Larvenstadium. Tabellen und Abbildungen ohne Herkunftzitate sind Originale bzw. nach Originalvorlagen gezeichnet, teilweise etwas schematisiert.

Aus der nachfolgenden Aufstellung ist zu entnehmen, wie sich die bis jetzt* bekannten Larven zahlenmäßig und prozentual auf die Unterfamilien verteilen:

Unterfamilien	Imagines		Larven			
	Gattungen	Arten	Gattungen	%	Arten	%
1 Donaciinae	3	31	3	100,0	16	51,6
2 Orsodacninae	1	2	1	100,0	2	100,0
2A Zeugophorinae	1	5	1	100,0	3	60,0
3 Criocerinae	4	13	4	100,0	9	69,2
4 Clytrinae	7	23	7	100,0	11	47,8
5 Cryptocephalinae	2	79	2	100,0	33	41,8
6 Lamprosomatinae	1	1	1	100,0	1	100,0
7 Eumolpinae	3	5	3	100,0	3	60,0
8 Chrysomelinae	17	119	17	100,0	90	75,6
9 Galerucinae	12	32	11	91,7	26	81,3
10 Alticinae	24	230	19	79,2	72	31,3
11 Hispinae	1	1	1	100,0	1	100,0
12 Cassidinae	1	28	1	100,0	22	78,6
Chrysomelidae	77	569	71	92,2	288	50,6

* aus Mitteleuropa

Tabelle für die Unterfamilien

1 Larve ohne Beine, Körper abgeflacht (Abb. 26); Vorderkinn, Kinn und Unterkinn vereinigt, ohne Trennähte, Lippentaster an der Basis nicht getrennt, Ligula fehlt (Abb. 1); Oberlippe mit lappigen Borsten am Vorderrand (Abb. 2). 2 A Zeugophorinae (S. 245)

1* Larve immer mit gut entwickelten Beinen. 2

2 Letztes Paar der Stigmen am Hinterleib (am 8. bzw. 9. Tergit) in nach rückwärts gerichtete, spitze, chitinisierte Dornen umgebildet (Abb. 25,357). 3

2* Hinterleib ohne aus Stigmen hervorgegangene Dornen. 4

3 Körper walzenförmig, schwach C-förmig gekrümmt (Abb. 25); Epikranialnaht entwickelt; Kaulade der Unterkiefer in chitinisierte Stilette umgebildet (Abb. 3,32); die stigmalen Dornen am 8. Segment. 1 Donaciinae (S. 239)

3* Körper dorsoventral abgeflacht, ohne Krümmung (Abb. 357); Hinterkopf tief ausgeschnitten, ohne Epikranialnaht (Abb. 356); Kaulade der Unterkiefer normal; die stigmalen Dornen am zusammen verwachsenen 8. und 9. Segment. 11 Hispinae (S. 306)

4 Körper C-förmig gekrümmt; Kopf länglich und tief in das Vorderbrusttergit eingezogen; Oberkiefer mit einfacher Spitze und einer Aushöhlung auf der Innenseite; Unterlippentaster zweigliedrig; in Euopra nicht vertreten; nach Mann et al. (1981). (Sagrinae)

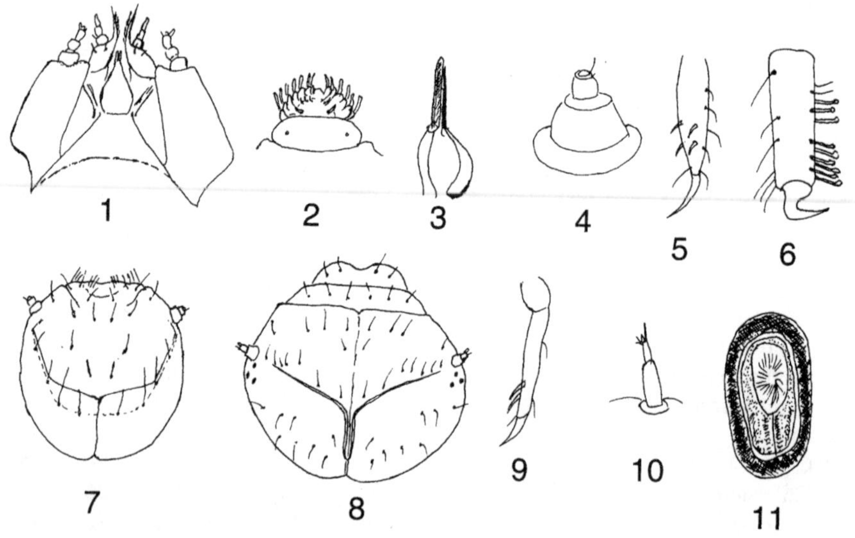

Abb. 1: *Zeugophora flavicollis*, Kopf-Unterseite
Abb. 2: *Zeugophora flavicollis*, Oberlippe
Abb. 3: *Donacia crassipes*, Unterkiefer
Abb. 4: *Lachnaia italica*, Fühler
Abb. 5: *Lachnaia italica*, Tibiotarsus
Abb. 6: Chlamisinae, Tibiotarsus (nach Medvedev et al. 1978a)
Abb. 7: *Cryptocephalus ocellatus*, Kopf
Abb. 8: *Chrysomela populi*, Kopf
Abb. 9: *Oomorphus concolor*, Tibiotarsus
Abb. 10: *Oomorphus concolor*, Fühler
Abb. 11: *Lilioceris merdigera*, Stigma

4* Körper selten C-förmig gekrümmt, dann jedoch die Kopfkapsel nicht länglich und nicht in die Vorderbrust eingezogen; Oberkiefer meist deutlich mehrzähnig, selten mit nur einer Spitze, dann jedoch das 9. Hinterleibtergit skleritisiert. 5

5 Oberlippe, Kopfschild und Stirn miteinander verwachsen, ohne Nahtstellen (Abb. 7); Beine lang und schlank, Klauen ohne Haftbeutel (Abb. 5); der Hinterleib stark erweitert und nach vorn gekrümmt, der Körper befindet sich bis zur Vorderbrust in einem festen, vorn offenen Sack (Abb. 75a, b). 6

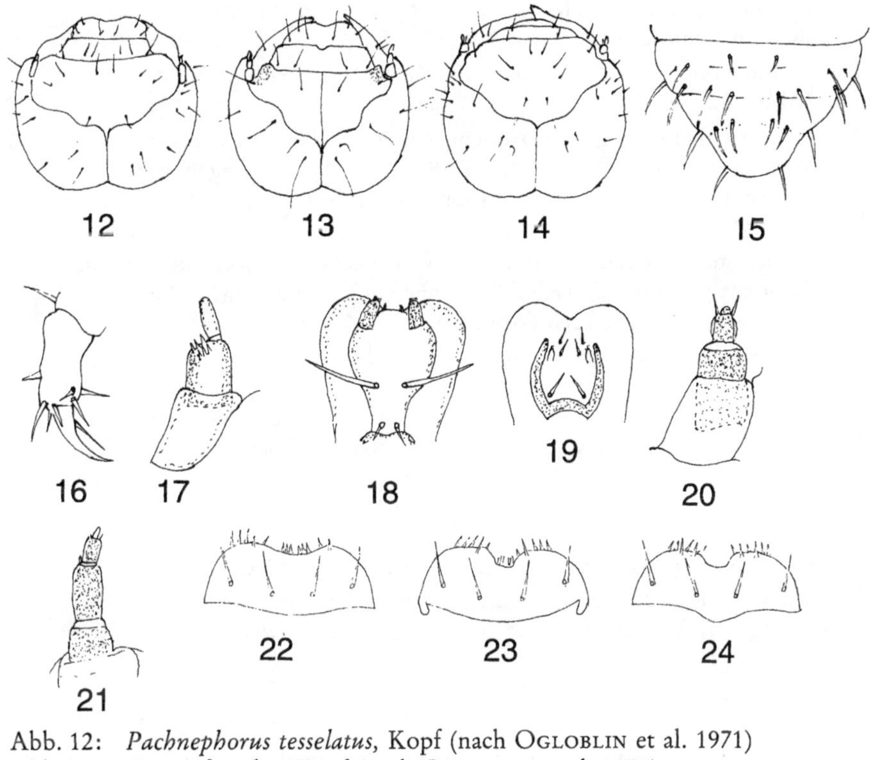

Abb. 12: *Pachnephorus tesselatus,* Kopf (nach OGLOBLIN et al. 1971)
Abb. 13: *Syneta betulae,* Kopf (nach OGLOBLIN et al. 1971)
Abb. 14: *Bromius obscurus,* Kopf (nach OGLOBLIN et al. 1971)
Abb. 15: *Syneta betulae,* Hinterleibende (nach OGLOBLIN et al. 1971)
Abb. 16: *Pachnephorus tesselatus,* Tibiotarsus (nach OGLOBLIN et al. 1971)
Abb. 17: *Syneta betulae,* Fühler (nach OGLOBLIN et al. 1971)
Abb. 18: *Syneta betulae,* Kopf-Unterseite (nach OGLOBLIN et al. 1971)
Abb. 19: *Eumolpus asclepiadeus,* Kopf-Unterseite (nach OGLOBLIN et al. 1971)
Abb. 20: *Bromius obscurus,* Fühler
Abb. 21: *Timarcha goettingensis,* Fühler
Abb. 22: *Cassida canaliculata,* Oberlippe
Abb. 23: *Chrysolina coerulans,* Oberlippe
Abb. 24: *Galeruca pomonae,* Oberlippe

5* Oberlippe, Kopfschild, meist auch die Stirn durch deutliche Nähte voneinander getrennt (Abb. 8); Beine meist kurz und dick; Larven freilebend. 9

6 Kopf ohne Scheitelkante, der Scheitel bis zu den Stirnnähten gleichmäßig gekrümmt (Abb. 76, 77). 7

6* Kopf mit scharfer Scheitelkante, diese jederseits mit mindestens 5 Borsten besetzt (Abb. 7); Klauen ohne Zahn an der Innenkante, Tibiotarsus unten mit dornenartigen Borsten (Abb. 115, 116). 5 Cryptocephalinae (S. 253)

7 2. Fühlerglied mit 1–2 Borsten und halbkugeligen Sinnesanhängsel an der Spitze (Abb. 4); Klauen ohne Zahn an der Innenkante, Tibiotarsus unten mit dornenartigen Borsten (Abb. 5). 4 Clytrinae (S. 247)

7* 2. Fühlerglied mit schmaler, konischer Sinnespapille an der Spitze (Abb. 10). 8

8 Klauen hakenförmig, mit großem, stumpfen Zahn an der Innenkante, Tibiotarsus mit 2 Reihen von 7–8 an der Spitze umgebogenen und geknöpften Borsten (Abb. 6); Lippentaster 2-gliedrig; in Europa nicht vertreten. (Chlamisinae)

8* Klauen mit schwachem Zahn oder ohne solchen, Tibiotarsus unten mit 2 dornartigen Borsten (Abb. 9); Lippentaster 3-gliedrig; 2. Fühlerglied zweimal so lang wie breit (Abb. 10). 6 Lamprosomatinae (S. 260)

9 Seiten der Körpersegmente mit mehr oder weniger langen, bedörnelten Fortsätzen, am 8. Hinterleibtergit mit einer über den Körper meist nach vorn gebogenen, mehr oder weniger langen Aftergabel, die oft mit Haut- oder Kotresten bedeckt ist (Abb. 361–364); Körper abgeflacht, Kopf nach unten gerichtet und vom Vorderrand des Vorderbrusttergits überdacht; Unterkiefertaster 2gliedrig; Oberlippe mit 2 Paar Scheibenborsten und ohne Zipfel an den Seiten des Hinterrandes (Abb. 22); das 8. Stigmenpaar fehlt; Kopf mit 5 Augenflecken-Paaren. 12 Cassidinae (S. 306)

9* Seiten der Körpersegmente ohne bedörnelte Fortsätze, am 8. Tergit ohne Aftergabel; Unterkiefertaster 3–4-gliedrig; Hinterleibtergite meistens mit 8 Stigmenpaaren. 10

10 Stigmen 2-kammerig (Abb. 11). 11

10* Stigmen 1-kammerig. 12

11 Kopf jederseits mit 6 Augenflecken; Hinterleibsegmente auf der Unterseite mit Laufbuckeln; Afteröffnung nach oben gerichtet, so daß der schleimartige Kot meist auf der Körperoberseite abgelagert wird; 9. Hinterleibsegment am Ende ohne paarige Dornen. 3 Criocerinae (S. 245)

11* Kopf jederseits mit einem Augenfleck; Hinterleibsegmente auf der Unterseite ohne Laufbuckel; Afteröffnung nach unten gerichtet, Körper ohne schleimartigen Überzug; 9. Hinterleibsegment am Ende mit paarigen Dornen (Abb. 64, 65). 2 Orsodacninae (S. 245)

12 Beine sehr kurz, besonders der Tibiotarsus; Stirnnähte fehlen oder nur schwer erkennbar; Kopf jederseits mit 3 winzigen Augenflecken; Körpersegmente ohne entwickelte Sklerite; Larve groß, Entwicklung in Pflanzenstengeln; in Europa nicht vertreten. (Megalopodinae)

12* Beine nicht verkürzt, Tibiotarsus immer gut entwickelt; Stirnnähte meist gut sichtbar, falls fehlend, dann sind die Larven klein, am Kopf mit nur einem Paar Augenflecken oder ohne solche. 13

13 Klauen ohne Haftbeutel (Abb. 16); Kopf ohne Augenflecken, mit langer Epikranialnaht (Abb. 12 bis 14). 14

13* Klauen mit Haftbeutel (Abb. 176 bis 183); Kopf mit Augenflecken und deutlicher Epikranialnaht, oder ohne Augenflecken mit kurzer Epikranialnaht oder ohne Naht. 15

14 Hinterleibtergite 1 bis 5 mit kleinen, nicht sehr zahlreichen Borsten, Tergite 9 und 10 mit starken, dornähnlichen Borsten (Abb. 15); Fühler 1-gliedrig, an der Spitze mit einer größeren, konischen Papille (Abb. 17); Stirn mit 2 Paar Borsten am Vorderrand (Abb. 13); Vorderrand der Unterlippe stark vorgewölbt, ohne skleritisierte, mit Dörnchen besetzte, ringförmige Figur (Abb. 18); in Mitteleuropa nicht vertreten. (Synetinae)

14* Hinterleibtergite 1 bis 5 ohne Borsten; Fühler 2-gliedrig, an der Spitze des ersten Gliedes mit großer Papille, neben dem 2. Glied angeordnet (Abb. 20); Stirn mit 5 Paar Borsten (Abb. 12, 14); Vorderrand der Unterlippe schwach gewölbt, mit einer, mit Dörnchen besetzten, skleritisierten, ringförmigen Figur (Abb. 19). 7 Eumolpinae (S. 260)

15 Kopf auf jeder Seite mit 6 Augenflecken; Fühler 3-gliedrig (Abb. 21); Oberlippe seitlich am Hinterrand mit je einem Zipfel (Abb. 23). 8 Chrysomelinae (S. 261)

15* Kopf jederseits ohne oder nur mit einem Augenfleck; Fühler 2-gliedrig; Oberlippe ohne Zipfel, der Hinterrand in der Mitte stark nach hinten gewölbt (Abb. 24). 9 Galerucinae und 10 Alticinae (S. 281)

1. Unterfamilie: Donaciinae

Bestimmungstabellen und Abbildungen aus Böving (1910) und Medvedev et al. (1978a). Die Larven leben, soweit bekannt, unter Wasser an Wurzeln und unteren Stengelteilen der Pflanzen; eine Überwinterung ist sehr wahrscheinlich, seltener als Puppen oder Imagines im 2. Jahr.

Tabelle für die Gattungen

1 Stirnbreite gleich ihrer Länge oder breiter (Abb. 30); die stilettartigen Lacinia und Galea der Unterkiefer sind ebenso lang oder länger als die 3 äußersten Glieder der Unterkiefertaster (Abb. 3).
1 *Macroplea* Samouelle (= *Haemonia* Latreille) (S. 240)
2 *Donacia* F.

1* Stirnbreite deutlich kürzer als ihre Länge (Abb. 31); die stilettartigen Lacinia und Galea sind ebenso lang oder kürzer als die 3 äußersten Glieder der Unterkiefertaster (Abb. 32); auf der Oberlippe fehlen die vorderen, mittleren Borsten der Scheibe (Abb. 61).
3 *Plateumaris* Thomson (S. 244)

1. Gattung: *Macroplea* SAMOUELLE und 2. Gattung: *Donacia* F. (Abb. 25)

Tabelle für die Arten

1 Die tergalen Mikroborsten der Mittel- und Hinterbrust nicht zahlreich, die posttergalen in 1–2 (seltener 2½) unregelmäßigen, queren Reihen angeordnet (Abb. 35). 2

1* Die tergalen Mikroborsten der Mittel- und Hinterbrust und auf den meisten Hinterleibsegmenten zahlreich, die posttergalen bilden 3–4 unregelmäßige Reihen (Abb. 37). 6

2 Posttergale Mikroborsten der Mittel- und Hinterbrust in 1–1½ Reihen angeordnet (Abb. 35); Innenrand der Oberkiefer hinter dem Endzahn mit einem deutlichen, teilweise beulenartigen Zahn und 1–2 weiteren sekundären Zähnchen (Abb. 33). 3

2* Posttergale Mikroborsten der Mittel- und Hinterbrust in 2–2½ unregelmäßigen Reihen angeordnet, die prätergalen zu äußeren und inneren Gruppen zusammengefaßt (Abb. 36); äußere Marginalborsten der Oberlippe bedeutend länger als die 4 inneren und nur wenig kürzer als die Eckborsten (Abb. 34); Innenrand der Oberkiefer hinter dem Endzahn ohne sekundäre Zähnchen (Abb. 42); an *Phragmites*. *clavipes* F.

3 Marginalborsten der Oberlippe gleichlang, dreimal kürzer als die Eckborsten (Abb. 38); Innenrand der Oberkiefer mit 2 sekundären Zähnchen

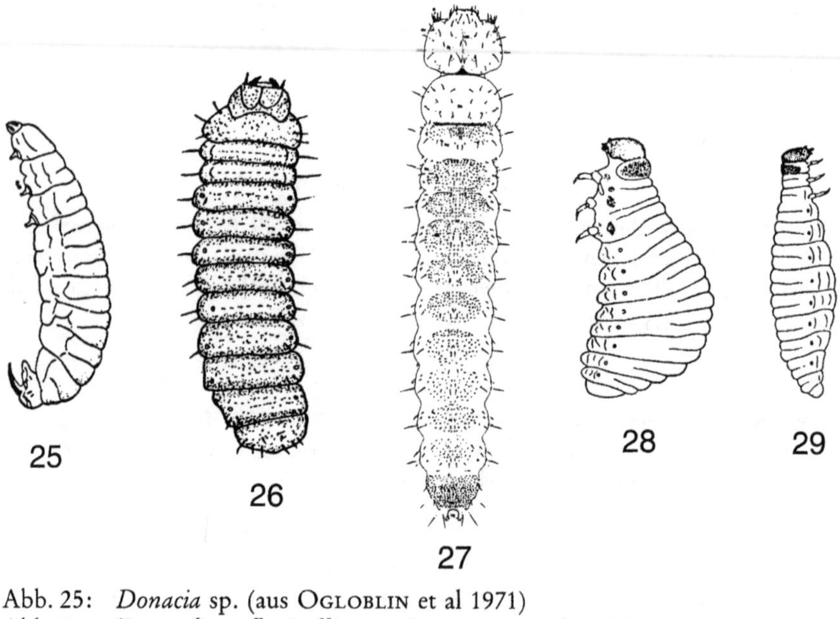

Abb. 25: *Donacia* sp. (aus OGLOBLIN et al 1971)
Abb. 26: *Zeugophora flavicollis* (aus OGLOBLIN et al. 1971)
Abb. 27: *Orsodacne lineola* (aus MANN et al. 1981)
Abb. 28: *Lilioceris merdigera* (aus OGLOBLIN et al. 1971)
Abb. 29: *Crioceris asparagi* (aus OGLOBLIN et al. 1971)

(Abb. 33); prätergale Mikroborsten der Mittel- und Hinterbrust in 2 queren Reihen angeordnet (Abb. 35); an *Carex* und *Glyceria*.

semicuprea PANZER

3* Äußere Marginalborsten der Oberlippe länger, bis zweimal so lang wie die 4 inneren, mindestens halb so lang wie die Eckborsten oder gleichlang (Abb. 39) 4

4 Äußere Marginalborsten der Oberlippe fast so lang wie die Eckborsten (Abb. 39); Innenrand der Oberkiefer hinter dem Eckzahn mit einem deutlichen Zähnchen und mit Spuren eines 3. (Abb. 43); prätergale Mikroborsten der Mittel- und Hinterbrust zu äußeren und inneren Gruppen zusammengefaßt (Abb. 46); an *Potamogeton*.

versicolorea (BRAHM)

4* Äußere Marginalborsten der Oberlippe fast um die Hälfte kürzer als die Eckborsten (Abb. 40); Innenrand der Oberkiefer hinter dem Endzahn mit 3 Zähnchen (Abb. 44). 5

5 Stirnbreite nur wenig (um $1/7$) ihre Länge überschreitend (Abb. 30); Endzahn der Oberkiefer schmal, der Innenrand hinter dem Zahn vorgewölbt (Abb. 44); an *Sagittaria* und *Alisma*. *dentata* HOPPE

5* Stirnbreite um $1/4$ mehr als ihre Länge (Abb. 47); Endzahn der Oberkiefer breit, der Innenrand hinter dem Zahn vorgewölbt (Abb. 45); an *Glyceria* und *Phragmites*. *fennica* (PAYKULL)

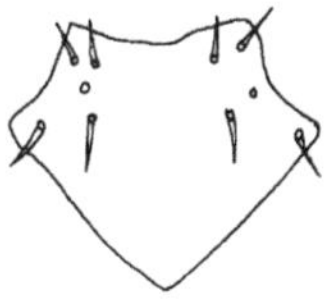
30

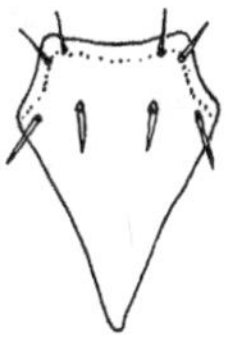
31

32

33

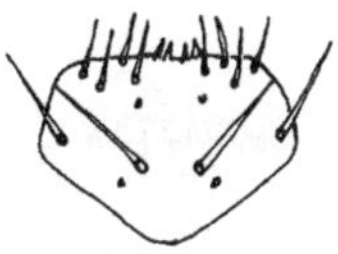
34

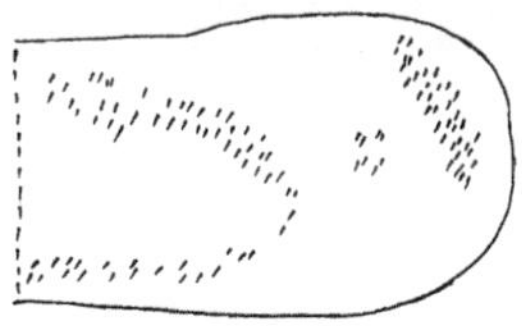
35

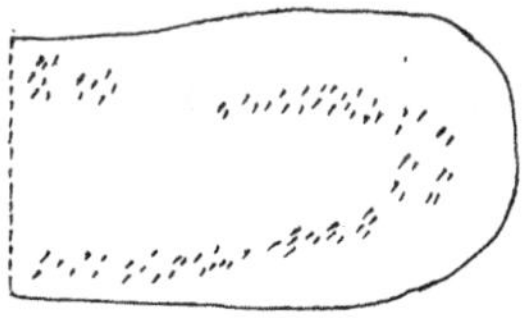
36

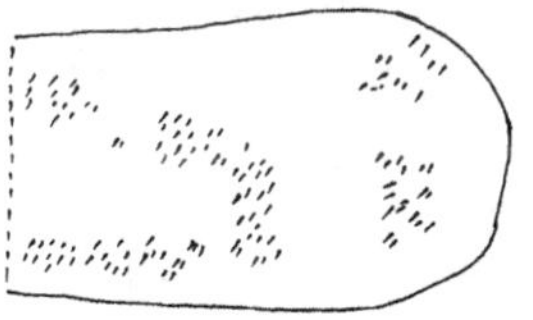
37

Abb. 30: *Donacia dentata*, Stirn
Abb. 31: *Plateumaris braccata*, Stirn
Abb. 32: *Plateumaris braccata*, Unterkiefer
Abb. 33: *Donacia semicuprea*, Oberkiefer
Abb. 34: *Donacia clavipes*, Oberlippe
Abb. 35: *Donacia semicuprea*, Hinterbrusttergit
Abb. 36: *Donacia clavipes*, Hinterbrusttergit
Abb. 37: *Donacia simplex*, Hinterbrusttergit

6 Die äußeren Marginalborsten der Oberlippe sind eng an die inneren herangerückt und liegen weit entfernt von den Eckborsten (Abb. 41). . 7

6* Die äußeren Marginalborsten der Oberlippe weit von den inneren entfernt und mehr den Eckborsten genähert (Abb. 48); Innenrand der Oberkiefer hinter dem Endzahn mit Zähnchen. 12

7 Die interkalaren Mikroborsten auf dem Mittel- und Hinterbrusttergit bilden ununterbrochene Querreihen; die sternalen Mikroborstengruppen der Mittel- und Hinterbrust mit 3–4 Querreihen; Innenrand der Oberkiefer hinter dem Endzahn ohne Zähnchen (Abb. 52); an *Sparganium* und *Typha*. *cinerea* HERBST

7* Die interkalaren Mikroborsten auf dem Mittel- und Hinterbrusttergit bilden 2 breite, isolierte Seitengruppen, seltener mit Spuren einer 3. Gruppe in der Mitte; die sternalen Mikroborstengruppen der Mittel- und Hinterbrust bilden 2–3 unregelmäßige Querreihen. 8

8 Innenrand der Oberkiefer hinter dem Endzahn mit 2–3 kleinen Zähnchen. 9

8* Innenrand der Oberkiefer hinter dem Endzahn ohne Zähnchen (Abb. 53); äußere Marginalborsten der Oberlippe fast zweimal länger als die 4 inneren (Abb. 41); prätergale Mikroborsten der Mittel- und Hinterbrust zu einzelnen Gruppen zusammengerückt – eine innere und 2 äußere – und an den Seiten mit den posttergalen vereinigt (Abb. 54, 55). 11

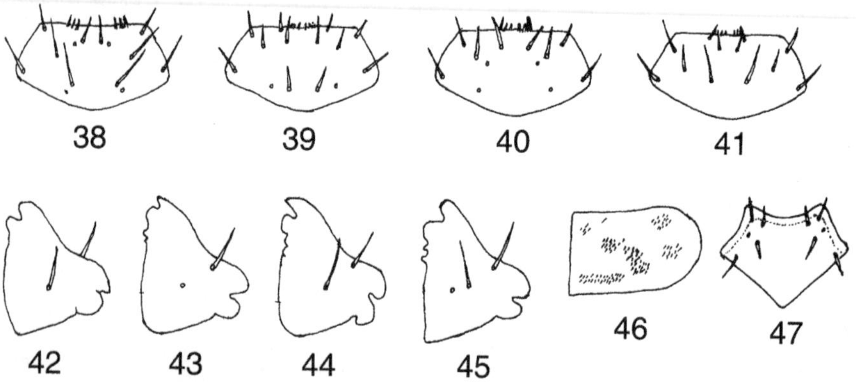

Abb. 38: *Donacia semicuprea,* Oberlippe
Abb. 39: *Donacia versicolorea,* Oberlippe
Abb. 40: *Donacia dentata,* Oberlippe
Abb. 41: *Donacia simplex,* Oberlippe
Abb. 42: *Donacia clavipes,* Oberkiefer
Abb. 43: *Donacia versicolorea,* Oberkiefer
Abb. 44: *Donacia dentata,* Oberkiefer
Abb. 45: *Donacia fennica,* Oberkiefer
Abb. 46: *Donacia versicolorea,* Hinterbrusttergit
Abb. 47: *Donacia fennica,* Stirn

9 Die prätergalen Mikroborsten der Mittel- und Hinterbrust sind zu gesonderten Gruppen – eine innere und 2 äußere – zusammengerückt und vereinigen sich an den Seiten mit den posttergalen Gruppen. . . . 10

9* Die prätergalen Mikroborsten der Mittel- und Hinterbrust bilden ununterbrochene Querreihen und sind an den Seiten nicht mit den posttergalen Gruppen vereinigt; alle Marginalborsten der Oberlippe kurz, von gleicher Länge (Abb. 49); Stirnbreite gleich ihrer Länge; an *Carex* und *Sparganium*. *aquatica* (L.)

10 Äußere Marginalborsten der Oberlippe kurz, nur wenig länger als die inneren (Abb. 50); die Stirnbreite übertrifft ihre Länge (Abb. 51); an *Carex, Glyceria, Sagittaria* und *Sparganium*. *bicolor* ZSCHACH

10* Äußere Marginalborsten der Oberlippe fast zweimal länger als die inneren; Stirnbreite gleich ihrer Länge; an *Carex* und *Sparganium*. *marginata* HOPPE

11 Hinterbruststernite mit Spuren von interkalaren Mikroborsten-Gruppen (Abb. 54); an *Carex, Glyceria* und *Sparganium*. *simplex* F.

11* Hinterbruststernite ohne Spuren von interkalaren Mikroborsten-Gruppen (Abb. 55); an *Carex, Sparganium* und *Typha*. *vulgaris* ZSCHACH

12 Äußere Marginalborsten der Oberlippe genau so lang wie die Eckborsten (Abb. 48); Mikroborsten des Körpers kurz; Dornfortsatz des 8. Hinter-

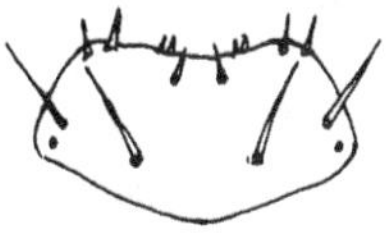
48

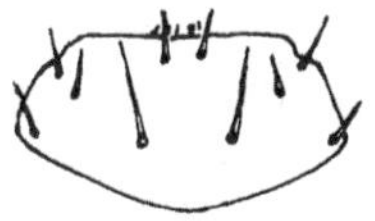
49

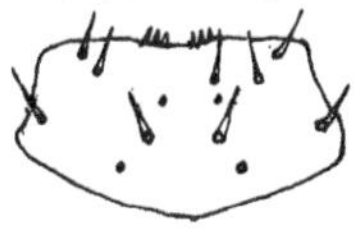
50

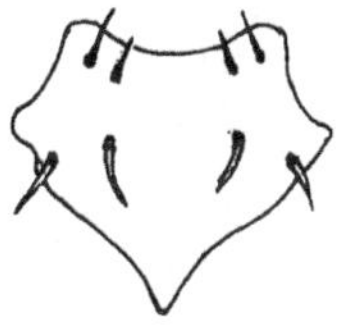
51

52

53

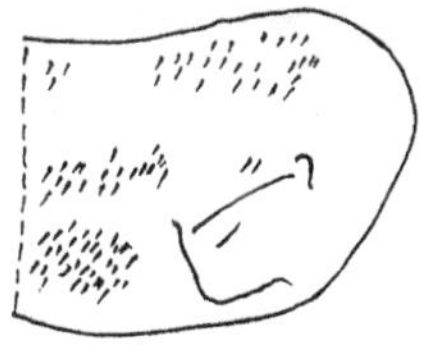
54

55

Abb. 48: *Donacia crassipes*, Oberlippe
Abb. 49: *Donacia aquatica*, Oberlippe
Abb. 50: *Donacia bicolor*, Oberlippe
Abb. 51: *Donacia bicolor*, Stirn
Abb. 52: *Donacia cinerea*, Oberkiefer
Abb. 53: *Donacia simplex*, Oberkiefer
Abb. 54: *Donacia simplex*, Hinterbruststernit
Abb. 55: *Donacia vulgaris*, Hinterbruststernit

leibsegments fast 9mal länger als das im Körper versenkte Stück des Stigma; an *Nuphar* und *Nymphaea*; „Seerosenrohrkäfer“. *crassipes* F.

12* Äußere Marginalborsten der Oberlippe kürzer als die Eckborsten (Abb. 60); Mikroborsten des Körpers lang, haarförmig; Dornfortsatz des 8. Hinterleibsegments höchstens 6mal länger als das im Körper versenkte Stück des Stigma. 13

13 Posttergale Mikroborsten auf den 1. bis 8. Hinterleibtergiten in der Mitte in 2–2½ unregelmäßigen Reihen angeordnet (Abb. 56); an *Potamogeton*, *Ruppia* und *Zostera*; im Brackwasser. *mutica* (F.)

13* Posttergale Mikroborsten auf den 1. bis 8. Hinterleibtergiten in der Mitte in 3–3½ unregelmäßigen Reihen angeordnet (Abb. 57); an *Myriophyllum spicatum* L. und *Potamogeton*. *appendiculata* PANZER

3. Gattung: *Plateumaris* THOMSON

Tabelle für die Arten

1 Äußere prätergale Mikroborsten-Gruppen auf den Hinterleibsegmenten quer und länglich, mit 2–3 Reihen von Borsten (Abb. 58); Dornfortsatz des 8. Hinterleibsegments 6mal länger als das im Körper versenkte Stück des Stigma; an *Phragmites*. *braccata* (SCOPOLI)

1* Äußere prätergale Mikroborsten-Gruppen auf den Hinterleibsegmenten von unregelmäßig rundlicher Form, mit 4–5 Reihen von Borsten (Abb. 59); Dornfortsatz des 8. Hinterleibsegments 5mal länger als das im Körper versenkte Stück des Stigma; an *Carex*. *affinis* (KUNZE)

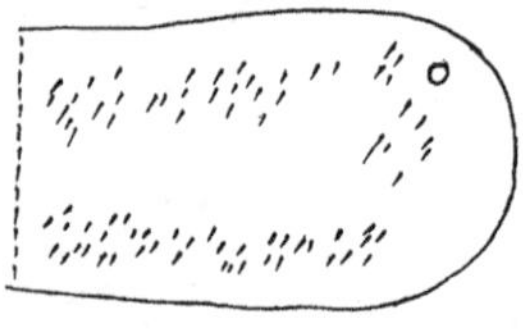
56

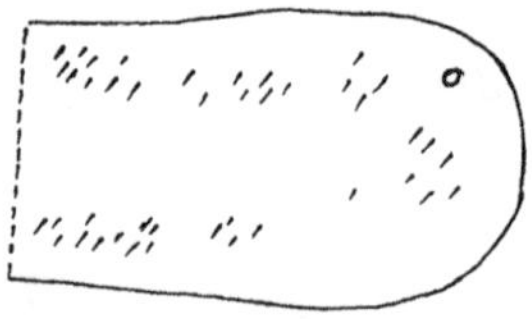
57

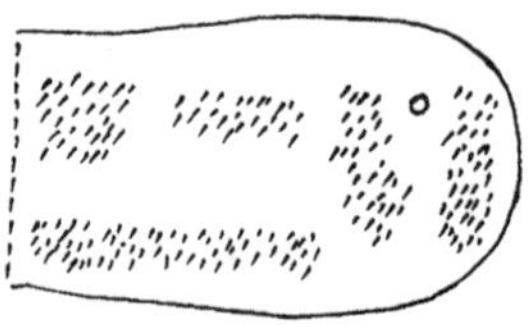
58

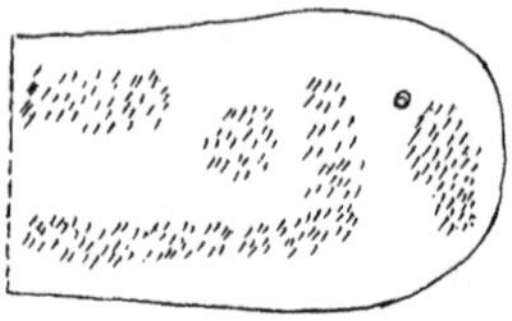
59

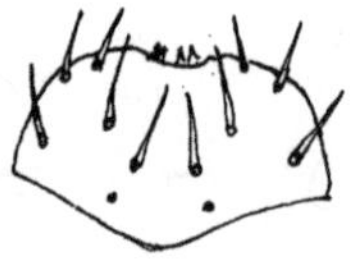
60

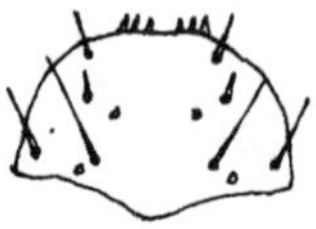
61

Abb. 56: *Macroplea mutica*, Hinterleibtergit
Abb. 57: *Macroplea appendiculata*, Hinterleibtergit
Abb. 58: *Plateumaris braccata*, Hinterleibtergit
Abb. 59: *Plateumaris affinis*, Hinterleibtergit
Abb. 60: *Macroplea appendiculata*, Oberlippe
Abb. 61: *Plateumaris affinis*, Oberlippe

2. Unterfamilie: Orsodacninae

Aus Cox (1981)

Die Larven leben vermutlich unter Knospenschuppen und Rinde von Laubbäumen (*Crataegus, Quercus*), wo sie auch überwintern.

4. Gattung: *Orsodacne* LATREILLE (Abb. 27)

Tabelle für die Arten

1 Dornen am 9. Hinterleibsegment kürzer, weniger als doppelt so lang wie breit (Abb. 64). *lineola* (PANZER)

1* Dornen am 9. Hinterleibsegment länger, doppelt so lang wie breit (Abb. 65). *cerasi* (L.)

2 A. Unterfamilie: Zeugophorinae

Die Larven minieren in Blättern von *Populus* und *Salix*.

5. Gattung: *Zeugophora* KUNZE (Abb. 26)

Tabelle für die Arten

1 Oberkiefer mit 3 Zähnen (Abb. 62). *flavicollis* (MARSHAM)

1* Oberkiefer mit 2 Zähnen (Abb. 63). *subspinosa* (F.)
Hierher auch *Z. scutellaris* SUFFRIAN nach OGLOBLIN et al. (1971).

3. Unterfamilie: Criocerinae

Die Larven leben frei an den Blättern der Pflanzen, oft mit einem schleimigen Überzug; Verpuppung meistens in Erdzellen, seltener an der Pflanze.

Tabelle für die Gattungen

1 Körper langgestreckt, mindestens 3mal so lang wie breit, in der Mitte nur schwach gewölbt (Abb. 29); Borsten auf der Körperoberseite, besonders auf den Hinterleibtergiten kaum bemerkbar; Vorderrand der Oberlippe seitlich der Mittelausrandung ohne Einschnitt oder Scharte und mit 2–3 Randborsten auf jeder Seite (Abb. 66); an Asparageae.
7 *Crioceris* MÜLLER (S. 247)

1* Körper weniger langgestreckt, höchstens 2–2½mal so lang wie breit, in der Mitte stärker gekrümmt (Abb. 28); Borsten der Körperoberseite deutlich. 2

2 Mittel- und Hinterbrusttergite mit zahlreichen, kleinen skleritoiden Platten, die eine unregelmäßige Querreihe bilden (Abb. 70); Vorderrand der Oberlippe abgerundet, mit tiefer mittlerer Ausrandung und breit verrundeten äußeren Ecken, ohne Scharten oder kaum schartig (Abb. 67); Stirn mit 8 Borsten und 4–6 Poren; an Liliaceae.
8 *Lilioceris* REITTER (S. 247)

2* Mittel- und Hinterbrusttergite mit einer regelmäßigen Querreihe von 6 mit einer Borste bewehrten skleritoiden Platten, entsprechend den postergalen Skleriten (Ab. 71). 3

3 Vorderrand der Oberlippe kaum schartig, mit verrundeten Ecken und 4 Randborsten auf jeder Seite (Abb. 68). 6 *Lema* F.

3* Vorderrand der Oberlippe deutlich schartig, die äußeren Ecken stumpf und mit 3 Randborsten auf jeder Seite (Abb. 69).
6 A *Oulema* Gozis (= *Lema* F., partim)

6. Gattung: *Lema* F.

In Europa nur durch eine Art vertreten; an *Carduus* und *Cirsium*; „Distelhähnchen". *cyanella* (L.)

6 A. Gattung: *Oulema* Gozis

Tabelle für die Arten

1 Hinterrand des Vorderbrusttergits mit 8 Mikroborsten; prätergaler Bereich der Mittel- und Hinterbrust mit 4 sehr kurzen Borsten, die kleinen posttergalen Sklerite der Brustsegmente nicht zusammenfließend, jedes mit einer kurzen Borste (Abb. 71); an Gramineae, Schädling an Getreide; „Rothalsiges Getreidehähnchen". *melanopa* (L.)

1* Hinterrand des Vorderbrusttergits ohne oder mit einzelnen Mikroborsten; prätergaler Bereich der Mittel- und Hinterbrust ohne kleine Borsten, posttergale Sklerite der Mittelbrust teilweise paarig vereint; an Gramineae, Schädling an Getreide; „Blaues Getreidehähnchen".
gallaeciana (Heyden) (= *lichenis* (Voet))
Hierher auch *O. erichsoni* (Sufrrian), die angeblich an *Nasturtium* leben soll, nach Ghilarov (1964)

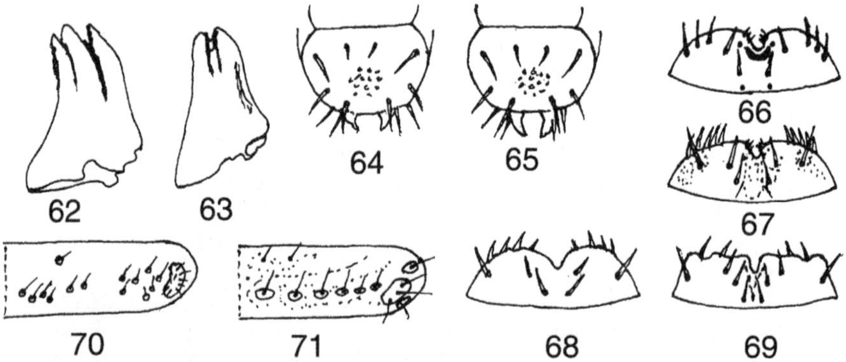

Abb. 62: *Zeugophora flavicollis*, Oberkiefer
Abb. 63: *Zeugophora subspinosa*, Oberkiefer
Abb. 64: *Orsodacne lineola*, 9. Hinterleibtergit (nach Cox 1981)
Abb. 65: *Orsodacne cerasi*, 9. Hinterleibtergit (nach Cox 1981)
Abb. 66: *Crioceris duodecimpunctata*, Oberlippe
Abb. 67: *Lilioceris lilii*, Oberlippe
Abb. 68: *Lema cyanella*, Oberlippe
Abb. 69: *Oulema melanopa*, Oberlippe
Abb. 70: *Lilioceris lilii*, Hinterbrusttergit
Abb. 71: *Oulema melanopa*, Hinterbrusttergit

7. Gattung: *Crioceris* MÜLLER (Abb. 29)

Tabelle für die Arten

1 Oberlippe mit 3 Randborsten jederseits (Abb. 66). 2
1* Oberlippe mit 2 Randborsten jederseits; nach OGLOBLIN et al. (1971); an *Asparagus*. *quatuordecimpunctata* (SCOPOLI)
2 Kopf gelb, Körperfarbe schmutzig-weiß; an *Asparagus*; „Punktiertes Spargelhähnchen". *duodecimpunctata* (L.)
2* Kopf dunkelbraun bis schwarz; Körperfarbe olivgrün bis grünlich-gelb; an *Asparagus*; „Spargelhähnchen". *asparagi* (L.)

8. Gattung: *Lilioceris* REITTER (Abb. 28)

Tabelle für die Arten

1 Epipleurale und dorsolaterale Brustsklerite undeutlich, nicht von der Körperfarbe unterschieden; an *Lilium*-Arten, besonders in Hausgärten; „Schwarzköpfiges Lilienhähnchen". *lilii* (L.)
1* Epipleurale und dorsolaterale Brustsklerite deutlich, dunkelfarbig . . . 2
2 Beborstung auf den Tergiten hellgelb, Sklerite hellbraun; Körperfarbe orange; an verschiedenen Liliaceae, besonders *Allium*, *Convallaria* und *Lilium*; „Rotköpfiges Lilienhähnchen". *merdigera* (L.)
2* Beborstung auf den Tergiten dunkelbraun, ebenso die Sklerite selbst; Körperfarbe gelblich; an *Lilium martagon* L. im Hochgebirge. *tibialis* (VILLA)

4. Unterfamilie: Clytrinae

Literatur: ERBER (1969)

Die Larven leben, soweit bekannt, in Larvensäcken bei Ameisen, wo sie auch überwintern; von den Arten sind oft nur die ersten, frisch geschlüpften Larven bekannt, so daß die Art und Zahl der Borsten sich bei älteren Stadien möglicherweise ändern kann.

Tabelle für die Gattungen

1 Scheitel mit zahlreichen, dicht stehenden Borsten (Abb. 76). 2
1* Scheitel mit nur 6–10 Borsten (Abb. 77); Stirn und Brusttergite ohne dicht stehende, sekundäre Borsten-Haare. 5
2 Stirn mit zahlreichen nicht keulig verdickten Borsten (Abb. 80); Scheitel und Vorderbrusttergit ohne wabenartige Skulptur; die Larvensäcke bestehen aus Sand- bzw. Lehmteilchen, ohne sichtbare Kotreste. . . . 3
2* Stirn mit 14 gekeulten Borsten in 3 Reihen angeordnet (von oben nach unten 2, 6, 6) (Abb. 76); Scheitel und Vorderbrusttergit mit klein-wabenartiger Skulptur (Abb. 79b), mit dicht stehenden kurzen, nicht keulig verdickten Borsten (Abb. 79a); Mittel- und Hinterbrusttergit mit dicht stehenden Borsten, Hinterleibtergite ohne Sklerite und zusätzliche Borsten (Abb. 78); Larvensack dünnwandig, am oberen Rand mit Querrun-

zeln und am Vorderrand mit einigen kurzen, kräftigen, eng aneinanderliegenden Längslamellen (Abb. 90); nach GHILAROV (1964).

11 *Tituboea* LACORDAIRE (= *Antipus* auct.) (S. 252)

(Anm.: Die bei FIORI (1957) abgebildete Larve der *A. biguttata* OLIVIER steht im Widerspruch zur vorliegenden Art: Stirn mit nur 12 gekeulten Borsten (2, 4, 6); Scheitel mit 14–16 gekeulten Borsten)

3 Tibiotarsus auf der Unterseite mit 6–12 dornartigen Borsten (Abb. 82); Borsten am Kopf und Vorderbrusttergit mäßig dicht, Kopf mit dichter Tüpfelung; Eisack lang zylinderförmig, mit zugespitztem und mit einem Hafthaar versehenen Ende, vorn mit einem etwas abstehendem, deckelartigen Verschluß (Abb. 92); Larvensack glatt, mit feinen abstehenden Haaren besetzt, ohne einen um die Mündung herumziehenden Ring (Abb. 88). 9 *Labidostomis* GERMAR (S. 251)

3* Tibiotarsus auf der Unterseite mit 4 dornenartigen Borsten (Abb. 83); Borsten am Kopf sehr dicht; Larvensack ohne oder nur mit einzelnen Haaren besetzt. 4

4 Mikroborsten am Vorderbrusttergit sehr dicht, das Sklerit kleingerunzelt; Klauen abgestumpft; Oberlippe tief ausgerandet; Eisack mit spiralig angeordneten Reihen quadratischer Waben; Larvensack mit ringförmiger Öffnung (Abb. 89), ohne Haare.

14 *Cheilotoma* CHEVROLAT (= *Chilotoma* REDTENBACHER) (S. 252)

4* Borsten am hellbraunen Vorderbrusttergit weniger dicht, mit ca. 12 Mikroborsten, das Sklerit glatt, am Hinterrand dünn braun gerandet; Eisack einfach, schwarz, mit einem langen Hafthaar am Ende (Abb. 96); Larvensack einfach, aus kleinen Sandkörnchen zusammengekittet, am Ende auf der Rückseite mit den aufgeklappten Resten des Eikokons, mit einzelnen, kurzen Haaren auf der gesamten Oberfläche verteilt; Larven aus Zucht mit trockenen Blättern der *Pistacia* und Substrat aus einem

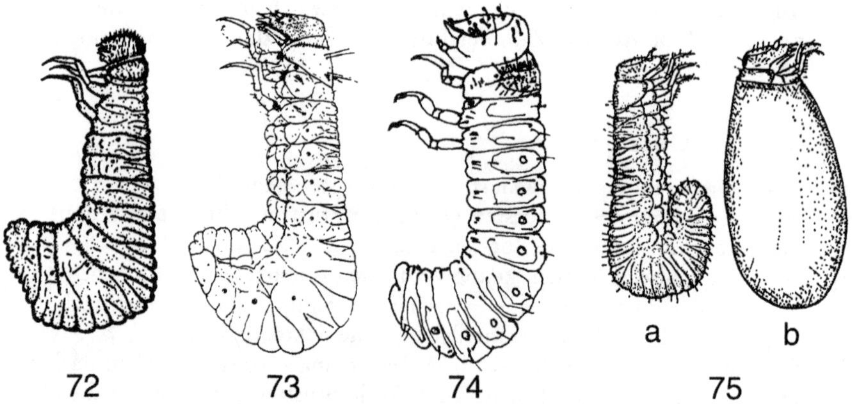

Abb. 72: *Labidostomis* sp. (aus OGLOBLIN et al. 1971)
Abb. 73: *Clytra quadripunctata* (aus BÖVING et al. 1931)
Abb. 74: *Lachnaia italica*
Abb. 75: *Cryptocephalus* sp. (aus MOHR 1966)

Ameisennest der Art *Cremastogaster scutellaris* MAYR (det. W. SCHEDL); in Mitteleuopa nicht vertreten. (*Macrolenes dentipes* (OLIVIER))

5 Scheitel jederseits neben der Epikranialnaht mit nur einer Borste; Oberlippe am Vorderrand einfach oder doppelbuchtig ausgerandet; Hinterleibtergite ohne deutliche Sklerite, mit 2 queren Borstenreihen; Stirn mit 12 Borsten (2, 4, 6) (Abb. 77), im 1. Stadium gekeult. 6

5* Scheitel jederseits neben der Epikranialnaht mit 2 Borsten; Eisack mit spiralig angeordneten Reihen quadratischer Waben (Abb. 93). . . . 7

6 Mittel- und Hinterbrusttergit mit queren Reihen von 6 schwach entwikkelten Skleriten (Abb. 81); Scheitel mit rauher, wabenartiger, gerunzelter Struktur; Vorderbrusttergit mit 12 Borsten am Vorderrand und 8 am Hinterrand; Tibiotarsus auf der Unterseite mit einem Paar Dornen; Eisack knospenartig mit 5 Reihen dünner Lamellen (Abb. 94); Larvensack mit kräftigen Längs- und Querriefen (Abb. 86).
12 *Clytra* LAICHARTING (S. 252)

6* Mittel- und Hinterbrusttergit ohne deutliche Sklerite; Tibiotarsus auf der Unterseite mit 2 Paar Dornen (Abb. 5); Eisack mit spiralig angeordneten

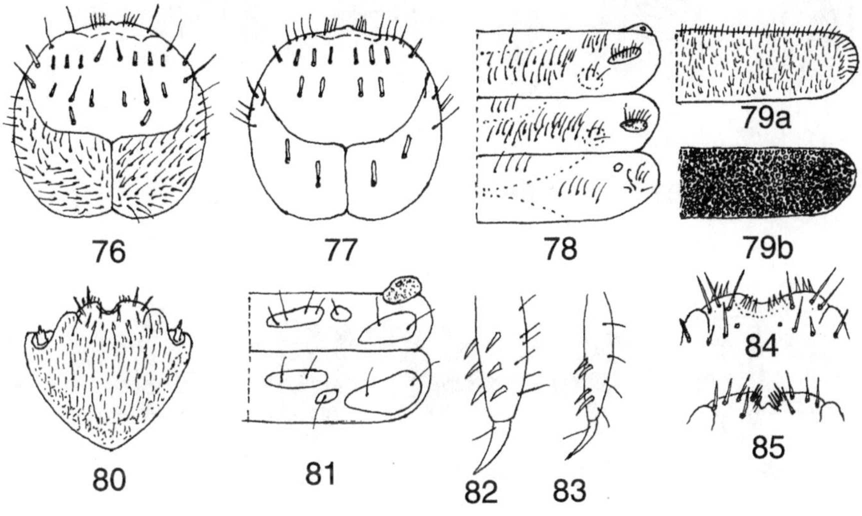

Abb. 76: *Tituboea macropus*, Kopf (nach GHILAROV 1964)
Abb. 77: *Clytra quadripunctata*, Kopf
Abb. 78: *Tituboea macropus*, Mittel-, Hinterbrust- u. Hinterleibtergit (nach GHILAROV 1964)
Abb. 79: *Tituboea macropus*, Vorderbrusttergit (a, b) (nach GHILAROV 1964)
Abb. 80: *Cheilotoma musciformis*, Stirn
Abb. 81: *Clytra quadripunctata*, Mittel- und Hinterbrusttergit
Abb. 82: *Labidostomis longimana*, Tibiotarsus
Abb. 83: *Smaragdina salicina*, Tibiotarsus (nach MEDVEDEV et al. 1978a)
Abb. 84: *Smaragdina salicina*, Oberlippe (nach MEDVEDEV et al. 1978a)
Abb. 85: *Coptocephala unifasciata*, Oberlippe (nach MEDVEDEV et al. 1978a)

Reihen quadratischer Waben (Abb. 95); Larvensack ohne Längs- und Querriefen, am hinteren Ende etwas runzelig (Abb. 91).

10 *Lachnaia* CHEVROLAT (= *Lachnaea* REDTENBACHER) (S. 251)

7 Oberlippe am Vorderrand mit breiter, einfacher Ausrandung ohne mittlere Vorwölbung (Abb. 84); Stirn mit 10 Borsten (im 1. Stadium); Vorderbrusttergit am Vorderrand mit je 12–14 und am Hinterrand 12–16 Borsten jederseits; Larvensack oben mit 3 schwachen Längs- und 2 Seitenkielen.

13 *Smaragdina* CHEVROLAT (= *Gynandrophthalma* LACORDAIRE) (S. 252)

7* Oberlippe am Vorderrand doppelbuchtig ausgerandet mit mittlerer Vorwölbung (Abb. 85); Kopf ohne wabenartige Skulptur und ohne Runzeln; Vorderbrusttergit mit 7–10 Borsten am Vorderrand; Larvensack ohne deutliche Skulptur; Eisack mit Hafthaar am Hinterende.

15 *Coptocephala* CHEVROLAT (S. 252)

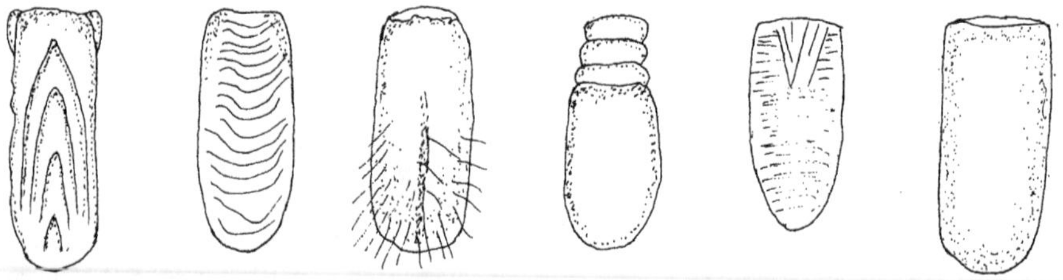

86 87 88 89 90 91

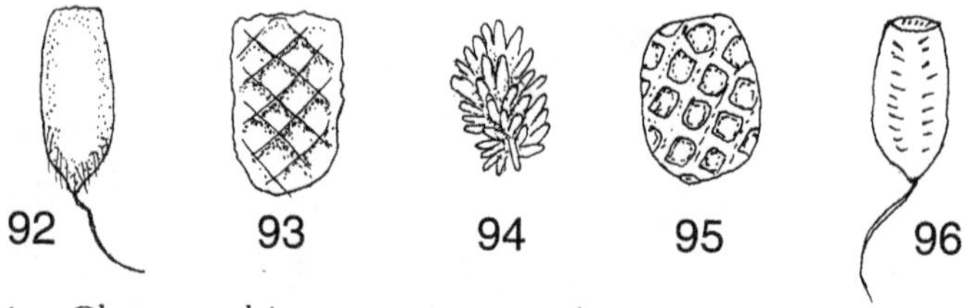

Abb. 86: *Clytra quadripunctata*, Larvensack
Abb. 87: *Clytra atraphaxidis*, Larvensack (nach GHILAROV 1964)
Abb. 88: *Labidostomis longimana*, Larvensack
Abb. 89: *Cheilotoma musciformis*, Larvensack
Abb. 90: *Tituboea macropus*, Larvensack (nach GHILAROV 1964)
Abb. 91: *Lachnaia italica*, Larvensack
Abb. 92: *Labidostomis cyanicornis*, Eisack
Abb. 93: *Smaragdina salicina*, Eisack
Abb. 94: *Clytra quadripunctata*, Eisack
Abb. 95: *Lachnaia italica*, Eisack
Abb. 96: *Macrolenes dentipes*, Eisack

9. Gattung: *Labidostomis* GERMAR (Abb. 72)

Tabelle für die Arten

1 Tibiotarsus unten mit 10 Dornen; Stigmenplatte oval, vom Stigma fast völlig ausgefüllt (Abb. 103); nach OGLOBLIN et al. (1971). *pallidipennis* (GEBLER)

1* Tibiotarsus unten mit höchstens 8 Dornen; Stigmenplatte rund, stets größer als das Stigma 2

2 Tibiotarsus unten mit 8 Dornen, das hintere Paar etwas schwächer; Stigmenplatte rund, 6–8 mal größer als das Stigma; Larvensack aus Lehmteilchen, sehr dicht mit feinen, langen Haaren besetzt; Larve aus Fallenfang; vermutlich zu dieser Art gehörig. *humeralis* (SCHNEIDER)

2* Tibiotarsus unten mit 6 Dornen; Stigmenplatte rund, 3–4 mal größer als das Stigma (Abb. 102); Larvensack mit einzelnen, kurzen Haaren besetzt. *longimana* (L.)

Hierher ev. auch *L. tridentata* (L.) nach OGLOBLIN et al. (1971).

10. Gattung: *Lachnaia* CHEVROLAT (Abb. 74)

Tabelle für die Arten

1 Vorderrand des Vorderbrusttergits jederseits mit einer Reihe von 25–30 Borsten, davon 7 sehr lang, die übrigen kürzer, ca. 1/4 der Länge der langen Borsten (Abb. 97); Stigmenplatte der Mittelbrust rund, doppelt so groß wie das Stigma (Abb. 104); nach 2 Larven von Tihany/Ungarn; die Identität ist sicher, da an einem späteren Zeitpunkt einige Käfer am gleichen Standort gefunden wurden und keine andere Art aus der Gattung dort vorkommt. *sexpunctata* (SCOPOLI)

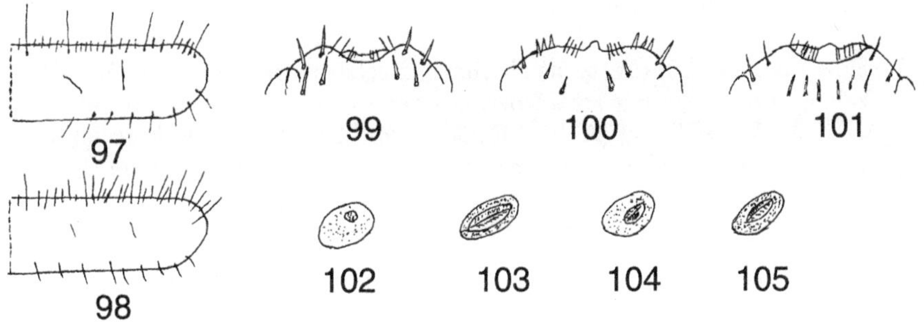

Abb. 97: *Lachnaia sexpunctata,* Vorderbrusttergit
Abb. 98: *Lachnaia italica,* Vorderbrusttergit
Abb. 99: *Clytra atraphaxidis,* Oberlippe (nach OGLOBLIN et al. 1971)
Abb. 100: *Clytra laeviuscula,* Oberlippe
Abb. 101: *Clytra quadripunctata,* Oberlippe
Abb. 102: *Labidostomis longimana,* Stigmenplatte
Abb. 103: *Labidostomis pallidipennis,* Stigmenplatte (nach OGLOBLIN et al. 1971)
Abb. 104: *Lachnaia sexpunctata,* Stigmenplatte
Abb. 105: *Lachnaia italica,* Stigmenplatte

1* Vorderrand des Vorderbrusttergits jederseits mit einer Reihe von 25–30 Borsten, davon 7–9 lang, die übrigen etwas kürzer, ca. 1/2 bis 1/3 der Länge der langen Borsten (Abb. 98); Stigmenplatte der Mittelbrust oval, nur wenig größer als das längliche Stigma (Abb. 105); Larven aus Zucht mit *Salix*-Blättern und Brut aus Ameisennestern der Arten *Raptiformes sanguinea* (LATR.), *Solenopsis fugax* (LATR.), *Tetramorium caespitum* (L.) und *Formica uralensis* (RUSZLY) (det. W. SCHEDL). *italica* WEISE

11. Gattung: *Tituboea* LACORDAIRE

Einzige Art in Mitteleuropa. *macropus* (ILLIGER)

12. Gattung: *Clytra* LAICHARTING (Abb. 73)

Tabelle für die Arten

1 Die Skulptur des Scheitels besteht aus dichten, ungleichen Zellen, die hinten zu Längsrunzeln vereinigt sind; Borsten der Stirn und des Scheitels mit Stecknadelkopf; Oberlippe mit sehr schwacher Mittelvorwölbung (Abb. 99); Larvensack auf der Oberseite mit zahlreichen dünnen, querbogenförmigen Kielen, zur Wölbung bei der Öffnung hinlaufend (Abb. 87); in Nestern von *Cataglyphis*; nicht in Mitteleuropa; nach OGLOBLIN et al. (1971). (*atraphaxidis* PALLAS)

1* Scheitel mit feinen, gleichartigen Runzeln; Oberlippe mit merklicher Mittelvorwölbung; Borsten der Stirn und des Scheitels, selbst die größeren, nicht stecknadelförmig (Abb. 77); Larvensack mit Längskielen (Abb. 86); in Nestern von *Formica*. 2

2 Sklerit des Vorderbrusttergits mit deutlicher Runzelung, welche aus großen, unregelmäßigen Zellen gebildet ist; Oberlippe mit deutlich aus der Ausrandung hervorragender mittlerer Vorwölbung (Abb. 100). *laeviuscula* RATZEBURG

2* Sklerit des Vorderbrusttergits gleichmäßig gekörnt, ohne deutliche Runzelung; Oberlippe mit schwacher, aus der Ausrandung hervorragender mittlerer Vorwölbung (Abb. 101); Stirn- und Scheitelborsten kurz und verdickt (im 1. Stadium), später spitz. *quadripunctata* (L.)

13. Gattung: *Smaragdina* CHEVROLAT

Einzige bekannte Larve. *salicina* (SCOPOLI) (= *cyanea* (F.))

14. Gattung: *Cheilotoma* CHEVROLAT

Einzige Art in Europa. *musciformis* (GOEZE)

15. Gattung: *Coptocephala* CHEVROLAT

Tabelle für die Arten

1 Oberlippe am Vorderrand mit tiefer Ausrandung, so daß die mittlere Vorwölbung den Vorderrand nicht erreicht (Abb. 85); nach MEDVEDEV et al. (1978a). *unifasciata* (SCOPOLI)

1* Oberlippe am Vorderrand mit flacher Ausrandung, die mittlere Vorwölbung überragt den Vorderrand; nach FIORI (1952); nicht in Mitteleuropa. (*kuesteri* (KRAATZ))

5. Unterfamilie: Cryptocephalinae

Die in den 2 folgenden Gattungen zur Differenzierung einiger Arten genannte Stigmenplatte ist identisch mit dem stigmalen Sklerit und in ihrer Größe und Form sehr unterschiedlich ausgebildet. Es wird dabei stets die Stigmenplatte des Mittelbrusttergits betrachtet. Bei Junglarven im 1. Stadium ist die Beborstung meistens zahlenmäßig vermindert und in der Form variabel.

Die Larven leben, soweit bekannt, in Kotsäcken am Boden und ernähren sich von abgestorbenen Pflanzenteilen; Überwinterung der Larven, Verpuppung im Frühjahr (Ausnahme: *Cr. pini* mit Überwinterung der Eier). Infolge der langen, schlanken Beine, die mit dem Vorderkörper aus dem Kotsack herausgestreckt werden, sind sie sehr beweglich und tragen den Sack frei schwebend nach hinten. Die Form des Larvensacks ist variabel, meistens dünnwandig und außen rauh, bei einigen Arten dickwandig mit einer kragenförmigen Öffnung und an der Außenwand mit Längsrippen versehen; Eier in einem Kotkokon, glatt oder gerippt.

Tabelle für die Gattungen

1 Stirn mit 3 Reihen von Borsten in der Folge von oben nach unten 2, 4, 6 (Abb. 106); Kopfschild von der Oberlippe deutlich durch einen queren Vorsprung abgesondert, in der Mitte hell, schwach chitinisiert; Tibiotarsus unten mit 7–9 Dornen (Abb. 110); Borsten 1, 2 und 3 der Scheitelkante (von der Mitte nach außen) stets länger als Borsten 4 und 5; Eisack einfach, Larvensack dünnwandig. 16 *Pachybrachis* CHEVROLAT

1* Stirn mit 4 Reihen von Borsten; Tibiotarsus unten meistens mit 4–6, seltener 8 Dornen; Kopfschild nicht deutlich von der Oberlippe abgesondert. 2

2 Reihenfolge der Stirnborsten von oben nach unten 2, 2, 2, 6 (Abb. 7); Larvensack dick- oder dünnwandig, oft mit spiralig angeordneten Rippen; Borste 3 der Scheitelkante stets so kurz wie Borsten 4 und 5. 17 *Cryptocephalus* MÜLLER (S. 254)

2* Reihenfolge der Stirnborsten von oben nach unten 2, 2, 4, 4 (Abb. 109); nach MEDVEDEV et al. (1978a). (*Stylosomus* SUFFRIAN) (S. 259)

16. Gattung: *Pachybrachis* CHEVROLAT

Tabelle für die Arten

1 Schenkel und Schenkelring auf der Unterseite mit ca. 20 unterschiedlich langen Borsten. 2

1* Schenkel und Schenkelring auf der Unterseite mit höchstens 10 Borsten. . 3

2 Stigmenplatte groß, ca. 7–8mal größer als das Stigma. *pallidulus suturalis* WEISE

2* Stigmenplatte kleiner, ca. 3–4mal größer als das Stigma; Larven aus Zucht mit trockenen *Salix*-Blättern. *hieroglyphicus* (LAICHARTING)

3 Schenkel und Schenkelring auf der Unterseite mit nur 4 Borsten; Larve I. *picus* WEISE

3* Schenkel und Schenkelring auf der Unterseite mit 2 langen, dünnen und 8 kurzen, stärkeren Borsten. 4

4 Stigmenplatte groß, ca. 5–7mal größer als das Stigma; Vorderrand des Vorderbrusttergits jederseits mit 5 Makro- und 10–20 Mikroborsten (Abb. 107); Larven aus Zucht mit trockenen *Salix*-Blättern. *sinuatus* MULSANT & REY

4* Stigmenplatte klein, ca. 3–4mal größer als das Stigma; Vorderrand des Vorderbrusttergits jederseits mit 5 Makro- und 7–10 Mikroborsten in nahezu einer Reihe (Abb. 108); Larven aus Zucht mit trockenen *Salix*-Blättern. *hippophaës* SUFFRIAN

17. Gattung: *Cryptocephalus* MÜLLER

Tabelle für die Arten

1 Fläche zwischen der Stirnnaht und der Scheitelkante breit, die Stirnnähte beginnen an einer kurzen Scheitelnaht vor der Kante und laufen schräg nach vorn zur Borste 3 der Scheitelkante (Abb. 113, 123, 124). . . . 2

1* Fläche zwischen der Stirnnaht und der Scheitelkante schmal, die Stirnnähte beginnen direkt von der Mitte an der Scheitelkante und laufen ihr nahezu parallel nach vorn zur Borste 5 der Scheitelkante (Abb. 112, 114, 125, 126, 135, 136). 12

2 Oberlippe mit großem, schmalen, den Vorderrand überragenden Vorsprung in der Mitte der Ausrandung (Abb. 122); Tibiotarsus mit 4 Dornen auf der Unterseite (Abb. 116); Larven aus Zucht mit trockenen Blättern von *Populus nigra* L. *octomaculatus* ROSSI

2* Oberlippe ohne oder mit nur kleinem Mittelvorsprung in der Ausrandung, der den Vorderrand der Oberlippe nicht erreicht (Abb. 121). . 3

3 Stigmenplatte klein, länglich und höchstens 3mal länger, aber nicht breiter als das Stigma (Abb. 128). 4

3* Stigmenplatte rund und breiter als das Stigma (Abb. 127). 6

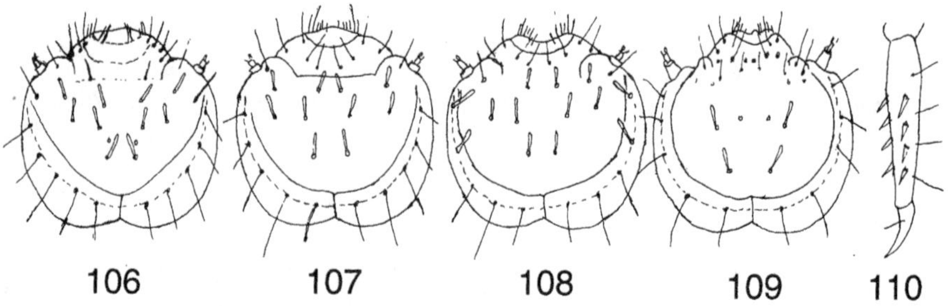

Abb. 106: *Pachybrachis hieroglyphicus*, Kopf
Abb. 107: *Pachybrachis sinuatus*, Kopf
Abb. 108: *Pachybrachis hippophaës*, Kopf
Abb. 109: *Stylosomus tamaricis*, Kopf (nach MEDVEDEV et al. 1978a)
Abb. 110: *Pachybrachis sinuatus*, Tibiotarsus

4 Alle Borsten der Scheitelkante gleichlang; einzige bisher beobachtete Art, von der die Larven in ihren Kotsäcken kriechend auf der Pflanze, *Pluchea* sp., beobachtet wurden; nicht in Europa (Ägypten).
(*maculicollis* Suffrian)

4* Die Borste 2 der Scheitelkante ist doppelt so lang wie Borsten 3, 4 und 5 (Abb. 123). 5

5 Alle Stirnborsten kurz und am Ende verdickt (Abb. 123); Kopf schwarz, Vorderbrusttergit, Tibiotarsus und Schenkel dunkelbraun; Larven aus Zucht mit trockenen Blättern von *Geranium pratense* L.
elegantulus Gravenhorst

5* Stirnborsten 1 bis 4 (von oben nach unten) kurz und am Ende verdickt, Borste 5 der unteren Reihe 1½ und Borste 6 2mal länger und spitz; Kopf, Vorderbrusttergit, Tibiotarsus und Schenkel hellbraun.
coerulescens Sahlberg

6 Stigmenplatte kleiner, höchstens 4mal größer als das Stigma (Abb. 127). 7

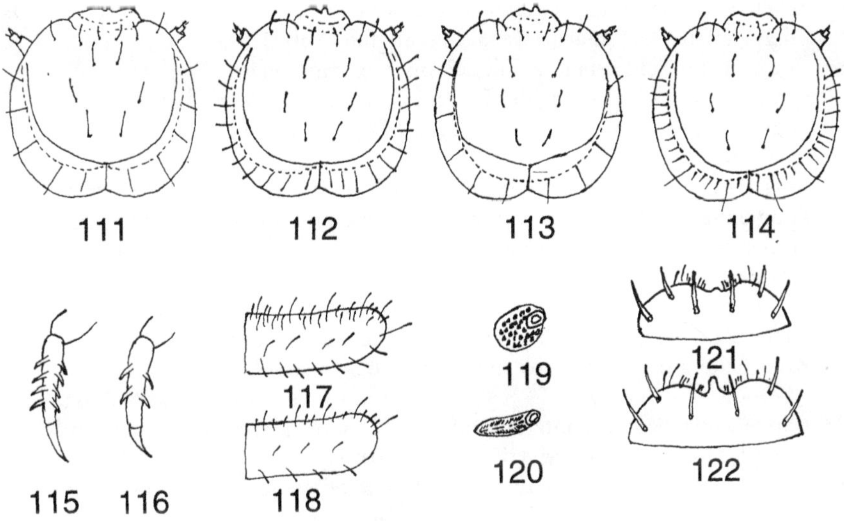

Abb. 111: *Cryptocephalus aureolus,* Kopf
Abb. 112: *Cryptocephalus sericeus,* Kopf
Abb. 113: *Cryptocephalus octomaculatus,* Kopf
Abb. 114: *Cryptocephalus flavipes,* Kopf
Abb. 115: *Cryptocephalus sericeus,* Tibiotarsus
Abb. 116: *Cryptocephalus octomaculatus,* Tibiotarsus
Abb. 117: *Cryptocephalus hypochaeridis,* Vorderbrusttergit
Abb. 118: *Cryptocephalus aureolus,* Vorderbrusttergit
Abb. 119: *Cryptocephalus pini,* Stigmenplatte
Abb. 120: *Cryptocephalus hypochaeridis,* Stigmenplatte
Abb. 121: *Cryptocephalus fulvus,* Oberlippe
Abb. 122: *Cryptocephalus octomaculatus,* Oberlippe

6* Stigmenplatte größer, mindestens 5mal größer als das Stigma (Abb. 129). 9

7 Vorderbrusttergit am Vorderrand neben den normalen langen mit 4–5 kurzen, gekeulten Borsten; Stigmenplatte 2–3mal größer als das Stigma (Abb. 119); Larven aus Zucht mit trockenen, zerkleinerten *Pinus*-Nadeln; Überwinterung im Eistadium. *pini* (L.)

7* Vorderbrusttergit am Vorderrand ohne kurze, gekeulte Borsten; Stigmenplatte 3–4mal größer als das Stigma. 8

8 Borste 2 der Scheitelkante lang und spitz, Borste 1 um 3/4 und Borsten 3 bis 5 um 1/2mal so lang und stumpf; Mittelvorsprung der Oberlippe klein, den Vorderrand nicht erreichend; Kopf hellbraun, Körper hell orange; Larven aus Zucht mit trockenen Wiesenpflanzen (*Achillea, Hieracium, Senecio*). *fulvus* GOEZE

8* Borste 2 der Scheitelkante lang und spitz, Borsten 1 und 3 bis 5 von halber Länge und stumpf; Oberlippe ohne Mittelvorsprung in der Ausrandung (Abb. 133); Kopf dunkelbraun, Körper gelblich-weiß; Larve II aus Zucht mit trockenen Wiesenpflanzen (s. o.). *bilineatus* (L.)

9 Stigmenplatte 5–6mal größer als das Stigma (Abb. 132); Borste 2 der Scheitelkante lang, alle anderen von halber Länge. 9a

9* Stigmenplatte 7–10mal größer als das Stigma (Abb. 129). 10

9a Borste 1 der Scheitelkante spitz, 3 bis 5 stumpf (Abb. 124); Mittelvorsprung in der Ausrandung der Oberlippe klein, aber deutlich bemerkbar; Stigmenplatte 5–6mal größer als das Stigma; Larven aus Zucht mit trockenen *Salix*-Blättern *labiatus* L.

9a* Borste 1 der Scheitelkante wie die übrigen Borsten 3 bis 5 stumpf; Oberlippe ohne Mittelvorsprung in ihrer Ausrandung; Stigmenplatte 6–7mal größer als das Stigma; Larven II aus Zucht mit trockenen *Hypericum*- und *Erigeron*-Pflanzen. *vittula* SUFFRIAN

10 Borste 2 der Scheitelkante lang und spitz, Borste 1 etwa 3/4 ihrer Länge und wie die übrigen 1/2 so langen am Ende stumpf; Stigmenplatte rund; Kopf hellbraun; Larven aus Zucht mit trockenen *Salix*-Blättern. *scapularis* SUFFRIAN

10* Borste 2 der Scheitelkante lang und spitz, alle anderen 1/2 so lang und stumpf; Stigmenplatte breit oval (Abb. 130). 11

11 Kopf dunkelbraun; Stirn dicht, grob und teilweise gereiht gekörnelt; Larven aus Zucht mit trockenen *Alnus*-Blättern. *ocellatus* DRAPARNAUD

11* Kopf hellbraun; Stirn mit dichter, feiner Körnelung, ohne deutliche Reihung; Larven aus Zucht mit trockenen *Salix*-Blättern. *rufipes* GOEZE

12 Alle Borsten der Scheitelkante kurz und gleichlang (Abb. 125). . . . 13

12* Mindestens die Borste 2 der Scheitelkante länger als die Borsten 3 bis 5 (Abb. 126). 17

13 Scheitelkante jederseits mit 9–10 gleichlangen, spitzen Borsten (Abb. 112); Stigmenplatte rund, 3mal größer als das Stigma; Tibiotarsus auf der Unterseite mit 6–8 Dornen (Abb. 115); Larvensack mit Längsrippen; Larven aus Zucht mit Wiesenpflanzen (s. o.). *sericeus* (L.)

13* Scheitelkante jederseits mit den üblichen 5 Borsten (Abb. 111); Stigmenplatte rund oder länglich. 13a

13a Stigmenplatte klein, rund, höchstens doppelt so groß wie das Stigma; Tibiotarsus mit nur 2 Dornen auf der Unterseite, die Sklerite der Brusttergite dunkelbraun und alle deutlich markiert; die Borsten auf dem Vorderbrusttergit auf ringförmiger, heller Basis; der Mittelvorsprung in der Ausrandung der Oberlippe erreicht nicht ganz ihren Vorderrand; Scheitel jederseits mit 40–50 starren Borsten auf der rückwärtigen abfallenden Fläche. *schaefferi* SCHRANK

(Anm.: nach einer Larve, die im Herbst (9. Sept. 93) im Detritus unter einem *Crataegus*-Busch gefunden wurde und bereits gut entwickelt war im Gegensatz zu einer gleichzeitig vorhandenen *C. flavipes* Larve im viel jüngeren Stadium; an gleicher Stelle im zeitigen Frühjahr (12. April 91) gefundene *C. schaefferi* Imagines lassen vermuten, daß es sich bei dieser Larve um die vorstehende Art handelt).

13a* Stigmenplatte größer, rund, mindestens 4 mal größer als das Stigma; Tibiotarsus mit mindestens 4 Dornen auf der Unterseite. 14

14 Stigmenplatte groß, rund, etwa 6–8mal größer als das Stigma (Abb. 132); Mittelvorsprung der Oberlippe in der Ausrandung groß, den Vorderrand erreichend (Abb. 134); Larven aus Zucht mit trockenen *Salix*-Blättern. *bipunctatus* (L.)

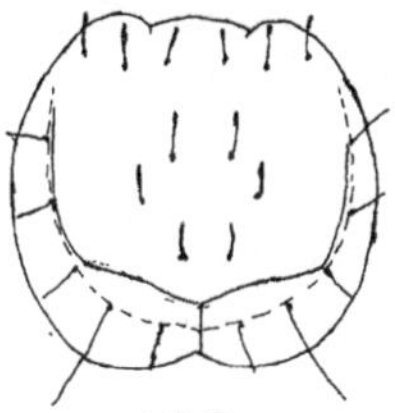
123
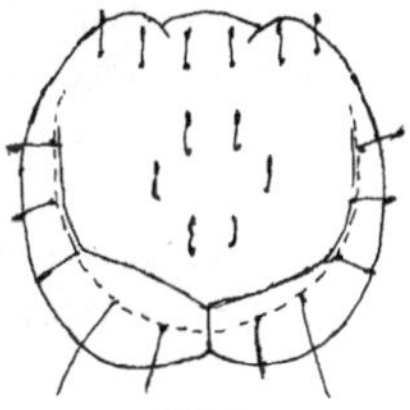
124
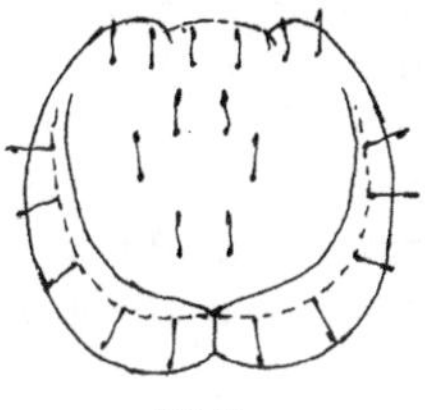
125
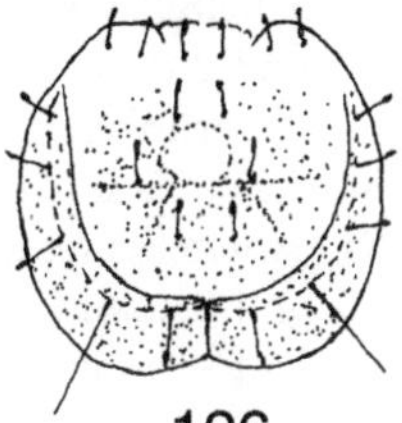
126

127

128

129
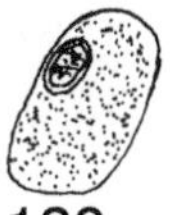
130

131

132
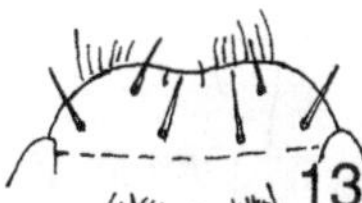
133
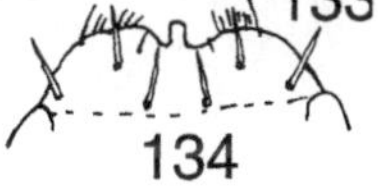
134

Abb. 123: *Cryptocephalus elegantulus*, Kopf
Abb. 124: *Cryptocephalus labiatus*, Kopf
Abb. 125: *Cryptocephalus trimaculatus*, Kopf
Abb. 126: *Cryptocephalus coryli*, Kopf
Abb. 127: *Cryptocephalus fulvus*, Stigmenplatte
Abb. 128: *Cryptocephalus elegantulus*, Stigmenplatte
Abb. 129: *Cryptocephalus scapularis*, Stigmenplatte
Abb. 130: *Cryptocephalus ocellatus*, Stigmenplatte
Abb. 131: *Cryptocephalus trimaculatus*, Stigmenplatte
Abb. 132: *Cryptocephalus bipunctatus*, Stigmenplatte
Abb. 133: *Cryptocephalus bilineatus*, Oberlippe
Abb. 134: *Cryptocephalus bipunctatus*, Oberlippe

14* Stigmenplatte kleiner, höchstens 5mal größer als das längliche Stigma (Abb. 120, 131). 15

15 Mittelvorsprung in der Ausrandung der Oberlippe groß, den Vorderrand erreichend; Vorderbrusttergit dunkel, mit kleinen braunen Pünktchen dicht besetzt, nach hinten schlierenförmig zusammenlaufend; Larven aus Zucht mit trockenen *Fagus*- und *Quercus*-Blättern. *trimaculatus* ROSSI

15* Mittelvorsprung der Oberlippe klein, den Vorderrand nicht erreichend; Vorderbrusttergit hellbraun, ohne besondere Skulpturen. 16

16 Vorderrand des Vorderbrusttergits mit einer verwirrt doppelten Reihe von Börstchen (Abb. 117); Kopf hellbraun, mit dunklen Körnchen wenig dicht besetzt; Stirnborsten stumpf; Larvensack mit Längsrippen; Larven aus Zucht mit trockenen Wiesenpflanzen (s. o.). *hypochaeridis* (L.)

16* Vorderrand des Vorderbrusttergits mit einer nahezu einreihigen Borstenreihe (Abb. 118); Kopf dunkelbraun, mit dichten Körnchen besetzt; Stirnborsten spitz; Larvensack mit Längsrippen; Larven aus Zucht mit trockenen Wiesenpflanzen (s. o.). *aureolus* SUFFRIAN

17 Borste 2 der Scheitelkante etwas länger als die übrigen Borsten, alle spitz; Stigmenplatte etwa 3mal so groß wie das längliche Stigma; Oberlippe mit kleinem Mittelvorsprung; Larven aus Zucht mit trockenen *Salix*-Blättern. *variegatus* F.

17* Borste 2 der Scheitelkante doppelt so lang wie die Borsten 3 bis 5. . . 18

18 Scheitelkante mit mehr als 5 Borsten jederseits, die primären Borsten 1 und 2 doppelt so lang wie die übrigen, die sekundären etwas kürzer als die primären 3 bis 5, alle spitz (Abb. 114). 18a

18* Scheitelkante mit den üblichen 5 Borsten jederseits. 19

18a Scheitelkante mit mehr als 10 Borsten jederseits, zwischen den Borsten 1 und 2 sowie 2 und 3 stehen 3–4, zwischen den Borsten 3 und 4 stehen 2 Mikroborsten; Larven aus Zucht mit trockenen *Salix*-Blättern. *flavipes* F.

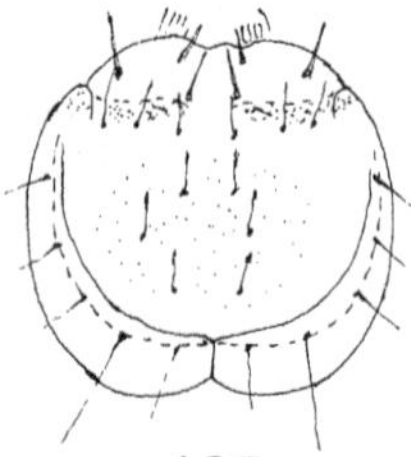
135

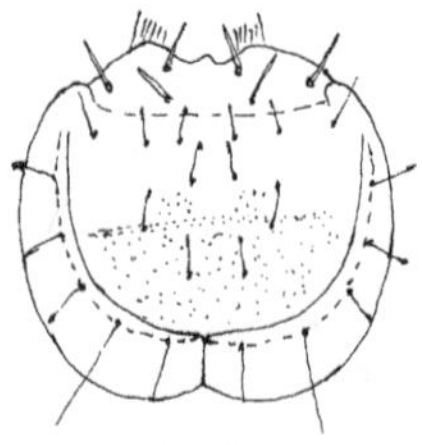
136

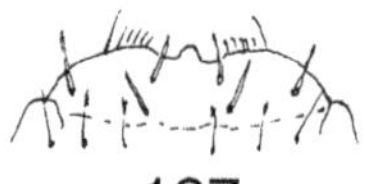
137

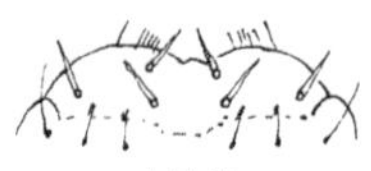
138

139

140

141

142

Abb. 135: *Cryptocephalus marginatus*, Kopf
Abb. 136: *Cryptocephalus quinquepunctatus*, Kopf
Abb. 137: *Cryptocephalus coryli*, Oberlippe
Abb. 138: *Cryptocephalus marginatus*, Oberlippe
Abb. 139: *Cryptocephalus coryli*, Stigmenplatte
Abb. 140: *Cryptocephalus nitidus*, Stigmenplatte
Abb. 141: *Cryptocephalus moraei*, Stigmenplatte
Abb. 142: *Cryptocephalus quinquepunctatus*, Stigmenplatte

18a* Scheitelkante mit 10 Borsten jederseits, nur zwischen den Borsten 1 und 2 sowie 2 und 3 stehen jeweils 2 Mikroborsten; Larven aus einer Barberfalle. sp.?

19 Mittelvorsprung in der Ausrandung der Oberlippe groß, den Vorderrand erreichend (Abb. 137). 20

19* Mittelvorsprung in der Ausrandung der Oberlippe klein, den Vorderrand nicht erreichend (Abb. 138). 22

20 Stigmenplatte schmal, nierenförmig (Abb. 139); Stirn und Scheitel mit dichter, brauner Körnelung, die Stirnnähte daher undeutlich (Abb. 126); Larvensack dickwandig, mit kragenförmiger Öffnung; Larven aus Zucht mit trockenen *Corylus*-Blättern. *coryli* (L.)

20* Stigmenplatte rund oder langoval, stets breiter als das Stigma. 21

21 Stigmenplatte rund, 5–6mal größer als das Stigma (Abb. 140), schlecht umgrenzt und nur undeutlich bemerkbar; Ausrandung der Oberlippe breit und flach, der Mittelvorsprung erreicht knapp den Vorderrand; Larven aus Zucht mit trockenen *Salix*-Blättern. *nitidus* (L.)

21 Stigmenplatte oval, etwa 2–3mal größer als das Stigma, deutlich umgrenzt; Ausrandung der Oberlippe schmal und tief, der Mittelvorsprung überragt ihren Vorderrand; Larven aus Zucht mit trockenen *Betula*-Blättern. *nitidulus* F.

22 Die Borste 2 der Scheitelkante doppelt so lang wie 1, die übrigen kürzer, alle spitz (Abb. 135); Stigmenplatte oval, 2–3mal größer als das Stigma; Larven aus Zucht mit trockenen *Hippophaës*-Blättern. *marginatus* F.

22* Nur die Borste 2 der Scheitelkante lang, alle anderen kurz und höchstens halb so lang, mindestens die Borsten 3 bis 5 stumpf. 23

23 Borste 1 der Scheitelkante spitz, 3 bis 5 stumpf; Stigmenplatte rund, 4–5mal größer als das Stigma (Abb. 141); Larven aus Zucht mit trokkenen *Hypericum*-Blättern. *moraei* (L.)

23* Auch die Borste 1 der Scheitelkante stumpf. 24

24 Stigmenplatte rund und breiter als das Stigma (Abb. 141, 142). . . . 25

24* Stigmenplatte länglich, nicht breiter als das Stigma. 26

25 Mittelvorsprung in der Ausrandung der Oberlippe sehr klein, nur wenig hervorstehend; Stigmenplatte 3–4mal größer als das Stigma; Larvensack dickwandig, mit einer schwachen Längsrippe; Larven aus Zucht mit trockenen *Salix*-Blättern. *quinquepunctatus* (SCOPOLI)

25* Mittelvorsprung in der Ausrandung der Oberlippe größer, deutlich hervorstehend, jedoch den Vorderrand der Oberlippe nicht erreichend; Stigmenplatte sehr klein, höchstens 2–3mal größer als das Stigma; Larven aus Zucht mit trockenen *Salix*-Blättern. *distinguendus* (SCHNEIDER)

26 Körnelung der Stirn fein und von der Umgebung wenig verschieden. *marginellus* OLIVIER

26* Körnelung der Stirn grob, deutlich dunkler als die Umgebung; Larvensack mit 3 Längsrippen, dickwandig; Larven aus Zucht mit trockenen Salix-Blättern. *signatifrons* (SUFFRIAN) G. MUELLER

(Gattung: *Stylosomus* SUFFRIAN)

Einzige bisher bekannte Larve; Käfer an *Tamarix* sp., in Mitteleuropa nicht vertreten. (*tamaricis* (HERRICH-SCHAEFFER))

6. Unterfamilie: Lamprosomatinae

18. Gattung: *Oomorphus* CURTIS (*Lamprosoma* KIRBY)

Einzige bekannte Larve in Europa; die in Kotsäcken lebenden Larven sollen sich an *Hedera* oder auch Umbelliferae entwickeln; Larve I ex ovo.

concolor (STURM)

7. Unterfamilie: Eumolpinae

Die Larven leben, soweit bekannt, an den Wurzeln der Pflanzen und überwintern.

Tabelle für die Gattungen

1 Vorderrand der Stirn verdickt und skleritisiert; Hinterleibsegmente ohne lange Fortsätze an den Sterniten (Abb. 143); Oberkiefer kurz und breit, meistens mit stumpfem Zahn auf dem Schneiderand; Stirn mit 3 Borstenreihen (Abb. 14). 19 *Bromius* CHEVROLAT (= *Adoxus* KIRBY)

1* Vorderrand der Stirn ohne Verdickung und stärkere Skleritisierung; Hinterleibsegmente mit mehr oder weniger langen Fortsätzen und Borsten an den Sterniten; Oberkiefer verlängert, ohne stumpfen Zahn am Schneiderand. 2

2 Unterlippen-Taster 3-gliedrig; Hinterleibsfortsätze zapfenförmig (Abb. 144); das 10. Hinterleibsegment hat 3 getrennte Tuberkel um die Afteröffnung: ein unpaariges dorsales mit 2 Borsten an der Spitze und 2 ventrale, am Ende außen schräg abgeschnitten; Körper mit dichter Beborstung; nach GHILAROV (1964).
31 *Eumolpus* ILLIGER (= *Chrysochus* CHEVROLAT)

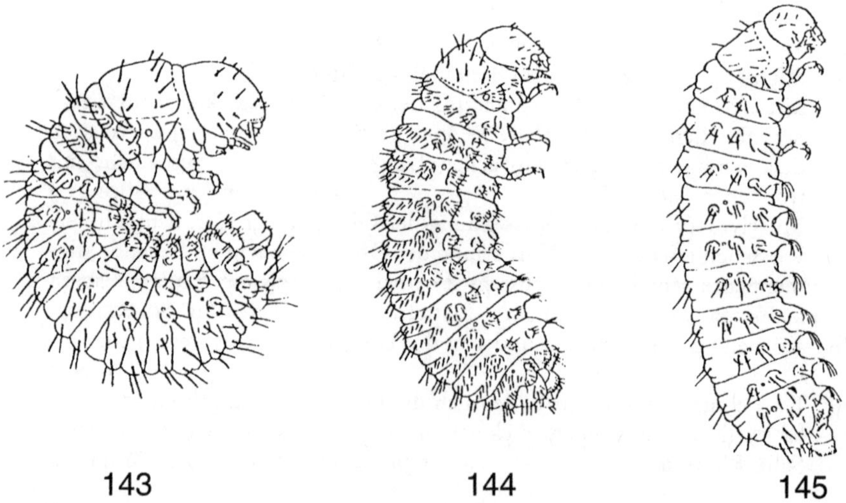

143 144 145

Abb. 143: *Bromius obscurus* (aus GHILAROV 1964)
Abb. 144: *Eumolpus asclepiadeus* (aus GHILAROV 1964)
Abb. 145: *Pachnephorus tesselatus* (aus GHILAROV 1964)

2* Unterlippentaster 4-gliedrig (Abb. 146); Hinterleibfortsätze fingerförmig (Abb. 145); das 10. Hinterleibsegment hat nur ein kreisförmiges Hautstück um die Afteröffnung mit gebogenen und stark skleritisierten Platten; Körper mit spärlicher Beborstung; nach GHILAROV (1964).
20 *Pachnephorus* CHEVROLAT

19. Gattung: *Bromius* CHEVROLAT (Abb. 143)

Die Larve lebt an den Wurzeln von *Epilobium*-Arten, auch als Schädling am Weinstock bekannt; Larve I ex ovo; „Rebenfallkäfer". *obscurus* (L.)

20. Gattung: *Pachnephorus* CHEVROLAT (Abb. 145)

Einzige in Europa bekannte Larve: in der USSR mit der Rasse *sabulosus* GEBL. als Schädling an Sonnenblumenkeimlingen gemeldet; nach LUGOVICOV (1936).
tesselatus (DUFTSCHMID)

21. Gattung: *Eumolpus* ILLIGER (Abb. 144)

Einzige in Europa bekannte Larve, an Wurzeln von *Cynanchum*; Eiablage im Herbst. *asclepiadeus* (PALLAS)

8. Unterfamilie: Chrysomelinae

Literatur: HENNIG (1938), COX (1982).

Die Larven leben meist frei auf der Unterseite der Blätter, in Blütenständen oder im Innern der Pflanzenbestände; Verpuppung entweder in der Bodenschicht oder als Hängepuppen an der Pflanze.

Tabelle für die Gattungen

1 Oberlippe mit mehr als 2 dorsalen Borstenpaaren (Abb. 232); Kopfschild in der Mitte mit der Stirn verwachsen, ohne Trennähte, immer mit mehr als 3 Paar Borsten (Abb. 232); 8. Hinterleibsegment ohne Stigmenpaar. (Tribus: Timarchini) *Timarcha* LATREILLE (S. 279)

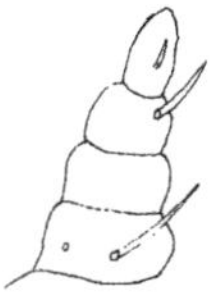

146

147

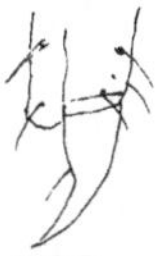

148 149

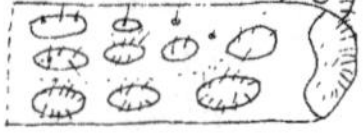

150

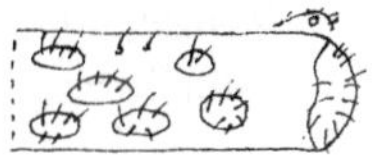

151

Abb. 146: *Pachnephorus tesselatus*, Unterlippentaster (nach OGLOBLIN et al. 1971)
Abb. 147: *Leptinotarsa decemlineata*, Oberlippe
Abb. 148: *Gonioctena viminalis*, Klaue
Abb. 149: *Entomoscelis adonidis*, Klaue
Abb. 150: *Entomoscelis adonidis*, Mittelbrusttergit
Abb. 151: *Colaphus sophiae*, Mittelbrusttergit

1* Oberlippe stets nur mit 2 dorsalen Borstenpaaren (Abb. 23); Kopfschild deutlich durch eine Naht von der Stirn getrennt, stets nur mit 3 Borstenpaaren (Abb. 8); 8. Hinterleibsegment mit deutlichem Stigmenpaar. (Tribus: Chrysomelini). 2

2 Die Dorsolateralsklerite der Mittel- und Hinterbrust sowie der Hinterleibtergite ohne seitlich gelegene Drüsenöffnungen, allerdings können in einigen Fällen ausstülpbare Drüsen zwischen einzelnen Segmenten vorhanden sein. 3

2* Die Dorsolateralsklerite der Mittel- und Hinterbrust sowie der Hinterleibsegmente 1 bis 7 mit großen, deutlichen Drüsenöffnungen (Abb. 203–206). 10

3 Körper bei den mittleren Segmenten hochgewölbt, mit starker konvexer Ober- und flacher Unterseite (Abb. 152); Hinterleibtergite meist ohne wohlbegrenzte, mehrere Borsten tragende Sklerite; Hinterleibsternite 6 und 7 ohne Scheinfüßchen. 4

3* Körper flach, nicht hochgewölbt und meistens mehr oder weniger gestreckt (Abb. 155, 228, 229); die Hinterleibtergite fast immer mit einigen größeren, begrenzten und meist dunklen Skleriten. 7

4 Oberlippe beiderseits der Mittelausrandung zipfelförmig vorgezogen (Abb. 147); Stigmen der Hinterleibsegmente von einem großen, etwas höckerförmigen Sklerit umgeben, mit mehreren kleinen Borsten besetzt.
22 *Leptinotarsa* CHEVROLATTB (S. 265)

4* Oberlippe nicht mit vorgezogenen Zipfeln. 5
(Die hier folgenden 3 Gattungen sind nur ungenau voneinander zu unterscheiden.)

5 Vorderbrusttergit meist größer als die folgenden Brustsegmente, oben mehr oder weniger sattelförmig gewölbt und oft heller als der übrige Körper; Mikroskulptur der Haut mit queren Furchen oder ovalen Platten; Stirnnähte am Scheitel meist spitz zulaufend; Klauen kräftig sichelförmig gekrümmt.
26 *Oreina* CHEVROLAT (= *Chrysochloa* HOPE) (S. 269)

5* Vorderbrusttergit meist nicht größer als die nachfolgenden Brustsegmente, meist oben mit dem Körper gleichfarbig oder dunkler. . . 6

6 Mikroskulptur der Haut mit ausgedehnten ovalen Flächen und größeren Zwischenräumen; Stirnnähte am Scheitel meist parallel; Klauen kräftig sichelförmig gekrümmt.
23 *Chrysolina* MOTSCHULSKY (= *Chrysomela* auct.) (S. 265)

6* Mikroskulptur der Haut mit ausgedehnten Flächen, ohne Zwischenräume; Stirnnähte parallel oder spitz zulaufend; Klauen schwach gekrümmt. 25 *Crosita* MOTSCHULSKYTB (S. 269)

7 Mittel-, Hinterbrust- sowie die Hinterleibtergite mit 2–4 manchmal undeutlichen Reihen von Skleriten (Abb. 150); Klauen ohne Zahn am Innenrand (Abb. 149). 8

7* Mittel-, Hinterbrust- sowie die Hinterleibtergite mit nur 2 deutlichen Reihen von Skleriten oder ganz ohne solche; Klauen mit Zahn am Innenrand (148). 9

8 Auf dem Mittel- und Hinterbrusttergit umfaßt die mittlere Querreihe 3–4 einfarbig braune Sklerite (Abb. 150), auch auf den Hinterleibtergiten

mit 3 deutlichen Querreihen; Klauen bei unseren Arten ohne Zahn am Innenrand. 38 *Entomoscelis* CHEVROLAT (S. 280)

8* Auf dem Mittel- und Hinterbrusttergit umfaßt die mittlere Querreihe nur 1–2 etwas heller gefärbte Sklerite, die Hinterleibtergite mit nur teilweise etwas versetzten 2 Skleritreihen; die vordere Querreihe enthält nur ein Sklerit, das etwas vorgerückt zwischen den mittleren der 2. Querreihe steht (Abb. 151). 27 *Colaphus* DAHL (= *Colaphellus* WEISE) (S. 271)

9 Vorderbrusttergit mit einer größeren Anzahl von Borsten auch auf der Dorsalfläche; Hinterleibsternite 6 und 7 ohne Scheinfüßchen.
35 *Gonioctena* CHEVROLAT (= *Phytodecta* KIRBY) (S. 275)

9* Vorderbrusttergit mir nur wenigen Borsten auf der Dorsalfläche; Hinterleibsternite 6 und 7 mit Scheinfüßen. 30 *Sclerophaedon* WEISE (S. 273)

10 Oberlippe in der Mitte des Vorderrandes ohne Ausrandung (Abb. 156); auf den beiden hinteren Brusttergiten sowie dem 1. Hinterleibtergit sind deutliche vordere Dorsalsklerite vorhanden (Abb. 161).
36 *Phratora* CHEVROLAT (= *Phyllodecta* REDTENBACHER) (S. 278)

10* Oberlippe in der Mitte des Vorderrandes mit einer Ausrandung (Abb. 157); vordere Dorsalsklerite sind entweder auf allen Hinterleibtergiten vorhanden, oder sie fehlen gänzlich. 11

11 Klauen am Innenrand mit deutlichem Zahn (Abb. 158); Epikranialnaht lang (Abb. 8). 12

11* Klauen am Innenrand ohne oder nur mit einem schwachen Zahn (Abb. 159). 14

12 Auf den Hinterleibtergiten 1 bis 4 ist neben dem vorderen Seitenrand des Dorsalsklerits noch ein kleines, eine einzelne Borste tragendes Sklerit vorhanden, Dorsalsklerite mit nur 2 Borsten (Abb. 162).
33 *Plagiodera* CHEVROLATTB (S. 273)

12* Alle Hinterleibtergite ohne ein zusätzliches, kleines Sklerit (manchmal rudimentär), Dorsalsklerite meistens mit mehr als 2 Borsten, von denen 2 kräftiger als die übrigen sind. 13

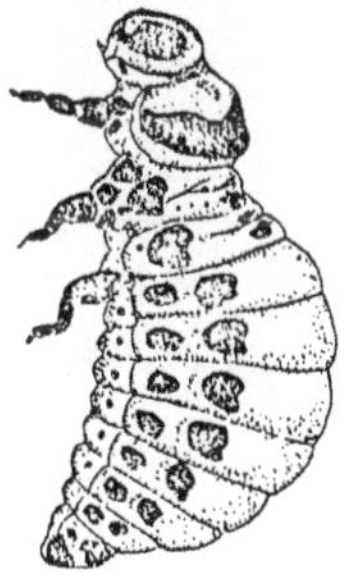

152

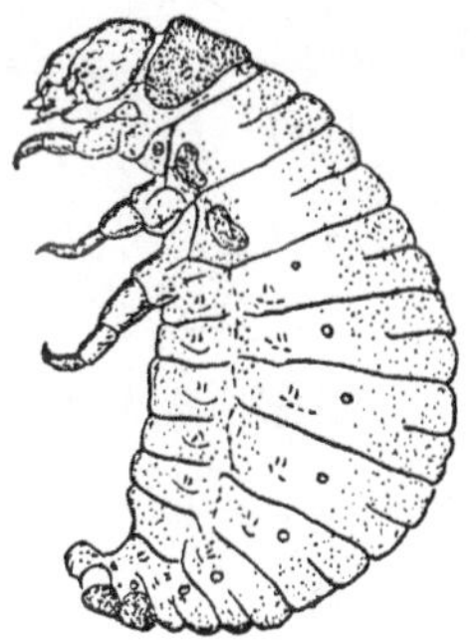

153

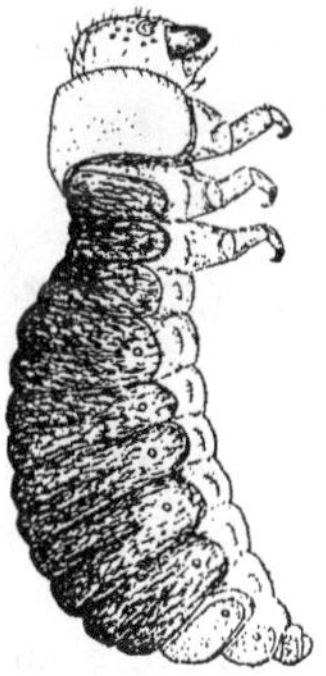

154

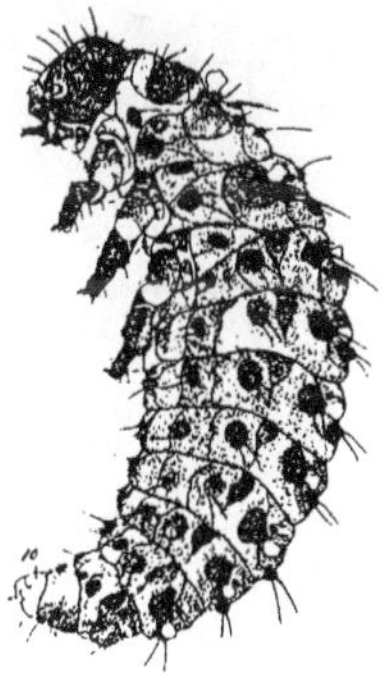

155

Abb. 152: *Leptinotarsa decemlineata* (aus MOHR 1966)
Abb. 153: *Chrysolina* sp. (aus OGLOBLIN et al. 1971)
Abb. 154: *Oreina cacaliae* (aus MEDVEDEV et al. 1978a)
Abb. 155: *Gastrophysa viridula* (aus BÖVING et al. 1931)

13 Hinterleibsternite mit deutlich begrenzten Skleriten; Dorsalsklerite vom 6. oder 7. Hinterleibtergit an zu einem unpaaren Sklerit vereinigt.
12 *Chrysomela* L. (= *Melasoma* STEPHENS) (S. 274)

13* Hinterleibsternite ohne deutlich begrenzte Sklerite; Dorsalsklerite vom 6. Hinterleibtergit an zu einem unpaaren Sklerit vereinigt.
34 A *Linaeidea* MOTSCHULSKY (= *Melasoma* STEPHENS (partim)) (S. 275)

14 Auf den Hinterleibsegmenten fehlt ein vorderes Dorsalsklerit, oder falls vorhanden, dann die vorderen Dorsalsklerite der Mittel- und Hinterbrusttergite mit 3 kräftigen Borsten; Epikranialnaht kurz.
31 *Hydrothassa* THOMSON (S. 273)

14* Vordere Dorsalsklerite der Hinterleibtergite vorhanden, auf Mittel- und Hinterbrust mit nur 2 Borsten, deren Sklerite manchmal getrennt sein können. 15

15 Vorderbrusttergit ohne ein kleines, borstentragendes Sklerit neben dem dorsalen Hauptsklerit; Epikranialnaht kurz.
32 *Prasocuris* LATREILLE (S. 273)

15* Vorderbrusttergit mit einem kleinen, borstentragenden Sklerit neben dem dorsalen Hauptsklerit. 16

16 Die zwischen den Skleriten vorhandenen Chitinstrukturen beschränken sich auf die Zwischenräume; das vordere Dorsalsklerit des Mittelbrusttergits besteht aus 2 einzelnen Stücken mit je einer Borste oder diese sind nur sehr schwach skleritisiert (Abb. 163); Epikranialnaht lang.
28 *Gastrophysa* CHEVROLAT (= *Gastroidea* HOPE) (S. 272)

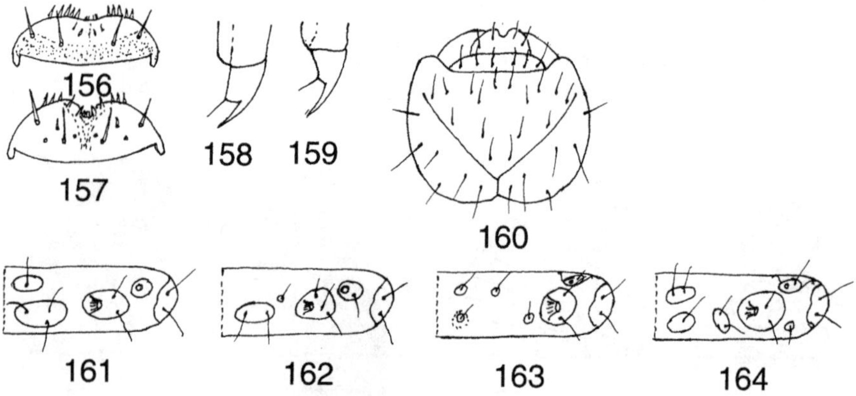

Abb. 156: *Phratora vitellinae,* Oberlippe
Abb. 157: *Chrysomela saliceti,* Oberlippe
Abb. 158: *Chrysomela populi,* Klaue
Abb. 159: *Phaedon cochleariae,* Klaue
Abb. 160: *Phaedon cochleariae,* Kopf
Abb. 161: *Phratora vitellinae,* 1. Hinterleibtergit
Abb. 162: *Plagiodera versicolora,* 1. Hinterleibtergit
Abb. 163: *Gastrophysa viridula,* Mittelbrusttergit
Abb. 164: *Phaedon cochleariae,* Mittelbrusttergit

16* Die Chitinstrukturen gehen auch auf die Sklerite selbst über; das vordere Dorsalsklerit des Mittelbrusttergits ist ungeteilt und mit 2 Borsten versehen (Abb. 164); Epikranialnaht kurz (Abb. 160).
29 *Phaedon* DAHL (S. 272)

22. Gattung: *Leptinotarsa* CHEVROLAT (Abb. 152)

Einzige Art in Europa; an Solanaceae, Schädling an *Solanum tuberosum* L.; „Kartoffelkäfer". *decemlineata* (SAY)

23. Gattung: *Chrysolina* MOTSCHULSKY (Abb. 153)

Literatur: MARSHALL (1979).

Abgesehen von den in der wärmeren Jahreszeit brütenden Arten sind andere Modelle der Entwicklung möglich, jedoch noch nicht eingehend genug untersucht. So können Larven überwintern, oder es kann auch ein Schlüpfen aus den Eiern erst nach fakultativer Winterruhe stattfinden.

Tabelle für die Arten

1 Mittel- und Hinterbrusttergite mit 2 oft unregelmäßigen Reihen deutlicher Sklerite oder Skleritoide, mit mehr oder weniger langen Borsten besetzt (Abb. 165); Stirn und Scheitel mit langen Borsten, manchmal mit zahlreichen sekundären Borsten, die in ihrer Länge nicht oder wenig von den primären verschieden sind. 2

1* Tergite der Mittel- und Hinterbrust sowie der Hinterleibsegmente 1 bis 6 ohne deutlich umrandete Sklerite oder skleritoide Platten, mit einzelnen auf 2 Reihen verteilte Borsten (bei älteren Stadien oft nur schlecht sichtbar) oder ganz ohne solche (Abb. 166, 171, 172). 12

2 Hinterleibtergite mit 2 Reihen von Skleriten, jedes mit zahlreichen Borsten besetzt (Abb. 167); Klauen ohne Einschnitt an der Basis; an *Artemisia*. *carnifex* (F.)

2* Hinterleibtergite mit 2 regelmäßigen oder oft auch verworrenen Reihen von Skleritoiden, jedes nur mit einer Borste (Abb. 165). 3

3 Hinterleibtergite mit 2 ziemlich regelmäßigen Reihen von Skleritoiden (Abb. 165). 4

3* Hinterleibtergite mit 2–3 stark verworrenen und teilweise doppelten Reihen kleiner Skleritoide; Klauen mit einem Zahn am Innenrand (Abb. 176). 7

4 Oberseite mit langen, gereihten primären Borsten auf den Skleritoiden, dazwischen mit zahlreichen, viel kürzeren sekundären Borsten; Klauen ohne Zahn am Innenrand. 5

4* Alle Borsten der Oberseite gleichlang. 6

5 Die sekundären, kürzeren Borsten zwischen den primärtragenden Skleritoiden sehr zahlreich und ungereiht (Abb. 165); Körper rotbaun, Kopf dunkel; Larven aus Zucht an *Artemisia absynthium* L.; auch von *Cynanchum* gemeldet; Larvenschlupf aus künstlich überwinterten Eigelegen.
aurichalcea (MANNERHEIM)

5* Die sekundären Borsten zwischen den primärtragenden Skleritoiden vereinzelt, meist in derselben Reihe angeordnet; Körper gelb, Kopf dunkel:

Larve I ex ovo, nach künstlicher Überwinterung; Fraßpflanze unbekannt. *relucens* (ROSENHAUER)

6 Körperfarbe zart rosa; Kopf, Vorderbrusttergit, Sklerite und Borsten dunkelbraun; an Labiatae; nach OGLOBLIN et al. (1971). *staphylaea* (L.)

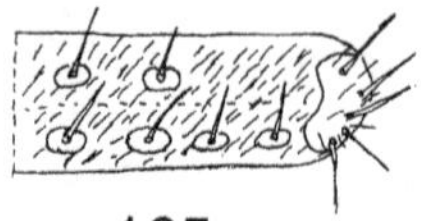
165

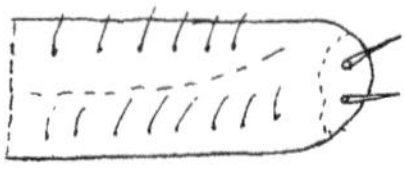
166

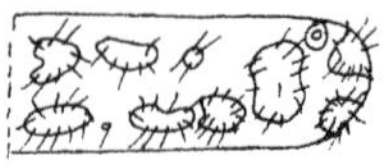
167

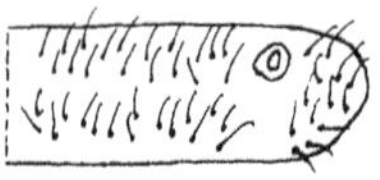
168

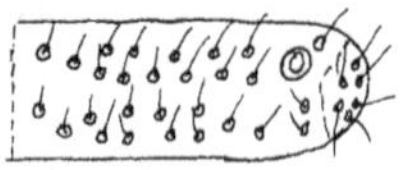
169

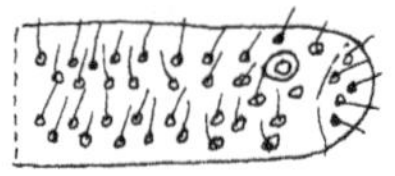
170

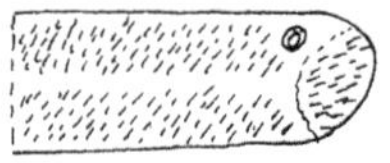
171

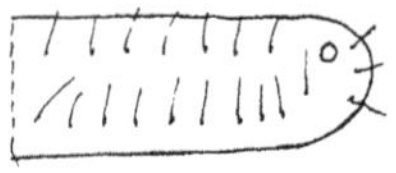
172

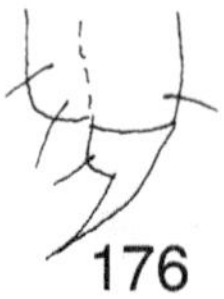
176

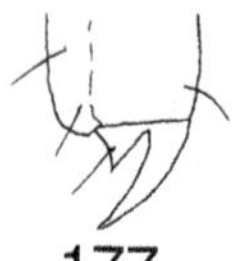
177

173

174

175

178

179

180

181

182

183

Abb. 165: *Chrysolina aurichalcea*, Hinterbrusttergit
Abb. 166: *Chrysolina varians*, Hinterbrusttergit
Abb. 167: *Chrysolina carnifex*, Hinterleibtergit (nach OGLOBLIN et al. 1971)
Abb. 168: *Chrysolina sanguinolenta*, Hinterleibtergit
Abb. 169: *Chrysolina rossia*, Hinterleibtergit
Abb. 170: *Chrysolina limbata*, Hinterleibtergit
Abb. 171: *Chrysolina sturmi*, Hinterleibtergit
Abb. 172: *Chrysolina hemisphaerica crassimargo*, Hinterleibtergit
Abb. 173: *Chrysolina sanguinolenta*, Oberlippe
Abb. 174: *Chrysolina limbata*, Oberlippe
Abb. 175: *Chrysolina herbacea*, Oberlippe
Abb. 176: *Chrysolina rossia*, Klaue
Abb. 177: *Chrysolina gypsophilae*, Klaue
Abb. 178: *Chrysolina varians*, Klaue
Abb. 179: *Chrysolina sturmi*, Klaue
Abb. 180: *Chrysolina oricalcia*, Klaue
Abb. 181: *Chrysolina polita*, Klaue
Abb. 182: *Chrysolina cerealis*, Klaue
Abb. 183: *Chrysolina coerulans*, Klaue

6* Körperfarbe dunkelbraun; Kopf schwarz oder schwarzbraun; an Compositae; nach MEDVEDEV et al. (1978a). *marginata* (L.)
Hierher ev. auch *analis* (L.) nach HENRIKSEN (1927)

7 Skleritoide der Hinterleibtergite groß und deutlich, die Borstenbasis umgebend (Abb. 169, 170). 9

7* Skleritoide der Hinterleibtergite klein und undeutlich, nur als dunklere Borstenbasis erkennbar (Abb. 168); auch die Epipleuralsklerite in einzelne Skleritoide aufgelöst. 8

8 Körperfarbe hell gelbweiß; Skleritoide der Hinterleibtergite überall sehr klein; Oberlippe mit flacher Ausrandung (Abb. 173); an *Linaria*. *sanguinolenta* (L.)

8* Körperfarbe gelbbraun; Skleritoide der Hinterleibtergite vor allem in der Umgebung der Stigmen größer als die in der Mitte (Abb. 170); Oberlippe mit tiefer Ausrandung (Abb. 174); Larven aus Zucht an *Plantago lanceolata* L., nach Eiablage im Herbst. *limbata* (F.)

9 Körperborsten schwarz; Klauen mit einem stumpfen Zahn an der Innenkante (Abb. 176); Larven aus Zucht an *Linaria genistaefolia* MILLER und *vulgaris* MILLER, nach Eiablage im Herbst. *rossia* (ILLIGER)

9* Körperborsten hell; Klauen mit schmalem Einschnitt und spitzen Zahn an der Innenkante (Abb. 177). 10

10 Kopf schwarz oder dunkelbraun, Körper dunkelfarbig; an *Linaria* und *Veronica*; nach OGLOBLIN et al. (1971). *gypsophilae* (KUESTER)
Hierher ev. auch *küsteri* HELLIES

10* Kopf und Körperfarbe hell, gelblichbraun. 11

11 Vorderbrusttergit mit wenigen Borsten in der Mitte im Vergleich zum Vorder- und Hinterrand; Skleritoide der Mittel- und Hinterbrust größer als die der Hinterleibtergite; Larven aus Zucht an *Plantago major* L., nach Eibablage im Herbst; Überwinterung der Larven wahrscheinlich. *haemoptera* (L.)

11* Vorderbrusttergit mit zahlreichen Borsten in der Mitte; an *Plantago* und *Linaria alpina* (L.) MILLER; nach MARSHALL (1979). *latecincta* (DEMAIS)

12 Klauen ohne Zahn, mit einer nur seichten Ausrandung oder einem kleinen, stumpfen Zahn an der Innenkante. 13

12* Klauen mit einem mehr oder weniger großen, rechtwinkligen, spitzen oder stumpfen Zahn an der Innenkante (Abb. 181 bis 183). 17

13 Klauen am Innenrand mit einem stumpfen Zahn oder einer schwachen Vorwölbung (Abb. 178, 180). 14

13* Klauen am Innenrand glatt, ohne Zahn oder Vorwölbung. 15

14 Klauen mit einem stumpfen Zahn am Innenrand (Abb. 180); Kopf und Vorderbrusttergit hell gelbbraun wie der Körper; an Umbelliferae, besonders *Anthriscus silvestris* HOFFM. *oricalcia* (MÜLLER)

14* Klauen mit einer schwachen Vorwölbung am Innenrand (Abb. 178); Kopf und Vorderbrusttergit dunkelbraun, Körper rötlich; Mittel- und Hinterbrusttergit mit 6 prädorsalen Borsten jederseits; an *Hypericum perforatum* L. *varians* (SCHALLER)

15 Hinterleibtergite 1 bis 6 mit 16 Borsten jederseits in den prä- und post-

dorsalen Reihen; Tergite 8 und 9 mit angedeuteten Skleriten; an *Hypericum.* *geminata* (PAYKULL)

15* Hinterleibtergite 1 bis 6 mit 12 Borsten jederseits in den prä- und postdorsalen Reihen. 16

16 Klauen mit einer dunklen basalen Hälfte; an *Hypericum*; nach MARSHALL (1979). *hyperici* (FORSTER)

16* Klauen einheitlich gefärbt; an *Hypericum*; nach MARSHALL (1979). *brunsvicensis* (GRAVENHORST)

17 Kopf und Vorderbrusttergit mit längeren primären und oft wenig kürzeren sekundären Borsten. 18

17* Kopf und Körpersegmente dorsal nur mit einzelnen und oft kaum wahrnehmbaren Borsten (frisch geschlüpfte Larven sind meistens reihig lang behaart). 20

18 Die zahlreichen (ca. 50) kurzen Borsten der Mittel-, Hinterbrust- und Hinterleibtergite bilden keine deutliche Querreihen, wohl aber in prä- und postdorsale Gruppen getrennt (Abb. 171), die Haut dazwischen mit deutlicher Mikroskulptur; Klauen am Innenrand mit einem stumpfen Zahn (Abb. 179); Körperfarbe rötlich; Larven aus Zucht an *Glechoma hederaceum* L. *sturmi* (WESTHOF) (= *diversipes* (BEDEL))

18* Die wenigen (ca. 6–11) primären Borsten der Mittel-, Hinterbrust- und Hinterleibtergite bilden deutliche Querreihen; Körperfarbe hellgelb. . 19

19 Die Haut zwischen den Borsten ohne deutliche Mikroskulptur, Klauen mit tiefem Einschnitt und einem stumpfen Zahn an der Innenkante; Larven aus Zucht an *Lamium*, ausgehend von im zeitigen Frühjahr gefundenen Junglarven (Überwinterung der Eier?). *hemisphaerica crassimargo* (GERMAR)

19* Die Haut zwischen den Borsten mit deutlicher Mikroskulptur; Klauen mit einem rechtwinkeligen Zahn an der Innenkante; nach BROVDII (1976) an *Chaerophyllum aromaticum* L. und *Geranium phaeum* L. *marcasitica* (GERMAR)

20 Körperhaut ohne deutliche Mikroskulptur. 21

20* Körperhaut mit deutlicher, mosaikähnlicher Mikroskulptur. 22

21 Oberkiefer hell mit dunkler Spitze; Oberlippe, Kopf und Vorderbrusttergit heller als der übrige Körper; die Oberlippe mit flacher Ausrandung; an *Centaurea.* *fuliginosa* (OLIVIER)

21* Oberkiefer, Oberlippe und Kopf dunkel, Kopfschild und Vorderbrusttergit hell; Oberlippe mit tiefer Ausrandung; Larven aus Zucht an *Chrysanthemum vulgare* (L.). *graminis* (L.)

22 Kopf hellfarbig gelb wie auch der übrige Körper; an *Galeopsis*, in den Kelchen abgeblühter Pflanzen. (*Dlochrysa*) *fastuosa* (SCOPOLI)

22* Kopf dunkelbraun, immer dunkler als der übrige Körper. 23

23 Körper dunkelrot bis braun, teilweise metallisch schimmernd. . . . 24

23* Körper hell, hellbraun bis gelbbraun; Klauen am Innenrand zu 1/4 bis 1/3 der Länge des Innenrandes eingeschnitten (Abb. 181). 26

24 Klauen mit kürzerem Einschnitt, weniger als 1/3 der Länge des Innenrandes, der Klauenzahn kleiner (Abb. 182); Larven aus Zucht mit *Thymus serpyllum* L., nach Eiablage im Spätsommer. *cerealis* KÜSTER

24* Klauen mit tiefem Einschnitt, bis zu 1/2 der Länge des Innenrandes, der Klauenzahn größer (Abb. 183). 25

25 Die Vorderrand-Ausrandung der Oberlippe mit deutlich abgestumpften Ecken (Abb. 23); Mosaikskulptur der Haut dichter, daher dunkler und besonders auf der Unterseite der Vorderbrust kontrastreicher; Larven aus Zucht an *Mentha aquatica* L.; „Blauer Minzenblattkäfer". *coerulans* (Scriba)

25* Die Vorderrand-Ausrandung sanft geschwungen und ohne deutlich abgestumpfte Ecken (Abb. 175); Mosaikskulptur weniger dicht, daher heller und besonders auf der Unterseite der Vorderbrust weniger kontrastreich; Larven aus Zucht an *Mentha*; „Grüner Minzenblattkäfer". *herbacea* (Duftschmid)

26 Mosaikskulptur auf dem ganzen Körper deutlich ausgeprägt; 1. Glied der Unterkiefer stärker skleritisiert; Körperfarbe hell gelbbraun; Larven aus Zucht an *Mentha aquatica* L. *polita* (L.)

26* Mosaikskulptur nur an den Körperseiten deutlich wahrnehmbar; 1. Glied der Unterkiefer schwach skleritisiert; Körperfarbe gelb; an *Rosmarinus* und *Lavandula*; nicht in Mitteleuropa. (*americana* (L.))

24. Gattung: *Dlochrysa* Motschulsky

Nach Seeno et al. (1982) synonym zu *Chrysolina* Motschulsky.

25. Gattung: *Crosita* Motschulsky

Einzige in Europa bekannte Larve; an *Salvia*; nach Medvedev et al. (1978a). *salviae* (Germar)

26. Gattung: *Oreina* Chevrolat (Abb. 154)

Literatur: Medvedev et al. (1978b), Bourdonné et al. (1991).

Entwicklung während der wärmeren Jahreszeit, bei Hochgebirgstieren ist eine Überwinterung der Larven möglich; alle Arten montan bis hochalpin.

Tabelle für die Arten

1 Stirn mit 5 primären und 25 sekundären Borsten jederseits, in ihrer Länge kaum voneinander unterschieden (Abb. 184); Körper dunkelbraun: Larven aus Zucht an *Centaurea nigra* L. *coerulea* (Olivier) (= *rugulosa* auct.)

1* Stirn mit 5 primären und bis zu 15 sekundären Borsten jederseits oder ohne solche, diese immer deutlich kürzer als die primären (Abb. 186–188). 2

2 Hinterleibtergite mit Querreihen langer Borsten, die Länge etwa gleich dem Abstand der Borsten voneinander (Abb. 190); Körper dunkel mit hellem Vorderbrusttergit; an Compositae. 3

2* Hinterleibtergite mit unregelmäßigen Querreihen kurzer Borsten, die Länge weniger als 1/2–1/5 des Abstandes der Borsten voneinander (Abb. 189); Körperfarbe dunkel oder hell, teilweise je nach Stadium von dunkel zu hell wechselnd. 6

3 Stirn ohne sekundäre Borsten (Abb. 185); Larven aus Zucht an *Cirsium spinosissimum* (L.) und *Carduus.* *virgulata* (GERMAR)

3* Stirn mit sekundären Borsten (Abb. 186–188). 4

4 Hinterleibtergite mit regelmäßigen Querreihen von Borsten (Abb. 191). 5

4* Hinterleibtergite nur auf der hinteren Reihe mit regelmäßig gereihten Borsten, auf der vorderen unregelmäßig (Abb. 190); Larven aus Zucht mit *Homogyne alpina* (L.); Larve II. *frigida* (WEISE)

5 Scheitelnähte hinten stumpf zulaufend (Abb. 187); Larven aus Zucht an *Adenostyles, Petasites.* *cacaliae* (SCHRANK)

5* Scheitelnähte hinten spitz zulaufend (Abb. 188); Larven aus Zucht an *Petasites, Tussilago.* *speciosissima* (SCOPOLI)

6 Kopf, Vorderbrusttergit, dorsolaterale Sklerite der Mittel- und Hinterbrust sowie die ringförmige Umgebung der Stigmen dunkel, braun bis schwarz, immer dunkler als der übrige helle Körper: an Compositae Hierher auch O. *melanocephala* (DUFTSCHMID) nach KIPPENBERG (i. lit.). 7

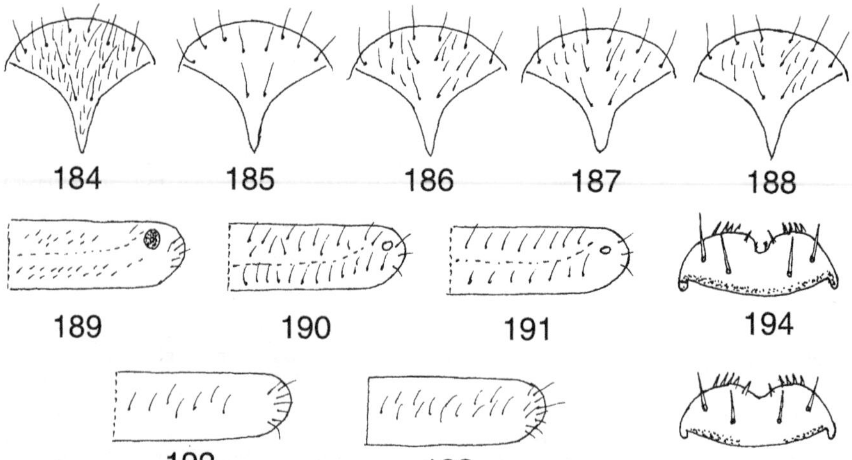

Abb. 184: *Oreina coerulea,* Stirn
Abb. 185: *Oreina virgulata,* Stirn
Abb. 186: *Oreina frigida,* Stirn
Abb. 187: *Oreina cacaliae,* Stirn
Abb. 188: *Oreina speciosissima,* Stirn
Abb. 189: *Oreina intricata,* 1. Hinterleibtergit
Abb. 190: *Oreina frigida,* 1. Hinterleibtergit
Abb. 191: *Oreina cacaliae,* 1. Hinterleibtergit
Abb. 192: *Oreina bifrons monticola,* 3. Hinterleibsternit
Abb. 193: *Oreina alpestris polymorpha,* 3. Hinterleibsternit
Abb. 194: *Oreina alpestris polymorpha,* Oberlippe
Abb. 195: *Oreina variabilis,* Oberlippe

6* Körper hell ohne deutliche dunkle Sklerite oder ganz dunkel mit hellerem Vorderbrusttergit oder ganz dunkel; an Umbelliferae. 8

7 Stirn mit 9–10 sekundären Borsten jederseits; 3. Glied der Unterkiefertaster lang und schmal, ebenso das 2. Glied der Unterlippentaster; Körper schmutzig weiß, die Borsten der Unterseite auf dunkler Basis; Larven aus Zucht an *Senecio jacobaea* L. *intricata* (GERMAR)

7* Stirn mit 5–6 sekundären Borsten jederseits; 3. Glied der Unterkiefertaster kurz, quadratisch; 2. Glied der Unterlippentaster dreieckig; nach MEDVEDEV et al. (1978b). *plagiata* (SUFFRIAN)

8 Stigmen braun; Körper in allen Stadien hellgelb. 9

8* Stigmen schwarz; Körper dunkel, teilweise mit hellerem Vorderbrusttergit oder mit zunehmenden Stadien hell. 10

9 Stigmen hellbraun; Borsten der Hinterleibtergite sehr kurz, von 1/5 der Breite des Abstandes der Borsten voneinander; Larven aus Zucht an *Ligusticum mutellina* (L.) CRANTZ. *viridis* (DUFTSCHMID)

9* Stigmen dunkelbraun; Borsten der Hinterleibtergite länger, etwa 1/3 der Breite des Abstandes der Borsten voneinander; Larven aus Zucht an *Daucus carota* L. *bifrons* (F.)

10 Borsten der Hinterleibtergite ca. 1/2mal so lang wie der Abstand der Borsten voneinander; Larven aus Zucht an *Peucedanum ostruthium* (L.) KOCH und *Daucus carota* (L.). *gloriosa* (F.) (= *vittigera* auct.)

10* Borsten der Hinterleibtergite kürzer. 11

11 Stirn neben den 5 Makroborsten jederseits mit 10–15 Mikroborsten; Körper vom III. Stadium an hell, schmutzig weiß; Larven aus Zucht an *Daucus carota* L. *speciosa* (L.) (= *gloriosa* auct.)

11* Stirn neben den 5 Makroborsten mit 8–10 Mikroborsten. 12

12 Abstand der 2 mittleren Makroborsten der Oberlippe voneinander mehr als doppelt so groß wie der Abstand der mittleren zu den Seitenborsten (Abb. 194). 13

12* Abstand der 2 mittleren Makroborsten der Oberlippe voneinander weniger als doppelt so groß wie der Abstand zu den Seitenborsten (Abb. 195); Körper in allen Stadien dunkel, ältere Larven mit hellem Vorderbrusttergit; Larven aus Zucht an *Daucus carota* L. *variabilis* (WEISE)

13 Hinterleibsternite 3 bis 5 mit ca. 15 Mikroborsten auf dem mittleren Sklerit (Abb. 192); Körper in allen Stadien dunkel, ältere Larven mit hellem Vorderbrusttergit; Larven aus Zucht an *Daucus carota* L. *bifrons monticola* DUFTSCHMID

13* Hinterleibsternite 3 bis 5 mit ca. 30 Mikroborsten auf dem mittleren Sklerit (Abb. 193); Körper vom III. Stadium an hell, schmutzig weiß; Larven aus Zucht an *Aegopodium podagraria* L. *alpestris polymorpha* KRAATZ

27. Gattung: *Colaphus* DAHL

Einzige Art in Europa: an Cruciferae; „Senfblattkäfer". *sophiae* (SCHALLER)

28. Gattung: *Gastrophysa* Chevrolat (Abb. 155)

Tabelle für die Arten

1 Die Mikroskulptur der Haut auf der Ober- und Unterseite des Körpers besteht aus blaßgelben Platten, lediglich an den Seiten der Tergite in Höhe der Stigmen mit breiten, länglichen, dunklen Streifen; Sklerite hellgelb, schlecht zu unterscheiden vom hellen Hautton; Vorderbrusttergit hellgelb, mit etwas dunkleren Flecken auf der Scheibe; Larven aus Zucht an *Polygonum aviculare* L.; „Buchweizenblattkäfer". *polygoni* (L.)

1* Die Mikroskulptur der Haut auf der Oberseite des Körpers besteht aus dunklen Platten, so daß die Farbe der Oberseite gleichmäßig dunkel ist; Sklerite dunkelbraun, ebenso das Vorderbrusttergit; Larven aus Zucht an *Rumex obtusifolius* L.; „Ampferblattkäfer". *viridula* (Degeer)

29. Gattung: *Phaedon* Dahl

Tabelle für die Arten

1 Hinterleibtergite 1 bis 7 mit deutlichen Reihen prä- und posttergaler Sklerite (Abb. 200); an *Veronica beccabunga* L. und *Armoracia rusticana* Gaertn. „Meerrettich-Blattkäfer". *armoraciae* (L.)

1* Hinterleibtergite 1 bis 7 mit sehr kleinen, stark reduzierten und daher kaum erkennbaren prätergalen Skleriten; die posttergalen sind gut entwickelt (Abb. 201). 2

2 Klauen mit einem stumpfen Höcker an der Innenkante (Abb. 159), die parasternalen Sklerite am 6. Hinterleibsegment sind mit dem unpaaren Mittelsklerit vereinigt, die Sklerite gut begrenzt; an *Rorippa islandica* (Oed.) Borb. *cochleariae* (F.)

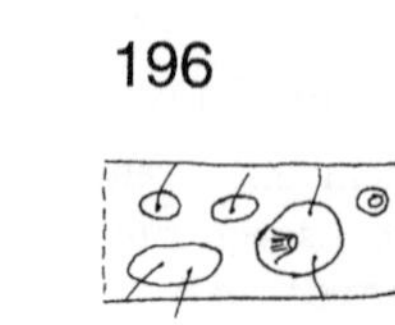
196

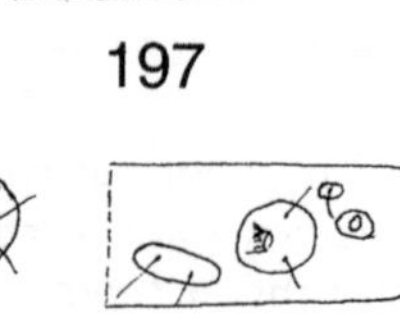
197

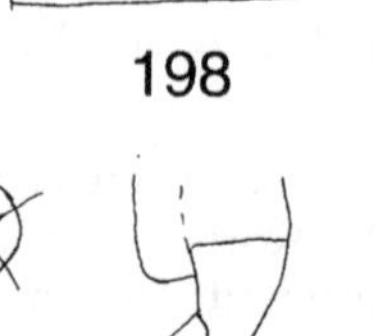
198

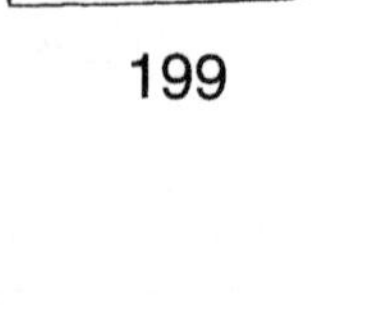
199

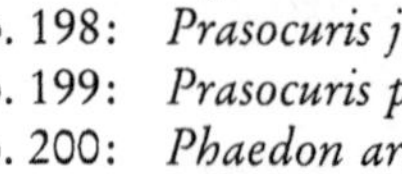
200

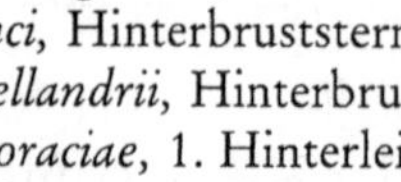
201

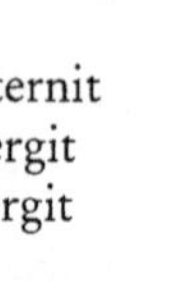
202

Abb. 196: *Hydrothassa glabra,* 1. Hinterleibtergit
Abb. 197: *Hydrothassa marginella,* 1. Hinterleibtergit
Abb. 198: *Prasocuris junci,* Hinterbruststernit
Abb. 199: *Prasocuris phellandrii,* Hinterbruststernit
Abb. 200: *Phaedon armoraciae,* 1. Hinterleibtergit
Abb. 201: *Phaedon cochleariae,* 1. Hinterleibtergit
Abb. 202: *Phaedon concinnus,* Klaue

2* Klauen ohne deutlichen Höcker an der Innenkante (Abb. 202); die parasternalen Sklerite des 6. Hinterleibsegments bleiben vom unpaaren sternalen Sklerit getrennt, die Sklerite schlecht begrenzt; an Cruciferae salzhaltiger Standorte. *concinnus* Stephens

30. Gattung: *Sclerophaedon* Weise

Tabelle für die Arten

1* Sklerite der Hinterleibtergite auch auf der vorderen Reihe mit 2–3 Borsten, mit Ausnahme der 2 kleinen, zusätzlichen, dorsolateral gelegenen Sklerite mit nur je einer Borste; an *Stellaria nemorum* L. und *Caltha palustris* L.; nach Brovdii (1976). *carpathicus* Weise

1 Sklerite der Hinterleibtergite auf der vorderen Reihe mit jeweils nur einer Borste; ohne 2 zusätzliche, dorsolateral gelegene, kleine Sklerite; an *Stellaria nemorum* L. 2

2 Körperhaut zwischen den Skleriten mit dunklen, kurzen und zugespitzten Körnchen. *orbicularis* (Suffrian)

2* Körperhaut zwischen den Skleriten ohne dunkle, kurze Körnchen. *carniolicus* (Germar)

31. Gattung: *Hydrothassa* Thomson

Tabelle für die Arten

1 Die vorderen Hinterleibtergite mit einem prädorsalen Sklerit (Abb. 196); an *Ranunculus*. *glabra* (Herbst)

1* Hinterleibtergite ohne ein prätergales dorsales Sklerit (Abb. 197). . . 2

2 Makroborsten des Vorderbrusttergits lang, deutlich verschieden von den nicht sehr zahlreichen kurzen Mikroborsten; der Abstand zwischen den dorsalen, inneren Skleriten der Hinterleibsegmente ist höchstens so breit wie die Sklerite selbst; Larven aus Zucht an *Ranunculus ficaria* L. *marginella* (L.)

2* Makroborsten des Vorderbrusttergits kurz und kaum verschieden von den Mikroborsten; der Abstand zwischen den kleinen, inneren dorsalen Skleriten ist fast zweimal breiter als diese selbst; an *Caltha palustris* L. *hannoverana* (F.)

32. Gattung: *Prasocuris* Latreille (Abb. 228)

Tabelle für die Arten

1 Sternite der Hinterbrust mit einem unpaaren Sklerit (Abb. 198); an *Veronica beccabunga* L. *junci* (Brahm)

1* Sternite der Hinterbrust mit 3 einzelnen Skleriten, das innere unpaar (Abb. 199); Larven aus Zucht an *Caltha palustris* L. *phellandrii* (L.)

33. Gattung: *Plagiodera* Chevrolat

Einzige Art in Europa; an *Salix*; „Breiter Weidenblattkäfer“. *versicolora* (Laicharting)

34. Gattung: *Chrysomela* L. (Abb. 229)

Tabelle für die Arten

1 Dorsalsklerite vom 6. Hinterleibtergit an zu einem unpaaren Sklerit vereinigt (Abb. 203). 2

1* Dorsalsklerite erst vom 7. Hinterleibtergit an zu einem unpaaren Sklerit vereinigt (Abb. 204). 5

2 Vorderbrusttergit mit einem hellen, nicht pigmentierten Fleck in der Mitte. 3

2* Vorderbrusttergit dunkelfarbig, ohne einen hellen Fleck in der Mitte; an *Salix*; „Roter Weidenblattkäfer". *saliceti* (Weise)

3 Der helle, nicht pigmentierte Mittelfleck des Vorderbrusttergits ist auch am Vorderrand dunkel begrenzt; an Populus, besonders *P. tremula* L.; „Roter Espenblattkäfer". *tremula* F.

3* Der helle, nicht pigmentierte Mittelfleck des Vorderbrusttergits ist nur an den Seiten sowie dem Hinterrand dunkel begrenzt. 4

4 Die Dorsalsklerite kleiner, die Abstände zwischen ihnen größer, mehr als 1/2 des Querdurchmessers der Sklerite; Klauenzahn rechtwinkelig (Abb. 209); an *Populus*, besonders *P. nigra* L.; „Roter Pappelblattkäfer". *populi* L.

4* Die Dorsalsklerite größer, die Abstände zwischen ihnen kleiner, weniger als 1/4 des Querdurchmessers der Sklerite; Klauenzahn stumpfwinkelig (Abb. 210); Larven aus Zucht an *Salix*. *cuprea* F.

5 Mittel- und Hinterbrusttergit jederseits mit einem ungeteilten, äußeren postdorsalen Sklerit (Abb. 205); an *Salix*; „Gefleckter Weidenblattkäfer". *vigintipunctata* Scopoli

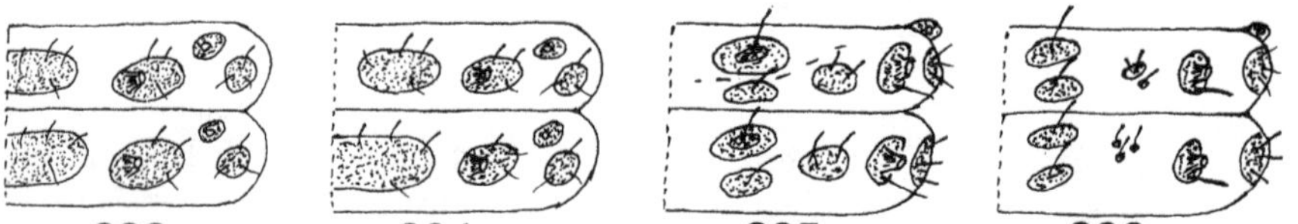

203 204 205 206

207 208 209 210

Abb. 203: *Chrysomela saliceti,* 6. u. 7. Hinterleibtergit
Abb. 204: *Chrysomela vigintipunctata,* 6. u. 7. Hinterleibtergit
Abb. 205: *Chrysomela vigintipunctata,* Mittel- und Hinterbrusttergit
Abb. 206: *Chrysomela collaris,* Mittel- und Hinterbrusttergit
Abb. 207: *Phratora vulgatissima,* Klaue
Abb. 208: *Phratora vitellinae,* Klaue
Abb. 209: *Chrysomela populi,* Klaue
Abb. 210: *Chrysomela cuprea,* Klaue

5* Das äußere postdorsale Sklerit der Mittelbrust ist in 2–3 kleine reduzierte Sklerite aufgelöst (Abb. 206). 6

6 Mikroskulptur der Hinterleibtergite, besonders auf ihren vorderen und mittleren Teilen sehr dicht, so daß die Dorsalsklerite zu einem unpaarigen vereinigt zu sein scheinen; an *Betula pubescens* EHR. *lapponica* L.

6* Mikroskulptur der Hinterleibtergite wenig dicht, die dunklen Sklerite bleiben auf hellem Hautgrund getrennt; an *Salix repens* L. *collaris* L.

34 A. Gattung: *Linaeidea* MOTSCHULSKY

Einzige Art in Europa; an *Alnus glutinosa* (L.) GAERTN.; „Erzfarbener Erlenblattkäfer". *aenea* (L.)

35. Gattung: *Gonioctena* CHEVROLAT (Abb. 211 bis 214)

Literatur: KRÖBER (1988).

Tabelle für die Arten

1 Stirn jederseits neben den 5 Makroborsten mit 8–10 langen, nur wenig kürzeren Mikroborsten; an Leguminosae. 2

1* Stirn jederseits neben den 5 Makroborsten mit 3–5 kurzen Mikroborsten; an Rosaceae und Salicaceae. 4

2 Stirn mit 2 deutlichen, dunklen Flecken; die dorsalen Sklerite sind voneinander getrennt und sehr deutlich markiert (Abb. 216). 3

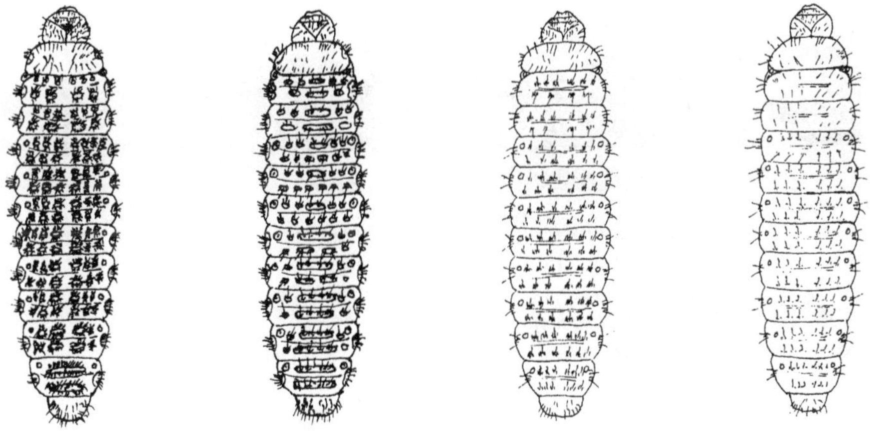

211 212 213 214

Abb. 211: *Gonioctena fornicata*
Abb. 212: *Gonioctena holdhausi*
Abb. 213: *Gonioctena pallida*
Abb. 214: *Gonioctena intermedia*

2* Stirn ohne deutliche, dunkle Flecke; die tergalen Sklerite sind zu 2 beborsteten, undeutlich markierten Querwülsten vereinigt (Abb. 215); an *Sarothamnus scoparius* (L.) WIMM. (U.G. *Spartophila* MOTSCHULSKY). *olivacea* (FORSTER)

3 Alle tergalen Sklerite hellbraun pigmentiert; Scheitel punktförmig gefleckt; Zucht an *Medicaco lupulina* L.; „Roter Luzerneblattkäfer" (U. G. *Spartomena* REITTER). *fornicata* (BRÜGGEMANN) (Abb. 211)

3* Die inneren dorsalen Sklerite nicht pigmentiert, die übrigen dunkelbraun (Abb. 216); Scheitel mit 2 dunklen Flecken, ebenso das 9. Hinterleibtergit; Zucht an *Cytisanthus radiatus* (L.) LANG (U.G. *Spartoxena* MOTSCHULSKY). *gobanzi* (REITTER)

4 Ober- und Unterseite mit gut isolierten, dunklen Skleriten; zwischen dem 7. und 8. Hinterleibtergit mit einem Paar ausstülpbarer Drüsen (Abb. 223)
(U.G. *Gonioctena* s. str.). 5

4* Unterseite ohne deutliche, dunkelbraune Sklerite, deren Lage nur durch die vorhandenen Borsten angedeutet wird; die Drüsen zwischen dem 7.

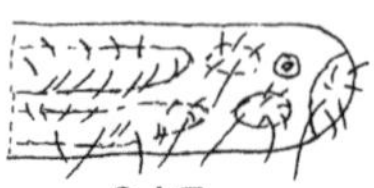
215
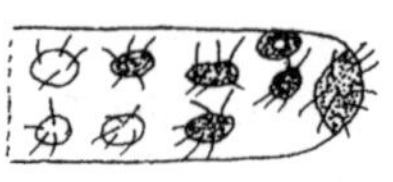
216
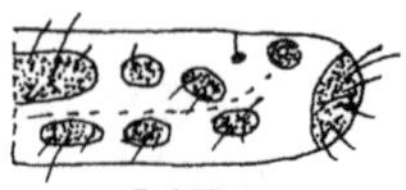
217
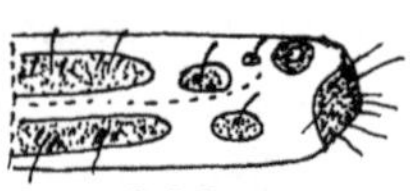
218
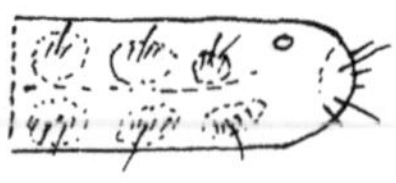
219
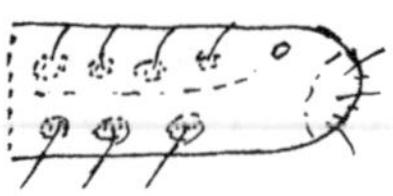
220
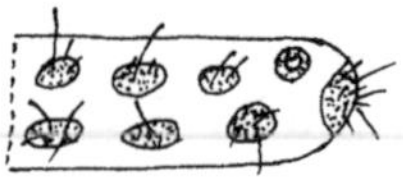
221
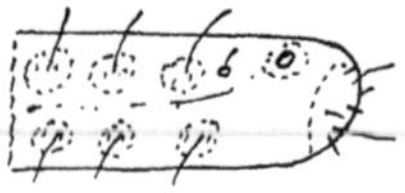
222
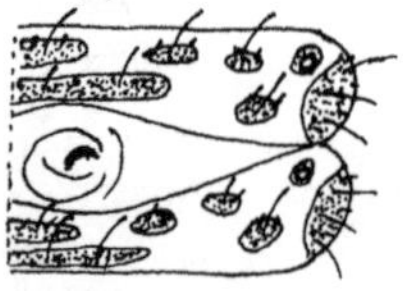
223
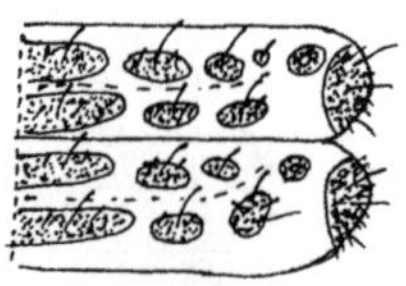
224
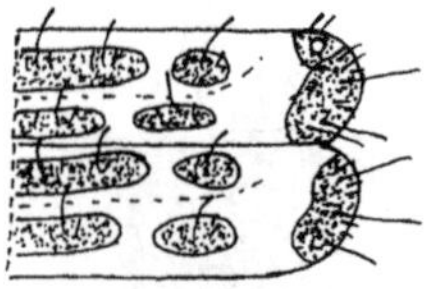
225

226

227

Abb. 215: *Gonioctena olivacea,* 1. Hinterleibtergit
Abb. 216: *Gonioctena gobanzi,* 1. Hinterleibtergit
Abb. 217: *Gonioctena decemnotata,* 1. Hinterleibtergit
Abb. 218: *Gonioctena nivosa,* 1. Hinterleibtergit
Abb. 219: *Gonioctena pallida,* 1. Hinterleibtergit
Abb. 220: *Gonioctena quinquepunctata,* 1. Hinterleibtergit
Abb. 221: *Gonioctena interposita,* 1. Hinterleibtergit
Abb. 222: *Gonioctena intermedia,* 1. Hinterleibtergit
Abb. 223: *Gonioctena viminalis,* 7. u. 8. Hinterleibtergit
Abb. 224: *Gonioctena viminalis,* 1. u. 2. Hinterleibtergit
Abb. 225: *Gonioctena linnaeana,* Mittel- u. Hinterbrusttergit
Abb. 226: *Gonioctena intermedia,* Oberlippe
Abb. 227: *Gonioctena quinquepunctata,* Oberlippe

und 8. Hinterleibtergit sind stark reduziert und teilweise nur in Spuren vorhanden; (U.G. *Goniomena* MOTSCHULSKY). 10

5 Die tergalen Sklerite wenig ausgedehnt, mit großen Zwischenräumen; Rudimente der vorderen Querreihe auf allen Hinterleibtergiten freistehend (Abb. 217). 6

5* Die tergalen Sklerite stark ausgedehnt und sich eng berührend; die rudimentären Sklerite der vorderen Reihe sind vom 2. Hinterleibtergit an mit dem rückwärts gelegenen Sklerit vereinigt (Abb. 224). 7

6 Vorderbrusttergit ohne Hautrunzeln; an *Populus tremula* L. *decemnotata* (MARSHAM) (= *rufipes* (DEGEER))

6* Vorderbrusttergit mit Hautrunzeln; an *Salix*; nach MEDVEDEV et al. (1978a). *flavicornis* (SUFFRIAN)

7 Die inneren postdorsalen Sklerite auf allen Hinterleibtergiten zu einem unpaarigen Sklerit vereinigt (Abb. 224). 8

7* Die inneren postdorsalen Sklerite sind erst vom 4., oft erst vom 5. oder 6. Hinterleibtergit an zu einem unpaarigen Sklerit vereint; an *Salix* im Gebirge. *holdhausi* (LEEDER) (Abb. 212)

8 Äußere prädorsale Sklerite schon von den Mittel- und Hinterbrusttergiten an mit dem unpaarigen, inneren vereinigt (Abb. 225); an *Salix* im Gebirge. *linnaeana* (SCHRANK)

8* Äußere prädorsale Sklerite erst von den Hinterleibtergiten an mit dem unpaarigen, inneren vereinigt (Abb. 218). 9

9 Sklerite sehr stark gerunzelt, schwach glänzend; die Borsten der Sklerite stehen nicht auf dunkler Basis; Epipleural-Sklerite des 1. Hinterleibtergits mit 4–5 langen und 3 kurzen Borsten (Abb. 218); an *Salix* hochalpiner Regionen. *nivosa* (GYLLENHAL)

9* Sklerite undeutlich gerunzelt, glänzend; die Borsten der Sklerite stehen auf dunkler Basis; Epipleural-Sklerite des 1. Hinterleibtergits mit 3 langen und 6–7 kurzen Borsten (Abb. 224); an *Salix*, besonders *S. viminalis* L. „Veränderlicher Weidenblattkäfer". *viminalis* (L.)

10 Oberseite mit deutlich isolierten, hellbraunen Skleriten (Abb. 221); Scheitel mit kleinen dunklen Flecken; Körperfarbe im Leben grüngelb; an *Alnus viridis* (CHAIX) DC. *interposita* (FRANZ & PALMÉN)

10* Oberseite ohne deutlich isolierte Sklerite; Körperfarbe grün. 11

11 Außer den Makroborsten der tergalen Querreihen daneben noch 4–5 längere Mikroborsten (Abb. 219); an *Salix*, besonders *S. viminalis* L. *pallida* (L.) (Abb. 213)

11* Neben den Makroborsten der tergalen Querreihen 2–3 sehr kurze Mikroborsten. 12

12 Oberlippe am Vorderrand schmal und tief ausgerandet (Abb. 227); die Borsten der vorderen Querreihe der Hinterleibtergite nur halb so lang wie die der hinteren Querreihe (Abb. 220); Körper hellgrün; an *Sorbus aucuparia* GAERTN. und *Prunus padus* L. *quinquepunctata* (F.)

12* Oberlippe am Vorderrand breit und flach ausgerandet (Abb. 226); die Borsten der vorderen Querreihe der Hinterleibtergite gleichlang wie die der hinteren Querreihe (Abb. 222); Körperfarbe schmutzig grün; an *Prunus padus* L. im Gebirge. *intermedia* (HELLIES) (Abb. 214)

36. Gattung: *Phratora* Chevrolat

Literatur: Görnandt (1955).

Tabelle für die Arten

1 Klauen mit einem Zahn an der Innenkante (Abb. 207); Körper auf der Unterseite mit hellen Skleriten; Beine hell; Borsten der Oberseite weiß- bis goldgelb; an *Salix*; „Blauer Weidenblattkäfer". *vulgatissima* (L.)

1* Klauen ohne Zahn (Abb. 208). 2

2 Körper auf der Unterseite mit hellen Skleriten, kaum erkennbar; Borsten auf der Oberseite und die Beine hell; vorherrschend dunkle Formen, seltener hell oder gestreift; Larven aus Zucht an *Salix*; „Blauer Weidenblattkäfer". *laticollis* (Suffrian)

2* Körper auf der Unterseite mit deutlichen Kleinskleriten. 3

3 Oberseite des Körpers olivgrün; auf der Grenze der Hinterleibtergite mit schwarzen Flecken; Borsten der Oberseite gelb; an *Populus tremula* L. *atrovirens* (Cornelius)

3* Oberseite des Körpers weißlich, gelblich oder gänzlich dunkel mit stark ausgeprägter, dunkelfleckiger Mikroskulptur; Beine dunkel. 4

4 Körperborsten schwarz, gewöhnlich dunkler als der Körper; Mikroskulptur auf der Oberseite ungleichmäßig, einzelne dunkle Flecke zwischen den Skleriten bildend; Vorderbrusttergit dunkel mit 2 gelben Flecken auf der Mittellinie; Körper breit, nach hinten verengt, oben etwas abgeflacht; Kopf bedeutend schmäler als die Vorderbrust; Larven aus Zucht an *Salix*; „Blauer Weidenblattkäfer". *vitellinae* (L.)

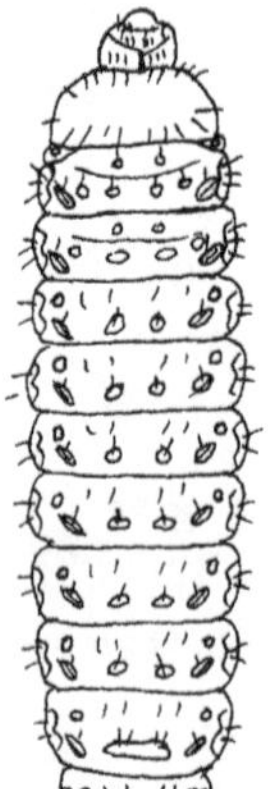
228

229

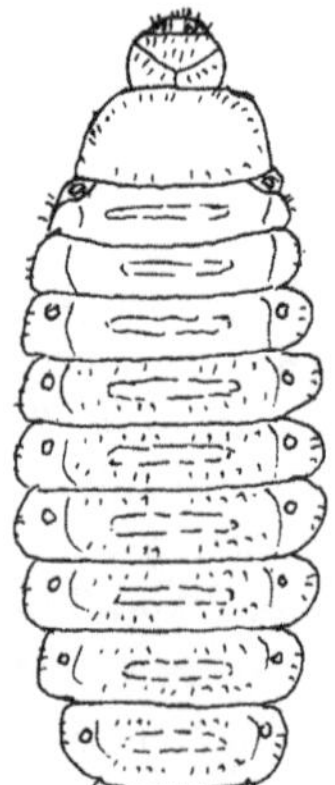
230

231

Abb. 228: *Prasocuris phellandrii*
Abb. 229: *Chrysomela cuprea*
Abb. 230: *Timarcha metallica*
Abb. 231: *Entomoscelis sacra*

4* Körperborsten hell, nicht dunkler als der Körper; Mikroskulptur oben dicht und gleichmäßig, kleine Flecken bildend; Körper länglicher, zylindrisch; Kopf nur wenig schmäler als die Vorderbrust. 5

5 Vorderbrusttergit schwarz, mit breitem hellen Streifen auf dem mittleren Drittel; an *Salix* im Gebirge Nordeuropas, die ssp. leederi STEINHAUSEN subalpin in Mitteleuropa. *polaris* (SCHNEIDER)

5* Vorderbrusttergit schwarz, mit einer schmalen, hellen Mittellinie; Larven aus Zucht an *Salix*. *tibialis* (SUFFRIAN)

37. Gattung: *Timarcha* LATREILLE (Abb. 230)

Literatur: CHEVIN (1985–87), STEINHAUSEN (1986, 1994).

Entwicklung ein-, zwei- oder auch 3-jährig, je nach jahreszeitlicher Eiablage, oft mit fakultativer Überwinterung der Eier.

Tabelle für die Arten

1 Oberlippe mit 6–8 Borsten jederseits auf der Scheibe, am Vorderrand mit 7 Paar Borsten, die innerste, kürzere steht etwas oberhalb des Randes und ist von der nächsten etwa um das Doppelte ihrer Länge entfernt (Abb. 232); Tibiotarsus unten mit 16, Femur mit 35 bis 40 Borsten (Abb. 236); an *Galium* (U.G. *Timarcha* s. str.). *tenebricosa* (F.)

1* Oberlippe mit 4–5 Borsten jederseits auf der Scheibe (Abb. 233–235); Tibiotarsus unten höchstens mit 12, Femur höchstens mit 25 bis 30 Borsten. 2

2 Kopfschild mit 5 Paar Borsten in einer queren Reihe; Oberlippe mit 5 Paar Randborsten (Abb. 233); Tibiotarsus unten mit 6, Femur mit 8 Bor-

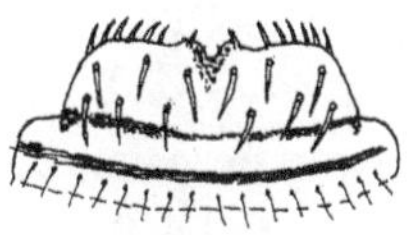
232
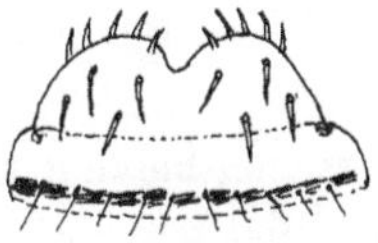
233
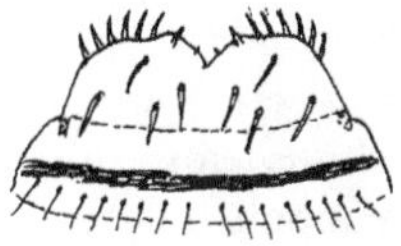
234
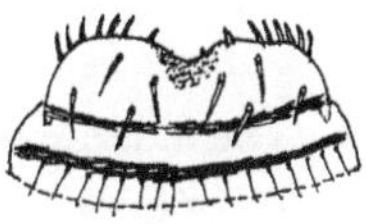
235

236
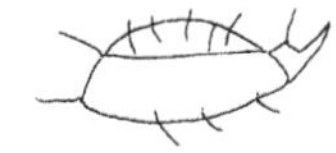
237
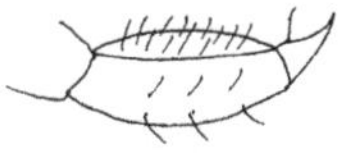
238
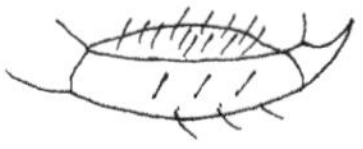
239

Abb. 232: *Timarcha tenebricosa*, Oberlippe
Abb. 233: *Timarcha metallica*, Oberlippe
Abb. 234: *Timarcha goettingensis*, Oberlippe
Abb. 235: *Timarcha pratensis*, Oberlippe
Abb. 236: *Timarcha tenebricosa*, Tibiotarsus
Abb. 237: *Timarcha metallica*, Tibiotarsus
Abb. 238: *Timarcha goettingensis*, Tibiotarsus
Abb. 239: *Timarcha pratensis*, Tibiotarsus.

sten (Abb. 237); Entwicklung vermutlich an *Galium* (JOLIVET, i. lit.) (U.G. *Metallotimarcha* MOTSCHULSKY). *metallica* (LAICHARTING) (Anm.: Die Identität dieser Larve aus dem Fichtelgebirge kann nach Ausschließung der in dieser Region nicht gefundenen anderen Arten und nach den abweichenden morphologischen, aber andrerseits gattungsspezifischen Merkmalen als sicher gelten)

2* Kopfschild mit 7–8, Oberlippe mit 7 Paar Randborsten (Abb. 234, 235); Tibiotarsus unten mit 12, Femur mit 25–30 Borsten (Abb. 238, 239). (U.G. *Timarchostoma* MOTSCHULSKY). 3

3 Die innerste, auf dem Vorderrand der Oberlippe stehende Borste ist etwas kürzer als die äußeren und von der Mitte der Ausrandung um das 3-fache ihrer Länge entfernt (Abb. 234); das 2. Fühlerglied doppelt so lang wie breit; an *Galium*. *goettingensis* (L.)

3* Die innerste, auf dem Vorderrand der Oberlippe stehende Borste ist halb so lang wie die äußeren und von der Mitte der Ausrandung um das 4-fache ihrer Länge entfernt (Abb. 235); das 2. Fühlerglied kürzer, nur $1^{1}/_{2}$mal so lang wie breit; Larven aus Zucht an *Galium mollugo* L. *pratensis* (DUFTSCHMID)

38. Gattung: *Entomoscelis* CHEVROLAT (Abb. 231)

Entwicklung im Frühjahr; obligatorische Überwinterung der Eier.

Tabelle für die Arten

1 Die Sklerite der Hinterleibsternite stärker beborstet, das parasternale mit 11, das posthypopleurale mit 7 und das epipleurale mit 17 Borsten (Abb. 240); Oberlippe am Vorderrand tiefer ausgerandet (Abb. 242); an *Adonis vernalis* L. *sacra* (L.)

1* Die Sklerite der Hinterleibsternite schwächer beborstet, das parasternale mit 7, das posthypopoleurale mit 4 und das epipleurale mit 10 Borsten (Abb. 241); Oberlippe am Vorderrand flacher ausgerandet (Abb. 243); an *Adonis vernalis* L., gelegentlich Schädling an Cruciferae. *adonidis* (PALLAS)

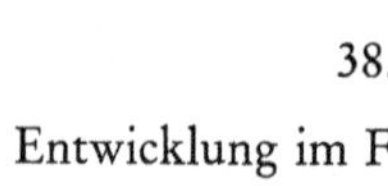
240

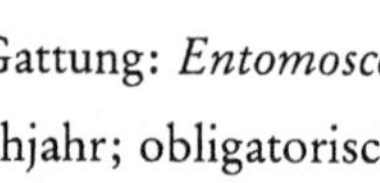
241

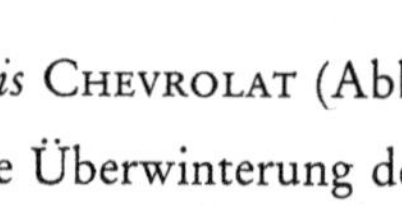
242

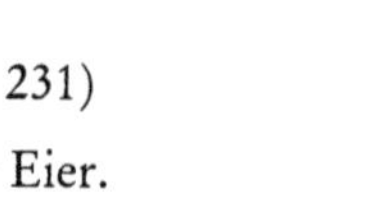
243

Abb. 240: *Entomoscelis sacra*, 2. Hinterleibsternit
Abb. 241: *Entomoscelis adonidis*, 2. Hinterleibsternit
Abb. 242: *Entomoscelis sacra*, Oberlippe
Abb. 243: *Entomoscelis adonidis*, Oberlippe

9. und 10. Unterfamilie: Galerucinae und Alticinae

Literatur: BÖVING (1929), MARSHALL (1980).

Nach bisherigen Kenntnissen ist eine exakte Trennung der Larven der beiden Unterfamilien nicht möglich; die Lebensweise der Arten ist recht unterschiedlich und zumindest bei den Alticinae oft innerhalb der Gattung nicht einheitlich.

Von den folgenden Gattungen sind die Larven noch nicht bekannt:
48 *Euluperus* WEISE, 56 *Ochrosis* FOUDRAS, 58 *Orestia* GERMAR, 59 *Derocrepis* WEISE, 63 *Minota* KUTSCHERA, 70 *Mniophila* STEPHENS.

Tabelle für die Gattungen

1 Epikranialnaht lang oder kurz, aber immer deutlich wahrnehmbar, Stirnnähte hinten zusammenlaufend und mit der Epikranialnaht vereinigt; Hinterrand der Kopfkapsel ohne verlängerte Öffnung oder nur schwach ausgerandet (Abb. 244). 2

1* Kopf mit nach hinten gezogenen Ecken und ausgeschnittenem Hinterhaupt, ohne Epikranialnaht; die Stirnnähte enden am Rand der Hinterhauptöffnung (Abb. 245); Unterlippentaster fehlen; Borsten und Körpersklerite reduziert. 36

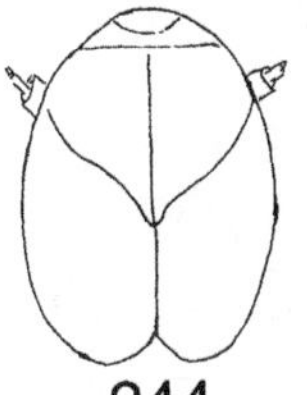
244

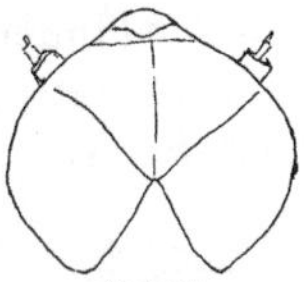
245

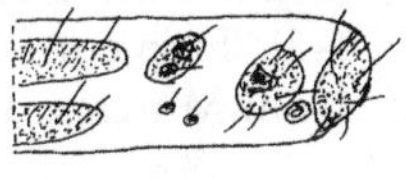
246

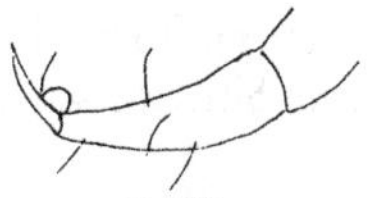
247

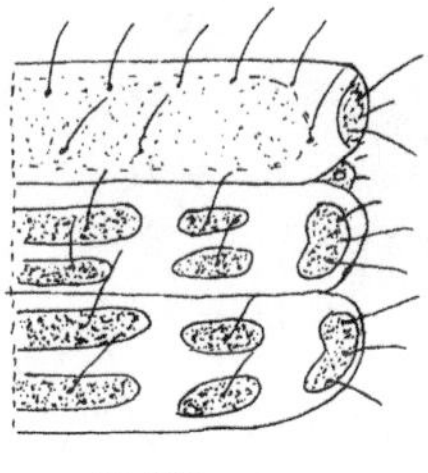
248

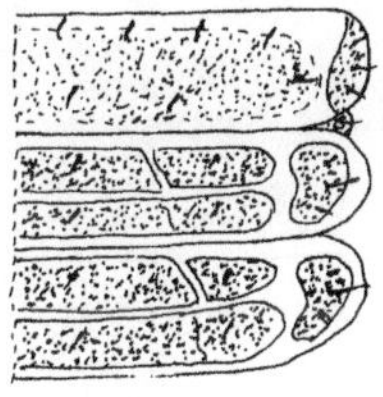
249

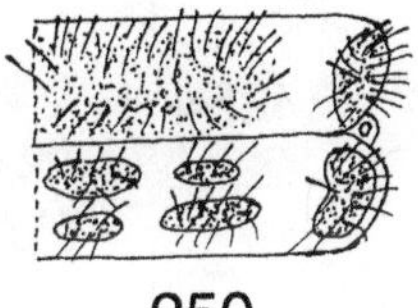
250

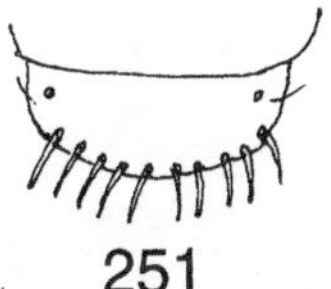
251

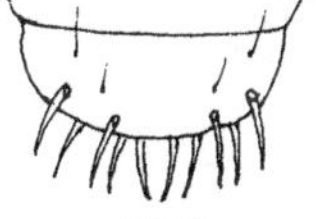
252

Abb. 244: *Podagrica malvae*, Kopf
Abb. 245: *Apteropeda splendida*, Kopf
Abb. 246: *Agelastica alni*, 1. Hinterleibtergit
Abb. 247: *Diorhabda elongata*, Tibiotarsus
Abb. 248: *Pyrrhalta viburni*, Brusttergite
Abb. 249: *Galerucella nymphaeae*, Brusttergite
Abb. 250: *Xanthogaleruca luteola*, Vorder- u. Mittelbrusttergit
Abb. 251: *Galerucella nymphaeae*, 9. Hinterleibtergit
Abb. 252: *Pyrrhalta lineola*, 9. Hinterleibtergit

2 Epikranialnaht sehr kurz; die Seiten der Segmente mit langen, fingerförmigen Fortsätzen; Körper ohne Sklerite; in Mitteleuropa nicht vertreten.
(*Oedionychus* BERTHOLD)

2* Epikranialnaht lang oder kurz, die Seiten der Segmente ohne lange, fingerförmige Fortsätze. 3

3 Hinterleibtergite mit Drüsenöffnungen in Höhe der dorsolateralen Sklerite (Abb. 246). 46 *Agelastica* CHEVROLATTB (S. 292)

3* Hinterleibtergite ohne Drüsenöffnungen in Höhe der dorsolateralen Sklerite. 4

4 Epipleuralsklerite der Vorderbrust mit nicht weniger als 2 Makroborsten (Abb. 248); die äußeren dorsalan Sklerite der Mittel- und Hinterbrust mit mindestens einer Makroborste; Kopf jederseits mit einem Augenfleck; Tergite der Hinterleibsegmente mit 2 queren Skleritreihen. . . 5

4* Epipleuralsklerite der Vorderbrust mit einer Makroborste. 11

5 Sklerite der Körperoberseite tuberkelartig erhöht, mit nach allen Seiten abstehenden Borsten (Abb. 281 bis 283); innere dorsale Sklerite der Mittel- und Hinterbrust geteilt; Tibiotarsus kurz, Klauen mäßig lang, viel kürzer als der halbe Tibiotarsus, mit Haftbeutel.
41 *Galeruca* MÜLLER (S. 289)

5* Sklerite der Körperoberseite flach oder nur schwach, die Epipleuralsklerite manchmal etwas stärker erhöht. 6

6 Beine stark verlängert, besonders der Tibiotarsus, mit kleinem unscheinbaren Haftbeutel (Abb. 247); Epipleuralborsten der Hinterleibsegmente ohne Sklerite; an *Tamarix*; in Mitteleuropa nicht vertreten.
(*Diorhabda elongata* BRULLÉ)

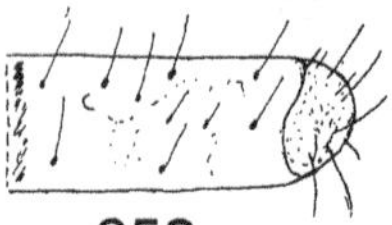
253

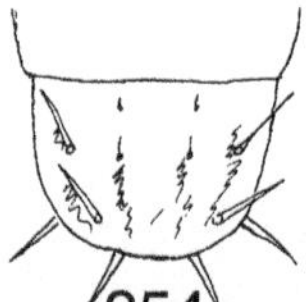
254

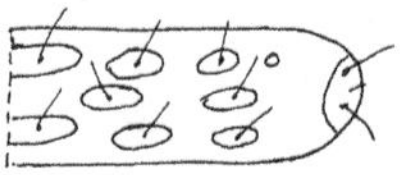
255

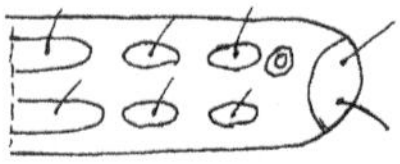
256

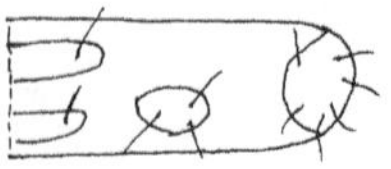
257

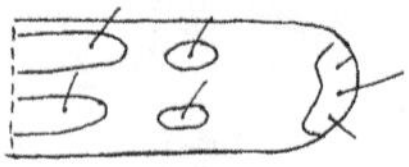
258

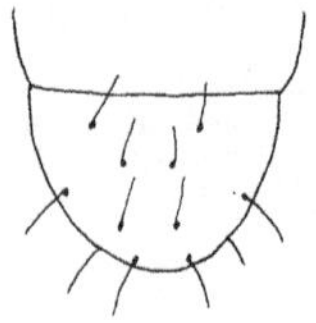
259

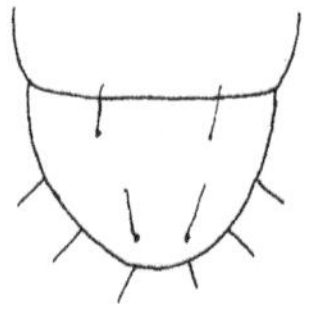
260

Abb. 253: *Lochmaea capreae*, Vorderbrusttergit
Abb. 254: *Calomicrus pinicola*, 9. Hinterleibtergit
Abb. 255: *Crepidodera plutus*, 1. Hinterleibtergit
Abb. 256: *Altica carduorum*, 1. Hinterleibtergit
Abb. 257: *Phyllotreta armoraciae*, Hinterbrusttergit (nach OGLOBLIN et al. 1971)
Abb. 258: *Podagrica malvae*, Hinterbrusttergit
Abb. 259: *Batophila rubi*, 9. Hinterleibtergit
Abb. 260: *Epitrix pubescens*, 9. Hinterleibtergit (nach OGLOBLIN et al. 1971)

6* Beine normal, kurz, mit deutlichem Haftbeutel; Epipleuralborsten der Hinterleibsegmente stets mit Sklerit. 7

7 9. Hinterleibtergit mit 5 Paar in einer Linie stehenden Randborsten und ohne dorsale Scheibenborsten (Abb. 251); tergale Sklerite sehr breit und sich berührend, das innere und äußere postdorsale Sklerit der Mittel- und Hinterbrust zu einem Sklerit vereinigt (Abb. 249); Körperborsten kurz.
39 *Galerucella* CROTCH (partim) (S. 288)

7* 9. Hinterleibtergit mit 6–15 Paar teilweise versetzten Borsten, davon mindestens ein Paar, oft sehr kurzen, auf der Scheibe (Abb. 252); tergale Sklerite breit oder rund, dazwischen mit deutlichen Trennlinien oder Flächen (bei frisch gehäuteten Larven sehr dünn); das innere und äußere postdorsale Sklerit der Mittel- und Hinterbrust deutlich voneinander getrennt (Abb. 248). 8

8 9. Hinterleibtergit mit mehr als 15 Paar Borsten, davon 5 Paar am Rand und 10 Paar auf der Scheibe; Epipleuralsklerit der Vorderbrust mit mehr als 10 Borsten (Abb. 250).
40A *Xanthogaleruca* LABOISSIÈRE
(– *Galerucella* CROTCH (partim)) (S. 289)

8* 9. Hinterleibtergit mit höchstens 10 Paar Borsten; Epipleuralsklerit der Vorderbrust mit weniger als 10 Borsten. 9

9 Innere prätergale Sklerite erst vom 7. Segment an paarweise vereinigt.
39 *Galerucella* CROTCH (partim) (S. 288)

9* Innere prätergale Sklerite auf allen Hinterleibsegmenten paarweise vereinigt. 10

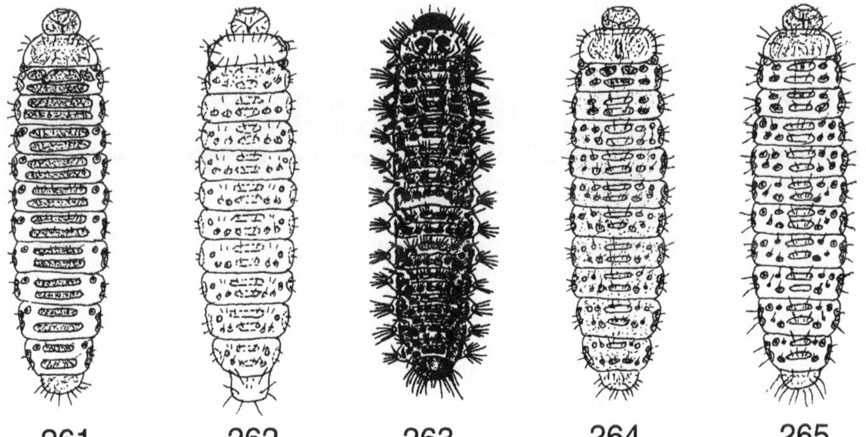

Abb. 261: *Galerucella nymphaeae*
Abb. 262: *Calomicrus pinicola*
Abb. 263: *Xanthogaleruca luteola* (aus BÖVING et al. 1931)
Abb. 264: *Lochmaea capreae*
Abb. 265: *Pyrrhalta lineola*

10 Epipleuralsklerit der Vorderbrust mit 2–3 Makroborsten (Abb. 248). 40 *Pyrrhalta* JOANNIS (= *Galerucella* CROTCH partim) (S. 288)

10* Epipleuralsklerit der Vorderbrust mit 4–6 Makroborsten (Abb. 253). 42 *Lochmaea* WEISE (S. 290)

11 Tergite der Hinterleibsegmente mit 3, seltener 4 Querreihen von Skleriten, d. h. mit Interkalarreihen, oder mit entsprechenden Querreihen von Borsten, deren Sklerite nicht sichtbar sind (Abb. 255). 12

11* Tergite der Hinterleibsegmente mit 2 Querreihen von Skleriten (Abb. 256); selten ist eine 3., sehr schmale Interkalarreihe vorhanden, dann aber ohne Borsten, oder diese sind sehr kurz. 28

12 Äußere prädorsale Sklerite der Mittel- und Hinterbrust fehlen, oder falls vorhanden, dann sehr reduziert und ohne Borsten (Abb. 257) (bei *Psylliodes* sind unscheinbare Borsten oder Poren vorhanden). 13

12* Äußere prädorsale Sklerite der Mittel- und Hinterbrust deutlich wahrnehmbar, mit Borsten (manchmal kurz) (Abb. 258). 18

13 Körper ohne deutliche Sklerite; 9. Hinterleibsegment mit einfachem abgerundeten Ende. 14

13* Körper mit deutlichen, seltener schlecht sichtbaren Skleriten. 15

14 9. Hinterleibtergit mit 6 Paar Borsten, davon 3 Paar auf der Scheibe, alle Borsten lang und von fast gleicher Länge (Abb. 259); Epikranialnaht lang, ca. 1/3 der mittleren Stirnnaht. 54 *Batophila* FOUDRAS (S. 299)

14* 9. Hinterleibtergit mit 5 Paar Borsten, davon 2 Paar auf der Scheibe, die Randborsten viel kürzer (Abb. 260); nach OGLOBLIN et al. (1971). 62 *Epitrix* FOUDRAS (S. 300)

15 9. Hinterleibtergit mit 5 Paar Borsten; nach OGLOBLIN et al. (1971). 55 *Lythraria* BEDEL (S. 300)

15* 9. Hinterleibtergit mit mindestens 6 Paar Borsten. 16

16 Innere prädorsale Sklerite der Hinterleibsegmente 1 bis 7 breit angeordnet ohne sich paarweise zu vereinigen; Hinterrand des 9. Hinterleibsegments abgerundet, ohne oder mit einem kurzen Enddorn (Abb. 302). 49 *Phyllotreta* CHEVROLAT (partim) (S. 292)

16* Innere prädorsale Sklerite der Hinterleibsegmente 1 bis 7 paarweise vereinigt. 17

17 Äußere postdorsale Sklerite der Mittel- und Hinterbrust mit einer Mikroborste; Sklerite nur schwach erkennbar; Hinterrand des 9. Hinterleibtergits abgerundet, ohne, mit einem oder 2 kurzen Dornen. 51 *Longitarsus* BERTHOLD (S. 296)

17* Äußere postdorsale Sklerite der Mittel- und Hinterbrust mit mehr als einer Makroborste, Sklerite meist gut erkennbar; Hinterrand des 9. Hinterleibtergits abgerundet, ohne Dornen. 61 *Crepidodera* CHEVROLAT (= *Chalcoides* FOUDRAS) (S. 300)

18 Alle inneren dorsalen Sklerite der Hinterleibsegmente paarweise vereinigt; Epikranialnaht kurz, ca. 1/5 der Stirnlänge. 19

18* Wenigstens die inneren dorsalen Interkalarsklerite der Hinterleibsegmente bleiben getrennt. 20

19 9. Hinterleibtergit am Hinterrand ohne dornartige Spitzen; nach OGLOBLIN et al. (1971). 43 *Phyllobrotica* CHEVROLAT (S. 291)

19* 9. Hinterleibtergit am Hinterrand mit 2 dornartigen Spitzen; nach OGLOBLIN et al. (1971). 66 *Chaetocnema* STEPHENS (partim) (S. 301)

20 9. Hinterleibtergit am Hinterrand mit einer oder 2 dornartigen Spitzen. 21

20* 9. Hinterleibtergit am Hinterrand ohne dornartige Spitzen. 23

21 9. Hinterleibtergit mit einer kurzen, nach oben gerichteten dornartigen Spitze. 49 *Phyllotreta* CHEVROLAT (partim) (S. 292)

21* 9. Hinterleibtergit am Hinterrand mit 2 kurzen, nach oben gerichteten, dornartigen Spitzen. 22

22 Epikranialnaht kurz, ca. 1/5 der Stirnlänge (Abb. 266); Sklerite undeutlich. 72 *Psylliodes* BERTHOLD (partim) (S. 305)

22* Epikranialnaht länger, ca. 1/3 der Stirnlänge (Abb. 244); Sklerite deutlich. 64 *Podagrica* CHEVROLAT (partim) (S. 301)

23 Innere prä- und postdorsale Sklerite auf allen oder nur einigen Hinterleibtergiten paarweise vereinigt. 24

23* Alle inneren dorsalen Sklerite der Hinterleibtergite bleiben getrennt. . 25

24 Epipleurale Sklerite der Hinterleibsegmente mit 4, hypopleurale mit 3 Borsten; Epikranialnaht lang; nach OGLOBLIN et al. (1971). 44 *Exosoma* JACOBY (S. 291)

24* Epipleurale und hypopleurale Sklerite der Hinterleibsegmente mit 2 Borsten; Epikranialnaht kurz; nach OGLOBLIN et al. (1971). 66 *Chaetocnema* STEPHENS (partim) (S. 301)

25 Sklerite der Tergite sehr deutlich, immer dunkler als der übrige Körper. 26

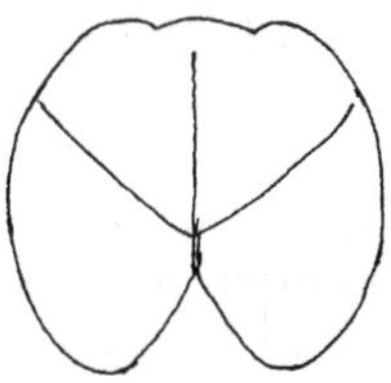
266

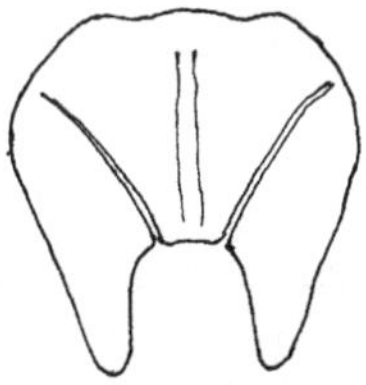
267

268

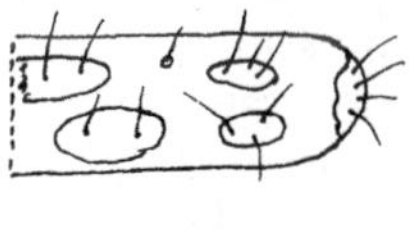
269

270

271

272

Abb. 266: *Psylliodes chalcomera*, Kopf
Abb. 267: *Sphaeroderma testaceum*, Kopf (nach GRANDI 1938)
Abb. 268: *Dibolia schillingi*, Kopf
Abb. 269: *Sermylassa halensis*, Hinterbrusttergit
Abb. 270: *Sphaeroderma testaceum*, Oberlippe (nach GRANDI 1938)
Abb. 271: *Dibolia rugulosa*, Vorderbruststernit
Abb. 272: *Apteropeda splendida*, Vorderbruststernit

25* Sklerite der Tergite undeutlich markiert, hell wie der übrige Körper. . 27

26 Epikranialnaht lang, ca. $1/3$ der Stirnlänge (Abb. 244); dorsolaterale Sklerite der Mittel- und Hinterbrust mit einer Borste (Abb. 258).
64 *Podagrica* Chevrolat (partim) (S. 301)

26* Epikranialnaht kurz, ca. $1/5$ der Stirnlänge; dorsolaterale Sklerite der Mittel- und Hinterbrust mit 3, der Hinterleibtergite mit 2 Borsten (Abb. 269). 47 *Sermylassa* Reitter (S. 292)

27 Äußere prädorsale Sklerite der Mittel- und Hinterbrust groß; Oberlippe mit deutlicher Mittelausrandung und jederseits mit 3 Randborsten; Beine mit dornartigen Borsten; in Europa nicht vertreten; nach Medvedev et al. (1978). (*Monolepta* Chevrolat)

27* Äußere prädorsale Sklerite der Mittel- und Hinterbrust klein; Epikranialnaht kurz. 72 *Psylliodes* Berthold (partim) (S. 305)

28 9. Hinterleibsegment schwanzartig verlängert und dorsal mit dichter und grober, wabenartiger Struktur, mit verrundetem Hinterrand und höchstens 2 Paar Borsten; äußere prädorsale Sklerite der Mittel- und Hinterbrust mit einer Borste; an Cucurbitaceae; in Mitteleuropa nicht vertreten.
(*Aulacophora* Chevrolat)

28* 9. Hinterleibsegment normal, manchmal dunkel pigmentiert oder porenartig skulpturiert und mit mehr als 2 Paar Borsten (Abb. 254); äußere prädorsale Sklerite der Mittel- und Hinterbrust fehlen oder sind nur schwach entwickelt und ohne Makroborste. 29

29 9. Hinterleibtergit abstechend zur übrigen Körperfarbe hell- bis dunkelbraun pigmentiert, oft porenartig skulpturiert. 30

29* 9. Hinterleibtergit wie der übrige Körper hell oder dunkel, manchmal mit Eindrücken auf der Scheibe. 32

30 9. Hinterleibtergit mit 7 Paar Makroborsten; Epikranialnaht lang; nach Blunck (1932). 57 *Asiorestia* Jacoby
(= *Crepidodera* auct.) (S. 300)

30* 9. Hinterleibtergit mit höchstens 6 Paar Makroborsten; Hinterleibtergite mit schmalen, schwer erkennbaren Interkalarreihen, manchmal mit sehr kurzen Mikroborsten. 31

31 9. Hinterleibtergit porenartig skulpturiert; auf der Scheibe mit langen Borsten (Abb. 292 bis 294). 45 *Luperus* Müller (S. 292)

31* 9. Hinterleibtergit ohne porenartige Skulptur, mit länglichen, hellbraunen Flecken; die 2 Borstenpaare auf der Scheibenmitte sehr kurz (Abb. 254). 45A *Calomicrus* Stephens
(= *Luperus* Müller partim) (S. 292)

32 Körperhaut zwischen den Skleriten mit dichter, dunkler Mikroskulptur, die Sklerite ebenfalls dunkelfarbig. 33

32* Körperhaut zwischen den Skleriten ohne deutliche Mikroskulptur, die Sklerite hellfarbig. 34

33 Äußere postdorsale Sklerite der Mittel- und Hinterbrust mit 2 Makroborsten; innere prädorsale und postdorsale Sklerite der Hinterleibsegmente paarweise vereint; inneres dorsolaterales (prästigmales) Sklerit gut sichtbar. 52 *Altica* Geoffroy (S. 297)

33* Äußere postdorsale Sklerite der Mittel- und Hinterbrust mit einer Makroborste; innere dorsale Sklerite bis auf die zu einem unpaarigen

Sklerit vereinigten prädorsalen, inneren Sklerite der Mittelbrust weit auseinandergerückt; inneres dorsolaterales Sklerit fehlt; nach OGLOBLIN et al. (1971). 60 *Hippuriphila* FOUDRAS (S. 300)

34 Innere prä- und postdorsale Sklerite der Mittel- und Hinterbrust sowie der Hinterleibsegmente bis auf das vereinigte postdorsale des 8. Tergits getrennt, alle Sklerite sehr klein, ringförmig um die Basis der Borsten; Epikranialnaht sehr kurz, ca. 1/7 der Stirnlänge.
65 *Mantura* STEPHENS (S. 301)

34* Innere prä- und postdorsale Sklerite der Mittel- und Hinterbrust sowie der Hinterleibsegmente paarweise vereinigt; Epikranialnaht länger, ca. 1/6 bis 1/2 der Stirnlänge. 35

35 Epikranialnaht lang, ca. 1/3 bis 1/2 der Stirnlänge; Stirn neben den 4 Paar Makroborsten mit einem Paar Mikroborsten.
53 *Hermaeophaga* FOUDRAS (S. 299)

35* Epikranialnaht kurz, ca. 1/4 bis 1/6 der Stirnlänge; Stirn mit nur 4 Paar Makroborsten. 50 *Aphthona* CHEVROLAT (S. 295)

36 Die Stirnnähte enden an der Hinterhauptöffnung ohne sich zu vereinigen (Abb. 267); Seiten der Hinterleibsegmente mit nach außen ragenden, fingerförmigen Fortsätzen; Oberlippe mit großer und breiter Ausrandung, am Vorderrand an den Seiten mit fransenartigen, langen und gebogenen Haaren (Abb. 270). 37

36* Die Stirnnähte treffen sich an der Hinterhauptöffnung (Abb. 268); Seiten der Hinterleibsegmente mit schwachen, abgerundeten Vorwölbungen; Oberlippe mit nur geringer oder ohne Ausrandung am Vorderrand; an den Seiten ohne lange, gebogene Haare. 38

274

275

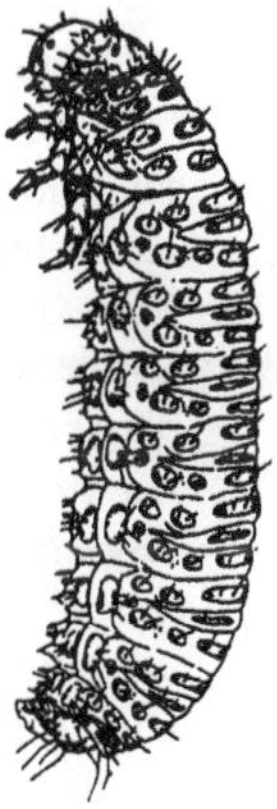

276

273

Abb. 273: *Galeruca tanaceti* (aus BÖVING 1929)
Abb. 274: *Phyllobrotica quadrimaculata* (aus BÖVING 1927)
Abb. 275: *Agelastica alni* (aus BÖVING 1929)
Abb. 276: *Sermylassa halensis* (aus BÖVING 1929)

37 Oberlippe außer den fransenartigen Haaren mit jederseits 3 stärkeren Randborsten neben der Mitte und 2 an den Seiten; die Scheibe ohne weitere Borsten; nach MEDVEDEV et al. (1978).
68 *Argopus* FISCHER (S. 303)

37* Oberlippe außer den fransenartigen Haaren mit jederseits 4 stärkeren Randborsten und 2 an den Seiten; außerdem auf der Scheibe mit 4 Paar Borsten (Abb. 270). 67 *Sphaeroderma* STEPHENS (S. 303)

38 Vorderbruststernit in der Mitte mit einem dunklen, T-förmigen Sklerit (Abb. 271); Hinterleibsternite in der Mitte mit einer queren Reihe von kurzen Borsten, auf den Sterniten 3 bis 7 mit kleinen Wülsten in der Art von Scheinfüßchen; Stigmen einfach mit braunem Rand.
71 *Dibolia* LATREILLE (S. 303)

38* Vorderbruststernit in der Mitte mit einem dunklen, umgekehrt T-förmigen Sklerit (Abb. 272); Hinterleibsternite ohne Borsten; die Stigmen selbst hell, von einem braunen Ring umgeben; Hinterleibsternite ohne Wülste. 69 *Apteropeda* STEPHENS (S. 303)

39. Gattung: *Galerucella* CROTCH (Abb. 261)

Die Larven leben an den Blättern der Pflanzen.

Tabelle für die Arten

1 9. Hinterleibtergit mit 5 Paar in einer Linie stehenden Randborsten, ohne Borsten auf der dorsalen Scheibe (Abb. 251). 2

1* 9. Hinterleibtergit mit 9 Paar teilweise versetzten Borsten, davon 2 kürzere mehr dorsal gelegen und die restlichen am Rand (Abb. 284); innere prätergale Sklerite erst vom 7. Segment an paarweise vereinigt; Körperborsten lang, dunkel; an *Lysimachia vulgaris* L. *grisescens* (JOANNIS)

2 Die posttergalen, paarweise vereinigten dorsalen Sklerite sind vom 1. Hinterleibsegment an mit dem dorsolateralen vereinigt; das ventrale Mittelsklerit auf den Hinterleibsterniten sehr hell und kaum von der Umgebung zu unterscheiden; an *Nymphaea* und *Nuphar*; „Seerosenblattkäfer“. *nymphaeae* (L.)

2* Die posttergalen, paarweise vereinigten dorsalen Sklerite bleiben auf den Hinterleibsegmenten vom dorsolateralen getrennt; das ventrale Mittelsklerit auf den Hinterleibsterniten dunkel und deutlich aus der Umgebung heraus markiert. 3

3 Die dorsalen, posttergalen vereinigten, inneren und äußeren Sklerite der Mittel- und Hinterbrust berühren außen das dorsolaterale Sklerit; die prätergalen inneren und äußeren Sklerite vereinigt; an *Sanguisorba* und *Geum*. sp.? ev. *sagittariae* (GYLLENHAL)

3* Die dorsalen, posttergalen vereinigten, inneren und äußeren Sklerite der Mittel- und Hinterbrust vom dorsolateralen durch schmale, helle Streifen getrennt; die prätergalen, inneren und äußeren Sklerite getrennt; an *Rumex hydrolapathum* HUDS. sp.? ev. *aquatica* (FOURCROY)

40. Gattung: *Pyrrhalta* Joannis (Abb. 265)

Die Larven leben an den Blättern der Pflanzen.

Tabelle für die Arten

1 Hinterleibtergite mit einem prästigmalen Sklerit (Abb. 285); innere, prädorsale Sklerite der Hinterleibsegmente mit einem Paar langer Borsten; an *Viburnum*; Überwinterung im Eistadium, Larve im Frühjahr. *viburni* (Paykull)

1* Hinterleibtergite ohne ein prästigmales Sklerit (Abb. 286). 2

2 Prädorsolaterale Sklerite der Mittel- und Hinterbrust entwickelt, mit einer kurzen Borste; Epipleuralsklerite mit 4 Borsten (Abb. 287); Hinterleibsternite dunkelbraun; an *Salix*, auch an *Alnus*, *Corylus* und *Populus*; „Behaarter Weidenblattkäfer". *lineola* (F.)

2* Prädorsolaterale Sklerite der Mittel- und Hinterbrust reduziert mit einer Pore; Hinterleibsternite hellbraun. 3

3 Epipleurale Hinterleibsklerite mit 2 langen und 2 kurzen Borsten; an *Lythrum salicaria* L. *calmariensis* (L.)

3* Epipleurale Hinterleibsklerite mit einer langen und einer kurzen Borste (Abb. 288). 4

4 Körper gelb, mit dunkelbraunen Skleriten; an *Lythrum salicaria* L. *pusilla* (Duftschmid)

4* Körper hell, grüngelb, mit hellbraunen Skleriten; an *Fragaria*, *Geum*, *Potentilla*, *Filipendula*; „Erdbeerblattkäfer". *tenella* (L.)

40A: Gattung: *Xanthogaleruca* Laboissière (Abb. 263)

Die Larven leben an den Blättern der Pflanze.

Einzige Art in Mitteleuropa; an *Ulmus carpinifolia* Gled.; „Ulmenblattkäfer". *luteola* (Müller)

41. Gattung: *Galeruca* Müller (Abb. 273)

Die Larven leben an den Blättern der Pflanzen; Überwinterung im Eistadium, die Larven daher im zeitigen Frühjahr.

Tabelle für die Arten

1 Die postdorsalen, inneren Sklerite sind vom 2. oder 3. Hinterleibtergit an paarweise vereinigt (Abb. 278). 2

1* Die postdorsalen, inneren Sklerite bleiben bis zum 7. Hinterleibtergit getrennt (Abb. 277); Vorderbrusttergit am Vorderrand mit einer fast regelmäßigen Reihe von 10–14 langen und kurzen Borsten; an Blättern von *Lepidium graminifolium* L. *interrupta circumdata* Duftschmid

2 Vorderbrusttergit am Vorderrand mit einer fast regelmäßigen Reihe von 10–14 langen und kurzen Borsten (Abb. 279); das prädorsale, äußere Sklerit der Hinterleibtergite groß, vom inneren um weniger als das 2-fache seines Durchmessers entfernt (Abb. 278); die Sklerite der hinteren Reihe auf den Hinterleibtergiten nur schwach warzenförmig ver-

längert (Abb. 281); in den Blütenständen von *Aconitum, Thalictrum* und *Trollius europaeus* L. *laticollis* (Sahlberg)

2* Vorderbrusttergit am Vorderrand mit einer unregelmäßig doppelten Reihe von 16–20 langen und kurzen Borsten (Abb. 280); die Sklerite der hinteren Reihe auf den Hinterleibtergiten stark warzenförmig verlängert (Abb. 282 bis 283). 3

3 Die warzenförmigen Sklerite auf dem 8. Hinterleibtergit mit großer Basis, daher die Abstände zwischen ihnen kleiner als der Durchmesser an der Basis (Abb. 282); an *Salvia pratensis* L., auch von anderen Pflanzen oligophag gemeldet. *pomonae* (Scopoli)

3* Die warzenförmigen Sklerite auf dem 8. Hinterleibtergit mit kleiner Basis, daher die Abstände zwischen ihnen größer als der Durchmesser an der Basis (Abb. 283): an *Achillea millefolium* L., auch von vielen anderen Pflanzen polyphag, z. T. als Schädling gemeldet; „Rainfarnblattkäfer". *tanaceti* (L.)

42. Gattung: *Lochmaea* Weise (Abb. 264)

Literatur: Brovdii (1965).
Die Larven leben an den Blättern der Pflanzen.

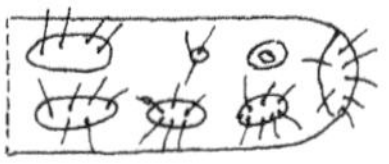
277

278

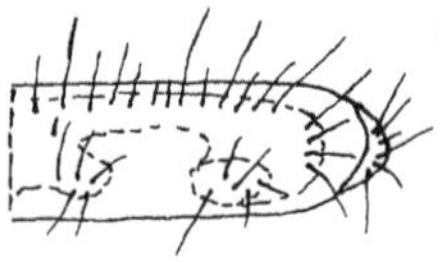
279

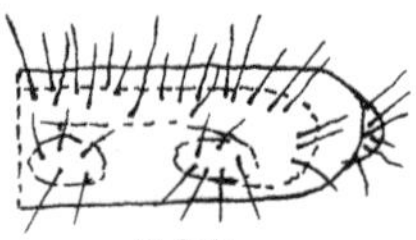
280

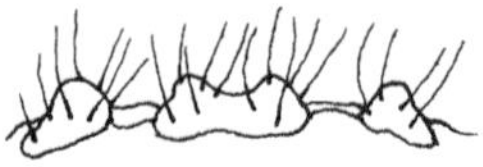
281

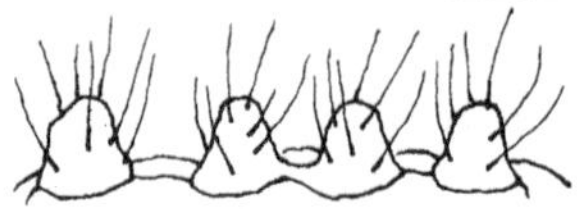
282

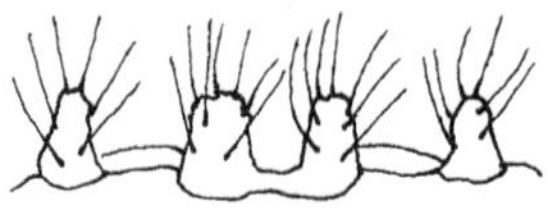
283

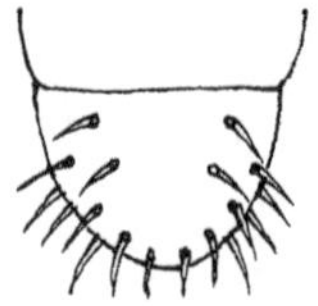
284

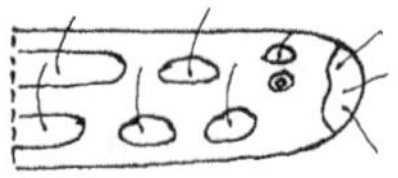
285

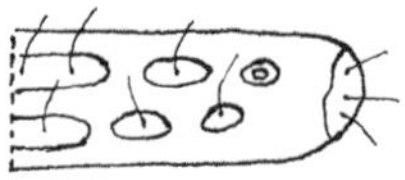
286

Abb. 277: *Galeruca interrupta circumdata*, 2. Hinterleibtergit
Abb. 278: *Galeruca laticollis*, 2. Hinterleibtergit
Abb. 279: *Galeruca laticollis*, Vorderbrusttergit
Abb. 280: *Galeruca tanaceti*, Vorderbrusttergit
Abb. 281: *Galeruca laticollis*, 8. Hinterleibtergit
Abb. 282: *Galeruca pomonae*, 8. Hinterleibtergit
Abb. 283: *Galeruca tanaceti*, 8. Hinterleibtergit
Abb. 284: *Galerucella grisescens*, 9. Hinterleibtergit
Abb. 285: *Pyrrhalta viburni*, 1. Hinterleibtergit
Abb. 286: *Pyrrhalta lineola*, 1. Hinterleibtergit

Tabelle für die Arten

1 Hinterleibtergite mit prästigmalen Skleriten (Abb. 289); Hypopleuralsklerite mit 2 langen Borsten; an *Crataegus*; „Weißdornblattkäfer". *crataegi* (FORSTER)

1* Hinterleibtergite ohne prästigmale Sklerite (Abb. 290, 291); Hypopleuralsklerite mit 3 langen und einer kurzen Borste. 2

2 Innere prädorsale Sklerite der Mittel- und Hinterbrust- sowie der Hinterleibtergite mit 2 bis 3 langen Borsten (Abb. 291); Scheitel mit 5 Paar langen Borsten; an *Calluna vulgaris* L.; „Heidekrautblattkäfer". *suturalis* (THOMSON)

2* Innere prädorsale Sklerite der Mittel- und Hinterbrust- sowie der Hinterleibtergite mit einer langen und einer kurzen Borste (Abb. 290); Scheitel mit 6 langen Borsten; an *Alnus, Betula, Salix*; „Birkenblattkäfer". *capreae* (L.)

43. Gattung: *Phyllobrotica* CHEVROLAT (Abb. 274)

Einzige in Europa bekannte Larve; an den Wurzeln von *Scutellaria* überwinternd. *quadrimaculata* (L.)

44. Gattung: *Exosoma* JACOBY

Einzige in Europa bekannte Larve; Entwicklung unbekannt. *lusitanica* (L.)

287

288

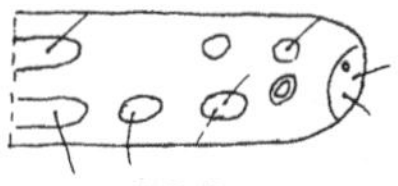
289

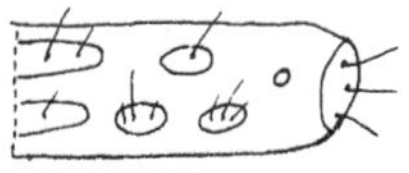
290

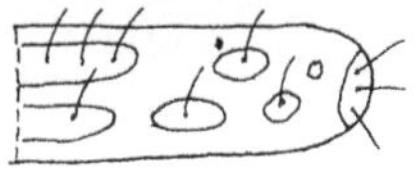
291

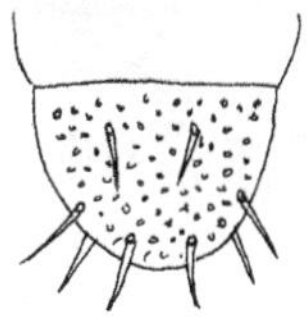
292

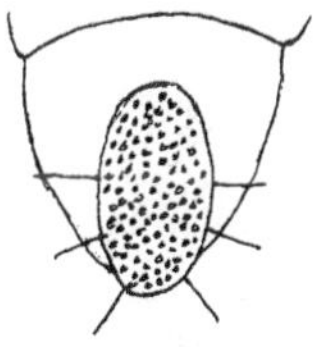
293

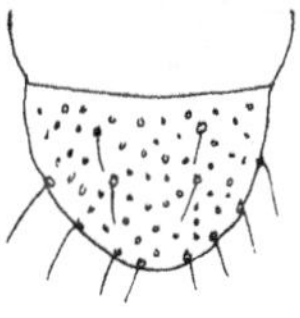
294

Abb. 287: *Pyrrhalta lineola*, Hinterbrusttergit
Abb. 288: *Pyrrhalta pusilla*, 1. Hinterleibtergit
Abb. 289: *Lochmaea crataegi*, 1. Hinterleibtergit (nach BROVDII 1965)
Abb. 290: *Lochmaea capreae*, 1. Hinterleibtergit
Abb. 291: *Lochmaea suturalis*, 1. Hinterleibtergit
Abb. 292: *Luperus longicornis*, 9. Hinterleibtergit (nach PATERSON 1931)
Abb. 293: *Luperus luperus*, 9. Hinterleibtergit (nach URBAN 1913)
Abb. 294: *Luperus flavipes*, 9. Hinterleibtergit (nach OGLOBLIN et al. 1971)

45. Gattung: *Luperus* MÜLLER (Abb. 262)

Die in der Literatur genannten Merkmale, besonders die Anzahl und Länge der Borsten des 9. Hinterleibtergits scheinen unterschiedlich aufgefaßt zu sein, so daß eine Revision der Tabelle notwendig erscheint.

Die Larven leben vermutlich an den Wurzeln von Gräsern, wo sie auch überwintern, entgegen der Lebensweise der Imagines an Laubgehölzen.

Tabelle für die Arten

1 Oberkiefer mit 4 Zähnen; 9. Hinterleibtergit mit 6 Borsten (Abb. 293); nach URBAN (1913). *luperus* (SULZER) und *saxonicus* (GMELIN)

1* Oberkiefer mit 2–3 Zähnen, 9. Hinterleibtergit mit 8–12 Borsten. . . 2

2 Oberkiefer mit 2 Zähnen; 9. Hinterleibtergit mit 8 Borsten, paarweise 2 auf der Scheibe und 2 am Hinterrand (Abb. 292); nach PATERSON (1931). *longicornis* (F.)

2* Oberkiefer mit 3 Zähnen; 9. Hinterleibtergit mit 12 Borsten, paarweise je 2 auf der Scheibe und 4 am Hinterrand (Abb. 294); nach OGLOBLIN et al. (1971). *flavipes* (L.)

45A. Gattung: *Calomicrus* STEPHENS

Einzige bekannte Larve; an Graswurzeln in *Pinus*-Schonungen überwinternd; „Schwarzer Kiefernblattkäfer". *pinicola* (DUFTSCHMID)

46. Gattung: *Agelastica* CHEVROLAT (Abb. 275)

Einzige Art in Europa.

Larven aus Zuchten an *Alnus*; „Blauer Erlenblattkäfer". *alni* (L.)

47. Gattung: *Sermylassa* REITTER (Abb. 276)

Einzige Art. An Blättern von *Galium molugo* L.; Überwinterung im Eistadium; Larve im Frühjahr. *halensis* (L.)

48. Gattung: *Euluperus* WEISE

Entwicklung und Larve unbekannt.

49. Gattung: *Phyllotreta* CHEVROLAT (Abb. 295)

Die Larven leben an den Wurzeln oder minieren in Blättern und Blattstielen der Pflanzen.

Literatur: BÖRNER et al. (1919).

Tabelle für die Arten

1 9. Hinterleibsegment am Hinterrand mehr oder weniger breit verrundet, ohne eine nach oben gerichtete dornähnliche Spitze; äußere prädorsale Sklerite der Mittel- und Hinterbrust fehlen (Abb. 257). 2

1* 9. Hinterleibsgement am Hinterrand mit einem nach oben gerichteten Dorn (Abb. 302). 8

2 Innere postdorsale Sklerite des 1. bis 7. Hinterleibtergits klein, isoliert, auf dem 8. Tergit genähert und jederseits vereint mit dem äußeren postdorsalen (Abb. 300); Kopf relativ schmal, Stirn merklich länger als breit; 9. Hinterleibsegment mit breit abgerundetem, gewölbten Hinterrand; Körperfarbe gelblich-weiß, Kopf schwarzbraun mit gelber Stirnnaht; Stirn am Vorderrand, Vorderbrusttergit, Beine, Sklerite und das 9. Hinterleibtergit hellbraun bis rötlich-braun; Larven in Gängen der Blattstiele von *Armoracia rusticana* G. M. & SCH.; „Meerretticherdfloh".
armoraciae (KOCH)

2* Innere postdorsale Sklerite des 1. bis 7. Hinterleibtergits paarweise vereinigt zu einem unpaaren, auf jeder Seite mit einer Borste und einer Pore (Abb. 301), auf dem 8. Tergit immer 4 posttergale Sklerite zusammen verschmolzen. 3

3 Kopf relativ breit, Stirn merklich breiter als lang; 9. Hinterleibsegment mit breit abgerundetem Hinterrand, tergal ohne Eindrücke; Farbe hellgelb; Kopf, Vorderbrust und Beine dunkelbraun, Körpersklerite und 9. Hinterleibtergit hellbraun; die Larve miniert in Blättern und Blattstielen von Cruciferae; „Großer Gelbstreifiger Kohlerdfloh".
nemorum (L.)

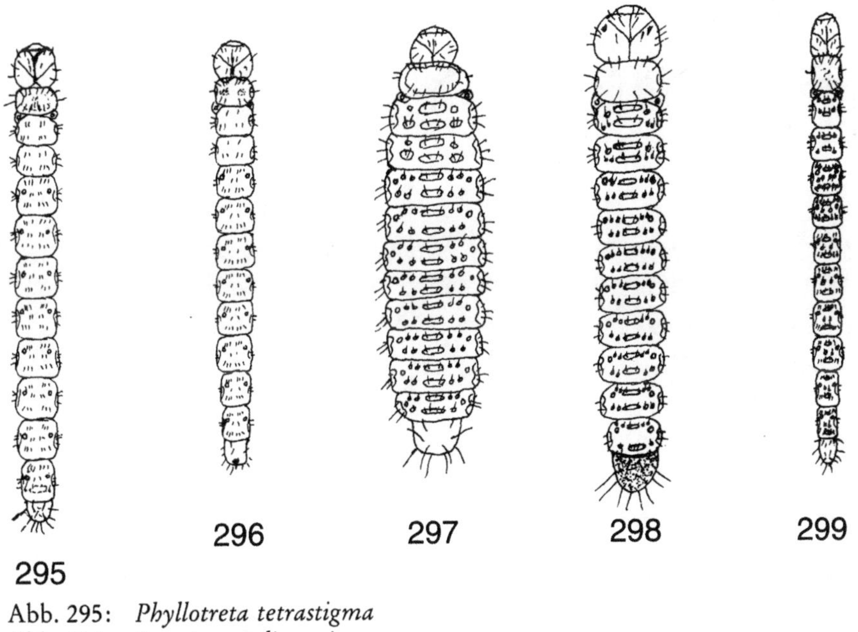

Abb. 295: *Phyllotreta tetrastigma*
Abb. 296: *Longitarsus linnaei*
Abb. 297: *Altica lythri*
Abb. 298: *Asiorestia ferruginea* (nach BLUNCK 1932)
Abb. 299: *Crepidodera plutus*

3* Kopf relativ schmal, Stirn merklich länger als breit; Farbe hell, weiß oder gelblich-weiß; Kopf, Vorderbrusttergit und 9. Hinterleibtergit hellbraun; Sklerite schwach pigmentiert und undeutlich markiert. . . . 4

4 9. Hinterleibtergit mit deutlichem Eindruck und gleichmäßig verrundetem Hinterrand, braun (Abb. 303); Vorderbrusttergit hell; Borsten auf der Körperoberseite kurz; Larve an den Wurzeln von Cruciferae; Gemüseschädling; "Gewelltstreifiger Kohlerdfloh". *undulata* Kutschera

4* 9. Hinterleibtergit ohne Eindrücke. 5

5 Vorderbrusttergit hell; 9. Hinterleibtergit mit dicken Borsten und breit abgerundetem Hinterrand (Abb. 304); Larve an Wurzeln von Cruciferae; Gemüseschädling; „Blauseidiger Kohlerdfloh". *nigripes* (F.)

5* Vorderbrusttergit dunkelbaun. 6

6 9. Hinterleibtergit mit ziemlich kurzen, dünnen Borsten und schmal verrundetem Hinterrand (Abb. 305); Larve an Wurzeln von *Reseda.* *nodicornis* (Marsham)

6* 9. Hinterleibtergit mit langen und starken Borsten und breit abgerundetem oder stumpfen Hinterrand. 7

7 9. Hinterleibtergit mit dicken Borsten und schwach abgestumpftem, fast gerade abgeschnittenen Hinterrand (Abb. 306); Larven aus Zucht an *Nasturtium officinale* R. Br., an den Wurzeln. *tetrastigma* (Comolli)

7* 9. Hinterleibtergit mit mäßig dicken Borsten und breit abgerundetem Hinterrand (Abb. 307); Larve an Wurzeln von Cruciferae. *vittata* (F.) und *ochripes* (Curtis)

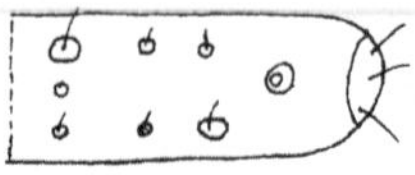
300

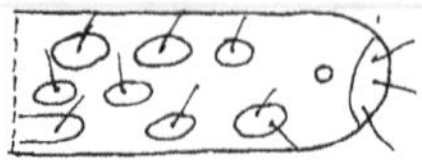
301

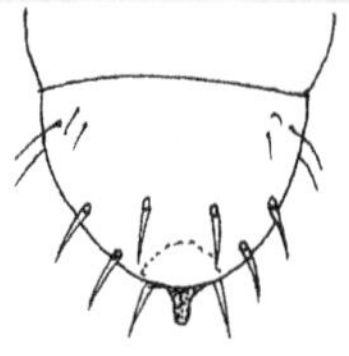
302

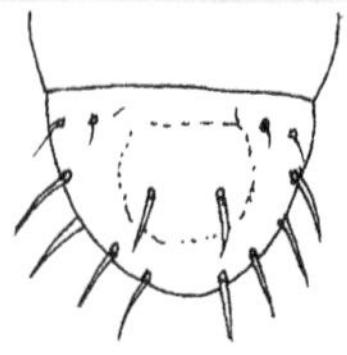
303

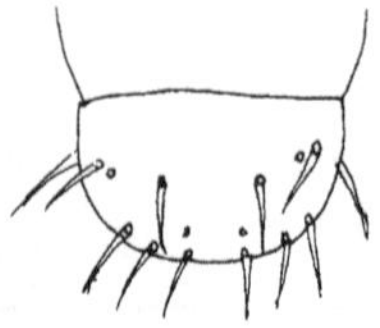
304

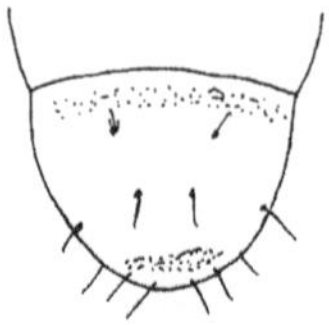
305

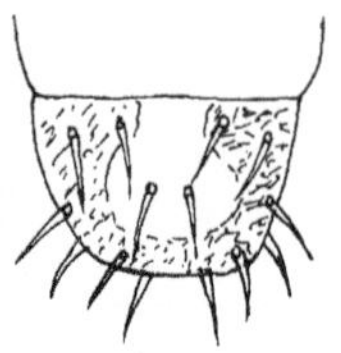
306

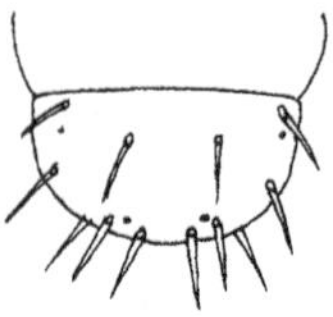
307

Abb. 300: *Phyllotreta armoraciae,* 1. Hinterleibtergit (nach Börner et al. 1919)
Abb. 301: *Phyllotreta nemorum,* 1. Hinterleibtergit (nach Börner et al. 1919)
Abb. 302: *Phyllotreta atra,* 9. Hinterleibtergit (nach Börner et al. 1919)
Abb. 303: *Phyllotreta undulata,* 9. Hinterleibtergit (nach Börner et al. 1919)
Abb. 304: *Phyllotreta nigripes,* 9. Hinterleibtergit (nach Börner et al. 1919)
Abb. 305: *Phyllotreta nodicornis,* 9. Hinterleibtergit (nach Börner et al. 1919)
Abb. 306: *Phyllotreta tetrastigma,* 9. Hinterleibtergit (nach Börner et al. 1919)
Abb. 307: *Phyllotreta ochripes,* 9. Hinterleibtergit (nach Börner et al. 1919)

8 Mittel- und Hinterbrust ohne äußere, prätergale Sklerite; Larve an Wurzeln von Cruciferae; Schädling an Gemüse „Schwarzer u. Gewöhnlicher Kohlerdfloh“.
atra (F.) und
cruciferae (GOEZE)

8* Mittel- und Hinterbrust mit äußeren, prätergalen Skleriten; Larve an Wurzeln von Cruciferae. *vittula* REDTENBACHER

50. Gattung: *Aphthona* CHEVROLAT

Die Larven leben an den Wurzeln der Pflanzen.

Tabelle für die Arten

1 9. Hinterleibtergit mit 2 nach oben gerichteten, dornartigen Spitzen am Hinterrand (Abb. 308); Vorderrand des Vorderbrusttergits jederseits mit 4 Makroborsten, davon die 3 innersten kürzer, zwischen der 3. und der 4. Borste mit einer sehr kurzen Mikroborste; an Rhizomen von *Iris pseudacoris* L.; „Iriserdfloh“. *coerulea* (GEOFFROY)

1* 9. Hinterleibtergit ohne dornartige Spitzen. 2

2 Vorderrand des Vorderbrusttergits jederseits mit Mikroborste zwischen der 3. und 4. Makroborste; Epipleuralsklerite der Mittel- und Hinterbrust mit je einer Makro- und 2 Mikroborsten (Abb. 310); an *Euphorbia,* besonders *E. cyparissias* L., ausgewachsene Larven im Frühjahr, ihre Überwinterung deshalb wahrscheinlich. *cyparissiae* (KOCH)

2* Vorderrand des Vorderbrusttergits ohne Mikroborste zwischen der 3. und 4. Makroborste. 3

3 Epipleuralsklerite der Mittel- und Hinterbrust mit je einer Makro- und einer Mikroborste; an *Euphorbia,* die ausgewachsenen Larven im Frühsommer. *venustula* KUTSCHERA

3* Epipleuralsklerite der Mittel- und Hinterbrust mit je 2 Makro- und 2 Mikroborsten (Abb. 309); an *Euphorbia,* auch als Schädling an *Linum;* „Dunkelgrüner Leinerdfloh“; nach GHILAROV (1964).
euphorbiae (SCHRANK)

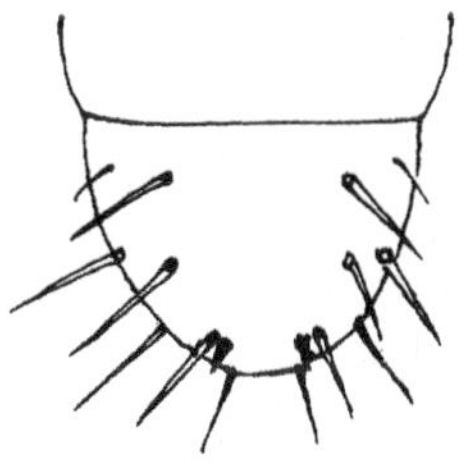

309

310

308

Abb. 308: *Aphthona coerulea,* 9. Hinterleibtergit
Abb. 309: *Aphthona euphorbiae,* Hinterbrusttergit (nach OGLOBLIN et al. 1971)
Abb. 310: *Aphthona cyparissiae,* Hinterbrusttergit

51. Gattung: *Longitarsus* Berthold (Abb. 296)

Die Larven leben meistens an den Wurzeln oder minieren in den Blattstielen. Die Lebensweise der zahlreichen Arten ist größtenteils noch unbekannt. Nach bisherigen Erfahrungen kann auch eine Überwinterung der Larven besonders bei den im Sommer auftretenden Imagines angenommen werden.

Tabelle für die Arten

1 9. Hinterleibtergit am Hinterrand ohne nach oben gerichtete, dornförmige Spitzen (Abb. 311–313). 2

1* 9. Hinterleibtergit am Hinterrand mit einer oder zwei nach oben gerichteten, dornförmigen Spitzen. 10

2 9. Hinterleibtergit dunkelbraun, mit schwachen, queren Eindrücken vor dem Hinterrand; an Wurzeln von *Senecio jacobaea* L.; nach Ghilarov (1964). *jacobaeae* (Waterhouse)

2* 9. Hinterleibtergit nur in der hinteren Hälfte hellbraun, oft gefleckt oder auch ganz hell 3

3 Vorderbrusttergit mit zahlreichen hellbraunen Flecken, an den Seiten zu einem Fleck zusammenfließend; 9. Hinterleibtergit mit über die ganze Fläche verteilten Flecken, in der Mitte gereiht; Körper gedrungen, ca. 5–6mal länger als breit; an Wurzeln von *Verbascum*. *tabidus* (F.)

3* Vorderbrusttergit ohne deutliche Flecke. 4

4 9. Hinterleibtergit in der hinteren Hälfte hellbraun, mit kleinen Flecken oder mit einem Paar Grübchen vor dem etwas aufgeworfenen Hinterrand. 5

4* 9. Hinterleibtergit ohne Bräunung oder Grübchen. 9

5 9. Hinterleibtergit in der hinteren Hälfte mit kleinen hellbraunen Flecken, der Hinterrand etwas dunkler braun. 6

5* 9. Hinterleibtergit in der hinteren Hälfte ohne Flecke, mit grübchenförmigen Eindrücken vor dem aufgeworfenen Hinterrand. 7

6 Neben den Flecken ist auch die hintere Hälfte hellbraun; an Wurzeln von *Mentha*. *lycopi* (Foudras)

6* Nur die kleinen Flecke sowie der Hinterrand hellbraun; Larven aus Zucht an Wurzeln von *Ballota nigra* L. *ballotae* (Marsham)

7 Körper lang und schmal, Länge zu Breite wie 14 : 1; 9. Hinterleibtergit mit 2 kleinen, schmalen Grübchen (Abb. 312); an Wurzeln von Boraginaceae. *anchusae* (Paykull)

7* Körper weniger lang und schmal, Länge zu Breite wie 9 : 1. 8

8 9. Hinterleibtergit mit einer großen, flachen Grube in der hinteren Hälfte, mit aufgewölbtem, hellbraunen Hinterrand; Larven aus Zucht an Wurzeln von *Tussilago farfara* L. *suturellus* (Duftschmid)

8* 9. Hinterleibtergit mit einem Paar ovalen, flachen Grübchen vor dem hellbraun gesäumten Hinterrand; an Wurzeln von *Plantago lanceolata* L. *lewisi* Baly (= *scutellaris* Rey)

9 Larven an Wurzeln von Boraginaceae, besonders *Echium;* nach Ghilarov (1964) *exoletus* (L.)

9* Schädling an Wurzeln von *Linum*, aber auch von Boraginaceae gemeldet, besonders *Pulmonaria;* „Schwarzer Leinerdfloh"; nach Ghilarov (1964) *parvulus* (Paykull)

10 9. Hinterleibtergit in der Mitte des Hinterrandes mit einer nach oben gerichteten, dornförmigen Spitze (Abb. 314); Larven aus Zucht an *Symphytum tuberosum* L., in der fleischigen Wurzel bohrend. *linnaei* (Duftschmid)

10* 9. Hinterleibtergit am Hinterrand mit 2 nach oben gerichteten, dornförmigen Spitzen (Abb. 315). 11

11 9. Hinterleibtergit hell; an Wurzeln von *Echium, Anchusa* und anderen Boraginaceae; nach Ghilarov (1964). *echii* (Koch)

11* 9. Hinterleibtergit ganz oder mindestens in der hinteren Hälfte schwarzbraun (Abb. 315). 12

12 Vorderbrusttergit mit 4 dunkleren Flecken; Larven aus Zucht an *Plantago lanceolata* L., im unteren Teil der Blattstiele, oft zu mehreren minierend. *melanocephalus* (Degener)

12* Vorderbrusttergit mit 5 unregelmäßigen, dunklen Strichen; an Wurzeln von *Rhinantus* gemeldet, aber auch an *Plantago*. *luridus* (Scopoli)

52. Gattung: *Altica* Geoffroy (Abb. 297)

Literatur: Bartkowska et al. (1978).
Die Larven leben frei an den Blättern der Pflanzen.

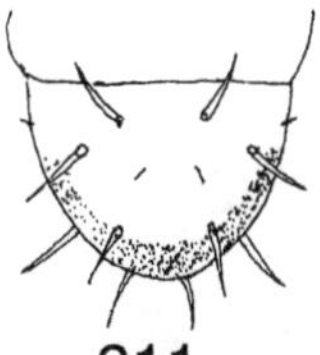
311
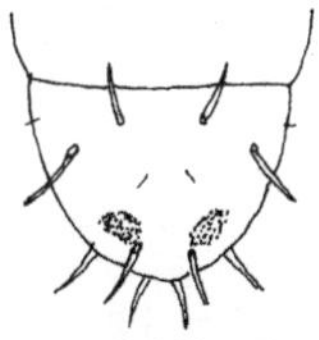
312
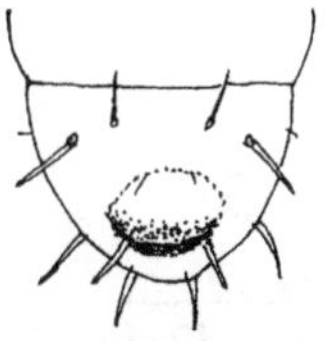
313
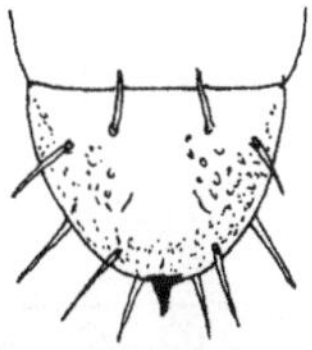
314
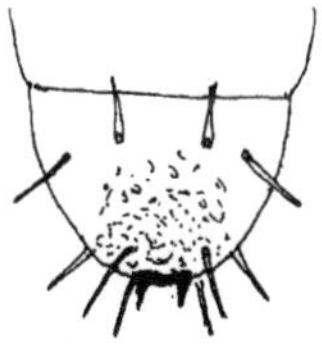
315
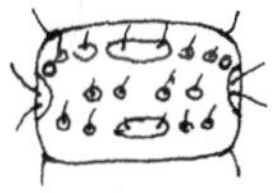
316
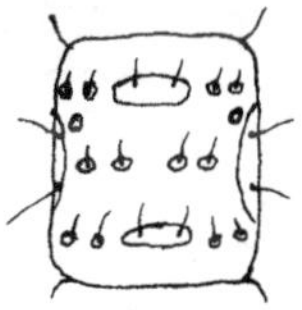
317

Abb. 311: *Longitarsus tabidus*, 9. Hinterleibtergit
Abb. 312: *Longitarsus anchusae*, 9. Hinterleibtergit
Abb. 313: *Longitarsus suturellus*, 9. Hinterleibtergit
Abb. 314: *Longitarsus linnaei*, 9. Hinterleibtergit
Abb. 315: *Longitarsus melanocephalus*, 9. Hinterleibtergit
Abb. 316: *Crepidodera aurata*, 1. Hinterleibtergit
Abb. 317: *Crepidodera plutus*, 1. Hinterleibtergit

Tabelle für die Arten

1 Auf den epipleuralen Skleriten der Hinterleibsegmente außer den 2 normalen langen Makroborsten noch eine Mikroborste oder zumindest ein Porenpunkt (Abb. 318). 2

1* Die epipleuralen Sklerite der Hinterleibsegmente nur mit den 2 normalen, langen Borsten (Abb. 320). 6

2 Die Mikroborste ist sehr kurz, manchmal im Profil kaum zu bemerken; an *Epilobium*; nach BARTKOWSKA et al. (1978). *impressicollis* REICHE

2* Die Mikroborste ist länger und immer gut zu bemerken. 3

3 Haftbeutel der Klauen immer weiß; Oberlippe am Vorderrand schmal weiß gefleckt; Körperborsten sehr hell, blaßgelblich und durchsichtig. . 4

3* Haftbeutel der Klauen am Außenrande gelblich bis bräunlich; Oberlippe am Vorderrande im größeren Umfang heller gefleckt (Abb. 328, 329); Körperborsten mehr gesättigt gefärbt, hell rostfarbig oder hellbraun. . 5

4 Abstand zwischen den inneren und äußeren posttergalen Skleriten des 7. Hinterleibtergits äußerst gering, so daß sich die Sklerite fast berühren (Abb. 318); Körper stärker skleritisiert und dadurch dunkler braun, Beine braun; an *Epilobium hirsutum* L. *lythri* AUBÉ

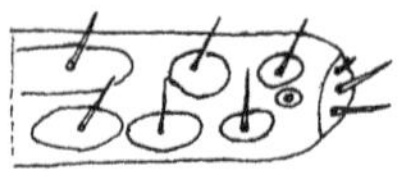
318
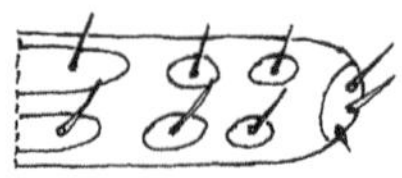
319

320
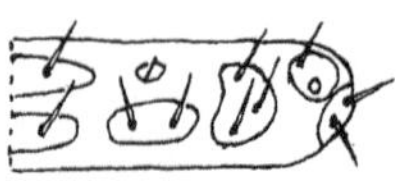
321
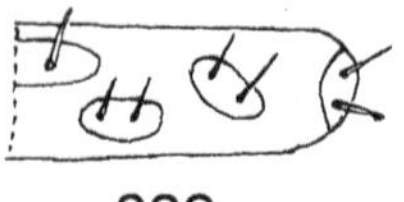
322
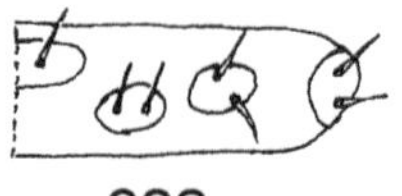
323
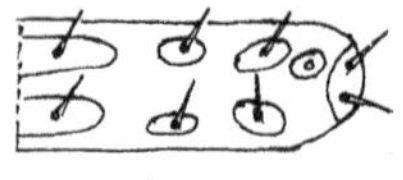
324
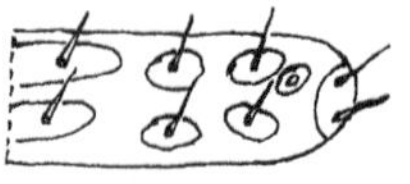
325
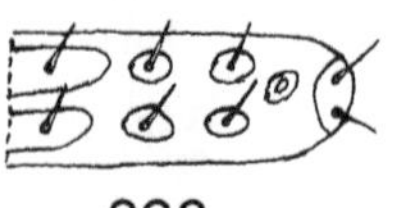
326

327
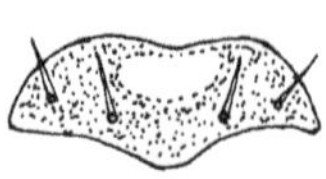
328
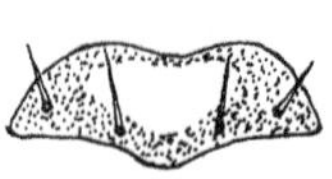
329

Abb. 318: *Altica lythri*, 7. Hinterleibtergit
Abb. 319: *Altica ampelophaga*, 7. Hinterleibtergit
Abb. 320: *Altica brevicollis*, Mittelbrusttergit
Abb. 321: *Altica oleracea*, Mittelbrusttergit
Abb. 322: *Altica tamaricis*, 4.Hinterleibsternit
Abb. 323: *Altica pusilla*, 4. Hinterleibsternit
Abb. 324: *Altica carduorum*, 4. Hinterleibtergit
Abb. 325: *Altica oleracea*, 4. Hinterleibtergit
Abb. 326: *Altica pusilla*, 4. Hinterleibtergit
Abb. 327: *Altica* sp., 4. Hinterleibtergit
Abb. 328: *Altica aenescens*, Oberlippe
Abb. 329: *Altica quercetorum*, Oberlippe

4* Abstand zwischen den inneren und äußeren, posttergalen Skleriten des 7. Hinterleibtergits breiter, mindestens halb so breit wie das äußere Sklerit (Abb. 319); Beine abstechend braunschwarz; Schädling an *Vitis*; „Rebenerdfloh". *ampelophaga* GUÉRIN

5 Der helle, rostgelbe Fleck am Vorderrand der Oberlippe liegt etwa parallel zum Rand (Abb. 328); an *Betula pubescens* EHRH. *aenescens* WEISE

5* Der helle, weißliche Fleck dreieckig (Abb. 329); manchmal bleibt der Haftbeutel bis zur nächsten Häutung weiß; an *Quercus;* „Eichenerdfloh". *quercetorum* FOUDRAS

6 Stigmales Sklerit der Mittelbrust mit 2 oder 3 Borsten, manchmal, und dann nur auf einer Seite, mit nur einer Borste (Abb. 320); an *Corylus avellana* L.; „Haselerdfloh". *brevicollis* FOUDRAS

6* Stigmales Sklerit der Mittelbrust nur mit einer Borste, manchmal fehlend oder von einer kurzen Mikroborste begleitet (Abb. 321). 7

7 Die sternalen Sklerite der Hinterleibsegmente quer, mehr als 2mal so breit wie lang (Abb. 322). 8

7* Die sternalen Sklerite der Hinterleibsegmente wenig quer, weniger als 2mal so breit wie lang (Abb. 323). 10

8 Mikroskulptur der Körperoberseite dicht und schwarzbraun, daher die Körperfarbe im Ganzen dunkel; an *Salix* in Flußauen, auch von *Hippophaë, Myricaria* und *Populus* angegeben. *tamaricis* SCHRANK

8* Mikroskulptur der Körperoberseite wenig dicht und hellbraun, daher die Körperfarbe im ganzen hellbraun. 9

9 Abstand zwischen den äußeren, vorderen und hinteren Dorsalskleriten der Hinterleibtergite doppelt so groß wie der Durchmesser der Sklerite (Abb. 324); an *Carduus acanthoides* L. *carduorum* GUÉRIN

9* Abstand zwischen den äußeren, vorderen und hinteren Dorsalskleriten der Hinterleibtergite so groß wie der Durchmesser der Sklerite (Abb. 325); an *Epilobium parviflorum* SCHREB., u. *Oenothera*; „Falscher Kohlerdfloh". *oleracea* (L.)

10 Einzelsklerite der Hinterleibtergite kleiner, die Abstände dazwischen größer, etwa vom Durchmesser der Sklerite (Abb. 326); an *Sanguisorba officinalis* L. *pusilla* DUFTSCHMID

10* Einzelsklerite der Hinterleibtergite größer, die Abstände dazwischen kleiner, etwa von der Hälfte der Durchmesser der Sklerite (Abb. 327); an *Helianthemum* im Gebirge. sp. ?

53. Gattung: *Hermaeophaga* FOUDRAS (Abb. 335)

Einzige bekannte Larve.
Larven aus Zucht an *Mercurialis perennis* L., freilebend an den Wurzeln. *mercurialis* (F.)

54. Gattung: *Batophila* FOUDRAS

Einzige bekannte Larve. Larven aus Zucht an *Rubus idaeus* L., freilebend an den Wurzeln; „Erdbeerflohkäfer". *rubi* (PAYKULL)

55. Gattung: *Lythraria* Bedel

Einzige Art. Larven an den Wurzeln von *Lysimachia*. *salicariae* (Paykull)

56. Gattung: *Ochrosis* Foudras

Entwicklung und Larve unbekannt.

57. Gattung: *Asiorestia* Jacoby (Abb. 298)

Einzige bekannte Larve. Larven in Stengeln von Gramineae minierend, gelegentlich Schädling an Getreide; „Rotbrauner Getreideerdfloh". *ferruginea* (Scopoli)

58. Gattung: *Orestia* Germar

Entwicklung und Larve unbekannt.

59. Gattung: *Derocrepis* Weise

Larve unbekannt; Entwicklung vermutlich an Wurzeln von Leguminosae; „Wickenerdfloh".

60. Gattung: *Hippuriphila* Foudras

Einzige Art. Larve an Wurzeln von *Equisetum*. *modeeri* (L.)

61. Gattung: *Crepidodera* Chevrolat (Abb. 299)

Die Larven leben an den Wurzeln der Pflanzen.

Tabelle für die Arten

1 Epipleuralsklerite der Mittel- und Hinterbrust mit 3 Borsten; Körper hellgelb bis gelblich weiß. 2

1* Epipleuralsklerite der Mittel- und Hinterbrust mit 4 Borsten; Körper braun, 9. Hinterleibtergit braun mit dunklem Hinterrand; an *Salix*; nach Ogloblin et al. (1971). *fulvicornis* (F.)

2 Stigmen braun, von der hellen Körperfarbe sehr deutlich zu unterscheiden; Hinterleibsegmente breiter als lang (Abb. 316); Körperborsten braun; Larven aus Zucht an *Salix*, freilebend an den Wurzeln; „Weidenflohkäfer". *aurata* (Marsham)

2* Stigmen gelb, von der hellgelben Körperfarbe kaum zu unterscheiden; Körper langgestreckt, die Hinterleibsegmente länger als breit (Abb. 317); Körperborsten hellgelb; Larven aus Zucht an *Salix*, freilebend an den Wurzeln. *plutus* (Latreille)

62. Gattung: *Epitrix* Foudras

Einzige bekannte Larve; an Wurzeln von Solanaceae, gelegentlich Schädling an *Solanum tuberosum* L. *pubescens* (Koch)

63. Gattung: *Minota* KUTSCHERA

Entwicklung und Larve unbekannt.

64. Gattung: *Podagrica* CHEVROLAT (Abb. 336)

Die Larven leben frei an den Wurzeln der Pflanzen.

Tabelle für die Arten

1 9. Hinterleibtergit mit 2 Paar Dornen am Hinterrand (Abb. 330); an *Malva neglecta* WALLR.; „Großer Malvenerdfloh". *fuscicornis* (L.)

1* 9. Hinterleibtergit ohne Dornen. 2

2 Innere prä- und postdorsale Sklerite auf allen Segmenten paarweise vereint (Abb. 331); Larven aus Zucht an *Malva neglecta* WALLR.; „Kleiner Malvenerdfloh". *malvae* (ILLIGER)

2* Innere prä- und postdorsale Sklerite auf allen Segmenten frei oder nur auf dem 8. Segment vereint. 3

3 Innere prädorsale Sklerite auf dem 8. Segment paarweise vereint (Abb. 333); an *Malvaceae*; nach OGLOBLIN et al. (1971). *menetriesi* (FALDERMANN)

3* Innere prädorsale Sklerite auf allen Segmenten frei (Abb. 332); Larven aus Fallenfängen (i. lit. GACK). *fuscipes* (F.)
(Anm.: die Artzugehörigkeit dieser Larve wurde nach Gattungsmerkmalen und unter Ausschließung der bekannten Arten vorläufig festgelegt)

65. Gattung: *Mantura* STEPHENS (Abb. 334)

Einzige bekannte Larve, minierend in Blättern von *Rumex acetosella* L. *obtusata* (GYLLENHAL)

66. Gattung: *Chaetocnema* STEPHENS

Literatur: ANDERSON (1938).
Die Larven minieren in der Stengelbasis oder leben an den Wurzeln der Pflanzen.

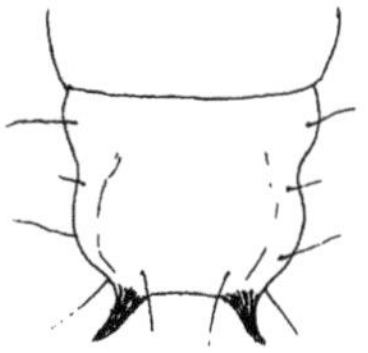
330

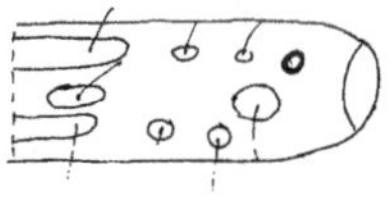
331

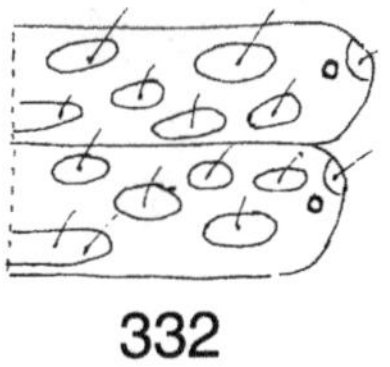
332

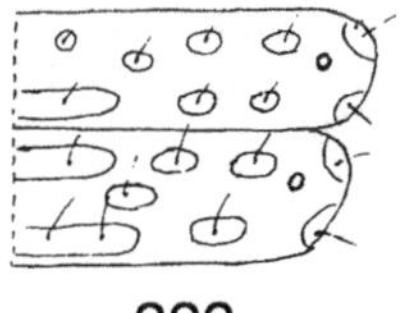
333

Abb. 330: *Podagrica fuscicornis,* 9. Hinterleibtergit
Abb. 331: *Podagrica malvae,* 1. Hinterleibtergit
Abb. 332: *Podagrica fuscipes* (?), 7. u. 8. Hinterleibtergit
Abb. 333: *Podagrica menetriesi,* 7. u. 8. Hinterleibtergit (nach OGLOBLIN et al. 1971)

Tabelle für die Arten

1 9. Hinterleibtergit am Hinterrand mit 2 nach oben gebogenen, kurzen Spitzen; innere tergale Sklerite der Hinterleibsegmente 1 bis 8 immer paarweise vereint (Abb. 340); Stirn und Scheitel ohne Mikroborsten; 9. Hinterleibtergit mit 14 Borsten; an Chenopodiaceae, gelegentlich Schädling an *Beta vulgaris altissima* DÖLL.; „Rübenerdfloh“. *tibialis* (ILLIGER)

Hierher auch *Ch. concinna* (MARSHAM)

1* 9. Hinterleibtergit am Hinterrand einfach, abgerundet; innere dorsale Sklerite der Hinterleibsegmente 1 bis 6 nicht miteinander vereint; in Stengeln von Gramineae, gelegentlich Schädlinge an Getreide; „Halmerdfloh“. 2

2 Innere prä- und postdorsale Sklerite der Mittel- und Hinterbrust paarweise vereint (Abb. 341); innere postdorsale Sklerite der Hinterleibtergite fast um 2mal größer als die interkalaren. *hortensis* (GEOFFROY)

2* Innere prä- und postdorsale Sklerite der Mittel- und Hinterbrust getrennt (Abb. 342); innere postdorsale Sklerite der Hinterleibtergite gleichgroß wie die interkalaren. *aridula* (GYLLENHAL)

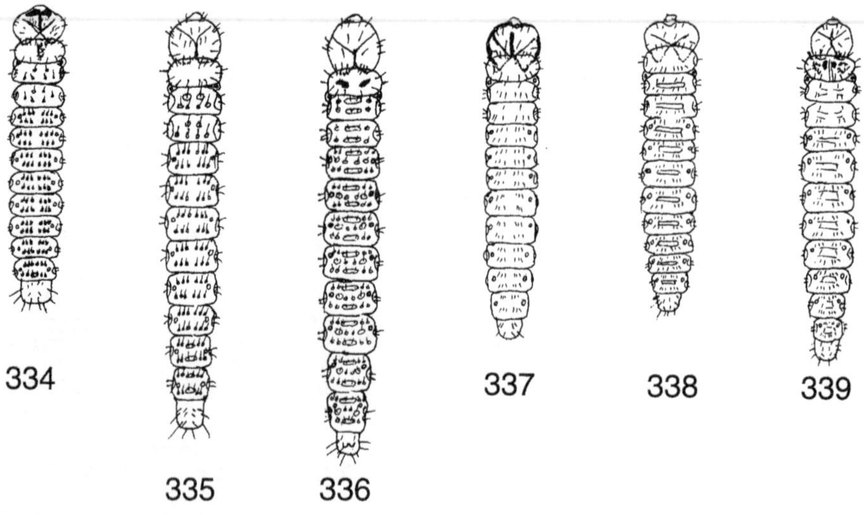

Abb. 334: *Mantura obtusata*
Abb. 335: *Hermaeophaga mercurialis*
Abb. 336: *Podagrica malvae*
Abb. 337: *Apteropeda splendida*
Abb. 338: *Dibolia schillingi*
Abb. 339: *Psylliodes chalcomera*

67. Gattung: *Sphaeroderma* STEPHENS

Die Larven minieren in den Blättern von Compositae, besonders *Carduus* und *Cirsium*; gelegentlich Schädling an *Cynara scolymus* L.; „Artischockenerdfloh".
testaceum (F.) und
rubidum (GRAËLLS)

68. Gattung: *Argopus* FISCHER

Einzige bekannte Larve, in den Blättern von *Clematis recta* L. minierend.
ahrensi (GERMAR)

69. Gatttung: *Apteropeda* STEPHENS (Abb. 337)

Einzige bekannte Larve, in den Blättern von *Linaria cymbalaria* L. minierend, auch von *Veronica* und *Ajuga* angegeben. *splendida* ALLARD

70. Gattung: *Mniophila* STEPHENS

Entwicklung und Larve unbekannt.

71. Gattung: *Dibolia* LATREILLE (Abb. 338)

Die Larven minieren in den Blättern der Pflanzen.

Tabelle für die Arten

1 Körper gelblich-weiß, die plättchenförmige Skulptur der Körperhaut ganz schwach erkennbar; Vorderbrusttergit in der Mitte hellbraun;

340

341

342

343

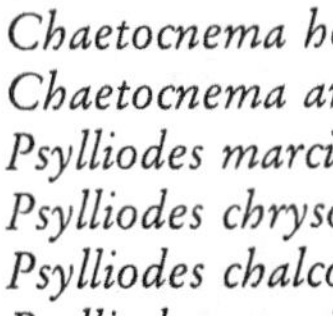
344

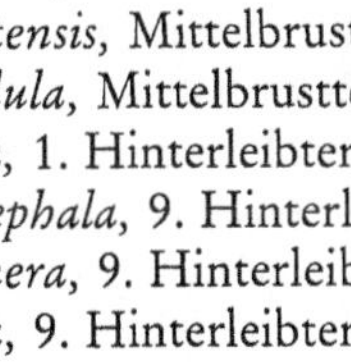
345

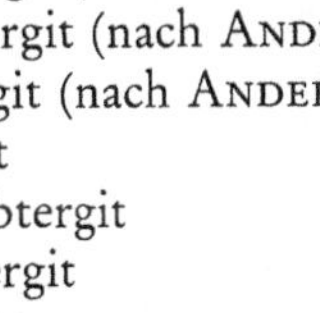
346

Abb. 340: *Chaetocnema tibialis*, 4. Hinterleibtergit (nach OGLOBLIN et al. 1971)
Abb. 341: *Chaetocnema hortensis*, Mittelbrusttergit (nach ANDERSON 1938)
Abb. 342: *Chaetocnema aridula*, Mittelbrusttergit (nach ANDERSON 1938)
Abb. 343: *Psylliodes marcida*, 1. Hinterleibtergit
Abb. 344: *Psylliodes chrysocephala*, 9. Hinterleibtergit
Abb. 345: *Psylliodes chalcomera*, 9. Hinterleibtergit
Abb. 346: *Psylliodes marcida*, 9. Hinterleibtergit

9. Hinterleibtergit halbkreisförmig gerundet, mit 6 Paar Borsten; an *Marrubium.* *cynoglossi* (KOCH)

1* Körper dunkelgelb bis hellbraun, die plättchenförmige Skulptur der Körperhaut gut erkennbar, auf den Tergiten jeweils einen Querstreifen in der Mitte freilassend. 2

2 9. Hinterleibtergit gerundet, die Rundung beginnt bereits an der Basis (Abb. 348, 349). 3

2* 9. Hinterleibtergit stumpf abgerundet, von der Basis ab parallel oder schwach erweitert und erst beim 3. Borsten-Paar mit der Rundung beginnend (Abb. 347); die 3 Paar ventralen Borsten der Hinterleibsternite stehen in einer Zickzacklinie (Abb. 350); an *Galeopsis tetrahit* L. *depressiuscula* LETZNER

3 Die Rundung des 9. Hinterleibtergits ist halbkreisförmig (Abb. 348); die 3 Paar Borsten der Hinterleibsternite stehen in einer Linie (Abb. 351); an *Stachys recta* L. *rugulosa* REDTENBACHER

3* Die Rundung des 9. Hinterleibtergits ist an den Seiten abgeflacht (Abb. 349). 4

4 Die ventralen Borsten der Hinterleibsternite stehen in einer Zickzack-Linie (Abb. 352); an *Salvia pratensis* L. *femoralis* REDTENBACHER

4* Die ventralen Borsten der Hinterleibsternite stehen in einer queren, schwach gebogenen Linie (Abb. 353); Larven aus Zucht an *Salvia pratensis* L. *schillingi* LETZNER

(Anm.: die Larve der *D. occultans* (KOCH) ist nach der kurzen Beschreibung von HENRIKSEN (1927) hier nicht einzuordnen)

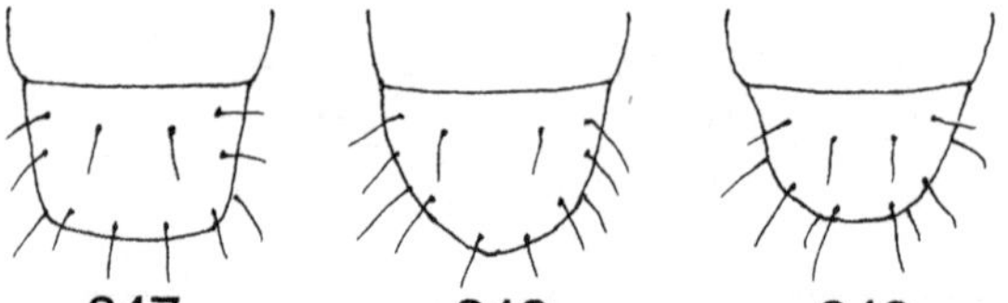

347 348 349

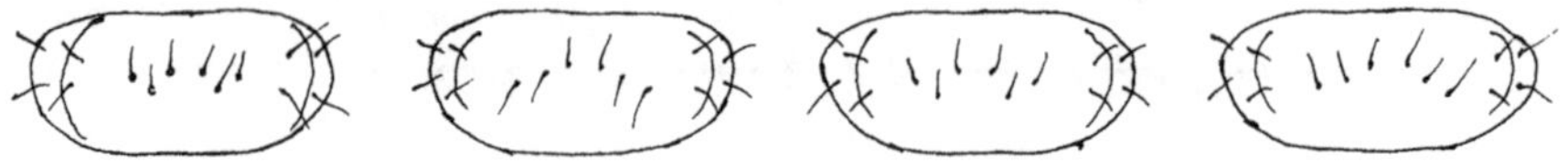

350 351 352 353

Abb. 347: *Dibolia depressiuscula,* 9. Hinterleibtergit
Abb. 348: *Dibolia rugulosa,* 9. Hinterleibtergit
Abb. 349: *Dibolia schillingi,* 9. Hinterleibtergit
Abb. 350: *Dibolia depressiuscula,* 4. Hinterleibsternit
Abb. 351: *Dibolia rugulosa,* 4. Hinterleibsternit
Abb. 352: *Dibolia femoralis,* 4. Hinerleibsternit (nach GRANDI 1938)
Abb. 353: *Dibolia schillingi,* 4. Hinterleibsternit

72. Gattung: *Psylliodes* Berthold (Abb. 339)

Die Larven leben an den Wurzeln oder minieren in den Stengeln der Pflanzen. Entsprechend dem Beispiel des Rapserdflohs, *Ps. chrysocephala*, könnte bei einigen Arten eine Überwinterung der Larve vermutet werden.

Tabelle für die Arten

1 Spitzenrand des 9. Hinterleibsegments einfach, abgerundet, ohne dornartige Spitzen; innere dorsale Sklerite der Hinterleibtergite 1 bis 7 paarweise vereint. 2

1* Spitzenrand des 9. Hinterleibsegments mit einem Paar nach oben gebogenen, kurzen braunen, dornartigen Spitzen (Abb. 344, 346); Larven an Cruciferae. 5

2 9. Hinterleibtergit mit 14 (4, 4, 4, 2) Borsten). 3

2* 9. Hinterleibtergit mit 10 (4, 4, 2) langen Borsten; an Wurzeln und unterirdischen Stengelteilen von *Cannabis* und *Humulus,* auch von *Urtica*; zuweilen als Schädling gemeldet; nach Ghilarov (1964) und Tölg (1913); „Hanf- oder Hopfenerdfloh". *attenuata* (Koch)

3 Die Borsten des 9. Hinterleibtergits kurz; an und in den Wurzeln von Solanaceae, zuweilen als Schädling gemeldet; Larven aus Zucht an *Solanum nigrum* L., freilebend an den Wurzeln; „Kartoffelerdfloh". *affinis* (Pykull)

3* Die Borsten des 9. Hinterleibtergits lang (Abb. 345); Larven in den oberirdischen Trieben minierend. 4

4 Tergite mit deutlich erkennbaren Skleriten; Körperfarbe gelb; in Stengeln von *Solanum dulcamara* L. *dulcamarae* (Koch)

4* Tergite mit kaum erkennbaren Skleriten; Körperfarbe hell, gelblichweiß; in Stengeln von *Carduus acanthoides* L. *chalcomera* (Illiger)

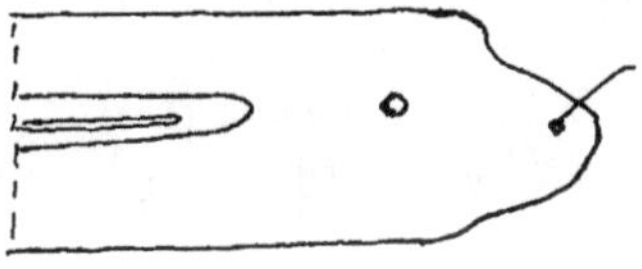

354

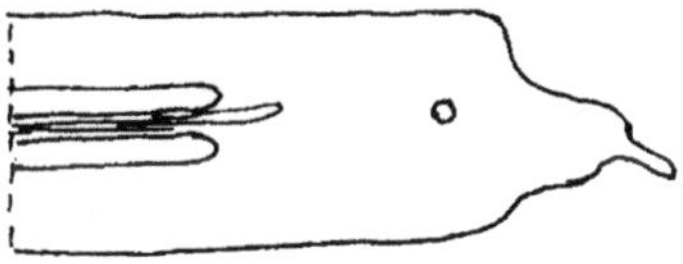

355

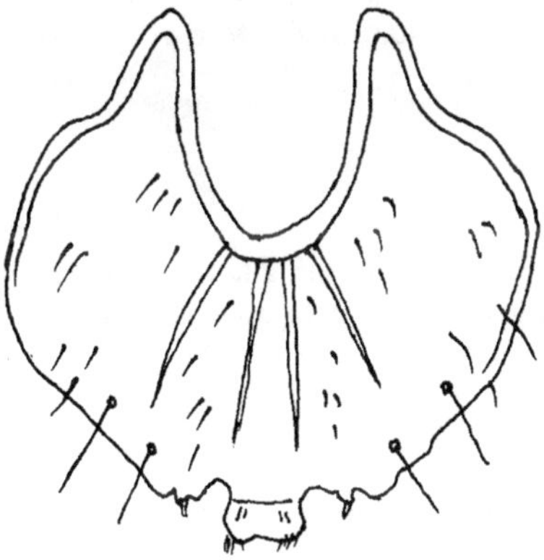

356

Abb. 354: *Hispa atra,* 4. Hinterleibtergit
Abb. 355: *Dicladispa testacea,* 4. Hinterleibtergit, nach Grandi (1935)
Abb. 356: *Hispa atra,* Kopf

5 Kopf, Vorderbrusttergit und Körpersklerite sowie das 9. Hinterleibtergit hell gelbbraun, schwach pigmentiert, bei älteren Larven undeutlich. . . 6

5* Kopf, Vorderbrusttergit, Körpersklerite und das 9. Hinterleibtergit braun, stärker pigmentiert; 9. Hinterleibtergit stumpf verrundet; zuweilen Schädling an *Raphanus*, in der Stengelbasis; „Rapserdfloh".
chrysocephala (L.)

6 Hinterleibtergite mit prädorsalen, runden, dunklen Flecken neben den 3 Borsten-Paaren (Abb. 343); halophil an *Cakile maritima* Scop.
marcida (Illiger)

6* Hinterleibtergite ohne dunkle Flecke; Larven aus Fallenfängen (i. lit. Gack). *isatidis* Heikertinger
(Anm.: mit ziemlicher Sicherheit identifiziert, da Imagines am gleichen Fundort sehr zahlreich nachgewiesen wurden)
Hierher auch *Ps. cuprea* (Koch) nach Ogloblin et al. (1971).

12. Unterfamilie: Hispinae

Literatur: Grandi (1935).
Die Larven minieren in den Blättern der Pflanzen.

Tabelle für die Gattungen

1 Hinterleibsegmente an den Seiten mehr oder weniger abgerundet, mit einer kurzen Borste; Dorsalsklerite nicht in prä- und postdorsale getrennt (Abb. 354).
73 *Hispa* L.
(= *Hispella* Chapuis)

1* Hinterleibsegmente an den Seiten verbreitert und in längliche, mit einer Borste besetzte Fortsätze auslaufend; Dorsalsklerite bis zum 6. Hinterleibtergit in prä- und postdorsale getrennt (Abb. 355); nicht in Mitteleuropa; in Blättern von *Cistus*.
(*Dicladispa testacea* (L.))
(= *Hispa* auct.)

73. Gattung: *Hispa* L. (Abb. 357)

Einzige Art, in Blättern von Gramineae minierend, besonders *Poa*, *Agropyron*; Larven aus Zucht an *Poa annua* L. *atra* L.

13. Unterfamilie: Cassidinae

Die Larven leben frei an den Blättern der Pflanze, Verpuppung an der Pflanze.

74. Gattung: *Pilemostoma* Desbrochers

75. Gattung: *Hypocassida* Weise

Jetzt Untergattungen zu 76 *Cassida*, s. dort.

76. Gattung: *Cassida* L. (Abb. 358 bis 360)

Literatur: STEINHAUSEN (1950).

Tabelle für die Arten

1 Aftergabel kurz und dick, vollkommen gleichartig wie die Seitenfortsätze der Segmente gebildet, ohne Haut- oder Kotmaske (Abb. 377); Oberlippe mit 3 Paar Randborsten (Abb. 365); Stigmen schwarz; Larven aus Zucht an *Stellaria nemorum* L. *flaveola* THUNBERG

1* Aftergabel mindestens doppelt so lang wie die Seitenfortsätze mit deutlich dünner werdenden Spitzen (Abb. 378); Oberlippe mit 3, 4 oder 5 Paar Randborsten; Larven mit Haut- oder Kotmaske (Abb. 361 bis 364). 2

2 Oberlippe mit 3 Paar Randborsten (Abb. 366). 3

2* Oberlippe mit 4 Paar Randborsten (Abb. 367, 368). 9

2** Oberlippe mit 5 Paar Randborsten (Abb. 369 bis 375). 10

3 Aftergabel mit zahlreichen, kurzen Borsten auf der etwas verdickten Basis (Abb. 379). 4

3* Aftergabel ohne zahlreiche, kurze Borsten auf der röhrenförmigen Basis, oder nur ganz vereinzelt mit wenigen Borsten. 5

4 Sekundäre Dörnchen der Seitenfortsätze mit kurzen, blasenartigen Endborsten (Abb. 383); Vorderbrusttergit mit pigmentierter Zeichnung; mit Hautmaske; an *Atriplex*; nach MEDVEDEV et al. (1978a). *berolinensis* SUFFRIAN

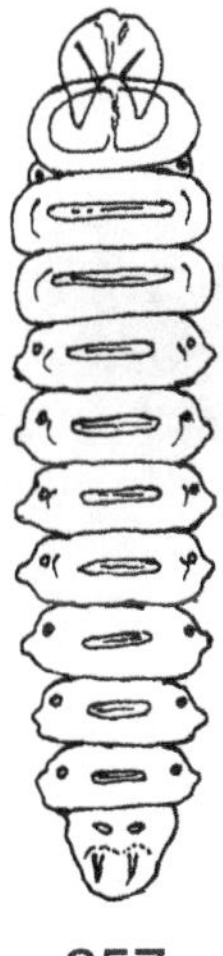

357

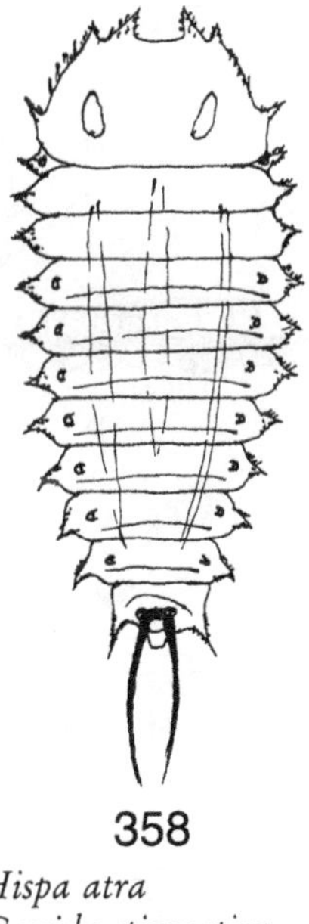

358

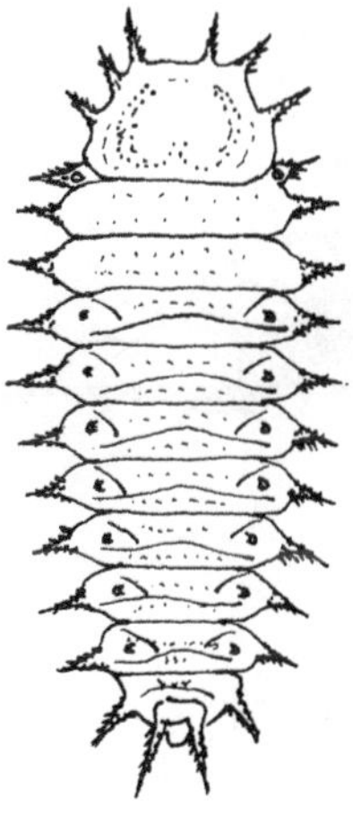

359

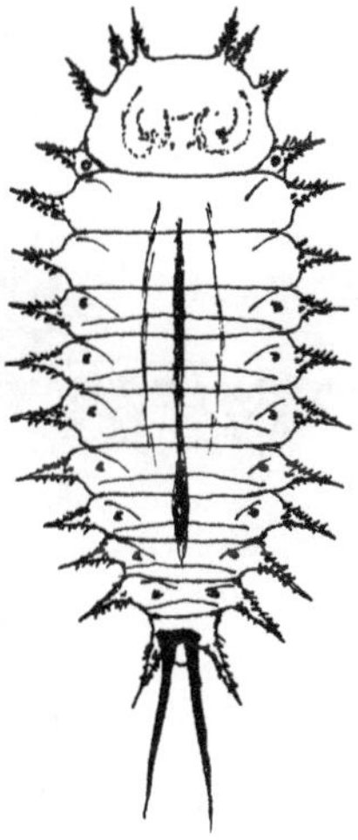

360

Abb. 357: *Hispa atra*
Abb. 358: *Cassida stigmatica*
Abb. 359: *Cassida flaveola*
Abb. 360: *Cassida subferruginea*

4* Sekundäre Dörnchen der Seitenfortsätze mit mehr oder weniger langen, pfriemlichen Endborsten, an der Spitze zuweilen etwas verdickt (Abb. 282); mit langgestreckter Kotmaske (Abb. 363); Larven aus Zucht an *Atriplex*; zuweilen als Schädling an *Beta vulgaris altissima* DÖLLN.; „Nebliger Schildkäfer". *nebulosa* L.

5 Borsten in der Mittelausrandung der Oberlippe dick, konisch, dicht aneinandergrenzend; Aftergabel ohne Dörnchen an der Basis; Körper langoval (nach toten Larven, vermutlich *C. seraphina* MÉNÉTRIÉS); nicht in Mitteleuropa.

5* Borsten in der Mittelausrandung der Oberlippe mäßig dick, am Ende spitz (Abb. 366). 6

6 Aftergabel am Basalteil mit einigen Borsten auf der schwachen Verdikkung; Körper kurz-oval; an Caryophyllaceae. 7

6* Aftergabel ohne Borsten am Basalteil; an Compositae. 8

7 Seitenfortsätze sehr lang, mit zahlreichen sekundären Dörnchen (Abb. 384); Stigmen weiß auf hellem Grund; mit Hautmaske (Abb. 364); Larven aus Zucht an *Silene*. *margaritacea* SCHALLER

7* Seitenfortsätze kurz, braun, mit wenigen sekundären Dörnchen (Abb. 385); Stigmen braun auf hellem Grund; mit Hautmaske (Abb. 364); Larven aus Zucht an *Silene*. *azurea* F.

8 Seitenfortsätze verlängert, zur Spitze schwach verengt; sekundäre Dörnchen dünn und lang, länger als die Breite der Fortsätze an der Basis; Körper breit; an *Cirsium, Arctium, Scorzonera*; mit Kotmaske; nach MEDVEDEV et al. (1978a). *panzeri* WEISE

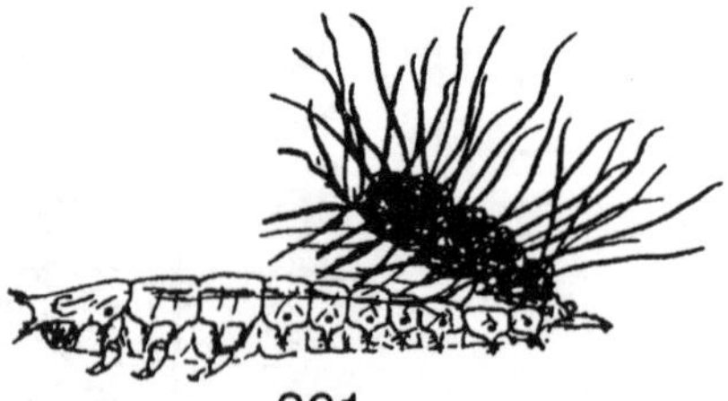

361

362

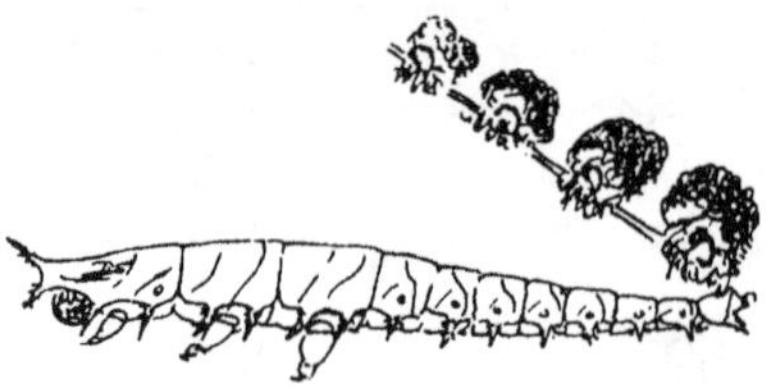

363

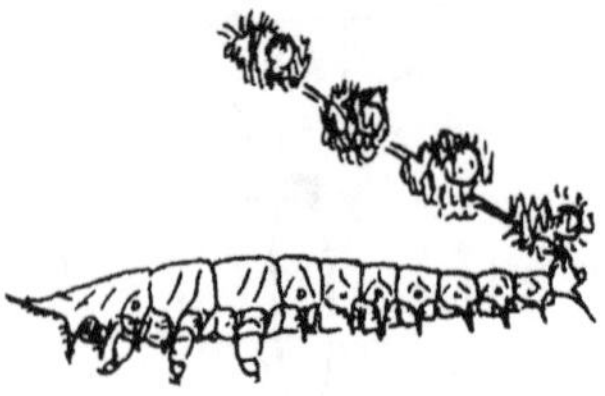

364

Abb. 361: Kotmaske, fadenförmig (aus STEINHAUSEN 1950)
Abb. 362: Kotmaske, kompakt (aus STEINHAUSEN 1950)
Abb. 363: Kotmaske:, aufgelockert (aus STEINHAUSEN 1950)
Abb. 364: Hautmaske, ohne Kot (aus STEINHAUSEN 1950)

8* Seitenfortsätze kurz, deutlich konisch verengt, mit sehr kurzen sekundären Dörnchen, kürzer als die Breite der Basis; Körper schmal; mit Kotmaske; an *Pulicaria*; nach Medvedev et al. (1978a). *ferruginea* Goeze

9 Beine und Seitenfortsätze dunkel, Stigmen schwarz mit hellem basalen Ring; Alftergabel dunkelbraun; Vorderrand der Oberlippe mit trapezförmiger Ausrandung (Abb. 367); mit Kotmaske; gelegentlich Schädling an *Beta vulgaris* L.; Larven aus Zucht an *Spergula arvensis* L.; „Silberstreifiger Schildkäfer". *vittata* Villa

9* Beine, Seitenfortsätze und Stigmen hell; Vorderrand der Oberlippe mit umgekehrt trapezförmiger Ausrandung (Abb. 368); mit langgestreckter Kotmaske; gelegentlich Schädling an *Beta vulgaris* L.; Larven aus Zucht an *Stellaria*; „Glanzstreifiger Schildkäfer". *nobilis* L.

10 Klauen an der Basis mit breitem oder schmalem, stumpfem Zahn (Abb. 376). 11

10* Klauen an der Basis ohne oder mit einem nur schwachen Höcker. . . 12

11 Oberlippe mit schwacher mittlerer Ausrandung am Vorderrand (Abb. 369); sekundäre Dörnchen der Seitenfortsätze kurz; 2. Fühlerglied lang; mit Kotmaske; Larven aus Zucht an *Convolvulus arvensis* L.. *subferruginea* Schrank

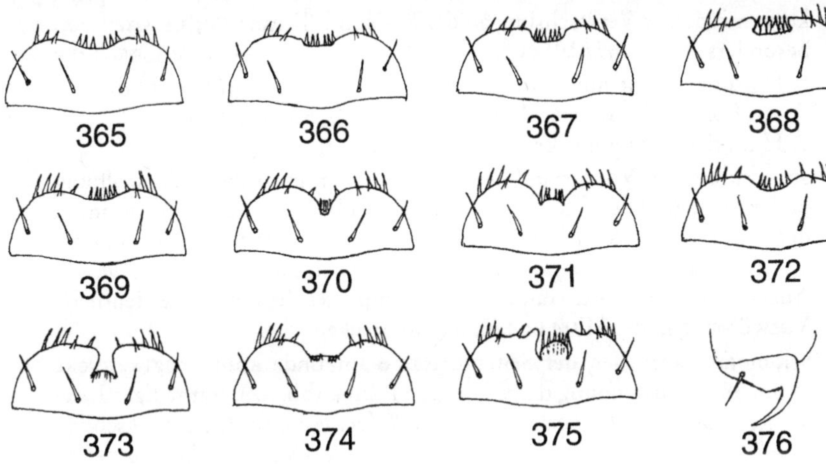

Abb. 365: *Cassida flaveola,* Oberlippe
Abb. 366: *Cassida margaritacea,* Oberlippe
Abb. 367: *Cassida vittata,* Oberlippe
Abb. 368: *Cassida nobilis,* Oberlippe
Abb. 369: *Cassida subferruginea,* Oberlippe
Abb. 370: *Cassida fastuosa,* Oberlippe (nach Medvedev et al. 1978a)
Abb. 371: *Cassida viridis,* Oberlippe
Abb. 372: *Cassida murraea,* Oberlippe
Abb. 373: *Cassida sanguinolenta,* Oberlippe
Abb. 374: *Cassida rubiginosa,* Oberlippe
Abb. 375: *Cassida sanguinosa,* Oberlippe
Abb. 376: *Cassida subferruginea,* Klaue

11* Oberlippe mit tiefer, dreieckiger mittlerer Ausrandung am Vorderrand (Abb. 370); sekundäre Dörnchen der Seitenfortsätze dünn und lang; 2. Fühlerglied kurz; an *Inula, Pulicaria*; nach MEDVEDEV et al. (1978a). *fastuosa* SCHALLER

12 Seitenfortsätze des Vorderbrusttergits, besonders die vorderen sehr kurz, konisch, nicht mehr als zweimal länger als breit; sekundäre Dörnchen viel kürzer als der Durchmesser der Fortsätze an der Basis (Abb. 380, 381). 13

12* Seitenfortsätze des Vorderbrusttergits lang, pfriemlich, mit gut sichtbaren sekundären Dörnchen, nicht kürzer als der Durchmesser der Fortsätze an der Basis. 14

13 Die inneren Fortsätze am Vorderrand des Vorderbrusttergits merklich länger als die äußeren, einander stark genähert, alle kurz, konisch, mit sehr kurzen sekundären Dörnchen; auf der Scheibe ohne pigmentierte Zeichnung (Abb. 380); Aftergabel lang, an der Basis nicht verwachsen, dünn; mit Hautmaske; Larven aus Zucht an *Chrysanthemum vulgare* L. *stigmatica* SUFFRIAN

13* Die inneren Fortsätze am Vorderrand des Vorderbrusttergits bedeutend kürzer als die äußeren, weit auseinandergerückt; auf der Scheibe mit deutlicher pigmentierter, dunkler Zeichnung (Abb. 381); Aftergabel kurz, mit dicker Verwachsung an der Basis; mit Kotmaske; an *Artemisia*, besonders *A. scoparia* W. et K. *lineola* CREUTZER

14 8. Hinterleibtergit mit kräftigen Borsten, besonders gröber als die üblichen Borsten der Körperoberseite (Abb. 379); Stigmen hell. 15

14* 8. Hinterleibtergit ohne kräftige, grobe Borsten. 17

15 Ausrandung am Vorderrand der Oberlippe tief, mit runder Vorwölbung in der Mitte und deutlichen Hinterecken (Abb. 371); Körper hellgrün, in der Mitte mit dunklen und hellen Längsstreifen; mit Kotmaske; Larven aus Zucht an *Mentha aquatica* L.; „Grüner Schildkäfer". *viridis* L.

15* Ausrandung am Vorderrand der Oberlippe wenig tief, ohne deutliche Vorwölbung in der Mitte und ohne Hinterecken. 16

16 Sekundäre Dörnchen der Seitenfortsätze am Ende knopfartig verdickt (Abb. 383); Ausrandung der Oberlippe flach (Abb. 22); mit fädiger Kotmaske (Abb. 361); Larven aus Zucht an *Salvia pratensis* L.; „Salbeischildkäfer". *canaliculata* LAICHARTING

16* Sekundäre Dörnchen der Seitenfortsätze am Ende zugespitzt (Abb. 382); Ausrandung der Oberlippe halbkreisförmig (Abb. 372), ohne Vorwölbung und Hinterecken; mit fädiger Kotmaske (Abb. 361); Larven aus Zucht an *Inula*. *murraea* L.

17 Stigmen hell. 18

17* Stigmen braun bis schwarz. 22

18 Ausrandung der Oberlippe tief und schmal, die mittleren Borsten sehr kurz, den Vorderrand der Oberlippe nicht erreichend und häufig nur schlecht sichtbar (Abb. 373). 19

18* Ausrandung der Oberlippe breit, die mittleren Borsten gut sichtbar und den Vorderrand der Oberlippe ganz oder fast ganz erreichend; Vorderbrusttergit mit pigmentierter Zeichnung. 20

19 Vorderbrusttergit ohne deutliche, pigmentierte Zeichnung; Seitenfortsätze lang, fast von der Hälfte der Körperbreite; die Spitzen der sekundären Dörnchen raspelartig bedörnelt; Aftergabel ganz schwarz, glänzend mit heller Spitze; mit Hautmaske; Larven aus Zucht an *Achillea millefolium* L. *sanguinolenta* MÜLLER

Hierher auch *C. prasina* ILLIGER nach MEDVEDEV et al. (1978a)

19* Vorderbrusttergit mit deutlicher, pigmentierter Zeichnung; Seitenfortsätze kurz, etwa 1/4 der Körperbreite; Spitzen der sekundären Dörnchen glatt; Aftergabel braun; mit Kotmaske; Larven aus Zucht an *Achillea millefolium* L.; „Schafgarbenschildkäfer“. *denticollis* SUFFRIAN

20 Seitenfortsätze der Mittel- und Hinterbrust annähernd gleichlang; Körper kurz-oval, die Länge der Seitenfortsätze etwa 1/3 der Körperbreite, die der Aftergabel nicht weniger als die halbe Körperlänge. . . 21

20* Seitenfortsätze der Mittel- und Hinterbrust verschieden lang, der vordere deutlich kürzer als der hintere; Körper länglich oval; Aftergabel etwa 1/3 der Körperlänge; an *Centaurea* nach MEDVEDEV et al. (1978a). *pannonica* SUFFRIAN

377

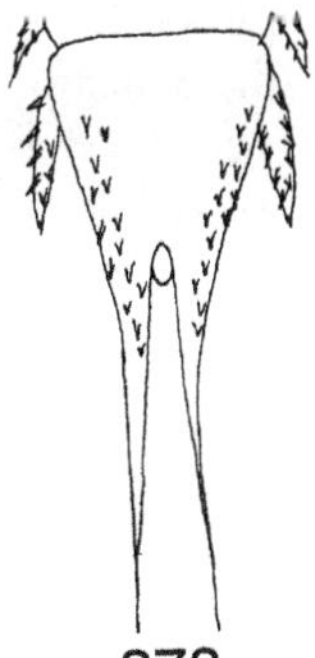
378

379

380

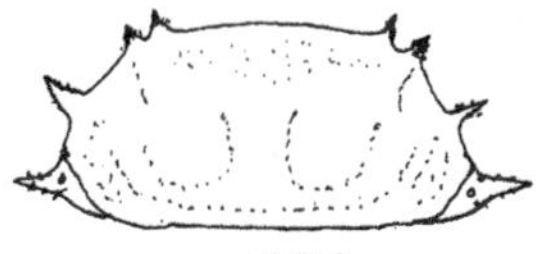
381

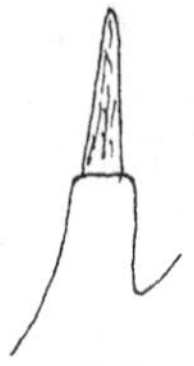
382

383

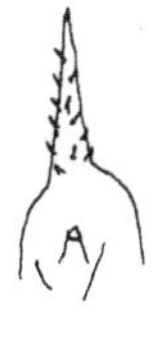
384

385

Abb. 377: *Cassida flaveola,* Hinterleibende
Abb. 378: *Cassida nebulosa,* Hinterleibende
Abb. 379: *Cassida murraea,* Hinterleibende
Abb. 380: *Cassida stigmatica,* Vorderbrusttergit
Abb. 381: *Cassida lineola,* Vorderbrusttergit
Abb. 382: *Cassida nebulosa,* Seitenfortsatz-Dörnchen
Abb. 383: *Cassida canaliculata,* Seitenfortsatz-Dörnchen
Abb. 384: *Cassida margaritacea,* Seitenfortsätze
Abb. 385: *Cassida azurea,* Seitenfortsätze

21 Sekundäre Dörnchen der Seitenfortsätze mit spitzen, dünnen Endborsten; mit Kotmaske; Larven aus Zucht an *Sonchus arvensis* L., *vibex* L.

21* Sekundäre Dörnchen der Seitenfortsätze mit stumpfen, am Ende keulig verdickten Endborsten; mit Kotmaske; Larven aus Zucht an *Carduus nutans* L.; nicht in Mitteleuropa; „Artischockenschildkäfer". (*deflorata* SUFFRIAN)

22 Seitenränder der Mittelausrandung der Oberlippe vorn nicht erweitert (Abb. 274); Vorderbrusttergit auf der Scheibe hellbraun pigmentiert; Körper fleckig grau-grün; nur die vordern Seitenfortsätze an der Basis dunkelbraun; 8. Tergit an der Basis der Aftergabel ohne ein braunes Sklerit; eine alpine, an *Cirsium spinosissimum* (L.) SCOP. lebende Form (ssp. *alpina* BREMI?) ist ähnnlich dunkel pigmentiert wie die folgende Art, unterscheidet sich jedoch durch das Fehlen des Sklertis an der Basis der Aftergabel; mit kompakter Kotmaske; Larven aus Zucht an *Carduus acanthoides* L. und *Cirsium spinosissimum* (L.) SCOP. *rubiginosa* MÜLLER

22* Seitenränder der tiefen Mittelausrandung der Oberlippe vorn stark bucklig erweitert (Abb. 375); Vorderbrusttergit auf der Scheibe dunkelbraun pigmentiert; Körper bräunlich-grün; die Seitenfortsätze von der Basis bis zur Hälfte schwarz; 8. Hinterleibtergit an der Basis der Aftergabel mit einem braunen Sklerit; mit Kotmaske; Larven aus Zucht an *Chrysanthemum vulgare* (L.). *sanguinosa* SUFFRIAN

Literatur

ANDERSON, W. H. (1938): Description of the Larvae of *Chaetocnema denticulata* (ILLIGER) and *Chaetocnema pulicaria* MELSH. (Coleoptera: Chrysomelidae) – Proc. Entomol. Soc. Wash. 40 (6): 161–169.

BARTKOWSKA, J. & A. WARCHALOWSKI (1978): Studien an Blattkäfer-Larven I. Gattung *Haltica* KOCH (Coleoptera, Chrysomelidae) – Polskie Pismo Ent. 48 (4): 583–519.

BLUNCK, H. (1932): Zur Kenntnis der Lebensgewohnheiten und der Metamorphose getreidebewohnender Halticinen – Zeit. angew. Entomol. XIX (3): 357–394.

BÖRNER, C. & H. BLUNCK (1919): Larven der Flohkäfergattung *Phyllotreta* – Illustr. Landw. Zeit. 39 (75/76): 282–283.

BÖVING, A. G. (1910): The natural history of the Larvae of Donaciinae – Intern. Rev. Hydrobiol. 3 (Suppl.): 1–108.

BÖVING, A. G. (1927): Description of Larvae of the Genera *Diabrotica* and *Phyllobrotica*, with a discussion of the taxonomic validity of the subfamilies Galerucinae and Halticinae (Coleoptera: Chrysomelidae) – Proc. ent. Soc. Wash. 29 (9): 193–205.

BÖVING, A. G. (1929): Beetle Larvae of the subfamily Galerucinae – Proc. Nat. Mus. Wash. 75 (art. 2): 1–48.

BÖVING, A. G. & F. C. CRAIGHEAD (1931): An illustrated synopsis of the principal larval forms of the order Coleoptera – Ent. Amer. 11 (N. S.): 351 pp.

BOURDONNÉ, J.-C. & S. DOGUET (1991): Données sur la Biosystématique des Chrysolina L. S. (Coleoptera: Chrysomelidae: Chrysomelinae) – Annls Soc. ent. Fr. (N. S.) 27 (1): 29–64.

BROVDII, V. M. (1965): Leaf beetles of the genus *Lochmaea* WSE. under middle Dnjepr conditions – Dopov. akad. Nauk Ukrain. RSR: 9: 1244–1247 (russ.).

BROVDII, V. M. (1976): Description of Chrysomelinae Larvae (Coleoptera, Chrysomelidae) from the territory of the Ukrainian Carpathians – Dokl. Akad. Nauk Ukrain. SSR, 4: 357–362 (russ.).

CHEVIN, H. (1985–87): Contribution à la Biologie des *Timarcha* (Col. Chrysomelidae) – Cah. Liaison OPIE 19 (1) 56: 7–10, 19 (2) 58: 7–14, 20 (1) 60: 17–21, 21 (1) 64: 21–25.

COX, M. L. (1981): Notes on the Biology of *Orsodacne* LATR. with a subfamily key to the Larvae of the British Chrysomelidae (Coleoptera) – Entomol. Gaz. 32: 123–135.

COX, M. L. (1982): Larvae of the British genera of chrysomeline beetles (Coleoptera, Chrysomelidae) – Syst. Ent. 7: 297–310.

ERBER, D. (1969): Beitrag zur Entwicklungsbiologie mitteleuropäischer Clytrinen und Cryptocephalinen – Zool. Jahrb. Abt. Syst. Oekol. Geogr. Tiere, 96 (4): 453–477.

FIORI, G. (1952): Contributi alla conoscenza morfologica ed etologica dei eotteri. V. *Coptocephala küsteri* KRAATZ e *Cryptocephalus frenatus* LAICH. (Chrysomelidae) – Boll. Istit. Entomol. Univ. Bologna, 18: 182–196.

FIORI, G. (1957): Contributi alla conoscenza morfologica ed etologica dei Coleotteri. VI: Larva del Chrysomelide Clitrino *Tituboea biguttata* OL. – Ann. Fac. Agr. Univ. Sassari, Studi Sassaresi Ser. III, (V): 88–96.

FREUDE, H. (1962): Zum Wiederfund von *Argopus ahrensi* (GERM.) in Südbayern – Nachr. Bl. Bayer. Entomol. 11 (I): 5–8.

GARCKE, A. (1972): Illustrierte Flora. Deutschland und angrenzende Gebiete – 23. Aufl., 1607 pp.

GHILAROV, M. C. (1964): Familie Chrysomelidae – Blattkäfer, in: Bestimmung der im Boden lebenden Larven von Insekten – Nauka M.: 50, 530 (russ.).

GÖRNANDT, H. (1955): Die Käfergattung *Phyllodecta* KIRBY – Dtsch. Ent. Zeit. N.F. 2 (1–2): 1–100.

GRANDI, G. (1935): Morfologia ed etologia comparata di insetti a regime specializzato. VI. La morfologia delle larve minatrici degli Hispini dei gen. *Hispa* L. e *Hispella* CHAP. (Coleoptera – Chrysomelidae) – Mem. R. Acad. Sci. Ist. Bologna, S. IX (II): 3–10.

GRANDI, G. (1938): Morfologia ed etologia comparata de insetti a regime specializzato. XIV. La morfologia e l'etologia delle larve di due coleotteri crisomelidi delle tribu degli Alticini – Mem. R. Acad. Sci. Ist. Bologna, S. IX (V): 3–10.

HENNIG, W. (1938): Übersicht über die Larven der wichtigsten deutschen Chrysomelinen – Arb. phys. angew. Ent. 5: 85–136.

HENRIKSEN, K. (1927): Laverne. In V. HANSEN: Biller 7. Bladbiller og Bonnebiller. – Danmarks Fauna 31: 290–376.

HILLER, E. (1975): Zur Kenntnis des Schwarzbraunen Kiefernblattkäfers *Luperus pinicola* DFT. (Col.: Chrysomelidae) – Zeit. angew. Entomol. 79: 398–421.

KIPPENBERG, H. (1992): Manuskript zum Nachtrag des FHL, Bd. 9 (MOHR, 1966) – i. lit.

KRÖBER, T. (1988): Chemische Verteidigung bei Blattkäferlarven aus dem Tribus Chrysomelini (Coleoptera: Chrysomelidae) – Dipl.Arb. Univ. Bayreuth, 109 pp.

LUGOVIKOV, L. (1936): On the biology of *Pachnephorus tesselatus* var. *sabulosum* GEBL. – Plant. Prot. Leningrad 8: 159–162 (russ.).

MANN, J. S. & R. A. CROWSON (1981): The systematic position of *Orsodacne* LATR. and *Syneta* LAC. (Coleoptera Chrysomelidae), in relation to characters of larvae, internal anatomy and tarsal vestiture – Journ. Nat. Hist. 15: 727–749.

MARSHALL, J. E. (1979): The larvae of the British species of *Chrysolina* (Chrysomelidae) – Syst. Ent. 4 (4): 409–417.

MARSHALL, J. E. (1980): A key to some larvae of the British Galerucinae and Halticinae (Coleoptera: Chrysomelidae) – Entomol. Gaz. 31: 275–283.

MEDVEDEV, L. N. & Y. M. ZAITZEV (1978a): Larven der Blattkäfer aus dem östlichen Teil der USSR – Moskau, 183 pp (russ.).

MEDVEDEV, L. N. & Y. M. ZAITZEV (1978b): Larven der Blattkäfer-Gattung *Chrysochloa* (Col. Chrysomelidae) in der Fauna der USSR – Zool. Zhur. 57 (7): 1024–1032 (russ.).

MOHR, K.-H. (1966): 88. Familie: Chrysomelidae, in FREUDE, HARDE, LOHSE, Die Käfer Mitteleuropas – Krefeld: 95–280.

OGLOBLIN, D. A. & L.N. MEDVEDEV (1971): The larvae of the leafbeetles (Coleoptera, Chrysomelidae) of the European part of the USSR – Orped. po Faune SSSR Leningrad, 106, 123 pp (russ.).

Paterson, N. F. (1931): Studies on the Chrysomelidae II. The bionomics and comparative morphology of the early stages of certain Chrysomelidae – Proc. Zool. Soc. 3: 879–949.

Schmidt, G. (1970): Die deutschen Namen wichtiger Arthropoden – Mitt. Biol. Bundesanst. H. 137: 222 pp.

Seeno, T. N. & J. A. Wilcox (1982): Leaf beetle genera (Coleoptera: Chrysomelidae) – Entomography 1: 1–221.

Steinhausen, W. (1950): Vergleichende Morphologie, Biologie und Ökologie der Entwicklungsstadien der in Niedersachsen heimischen Schildkäfer (Cassidinae, Chrysomelidae, Coleoptera) und deren Bedeutung für die Landwirschaft – Diss. T.H. Braunschweig, 69 pp.

Steinhausen, W. (1966): Vergleichende Morphologie des Labrum von Blattkäferlarven – Deutsch. Ent. Zeit. N.F. 13 (IV/V): 313–322.

Steinhausen, W. (1978): Bestimmungstabelle für die Larven der Chrysomelidae (partim) in B. Klausnitzer: Ordnung Coleoptera Larven – Berlin: 336–343.

Steinhausen, W. R. (1985): Notizen zur Aufzucht von Blattkäfern (Coleoptera: Chrysomelidae) – Mitteil. Ent. Ver. Stuttgart 20: 1–7.

Steinhausen, W. R. (1986): Weitere Zuchtergebnisse mit Blattkäfern (Coleoptera: Chrysomelidae) – Mitteil. Ent. Ver. Stuttgart 21: 84–86.

Steinhausen, W. R. (1990): Weitere Zuchtergebnisse mit Blattkäfern II (Coleoptera: Chrysomelidae) – Mitteil. Ent. Ver. Stuttgart 25: 24–27.

Steinhausen, W. R. (1994): Larvae of Palaearctic *Timarcha* Latreille. In P. Jolivet, M. L. Cox & E. Petitpierre: Novel Aspects of the Biology of Chrysomelidae – Kluver Acad. Publ., Dordrecht: 119–125.

Tölg, F. (1913): *Psylliodes attenuata* Koch, der Hopfen- oder Hanf-Erdfloh. I. Teil. Morphologie und Biologie der Präimaginalstadien – Verh. Zool. Bot. Ges. Wien 63: 1–25.

Urban, C. (1913): Beiträge zur Lebensgeschichte der Käfer. 1. *Luperus saxonicus* Gmel. 2. *Luperus niger* Goeze – Entomol. Bl. 9 (3/4): 16–19, 57–58.

Register der Gattungs- und Artnamen

fett Kategorien oberhalb der Gattung
normal Gattungen und Arten
kursiv Synonyma
unterstrichen Haupterwähnung des Taxons

www.ingramcontent.com/pod-product-compliance
Lightning Source LLC
Chambersburg PA
CBHW081811231026
53708CB00005B/59
* 9 7 8 3 8 2 7 4 0 6 9 9 6 *